材料科学与工程学科

研究生教学用书

工程材料学原理

Fundamentals of Engineering Materials

毛卫民

高等教育出版社

内容简介

工程材料学原理是了解、生产、使用和改进工程材料非常重要的基础知识。本书从突破传统材料学科的局限和拓宽专业面的角度出发，全面介绍了材料的晶体结构、钢铁材料、有色金属材料、无机非金属材料、高分子材料以及复合材料的相关材料学原理，并简述了微电子材料和光学材料。本书以大学本科毕业生的专业知识为基础，重点阐述无机结构材料的相关材料学原理，也对近年来传统材料高技术化发展的成果作了一定的介绍。

本书可作为材料专业本科生或从事冶金、铸造、加工、机械、化工等专业研究生的教学用书，也可作为相关技术人员从事技术改造或技术更新的参考，还可作为相近专业科研工作者、高等学校教师或在校大学生的参考书。

图书在版编目(CIP)数据

工程材料学原理/毛卫民. —北京:高等教育出版社,2009.10

ISBN 978-7-04-028069-2

Ⅰ.工… Ⅱ.毛… Ⅲ.工程材料-研究生-教材 Ⅳ.TB3

中国版本图书馆 CIP 数据核字(2009)第 158728 号

策划编辑 宋晓 **责任编辑** 薛立华 **封面设计** 李卫青 **责任绘图** 尹莉
版式设计 余杨 **责任校对** 金 辉 **责任印制** 韩 刚

出版发行	高等教育出版社	**购书热线**	010-58581118
社　　址	北京市西城区德外大街4号	**咨询电话**	400-810-0598
邮政编码	100120	**网　　址**	http://www.hep.edu.cn
总　　机	010-58581000		http://www.hep.com.cn
经　　销	蓝色畅想图书发行有限公司	**网上订购**	http://www.landraco.com
印　　刷	高等教育出版社印刷厂		http://www.landraco.com.cn
		畅想教育	http://www.widedu.com
开　　本	787×960 1/16	**版　　次**	2009年10月第1版
印　　张	26.25	**印　　次**	2009年10月第1次印刷
字　　数	500 000	**定　　价**	41.30元

物料号　28069-00

前　言

用以制造有用物件的物质称为材料。“有用”一词决定了材料在现代社会中的工程化特性，也决定了材料学科以工科为主的学科性质。然而，随着现代科技的进步，材料学科工程性质所涉及的范围越来越广泛，尤其是对材料力学性质以外的光学、声学、电学、磁学、化学、热学、微电子学、生物学等多方面性质的认识、开发和利用。材料的非力学性质往往会涉及许多物理和化学方面的本性及其产生的根源，因此材料的物理学与化学等多方面的研究以及相关成果的应用也得到了高速发展。

根据材料的化学组成，可以把材料划分成金属材料、无机非金属材料、高分子材料以及这三者之间互相混合而成的复合材料；根据材料的来源，又可以把材料划分成人工材料和天然材料两大类。从材料的概念和分类的原则出发，观察我们所生活的城镇、街道、馆所、村庄、房屋，所工作的企业、办公室、学校、机关，所使用的各种用具、工具、机械、车辆、设备等物质环境，就不难发现我们完全被材料所包围。即使是现代信息社会所赖以生存的计算机技术、通信技术、网络技术、生物技术等也都是在材料技术取得突破之后才得以迅速发展，而且其不同的发展阶段始终不能脱离材料技术的不断进步。从工程角度出发可以认为，全面地掌握材料知识就能够了解人类通过几十、上百个世纪持续劳动的积累而建立并赖以生存的现代物质世界。

人们对以各种材料所构成的物质世界的认识是一个由浅入深、由表及里、由局部向全面的渐进过程。当人们囿于社会发展水平的限制而比较孤立地关注于现实生活中的每一类可以用材料技术解决的具体问题时，往往会着重汇集与该类问题直接相关的专业知识，以此来划分材料学科，并开展研究探索和培养人才。例如传统的“耐火材料”、“半导体材料”、“化学纤维”、“塑料”、“水泥工艺”、“有色金属压力加工”、“炼铁”等高等学校学科或专业名称就是典型的与当时社会发展水平相适应的学科划分模式的实例。可以看出，材料学科以往的划分方式往往与相关材料的使用企业或生产企业的分工有密切的联系。在经济发达水平较低的情况下，这种学科划分方式对企业生产和经济发展产生了快速、直接的推动作用。

20 世纪 60 年代以来，随着工业生产和科学技术的迅猛发展，材料科学与工程学科面临着巨大的挑战。社会经济建设的发展对金属材料、无机非金属材料、高分子材料等各种类型材料的要求越来越苛刻。这种要求不仅反映在性能指标的不断提高,而且也反映在对材料由单一的性能要求不断向多方面的性能要求转化,如既要求其高的力学性能又要求其高的物理性能。现代信息技术和生物技术的进步极大地促进和强化了同一工程材料具备多方面高性能的趋势。在这种发展压力下,单纯地在金属材料、无机非金属材料或高分子材料范围内开发新的材料品种已经远不能满足上述发展需求。从材料科学与工程的整体角度出发,人们发现基本化学组成不同的材料类型之间,其基本性能有很强的互补性。在单一材料类型不能全面满足服役要求的情况下,复合材料以及不同类型材料组合成的新构件层出不穷。另外,人们也注意到各种材料类型学术思想之间的交叉与借鉴可以极大地推动高技术、新材料的发展,并可以借此在很大程度上迎接和满足现代社会发展所提出的挑战和要求。因此,为满足社会发展在人才培养和科学研究方面的需求以突破传统专业划分的局限,材料学科的拓宽就成为不可阻挡的趋势。材料学科的拓宽不仅反映在专业内容包含不同类型的材料,而且也需要涉及材料的制备与加工、组成与结构、性能与应用等材料科学与工程的全面知识。也就是说,为迎接所面临的挑战,在继续发展材料学科时不能完全割裂材料的基本构成和性能、基本的材料学原理、材料的生产加工过程以及材料的服役和使用等多方面的系统知识。大批高等学校以"材料科学与工程"一级学科的模式设立本科专业就是在人才培养方面拓宽材料学科的具体体现,以期材料专业本科大学生能够在"材料科学与工程"一级学科的范围内获得宽广的基本知识,并奠定良好的后续发展基础。

然而,应该清醒地看到,当前材料学科面临着无数的难题,需要人们不断地、甚至是一代人接一代人持续地探索和克服。解决这些难题不仅需要宽广的材料科学与工程的基本知识,而且更重要的往往是要在材料学科范围很有限领域或方向内掌握和熟悉非常深入而尖端的材料科学知识。人类社会是一个分工与协作的社会,任何个体都不可能包揽一切,这一点在现代社会尤为突出。材料科学与工程学科所涉及的知识范畴极为广泛,任何一个人都不可能整体而深入地完全掌握。由此可见,在材料科学与工程领域内学习与工作,还必须在拓宽的领域内掌握相关知识的同时有所取舍;进而真正能满足社会的不同需求,并以自身独特的角色投身于分工协作的社会之中。高等学校所设本科专业使大学生在"材料科学与工程"一级学科范围内获得宽广基本知识之后,在后续的硕士、博士学习和研究过程中除一定程度地继续学习宽面的材料科学与工程知识外,更要注重选择一定的专业方向进行窄学科面且有明显特色地深入学习与探索,以应对或解决所面对的难题。

材料科学与工程学科所培养人才将面对的工作领域可能涉及材料的生产和技术改进、材料的选择和使用、材料的研究与开发、材料学科人才的教育和培养、材料的贸易或管理等,如冶金企业、机电类企业、科研机构、高等学校、贸易公司或政府部门等。不同的工作领域对材料专业人才会有非常不同的要求,因此所有的高等学校不可能按照统一的模式培养材料学科人才。尤其是一些地域性比较强的高等学校,还需要根据地方经济特色来制订具有自己特色的材料学科人才培养方案。

自从冷战结束以后,世界经济格局发生了巨大的变化,传统材料工业生产和消费的重心已经转移到东亚地区。以钢铁材料为例,第二次世界大战之前钢铁的生产和消费中心在欧洲,第二次世界大战结束后因欧洲钢铁工业遭受严重破坏而使生产和消费中心转移到美洲。在冷战后期,钢铁生产中心转向日本,随后扩展到韩国;目前中国已成为世界钢铁生产和消费的第一大国。许多主要的传统有色金属材料、无机非金属材料、高分子材料的生产和消费均呈现了类似的趋势。随着欧美地区传统材料生产的衰落,该地区高等学校材料学科也因工业格局的变化相应调整其人才培养的模式。显而易见,欧美地区高等学校材料学科的调整模式不是亚洲地区可以照搬的样本。目前亚洲地区在高技术、新材料发展整体水平方面与欧美差距逐渐缩小,在信息材料、生物医用材料等方面的研究水平也不亚于欧美。因此,亚洲及中国材料学科的调整和发展更应注意地区经济特点和需求,以及多元化的材料科研与工业生产现状。在保证拓宽基础知识面和特定学科方向特色发展的前提下,应鼓励多种材料学科发展的模式,以满足现代社会对材料学科多层次、多方位的发展需求。

鉴于上述种种考虑,作者结合近十几年在工程材料方面教学、科研的经验和体会,参考了一些书刊资料,草拟本书以奉献给广大专业读者。作为材料专业本科生或非材料专业研究生教材,本书在编写时假定读者已经具备高等学校材料学科或相近学科的大学本科专业基础知识。从突破传统材料学科的局限和拓宽专业面的角度出发,本书全面地介绍了钢铁材料、有色金属材料、无机非金属材料、高分子材料以及它们之间组合而成的复合材料的相关材料学原理,同时对微电子材料和光学材料也作了简单的描述。一本容量有限的书不可能真正全面而系统地阐述所有的工程材料,本书的偏重点在无机多晶材料,其中更侧重于金属材料的基本材料学原理。在编写内容的选择上注重于基础性传统材料体系基本原理的阐述和介绍;而且特别注重介绍近些年来传统材料高技术化发展的一些成果,以及因适应社会生产需求而出现的许多新的材料品种。希望本书能对我国材料专业或相关专业教学和科研的发展有一定的推动作用。本书从各种文献中所引用的大量图、表、技术数据等不一定有权威性,仅供说明相应的观念时参考。

在本书的编写过程中邀请了北京科技大学杨平教授起草孪生诱发塑性钢、变形诱导相变与超细晶粒钢、镁合金等部分;邀请了安徽工业大学朱国辉教授起草双相钢、相变诱发塑性钢、管线钢等部分;北京科技大学林均品教授为TiAl等金属间化合物材料部分提供了资料和素材；美国应用材料公司张弘博士提供了大规模集成电路结构照片；北京科技大学吕反修教授和唐荻教授提供了金刚石和相变诱发塑性钢的照片；北京科技大学实验中心为本书提供了部分金属微观组织照片。浙江大学赵新兵教授认真审阅了本书。在此对上述各位一并表示衷心的感谢。作者也感谢国家自然科学基金委员会、教育部、科学技术部、北京市科学技术委员会等对本书形成所给予的支持。

由于作者的认识水平有限，书中谬误在所难免，恳请读者给予指正。

毛卫民

2008 年 11 月

目　录

绪　　论

一、材料的概念

学习工程材料学基本原理的知识首先要了解材料的概念。人们熟知，自然界是由物质构成的。材料虽然应归属于自然界中的物质，但材料不能与物质等同，人类所接触到的物质并不都能成为材料。显然，物质的概念要远大于材料的概念。

一千万年前，古猿用天然石头作工具敲碎动物的骨头，由此人类的始祖因不断形成并提高劳动能力而逐步转变成人。三百万年前，人类已经可以用天然石料初步加工制成工具，并因使用石料劳动而进入人类最早期的旧石器时代和原始社会。一万年前，人类可以制成精细的石料工具，包括用火制出土器、陶器、瓷器、玻璃制品等，因而进入新石器时代。

公元前 8000—9000 年西亚地区的早期人类开始使用天然铜，并于公元前 3800 年左右发明了炼铜技术，公元前 3000 年左右西亚和中国等地均发展了青铜冶炼与制作技术，人类因此进入了铜器时代和奴隶社会。公元前 1300 年在西亚地区出现了炼铁技术，公元前 600 年中国也产生了炼铁技术，人类因此进入了铁器时代和封建社会。20 世纪以来钢铁产业迅速发展，人类进入了现代工业资本主义社会，称为后铁器时代或钢铁时代。

追踪人类社会出现以来的历史可以发现，人与猿的一个根本区别在于人具有劳动能力，或者说劳动创造了人。劳动本身包含了工具的使用及各种制作物质产品的过程。随着社会的发展和知识的积累，人类不断地以越来越高级的技术手段来制作工具及各种产品。但不论怎样高级的制作过程，其中总是包含了把相对不能直接使用的物质转变成相对可以直接使用的物质。因此，用以制造有用物件的物质都可以称为**材料**。从这个概括性的描述可以看出，材料的概念是一个以人为本的概念。没有人及与之相伴的劳动也就没有材料。反过来看，材料也是与人类发展始终相伴的特殊物质。

二、地球的资源

自然资源是一切材料的原始来源。目前人类所能获得的自然资源主要来自地球。当材料及其制品被废弃后其大多数也会最终返回地球。图 0-1 示意性地给出了材料的循环途径。应当指出，材料失效被废弃后并不能在短时间内转变成可利用的自然资源。面对现代人类社会对自然资源开发利用的速度，整体自然资源再生的速度基本可以忽略，因此地壳中可直接利用的自然资源将会越来越有限。

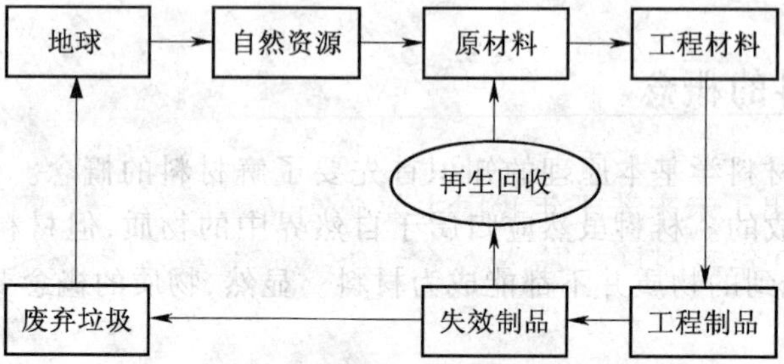

图 0-1 材料的循环途径

全世界可供开采的金属与非金属矿产资源约有 400 余种，储量为 1 450 万亿吨，每年开采矿产品约 180 亿吨，其中 85% 是能源资源。据统计，由于大量开采，许多重要的传统自然资源的可利用时间已经缩短到以数十年或百年计算。表 0-1 给出了 21 世纪初世界典型金属资源可开采年限的估计。虽然这种估计不一定十分准确，但从整个人类历史来看，许多已知自然资源的利用期限已经屈指可数。据估计，目前只有煤的储量比较充足，硬煤还可开采 140 ~ 180 年，褐煤可开采 180 ~ 220 年。德国鲁尔天然气公司估计，全世界天然气储量为 135.5 万亿立方米，按 1999 年 22 000 亿立方米的年生产水平计，还可开采 60 ~ 70 年。按美国埃索石油公司的估计，目前世界已探明石油储量约为 1 380 亿吨，全世界目前年采石油约 35 亿吨；据此计算石油能源还可维持约 40 年。因此，可预计 21 世纪人类将面临自然资源短缺，尤其是矿产资源短缺的难题。预计到 2020 年将有 20 余种矿产保有储量严重不足。到 2004 年底，中国已查明各类矿产 168 种，探明储量的矿产资源达 158 种。矿产资源提供了中国 90% 以上的能源和 80% 左右的工业原料。矿业和矿产品加工业是中国国民经济的重要支柱产业，但矿业资源的大量开采对生态和环境也将会带来严峻考验和挑战。

表 0-1 21 世纪初世界典型金属资源可开采年限的估计

资 源	可开采年限	资 源	可开采年限	资 源	可开采年限
铁(Fe)	161 ~ 173	钒(V)	~ 110	锡(Sn)	~ 40
锰(Mn)	~ 30	铜(Cu)	33 ~ 48	金(Au)	~ 15
铬(Cr)	~ 120	铅(Pb)	18 ~ 64	银(Ag)	~ 10

续表

资 源	可开采年限	资 源	可开采年限	资 源	可开采年限
镍(Ni)	~45	锌(Zn)	20~50	铂(Pt)	~180
钨(W)	~60	铝(Al)	<222	铌(Nb)	~290
钼(Mo)	~50	钛(Ti)	~40	锑(Sb)	~80
钴(Co)	~170	锂(Li)	~460	稀土金属	~1 500

表0-2给出了未来若干年我国主要矿产品国内供应能力与需求预测。可以看出,到2010年我国只有煤、天然气、铅、磷基本满足;到2020年只有铅和磷基本满足,急缺的金属则有铁、锰、钾、铅、铜、铬等。国内矿物和原料的短缺造成进口的增加。以2003年为例,矿产品进口中原油9 112万吨,铁矿石14 813万吨,锰矿石286万吨,铬铁矿178万吨,铜矿石267万吨,钾肥657万吨。进口增长幅度最大的主要是高性能钢铁和有色金属材料、矿砂和矿物燃料等。

地球已经有几十亿年的历史,她为人类所提供的自然环境里包括土地、水、矿物、空气、森林和草地等。在人类出现之后,被人类利用并给人类带来效益的自然物称为**自然资源**。地球是一个巨大而不规则的实心椭圆形球体,其平均半径约为6 370千米,赤道半径较长(6 378千米),而极半径较短(6 357千米)。地球表面总面积为5.1×10^8千米^2,体积为$1\ 083.32\times10^9$千米^3,平均密度为5.52克/厘米^3。

表0-2 未来若干年我国主要矿产品国内供应能力与需求预测

矿产品名称	供应能力		需求量	
	2010年	2020年	2010年	2020年
煤(亿吨)	16.00	18.00	18.25	21.05
石油(亿吨)	1.75	1.71	3.00	4.25
天然气(亿立方米)	1 349	1 650	1 100	1 800
铁(矿石亿吨)	2.20	2.40	5.29	5.34
锰(矿石万吨)	350	350	925	935
铬(矿石万吨)	20	10	290	440
铜(金属万吨)	112	137	337	445
铅(金属万吨)	107	112	85	110
锌(金属万吨)	179	202	190	245
铝(金属万吨)	354	405	800	1 200

续表

矿产品名称	供应能力		需求量	
	2010 年	2020 年	2010 年	2020 年
镍(金属万吨)	5.29	5.97	8	12
硫(S235%万吨)	1 970	2 120	2 590	3 050
磷(矿石万吨)	3 810	4 580	3 810	4 580
钾(KCl 万吨)	212	213	1 214	1 717

由地球表层向内延伸,可发现地球内部由三个圈层组成,即地壳、地幔和地核。地壳为地球的外层,厚度一般为 33 ~ 45 千米,在喜马拉雅山脉的最厚处有 60 ~ 80 千米,在太平洋北半部海底的最薄处仅为 8 千米。地壳由各种岩石构成,表层分布着由岩石风化而成的松散土层和水,平均密度为 2.67 克/厘米^3,深处为 2.7 ~ 2.9 克/厘米^3。地核是地球内部的核心部分,位于地表下 2 900 千米。地核以铁镍物质为主,平均密度为 10.7 克/厘米^3,温度约为 3 000 ℃。地幔是地壳与地核之间的中间层,上界在地表以下约 33 千米,下界约在 984 千米深度。地幔由十分复杂的非结晶岩浆物质组成,靠近地壳部以硅镁为主,靠近地核部主要由金属的氧化物和硫化物组成。地幔密度由表及里逐渐增加,为3.64 ~ 5.66 克/厘米^3,温度为 1 200 ~ 2 000 ℃。

矿物是地壳中各种地质作用的自然产物,现已知的矿物大约有 3 000 多种,但目前能被利用的有 200 多种,其中组成地壳岩石的主要矿物仅有 20 ~ 30 种,而矿石则是含有用组分的岩石的集合体。地壳中蕴藏有 90 多种自然存在的化学元素,其中氧、硅、铝、铁、钙、钠、钾、镁 8 种元素的含量约占地壳总重量的 97.13%,其余几十种元素的总含量不足 3%。地壳中含量最多的元素是氧,接近地壳总含量的一半,其次是硅,占 1/4 强。上地幔的物质成分为铁镁质硅酸盐类。正是由于地壳中存在着丰富的化学物质才构成了地球中丰富多样的矿产资源。表 0-3 列出了地壳主要的化学组成,由此可以帮助人类设想在地球上应该着重利用和发展何种材料技术,以及如何有计划地利用地球资源。或许地球上还有以未知的形式蕴藏着可利用的资源。

除了未探明的常规资源外,人们面对资源枯竭的压力也设想了许多人类至今尚未涉及的潜在资源,并进行了积极的探索。目前在南极的考察发现了 220 多种矿产资源,据已有的地质数据和测算,在南极大陆及周边海床,煤、铁和石油的储量均为世界第一。

表 0-3 地壳的主要化学组成

元素	质量分数/%	元素	质量分数/%	元素	质量分数/%
氧(O)	45.20	铁(Fe)	5.80	钛	0.86
硅(Si)	27.20	镁	2.30	硫(S)	0.10
铝(Al)	8.00	钙(Ca),钠(Na),钾(K),氢(H)	9.67	锰(Mn)	0.10

地球表面的主要水体是海洋。全球海洋面积约为3.9亿平方千米,占地球总面积的70.8%。海洋中的海水总体积约为13.3亿立方千米,占地球总水量的97.3%。陆地上分布着湖泊、河流、湿地、地下水等。这些陆地水体合计有0.378亿立方千米,占全球总水量的2.7%。其中淡水湖12.5万立方千米,占总水量的0.009%;咸水湖10.4万立方千米,占0.008%;河流0.13万立方千米,占0.000 1%;土壤及岩石中水分约为6.7万立方千米,占0.005%;深4 000米范围内的地下水约为835万立方千米,占0.61%。此外,地球上分布在极地、大陆冰川和高山冰川的固态水总共有3 000余万立方千米,占2.14%;空气中水仅有1.2万立方千米。海洋的水体中还含有80多种元素,主要有氯、钠、镁、硫、钙、钾、溴、碳、硼、锶、氟。由它们构成了海水中的主要盐类,占海水总含盐量的99.8%~99.9%。每立方千米海水中含氯化钠2 720吨、氯化镁380吨、硫酸镁170吨、硫酸钙120吨、碳酸钙及溴化镁各10吨。世界大洋中盐类物质的总重量约为5亿亿吨,体积为2 200多万立方千米。如果把这些盐类全部提取出来,均匀地撒在地球表面,盐层可厚达87.7米,有30层楼房那么高。在海水中还含有许多种浓度很低的金属元素如金、银等,可是由于海水体积庞大,其总量还是十分可观的,其中金548万吨、银5 480万吨、铀43.8亿吨(陆地上仅有100万吨)。

锰结核是大洋底部的铁锰氧化物组成的黑色团块,这种多金属锰结核含有锰、铜、镍、钴等50余种金属元素。锰结核在各大洋中的总储量为3万亿吨,比世界陆地上蕴藏的锰、铜、镍、钴、铁等金属储量还要高几千倍。大洋底锰结核中除含有丰富的锰外,还含有镍、铜、钴等金属矿物。单是太平洋底就有1.5亿平方千米的锰结核,约1.7万亿吨,其中含镍量就有164亿吨,可供世界消费2.4万年,铜88亿吨,可供使用1 000年;钴58亿吨,是陆地上储量的960倍,可供使用34万年;含锰最多达4 000亿吨,是陆地上储量的67倍,可使用18万年。并且洋底的锰结核还在以每年1 000万吨左右的速度生长,每年从新生长出来的锰结核中提取的金属:铜可供全球使用3年,钴可供使用4年,镍可供使用1年,锰结核的生长率大大超过世界上的消耗率。海洋里有很多磷钙石和重晶石,磷钙石可作肥料和化工原料,重晶石粉主要用来控制井喷。海底的砂金矿开采中可选出一些贵重的矿产,如金红石、锆石、独居石、砂锡矿、磁铁砂等。金红石可提取制造火箭和卫星不可缺少的金属钛;从锆石中提取的锆是核反应的重要原料;从独居石中提取的钍,经加工后可代替铀作能源。目前已经有锰结核开采和利用的尝试。

太平洋底部的抱球虫软泥含碳酸钙成分较高,是制造水泥的好原料。深海中的重金属软泥是富含铁、锰、铅、锌、银、金等多种金属的沉积物。据红海海底"大西洋Ⅱ"洼地的调查资料,深洼上部 10 米厚的重金属软泥估计总量超过 5 000万吨,其中有铁 2 430 万吨、锌 290 万吨、铜 106 万吨、银 4 500 吨、金 45 吨。这说明重金属软泥也是一种重要的海底资源。

海洋中除石油、天然气、煤、铀、氘、氚等能源外,还有潮汐能、波浪能、温差能、盐差能、海流能等。用这些能源发电有一个显著优点,就是不需燃料,不污染环境。这些能源理论蕴藏量折合电力为 1 528 亿千瓦,可开发量为 73.8 亿千瓦,其中波浪能 27 亿千瓦,盐差能 26 亿千瓦,温差能 20 亿千瓦、海流能为 0.5 亿千瓦。据计算,中国潮汐能蕴藏量约有 1.1 亿千瓦,年发电量可达 900 亿千瓦时,相当于 7 个葛洲坝电站的动力。氘的发热量是同等煤的 200 万倍,天然存在于世界海水中的氘就有 45 万亿吨,一座百万千瓦的核聚变电站,每年耗氘量仅为 304 千克。此外,海水中还含有 200 亿吨重水。水和甲烷气体在低温高压之下,能形成气体水化物(可燃冰),千万年中在海底形成了 1 000 米厚的可燃冰层,若将这些气体全部释放出来,相当于目前已知全球天然气总量的 487 倍,全世界洋底已发现可燃冰矿床 60 处。

目前看来,地壳深层的资源开发只是一种潜在的可能性,在短期内还不能从事有明显商业价值的大规模开采和利用。地壳深层资源的开发也可以算作一种潜在的可能性,但是其开发利用的难度太大,目前只能处于设想阶段而没有实质性的尝试。

近期的探月科考发现,月球上面的矿藏非常丰富。月球岩石中含有地球中全部元素和 60 种左右的矿物,其中 6 种矿物是地球没有的。仅月球表层 5 厘米厚的沙土就含有上亿吨铁,主要是氧化铁。可开发利用的钛铁矿($FeTiO_3$)的总资源量约为 1 500 万亿吨。月球上的氦-3 蕴藏丰富,采用氦-3 的聚变来发电会更加安全。太阳在内部核聚变过程中,产生大量的氦-3,而这些氦-3 经过太阳风的吹拂落到周围的行星上。地球表面覆盖着厚厚的大气层,太阳风不能直接抵达地表,所以地球上氦-3 的天然储量非常低,总量仅有 10 ~ 15 吨。月球几乎没有大气,太阳风可直接抵达月球表面,氦-3 大量地"沉积"在月球表面,大约有 5 亿吨,可以为地球开发 1 ~ 5 万年用的核电。月陆区广泛分布的斜长岩富含硅、铝、钙、钠等元素;月球还蕴藏有丰富的铬、镍、钾、镁、铜等矿产资源。月球上稀有金属的储藏量比地球还多。月球的克里普岩富含钾、稀土元素和磷,据估算,仅在风暴洋区克里普岩中稀土元素的资源量就达 225 ~ 450 亿吨;克里普岩中还蕴藏有丰富的钍和铀。然而就目前的技术尚不能以经济的手段对月球进行有效的开发和利用。

三、材料与环境

人们现在已经知道,大规模的工业生产以及现代化的大众生活不仅会大量地消耗能源,而且也难免会造成环境污染。在工业生产的废弃物中含有大量的具有腐蚀性、毒性的物质。表 0-4 给出了美国 20 世纪 80 年代末期有害的工业固体废弃物的来源,可以发现接近 90% 的有害固体废弃物来自化工原料、金属材料、有机材料以及石油制品等与材料生产直接或间接相关的工业部门。可以说材料的生产是造成地球环境污染的一个主要原因。2001 年,我国工业固体废弃物产生量为 8.9 亿吨,排放量为 2 894 万吨,其中仅化工企业利用硫铁矿制作硫酸所产生的固体硫酸烧渣就达到每年 700 万吨,说明化工生产是固体废弃物的主要来源。全国固体废弃物历年堆积量已达 64.6 亿吨,堆存占地 55 697 公顷,其中也包括了大量的农田。可见工业部门造成固体废弃物的 90% 以上堆放在陆面上。在材料的生产过程中也会排放大量的有害气体。2001 年,我国二氧化硫排放总量为 1 948 万吨,其中火力发电排放的二氧化硫为 653.98 万吨,约 96% 为燃煤发电。另外,以水泥为例,生产每吨水泥都会产生接近一吨的二氧化碳气体,全世界每年生产十几亿吨水泥,因此会制造出十几亿吨的二氧化碳。二氧化碳会因其量大、在空气中停留时间长而对地球温室效应产生最大的影响。在钢铁生产中不仅会产生大量的二氧化碳气体,而且还会排放大量的二氧化硫和其他有害气体。目前我国是钢铁和水泥生产量最大的国家,而且相应生产方式的技术含量比较低,由此会对环境造成更为严重的污染,这是我国必须面对的严峻局面。可以看出,一方面材料工业的发展使得人类的生活不断地得到改善,而另一方面材料的生产也正在不断地挤占着人们的生存空间。

表 0-4 美国 20 世纪 80 年代末期有害的工业固体废弃物的来源

工业生产部门	废弃物百分比	工业生产部门	废弃物百分比
化学工业	70%	电力工业	4%
石油与煤炭工业	10%	橡胶与塑料	3%
初级金属工业	7%	运输装备	1%
金属加工	5%		

四、可持续发展

现代社会在飞速发展,而地球被污染的程度不断加重、地球可利用资源明显地日趋枯竭,这些都不得不使人们考虑人类社会可持续发展的问题。随着科学技术的不断进步,探索和开发新的自然资源越来越成为一种重要的潜在可能。同时,在材料的生产和使用上,除了要降低能耗、减少污染外,很重要的发展模式在于自然资源更充分有效的利用、材料更加高效率的使用以及失效材料回收再利用率的大幅度提高。

许多工业发达国家较充分地认识到人类所面对的严重的资源问题,有计划地保护或储备自然资源,发展各种高效利用自然资源的技术。其中包括在现有可利用的自然资源范围内不断采用先进技术以提高矿产原料有用组分提取的比例,尽可能多地合理利用低品位贫矿资源并提高各个加工过程的回收率,制止破坏性地开发自然资源,以及有计划地封存某些自然资源。另外,表 0-3 所示的地壳蕴藏丰富的化学组成,也可促使人们根据长远发展要求,推进相关新型材料的开发与应用。据有关部门测算,我国国有矿山所挖掘矿产的回收率平均为 50%,集体矿为 20% ~30%,个体矿不到 10%。这些都是需要引起特别重视和不断改进的问题。

材料的高效应用问题也得到了人们非常广泛的关注。在当前材料工业的生产中,结构材料在数量上占有绝对统治的地位。结构材料的生产状态对自然资源的消耗和长远发展有决定性的影响。结构材料在使用过程中的失效形式主要是力学失效和腐蚀失效两大类。因此人们考虑,如果使材料的力学性能成倍提高则可以使需用的材料成倍节省。另外,如果使材料的抵抗疲劳失效和腐蚀失效的时间能成倍提高则又可以使需用的材料进一步成倍节省。但是这种性能和寿命成倍提高的设想不能基于在材料生产过程中对某些特定自然资源更大的消耗上。近几年,日本、韩国、中国等许多国家开展新型钢铁材料的开发研究就是基于这种指导思想。钢铁材料是消耗量最大的金属材料,借助强度和寿命的成倍提高会导致大量钢铁材料的节省。亚洲地区快速发展的经济对钢铁材料有极大的需求。可以想象,如果这种需求依靠增加钢铁数量来满足,则将会极大地耗费地球资源。新型钢铁材料开发的基本思路是借助细化晶粒来成倍提高强度,借助高的纯洁度来确保韧性并推动疲劳强度和耐蚀性的成倍提高。这种新型钢铁材料由于不依靠增加钢的合金含量,因而不会对特定自然资源产生更大的消耗。其他材料也有可能借助相似的指导思想达到其高效率应用的目标。

失效废弃材料的回收再利用不仅可以减少大量的能量消耗,而且是节约自然资源的重要途径。例如目前废弃纸张被重新利用造纸的比例已经达到了 80%。在金属材料的回收再利用方面,人们也取得了一定的成果。表 0-5 给出了 1992 年美国各种失效材料的回收比例。可以看出,美国虽是世界上材料消耗的大国,但在材料回收再利用的许多方面上并没有处于世界领先地位。如日本所消耗的铝中有三分之一以上是以再生铝作原料,铝制饮料罐和废铜的回收率均在 50% 以上。尤其美国高分子材料回收再利用的水平远落后于西欧和许多亚洲国家,这些国家高分子材料回收再利用的比例可以达到20% ~40%。目前发达国家各种主要物资中来源于再生资源加工制成的比例分别如下:钢产量达到45%、铜为62%、铝为22%、铅为40%、锌为30%、纸张为35%。废旧物资已成为各国经济发展的重要资源基础。

表 0-5 1992 年美国各种失效材料的回收比例

材料种类	消耗量/万吨	回收百分比/%	材料种类	消耗量/万吨	回收百分比/%
钢铁	9 500	27	镍	14	30
铝	680	28	钨	1	35
铅	130	65	聚乙烯	910	2.5
铜	280	24	聚氯乙烯	390	0.2
锡	4	20	聚丙烯	340	3.0
铂	0.01	54	聚苯乙烯	222	0.8

美国匹兹堡的钢材回收学会表示,美国钢材回收比例连续4年上升。2005年美国钢材回收比例升至75.7%,较2004年上升5个百分点,创美国钢材回收比例的历史新高。2005年各种废弃钢铁产品(如钢罐、器具、建材)及废弃钢材的北美地区回收商利润继续增加,报废汽车是最主要的废钢回收物。2004年美国共计出口废钢1 170万吨,2005年达到1 240万吨,创历史新高。欧洲议会近日通过包装材料回收利用新标准,规定欧盟成员国到2008年12月31日总体回收比例要达到60%,总体重新利用比例要达到55%。欧盟头一次为不同的包装材料制订了不同的再生利用比例,其中对玻璃和纸要再生利用60%,金属为50%,塑料为22.5%,木材为15%。

澳大利亚的废品回收比例已经从10年前的25%达到今天的50%。澳大利亚维多利亚州政府提出一项计划,内容是在接下来的10年里提高废品回收比例,由现在的50%提高到75%。政府将会在这项新的回收计划中投入大量资金,其中包括增加家用废品回收箱。

近年来,我国的回收行业出现了萎缩和功能退化的现象。据不完全统计,我国每年约有500多万吨废钢铁、20多万吨废有色金属、1 400万吨废纸、80多万吨废塑料、100多万吨废玻璃因得不到有效回收利用而沦为垃圾。造成我国废旧物资回收利用率低下的主要原因,可归结为废品回收的无序状态以及废物再生利用渠道不畅通两个方面。

我国废品回收的无序状态表现为:在很多情况下废品依赖于个体收购者和拾荒者进行回收,形成散、乱、差的局面。另外,可回收废品的种类减少,垃圾回收利用与垃圾处理成本明显分离。在回收系统自身成本规律的指导下,一些回收价值较低的废品(如废旧塑料袋、玻璃制品和废电池等)无人问津或不愿回收。同时,废品收购价格偏低使越来越多的企业或居民对卖废旧金属、废纸、废玻璃等不热心,而宁愿将它们扔入垃圾中,这也表现了公民的环境保护意识不强。废物再生利用渠道不畅主要表现为:我国废旧物资的再生利用途径单一,再生产的产业链条不够丰富,再生资源回收网点与生产企业之间没有建立起良性的定点供求关系;而且各地普遍缺乏废旧物资的集散加工中心与综合利用设施。这些都严重制约了我国废旧物资再生产业的发展。由此可见,我国在废品回收再利用方面还有许多要改进的地方。

参考文献

[1] 师昌绪. 能源材料、智能材料和梯度材料新进展. 北京:冶金工业出版社,1998.

[2] 山本良一. 环境材料. 王天民,译. 北京:化学工业出版社,1997.

[3] 唐善茂. 广西矿产资源可持续开发利用与生态创新战略研究. 长春:吉林大学地球科学学院,2007.

[4] 徐勇. 我国矿产资源可持续利用对策. 云南地理环境研究,1997,9(1):10-16.

[5] 廖传华,顾国亮,袁连山. 工业化学过程与计算. 北京:化学工业出版社,2005.

[6] 严刚. 中国循环经济建设中的废旧物资再生模式研究. 环境科学与管理,2007,32(11):148-153,182.

第1章 材料的晶体结构概要

学习工程材料学原理首先需要掌握许多材料学方面的基础知识,涉及材料科学与工程基本原理,以及进一步的材料结构及结构转变、结晶或凝固过程、固态相变原理、强化原理、塑性变形行为、再结晶过程等专业知识和材料加工原理、热处理原理、材料分析与检测原理等材料工程应用方面的基本知识;同时也包括材料的力学性能、物理性能、物理化学原理等方面的专业基础知识。为方便读者阅读,本章选择与材料晶体结构及结构转变相关的部分要点作概要性描述。

§1-1 晶体的形态与结构

一、晶体的概念

很早人们发现很多天然矿物晶体有规则的几何外形。影响晶体外形的主要因素有两个,包括晶体的内部结构和晶体生长的物理化学条件。将一块外形不规则的晶体放在生长液中,在适宜的自由生长条件下它能最终形成具有规则几何外形的晶体。晶体的这种性质受其内部结构的规律性支配;因此,晶体规则的几何外形是晶体内部结构规律的外在反映。对于许多晶体来说,通常很难实现上述适宜的自由生长条件,因此晶体的实际外形,尤其是金属晶体外形往往是千变万化的。

受到比表面积及表面能尽量小的约束,一个单晶体的规则几何外形一定是一个凸多面体。由于表面能的原因,多面体表面往往由晶体面指数较低而原子密度较高的晶面组成。同时,密度最高的晶向往往生长速度最快,所以针状或棒状晶体外形长轴的方向往往就是这些晶向。晶体可以有单形和聚形两种理想外形。单形是由形状、大小、面指数相同的晶面构成的晶体外形,如正方体(氯化钠)、正八面体(明矾)等(图1-1a、b)。晶体共有47种单形。聚形是由两种或两种以上的晶面构成的晶体外形,如方柱多面体(水合硫酸镁,图1-1c)。

晶体X射线衍射的结果表明,**晶体是结构基元**(原子、离子、分子等)具有三维长程有序排列的固体物质。晶体与非晶体之间的主要差别在于它们是否有三维长程点阵结构。晶体的物理、化学、几何形态等各种性质都与其内部点阵结构紧密相联。

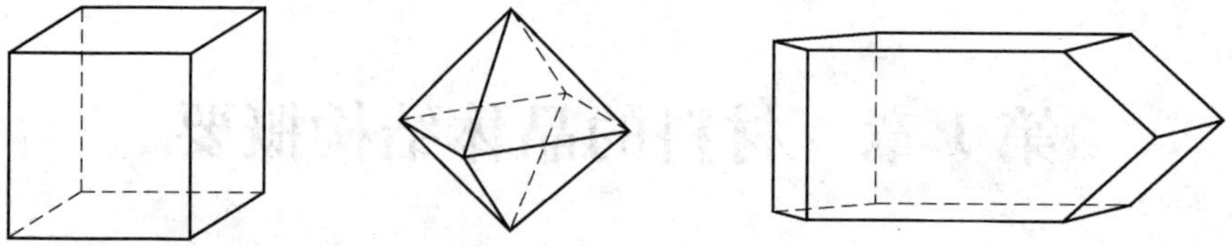

(a) 氯化钠晶体 (b) 明矾晶体 (c) 水合硫酸镁晶体

图 1-1 晶体的外形

二、晶体的基本特征

在实际晶体中,结构基元不可能完全按照理想、完整的长程有序方式排列。晶体中总是或多或少地存在着不同类型的结构缺陷,因此就形成了长程有序中的无序成分,如晶体中通常有空位、间隙原子、位错、晶界和亚晶界等缺陷。但是这些缺陷不影响其长程有序的基本的特征,因此可以说在晶体结构基元的长程有序排列中包含着结构缺陷,从而会使晶体在某些动态行为上明显地偏离理想晶态。

按照晶体概念来鉴别自然界的物质时可以发现,地球上大部分固体物质都属于晶体。不仅在地球上到处都是有机或无机晶体,而且在整个宇宙中广泛地存在着晶体物质。分析发现,飞落到地球上的陨石基本上也是由晶体组成的。晶体也存在于有生命的物质中。如在无数生物物质中,蛋白质是形成动物组织主要的基础物质。早在20世纪60年代,我国的科学工作者就首次成功地采用人工方法生长出世界上第一块纯净的蛋白质晶体,使得晶体结构和生物的活动过程在微观尺度上联系起来。

晶体中原子的周期性排列促成晶体具有一些共同的性质,观察这些由微观结构的特点所导致的性质时需要把晶体想象成三维无限大的物体。**均匀性**指经过平移之后晶体不同部位的宏观性质在同一方向上保持不变;**各向异性**指经旋转后在不同方向上晶体具有不同的性质;晶体的**自限性**指晶体具有自发地形成规则的几何外形的特征;而**旋转对称性**则指晶体在某几个特定方向上所表现出的物理、化学性质完全相同的性质。同时晶体还具有**固定的熔点**。

晶体可以在一定的条件下转化成非晶体,非晶体也可以转化成晶体。如玻璃调整其内部结构可使其基元的排列方式向晶体转化,称为**晶化**。晶体内部结构基元的周期性排列遭到破坏可以向非晶体转化,称为**非晶化**。含有放射性元素的矿物晶体,由于受到放射性蜕变时所发生的 α 射线的作用,晶体结构遭到破坏,而转化为非晶质矿物。激冷也可造成金属固体的非晶状态。

当晶体内部的结构基元为长程有序的排列且处于平衡位置时,其内能为最小。因此,对于同一物质的不同凝聚态来说,晶态是最稳定的。晶体非晶化转变的发生,必然与能量的输入或物质成分的变化相关联;而晶化过程却可以自发产生,从而转向更加稳定的晶态。由此可见,晶化是自发过程而非晶化是非自发过程。

三、非晶体

非晶质状态是物质结构的一种状态,也称为**非晶态**、无定型态或玻璃态。非晶态的固体物质的结构基元仅具有短程有序的排列,即一个结构基元在较小的范围内与其近邻的几个结构基元间保持着有序的排列,而没有长程有序的排列。这些固体物质被称为**非晶体**。

非晶体的物质有一些共同的性质。它们没有固定的熔点,通常会在一定的温度范围内从液态经过熔融状态到固态发生一个连续变化的过程。这个温度范围称为转变区。各向同性也是非晶体物质共有的特性,这种各向同性反映在光学、力学、电学及热学等许多方面。另外,非晶态的物质没有规则、稳定的几何外形,并且没有内在的晶界或相界。

通常的晶体物质从液态冷却至熔点后会释放出全部的结晶潜热而转变成晶态固体物质。如果液态物质在凝固过程中具备如下条件则有可能转变成非晶态:凝固时相变位垒很高,相变潜热不能及时得到释放;液体接近凝固温度时粘度很大,原子不容易交换位置;结晶核的形核功很大,熔体中没有促进结晶的非自发核心;物质原子的配位数较小。由此可见,非晶态的物质不处于稳定状态,且具有较高的内能。从结构化学的角度看,离子键、金属键及共价键的物质均不容易生成非晶态。只有物质原子的结合键的性质处于小配位数的离子-共价键或金属-共价键之间的过渡状态时才容易生成非晶态。

常见的非晶体有玻璃、石蜡、沥青等。由于粘度特性以及其表面特性、光学特性、电学特性、磁学特性等种种优良的性能,非晶体可以被人们在许多特定的场合加以利用。

四、液晶

根据晶体的概念可以将物质划分为晶体与非晶体。但实际晶体的结构状态往往比这种划分更为复杂。某些有机物质的原子或分子具有一维或二维长程有序排列,因而它既不完全符合晶体的概念又不是非晶体。通常固态有机晶体被加热后变成各向同性的透明液体。但某些固体有机化合物加热至 T_1 温度后变成粘稠状而稍微有些混浊的各向异性液体,称为液态晶体或**液晶**。若再加热至 T_2 温度则变成各向同性的透明液体。液晶是介于固态与液态之间的各向异性的流体,是一种具有特定分子结构的有机化合物凝聚体。

液晶物质的分子基本是细长的，现记载的液晶物质已有三千种以上。最早发现的液晶是胆甾醇苯甲酸酯 $C_{27}H_{45}O \cdot CO \cdot C_6H_5$，其 T_1 温度是 146 ℃，T_2 温度是 178.5 ℃。液晶的物理性质及化学性质可利用。如 T_1 温度在室温以下的液晶可用做液晶显示器，它有电力消耗低、显示鲜明、分辨率高、可靠性高、品质优良、成本低、光电响应快（0.1 s）并有热稳定性等优点，因而得到了广泛的应用。

五、准晶

人们熟知，晶体只有 1、2、3、4 和 6 次旋转对称性，不可能存在 5 次或其他的旋转对称性，否则将破坏晶体的长程有序结构。但是人们在实践中发现了具有 5 次或其他旋转对称性、类似晶体的物质，这种物质通常称为**准晶**，即准周期性晶体。

1984 年，人们在急冷处理过的 Al-Mn 合金中发现了 5 次对称电子衍射花样，这是一种非寻常的衍射花样。随后人们在 Al-Fe、Al-Ni、Al-Fe-Cu、Al-Co-Cu、Al-Mn-Si、Al-Li-Cu-Zr、Cr-Ni-Si、V-Ni-Si 合金以及不锈钢中也先后观察到了 5 次、8 次、10 次、12 次等非寻常衍射花样。到目前为止，人们已经观察到了 50 余种准晶衍射结构。

根据发现准晶的依据，准晶一定具有非寻常电子衍射花样。它无长程平移对称性，也没有单一的晶体单胞。目前只在合金类的非单质系统中发现准晶，因此准晶结构可能与不同原子尺寸的配合有关。所发现的多数准晶处于通过急冷造成的不稳定或亚稳定状态的非平衡状态。在有些合金中也会在慢冷或时效过程中出现准晶。准晶往往具有硬度高、耐腐蚀等特点，因此有可能用做工程材料。

目前人们还没能对准晶的结构有完整的了解，只是有一些不完善的理论研究。对于 n 次旋转轴（通常 n 为 1、2、3、4 或 6），一次操作的转动角度 θ 为 $360°/n$；当 $n=5$ 时，$\theta=360°/5=72°$。令 $\cos 72°=1/(2\tau)$，则有 $\tau=(1+\sqrt{5})/2=1.618\cdots$；$\tau$ 为 5 次旋转操作的特征参数。借助与之相关的用菲波那契数列描述的兔子繁殖原理可以从一定角度理解 5 次对称准晶的结构特点。设大兔子为 L，大兔子每个月可生一个小兔子 S，即 L 转变成 LS。一个月后小兔子 S 就可以转变成大兔子 L，即 S 转变成 L，并随后开始生小兔子 S，即 L 再次转变成 LS。由此可以得出如下的兔子繁殖规律（表 1-1），其中 N_{n-1}^{S} 为第 $n-1$ 月小兔子总数，N_{n-1}^{L} 为大兔子总数，且有 $(N_{n-1}^{S}+N_{n-1}^{L})/N_{n-1}^{S}=1+N_{n-1}^{S}/N_{n-1}^{L}$。利用兔子繁殖原理可以归纳 5 次对称准晶结构的一些现象。

表 1-1　兔子繁殖规律

月序	兔子生存状态	大小兔子之比	兔子总数 N_n^{L+S}
1	L	1/0	1
2	LS	1/1	2
3	LSL	2/1	3
4	LSLLS	3/2	5
5	LSLLSLSL	5/3	8
6	LSLLSLSLLSLLS	8/5	13
7	LSLLSLSLLSLLSLSLLSLSL	13/8	21
8	LSLLSLSLLSLLSLSLLSLSLLSLLSLSLLSLLS	21/13	34
⋮			
n	…	$(N_{n-1}^{S}+N_{n-1}^{L})/N_{n-1}^{S}$	$2N_{n-1}^{S}+N_{n-1}^{L}$
⋮			
∞		$\frac{1}{2}(1+\sqrt{5})=\tau$	

在 5 次对称性准晶中存在一些特征晶面，其面间距或大(L)或小(S)，大小相间，并不相等。且有 $L/S=\tau$，$(L+S)/L=\tau$；不论 L 与 S 的值是多少，相关比值 τ 不变。该特征晶面大、小面间距的分布状态与上述兔子生存状态的分布规律相同(参见图 1-2)。这些都是维持 5 次对称性的条件。由图 1-2 可以看出，该晶体结构没有单一的结构单胞，特征晶面间距及分布的非规律性也使得长程平移对称性不可能存在。但是这种结构可以在电子束照射下产生 5 次对称性的衍射花样，进而成为人们所说的准晶。有关准晶的结构理论和生成理论还在不断地探索和研究之中。

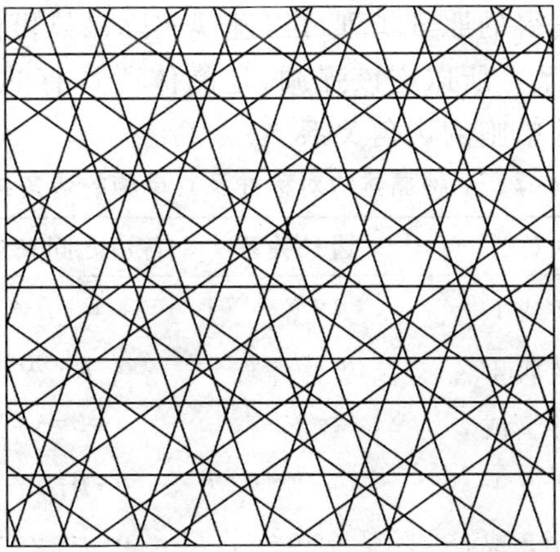

图 1-2　5 次对称性准晶特征晶面的结构

§1-2 晶体的基本对称性

为了系统地了解和掌握晶体结构的基本特征,这里仅简洁地归纳晶体的基本对称性。

一、对称操作

晶体是由原子或原子团在三维空间中规则地重复排列而成的固体。若对晶体实施某种几何操作,则会使晶体各原子的位置发生变化。人们定义使各原子的位置发生变换,变换后晶体的状态与变换前正好相同的操作称为**对称操作**。晶体基本的对称操作有点操作和平移操作。在一般的对称操作过程中,空间有许多点在动,且操作前后状态一样。在对称操作过程中,保持空间至少有一个不动点的操作称为**点对称操作**。具体的点对称操作有恒等操作、平面反映操作、旋转操作、反演操作和旋转反演操作。其中旋转操作的旋转轴只能是1、2、3、4和6次的。通常采用国际上统一规定的国际符号系统来表示晶体的对称性,有时也会用到皮尔逊符号表示晶系。

二、七种晶系

根据实际晶体主要的点对称特征可以把所有晶体划分成**七种晶系**。表1-2给出了七种晶系的名称、**皮尔逊符号**、主要点对称特征(用**国际符号**表示)及其相应单胞各边的长度和各边之间夹角的关系。其中不等号≠的意思是指对称条件不要求这里是等号,并不是说不允许相等。在实际测量时,由于有实验误差,也会测不出相差极小的点阵常数及轴夹角的差别,使所测得的某些边或边间夹角相等,但仔细分析测得的原子排列可以发现实际晶体可能没有很高的对称性,不属于高对称性的晶系。所以应该强调,是晶体所具有的点对称性决定了晶体所属的晶系,而不是其单胞的边角关系。

表1-2 七种晶体的对称性及其单胞的边角关系

晶系	对称性	边长关系	各边之间夹角关系	皮尔逊符号
三斜	1 或 $\bar{1}$	$a\neq b\neq c$	$\alpha\neq\beta\neq\gamma$	a
单斜	2 或 $\bar{2}$	$a\neq b\neq c$	$\alpha=\beta=90^\circ\neq\gamma$	m
正交	两个 2 或 $\bar{2}$	$a\neq b\neq c$	$\alpha=\beta=\gamma=90^\circ$	o
四方	4 或 $\bar{4}$	$a=b\neq c$	$\alpha=\beta=\gamma=90^\circ$	t
立方	两个 3 或 $\bar{3}$	$a=b=c$	$\alpha=\beta=\gamma=90^\circ$	c

续表

晶系	对称性	边长关系	各边之间夹角关系	皮尔逊符号
三方 (或菱形)	3 或 $\bar{3}$	$a=b\neq c$ $(a=b=c)$	$\alpha=\beta=90°,\gamma=120°$ $(\alpha=\beta=\gamma)$	h
六方	6 或 $\bar{6}$	$a=b\neq c$	$\alpha=\beta=90°,\gamma=120°$	h

三、十四种布拉菲点阵

在空间中由点排列成的无限阵列,其中每一点与其他所有的这种点有完全相同的环境,这种阵列称为**点阵**。晶体被定义为原子的三维长程有序排列,即周期排列;所谓周期就是平移对称。因此所有晶体都具有平移对称性,借助点的平移所构成的点阵可以表达和描述晶体的平移对称性。三维空间内单位平移矢量构成的平行六面体即为点阵的单胞。若单胞只含有一个阵点则称为**初基单胞**。

七种晶系是从点对称性的角度出发对所有晶体作粗略划分。若从晶体的平移对称性出发,则所有晶体可能具有 14 种不同的点阵,或称为**十四种布拉菲点阵**。

若点阵的初基单胞既可反映出该点阵的平移对称性,又可反映出相应晶系所对应的点对称性对初基单胞的限制,则这种点阵称为**初基点阵**。参照上面介绍的各晶系单胞边角关系,可以得出七种布拉菲点阵,每种晶系对应一个布拉菲点阵。应注意的是,三方晶系取六角坐标系时与六方晶系的平移对称性相同,因此它们对应的点阵是等价的。这些点阵用 P 作为标记,而三方菱形晶系则用 R 作为标记。P 也代表它们的初基单胞或称 P 单胞。另外还有其他七种布拉菲点阵。这七种布拉菲点阵是在初基点阵内加入一些新的阵点而得到的。但阵点不能随意加入,加入新阵点后首先要看新的排列是否还是点阵,即这一点阵是否可以形成无限阵列并且所有阵点都有完全相同的环境,然后得到的点阵还应是新的点阵。这时单胞由初基单胞变成了多个阵点的**复式单胞**。

在讨论布拉菲点阵时,使用这种复式单胞很方便,所以常被人们采纳,称为**惯用单胞**。这时凡属于同一晶系的空间点阵都是选用相同的参考轴。所以全部惯用的复式单胞都可以表现出与相应的初基点阵单胞相同的点对称性和相应的平移对称性。另外,这些通过在初基点阵中加入新阵点而形成的新点阵中,仍可找出"只有一个阵点的"初基单胞,并且可以通过点阵矢量平移将整个空间点阵再现出来。但是这种单胞本身不能以简洁清晰的方式反映出此种晶系主要的点对称性。在研究晶体结构时采用能反映点阵点对称性的惯用单胞可以使人们很容易想象出晶体的结构及其特征,所以需要选用复式单胞。表 1-3 给出了上述 14 种布拉菲点阵。14 种布拉菲点阵惯用单胞的国际符号用 P、I、F、C、R 表示。

P 和 R 点阵单胞有一个阵点,I 点阵单胞有两个阵点,F 点阵单胞有四个阵点,C 点阵单胞有两个阵点。表 1-3 还在括号内给出了与国际符号相应的皮尔逊符号。

表 1-3 14 种布拉菲点阵

晶系	初基	底心	体心	面心
三斜	P(aP)			
单斜	P(mP)	B(mC)		
正交	P(oP)	C(oC)	I(oI)	F(oF)
四方	P(tP)		I(tI)	
立方	P(cP)		I(cI)	F(cF)
六方	P(hP)			
三方菱形	R(hR)			

§1-3 常见的无机晶体结构

晶体结构由点阵加上具有一定对称性的结构基元来描述。由原子或原子集合构成的基元对应于点阵中的一个阵点。而阵点则按平移对称性在整个空间周期性重复。这一概念可以表述为:晶体结构=点阵+结构基元。

常见的金属或无机非金属晶体很多是对称性比较高的晶体,在工业生产和科学研究中经常会遇到这些结构。下面列举一些常见的晶体结构。为了分析研究的方便,根据各种晶体所具有的空间对称性及单胞内原子的配置,对晶体又做了进一步分类,并对每一类晶体都给出了一定的代表符号,因而逐渐形成了一个描述晶体结构的符号系列。对于金属或无机非金属晶体经常可以见到如下几种符号:一般来说,A 表示单质晶体、B 表示 AX 型化合物、C 表示 AX_2型化合物、D 表示 A_nX_m型化合物(其中 DO 表示 AX_3型化合物)、L 表示合金等。常见的晶体结构也可以用皮尔逊符号表示,即用表 1-3 所示的点阵皮尔逊符号再加上点阵单胞内原子的数目。下面介绍的晶体结构中也同时给出了相应的皮尔逊符号。

一、单质晶体结构

A1 表示 Cu 型晶体结构(cF4)。Cu 型晶体为面心立方晶体,原子的位置坐标分别为(0,0,0)、$\left(\frac{1}{2},\frac{1}{2},0\right)$、$\left(\frac{1}{2},0,\frac{1}{2}\right)$、$\left(0,\frac{1}{2},\frac{1}{2}\right)$(图 1-3a)。属于这种结构的晶体有 Ag、Al、Au、α-Ca、α-Ce、β-Co、γ-Fe、Ir、Ni、Pb、Pd、Pt、α-Rh、α-

Sr、α-Th、Cu 等。

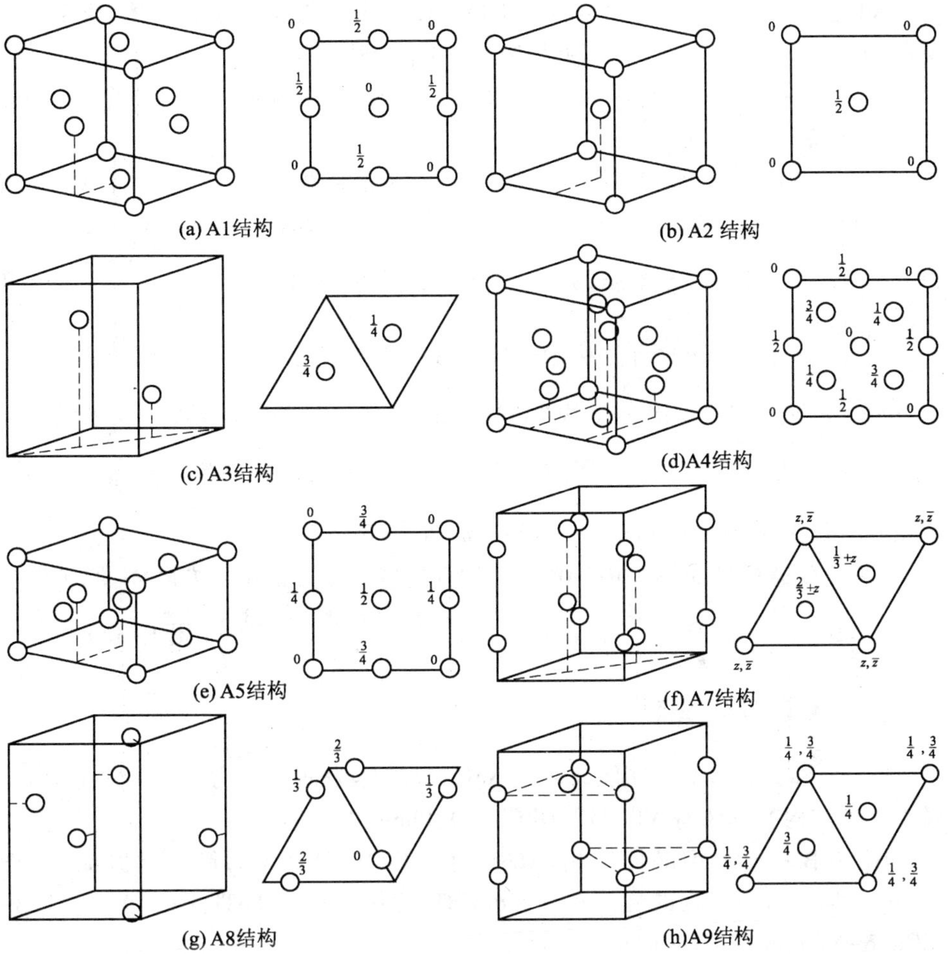

图 1-3　单质晶体结构

A2 是 W 型晶体结构(cI2)。W 型晶体为体心立方晶体,原子的位置坐标分别为(0,0,0)和$\left(\frac{1}{2},\frac{1}{2},\frac{1}{2}\right)$(图 1-3b)。属于这种结构的晶体有 Ba、Cb、Cs、α-Fe、δ-Fe、K、β-Li、Mo、β-Na、Rb、Ta、V、W 等。

A3 是 Mg 型晶体结构(hP2)。Mg 型晶体为密排六方晶体,原子的坐标为$\left(\frac{1}{3},\frac{2}{3},\frac{1}{4}\right)$和$\left(\frac{2}{3},\frac{1}{3},\frac{3}{4}\right)$。采用习惯上的晶体单胞时将原子坐标各减$\left(\frac{1}{3},\frac{2}{3},\frac{1}{4}\right)$,因而得(0,0,0)和$\left(\frac{1}{3},\frac{2}{3},\frac{1}{2}\right)$(图 1-3c)。属于这种结构的晶体有

Mg、α-Be、Cd、α-Co、α-Ti、Zn、α-Zr 等。

A4 是 C(金刚石)型晶体结构(cF8)。C 型晶体为面心立方晶体,原子占位情况如图 1-3d 所示。属于这种结构的晶体有金刚石 C、Ge、Si、α-Sn 等。

A5 是 β-Sn(白锡)型晶体结构(tI4)。β-Sn 型晶体为体心四方晶体,原子占位情况如图 1-3e 所示。

A7 是 As(α-As)型晶体结构(hR2)。As 型晶体为菱形三方晶体,原子位置坐标为(x,x,x)和$(-x,-x,-x)$。对 α-As 有 $x=0.276$,$a=0.413$ nm,$\alpha=54°8'$(图 1-3f)。若采用六方单胞,则原子位置坐标为$(0,0,\pm z)$、$\left(\frac{1}{3},\frac{2}{3},\frac{2}{3}\pm z\right)$和$\left(\frac{2}{3},\frac{1}{3},\frac{1}{3}\pm z\right)$。属于这种结构的晶体有 α-As、Bi、Sb 等。

A8 是 Se(γ-Se)型晶体结构(hP3)。Se 晶体为简单三方晶体,原子位置为$\left(x,0,\frac{1}{3}\right)$、$\left(0,x,\frac{2}{3}\right)$和$(-x,-x,0)$(图 1-3g)。属于这种结构的晶体有 γ-Se,其点阵常数为 $a=0.436$ nm,$c=0.496$ nm,且 $x=0.217$。

A9 是石墨 C 型晶体结构(hP4)。石墨 C 型晶体为密排六方晶体,原子位置坐标为$\left(0,0,\frac{1}{4}\right)$、$\left(0,0,\frac{3}{4}\right)$以及$\left(\frac{1}{3},\frac{2}{3},\frac{1}{4}\right)$、$\left(\frac{2}{3},\frac{1}{3},\frac{3}{4}\right)$(图 1-3h)。

二、AX 型化合物

B1 是 NaCl 型晶体结构(cF8)。NaCl 型晶体为面心立方晶体(图 1-4a)。属于这种结构的晶体有 VC、TiC、NbC、ZrO、PbSe、PbS 等。

B2 是 β′-CuZn 型晶体结构(cI2)。β′-CuZn 型晶体为简单立方晶体(图 1-4b)。属于这种结构的晶体有 AgCd、CoTi、FeAl、FeCo、FeTi、FeV、β-NiAl、β-NiCa、δ-NiIn、NiTi、β′-CuZn 等。

B3 是 ZnS 型晶体结构(cF8)。ZnS 型晶体为面心立方晶体(1-4c)。属于这种结构的晶体有 CdSe、CdTe、CaSb、InAs、InSb、ZnSe、AlAs、CaAs 等。

$B8_1$是 NiAs 型晶体结构(hP4)。NiAs 型晶体为密排六方晶体(图1-4d)。属于这种结构的晶体有 CoSb、CoSe、CoTe、CrSe、MnSb、NiAs、NiSb、NiTe、VSb 等。

$L1_0$是 AuCuI 型晶体结构(tP4)。AuCuI 型晶体为四方晶体(图 1-4e)。属于这种结构的晶体有 AgTi、AlTi、AuCuI、θ-CdPt、FePd、γ″-FePt、θ-MnNi、NiPt 等。

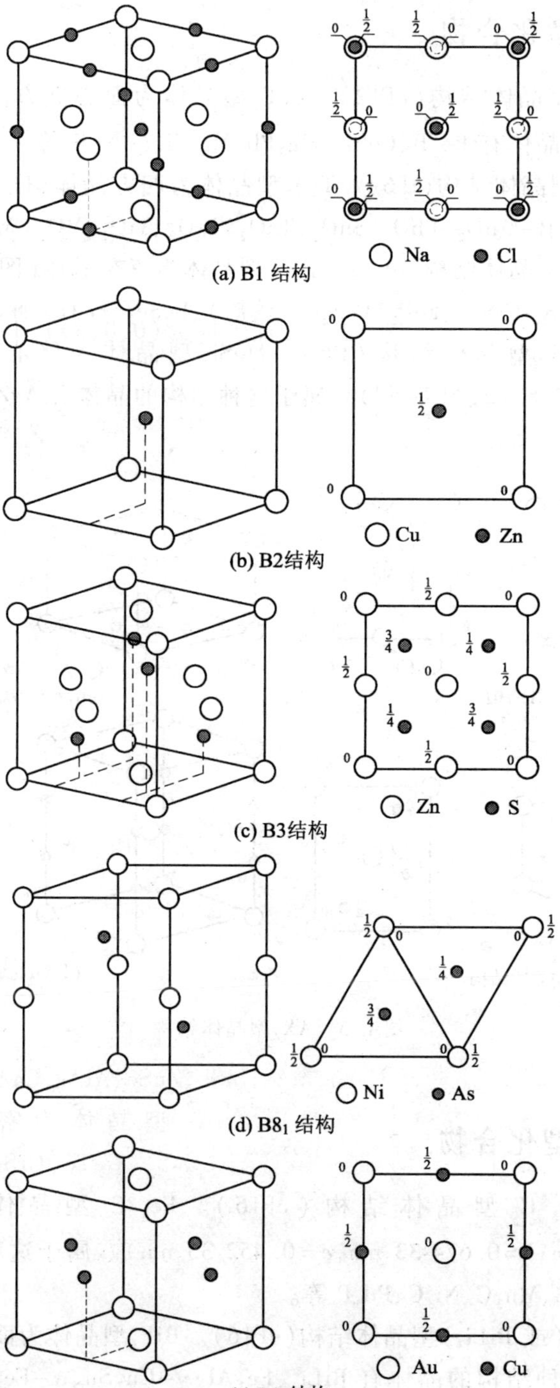

(a) B1 结构

(b) B2结构

(c) B3结构

(d) $B8_1$ 结构

(e) $L1_0$结构

图 1-4　AX 型晶体结构

三、AX_2型化合物

C1 是 CaF_2型晶体结构(cF12)。CaF_2型晶体为面心立方晶体(图 1-5a)。属于这种结构的晶体有 Be_2B、$CoSi_2$、Mg_2Pb、Mg_2Si、ξ-$NiSi_2$等。

C4 是 TiO_2型晶体结构(tP6)。TiO_2型晶体为四方晶体(图 1-5b)。属于这种结构的晶体有 β-MnO_2、PbO_2、SnO_2、TaO_2、TeO_2、TiO_2、VO_2、WO_2等。

C18 是 FeS_2型晶体结构(oP6)。FeS_2型晶体为正交晶体(图 1-5c)。属于这种结构的晶体有 γ-$CrSb_2$、FeP_2、FeS_2(黄铁矿)、$FeSe_2$、$FeTe_2$、$NiSb_2$等。

$C11_b$是 $MoSi_2$ 型晶体结构(tI6)。$MoSi_2$ 型晶体为体心四方晶体(a=0.320 nm,c=0.786 nm,图 1-5d)。属于这种结构的晶体有 $AgZr_2$、$CuTi_2$、Cr_2Al、Ni_2Ta、Si_2Mo、Si_2W 等。

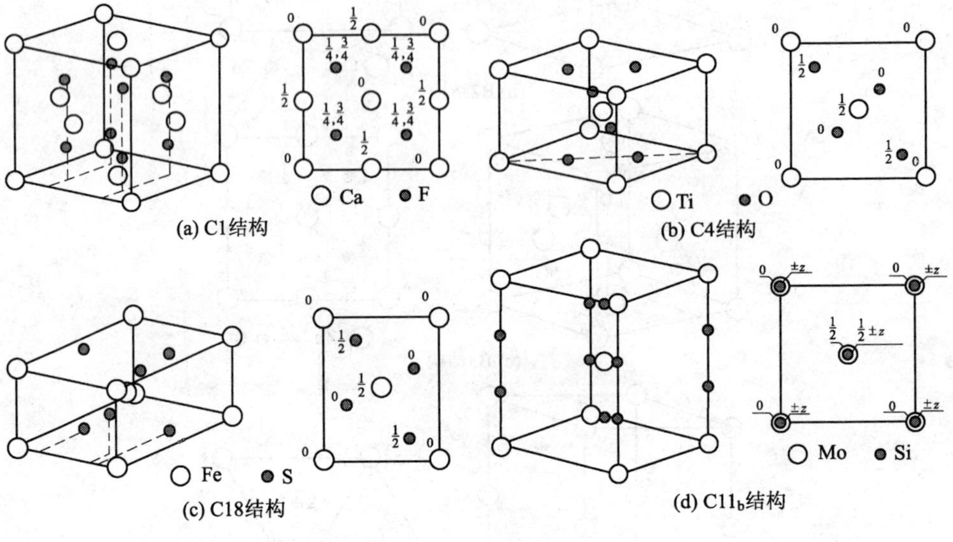

图 1-5 AX_2型晶体结构

四、AX_3型化合物

DO_{11} 是 Fe_3C 型晶体结构(oP16)。Fe_3C 型晶体为正交晶体(a=0.508 90 nm,b=0.674 33 nm,c=0.452 35 nm)。属于这种结构的晶体有 Co_3B、Co_3C、Fe_3C、Mn_3C、Ni_3C、Pd_3P 等。

DO_3是 BiF_3(或 $BiLi_3$)型晶体结构(cF16)。BiF_3型晶体为面心立方晶体(图 1-6a)。属于这种结构的晶体有 $BiLi_3$、Fe_3Al、γ-Cu_3Sn、α-Fe_3Si、Mn_3Si、Ni_3Sn 等。

$L1_2$是 $AuCu_3I$ 型晶体结构(cP4)。$AuCu_3I$ 型晶体为简单立方晶体(图 1-6b)。属于这种结构的晶体有 $\alpha'-AlNi_3$、$AlZr_3$、Au_3Cu、$AuCu_3I$、$CoPt_3$、Cr_3Pt、Fe_3Ca、$FePd_3$、Ni_3Fe、Ni_3Mn、Sn_3U 等。

DO_{19}是 Ni_3Sn 型晶体结构(hP8)。Ni_3Sn 型晶体为密排六方晶体(图 1-6c)。属于这种结构的晶体有 $AlTi_{2-3}$、Cd_3Mg、$CdMg_3$、Co_3Mo、Co_3W、$\beta''-Fe_3Sn$、Ni_3In、Ni_3Sn 等。

DO_{22}是 Al_3Ti 型晶体结构(oI8)。Al_3Ti 型晶体为体心四方晶体(图 1-6d)。属于这种结构的晶体有 Al_3Cb、Al_3Ti、Al_3Hf、Al_3Ta、Al_3V、$\alpha-CbPd_3$、Ni_3V、Pf_3V 等。

A15 是 Cr_3Si 型晶体结构(cP8)。Cr_3Si 型晶体为立方晶体(图 1-6e)。属于这种结构的晶体有 AlV_3、$AuTi_3$、CoV_3、Cr_3Si,V_3Si、W_3Si、Nb_3Sn(超导材料)等。

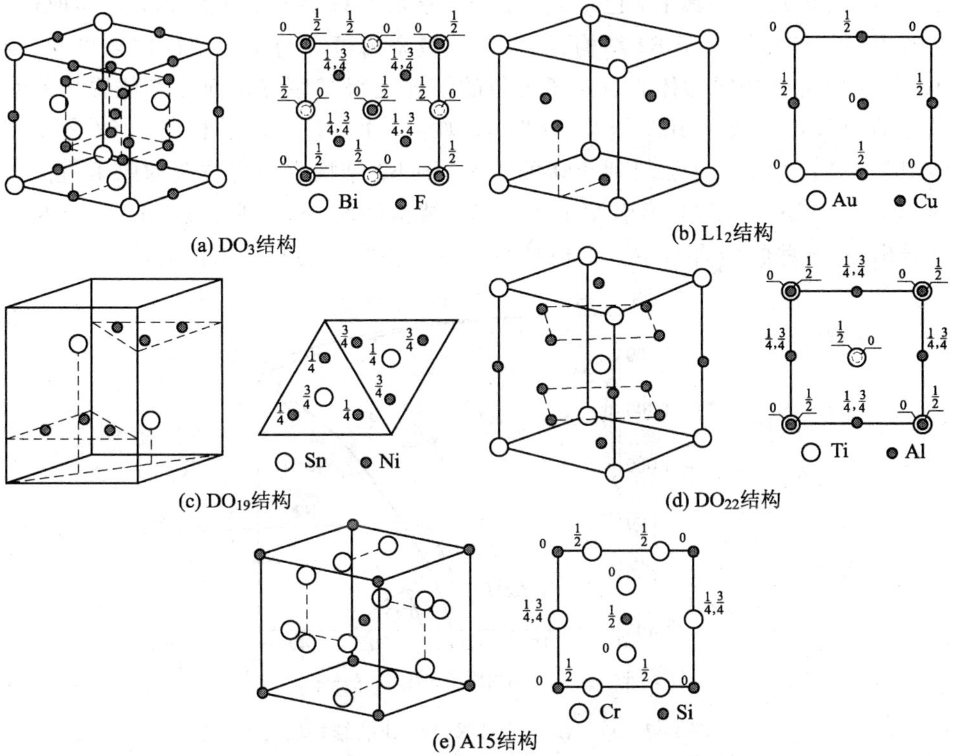

(a) DO_3结构　(b) $L1_2$结构　(c) DO_{19}结构　(d) DO_{22}结构　(e) A15结构

图 1-6　AX_3型晶体结构

五、结构转变及概率占位

在上述结构中描述的各个位置上,许多金属和合金结构中的原子并不完全严格地按照规则占位，即会以一定的比例出现原子互相调换位置的现象，称为**概率占位**。尤其是当合金中不同类型原子的比值不符合典型结构规定的比例时，超过规定比例的原子一定会以概率占位的形式占据其他原子的位置。金属和合金在固态加热或冷却时会发生结构转变，且转变前后的两种结构有某种内在的联系。如 Fe_3Al 在室温的稳定结构是 DO_3（图 1-7），通常 Al 原子占位如图 1-6b 所示。其实图中 Fe 位置的占位情况可以是 $3(1-p)Fe+(3p-2)Al$，Al 位置的占位情况为 $pFe+(1-p)Al$。其中 p 可视为概率因子，原则上只要 p 在 $\frac{2}{3}$ 至 1 之间取值，则所得到的结构均属于 DO_3 结构，只是原子呈概率占位。当 $p=1$ 时即可得到典型的 DO_3 结构。若把 Fe_3Al 加热到 550 ℃以上，则会发生向 B2 结构的转变（图 1-7）。图 1-4b 所示 Cu 位置的情况可以是 $(1.5-r)Fe+(r-0.5)Al$，Zn 位置为 $rFe+(1-r)Al$。其中 r 也是概率因子，原则上只要 r 在 0.5 至 1 之间取值，则所得到的结构均属于 B2 结构，原子亦是概率占位。与 DO_3 结构比较可知，当 DO_3 结构中单胞棱线与体心点原子占位的情况变得与原点及面心点位置相同时晶体结构就转变成了 B2 结构。这时单胞的尺寸只是 DO_3 结构的 1/8（参见图 1-4b）。若再把 Fe_3Al 加热到 900 ℃以上，则 B2 结构中所有位置的原子占位概率都是 $0.75Fe+0.25Al$，因而发生了向 A2 结构的转变（参见图1-3b）。因此可以看出，在一些特定合金中会出现具有某种内在联系的有序结构的转变。

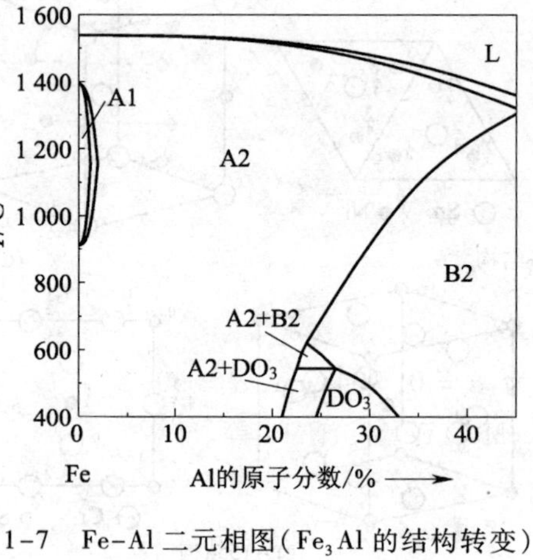

图 1-7 Fe-Al 二元相图（Fe_3Al 的结构转变）

六、拓扑密堆型化合物

拓扑密堆型化合物是由两种或三种大小不同的原子所组成的。大小原子通过适当配合构成空间利用率和配位数都很高的复杂结构。这种结构比面心立方和密排六方结构的空间利用率都高，因而称为拓扑密堆结构。常见的拓扑密堆结构有 Laves 相、σ 相、μ 相等。

C15 是 Cu_2Mg 型晶体结构（cF24），属于 Laves 相。Cu_2Mg 型晶体为面心立方晶体（图 1-8a）。属于这种结构的晶体有 Al_2Ca、Al_2U、Co_2U、Co_2Zr、Cu_2Mg、Fe_2U、Fe_2Zr、α-$TiCo_2$、ZrW_2以及磁致伸缩材料 Fe_2(Dy、Tb）等。

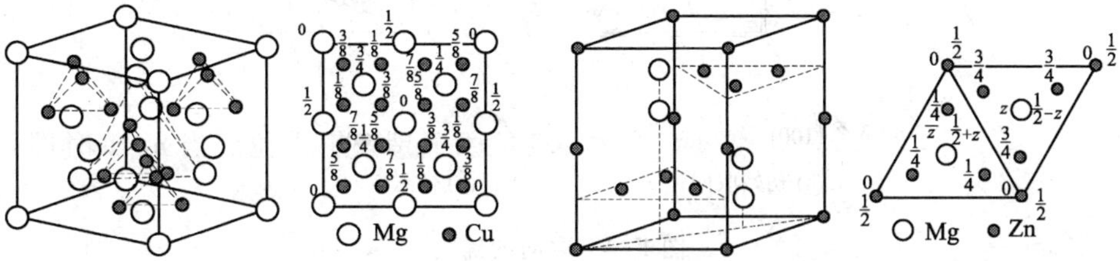

(a) C15 结构　　(b) C14结构

图 1-8　Laves 相结构

C14 是 $MgZn_2$型晶体结构（hP12），属于 Laves 相。$MgZn_2$型晶体为密排六方晶体（图 1-8b）。属于这种结构的晶体有 Al_2Zr、Be_2Mo、$CaCd_2$、$CaMg_2$、$CdCu_2$、Fe_2Mo、Fe_2Ta、Fe_2Ti、Fe_2W、$MgZn_2$、$TiZn_2$、FeSiW、高温 $TiCr_2$等。

C36 是 $MgNi_2$型晶体结构（hP24），也属于 Laves 相。$MgNi_2$型晶体也为密排六方晶体。属于这种结构的晶体有 $NbCo_2$、$MgNi_2$、$ZrFe_2$等。

$D8_b$是 σ-FeCr 型晶体结构（tP30），属于 σ 相。这种 σ 相晶体为四方晶体。其中 Cr 原子在各原子位置上的占有率为 35% ~50%、Cr 原子总的原子分数为 43.3%。实际的原子分数会有波动，其他 σ 相的原子分数分布也各不相同。属于这种结构的晶体有 σ-CoCr、Co_2Mo_3、$CrMn_3$、σ-FeCr、σ-FeMo、σ-FeV、σ-MnMo、TaV 等。

$D8_5$是 Fe_7W_6型晶体结构（hR13），属于 μ 相。这种晶体为菱形三方晶体，Fe_7W_6 的点阵常数为 $a = 0.904$ nm，$\alpha = 30.5°$。属于这种结构的晶体有 μ-Co_7Mo_3、Co_7W_6、Fe_7Mo_6、Fe_7W_6、NiTa 等。

§1-4　晶体的取向与织构

一、晶体取向

设空间有一由 x,y,z 三个互相垂直的坐标轴组成的直角参考坐标系 A。再设有一个立方晶体坐标系 e，其坐标轴的排列方式为：[100]方向平行于 x 轴，[010]方向平行于 y 轴，[001]方向平行于 z 轴，且三个晶体方向分别同与之平

行的 x、y、z 坐标轴保持同向。人们把晶体坐标系中晶体方向在参考坐标系 A 内的这种排布方式称为初始取向 e(图 1-9a)。

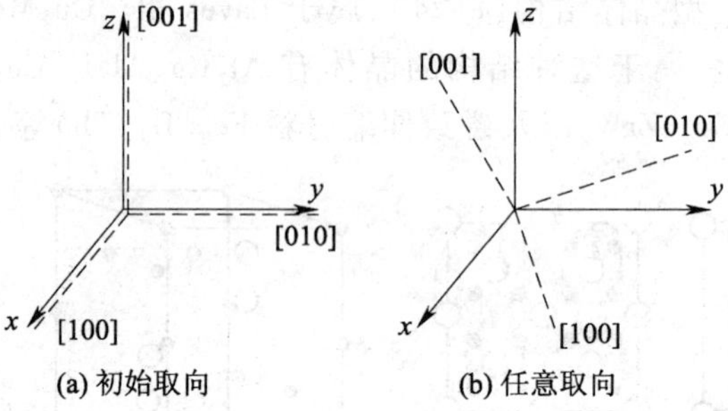

图 1-9　取向的确定

若把一多晶体或任一单晶体放在坐标系 A 内,则每个晶粒坐标系的<100>方向通常不具有上述排列,因此它们不具有起始取向,而只有一般的取向(图 1-9b)。如果把一具有起始取向 e 的晶体坐标系作某种转动,使它与一单晶体或多晶体内一晶粒的晶体坐标系重合,这样转动过的晶体坐标系就具有了与之重合的晶体坐标系的取向。综上可知,**取向**描述了物体相对于参考坐标系的转动状态,**晶体取向**则表达基本的晶体坐标轴在一参考坐标系内的旋转状态或排布方式。可以用具有起始取向的晶体坐标系到达实际晶体坐标系时所转动的角度表达该实际晶体的取向。

二、取向的表达方法

人们通常用晶体的某晶面晶向在参考坐标系中的排布方式来表达晶体的取向。如在立方晶体轧制样品坐标系中用$(hkl)[uvw]$来表达某一晶粒即**立方晶体的取向**。这种晶粒的取向特征为其(hkl)晶面平行于轧面,$[uvw]$方向平行于轧向。另外也可以用$[rst]=[hkl]\times[uvw]$表示平行于轧板横向的晶向,这样就可以构成一个标准正交矩阵。若在上述参考坐标系中用 g 代表一取向,则有

$$g=\begin{bmatrix} g_{11} & g_{12} & g_{13} \\ g_{21} & g_{22} & g_{23} \\ g_{31} & g_{32} & g_{33} \end{bmatrix}=\begin{bmatrix} u & r & h \\ v & s & k \\ w & t & l \end{bmatrix} \tag{1-1}$$

这样式(1-1)可表达立方晶体中任一晶粒在轧制样品坐标系中的取向。对起始取向 e,有

$$e=\begin{bmatrix} 1 & 0 & 0 \\ 0 & 1 & 0 \\ 0 & 0 & 1 \end{bmatrix} \tag{1-2}$$

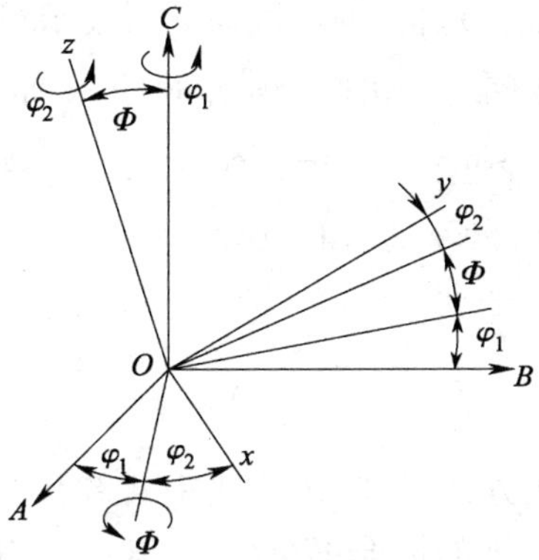

图 1-10 取向的欧拉转动

由于从起始取向出发经过某种转动可将晶体坐标系 $OABC$ 转到任何取向的晶体坐标系 $Oxyz$ 上,所以也可以用这种转动操作的转角表示晶体取向。一种常用的确定取向的方式即是邦厄(Bunge)定义的欧拉角。图 1-10 给出了从起始取向出发,按 φ_1、Φ、φ_2 的顺序所作的三个欧拉转动。经过这种转动可以实现任意的晶体取向,因此取向 g 可表示成

$$g=(\varphi_1,\Phi,\varphi_2) \tag{1-3}$$

显然对于起始取向 e,有

$$e=(0,0,0) \tag{1-4}$$

若用矩阵表示经任意(φ_1,Φ,φ_2)转动所获得的取向,则有

$$g=\begin{bmatrix}\cos\varphi_2 & \sin\varphi_2 & 0\\ -\sin\varphi_2 & \cos\varphi_2 & 0\\ 0 & 0 & 1\end{bmatrix}\begin{bmatrix}1 & 0 & 0\\ 0 & \cos\Phi & \sin\Phi\\ 0 & -\sin\Phi & \cos\Phi\end{bmatrix}\begin{bmatrix}\cos\varphi_1 & \sin\varphi_1 & 0\\ -\sin\varphi_1 & \cos\varphi_1 & 0\\ 0 & 0 & 1\end{bmatrix} \tag{1-5}$$

各矩阵相乘后得总的转置矩阵,且可以证明有下述关系,即

$$g=\begin{bmatrix}\cos\varphi_1\cos\varphi_2-\sin\varphi_1\sin\varphi_2\cos\Phi & \sin\varphi_1\cos\varphi_2+\cos\varphi_1\sin\varphi_2\cos\Phi & \sin\varphi_2\sin\Phi\\ -\cos\varphi_1\sin\varphi_2-\sin\varphi_1\cos\varphi_2\cos\Phi & -\sin\varphi_1\sin\varphi_2+\cos\varphi_1\cos\varphi_2\cos\Phi & \cos\varphi_2\sin\Phi\\ \sin\varphi_1\sin\Phi & -\cos\varphi_1\sin\Phi & \cos\Phi\end{bmatrix}$$

$$=\begin{bmatrix}u & r & h\\ v & s & k\\ w & t & l\end{bmatrix} \tag{1-6}$$

这样就建立了两种取向表达方式的换算关系。

如果从起始取向出发,绕某一晶体学方向 $v_{[hkl]}=[v_1,v_2,v_3]$ 旋转一个角度

γ,则也可以实现任意的晶体取向,此时取向 g 可表示成

$$g=\begin{bmatrix}(1-v_1^2)\cos\gamma+v_1^2 & v_1v_2(1-\cos\gamma)+v_3\sin\gamma & v_1v_3(1-\cos\gamma)-v_2\sin\gamma\\ v_1v_2(1-\cos\gamma)-v_3\sin\gamma & (1-v_2^2)\cos\gamma+v_2^2 & v_2v_3(1-\cos\gamma)+v_1\sin\gamma\\ v_1v_3(1-\cos\gamma)+v_2\sin\gamma & v_2v_3(1-\cos\gamma)-v_1\sin\gamma & (1-v_3^2)\cos\gamma+v_3^2\end{bmatrix}$$

$$=\begin{bmatrix}u & r & h\\ v & s & k\\ w & t & l\end{bmatrix} \tag{1-7}$$

由式(1-1)取向表达方式可知,表达式中共有 9 个变量。但这 9 个变量并不都是独立的。由于该矩阵的标准正交特点,其中必有下列 6 个归一与正交的约束条件,即

$$r^2+s^2+t^2=1,h^2+k^2+l^2=1,u^2+v^2+w^2=1 \tag{1-8}$$

$$rh+sk+tl=0,hu+kv+lw=0,ur+vs+wt=0 \tag{1-9}$$

可见 9 个变量中只可能有 3 个变量是独立的。因此**取向的自由度**是 3。用欧拉角表达取向时,φ_1、Φ、φ_2 刚好反映了取向的三个独立变量。

六方晶体取向的表达式与其 c/a 比值有关。设六方晶体 $\boldsymbol{c}$ 与参考坐标系 z 向平行,$\boldsymbol{a}$ 与参考坐标系 y 向平行,$\boldsymbol{a}$ 与 $\boldsymbol{c}$ 的矢量积为 x 向,则可用 φ_1、Φ、φ_2 角确定六方晶体的取向。从六方晶体对称性出发,在四轴坐标系中用 $\{hkil\}\langle uvtw\rangle$ 表达六方晶体的取向比较直观、方便。其中有 $h+k+i=0$,$u+v+t=0$。把这样的晶面晶向指数经三轴坐标系最后可换算成直角坐标系的相应参数。参考式(1-6)可推导出如下关系:

$$\begin{bmatrix}\left(\sqrt{3}u+\frac{\sqrt{3}}{2}v\right)\frac{a}{d_{uvw}} & (2h+k)\frac{c}{d_{hkl}}\\ \frac{3}{2}\frac{va}{d_{uvw}} & \sqrt{3}k\frac{c}{d_{hkl}}\\ \frac{wc}{d_{uvw}} & \sqrt{3}l\frac{a}{d_{hkl}}\end{bmatrix}=\begin{bmatrix}\cos\varphi_1\cos\varphi_2-\sin\varphi_1\sin\varphi_2\cos\Phi & \sin\varphi_2\sin\Phi\\ -\cos\varphi_1\sin\varphi_2-\sin\varphi_1\cos\varphi_2\cos\Phi & \cos\varphi_2\sin\Phi\\ \sin\varphi_1\sin\Phi & \cos\Phi\end{bmatrix} \tag{1-10}$$

式中:a、c 为六方晶体点阵常数。对 d_{uvw},有

$$d_{uvw}=\sqrt{3\left(u+\frac{v}{2}\right)^2a^2+\frac{9}{4}v^2a^2+w^2c^2} \tag{1-11}$$

$$d_{hkl}=\sqrt{(2h+k)^2c^2+3k^2c^2+3l^2a^2}$$

对于**四方晶系取向**可设晶体 $\boldsymbol{c}$ 与参考坐标系 z 向平行,$\boldsymbol{a}$ 与参考坐标系 x 向平行,则可用 φ_1、Φ、φ_2 角确定四方晶体的取向。从四方晶体对称性出发,也可在直角坐标系中用 $(hkl)[uvw]$ 表达四方晶体的取向,并有如下关系:

$$\begin{bmatrix} \frac{ua}{r_{uvw}} & \frac{hc}{r_{hkl}} \\ \frac{va}{r_{uvw}} & \frac{kc}{r_{hkl}} \\ \frac{wc}{r_{uvw}} & \frac{la}{r_{hkl}} \end{bmatrix} = \begin{bmatrix} \cos\varphi_1\cos\varphi_2-\sin\varphi_1\sin\varphi_2\cos\Phi & \sin\varphi_2\sin\Phi \\ -\cos\varphi_1\sin\varphi_2-\sin\varphi_1\cos\varphi_2\cos\Phi & \cos\varphi_2\sin\Phi \\ \sin\varphi_1\sin\Phi & \cos\Phi \end{bmatrix} \tag{1-12}$$

式中：a、c 为四方晶体常数。对 r_{uvw} 和 r_{hkl}，有

$$r_{uvw}=\sqrt{u^2a^2+v^2a^2+w^2c^2},\ r_{hkl}=\sqrt{h^2c^2+k^2c^2+3l^2a^2} \tag{1-13}$$

三、晶体学织构

图 1-11a 给出了一晶体的原子排列结构，如果去除结构中的原子，则可留下表示原子排列规则点阵的网格示意图（图 1-11b）。观察网格的偏转状态可分析晶体取向的变化。当多晶体各晶粒的取向呈现无规则分布时，称为**取向随机分布**（图 1-12a），若多晶体的晶粒取向聚集到一起时就会呈现织构现象（图 1-12b）。一般认为，许多晶粒取向集中分布在某一或某些取向位置附近时称为择优取向。择优取向的多晶体取向结构称为**织构**。根据近年来的研究，许多人认为晶体学织构概念应是多晶体取向分布状态明显偏离随机分布的取向分布结构。织构常常产生于多晶金属材料物理冶金的各种过程之中，如铸造、变形、退火乃至相变过程都会引起织构的生成，因此在实际生产中很难找到没有织构的非粉末材料。研究表明，即使是金属粉末，有时在其烧结过程中也会产生某种织构，因此织构的存在带有普遍性。织构及其所造成的材料各向异性对于材料的使用有着极为重要的影响。

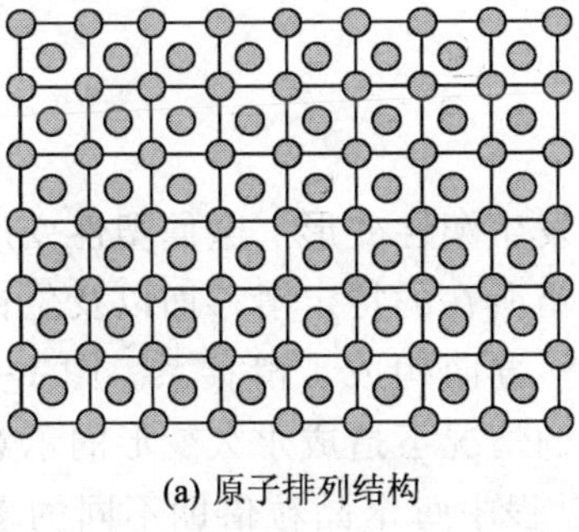

(a) 原子排列结构

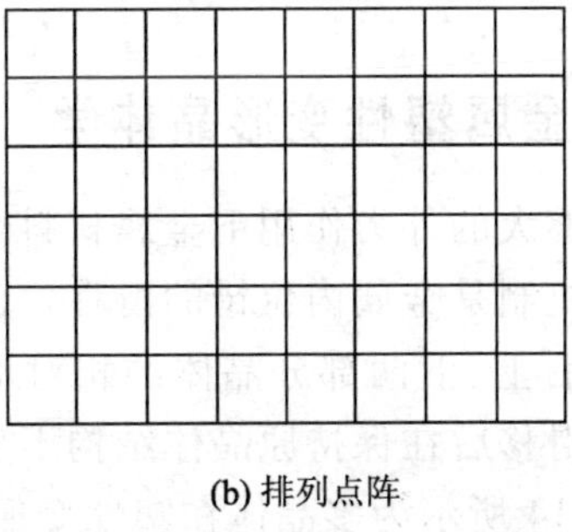

(b) 排列点阵

图 1-11 晶体的原子排列结构及其排列点阵示意图

在金属的凝固过程中，随着温度的降低，结晶核不断长大。由于热量散失的方向性，使晶核长大也具有方向性，如柱状晶区。晶体结晶生长速度的各向异性造成了选择生长现象，这使得只有快速生长方向平行于散热方向的那些晶核能

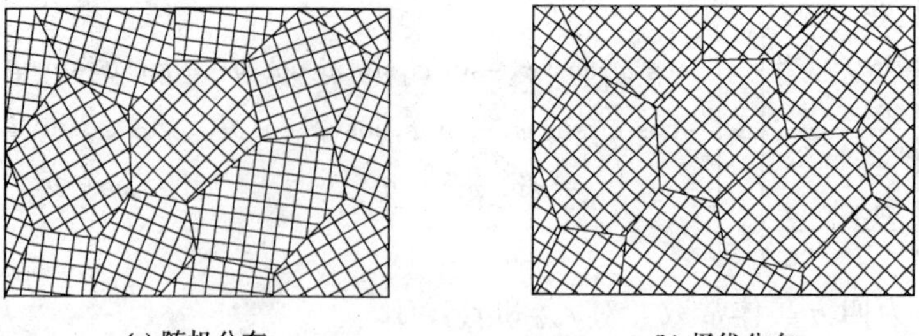

图 1-12 多晶体取向的随机分布与择优分布示意图

够长大,并导致整个晶区各晶粒能够快速生长的晶向互相平行,因而形成了**铸造织构**。统计和研究表明,体心立方金属(如 Fe-Si、β 黄铜、Na 等)和面心立方金属(如 Al、Cu、Ag、Au、Pb 等)的快速生长方向和枝晶晶轴方向都是<100>方向。铸造之后的金属材料一般要进行变形加工。多晶体形变时各晶粒取向发生转动。转动的结果使大多数晶体聚集到某些取向上来,形成**变形织构**。受到热变形条件的影响,热变形织构比较复杂,但金属冷变形之后通常会产生较锋锐的织构。变形后的金属在加热过程中会发生再结晶。根据加热工艺的不同可以发生回复、再结晶及二次再结晶等现象。再结晶是一个生核和核长大的过程。核在什么地方形成以及哪些核能长大,很大程度上要受到变形晶粒取向的影响。因此再结晶后的材料内仍会有**再结晶织构**。

§1-5 金属晶体的塑性变形

一、金属塑性变形晶体学

在足够大的外力作用下金属材料会发生塑性变形。金属塑性变形最主要的微观变形机制是金属内位错的滑移。位错所在的特定滑移面以及位错线在滑移面上移动后上、下两部分晶体的相对滑移方向构成了滑移系。图 1-13 所示为晶体位错滑移后在保持原晶体结构不变的情况下造成永久变形的示意图。

图 1-14 所示为多晶体在塑性变形过程中每个晶粒借助不同的多系滑移过程实现塑性变形的示意图(图 1-14a、b),以及无间隙原子钢晶粒压缩变形过程的原位观察(图 1-14c、d、e)。借助位错的大量滑移可以使绝大多数金属实现塑性变形过程。

在外力作用下,金属材料也会借助机械孪生机制造成塑性变形。机械孪生是导致金属发生永久变形的另一个主要的微观变形机制。机械孪生所发生的特

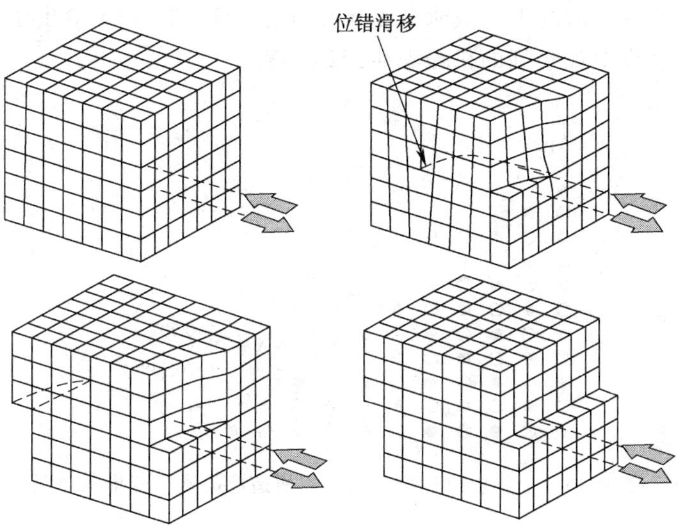

图 1-13　晶体中位错的滑移过程并造成永久变形的示意图

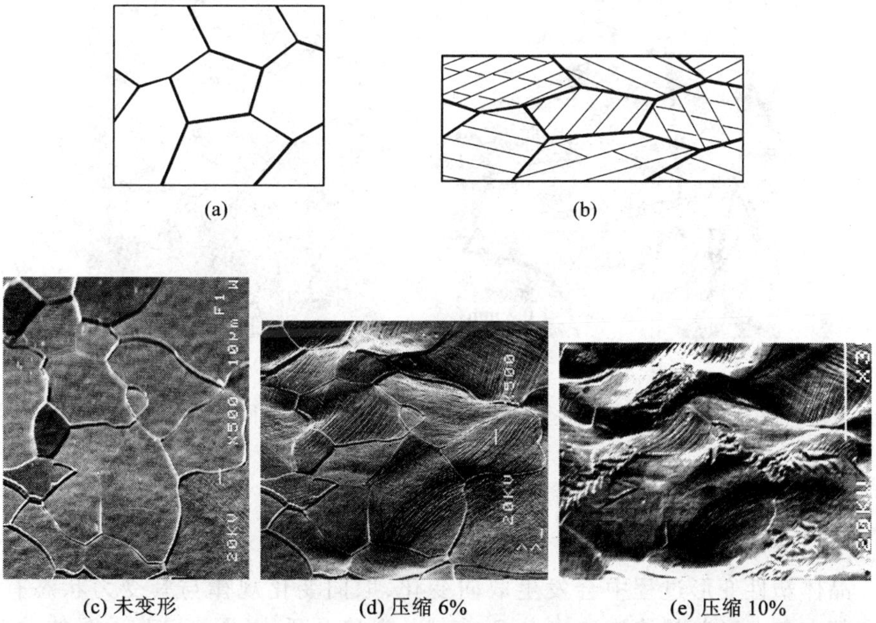

(a)　(b)

(c) 未变形　(d) 压缩 6%　(e) 压缩 10%

图 1-14　多晶体塑性变形过程中每个晶粒不同的多系滑移过程示意图

定平面(孪生面)以及孪生发生时孪生面一侧相对于另一侧发生的相对移动方向(孪生方向)构成了机械孪生系。图 1-15 所示为晶体发生机械孪生后在保持原晶体结构不变的情况下造成永久变形的示意图。图 1-16 给出了在纯锌和纯铁塑性变形过程中观察到的机械孪生组织形貌。

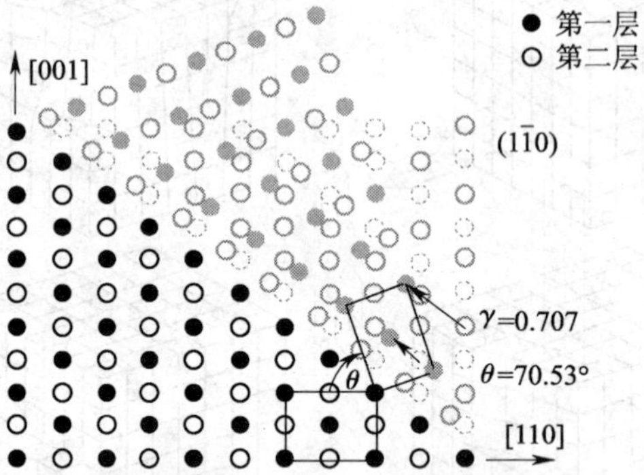

图 1-15 晶体中机械孪生出现后所造成的永久变形示意图

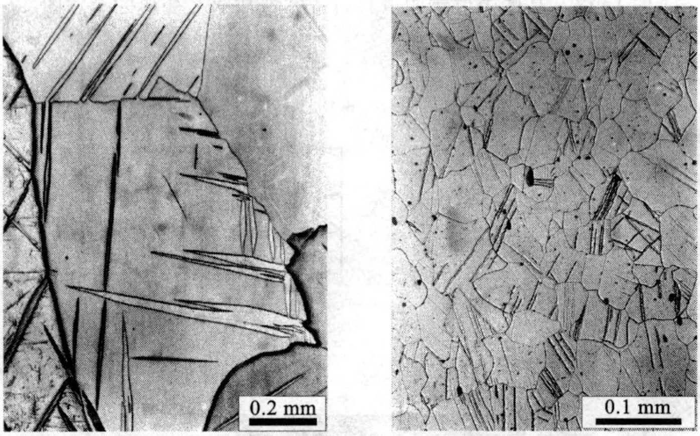

(a) 纯锌 (b) 纯铁

图 1-16 纯锌和纯铁塑性变形过程中观察到的机械孪生组织形貌

二、塑性变形时的取向变化

晶体塑性变形过程中会发生取向变化，取向变化规律与其受力状态有关。设在某方向上对单晶体施加拉力 F，使某一滑移系开动（图 1-17a），晶体的变形如图 1-17b 所示，同时保持原来取向。但滑移会在变形晶体上造成一个力矩 $M = Fx$，并促使晶体取向转动至图 1-17c 所示的位置。只有这样才能使晶体保持平衡状态。设变形前的拉伸方向为 $\boldsymbol{r}$，变形后 $\boldsymbol{r}$ 转变成了 $\boldsymbol{R}$。在变形过程中晶体取向绕与 $\boldsymbol{r}$ 和 $\boldsymbol{R}$ 垂直的方向发生了转动。根据图 1-17 的分析可知，$\boldsymbol{R}$ 即为变形后的拉伸方向。

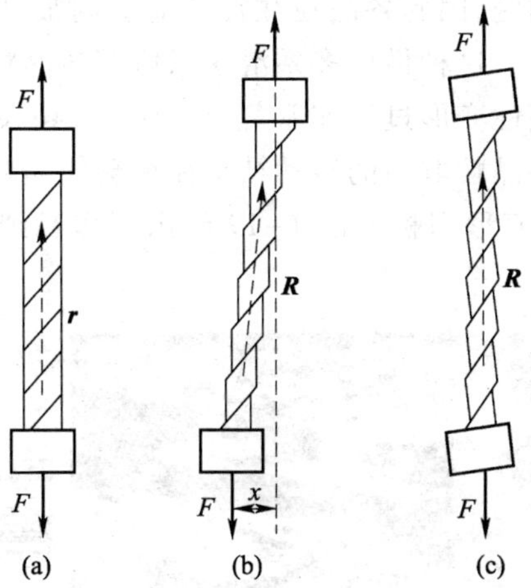

图 1-17 晶体在拉伸时的取向变化

同理,若在某方向上对单晶体施加压应力并使一滑移系开动(图 1-18a),则在随后的变形过程中也会引起该晶体取向的变化(图 1-18b)。此时变形前垂直于压应力的晶面发生了转动,由此可以求出压缩过程中晶体取向的变化幅度。根据这一规律,可以把任何复杂的外应力简化成若干个单一应力,分别计算每个应力组分造成的取向变化,即可得出总的取向变化规律。

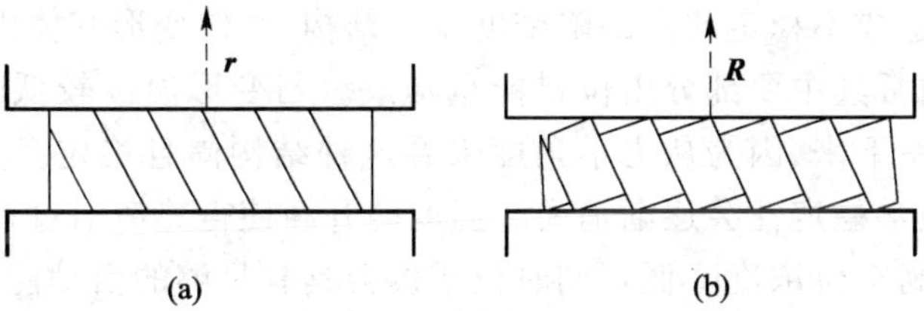

图 1-18 晶体在压缩时的取向变化

三、多晶体变形及变形织构的生成

以上讨论了单晶体变形时的转动,即取向变化。多晶体发生塑性变形时各晶粒也会发生类似的转动。与单晶体相比,多晶体各晶粒的边界不再是自由边界。由不同取向晶粒构成的多晶体在外应力作用下变形时,各晶粒实际开动的滑移系或孪生系会很不相同。由图 1-14 所示的变形晶粒内实际开动的滑移系可以推测各晶粒可能的取向变化。当多晶体某晶粒内位错滑移生成一应变张量时，与其邻接的晶粒在变形时则往往生成不同的应变张量。这样晶粒之间会存在应变张量的不连续问题，因此各晶粒往往还需要附加开动更多的滑移系以协调应变张量的不连续性。这种借助多系滑移以协调各晶粒间不同应变张量的过程使得金属多晶体的塑性变形过程非常复杂(图 1-14d、e)。然而，理论和实际都表明多晶体变形时各晶粒取向的转动结果往往会使晶粒取向聚集到某一或某些取向附近，从而形成变形织构。图 1-19 给出了多晶纯铝轧制变形过程中的微观组织变化过程。

(a) 退火多晶体　(b) 冷轧 45%　(c) 冷轧 95%

图 1-19　多晶纯铝的轧制变形过程

§1-6　金属晶体的再结晶与晶粒长大

一、冷变形金属的回复

冷变形会造成不稳定的高缺陷密度变形结构，并使变形基体内的能量升高，称为**储存能**，通常其主要部分由位错能量构成。当变形温度较低时这种结构可以在变形后保留下来，因为从力学角度来看这种结构尚且稳定。如果加热变形金属，则这种力学稳定性会逐渐消失。温度的升高使得热激活过程增强，进而使变形生成的过高空位浓度降低。同时位错也会具有足够的活动能力克服金属变形结构对它的封锁而作某种运动。这种运动表现为螺位错的交滑移和刃位错的攀移，其中起主要作用的应该是刃位错的攀移。攀移可使刃位错从一个滑移面变换到另一个滑移面上以获得自由滑移的机会，进而滑移出晶粒或使正、负刃位错互相对消(图 1-20a)。同时，不能互相对消的位错也会在位错应力场的作用下调整到稳定状态(图 1-20b)或排列成位错墙，进而形成小角度晶界(图 1-20c)。这种过程可以造成变形晶粒转变到能量较低的状态，通常称为**回复**。在这个过程中位错密度会有所下降，并形成某种特殊的位错结构。这种位错结构表现为小角度位错晶界网，即所谓多边形化的结构。

冷变形后金属的各个滑移面上排列有许多位错(图 1-21a)，它们的应力场会使金属点阵发生奇变。回复过程及相应的位错攀移会改变位错组态，进而形

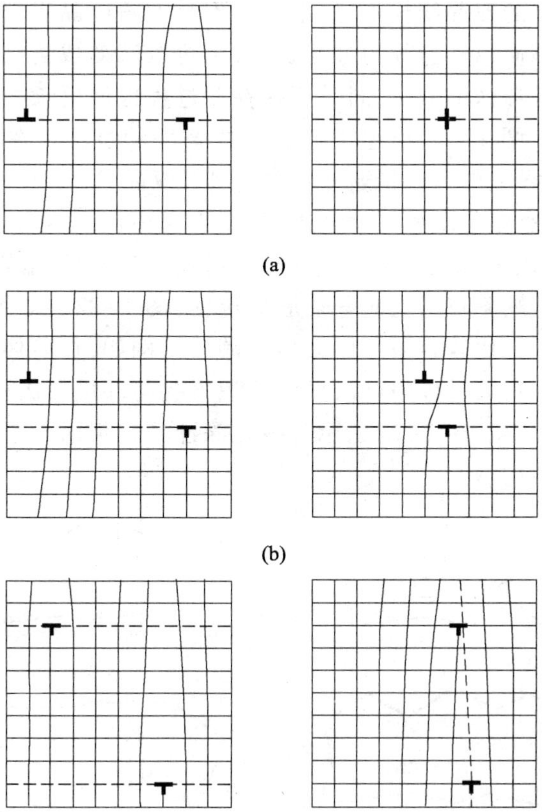

(a)

(b)

(c)

图 1-20　冷变形金属位错的对消和位错的重新排列

成图 1-21b 所示的一系列小角度晶界。这些小角度晶界把晶体划分成许多无奇变的亚晶;晶界上位错应力场涉及的范围很短,这一过程称为**多边形化**。

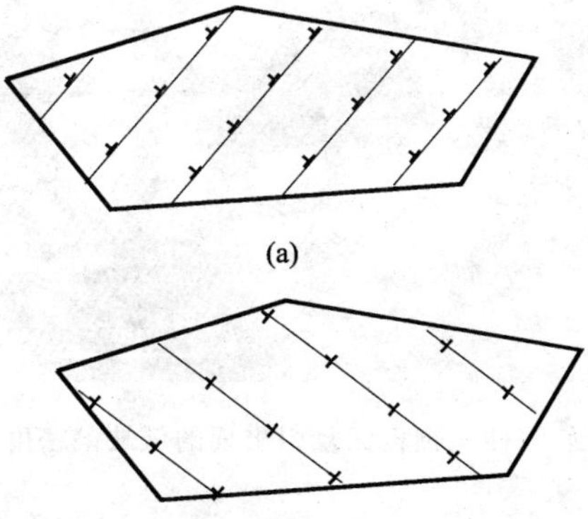

(a)

(b)

图 1-21　冷变形金属多边形化过程中位错组态的调整

在冷变形金属的亚晶结构中，如果一个不与大角度晶界邻接的亚晶吞并与之邻接的其他亚晶而以不连续的方式长大，则可以转变成再结晶核。这种吞并的驱动力来自亚晶界面的减少，同时这种吞并过程也使得长大的亚晶与近邻亚晶的取向差变大。图 1-22 描述了亚晶吞并长大的过程。在这一设想的过程中，小角度倾侧晶界上的刃位错通过攀移而离开亚晶界（图 1-22a），造成亚晶的消失，从而使几个小亚晶变成一个大亚晶（图 1-22b）。由于长大的亚晶与环境之间取向差加大（图 1-22c），减少了亚晶随后连续生长的困难。晶界能的作用会促使多边形的低缺陷亚结构向等轴形状转变（图 1-22d）。另外，在非均匀变形区出现的亚晶长大比较容易生成大角度晶界。例如，在剪切带上长条状亚晶在其不连续的吞并长大过程中可以很快地积累起与环境较大的取向差，进而生成易动的大角度晶界。图 1-23 所示为冷轧深冲压钢板回复过程中观察到的低缺陷密度等轴亚结构。

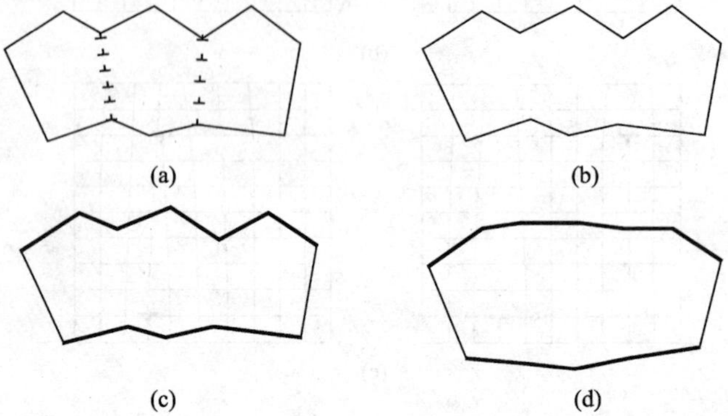

图 1-22　亚晶吞并长大的过程（用线的粗细表示晶界取向差的大小）

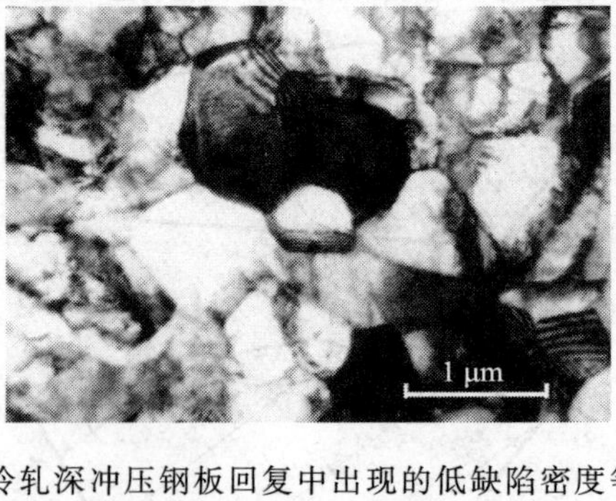

图 1-23　冷轧深冲压钢板回复中出现的低缺陷密度等轴亚结构

二、再结晶形核

经典形核理论认为，在变形结构中借助结构的能量起伏可以形成具有长大能力的核。这也是所谓的均匀形核或自发形核过程。在这一过程中低位错密度结构的形成可使自由能降低，而生成的新核与基体的界面又使自由能升高。设生成的核为球状，其半径为 R，则生成这种核所造成的自由能的变化 ΔG 为

$$\Delta G=-\frac{4}{3}\pi R^2\Delta G_v+4\pi R^2\gamma \tag{1-14}$$

式中：ΔG_v 为变形基体与新生核之间的自由能差；γ 为界面能。可以推导出，当 $\mathrm{d}\Delta G/\mathrm{d}R=0$ 时，临界再结晶核的半径 R_c 为

$$R_c=\frac{2\gamma}{\Delta G_v} \tag{1-15}$$

式(1-15)表示，当再结晶核的半径超过 R_c 时，该再结晶核可以在变形金属储存能的驱动下自发长大。上述形成半径超过 R_c 核的过程称为再结晶的**自发形核**。图 1-22 所示的亚晶吞并长大的过程即可以成为一种再结晶自发形核过程。借助变形基体内的大角度晶界以及第二相粒子特殊的变形结构也可以造成再结晶的**非自发形核**。图 1-24 所示为铝合金中在晶界处或第二相附近观察到的再结晶非自发形核现象。

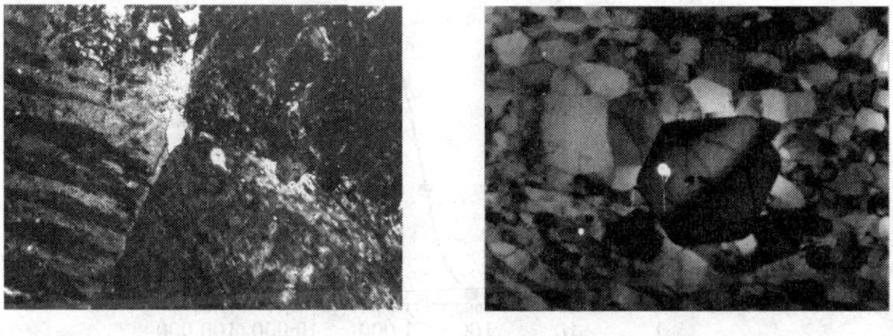

(a) 晶界形核　　(b) 第二相附近形核

图 1-24　铝合金中观察到的再结晶非自发形核

三、初次再结晶

再结晶通常包括再结晶晶核的形成及晶核的生长。再结晶的这种生长过程进行到新生成的晶粒互相接触，完全或基本上取代了高缺陷密度的变形基体为止，即金属材料由低缺陷密度的晶粒组成。这一过程也称为**初次再结晶**。驱动再结晶通常需要金属至少经历一个最低限度的变形量，称为**临界应变**。图 1-25 所示为冷轧纯铝板加热过程中观察到的变形基体中再结晶晶粒的生长过程。图

1-26 所示为冷轧纯铝板在 300 ℃随加热时间的延长基体中发生再结晶的体积分数,由此可以观察到再结晶的动力学过程,包括再结晶孕育与快速推进过程。图 1-27 所示为经 68% 压缩的工业纯铁在 700 ℃、2 h 再结晶退火前、后的微观组织变化。

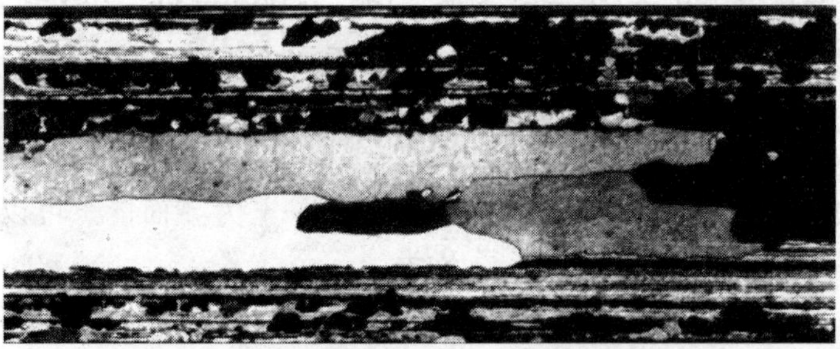

图 1-25 冷轧纯铝板加热过程中观察到的变形基体中再结晶晶粒的生长过程(95% 冷轧,300 ℃加热 316 s)

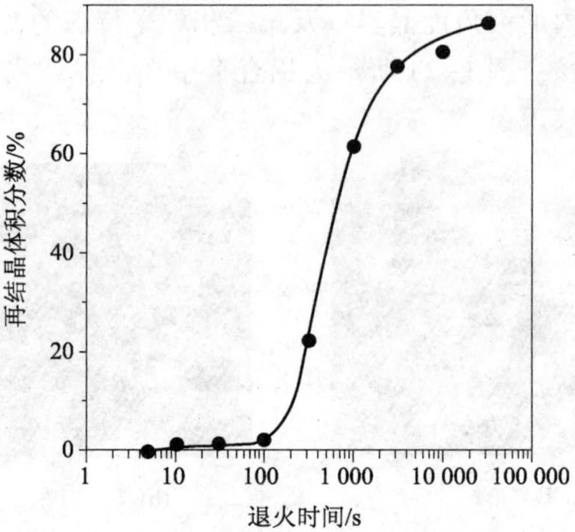

图 1-26 冷轧纯铝板在 300 ℃加热过程中基体发生再结晶的体积分数

图 1-28 所示为经 60% 压缩的黄铜在 550 ℃、30 min 再结晶退火前、后的微观组织变化。由于面心立方结构黄铜的层错能很低,再结晶晶粒退火生长遇到干扰时很容易借助生成孪晶面(参见图 1-15)而改变生长时的取向,进而形成常见的退火孪晶(图 1-28b)。

初次再结晶过程完成后金属基体处于低错密度状态,其密度值往往在 10^{10} ~ 10^{14} /m^2 的范围,即位错的平均间距为 0.1 ~ 10 μm。强烈的低温塑性变形可使位错密度上升到 10^{16}/m^2。图 1-29 所示为通过透射电子显微镜观察的高纯

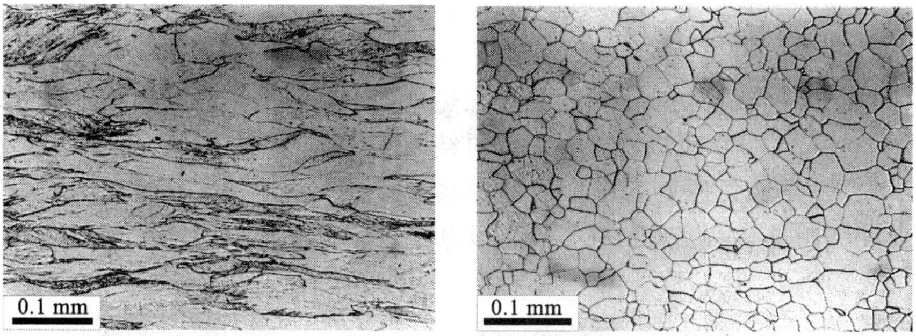

(a) 退火前　　(b) 退火后

图 1-27 压缩 68% 的工业纯铁 700 ℃再结晶退火前、后的微观组织变化

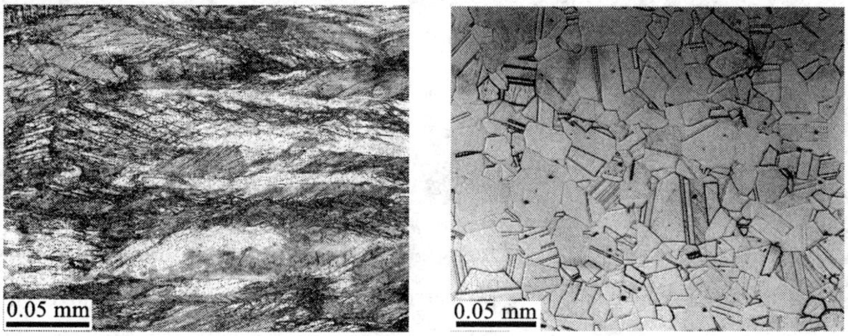

(a) 退火前　　(b) 退火后

图 1-28 压缩 60% 的黄铜的 550 ℃再结晶退火前、后的微观组织变化

铝(>99.99% Al)300 ℃退火后的位错结构。

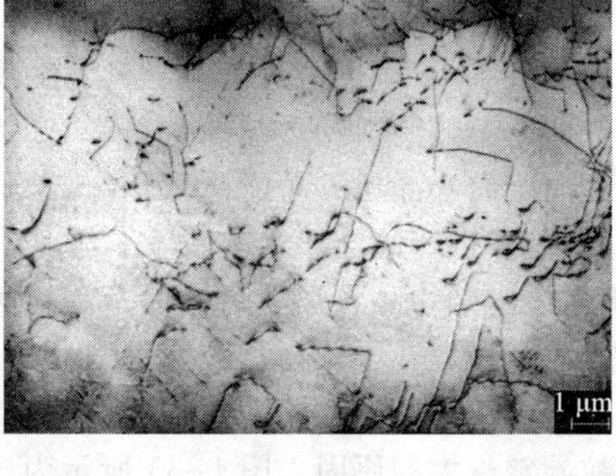

图 1-29 高纯铝(>99.99% Al)300 ℃退火后的位错结构

四、晶粒长大

晶粒长大指无应变多晶体材料在加热过程中系统平均晶粒尺寸逐步上升的现象。晶粒长大过程可以发生在初次再结晶完成后的继续延时或升温加热过程中,也可以发生在无原始变形金属的加热过程中。图 1-30 所示为经压缩变形的工业纯铁的再结晶完成后在不同温度加热过程中随加热温度上升和热激活对晶粒生长的推进,其晶粒平均尺寸逐步上升的现象。

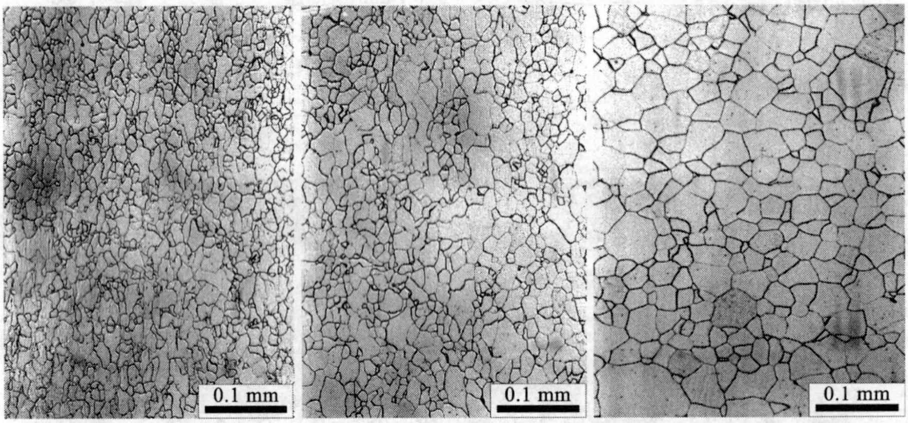

(a) 560 ℃/42 min　(b) 630 ℃/1 h　(c) 750 ℃/1 h

图 1-30　工业纯铁随加热温度上升晶粒平均尺寸逐步上升的现象

多晶体材料内大量存在的晶界及相应的晶界能使材料体系保持能量较高的热力学不稳定状态。随着晶粒的长大及晶界总面积的减少,多晶体材料的体系能量会不断下降,因此多晶体材料的晶粒长大是一个自发过程,其驱动力即为晶界能的降低趋势。图 1-31 所示为按照等轴晶粒平均尺寸计算的纯铝单位体积晶界能与平均晶粒尺寸的关系。可以看出,随晶粒尺寸的增大其单位体积晶界能明显下降。根据一般的高温热激活动力学原理可知,当大晶粒与小晶粒邻接时二者之间的界面会倾向于向小晶粒方向迁移(图 1-32),造成大晶粒吞噬小晶粒的动力学过程;该过程持续进行则会导致多晶体平均晶粒尺寸的增大。

在加热过程中,多晶体内平均晶粒尺寸增大的过程也可以表现大多数晶粒的生长被抑制,而只有少数可以长大,称为晶粒**异常长大**或**非连续长大**;相关过程称为**二次再结晶**。材料内的第二相粒子、材料的表面效应或材料内的织构等因素都可能是造成晶粒异常长大的原因。图 1-33 所示为多晶体晶粒异常长大的示意图。

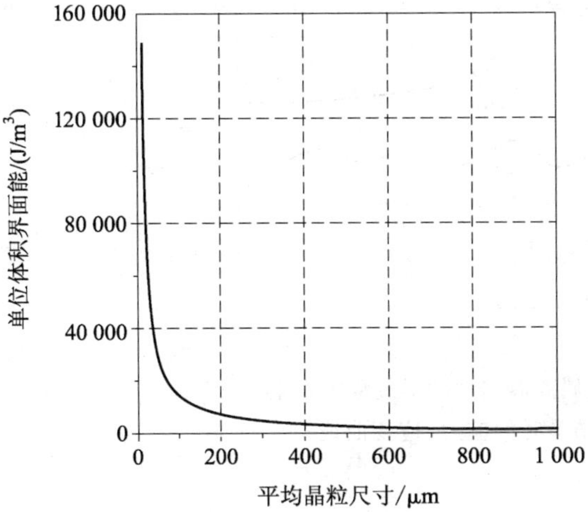

图 1-31 纯铝单位体积晶界能与平均晶粒尺寸的关系

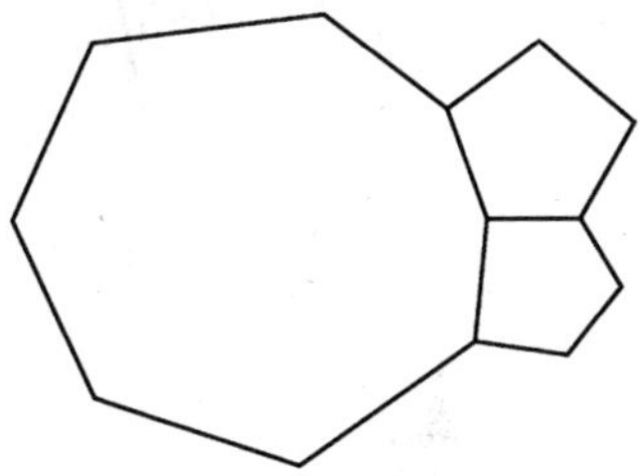

图 1-32 大晶粒吞噬小晶粒的几何关系

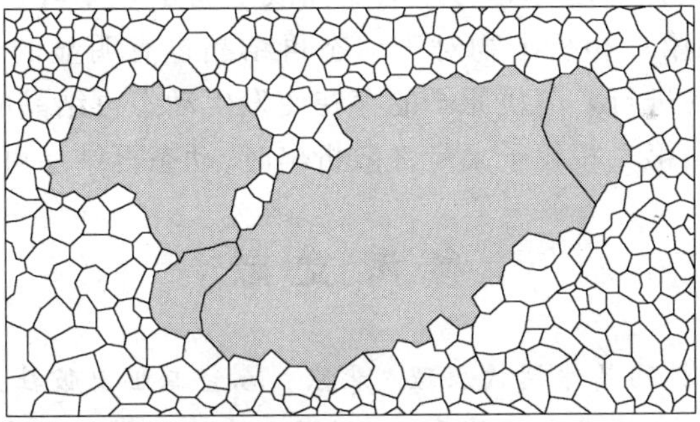

图 1-33 多晶体晶粒异常长大的示意图

五、动态再结晶

变形温度高于金属绝对熔点 T_m 的 0.4 倍时，在变形过程中可能发生再结晶，称为**动态再结晶**。在碳钢中当变形温度高于 $0.5T_m$ 时，加工硬化曲线上会突然出现抖动或出现一个峰值的现象（图 1-34）。这一现象与变形速度和温度也有一定联系，是动态再结晶出现的典型证据。

当热变形金属内的位错密度上升到一定临界值，即驱动力足够大时，才会发生动态再结晶。位错密度一般随着变形量的增长而上升，而变形量容易被人们测量并控制，因此工程上往往采用**临界变形量**来表达动态再结晶开始的变形条件。分析表明，流变应力与位错密度的方根成正比，所以理论上常用**临界流变应**

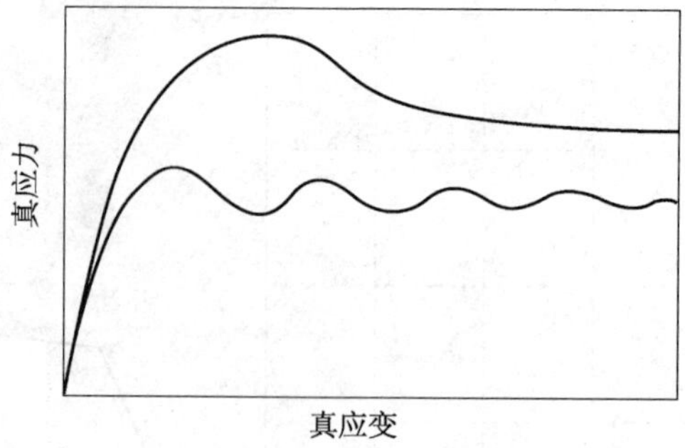

图 1-34　金属高温塑性变形过程中发生
动态再结晶时的应力-应变曲线

力来描述动态再结晶开始的变形条件。

变形温度和变形速度对临界流变应力有很大影响。提高变形温度或降低变形速度都可以使临界流变应力降低，并有利于应力-应变曲线上出现多峰（图 1-33下面的应力线）；反之，则应力-应变曲线上易出现单峰（图 1-33 上面应力线）。溶质原子和第二相析出物对于动态再结晶也有明显的影响，通常会阻碍动态再结晶过程的进行。溶质原子的存在使发生动态再结晶的临界流变应力即临界应变升高。当第二相粒子大量弥散析出时，动态再结晶可能被完全抑制。

参 考 文 献

[1]　毛卫民. 材料的晶体结构原理. 北京：冶金工业出版社，2007.
[2]　曾汉民，等. 高技术新材料要览. 北京：中国科学技术出版社，1993.
[3]　[主要责任者不详]. Metal handbook. 8th ed. Metal Park：ASM，1973.
[4]　任怀亮. 金相实验技术. 北京：冶金工业出版社，1986.
[5]　毛卫民，赵新兵. 金属的再结晶与晶粒长大. 北京：冶金工业出版社，1994.
[6]　Mao Weimin. Recrystallization and grain growth// Totten G E，MacKenzie D S. Aluminum handbook：vol. 1. New York：Marcel Dekker Inc.，2003.
[7]　毛卫民，杨平，陈冷. 材料织构检测原理与分析技术. 北京：冶金工业出版社，2008.

第2章　钢铁材料

人类使用金属材料的历史可以追溯到公元前8000—9000年，那时西亚人已经开始使用天然铜，并懂得对铜作变形加工和退火软化处理。公元前1300年西亚出现了炼铁技术，人类社会开始进入铁器时代。20世纪以来随着现代钢铁技术的迅速发展，钢铁材料日益成为社会发展的关键性材料之一，也成为工业发展中占主导地位的工程结构材料。所有钢铁材料都属于**黑色金属**。钢铁材料的生产规模大、价格低廉、工艺成熟、性能可靠、易于加工、使用方便、便于回收、应用广泛，在21世纪仍是城市建设、汽车、石油、机械电子、化工等工业部门主要的工程结构材料。目前世界有年产十亿吨钢的能力，20世纪40年代末期我国钢的年产量仅几十万吨，1958年突破一千万吨，1996年突破一亿吨，2007年生产粗钢4.896 6亿吨、钢材5.689 44亿吨，是世界第一钢铁生产大国。然而我国目前还不是钢铁强国，钢铁产品平均附加值偏低，能源和资源耗费量大。许多高性能、高技术含量的钢铁材料还需要大量进口。钢铁生产设备也主要依靠进口。因此，我国面临着从钢铁生产大国向钢铁生产强国的转变。

改进金属材料性能有两种原则方法。一种是研制新型材料，即以改变金属材料化学成分为基础发展新钢种或新金属材料。另一种是对金属材料实施热处理、机械处理、热机械处理等，即通过调整金属材料的加工工艺过程来改进材料性能。因此需要学习和掌握一定的钢铁材料学基础知识。钢铁材料学是关于金属材料、材料加工及热处理的综合性知识，它涉及金属学、金属力学性质、金属化学和电化学性质以及冶金生产工艺、材料加工技术和热处理工艺方面的基本内容。其中要探讨金属的合金化规律、冶金质量及合理的加工和热处理工艺，考虑材料的正确选择和使用，提高现有合金的质量和发展新材料等。钢铁材料学主要介绍合金的化学成分、内部组织、生产工艺和性能之间的关系，本章介绍各种钢铁材料时基本按照这一线索进行阐述。

§2-1　钢的合金化及热处理原理

一、纯铁及钢中的合金元素

以金属为基体，由两种或两种以上金属或金属与非金属组成的金属体系称为**合金**。钢铁材料是以铁为基础的合金材料。铁(Fe)是周期表内第26号元素,密度为7.87 g/cm^3,属立方晶体结构,室温点阵常数为0.286 44 nm。纯铁的熔点为1 538～1 539 ℃,在熔点到1 390 ℃(也称为A_4点)的温度范围内为体心立方A2结构δ**铁素体**,在1 390～910 ℃温度范围内为面心立方A1结构γ**奥氏体**,而910 ℃(也称为A_3点)以下为体心立方A2结构α铁素体。纯铁的性能特点表现为强度低、塑性高、电阻率低、磁导率高、矫顽力低等。

在工程中使用的材料必须具备一定的使用性能和工艺性能。**使用性能**包括强度、韧性、耐蚀性、高温力学性能、持久性能、化学性能等;而**工艺性能**则包括热塑性、冷变形性能、淬透性、焊接性能、铸造性能等。纯铁由于强度较低,通常不会直接用做承受载荷的材料。但纯铁可用做材料科研的原料,也可以利用其磁特性做电工软磁材料,制造电器、通信器材、仪表的电磁元件。有时也可利用其导电特性作具有一定强度的导电材料。

钢是以铁为基础的材料,工业应用极为广泛。纯铁的工艺性能及使用性能往往不尽如人意,可通过添加合金元素改变其组织结构以及组织结构转变的规律、增加新相,进而改善或提高钢的性能。钢中常见合金元素有元素周期表第2周期的B、C、N,第3周期的Al、Si、P、S,第4周期的Ti、V、Cr、Mn、Co、Ni、Cu,第5周期的Y、Zr、Nb、Mo,第6周期的La族、Ta、W等。

二、铁基固溶体

合金元素的加入会影响铁基固溶体的相变点,由此可以把合金元素划分为奥氏体形成元素和铁素体形成元素两大类。奥氏体形成元素提高A_4点、降低A_3点,使奥氏体稳定,包括与铁无限互溶的Mn、Co、Ni等元素(图2-1a)以及扩大奥氏体相区的C、N、Cu等元素(图2-1b)。铁素体形成元素降低A_4点、提高A_3点,使奥氏体不稳定,包括与铁素体无限互溶的V、Cr和封闭奥氏体区的Ti、Mo、W、Al、P、Sn、Sb、As等元素(图2-1c)以及缩小奥氏体区的B、Zr、Nb、Ta、S、Ce等元素(图2-1d)。图2-1所示为Fe与其他元素构成的典型二元相图。

由图2-1b、d可以发现,铁基固溶体中合金元素增加到一定程度时会导致新相的产生,并造成多相共存的现象。C、N原子会使铁基固溶体成为间隙固溶体,其他元素则会形成代位固溶体。铁基固溶体的溶解度与固溶原子进入铁基固溶体点阵后造成的畸变能以及固溶体的点阵类型等因素有关。表2-1给出了各种合金元素在铁基固溶体中的溶解度。本章除化合物和特殊说明外,各合金的成分均用质量分数w表示。

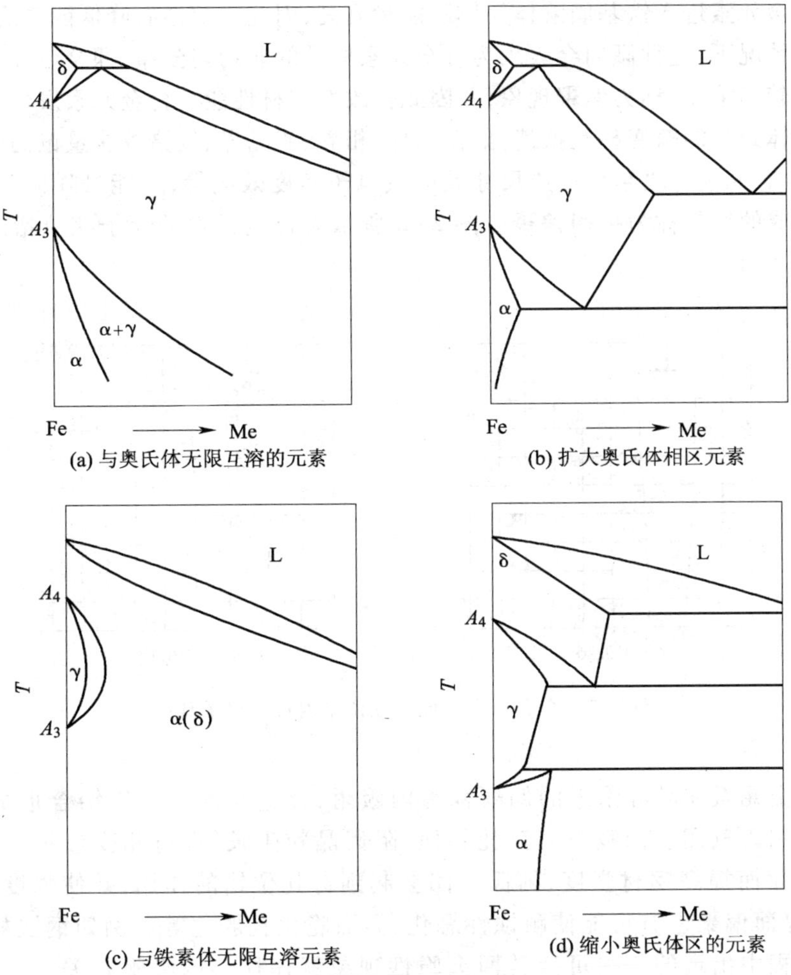

(a) 与奥氏体无限互溶的元素　(b) 扩大奥氏体相区元素

(c) 与铁素体无限互溶元素　(d) 缩小奥氏体区的元素

图 2-1　Fe 与其他元素构成的典型二元相图

表 2-1　各种合金元素在铁基固溶体中的溶解度

元素	w_{Co}/%	w_{Ni}/%	w_{Mn}/%	w_{Cu}/%	w_{C}/%	w_{N}/%	w_{Cr}/%	w_{V}/%	w_{Mo}/%
α-Fe	76	10	~3	$0.2_{室}$ ~ 1_{700}	0.02	0.095	无限	无限	~$4_{室}$
γ-Fe	无限	无限	无限	8.5	2.06	2.8	12.8	37.5_{1450}	~3

元素	w_{W}/%	w_{Al}/%	w_{Si}/%	w_{Ti}/%	w_{P}/%	w_{Nb}/%	w_{Zr}/%	w_{B}/%
α-Fe	33_{1540} ~ 4.5_{700}	36	18.5	~7_{1340} ~ 2.5_{600}	2.8	~1.8	~0.3	~0.008
γ-Fe	3.2	1.1	~2	0.68	~0.2	2.0	0.7	0.018 ~ 0.026

注：下角为相应摄氏温度。

合金元素进入铁基固溶体使体系能量升高，因此固溶体有降低能量的倾向。在很多情况下，这种倾向会表现为合金元素原子的非均匀分布，即合金元素在缺陷处有较高浓度，称为**偏聚**现象，并因此会改变钢材性能。合金元素发生偏聚后会与晶体缺陷的畸变相互抵消，如在晶界、相界、亚晶界、位错等能量偏高的结构位置，合金元素与之结合造成尺寸效应或电子密度效应等，使能量降低。所以，由此造成的偏聚称为**平衡偏聚**。图 2-2 所示为合金元素的原子在位错附近偏聚的示意图。

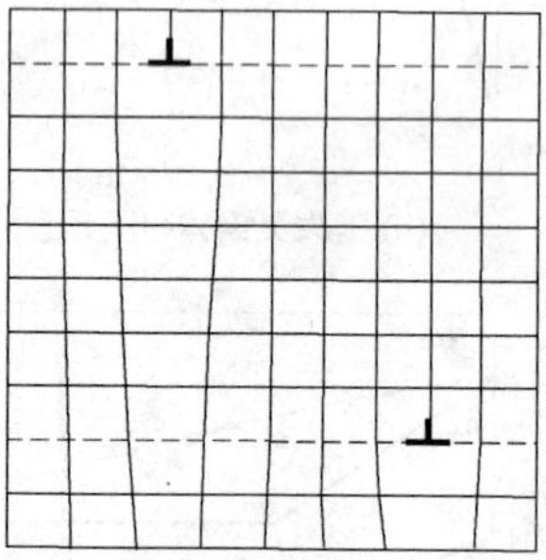

(a) 无偏聚

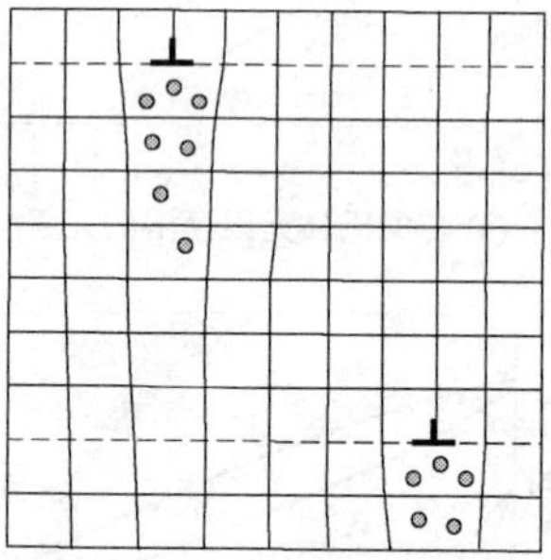

(b) 平衡偏聚

图 2-2 合金元素的原子在位错附近偏聚示意图

合金元素在晶界附近的偏聚称为**内吸附**，合金元素与位错结合形成的偏聚称为**柯氏气团**。内吸附会钉扎界面、阻碍晶粒生长、促进相变形核，并导致晶粒细化而提高钢材强度；柯氏气团会起到钉扎位错的作用，并使强度升高。另外，界面偏聚也有可能使耐蚀性恶化、界面脆化且弱化等。例如钢铁材料热处理过程中出现的一些可逆转回火脆性现象就往往与内吸附有关。另外，内吸附造成的合金元素局部富集也会使晶界易于析出新相。铁基固溶体中的 P、B、Ce 等元素的偏聚会阻碍奥氏体向铁素体转变，从而提高固溶体的淬透性。

三、钢中的化合物

除了常规的铁基固溶体外，钢中还经常存在各种化合物，其中最重要的是碳化物。钢中的碳化物形成元素与碳形成的碳化物是钢中非常重要的组成相，其类型、成分、数量、尺寸、形状、分布等对钢的性能有非常重要的影响。表 2-2 给出了钢中常见碳化物的硬度、熔点或分解温度以及弹性模量。可以看出，钢中碳化物的特点为高硬度、高熔点和高刚性。

表 2-2 钢中常见碳化物的维氏硬度、熔点或分解温度以及弹性模量

碳化物	TiC	ZrC	NbC	VC	WC	Mo_2C	$Cr_{23}C_7$	Cr_7C_3	Fe_3C
$H_v/(kg/mm^2)$	~3 000	2 890	2 400	2 094	2 200	1 500	1 650	2 100	~860
T_m/℃	3 150	3 530	3 500	2 830	2 867	2 600分解	1 520分解	1 780分解	1 650
E/GPa	446	402	510	422	721	226	—	—	—

碳化物在钢中的稳定性顺序为 Ti>Zr>Nb>V>W>Cr>Mn>Fe>Co>Ni，其稳定性取决于合金元素与碳的亲和力。合金元素与碳的亲和力大，则难溶入基体固溶体。亲和力大的碳化物结构简单，如 MC、M_2C 等类型的碳化物；亲和力小的碳化物结构复杂，如 M_7C_6、$M_{23}C_6$等类型的碳化物；其中 M 表示合金元素。许多种碳化物形成元素还可以形成多元碳化物体系，如 Fe_4W_2C、$(Fe,W)_6C$ 等。当更多种碳化物形成元素共存时，可以有 M_6C 型碳化物；再如 $Fe_{21}Mo_2C_6$、$(Fe,Mo)_{23}C_6$型碳化物，更多组元时则为 $M_{23}C_6$ 型碳化物。另外，VC-TC 体系、VC-NbC体系等也可形成无限互溶的多元碳化物。在 $Fe_3(Mo,W)_3C$ 中，W、Mo 原子可以无限互换位置。

在钢铁冶炼过程中，钢液会吸收空气中的氮并发生氮化反应。另外，有些含氮较高的钢还需要采用合金化的手段增加钢中的氮含量。由此可见，钢中的氮化物也是常见的化合物，如钢中高硬度、高熔点的 W_2N、Fe_4N、MnN、Mn_2N 等。表 2-3 给出了钢中常见氮化物的维氏硬度和熔点或分解温度。可以看出，钢中氮化物的特点为高硬度和高熔点或高分解温度。同时，钢中的氮化物也会有很高的刚性。

表 2-3 钢中常见氮化物的维氏硬度和熔点或分解温度

氮化物	TiN	ZrN	NbN	Nb_2N	VN	WN	Mo_2N	CrN	Cr_2N	AlN
$H_v/(kg/mm^2)$	1 994	1 988	1 396	1 720	1 520	—	630	1 093	1 571	~1 225
T_m/℃	2 950	2 980	2 300	2 420	2 360	800分解	—	1 500	1 650	2 400

C、N 与过渡组元素形成的化合物结构比较简单，如果 C、N 原子与合金元素原子 Me 的半径比 $r_{C,N}/r_{Me}<0.59$，则所形成的化合物称为**间隙相**；若 $r_{C,N}/r_{Me}>0.59$，则可形成结构复杂的**间隙化合物**，其中很多间隙化合物有立方或六方结构。

氮化物结构中原子占位可有空缺，所以氮化物的成分可以在一定范围内变化。氮化物之间可以无限或有限互溶，也可与碳化物互溶。氮、碳原子之间可以互相替代位置，如$(Cr、Fe)_{23}(C,N)_6$、$M_{23}C_6$等。有些氮化物的熔点非常高，甚至高于铁基固溶体的熔点，如 TiN 可以从钢液中直接析出。但多数氮化物会在铁基固溶体的固态下析出。W、Mo 属于强氮化物形成元素，其氮化物难溶入基体；

Cr、Mn、Fe 属弱氮化物形成元素，其氮化物易溶入基体。在一些微合金化钢中可用氮作合金化元素，以发挥铁氮化合物弥散强化和细化晶粒的作用。另外，可以采用表面氮化处理的方式提高钢表面的氮含量，利用表面氮化物提高钢材的表面硬度、耐磨性，借助产生的表面压应力以提高钢件的疲劳性能。

含硼钢中会产生一定量的硼化物，其特点也是高硬度、高熔点，结构比较复杂。合金钢中还可能出现 Laves 相、AB_2 结构相等。含 W、Mo、Nb、Ti、Zr 的钢会出现 WFe_2、$MoFe_2$、$NbFe_2$、$TiFe_2$、$ZrFe_2$ 等金属间化合物，其结构稳定，可用做高温强化相。在一些高合金钢或不锈钢中会出现 σ 相，其特征为硬、脆且结构复杂，相结构中原子呈概率占位。σ 相会降低钢材的力学性能和耐蚀性，因此在成分设计和加工处理工艺上应设法避免 σ 相的出现。

四、金属热处理的基本概念

根据热力学的原理可知，不同的合金体系在不同的温度下可以获得不同的稳定相结构。在不同的非热力学平衡条件下，合金中也会出现亚稳的非平衡组织。在化学成分不变的情况下，金属构件中不同的相或组织结构会导致其呈现非常不同的工程性能。因此通过适当加热和冷却，即热处理的方式，可以借助调整内部的组织结构使金属构件获得所希望的工艺性能或使用性能。把金属加热到预定的温度，并在该温度按照预先的设定保持一定时间，然后以预定的速度冷却被加热金属的工艺过程称为**热处理**。

退火是将金属加热到其相变点以上或以下的特定温度并保持一定时间，然后缓慢冷却的热处理工艺过程。退火可以使金属获得接近热力学平衡状态的组织。退火处理可以降低金属构件的硬度，消除应力，推动冷变形金属的再结晶，借助相变细化晶粒组织或使少量第二相粒子球化等，借以降低硬度、改善工艺性能及服役性能或为后续热处理工序作好组织准备。这些退火过程可以分别称为**软化退火、消除应力退火、再结晶退火、球化退火**等。一些大型的金属坯锭或铸件常具有粗大的晶粒组织和严重的成分偏析，非常不利于所制构件的工艺性能及最终的使用性能。为避免成分偏析所造成的有害作用，常需要对坯锭或铸件作高温长时间加热处理，借助高温下的扩散排除**非平衡偏析**，该退火过程称为**扩散退火**。

正火是将金属加热到其相变点以上的特定温度并保持一定时间，然后以略快的速度冷却的热处理工艺过程。许多正火处理中，其冷却过程是在空气中完成的。正火处理有时也称为**常化**处理。与退火相比，正火造成的组织不是完全的热力学平衡组织。对于非常软的金属或合金，正火处理可以适当提高其硬度，便于后续的切削加工。碳含量较高的过共析钢中，其二次渗碳体容易以网状的形式存在(图 2-20a)，不利于钢材的力学性能。正火处理即在过共析钢的共析温度至完全奥氏体化温度之间的适当温度加热并较快冷却,可以破坏二次渗碳体的网状结构。

淬火是将金属或合金加热到其相变点以上的特定温度并保持一定时间,然后以很快的速度冷却的热处理工艺过程。其中快冷的速度通常需要大于某一特定的**临界冷却速度**,以 100% 获得特定的热力学非平衡组织。钢中的这种非平衡组织通常为马氏体组织。淬火冷却时,金属构件的表面冷却速度很快而中心部的冷却速度则较慢。当淬火冷却的条件可以使中心部的冷却速度高于特定的冷却速度时,金属构件整体可以得到所需要的非平衡组织,此时认为金属构件已经**淬透**。如果金属构件尺寸较大,距构件表面超过一定深度部位的冷却速度开始低于相应的临界冷却速度,则淬火后构件外层为特定的非平衡组织,而内层组织则与之有明显差别。此时构件的外层与内层之间可能会有一个过渡层,其内的组织为外层组织和内层组织的混合组织。当钢质构件足够大时,经淬火处理后其表层 100% 为硬度极高的马氏体组织,即**淬硬组织**;而中心则为硬度较低的非马氏体组织。通常把过渡层中 50% 为高硬度非平衡组织所处位置至表面的区域称为**淬硬层**,相应的深度位置则确定为淬硬层的边界,并对应着**淬硬层深度**。钢铁材料的淬硬层深度则为半马氏体区边界的深度。在同样的淬火处理条件下,不同的钢铁材料会得到不同的淬硬层深度,深度越大则相应钢材被淬透的能力越强。可以用**淬透性**表达金属材料被淬透的能力,即标准尺寸金属构件在标准冷却条件下所能获得的淬硬层深度。通常采用顶端淬火法测量钢铁材料的淬透性,即根据国家标准把特定形状和尺寸的金属构件以规定的方式加热,并在规定的装置上对其一端作快速冷却。随后把半马氏体区边界至冷却端的距离标志为淬硬层深度,即淬透性。可以把经过适当加热的金属构件放入水、油及各种特殊介质中快速冷却以获得非平衡组织,这些介质称为**淬火介质**。水的冷却能力高于油介质,许多溶液的冷却能力高于水。借助不同的技术手段可以改善构件在淬火介质中冷却的均匀性、控制冷却过程中不同阶段的冷却速度等,以确保金属构件获得符合要求的淬火组织。

淬火组织一般会呈现很高的硬度和淬火应力、很低的塑性和韧性及很高的组织不稳定性,使得淬火后的金属构件通常不能直接在承受载荷的条件下服役,因此需要对淬火构件作回火处理,以克服淬火组织的这些缺陷。**回火**是将经过淬火处理的金属加热到低于淬火加热温度以下的某一温度并保持一定时间,然后以适当的速度冷却的热处理工艺过程。

当合金体系中主要含有一种金属元素或一种晶体结构的基体组织并被加热到一定温度区间时,许多在低温下因溶解度的限制而不能固溶到基体的其他合金元素或第二相可能会固溶到基体组织之内。如果以较快的速度实施随后的冷却,则随基体溶解度的降低上述固溶进基体的其他合金元素因动力学条件的限制而不会从基体中再析出来,而仍保持固溶状态;但此时基体已经处于过饱和状态,且硬度并不很高。利用这一原理和相关处理过程把基体处理成过饱和状态的工艺过程称为**固溶处理**。经固溶热处理后,把合金在低于固溶处理加热温度以下的某一温度保持时,固溶体内过饱和的合金元素会在晶体缺陷处聚集或以第二相粒子的形式析出;保持的温度越低,所析出的第二相粒子的尺寸也越小。此时,金属体系的性能会随保持时间的延长而发生变化,这一现象称为**时效**。由于动力学条件的限制,当保持的温度太低时可能并不发生时效现象。可以借助时效处理来改善合金体系的性能,如提高构件强度和硬度等。

五、合金元素对钢热处理行为的影响

合金元素会改变 Fe-C 相图中的平衡转变温度,从而对钢的加工处理工艺产生影响。图 2-3 所示为 Fe-C 二元相图,其中碳含量为 2% 以下的部分为常规钢铁材料的含碳范围。

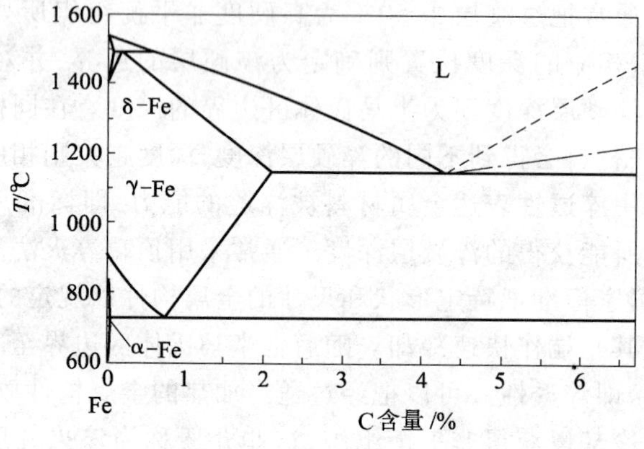

图 2-3 Fe-C 二元相图

扩大奥氏体区的元素(如 Ni、Mn、Cu、N 等)会降低共析碳含量和共析温度,图 2-4a 以 Mn 为例说明 Mn 对 Fe-C 二元相图的影响。缩小奥氏体区元素(如 Mo、Si、Al、Nb、V、Ti 等)会降低共析碳含量并提高共析温度,图 2-4b 以 Mo 为例说明 Mo 对 Fe-C 二元相图的影响;如果 Mo 含量超过 8.2%,则单一的 γ 相区会消失。图 2-5 归纳了不同合金元素对 Fe-C 合金共析碳含量和共析温度的影响。

合金元素的存在会改变钢的相结构和相组成。一般来说,Ti、Zr、Nb、Ta 等强碳化物形成元素会使钢中形成 MC 型碳化物,Ta 则会形成 M_2C 型碳化物。这些元素溶入 Fe_3C 则会增强其稳定性,Fe_3C 也称为**渗碳体**。Mo、W 等中强碳化物形成元素可使钢中形成 M_2C、$M_{23}C_6$、M_6C 等碳化物,也可部分溶入 Fe_3C。中

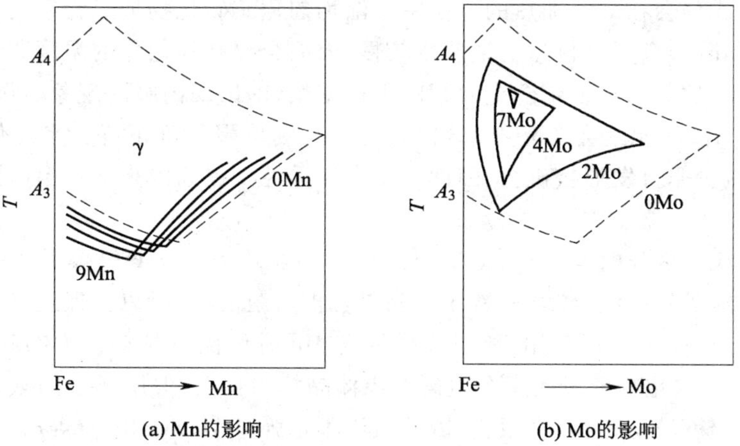

图 2-4 合金元素对 Fe-C 二元相图的影响

强碳化物形成元素 Cr 可使钢中形成 M_3C_2、M_7C_6、$M_{23}C_6$,也可溶入 Fe_3C。弱碳化物形成元素 Mn 可使钢中形成 M_7C_3、$M_{23}C_6$、M_3C 等碳化物。含 Ni、Co、Al、Si、P 等非碳化物形成元素的钢中只能形成 Fe_3C。

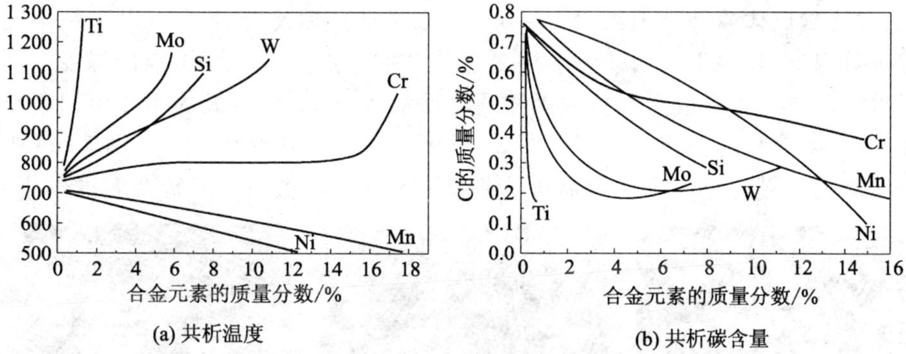

图 2-5 合金元素对 Fe-C 合金共析转变的影响

参照图 2-3,对铁碳合金在奥氏体区加热时会发生奥氏体转变。加热过程的初期合金中的 Fe_3C 首先溶入奥氏体,然后残余的铁素体逐步溶入奥氏体。在这个加热阶段,需要借助碳的扩散使 Fe_3C 溶解。强碳化物形成元素会使碳化物稳定,阻碍碳扩散,因而使转变温度升高;弱碳化物形成元素使碳化物不稳定,因而促进碳化物溶解。非碳化物形成元素会加速碳扩散,如 Ni、Co 等元素会促进奥氏体的生成。

Fe_3C 和铁素体刚溶入奥氏体后,奥氏体内会有合金及碳元素的成分起伏,奥氏体的成分会在继续加热的过程中逐渐均匀化。碳化物形成元素使均匀化扩散减缓，同时合金元素自身扩散速度较慢，因而会提高均匀化的温度和时间。在此阶段加热的后期会发生合金元素的平衡偏聚，即出现内吸附现象。例如 C、B、P、Nb、Mo、Re 等元素会在晶界偏聚，温度升高则偏聚程度下降。平衡偏聚降低界面能、减少非自发形核机会，因此会提高淬透性。提高淬火加热温度则会降低淬透性。

在奥氏体区长时间加热，会造成奥氏体晶粒长大。C、P 等偏聚于晶界的元素降低铁原子间的结合，降低铁原子晶界自扩散激活能，所以会促进奥氏体晶粒长大。Mn 会促进 C 的作用，所以高碳钢含 Mn 时奥氏体晶粒长大的倾向较大。W、Mo、Cr 等碳化物形成元素会阻碍奥氏体晶粒的长大，但所形成的碳化物溶入奥氏体的温度较低，且容易粗化，因此阻碍不很强。Al、Ti、Nb、V 等所形成的 C、N 化合物质点不易固溶，会强烈阻止奥氏体晶粒长大。在很高的温度下，这些化合物质点发生固溶或聚并长大，奥氏体晶粒才会快速长大，如 1 100 ℃以上 AlN 质点会开始固溶，而 TiN 质点则需要 1 400 ℃以上的温度。

图 2-6a 所示为含碳 0.45% 的碳钢由铁素体和珠光体组成的亚共析钢退火组织。图 2-7 所示为中碳钢的等温转变曲线。将中碳钢在奥氏体区加热后快速冷却，其先共析铁素体的转变可能会以非扩散的形式进行，转变组织呈针状形态，称为**魏氏体**或**魏氏组织**（图 2-6b）。如果加热后冷却到 A_3点以下在不同的温度等温，会发生不同的动力学相变过程。在 A_3点以下靠近 A_3点的温度范围内过冷奥氏体将转变成先共析铁素体及由铁素体与 Fe_3C 组成的粗片层间距**珠光体**，且需要较长的相变孕育区。图 2-6c 所示为典型珠光体组织。图 2-6a 中黑色区域的珠光体经适当放大后即为图 2-6c 所示的组织。随转变温度的下降，

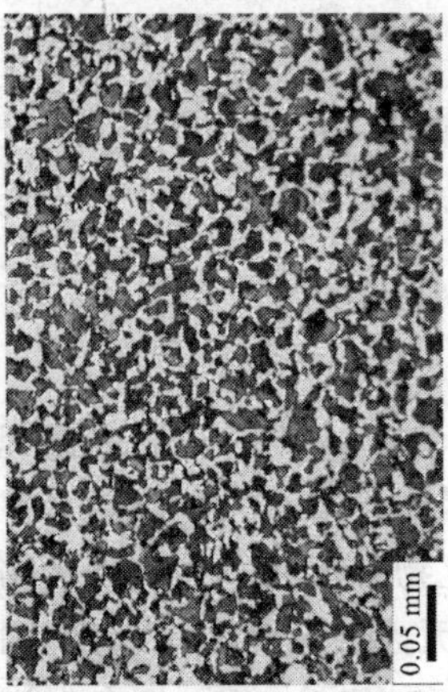

(a) 中碳钢退火组织

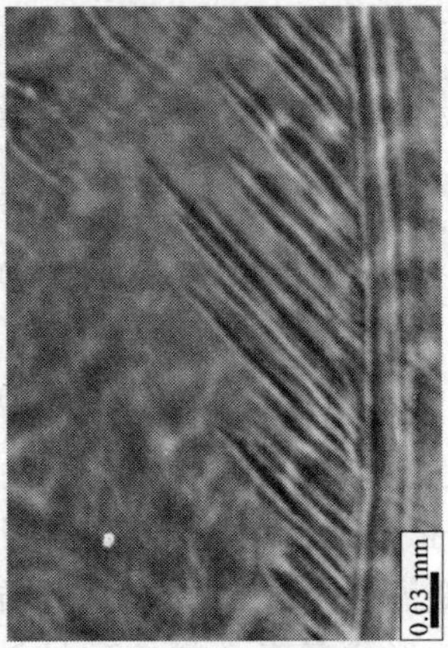

(b) 魏氏组织

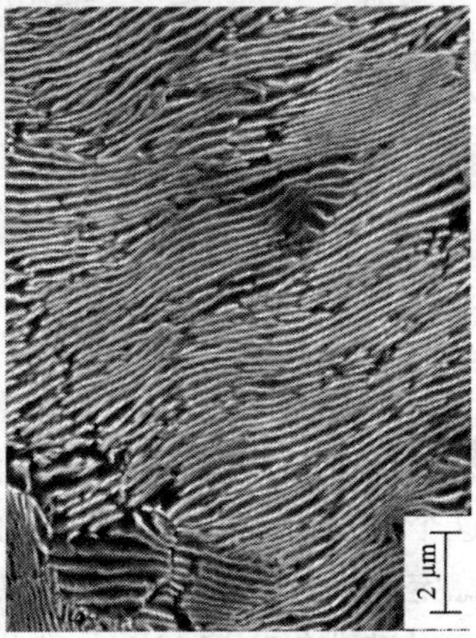

(c) 珠光体组织

图 2-6　典型碳钢组织

珠光体的片层间距逐渐减小，而相变孕育区也逐渐缩短。在更低的转变温度范围则会发生过冷奥氏体向**贝氏体**的转变，且随转变温度的下降相变孕育区逐渐延长。当将过冷奥氏体冷却到**马氏体**开始转变点 M_s 以下时则会发生过冷奥氏体向马氏体的转变。珠光体和贝氏体的转变开始时间随温度的变化规律使开始转变点的变化呈"C"曲线形（图 2-7）。

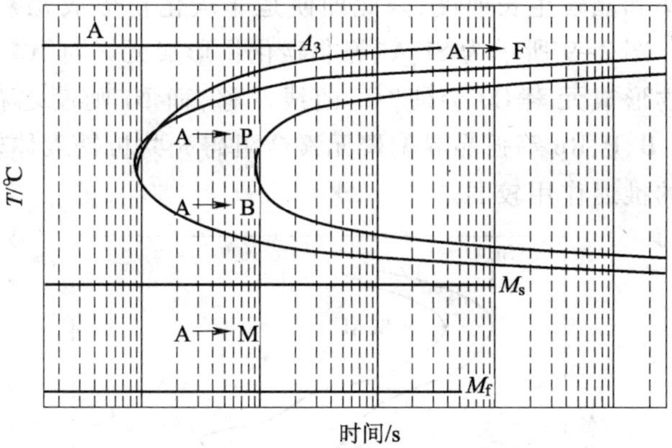

图 2-7　中碳钢等温转变曲线

A—奥氏体；F—铁素体；P—珠光体；B—贝氏体；M—马氏体

钢中扩大奥氏体区的元素会提高过冷奥氏体的稳定性，而缩小奥氏体区的元素会降低过冷奥氏体的稳定性。合金元素对"C"曲线影响比较复杂，而且对珠光体和贝氏体转变的影响也很不一样。强碳化物形成元素对珠光体转变推迟作用很大，而对贝氏体转变的作用相对较弱，使等温转变曲线转换成两个"C"曲线，且珠光体转变曲线右移更加明显。图 2-8a 所示为不同强碳化物形成元素

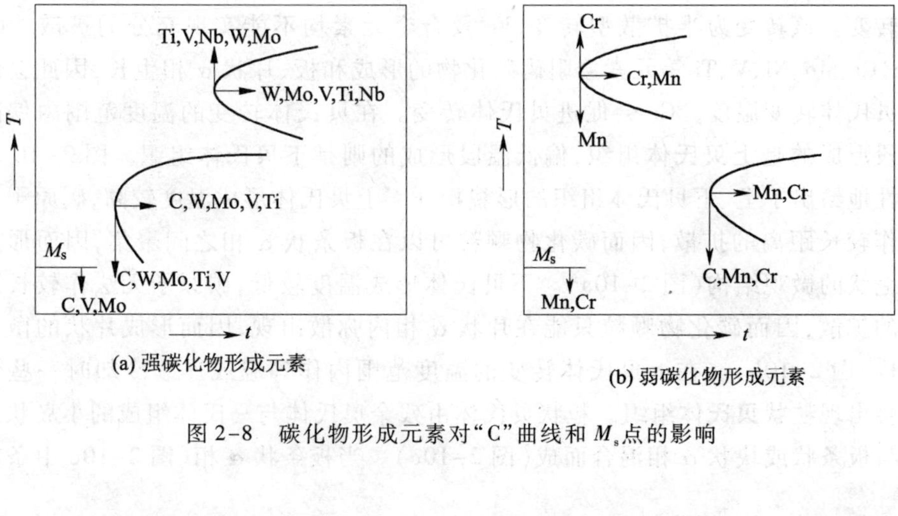

图 2-8　碳化物形成元素对"C"曲线和 M_s 点的影响

对“C”曲线和 M_s 点的影响规律。弱碳化物形成元素会明显推迟贝氏体转变，而对珠光体转变的作用相对较弱，这也使等温转变曲线转换成两个“C”曲线，且贝氏体转变曲线右移更加明显。图 2-8b 所示为不同弱碳化物形成元素对“C”曲线和 M_s 点的影响规律。

合金元素在冷却转变过程中需经扩散而重新分布，其扩散过程会降低珠光体转变的形核率和晶粒生长速度，因此即使是非碳化物形成元素也会推迟过冷奥氏体的转变。图 2-9 所示为 Si、Al 等非碳化物形成元素对“C”曲线和 M_s 点的影响。非碳化物形成元素 Co 会使“C”曲线左移，而 Ni 则使之右移，但不改变“C”曲线形状。B、P、Re 等强晶界偏聚元素会阻碍先共析铁素体转变，对珠光体和贝氏体转变的推迟作用较弱。

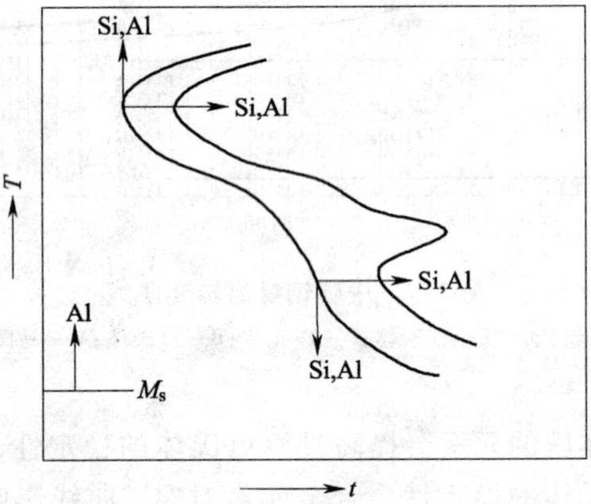

图 2-9 非碳化物形成元素对“C”曲线和 M_s 点的影响

参照图 2-6 可知，在 250 ~ 550 ℃ 的温度范围内会发生过冷奥氏体向贝氏体的转变。该转变为半扩散型转变，Fe 及合金元素均不能实现充分的扩散。C、Mn、Cr、Mo、Ni、V、Ti 等元素会阻碍碳化物的形成和板、片状 α 相生长，因此会降低贝氏体转变温度。Co 会促进贝氏体转变。在贝氏体转变的温度范围内偏高温段形成的是**上贝氏体**组织，偏低温段形成的则是**下贝氏体**组织。图 2-10 示意性地给出了上、下贝氏体组织的形貌特征。上贝氏体形成温度较高，碳原子可以作较长距离的扩散，因而碳化物颗粒可以在板条状 α 相之间聚集，因而形成羽毛状的微观结构（图 2-10a）。下贝氏体形成温度较低，碳原子无法作较长距离的扩散，因而碳化物颗粒只能在片状 α 相内弥散出现，因而形成片状的微观结构（图 2-10b）。在上贝氏体转变的温度范围内作等温或连续冷却时一些钢种会出现**粒状贝氏体**组织。粒状贝氏体由残余奥氏体与马氏体组成的小岛状组织与板条状或块状 α 相混合而成（图 2-10c）。当板条状 α 相（图 2-10c 中条状影线区）以较慢的冷却速度在上贝氏体温度区的上端形成时，板条状 α 相边沿奥氏体边界区富集的碳含量有机会向奥氏体区内扩散，从而使奥氏体因富集碳而更加稳定的同时，也使碳化物难以在板条状 α 相边沿析出。部分稳定化的过冷奥氏体在后续冷却过程中会转变成马氏体，从而形成残余奥氏体与马氏体组成的小岛状混合组织，并与板条状 α 相组成粒状贝氏体，其内通常没有碳化物。图 2-11 所示为实际观察到的上、下贝氏体及 Zhang 和 Kelly 获得的粒状贝氏体组织形貌。

(a) 上贝氏体组织（α 片间碳化物）　(b) 下贝氏体组织（α 片内碳化物）　(c) 粒状贝氏体组织（α 片/块间马氏体与奥氏体混合小岛）

图 2-10　贝氏体组织形貌示意图

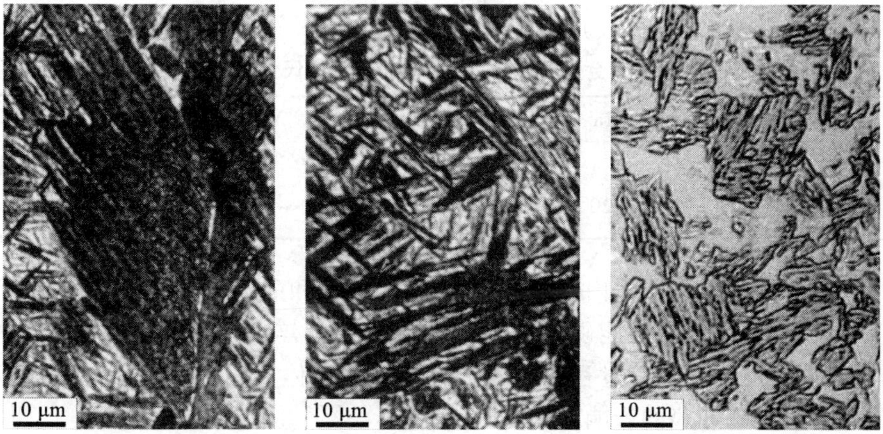

(a) 上贝氏体组织　(b) 下贝氏体组织　(c) 粒状贝氏体组织

图 2-11　贝氏体组织形貌的实际观察

马氏体转变为无扩散型转变，钢中的碳含量对马氏体的微观形貌有非常重要的影响。碳含量高时马氏体转变会在低温高驱动力作用下快速完成，形成片状**孪晶马氏体**（图 2-12a）；Mn、Cr、Ni、Mo、Co 等合金元素会促进片状孪晶马氏体的形成。碳含量低时马氏体转变会在高温低驱动力作用下慢速完成，进而形成板条状**位错马氏体**（图 2-12b）。

(a) 高碳钢片状孪晶马氏体

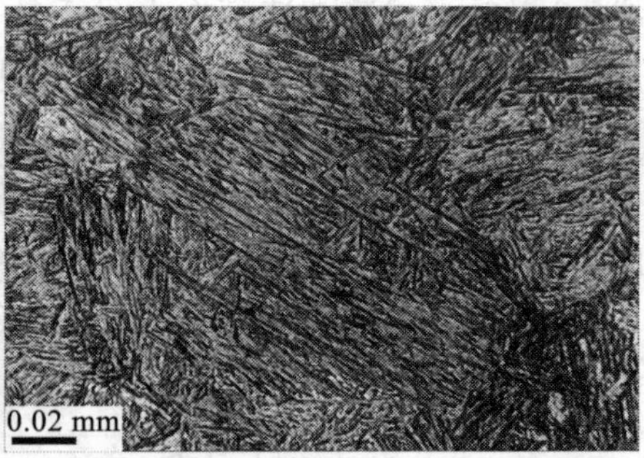

(b) 低碳钢板条状位错马氏体

图 2-12 马氏体组织

合金元素会增加马氏体转变阻力,需要更高驱动力来驱动马氏体转变,因此合金元素会降低马氏体转变温度 M_s。合金元素使马氏体转变时的体积变化量增大,挤压未转变奥氏体,使之不易转变而在低温保持稳定,因此合金元素一般会增加马氏体转变后的残余奥氏体量。但是 Co、Al 元素的作用则相反,会提高 M_s点而减少残余奥氏体量。表 2-4 给出了不同合金元素(Me)对降低 M_s点和促进残余奥氏体量(质量分数)增加的影响。

表 2-4 不同合金元素对 M_s点和促进残余奥氏体量增加的影响

合金元素	C	Mn	Cr	Ni	Mo	W	Si	Co	Al
M_s(℃/1% Me)	-300	-33	-22	-16.5	-11	-11	-11	+12	+18
残余奥氏体/%	+50	+20	+11	+10	+9	+8	+6	-3	-4

经淬火形成的马氏体内含有大量的缺陷、过饱和的碳及其他合金元素,因此处于不稳定的状态;且性能硬而脆,不能直接使用。淬火后的回火加热可以使马氏体借助回复、再结晶等过程分解成平衡的 α 铁素体和碳化物。合金元素会对钢的回火转变有明显的影响。

强碳化物形成元素阻碍 C 扩散出马氏体,所以强烈阻碍马氏体分解;强碳化物形成元素与碳的亲和力大,还会阻碍碳化物长大,所以会提高回火抗力。有些合金钢中会在回火时析出一些特殊碳化物,甚至可以在较高温度保持稳定,并造成回火后硬度反而上升的现象。弱碳化物形成元素也会阻碍 C 扩散出马氏体,但其阻碍马氏体分解的作用较弱。马氏体回火分解时也需要钢中的 Si、Al 等非碳化物形成元素扩散迁移,以便类似于ε-$Fe_{2.4}C$ 的碳化物得以形成和长大,因此非碳化物形成元素也会对马氏体的分解有一定阻碍作用。

一些合金元素使奥氏体在特定中间温区的过冷转变过程中有长时的稳定性,

回火后如果奥氏体析出碳化物使其 M_s 点升高，则回火后的再冷却过程可使该部分奥氏体淬火，进而转变成马氏体。一些低碳或微碳高合金钢淬火后的回火过程中，在位错处会析出细小（如 10 nm 左右）的金属间化合物粒子。将这一思想应用于马氏体时效钢时，经 450 ~ 550 ℃ 的实效析出处理，可产生弥散细小的 Ni_3Al、Ni_3Mo、Ni_3Ti、Fe_2Mo、Fe_2Ti 等金属间化合物粒子，使钢的强度大幅度提高。

§2-2 普通结构用钢

工程材料具有各种各样的工程性能，因此被广泛地应用于工业生产和日常生活。根据在服役过程中工程材料主要发挥的性能优势，可以把工程材料粗略地划分成结构材料和功能材料两大类，在服役过程中以发挥力学性能为主的材料称为**结构材料**；以发挥力学性能以外的其他性能为主的材料称为**功能材料**，这些性能可以涉及材料的光、电、声、磁、热、化学、生物学等方面的特性。本节所涉及的普通结构用钢属于结构材料。

普通结构用钢可分为普通工程结构用钢和机械制造用结构钢两大类，前者包括用于建筑、造船、汽车、桥梁、石油、钻探、铁路等多种工业部门的钢材，而后者包括用于制造机床零件、工程机械零件等多方面的钢材。

普通碳结构钢的性能有时不能完全达到使用的要求，因此经常需要对钢材作合金化设计，或在名目繁多的合金钢中作适当的选择。任一合金元素的加入都会从多方面改变钢材的性能，而多种合金元素也会对同一工程性能均有所贡献。在多元素共存的情况下元素间或许会有交互增强或交互抵消的作用，因此需要综合考虑并慎重选择合金元素。从经济的角度考虑，应尽可能少用合金元素或采用资源丰富、价格较低的元素，并要考虑合金元素的使用应尽可能有利于简化冶炼、铸造、变形、热处理等加工工序。在方便生产和改进性能的基础上，也要考虑方便钢材废弃后的回收问题。

一、结构钢的力学性能

按**屈服强度**水平可以粗略地把普通结构用钢划分成低、中、高三个强度级别。低强度级结构钢的屈服强度为 $\sigma_s<700$ MPa，如建筑结构用普通碳结构钢、低合金钢，低合金高强度钢（HSLA）等。中强度级结构钢的屈服强度范围为 $\sigma_s=700\sim1\ 300$ MPa，如普通的机械制造用马氏体、贝氏体相变强化钢等。高强度级结构钢的屈服强度为 $\sigma_s>1\ 300$ MPa，即为超高强度钢。

结构钢在使用过程中因承受载荷而产生应力。应力大于一定值会产生塑性变形，应力进一步升高就会发生断裂，相关承载条件下的力学行为可以用拉伸试验的力学性质来描述。结构钢在使用过程中力学失效的主要形式为塑性变形和断裂。塑性变形使结构钢件的尺寸和承载能力改变,塑性变形之后的断裂为**塑性断裂**。无明显塑性变形或塑性变形量小于 5% 的情况下构件发生的断裂为**脆性断裂**,这种断裂甚至会发生于正常的屈服强度以下。机械设计和材料组织结构控制两方面的因素会影响结构钢件的失效。机械设计方面主要涉及构件的形状、尺寸、表面几何状态、受力状态、加载速度等非材料学方面的设计问题。材料组织结构控制方面主要涉及材料的成分、组织结构、冶金质量、加工制造过程、服役环境等方面的问题。

一般认为屈服强度 σ_s 和**断裂强度** σ_f 决定了材料失效的条件。构件的断裂会以解理或其他方式进行。服役温度对结构钢的屈服与断裂行为有重要的影响。图 2-13 所示为结构钢屈服强度 σ_s 和断裂强度 σ_f 随温度变化的示意图。断裂强度往往涉及钢材内原子间的结合强度,因而随温度升高略有下降。屈服强度则随温度升高而明显下降,主要源于温度升高可促使位错因热激活而大规模开动滑移。两曲线在 T_c 温度处相交,表明在外载荷作用下 T_c 温度以上结构钢内首先屈服并发生塑性变形,当应力升高达到断裂强度水平后构件断裂;而 T_c 温度以下结构钢内在出现明显塑性变形前首先发生断裂,即为脆性断裂。由此可见,结构钢往往会在某一特征温度以上处于塑性或韧性状态,而在该温度以下则处于脆性状态,该特征温度称为**脆-韧转化温度**。韧性状态的结构钢在断裂前会发生塑性变形而消耗外载荷作功,因此反应其**冲击韧性**的冲击功 A_k 值大而不易断裂,有利于安全服役;但结构钢的脆性状态则对服役不利。

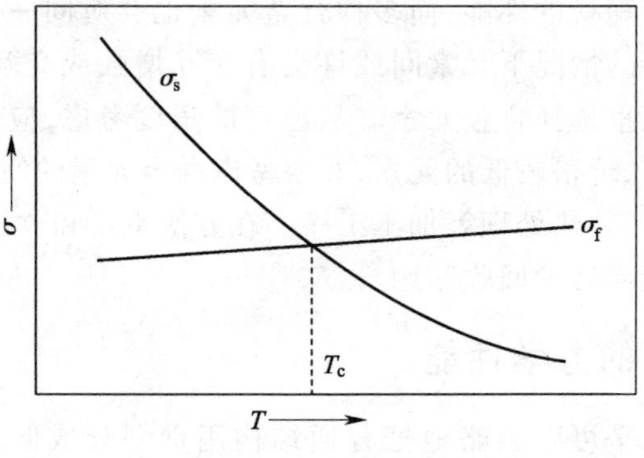

图 2-13 结构钢屈服强度 σ_s 和断裂强度 σ_f 随温度变化示意图

由于存在脆-韧转化温度,因此在温度与 A_k 韧性转化曲线有一冲击功明显变化的温度区间。图 2-14 所示为几种不同屈服强度级别结构钢的冲击功与温度关系示意图,从中可以观察到脆-韧转化的温度区间。一般来说,高强度钢属于脆性或半脆性材料,伸长率很低,屈服强度 σ_s 随温度变化不大,脆-韧转化较平缓。中、低强度钢的脆-韧转化温度附近则韧性变化更剧烈。

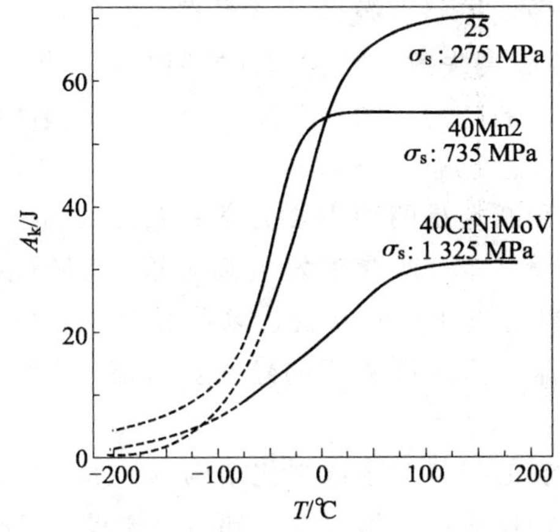

图 2-14 几种不同屈服强度级别结构钢的冲击功与温度关系示意图

通常会用结构钢的断裂韧性 K_{IC} 表达其韧性水平，K_{IC} 为钢材基体对裂纹扩展敏感程度的参数。如果用 $2a_c$ 表示钢中失稳扩展发生时内部微裂纹的临界尺寸，则对断裂强度 σ_f 有

$$\sigma_f=\frac{K_{IC}}{\sqrt{\pi a_c}} \tag{2-1}$$

K_{IC} 与屈服强度 σ_s 的关系如图 2-15 所示，σ_s 值低的钢材易于在断裂之前发生塑性变形，从而阻碍裂纹的扩展。所以高 σ_s 钢容易发生脆性断裂，降低 σ_s 有利于提高钢的韧性并防止脆性断裂失效。

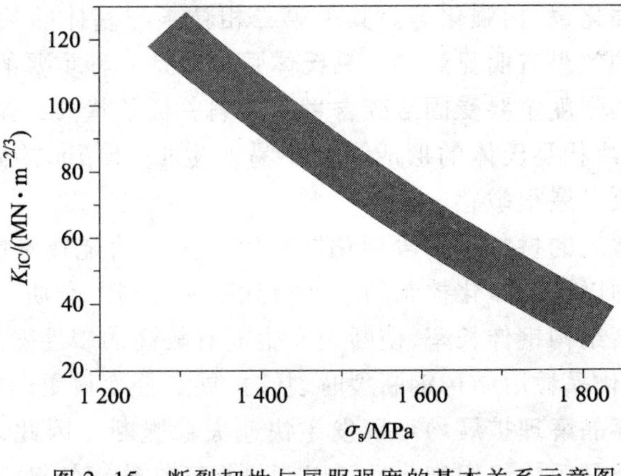

图 2-15 断裂韧性与屈服强度的基本关系示意图

结构钢件还存在疲劳失效问题。结构钢中难免会存在一些微小的裂纹，在外载荷周期性、长时间的作用下，一些微小裂纹，尤其是靠近钢件表面高应力区

的微裂纹会稳定而缓慢地扩展。微裂纹尺寸的增长会使构件的宏观断裂强度降低,即在低应力下造成断裂失效。结构钢件的屈服强度越高,则对表面缺陷越敏感。腐蚀环境以及相应的应力腐蚀和腐蚀疲劳会加速钢件服役过程中的疲劳失效和断裂(参见不锈钢部分)。

结构钢塑性变形和断裂是两种主要力学失效形式,因此要对结构钢件采用强化和韧化处理的技术手段,即要求发展高强度、高韧性的结构钢。然而,图 2-15的规律显示,结构钢的强化通常会带来脆化现象,强化与韧化的这一矛盾是材料研究者长期以来一直试图克服的障碍。目前,许多强韧化的机理尚在研究之中。

可以有若干种常规的材料学手段强化结构钢。**加工硬化**是常用来强化结构钢的重要手段。结构钢在塑性变形过程中随位错密度 ρ 的增加其变形应力 τ 也随之上升,二者之间关系为 $\tau \propto \sqrt{\rho}$,即塑性变形可以提高结构钢的强度,如钢丝经深度冷拉拔变形后其抗拉强度可以达到 2 950 ~ 3 900 MPa。结构钢的屈服强度 σ_s 与其晶粒尺寸 d 的关系为 $\sigma_s \propto 1/\sqrt{d}$,因此细化晶粒可同时提高结构钢的屈服强度和断裂强度,称为**细晶强化**。钢中的 NbC、TiC、VC 等弥散细小的第二相粒子可以使晶粒细化至小于 10 μm。采用现代的热机械加工技术甚至可以使晶粒平均尺寸细化至 1 ~ 2 μm。合金元素的原子溶入结构钢的基体可以通过阻碍位错的滑移而实现**固溶强化**,包括普通的固溶强化、过饱和固溶强化以及多元合金元素的复合固溶强化。结构钢中弥散细小的第二相粒子可以直接阻碍位错的滑移,从而发挥强化作用。这些由碳化物、金属间化合物等构成的第二相粒子往往是在结构钢的回火或时效过程中以共格或半共格的方式沉淀析出,因此称为**沉淀强化**或**弥散强化**、**析出强化**等。其中第二相粒子与基体的共格程度对阻碍位错运动和强化的效果有明显影响。**马氏体强化**也是一种重要的借助相变强化的手段。马氏体的强度主要受固溶碳含量的影响。板条状马氏体对微裂纹扩展的敏感性低,而在片状马氏体的形成过程中易产生 1 ~ 6 μm 的微裂纹,因此片状马氏体对微裂纹扩展很敏感。

亦有若干种常规的材料学手段韧化结构钢。随着冶金技术的改进,结构钢化学成分精确控制以及**纯净化**控制的水平得到明显提高。杂质及其他冶金缺陷的降低有利于提高结构钢伸长率,使断裂发生前有较高的塑性变形,并降低脆性敏感性。另外,**细化晶粒**后结构钢断裂时裂纹扩展路径变得更曲折化,不论裂纹沿晶界扩展还是穿晶解理扩展均难以发生快速失稳脆断。因此,经适当热机械加工并使奥氏体及马氏体组织细化后可以明显提高结构钢的韧性。**控制第二相**的尺寸、弥散程度、形状、数量、析出位置也可以改善结构钢的韧性。一般认为,B、P、Re 等元素的偏析对提高韧性不利,因此**控制晶界偏析**也是人们经常考虑的改善韧性的思路,但相关的原理至今研究得尚不够透彻。

需要指出的是，细化晶粒是目前能够发现的既能够提高强度又能够保持韧性的常规技术手段，因此许多新型高强、高韧钢均以此为发展思路。

二、碳结构钢

铁碳合金是最基本、最简单的钢铁材料，称为**碳结构钢**，碳对钢的力学性能有重要的影响。图 2-16 所示为碳含量对热轧碳结构钢力学性能的影响，包括对硬度 HB、抗拉强度 σ_b、冲击韧度 a_k、伸长率 δ 和断面收缩率 ψ 的影响。其基本规律表现为，随碳含量的增加，硬度和抗拉强度升高，而冲击韧度、伸长率和断面收缩率等塑、韧性指标下降。碳含量超过 0.77% 的过共析钢中，钢中出现了硬而脆的先共析渗碳体，因此随碳含量的增加，硬度上升而抗拉强度下降。

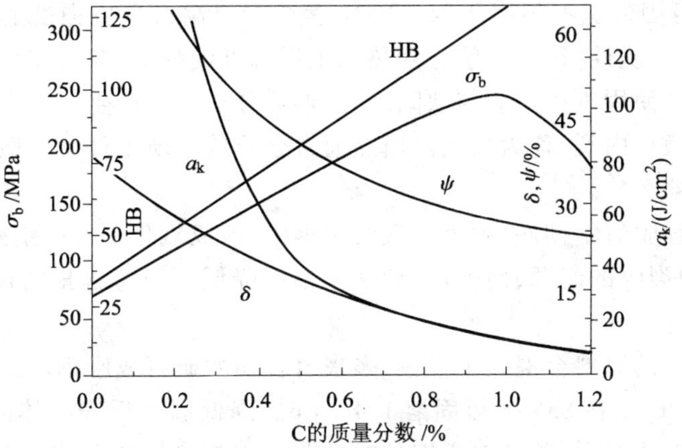

图 2-16　碳含量对热轧碳结构钢力学性能的影响

在碳结构钢的冶炼过程中会使用猛、硅作为脱氧剂，因此少量猛、硅会在钢中残留，且大多在基体内固溶，不进入碳化物，其固溶强化作用对钢的强度略有贡献。

硫是钢中的杂质，且很少固溶于钢的基体内，914 ℃时 α-Fe 内可溶入 0.02% S，989 ℃时固相与液相 L 间会有共晶反应 L↔α-Fe+FeS。所以，钢含硫高且大于 989 ℃时，在晶界处会有液相出现，并在高温热加工时出现脆性，称为**热脆**。钢中的猛比铁更优先生成 MnS，其熔点为 1 620 ℃，所以降硫加锰可以消除热脆。硫化物软，塑性好，有断屑和促进润滑减磨的作用，使钢件易切削加工，有利于钢件的自动化连续切削。

磷也是钢中的杂质，在钢中容易偏析于奥氏体枝晶之间；由于扩散慢，这种偏析不易消除。磷富集在晶界附近会造成脆性区，导致常温脆性，称为**冷脆**。磷可促进断屑而改善钢件切削加工性能。磷也有利于提高钢的耐大气腐蚀性,并可大幅度提高钢材强度。

在炼钢过程中氮很容易从空气中混入钢内,氮不超过 0.008% 时会形成间隙固溶体而发挥固溶强化作用。温度降低时氮会过饱和,在 200 ~ 250 ℃加热会时效析出细小的 Fe_4N 粒子,使强度上升、塑性降低,即造成脆性。在 200 ~ 250 ℃加热时钢件表面出现蓝色氧化铁,因而此时出现的脆性称为**蓝脆**。冷变形造成的大量缺陷会促进应变时效,因而可强化蓝脆效应并促进脆化。因此需要注意降低碳结构钢中的氮含量。钢中加铝、钛等元素可在高温生成 AlN、TiN,因而可固定钢中的氮,有助于消除蓝脆。

在炼钢过程中或在一些还原、潮湿气氛中加热时,钢可能会吸收一定量的氢。焊接过程也会使钢件在潮湿气氛中吸收氢。钢通常的氢含量为$(2 \sim 4) \times 10^{-6}$,α-Fe 可固溶氢不超过 0.000 3%。氢含量过高会造成强度上升、塑性大幅度降低,即造成脆性,称为**氢脆**。随热加工后温度的降低,氢会转变成过饱和态。原子氢在钢件使用过程中会与缺陷结合,形成分子氢并产生巨大应力,造成钢中的脆性区或微小内裂,称为**白点**。白点通常会导致钢质工件突发性断裂失效,属于危险性缺陷。

炼钢过程脱氧不彻底,则氧会残留于钢中,造成氧化物或硅铝酸盐等有害夹杂,形成钢中裂纹的起源,使塑性、韧性大幅度降低。当氧含量超过 3×10^{-5} 就会影响钢的韧性。

某些炼钢的原料会混入少量铜,多来自含铜的矿石或废钢。α-Fe 在 700 ℃可固溶 0.3% Cu, 在 835 ℃可固溶 1.4% Cu。降低温度后固溶体内过饱和的铜会以粒子的形式析出,并可造成钢的时效强化。铜还可以提高钢的耐大气腐蚀的能力。高于 1 000 ℃时,含铜超过 0.5% 的钢会出现低熔点铜析出相并影响钢的热加工性。高铜钢中 P、S 等杂质元素含量高时,P、S 的偏聚及与铜的局部平衡会造成低熔点共晶相的出现。另外,高于 1 100 ℃长时间加热会使含铜钢件选择氧化,形成表面富铜区。选择氧化可优先沿晶界深入,使晶界处富铜,这些都促进低熔点相的出现,并造成热加工问题。因此,在许多碳结构钢的生产过程中需要采取降铜、去铜的措施或提高钢的纯净度,降低 P、S 含量并避免高温长时间热加工。

碳结构钢占中国钢铁总产量的 70%。大部分为工程结构用钢,少量作为机械制造用钢去制作机械零件。碳结构钢对强度、塑性、韧性、成形性、焊接性能有一定要求。大部分碳结构钢以热加工状态供货。一些工程结构用钢可以冷轧状态供应,因此有深冲压性能要求。表 2-5 给出了三种典型国产低碳结构钢的成分(质量分数)与力学性能数据,其中 Q 及后面数字表示钢的屈服强度。

表 2-5　典型国产低碳结构钢的成分与力学性能

牌号	$w_C/\%$	$w_{Mn}/\%$	$w_{Si}/\%$	$w_S/\%$	$w_P/\%$	σ_s/MPa	σ_b/MPa	$\delta/\%$	CVN/J
Q195	0.06~0.12	0.25~0.50	≤0.30	≤0.050	≤0.045	195	315~370	33	27/20 ℃
Q235	0.12~0.22	0.30~0.80	≤0.30	≤0.035	≤0.035	235	375~460	26	27/20 ℃
08Al	0.05~0.12	0.25~0.65	≤0.03	≤0.035	≤0.035	≤215	255~345	≥40	(Al:0.02~0.07)

低碳结构钢中的碳、氮原子因平衡偏析倾向造成的柯氏气团会钉扎位错，使之难以开动，因而提高钢的屈服强度，该屈服强度称为**上屈服点**。当位错在高应力下开动后，柯氏气团被克服，维持位错开动的应力会明显降低，使钢件拉伸性能上表现为屈服流变应力下降后保持一个稳定的低应力水平，称为**下屈服点**。低应力水平在一定应变范围保持的现象称为**屈服平台效应**，或称**屈服效应**。屈服效应出现后，会使已开动的位错不断滑移而未开动的位错因柯氏气团的钉扎而难以在降低的外应力下开动，宏观上表现为钢件塑性变形的不均匀性，称为**吕德丝带**，其中氮原子对屈服平台效应的贡献更为明显。碳结构钢中加铝、钒、钛等元素可去除自由的氮造成的吕德丝带效应。屈服效应也可以用来适当改进和提高钢材的屈服强度。

变形过程中，位错运动速度 v 与施加在位错线上的有效应力 σ^* 之间存在如下经验关系：

$$v=\left(\frac{\sigma^*}{\sigma_0}\right)^m \tag{2-2}$$

式中：σ_0为位错运动速度 $v=1$ 时所需要的有效应力；m 为位错运动速度对应力的敏感指数。在拉伸变形过程中，应变速度 $\dot{\varepsilon}_p$、位错运动速度 v 以及可动位错密度 ρ_m之间的关系可以表达为

$$\dot{\varepsilon}_p=\mu\rho_m vb \tag{2-3}$$

式中：μ 为取向因子；b 为位错的柏氏矢量；μ 和 b 都可以看做常数。在变形过程中，如果一些位错摆脱柯氏气团的钉扎而成为可动位错，则可动位错密度 ρ_m 会突然增大。在应变速度 $\dot{\varepsilon}_p$ 为常数的等应变速率拉伸变形条件下由式(2-3)可知，位错运动的速度会随之降低。参照式(2-2)可知，位错运动的有效应力 σ^* 也会相应下降，使材料屈服应力由上屈服点下降到下屈服点。这就是位错增值导致屈服效应的位错机制。

三、低合金高强度钢

合金元素总量小于 3%，强度明显高于碳结构钢的钢种称为**低合金高强度钢或 HSLA 钢**。强度高可使结构钢件重量大幅度减小，从而在使用上节省钢材、降低能耗，所以应用广泛。通常我国的合金钢按成分划分牌号，牌号中字符

表示钢的碳含量及合金元素的组成。对结构钢，牌号中用前面两位数字表示钢碳含量的万分之几，后面字母则表示钢中的合金元素及其大致的含量范围。如16Mn、40Si2MnV 表示两钢的碳含量分别为万分之 16 和 40，即 0.16% 和0.40%；两钢中含有 Mn、Si、V 等合金元素，40Si2MnV 中含 Si 约 2% 左右，其他合金元素含量不超过 1% 或在 1% 左右。对于工具钢，牌号中用前面一位数字表示钢碳含量的千分之几，后面字母所表示合金及其含量的形式与结构钢相同，如5CrMnMo。在很多情况下，当工具钢的碳含量接近或超过百分之一时，牌号中不再给出碳含量的字符，直接表示合金元素。

Mn、Si、P、Ti 等元素的强化作用明显，且我国资源丰富，所以为国产钢中常加元素。一些国家有较丰富的 Ni、Cr 资源，强化效果弱，但对韧性有益，因此被广泛使用。传统钢材生产多借助合金元素确保钢的强度，对生产工艺和组织结构的控制不够重视。随着工业生产技术的改进以及生产装备水平的大幅度提高，现代生产过程更注重节约合金资源和降低能耗，同时更多依靠科学而精确的工艺控制技术和热机械处理技术，以改善并细化组织，提高力学性能。

如图 2-15 所示，钢的强度与塑、韧性指标通常是互相矛盾的两个方面。除 Cr、Ni 及少量 Mn 外，合金元素在提高钢强度的同时均会降低钢的韧性。根据 Hall-Petch 关系，对屈服强度 σ_s 有

$$\sigma_s=\sigma_0+\frac{k}{\sqrt{d}} \tag{2-4}$$

式中：σ_0、k 为常数；d 为平均晶粒尺寸。因此，细化组织不仅可以改进塑、韧性，而且同时可以提高强度。钢中的 Cr、Mn、Ni、Mo 等元素可以使奥氏体大幅度过冷，并在低温转变成细铁素体，因此也可以有细化晶粒的作用。钢中常见的 AlN、V_4N_3、TiC、TiN、NbC 等细小粒子的尺寸为 10～20 nm，因此可以阻碍奥氏体晶粒长大。同时，弥散析出相也可以阻碍位错运动，提高强度。当钢中合金元素较少时，适当调整加工工艺也可以使合金元素发挥明显的强、韧化作用。

焊接性能是低合金高强度钢的重要工程性能。通常要求焊后不裂，焊缝区力学性能好。焊接后焊缝的热应力及相变造成的组织应力很容易影响焊接质量，应受到特别关注。提高钢中合金及碳元素含量，则奥氏体会更稳定且转变体积变化大、淬透性好、应力大，开裂倾向大。所以从焊接角度出发，碳及合金元素含量不应很高。

按用途可以把低合金高强度钢划分成建筑结构钢、耐候钢、低温用钢、工程机械用钢、钢轨钢及其他专门用钢等。

建筑结构钢主要用于建筑、桥梁、容器、车辆等行业的钢质构件。按屈服强度级别划分，有 295、345、390、440（MPa）或更高强度级别的钢种。适当的碳及合金元素含量可使钢的强度高于碳结构钢，并改善塑性、冷加工性和焊接性能。

例如,用于钢筋混凝土的建筑钢筋钢可划分成Ⅰ至Ⅳ四个钢筋级别,钢筋牌号中R表示热轧、L表示带肋钢筋,数字表示屈服强度,其单位为MPa。表2-6所示为四种建筑钢筋钢的分类与选材。随着建筑业对建筑钢筋钢力学性能要求的不断提高,人们也尝试发展出其他更高屈服强度级别的结构钢材:640 MPa级的低碳贝氏体钢,如14CrMnMoVB;785 MPa级的调质钢,如65SiMnV;甚至1 320 MPa级经淬火回火处理的高强度钢,如45Si2Cr等。为了合理、高效地利用钢材,以达到节省资源、降低能耗及减少污染等目的,在允许的情况下应该推广使用高强度钢筋,但需要相关冶金企业具有现代化的生产技术装备和严格的质量控制水平。

表2-6　四种建筑钢筋钢的分类与选材

钢筋级别	钢筋牌号	钢筋选材
Ⅰ	R240	Q235
Ⅱ	RL335	16Mn、20MnSi、20MnNb
Ⅲ	RL400	20MnSiV、20MnTi、25MnSi
Ⅳ	RL540	40Si2MnV、45SiMnV、45Si2MnTi

耐候钢是用于轮船、码头、海上平台等在大气、潮气、海洋气氛环境工作的钢结构件,要求有较好的耐大气、海水腐蚀的能力。钢中添加铜、磷等提高钢耐蚀性及强度的元素,可以提高结构钢在常规气候环境下的耐受性能,如09CuPTi、08CuPV、10MnPNbRe、22MnNiCuP等。耐候钢的耐蚀性是普通碳结构钢的2~3倍。

低温用钢是冷冻条件下或寒带气候下使用的钢结构件,如液氮条件下使用的超低温容器构件。低温用钢的设计要考虑在低温下钢结构能保持所需的塑性和韧性,防止图2-13、图2-14所示的低温脆化现象出现。可采用低碳和全铁素体成分设计,并采用微量V、Ti、Nb、Al等第二相粒子形成元素以细化钢的晶粒,如06MnNb、06MnVAl等低温用钢。当使用温度更低时,则要采用高镍钢、高合金奥氏体钢等。

工程机械用钢是指推土、挖掘、起重、运输等重型机械所用的高强度钢,其抗拉强度要求为690~1 080 MPa,且要求耐磨、易焊、淬透性好等。通常的碳含量为0.15%~0.25%,且会使用Cr、Ni、Si、Mn、Mo、V等合金元素。

钢轨钢用于制作铁路道轨,要求785~980 MPa的抗拉强度、270~300 HB的硬度,且要求耐磨损、耐疲劳等,常用的钢种有60MnSi。钢轨钢经热轧加工后需要控制快冷处理,以获得细的珠光体组织并保持良好的综合力学性能。生产上这种控制冷却过程有时称为在线全长淬火,但并不是真正的淬火处理。如果冷速过快出现了马氏体或贝氏体组织,则钢轨就会变得硬而脆,在使用过程中容易发生断裂。

还有其他的一些专门用钢，如石油管线钢、造船用钢、气瓶用钢、矿用钢等。其用途、使用环境不同，因而对化学成分、力学性能、加工过程及组织结构也各有不同的要求。

四、调质钢及非调质钢

结构钢的淬火加高温回火处理称为**调质处理**，经调质处理的钢称为**调质钢**，通常具有**回火索氏体**组织，即碳化物为细小颗粒的珠光体组织，其强度和韧性都比较好。调质钢通常需要有良好的淬透性，以实现整体获得回火索氏体组织和构件整体的均匀性。常见的可用做调质钢的牌号有 45、40Mn2、40Cr、35CrMo、40CrMnMo、40MnB，等等。

调质钢一般保持 0.3% ~0.5% 的中碳含量，其合金元素总量小于 2%。合金元素可以提高钢的淬透性，可形成稳定碳化物以便阻止晶粒长大，也会固溶强化回火索氏体中的铁素体相。调质钢的淬火温度多在 820 ~ 880 ℃，并在 500 ~ 700 ℃回火。调质钢的屈服强度范围为 500 ~ 1 000 MPa，其抗拉强度为 700 ~ 1 100 MPa，伸长率为 10% ~17%。改变或调整合金元素的含量或比例关系，可使钢材力学性能有不同的配合。

调质钢中的合金元素会提高其回火抗力，如 Cr 可使高温回火后强度只有小幅下降，Mo 可使钢在更高温度回火后仍保持高强度，因而有利于韧性的提高。调质钢在 650 ℃左右作高温回火后会出现韧性降低、脆-韧转化温度升高的现象，称为**回火脆性**。分析发现，P、S、Sb、Sn、As 等杂质元素在晶界附近的富集造成了晶界的脆化，是产生回火脆性的主要原因。碳结构钢对回火脆性不敏感，而合金元素会促进或加剧回火脆性，但钼可以降低钢的回火脆性倾向。采用尽量降低钢中杂质含量、更高温度回火后快冷通过 650 ℃区、钢中增加钼合金化、对已有回火脆性的构件重新回火等多种手段，可避免或退除回火脆性。图 2-17a 所示为调质钢回火索氏体组织的微观形貌。

调质钢虽然具有良好的综合力学性能，但未能充分利用淬火马氏体的强度，使强化水平不够高，且调质处理工艺复杂、成本高、效率低，不适合于大批生产的结构件。因此，人们参考调质钢的思想，以非调质的方式获得近似调质钢的力学性能，因而发展出了**非调质钢**。非调质钢主要借助控制热轧、热锻等热加工工序的变形和冷却过程，以直接获得正常细片层状**索氏体**组织（图 2-17b）及少量贝氏体，其性能接近调质钢。这种生产方式去掉了调质处理工序，对制成的热加工件可以直接切削加工成构件使用。非调质钢仍采用中碳设计，同时含 Mn 以提高淬透性、含 Si 以固溶强化、含适量 S 以使钢件易切削、含 V 和 Ti 以细化晶粒，其中 Ti 可以固定 N 原子，以防止冷脆。

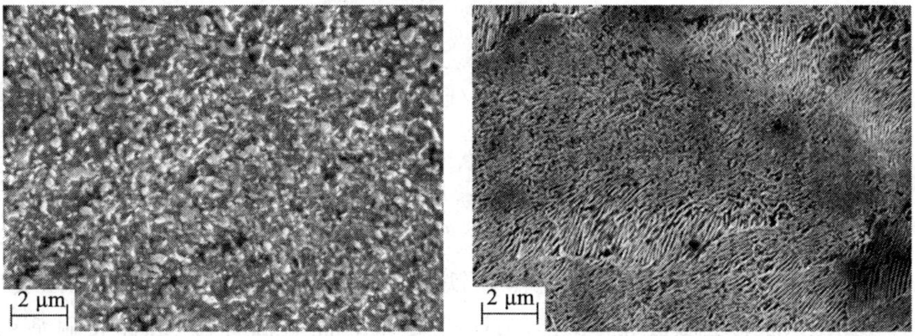

(a) 回火索氏体　　(b) 正常索氏体

图 2-17 索氏体组织

五、低温回火状态使用的结构钢

对淬火后的结构钢作 150～250 ℃的低温回火,可充分利用马氏体强化。碳是强化马氏体的主要元素,在 0.15%～1.4% C 的范围内都可以强化马氏体。含碳低于 0.3% 的钢淬火后可得到具有精细位错结构的板条状马氏体,在250 ℃以下回火可维持其精细结构和硬化效果。含碳高于 0.6% 的钢淬火后可得到精细孪晶结构的片状马氏体,在 250 ℃以下回火也可维持其精细结构和硬化效果。提高碳含量会使马氏体的脆-韧转化温度明显提高并降低钢的韧性。若采用碳含量较低的马氏体结构钢,则需尽可能借助细化晶粒来进一步提高钢的强度。30CrMo、40CrNi2MnMo、18Cr2Ni4W 等均是常见的在低温回火状态使用的结构钢。

淬火后的结构钢在 200～400 ℃回火时会出现低温回火脆性,一般认为,这可能与在此温度范围特定碳化物的析出有关。加入微量 V、Ti 等元素可细化组织,Mn、Cr、Mo、W 等元素可提高钢的强度并降低脆-韧转化温度。Si 可以把特定碳化物析出和相应的回火脆性推向更高的温度区,因而有利于避免低温回火脆性。

表 2-7 所示为调质钢与低温回火钢的热处理和性能的比较。可以看出,二者力学性能相当而低碳含量使低温回火钢韧性较好。然而低碳钢的淬透性差,淬火需要的加热温度高而淬火应力大,因此在制作大尺寸或复杂形状的构件时仍需要使用合金元素含量和价格偏高的调质钢。

表 2-7 调质钢与低温回火钢的热处理和性能的比较

钢号	淬火温度(冷却)	回火温度(冷却)	σ_b/MPa	σ_s/MPa	δ/%	ψ/%	a_k/(J/cm^2)
40Cr	850 ℃(油)	500 ℃(水或油)	980	784	9	45	58.8
45MnB	840 ℃(油)	500 ℃(水或油)	1 029	833	10	45	58.8
20Mn2B	880 ℃(油)	200 ℃(空气或油)	≥980	≥784	≥9	≥45	≥168.6
20MnVB	880 ℃(油)	200 ℃(空气或油)	≥1 078	≥882	≥9	≥45	≥168.6

六、渗碳及渗氮钢

齿轮、轴等类型的许多工程机械零件在工作过程中整体承受周期性扭转和弯曲应力，而表面承受持续的摩擦、磨损负荷。这类零件要求整体有一定的屈服强度、高韧性和耐疲劳性，因此可考虑采用碳含量为 0.1% ~0.25% 的低碳钢。零件有高载荷要求时可采用多元素合金化以形成低碳马氏体，在小载荷要求时可采用少量合金元素，并形成珠光体和铁素体组织以增强零件韧性。该类零件同时还要求表面承受高摩擦、高接触应力，要求表面有高强度、高耐接触疲劳性，因此可采用表面渗碳的方法使碳含量达到 0.8% ~1.1%，以形成高碳马氏体。根据上诉综合要求，可以选用低碳含量的**渗碳钢**，如 20、20Cr、20MnV、18CrMnTi、12Cr2Ni4 等。钢中的合金元素主要用于提高淬透性，阻止渗碳时晶粒长大，提高钢的强度和韧性，并细化马氏体组织。

表面渗碳处理选在奥氏体区渗碳（图 2-18a），因为奥氏体区温度高、扩散快、溶碳能力强，有利于快速渗碳。但高温容易造成晶粒粗化。通常渗碳温度为 910~950 ℃。钢中碳化物形成元素有利于钢件表面吸收碳而不利于碳向深处扩散，非碳化物形成元素则不利于钢件表面吸收碳而有利于碳向深处扩散。渗碳后需对钢件作淬火处理，表面碳含量高，马氏体形成时体积膨胀大而产生表面压应力。钢件的屈服压应力一般高于屈服拉应力，热处理造成的表面预压应力可提高零件的抗张应力破坏的能力，因此有利于提高表面疲劳寿命。图 2-18b 所示为碳含量为 0.16% 的低碳合金钢在 955 ℃作 10 h 固体渗碳处理后的渗层组织，从左至右黑色渗层区深度达 0.8 mm。

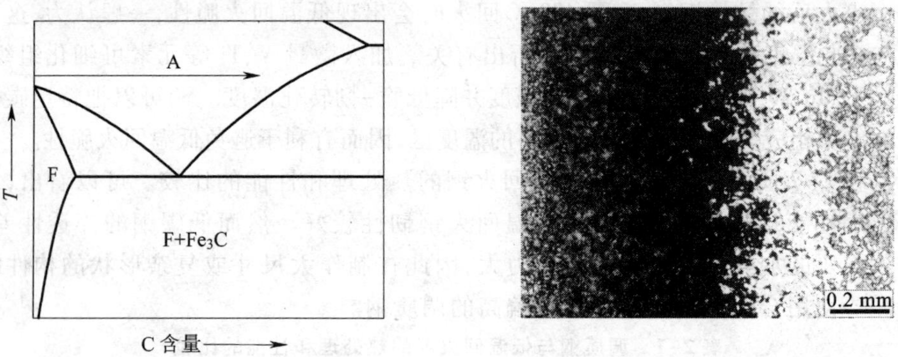

(a) 渗碳温区　　　　(b) 渗碳组织

图 2-18　低碳合金钢的渗碳温区及 955 ℃作 10 h 固体渗碳后的渗层组织

大尺寸的渗碳钢工件可用含 Cr、Ni 的高淬透性钢，但 Cr、Ni 会造成热处理残余奥氏体增加，从而使处理工艺复杂。渗碳后表面因碳含量过高而使 M_s 点降低,淬火后表面残余奥氏体多,所以应限制表面渗碳量,以0.8% ~1.0%为宜。

也可以采用表面渗氮的方法提高零件表面耐疲劳和耐磨损性能。渗氮工艺有渗氮温度低、渗层硬度高、耐磨性好、变形小、可产生表面压应力、不需后续热处理等优点,但渗氮处理的缺点在于时间很长、成本高、渗层薄等。

实用的渗氮处理为在铁素体溶氮能力较高的510 ~570 ℃的温度范围内,在含氮介质中将渗氮工件加热3 ~100 h;也可以配合调质处理的高温回火阶段附加渗氮处理。渗氮后工件表面生成含Fe_4N、ε-$Fe_{3-2}N$的一层脆而硬的氮化层。

可选择的**渗氮钢**有38CrAl、38CrMoAl、35CrMo等。大多数合金元素对氮化层无明显影响。氮化物形成元素有利于钢件表面吸收氮但阻止氮向深处扩散。含Al、V、Cr、Mo、W的钢可生成弥散氮化物。Cr、Mo、Mn可保证钢的淬透性,Mo可防止回火脆性。

七、弹簧钢

弹簧是工业生产中常见的机械零件,在服役过程中承受周期性弯曲、扭转、冲击载荷。因此要求**弹簧钢**有高的弹性极限以尽可能多地吸收和释放弹性能。高的疲劳强度和高的韧性要求钢内杂质含量少而表面质量高,因此可以采用中、高碳钢或中碳合金钢作弹簧钢。合金元素主要用于提高钢的淬透性和提高钢的比例极限。可选择的钢种有65、70、75、80、60Mn、65Mn、55Si2Mn、60Si2Mn、55SiMnMoV、50CrMnV等。小尺寸的弹簧可用低淬透性钢制作。弹簧钢主要借助马氏体的高屈服强度。弹簧钢的热处理通常采用820 ~880 ℃加热淬火和460 ~520 ℃中温回火。回火使马氏体分解并析出细小弥散碳化物,同时残余奥氏体分解,淬火内应力下降。对冲击韧性要求较高的弹簧也可以采用等温淬火的处理工艺,以形成贝氏体组织,但钢的弹性极限会略有降低。热处理后弹簧钢的屈服强度为780 ~1 370 MPa,抗拉强度为980 ~1 570 MPa,伸长率为6% ~10%。热处理过程中特别应注意防止表面脱碳,同时也需要在回火后快速冷却以防止回火脆性,减少弹簧钢中的非金属夹杂也对提高疲劳寿命有重要作用。

八、易切削钢

现代机械工业生产往往需要大幅度提高自动化加工机械零件的效率,包括切削加工过程。因而要求大幅度提高切削速度,并提高切削刀具的寿命。

生产批量大且无苛刻力学性能要求的机械零件(如许多标准零件)可以用**易切削钢**制作。在常规的钢中适当加入S、Te、Pb、Se、Ca等有害元素,生成MnS、CaS、MnTe、PbTe等塑性非金属夹杂或金属间化合物,破坏基体的连续性。夹杂物粒子可随钢件的塑性变形而被拉长,提高夹杂物粒子的长宽比有利于保持良好的纵向力学性能，并降低切削抗力。夹杂物的存在使切削过程中断屑容易，夹杂硬度低且易储存切削润滑剂，从而降低对刀具磨损。

用 Y 表示易切削钢，在原来钢的牌号前加 Y 表示加入了 S、Te、Pb、Se、Ca 等元素，如 Y12（MnS）、Y40Mn（MnS）、Y15Pb（Pb）等。杂质元素的加入不影响淬透性，不影响渗碳，也不影响原有热处理工艺。

§2-3　特种合金钢

一、滚动轴承钢

滚动轴承是重要而广泛使用的机械零件。用来制作滚动轴承的专用钢为滚动轴承钢，或简称**轴承钢**。滚动轴承具有特殊的工作环境，图 2-19a 所示为某种滚动轴承的装配图。轴承要在承受载荷的条件下高速运转，甚至每分钟要作数万次的循环，即承受高频周期性载荷。承载高速运转的轴承部件表面要经受强烈的滚动和滑动摩擦，同时还要承受负载剧烈变化时的冲击载荷。轴承传递载荷时应力最大的部位在滚珠或滚柱与轴瓦的接触处附近（图 2-19b），因为属于点、线接触，其最大瞬时接触压应力可达 5 000 MPa，并容易造成位于接触点附近与接触切面成 45°角的方位上最大的切应力，甚至导致开裂。另外，轴承的工作环境为空气、润滑剂等具有腐蚀性的介质，因此也需要轴承钢具备一定的在相应介质中的耐蚀性。

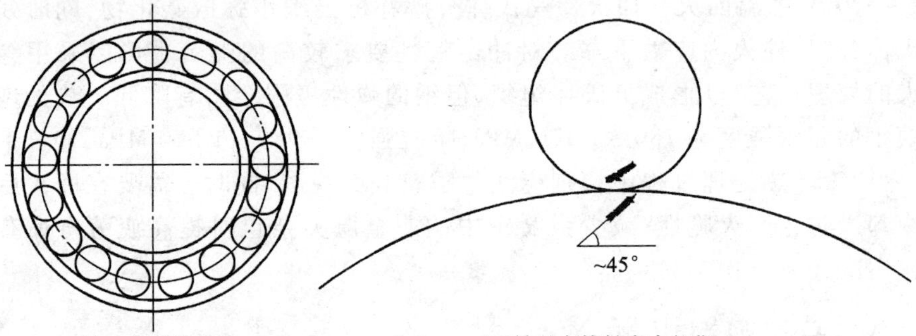

(a) 滚动轴承装配图　　(b) 轴承高接触应力部位

图 2-19　轴承钢的使用及其接触应力

鉴于轴承钢的上述工作条件，要求轴承钢具有高而均匀的硬度以保证其高耐磨性，硬度值范围为 61～65 HRC；同时要求有高的弹性极限和接触疲劳强度、适当韧性、高的尺寸稳定性、一定的耐蚀性。另外，也要求高强韧的轴承钢有良好的加工成形和热处理等工艺性能。针对这些性能方面的要求，轴承钢的微观组织应该是具有高硬度、高弹性极限的回火马氏体以及均匀分布的高硬度细碳化物粒子，以确保其接触疲劳强度、耐磨损和适当韧性。轴承钢中应该降低残余奥氏体的含量，以保证使用过程中的组织和尺寸稳定性。但当轴承钢内出现裂纹并扩展时遇到残余奥氏体，则会促其塑性变形而阻碍裂纹扩展，同时自身转变成马氏体。可见适当的少量残余奥氏体对力学性能也是有益的。轴承钢中的夹杂物破坏基体的连续性，容易造成应力集中并萌生内裂纹，所以从保证疲劳性能和韧性考虑，轴承钢应该尽可能纯净，夹杂物应少且细小均匀。另外在轴承钢的合金化方面也应该作耐蚀设计。

为满足对轴承钢的上述要求，其成分包括0.95%～1.05%的高碳设计以保证高强度、高硬度；主要合金元素为Cr，以提高淬透性、形成细小稳定的合金碳化物$(Fe,Cr)_3C$并提高耐蚀性；为限制残余奥氏体量，Cr含量应不超过1.65%；可适当加入Mo、Si、V等元素，以提高淬透性；同时要大幅度降低P、S等脆性敏感元素，并限制对硬度有害的Ni含量。我国90%的滚动轴承钢为GCr15，其中G表示滚动轴承钢，Cr的含量放大了10倍，实为1.5%；碳含量不直接标志，约为1%。对于重载轴承钢，需要使用Ni、Mo、Mn等合金元素以提高其淬透性和韧性，甚至可作渗碳处理以提高表面耐磨性；对耐蚀性要求很高的轴承钢，可提高Cr含量或选用不锈钢；对高温条件下使用的轴承钢，可增加Cr、Mo、V等有利于改进耐热性能的元素。

轴承钢中不论是未溶的还是回火析出的碳化物，如果尺寸粗大或分布不均匀都会造成承载过程中的应力集中，并降低疲劳寿命。钢中奥氏体即马氏体晶粒粗大也会降低疲劳寿命。因此要求轴承钢原始晶粒组织非常均匀，尤其要求碳化物均匀、分布细小，为后续热处理作好组织准备。均匀、细小的原始组织也便于改善轴承钢构件的加工成形性。

轴承钢属于过共析钢，正常的退火组织为珠光体和网状二次渗碳体（图2-20a），粗大的二次渗碳体和珠光体内的片状渗碳体使得组织和成分的均匀性很差，不利于后续加工和成品性能，因此需要对轴承钢的原始组织作均匀化处理。对网状渗碳体先要作正火处理，在加热后的快冷过程中二次渗碳体来不及成网，降低了碳化物的不均匀性。随后再作**球化退火**处理，即在钢的共析转变温度附近作长时间保温并缓慢冷却，借助碳化物的表面张力促使珠光体转变成分布着细球状碳化物颗粒的铁素体基体组织（图2-20b）。球化退火降低了钢的硬度，使之便于切削加工，并为最终热处理准备好均匀的组织。轴承钢的最终热处理为淬火并作冷至-40～-70 ℃的冷处理，然后通过回火以获得最终性能。冷处理可以充分地获得马氏体组织，并降低残余奥氏体量。轴承钢的最终组织为回火马氏体基体上均匀地分布着细小的等轴碳化物。

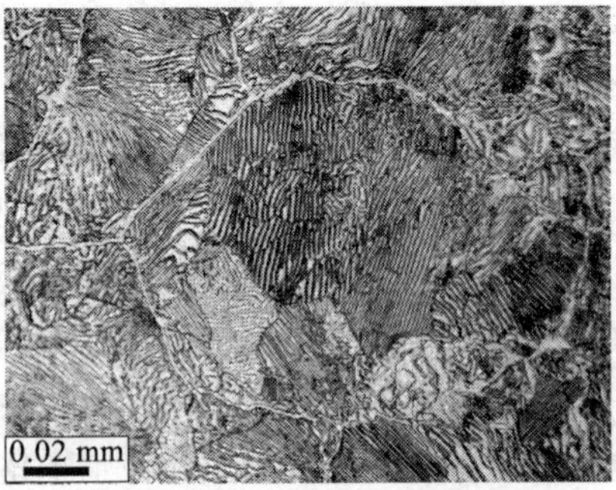

(a) 沿晶界的网状渗碳体

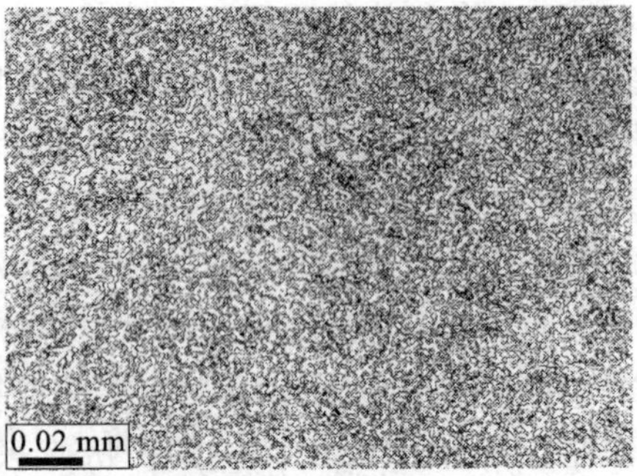

(b) 铁素体基体上细球状碳化物

图 2-20 过共析钢的热处理组织

二、工具钢

对各种材料进行变形和切削加工时需使用工具，制造各种工具的钢铁材料称为**工具钢**，包括刃具钢、模具钢、量具钢等。刃具或刀具在工作中承受弯曲、扭转、剪切、冲击、振动、摩擦等力的作用，摩擦会造成工作温度的升高和刃具的磨损，因此要求刃具钢具备高硬度、高耐磨、热硬性、适当的塑性和韧性。模具钢分为冷作模具钢和热作模具钢。冷作模具包括冲切模、冷镦模、搓丝模、拉伸模、剪切刀片、冷轧辊等，要求具备高硬度、高耐磨性和一定韧性。热作模具包括锤锻模、挤压模、特定铸模等，在工作条件下会承受反复的温度骤变，因而要求具备高的热屈服强度、高的高温硬度、高抗热疲劳和抗热震动性、足够的塑性和韧性等。量具钢可以用来制作样板、量规、卡尺等形状和尺寸精确、稳定性高的构件，因此要求量具钢具有高硬度、常规耐磨性，尺寸稳定，并具备一定的耐蚀性。

碳素工具钢的碳含量为 0.65% ~1.35%，硬度很高。碳素工具钢用符号 T 表示，后面字符表示碳含量，涉及 T7 ~ T13 八种牌号。钢的碳含量大于 0.6% 的部分会在回火组织中以碳化物形式存在，可以提高钢的耐磨性而降低塑性和韧性。T7 为亚共析钢，有最好的韧性，可承受较大冲击。碳素工具钢整体上淬透性较差，用水淬火可淬透尺寸为 15 mm 的构件，用油淬火可淬透 5 mm。很高的碳含量会使淬火马氏体膨胀量大而造成较大淬火应力和淬火变形。碳素工具钢的组织稳定性差，高于 200 ℃时硬度会大幅度下降；且硬而脆，不易切削加工。碳素工具钢适合用于制作小尺寸、低冲击载荷、形状简单的工具。

低合金工具钢是适当加入了 Cr、Mn、Si、W、Mo、V 等元素的碳素工具钢。合金元素主要用来提高淬透性，进而提高工具的耐磨性。合金元素增加过冷奥氏体的稳定性，因而可以在较慢的冷速下淬火，减小了淬火变形；弥散细小的碳化物可以细化晶粒并提高韧性，在高温下稳定的碳化物还可以提高工具的热硬性。

低合金工具钢的合金元素总量小于 5%。如 Cr2、9Cr2、9SiCr、8MnSi、CrMn、CrWMn、CrW5 等，其硬度 HRC 值均高于 60。低合金工具钢可用做比碳素工具钢尺寸稍大、形状稍复杂或有较高抗冲击载荷要求的冷加工工具。合金化使钢的导热性下降，易产生内应力。所以热加工和热处理时要求均匀加热并较慢速冷却。钢的碳含量高，表面易脱碳或发生碳石墨化，因此高温加热的停留时间不要过长。冶金厂生产的原始态工具钢的钢材应经球化退火以利于后续加工处理。最终淬火应尽可能慢速冷却，并作 200 ℃以下的回火，以消除应力、提高塑性和韧性并稳定组织。

高速工具钢简称**高速钢**，主要用于高速、高效率以经济的方式加工机械零件。高速加工过程中刀具与零件之间产生剧烈的摩擦使工作温度上升，可达到 500 ℃以上，因此需要高速钢在这种温度条件仍能保持工具钢所需的强度、硬度、韧性、耐磨性等力学性能和抗氧化性。高速钢中需要要加入大量 W、Mo、Cr、V 等碳化物形成元素，以形成高温稳定的碳化物，使得高速钢在 650 ℃时仍具有大于 50 HRC 的硬度。最常见的高速工具钢有 W18Cr4V、W6Mo5Cr4V2 等。

铸态下高速钢为固溶多种合金元素的铁素体基体及大量的合金碳化物。碳化物为以 W、Mo 为主的 M_6C、以 Cr 为主的 $M_{23}C_6$ 和以 V 为主的 MC 等。高速钢铸造凝固过程比较复杂，从液体凝固后出现奥氏体和鱼骨状粗大的合金碳化物，属于高温莱氏体组织（图 2-21a），如在 W18Cr4V 中会有 28% 碳化物。莱氏体组织的存在使合金元素不能充分均匀地分布于固溶体，也不能以碳化物形式弥散均匀地散布于基体之内，所以不能充分发挥其合金化的作用。铸造形成的莱氏体组织使钢的成分很不均匀；鱼骨状碳化物直接由液态析出，不能借助加热固溶处理的方式消除，对高速钢的力学性能损害很大。采用粉末法可以制成碳化物弥散均匀地分布于基体的高速钢，但制作成本高，且性能上也没有优势。传统上采用热塑性变形加工的方式细化粗大的合金碳化物，借助反复锻打提高应变

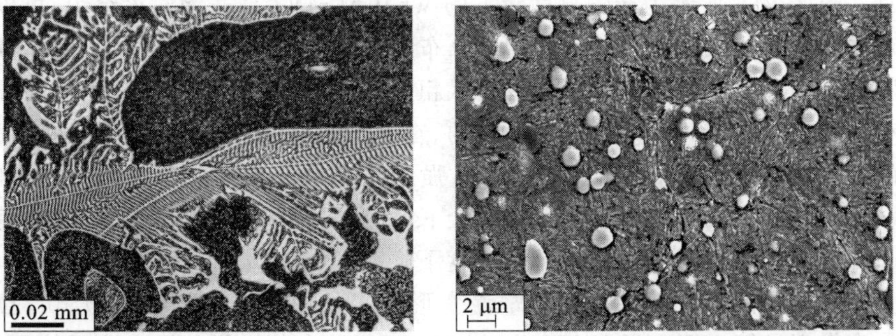

(a) 铸态组织　　(b) 回火组织

图 2-21　高速钢的微观组织

比或总变形率的方法使碳化物“碎化”并均匀化。由于从多个方向反复锻打，碳化物粒子的分布无明显方向性。经锻打后的高速钢在高温加热时可使细碎化的 $M_{23}C_6$在 900 ~ 1 100 ℃溶入奥氏体基体，使 M_6C 和 MC 分别在 1 037 ℃以上和 1 100 ℃以上部分地溶入奥氏体基体。随之作淬火和回火后会在基体内弥散、细小地析出 M_2C，即 W_2C 及 Mo_2C 和 MC。大量的合金元素使高速钢淬透性非常好，在空气中冷却就可以获得马氏体，因此高速钢也称为“风钢”。但高速钢导热性很差，需要慢速加热，并尽可能慢速冷却，否则会造成很大的热应力，甚至会造成高速钢的断裂。

高速钢的热处理主要包括退火、淬火和回火。退火加热温度为 870 ~ 880 ℃，随后慢冷或等温退火，把硬度降低到 200 ~ 260 HB，以便于切削加工。淬火过程首先要分级加热，先在 840 ℃预热，加热时间应短，以防脱碳。然后作高温加热，W18Cr4V 需加热到 1 280 ℃，W6Mo5Cr4V2 需加热到 1 230 ℃，以利于尽可能多的合金元素溶入奥氏体。此时已接近钢的熔点，因此要特别防止过热使晶粒粗化或过烧使局部熔化。加热后可采取油浴分级淬火或等温淬火，以降低淬火应力和变形。但冷却太慢会使碳与位错结合生成柯氏气团，造成奥氏体的陈化稳定，不容易再发生转变；但重新加热可驱散气团，所以陈化稳定是可逆过程。淬火后钢中约有 30% 的残余奥氏体。高速钢在 550 ~ 570 ℃的回火是保证力学性能的关键环节之一。马氏体在回火中析出弥散细小的 M_2C 和 MC，同时马氏体体积变小，减小了对周围奥氏体的压迫。同时，残余奥氏体分解并同样析出 M_2C 和 MC，进而其合金含量减少而 M_s点升高。在随后冷却中高 M_s点的残余奥氏体会转变成马氏体，形成**二次淬火**。高速钢回火后硬度提高，甚至高于回火前的硬度，称为**二次硬化**。对高速钢作多次回火可充分发挥二次淬火和二次硬化效应，继续增强高速钢强度。图 2-22a 所示为高速钢高温回火后的二次硬化现象，从图 2-22b 可以看出高速钢有良好的高温硬度，适合用于高温切削工具。图 2-21b 所示为光学显微镜下的 W6Mo5Cr4V2 高速钢回火组织，可以直接观察到回火马氏体基体及大多均匀分布的白色颗粒状等轴碳化物。这些碳化物颗粒是经过预先反复锻造后由鱼骨状粗大碳化物转变而来的，对钢的高温强度有重要贡献。同时钢中还存在大量的、在光学显微镜下无法看到的弥散而细小的 M_2C 和 MC 粒子，它们对钢的高温强度尤其是二次硬化有关键性的影响。进一步提高回火温度则 M_2C 和 MC 会长大粗化，且碳化物的结构将转变成 Cr_7C_3、M_6C、$M_{23}C_6$等平衡相，使合金硬度下降。

冷作模具钢用做金属常温下塑性变形加工的模具，包括冷冲、镦、切、拉模具。冷作模具钢主要在低温下工作，并在高应力、冲击载荷和强摩擦下使用；要求冷作模具钢具备硬度高、强度高、耐磨性好、一定韧性、淬透性好、热处理变形小等特征。冷作模具钢可选用高铬钢 Cr12、Cr12MoV 等，经淬火和 150 ~ 170 ℃

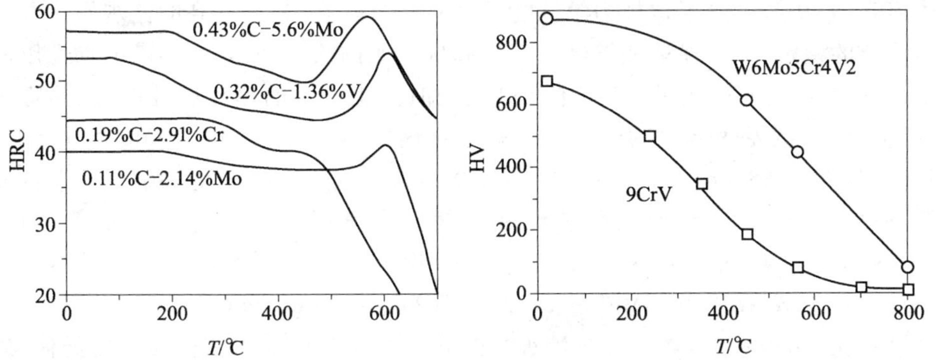

(a) 高温回火的二次硬化现象(洛氏)　(b) 回火后的高温硬度(维氏)

图 2-22　高速钢的回火

低温回火后硬度为 61 ~ 63 HRC。如要制作热加工性能好的大型冷作模具则可选用中铬钢 Cr6WV、Cr4W2MoV 等,经淬火和 150 ~ 200 ℃低温回火后硬度可达 58 ~ 62 HRC。对有一定使用温度要求的冷作模具可选用中碳合金钢 4CrW2Si、6W6Mo5Cr4V 等,经淬火和 200 ~ 300 ℃较高温度回火后硬度为 50 ~ 60 HRC。若使用温度更高,则可在 500 ~ 580 ℃回火,其硬度为 40 ~ 48 HRC,此时冷作模具钢韧性较好,且会出现二次硬化现象。图 2-23a 所示为含 0.75% C 的 Cr2Mo2WV 钢 540 ℃经 2 h 两次回火后的回火马氏体组织,其硬度达到60 HRC,这样高的硬度显然需依靠二次硬化维持。图 2-23b 是图 2-23a 的组织经 500 ℃、200 h时效后用碳复型试样观察到钢中的马氏体仍稳定存在,表明在 500 ℃长时间服役条件下钢材组织仍能满足使用要求。

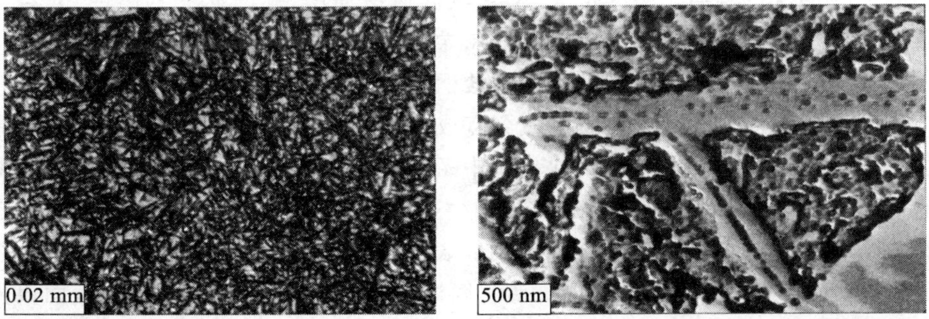

(a) 540 ℃回火马氏体　(b) 500 ℃、200 h 条件下的稳定性

图 2-23　Cr2Mo2WV 钢

热作模具钢用做金属高温下塑性变形加工的热锻、热挤、热拉模具等。加工钢铁材料时的接触温度为 300 ~ 400 ℃,作液态有色金属的压铸模时接触温度可

达 500～800 ℃。除了常规力学性能外，还要求热作模具钢有高的微观组织和力学性能的稳定性，以保证能够经受温度起伏造成的热震动；要求很高的韧性以承受强烈的冲击载荷；另外，还要求在高温长时间工作时的热疲劳性能高、热膨胀少、抗氧化、耐油和空气腐蚀等。常见的热锻模具钢有 5CrMnMo、5CrNiMo、5SiMnMoV、5CrSiMnMoV 等。钢中的合金元素可以提高淬透性，用 V 可细化晶粒，适量 Mo 可以提高回火稳定性并降低回火脆性。热锻模具钢可在 830～860 ℃加热淬火，并在 490～580 ℃回火，硬度可达 34～47 HRC。常见的热挤压模具钢有 3Cr2W8V、4Cr5MoVSi、3Cr3Mo3W2V、4Cr3Mo3W4VTiNb 等。热挤压模具钢可在 1 050～1 100 ℃加热淬火，在 560～680 ℃回火以获得回火**屈氏体**，即更细的索氏体组织或回火索氏体及弥散分布的碳化物粒子。回火时应注意避免高温回火脆性。钢中 Mo、W、V 等元素可造成二次硬化，Nb、Ti 可细化晶粒。有色金属压铸模和塑料模具用钢可在 200～250 ℃使用。对于磨损程度小、尺寸精度要求不高的模具可采用中碳弹簧钢。要求耐磨性能好的模具可采用低碳、低合金钢并作渗 C、渗 C-N 或镀铬等表面强化处理。承受载荷较大的模具可采用热挤压模具钢，而有强耐蚀要求的可用不锈钢。用于黑色金属压铸模具的使用温度非常高，需用 W 合金或 Mo 合金制作。

量具钢制成的量具应该尺寸精确、耐磨损、表面光洁、形状尺寸稳定，主要在常温使用。一般采用碳素工具钢或合金工具钢，如 GCr15。除了适当加工外更应注重组织的稳定化处理，包括冷处理、时效处理和消除内应力处理等。对有耐蚀要求的量具钢，可选用不锈钢。

三、不锈钢

一些钢铁材料会在酸、盐、大气、水汽介质中使用，并因此受到腐蚀，如各类化工容器及管道构件、建筑装饰构件等，金属材料的这种腐蚀属于电化学腐蚀。制作这类结构件时往往要用到**不锈耐酸钢**，简称**不锈钢**。

合金材料各个不同的微观区域会有成分、组织及应力状态的差异，因此在微区之间会造成电动势差。在腐蚀介质中工作时，腐蚀介质会造成金属微区间的通路，以微电池电路的形式在阳极产生金属离子并造成金属的腐蚀。如图 2-24a所示，一块与腐蚀介质接触的钢件表面两个不同微区间有源电动势差，表面左侧为高电位，右侧为低电位。产生腐蚀电流时，观察闭合电路金属表面以内的部分，则源电动势的阴极有高电位 E_o^+，阳极有低电位 E_o^-，并造成电位差 $E_o^- - E_o^+ = \Delta U$。无腐蚀介质时电路不通且腐蚀电流为 0，阴、阳极保持其电位而金属不被腐蚀。但在腐蚀介质中则电路会导通，根据欧姆定律源电动势造成的电位差会逐渐转给电阻较高的介质，阴、阳极电位以一定方式互相接近，即金属两微区间自身的电位差逐渐趋近于零；同时，腐蚀电流 I 达到最高值 I_{max}，金属被腐蚀。图

2-24b 所示为金属表面以内两微区间阴、阳极电位与腐蚀电流的变化关系。介质的电阻越大，则 I_{max} 值越小。

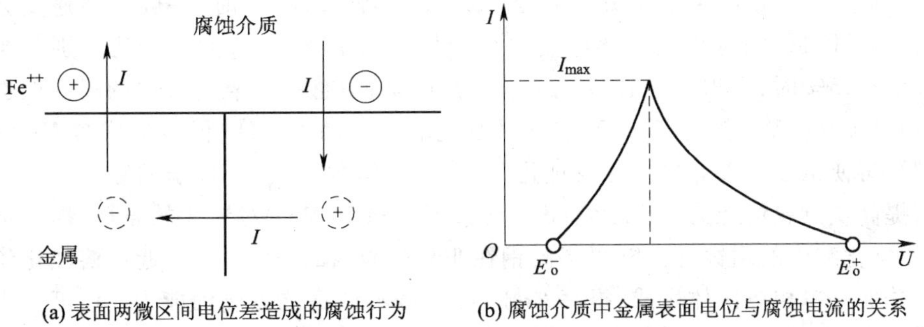

(a) 表面两微区间电位差造成的腐蚀行为　(b) 腐蚀介质中金属表面电位与腐蚀电流的关系

图 2-24　金属表面腐蚀原理示意图

对在腐蚀介质中的 Fe、Cr、Ni、Ti 等金属材料，当阳极电位升高而接近阴极电位时，腐蚀电流比较高而金属容易被腐蚀，因此金属处于图 2-25 中的 A 区，即活化区状态。腐蚀过程中阳极表面会形成一层阳离子密集的钝化层，其电阻很高，因此会承担很大一部分由阳极转移出来的电位差，并造成腐蚀电流的降低，使金属进入钝化区，即图 2-25 中的 P 区。随阳极电位的继续升高和所承担电位差的增大，钝化层会因击穿而破裂，并导致钝化层电阻下降而腐蚀电流再度升高，因此金属材料处于过钝化区，即图 2-25 中的 T 区。分析图 2-25 可以发现，*e* 点腐蚀电流小，为最佳的耐蚀状态。金属材料的成分、结构状态及介质的种类决定了材料能否保持钝化腐蚀状态，因此需要针对不同的腐蚀介质对金属材料进行相应的合金化设计或选用适当的金属材料。例如，在强氧化状态下，钢表面可生成较致密的 $\gamma-Fe_2O_3$ 膜并造成钝化而使钢耐蚀，但在弱氧化介质中 $\gamma-Fe_2O_3$ 膜会被破坏从而破坏钢的耐蚀性。因此需要有保持钝化状态的合金化设计。

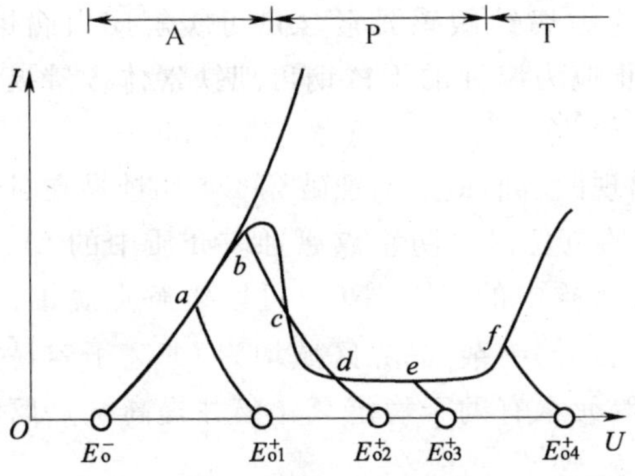

阴极电位 1 降至 *a* 点为活化区腐蚀；阴极电位 2 降至 *c* 点为亚稳区腐蚀；腐蚀电流或移向 *b* 活化区腐蚀，或移向 *d* 钝化区腐蚀；阴极电位 3 降至 *e* 点钝化区腐蚀；阴极电位 4 降至 *f* 点过钝化区腐蚀

图 2-25　不同钝化状态下金属的腐蚀行为

钢的腐蚀行为通常可以划分为大面积均匀的**一般腐蚀**、在晶粒间晶界区域的**特征腐蚀**、在分散分布且微小范围的**点腐蚀**以及张应力作用造成的**应力腐蚀**。

钢中 Cr 含量的原子比分别升至 12.5%、25%、37.5% 时，一般腐蚀速度会有突然的降低，同时相应钝化电流也会降低。钢中 Ni 含量的原子比分别升至 12.5%、25% 时，一般腐蚀速度也会有突然的降低，且在非氧化酸内的耐蚀性也会明显提高。Mn 会提高 Cr 不锈钢对有机酸的耐蚀性。Mo 促进形成含 Mo 氧化膜，可使钢在更多介质中保持钝化并耐蚀，尤其会阻止 Cl^- 离子的穿透破坏作用，提高抗点腐蚀能力。Cu、Pt、Pd 等元素可消除 H^+ 离子对钝化的破坏，提高钢在非氧化酸内的耐蚀性。Si 可提高钢在非氧化酸内的耐蚀性。N 起固溶强化作用，并促进单相奥氏体生成，提高 CrMo 奥氏体不锈钢抗点腐蚀能力。C 可以提高钢的强度，但 Cr 不锈钢中 C 会促进 $Cr_{23}C_6$ 在晶界析出造成晶间腐蚀；加入 Ti、Nb 等元素可去除 C 的有害作用。高的 Cr 含量使不锈钢中可能会出现各种高 Cr 相，并导致晶间腐蚀和钢的脆化。如 500 ~ 800 ℃ 在晶界析出的 $Cr_{23}C_6$ 会造成晶间腐蚀，500 ~ 900 ℃ 在晶界析出的 σ-FeCr 相会引起晶间腐蚀和脆化，脆化的 χ(Fe-Cr-Mo) 相和 400 ~ 500 ℃ 析出的 α′ 高 Cr 铁素体都会引起钢的脆化。

σ 相或 1 050 ~ 1 100 ℃ 可溶入奥氏体的 $Cr_{23}C_6$ 相沿晶界吸附 Cr 原子而呈网状析出后，会造成附近区域贫铬，使其 Cr 含量低于 12.5%，从而被优先腐蚀，即为晶间腐蚀。在奥氏体不锈钢中晶间腐蚀问题比较突出。降低钢的碳含量或加入 Ti、Nb 等稳定碳的元素，或高温长时间加热使 Cr 均匀化有利于防止晶间腐蚀。P 在晶界的偏聚也会造成晶间腐蚀，所以也应注意降低钢的 P 含量。

金属表面张应力促使裂纹扩展而导致破坏失效。张应力还会使微区位错滑动而逸出表面成台阶状，使表面积增加且缺陷密度升高，并破坏氧化膜且来不及修复，因此会优先发生应力腐蚀。腐蚀介质中的 Cl^-、OH^- 与张应力复合作用可使阳极电位降低，从而使金属进入活化区腐蚀，提高温度会促进应力腐蚀。应力还会促使腐蚀反应产生的 H 被钢吸收而加剧 H 致脆性。Ni、Cu、Si 等元素降低应力腐蚀敏感性。降低 N 及夹杂等应力腐蚀敏感元素含量可缓解应力腐蚀。铁素体对应力腐蚀不敏感，所以需防止应力腐蚀的不锈钢可把铁素体含量提高到 60% 以上。

在一些介质中不锈钢表面会因出现凹坑而遭点腐蚀破坏。点腐蚀易在过钝化区出现，所以提高钢的钝化区出现的电位区可防止点腐蚀。介质中的 Cl^- 容易穿透氧化膜而降低过钝化区电位，介质中的 OH^-、NO_3^- 可以缓解点腐蚀，而 Fe^{2+}、Cu^{2+} 离子可加速点腐蚀。第二相粒子、夹杂、晶界区域均为 Cl^- 离子容易穿透和发生点腐蚀位置。Cr、Mo、Ni、N 等元素有助于稳定氧化膜并提高抗点腐蚀能力。

不锈钢分为马氏体不锈钢、铁素体不锈钢、奥氏体不锈钢、奥氏体与铁素体复相不锈钢、时效强化不锈钢等几大类。不锈钢牌号第一位的 0 或 00 分别表示碳含量小于 0.01% 或小于 0.001%。马氏体不锈钢有 1Cr13 ~ 4Cr13 等,用于有一定力学性能要求且耐大气、水汽、弱氧化腐蚀介质的构件。铁素体不锈钢有 1Cr17、0Cr17Ti 等,用于耐强氧化性酸性介质的构件。奥氏体不锈钢有 1Cr18Ni9、1Cr18Ni9 Ti、00Cr18Ni18Mo2Cu2Ti 等,是产量最大的不锈钢,用于非氧化性酸性介质中。奥氏体与铁素体复相不锈钢有 00Cr22Ni5Mo3N、00Cr18Ni5Mo3Si2 等,铁素体含量为 50% ~ 70%,用做防止应力腐蚀的构件。Cr12-Ni8-Cu2.5-Ti1.2-Nb0.3、Cr17-Ni7-Mo2.2-Al1.2 等为时效强化不锈钢,主要利用 Fe_2Mo、Ni_3Mo、Ni_3Ti、Ni_3Al 等析出相强化不锈钢,用做有高强度要求的耐蚀构件。

四、耐热钢

一些蒸汽炉、锅炉、工业加热炉等高温动力机械和设备中的很多钢铁构件在高温下长时间工作,不仅承受载荷,而且处于氧化及燃气腐蚀的环境。同时,高温条件使原子容易扩散,易导致组织的不稳定性,并在载荷作用下发生蠕变变形。在这种条件下,需要使用耐高温腐蚀、抗蠕变的**耐热钢**。耐热钢应在高温下具有优良的高温强度和高温疲劳性等力学性能,且应该具备组织稳定和化学稳定性高、抗蠕变性能好等特征。

耐热钢的蠕变性能包括定温、定时、定应变条件下所能承受应力水平的**蠕变强度**,表示定温、定时条件下所能承受最大断裂应力的**持久强度**,表示定温、定应力条件下断裂所需时间的**持久寿命**,表示定温及交变应力作用下的强度水平且与持久强度密切相关的**疲劳强度**等。耐热钢作为紧固件使用时,在低温紧固后到高温应不发生塑性变形,以避免再回到低温时发生松弛现象,因此耐热钢应该具备高温强度高而热膨胀系数低的特征。由此可见,蠕变性能还包括与高温强度和热膨胀系数相关的**应力松弛**性能。

高温加热时钢件表面会发生氧化。低于 575 ℃ 加热时,钢表面氧化层的结构自钢表面至氧化气氛表现为:钢表 $-Fe_2O_3-FeO\cdot Fe_2O_3[Fe_3O_4]-FeO-$ 气氛。高于 575 ℃ 加热时,钢表面氧化结构为:钢表 $-FeO$。FeO 为缺位固溶体,其中铁原子扩散非常快并导致氧化过程迅速深入钢件内部,使 FeO 层加厚。因此阻止 FeO 层出现或使氧化层致密化是提高耐热钢抗氧化性的重要手段。另外,高于 400 ℃ 时水蒸气会使钢氧化而生成 H_2,与钢中 C 扩散结合生成甲烷后可在晶界析出,并引起开裂,称为**氢腐蚀**。

Si、Al、Cr、Ti、Mo 等元素会提高 FeO 出现的温度,降低氧化速度,提高钢的化学稳定性。高的 Si、Al、Cr 含量可使钢在 800 ~ 1 200 ℃ 不出现 FeO。Al、Cr 可形成 $FeO\cdot Cr_2O_3$ 或 $FeO\cdot Al_2O_3$,使氧化层致密并保护钢表面。Si 可促进

Fe_2SiO_4($2FeO \cdot SiO_2$)的形成并起到保护作用,但 Si 会提高钢的脆性,应作为辅助元素限制在 3% 以内。

铁素体与珠光体型复相耐热钢的使用温度为 450 ~ 620 ℃,合金总含量低于 5%,如 15CrMo、20Cr3MoWV、12Cr1MoV、12Cr2MoWSiVTiB 等。除抗氧化性能外,Cr、Mo、W 等起高温固溶强化作用,V、Ti 可以稳定高温的弥散强化作用以保证高温蠕变性能。这类耐热钢可在 740 ℃ 回火以保证组织高温稳定性,可在 600 ℃ 以下使用。

马氏体型耐热钢由 Cr13 型马氏体不锈钢发展而来,组织稳定性较差,可在 450 ℃ 以下使用。其屈服强度和热导率高、热膨胀系数小,因而疲劳性能好,如 2Cr12MoV、1Cr11W2VNbN、1Cr10Mo2VNb、1Cr9W2MoVNbNB 等。N 可降低铁素体含量,Nb 起弥散强化作用,B 可强化晶界并保证高温蠕变性能。耐热钢的碳化物含有 W、Mo 及少量 V 且以 $M_{23}C_6$ 为主要形式时,碳化物高于 650 ℃ 才显著聚集长大,这类钢经 650 ~ 750 ℃ 回火后能获得回火索氏体或回火屈氏体组织,可用来制作 500 ~ 580 ℃ 使用的汽轮机叶片、高温动力传动构件等。

奥氏体型耐热钢由 1Cr18Ni9 奥氏体不锈钢发展而来,可在 600 ~ 870 ℃ 用做锅炉、汽轮机构件,如 1Cr18Ni9Ti、1Cr18Ni11Nb、1Cr16Ni30Mo2Nb、Cr16Ni25Mo6 等。高于 600 ℃ 时奥氏体比铁素体有更好的高温强度,Ni 可提高奥氏体稳定性。

沉淀硬化型奥氏体耐热钢可在 650 ~ 700 ℃ 使用,主要利用 700 ~ 800 ℃ 时效产生的弥散析出来提高钢的强度。如利用 MC 强化 4Cr13Mn8Ni8MoVNb,即高温合金 GH36;或利用 $Ni_3(Ti,Al)$ 强化 Fe-15Cr-25Ni-Ti-Al,即 GH132;可用做喷气发动机构件、蜗轮盘构件。

工业炉用耐热钢包括 Cr20Ni20、3Cr18Ni20Si2、1Cr25Ni20Si2 等,可在 900 ~ 1 200 ℃ 用做高温长时间耐久构件。Fe-25Cr-5Al 具有优良的抗氧化性能,可在 1 350 ℃ 以下用做电加热元件,但高温塑性较差。

五、超高强度钢

屈服强度高于 1 245 MPa、抗拉强度高于 1 370 MPa 的结构钢材称为**超高强度钢**。该钢种的比强度高,即强度与密度的比值高,因而适用于航空工业。其中占大部分的为合金总量小于 5% 的低合金超高强度钢,主要由调质钢发展而来,但采用低温回火工艺,如 35Si2Mn2MoV、40CrNiMo、30CrMnSiNi 等。合金采用多元复合合金化路线,要求杂质少、淬透性高,并借助热机械加工技术细化晶粒。其屈服强度超过 1 370 MPa,抗拉强度高于 1 500 MPa,且伸长率高于 10%。超高强度钢对缺口很敏感,因而其改进韧性是关键,主要借助降夹杂和细化晶粒的手段。

马氏体时效钢是借助金属间化合物时效强化的超高强度钢,并借助超低碳及低杂质解决韧性问题。借助 18% ~25% Ni 以及 Ti、Al、Co、Mo、Nb 等元素形成 Ni_3Al、Ni_3Mo、(Fe、Ni、Co)Mo_2等析出相,屈服强度可高于 2 000 MPa,伸长率可达 11% ~12%。

§2-4 铸造钢铁材料

一、铸钢的基本特性

许多形状复杂且性能要求不高的钢制机械零件可以考虑采用铸造工艺制作。铸造生产的工艺和设备简单,工效高而成本低。钢牌号前加 ZG,即为**铸钢**。钢的熔点比较高,高温易氧化并易吸收气体;铸钢凝固过程存在一定成分和温度范围,使先后结晶温差和成分差都很大,先结晶部位阻碍钢液的流动,影响铸件的致密性;铸钢收缩大、热膨胀系数较大;因此钢的铸造性能比较差。铸造缺点主要反应在:铸态晶粒组织粗大且不均匀,外细内粗;铸造空气环境、铸模、砂型、浇注包、浇注操作等因素都会增加钢中的非金属夹杂物,且无法通过塑性变形改善;凝固过程中钢液不能补充收缩而造成缩孔与疏松;后凝固部分收缩会受到先凝固部分的阻碍而形成内部拉应力,并易造成内部热裂;固态冷却过程中后冷部分收缩时不能引起周围已冷却硬化部位的塑性变形,而导致内应力及内部冷裂;钢液与砂型反应生成的气体不能及时上浮排除,而在铸件中造成气孔等。因此铸钢的应用并不十分广泛。碳提高铸钢的强度、降低韧性,因此会增加热裂倾向,氮也会增加热裂倾向。Al、Si、Mn 等有利于提高钢液的流动性,V 有利于细化铸造组织。

通常铸钢以碳钢为主,也有一定的低合金铸钢,如 ZG15、ZG35、ZG55、ZG25Mn2、ZG45Mn、ZG35SiMn、ZG40Cr 等。铸钢通常可用做机座、机壳、机架、齿轮、耐磨零件等。铸造组织中会有不均匀粗晶、树枝晶、柱状晶、网状组织、魏氏组织、内应力等缺陷,需用热处理改善或消除。形状复杂薄壁件需作退火处理,形状简单而高性能要求的铸件可作正火、调质等处理。

二、高锰钢

高锰钢是一种以铸造方式生产的高合金钢种。它可以在高冲击载荷下加工硬化,所以具有很高的耐磨损性能,用做球磨机衬板、破碎机颚板、挖掘机斗齿、履带板等。如 Mn13Si 含有 1.0% ~1.4% C、11% ~14% Mn、0.3% ~0.9% Si 等,若加入 Cr、Mo、V 等可细化晶粒。高锰钢的共析点约为 580 ℃,铸造冷却时共析转变来不及完成,所以铸造冷却后室温组织为奥氏体和碳化物。若作固溶处理可使室温得到单相碳过饱和的奥氏体，硬度低而韧性高，可承受大的冲击载荷。高锰钢构件表面会因承受冲击和摩擦应力而加工硬化，且会诱发奥氏体向马氏体转变，因而可以增加表面抗磨损的能力。表面经加工硬化后硬度可从 108 ~ 220 HB 上升到 450 ~ 550 HB，即达到内韧而外硬的效果。表面加工硬化层磨损后次表面层可再次加工硬化，由此往复可长期维持使用。

由于其加工硬化的特征，高锰钢不便于机械切削加工，可用硬质合金强行加工，但成本较高。退火处理可使碳化物较充分析出，降低加工硬化效应而利于切削加工。高锰钢的固溶处理称为**水韧处理**，即固溶加热和水中淬火，把奥氏体保持到室温，以达到韧化的目的。固溶处理要注意防止碳化物的析出，固溶加热时应在 500 ~ 600 ℃范围停留 10 ~ 30 h，使珠光体共析转变充分完成，使铸造后过冷奥氏体和粗大碳化物转变为均匀分布的细小碳化物并细化基体组织；然后再继续加热到 1 050 ~ 1 100 ℃，以便得到细化的并最终保持到室温的奥氏体晶粒组织。

三、铸铁的基本特性

铸铁的基本成分范围为 2.4% ~4% C、0.6% ~3.0% Si、0.2% ~1.2% Mn、0.1% ~1.2% P、0.08% ~0.15% S，在 Fe-C 相图共晶成分附近。共晶成分使结晶温度范围窄、结晶温度较低，所以铸造流动性好；同时共晶结构有利于 C 的均匀分布；因此铸铁有优良的铸造性能，特别适合用来制作形状复杂的构件，是应用最广泛的铸造合金。铸铁生产设备和工艺简单，因此生产成本低。铸铁中的 C 往往以石墨形式存在，石墨可以提高铸铁的比体积并抵消一部分基体的铸造收缩。分散分布的石墨相如同基体中存在许多孔洞，使铸件有优良的吸收冲击功和降低振幅的特点；石墨相有储存润滑剂和断屑作用，因此有类似于易切削钢的减磨性能和良好切削加工性能。石墨破坏基体的连续性，使强度、韧性降低，但对抗压性能影响不大，可制作承压为主的构件。

根据 Fe-C 相图可知，石墨 C 比渗碳体 Fe_3C 更稳定(图 2-26 虚线)，且是铸铁中的基本相，分为一次、共晶、二次、共析等不同温度析出的石墨。铸铁要求 C 基本以石墨的形式存在。C、Si 等元素是推动 C 石墨化的主要元素。P 也有推动石墨化的作用，同时可提高铸造的流动性，但会造成铸铁的脆性。Mn 可生成 MnS，降低 Mn、S 等对石墨化的不利作用。

四、铸铁材料

常规的**铸铁材料**包括白口铸铁、麻口铸铁、灰口铸铁、可锻铸铁、球墨铸铁、蠕墨铸铁、合金铸铁等。

白口铸铁中大多数 C 以 Fe_3C 的形式存在，并没有被石墨化；其断口为白

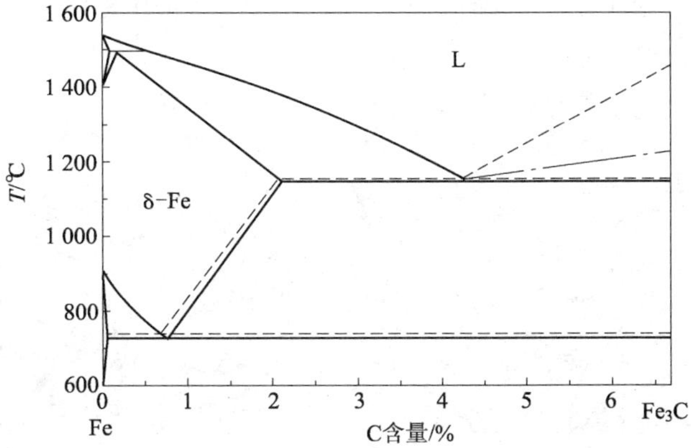

图 2-26 Fe-C 暨 $Fe-Fe_3C$ 相图

色,材质硬、脆、耐磨、难加工,可用做轧辊、车轮等大型耐磨铸件。可将心部 C 处理成石墨状以增韧并减振,目前已很少应用。**麻口铸铁**则为 C 部分石墨化的铸铁,基体内残留有部分莱氏体和 Fe_3C,目前也已经很少见。图 2-27 给出了麻口铸铁微观组织的一个实例。

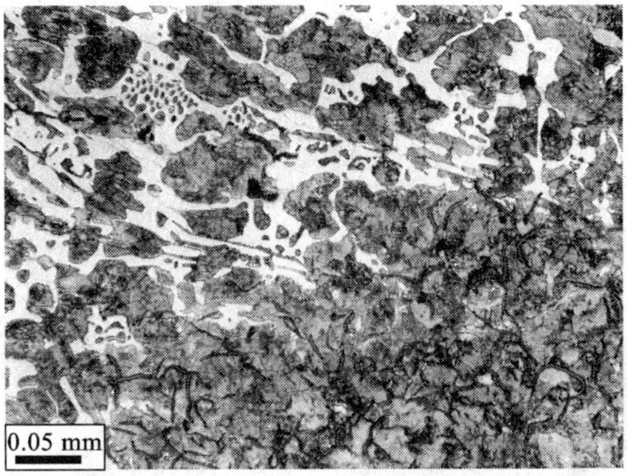

图 2-27 麻口铸铁的微观组织

灰口铸铁可表达成 HT100 ~ HT350,其中 HT 即为灰口铸铁,后面数字表示铸铁的强度下限。灰口铸铁内 C 基本以片状石墨的形式存在,断口为灰色。通过控制铸造后的冷却速度可把基体处理成珠光体基体、珠光体与铁素体混合基体或铁素体基体(图 2-28),因而可造成不同的强度和塑性、韧性的配合。在 650 ~ 950 ℃反复加热会使二次、三次 Fe_3C 不断石墨化而导致铸件膨胀甚至开裂,称为灰口铸铁的**热生长**。加入 Cr、Mo、V 等元素可稳定珠光体而防止热生长。灰口铸铁可作 550 ℃消除铸造应力退火、900～950 ℃消除一次 Fe_3C 和白口组织的石墨化退火。

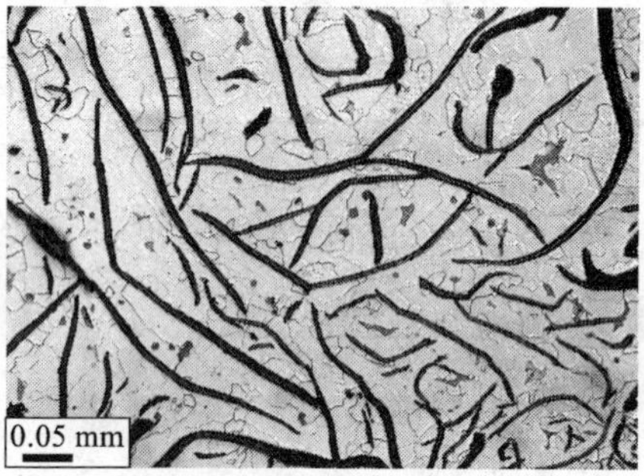

(a) 铁素体基灰口铸铁

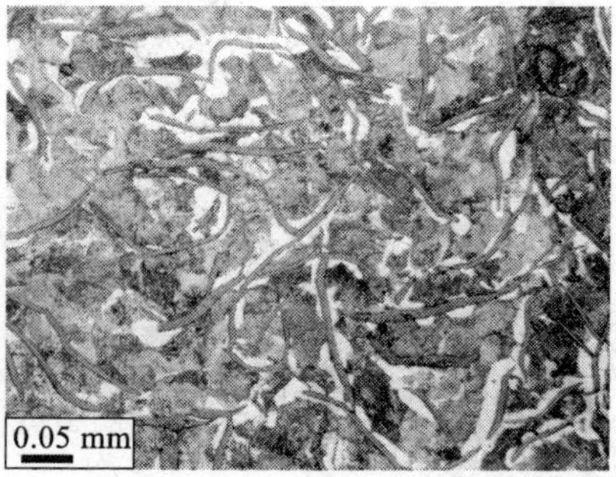

(b) 珠光体 + 铁素体基灰口铸铁

图 2-28 灰口铸铁的微观组织

可锻铸铁(KT)也称为**韧性铸铁**,牌号表达为 KTH350-10、KTZ450-06 等。数字表示铸铁的强度和伸长率下限。可锻铸铁中的 C 基本以团絮状石墨的形式存在,实际并不可锻造,通常用于制造薄壁、形状复杂而力学性能要求高的铸件。制作可锻铸铁时首先铸造白口铸铁,然后在中性介质中和 930～970 ℃高温下长时间加热使心部 Fe_3C 变成团絮状石墨且表面略有脱碳,成基体为珠光体的可锻铸铁 KTZ,在牌号中用 Z 表示珠光体基体。把 KTZ 再作 680～730 ℃更长时间退火则可得黑心可锻铸铁 KTH,使塑性、韧性提高而强度下降,断口呈暗灰色,并带浅灰色脱碳边沿,在牌号中用 H 表示黑心。图 2-29 所示为珠光体基和黑心可锻铸铁的微观组织。

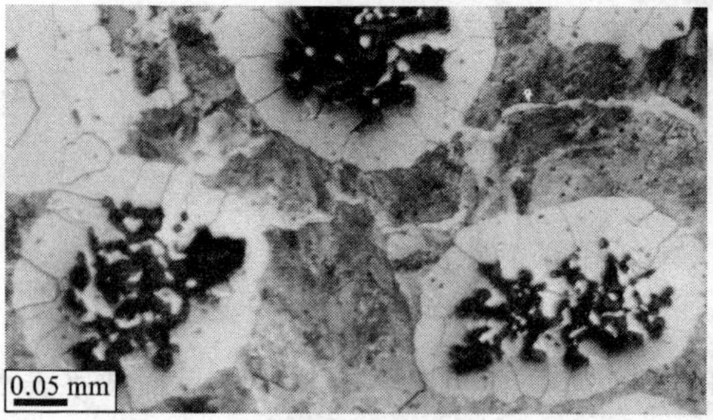

(a) 珠光体基可锻铸铁

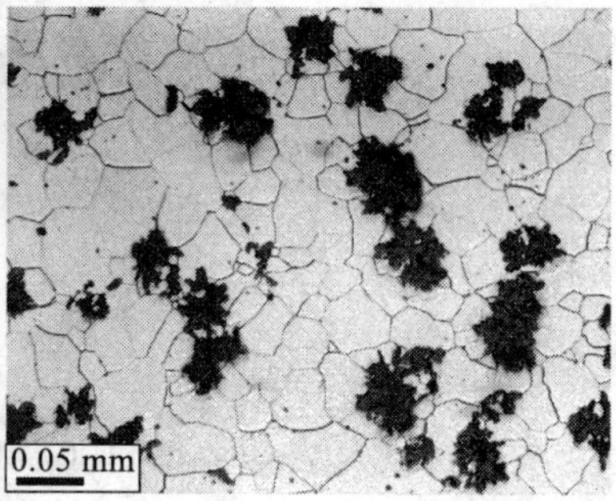

(b) 黑心可锻铸铁

图 2-29 可锻铸铁的微观组织

球墨铸铁可表达成 QT400-18、QT500-7 等,C 基本以球状石墨的形式存在。

以球状存在的石墨不容易造成内部应力集中，所以属于性能接近钢的高强韧铸铁，可用做曲轴、凸轮轴、连杆、摇臂、齿轮等许多重要构件。加入 Mg、Re 等元素可促进石墨以球状析出。石墨的球化处理是生产球墨铸铁的关键。球状石墨从液体中直接析出，可能与特定条件下石墨的表面能有关，相关的原理尚不完全清楚。在退火过程中控制冷却速度可使基体成为珠光体、珠光体与铁素体、铁素体（图 2-30）以及贝氏体或回火马氏体组织。等温淬火或淬火加回火可制成 QT900-2。

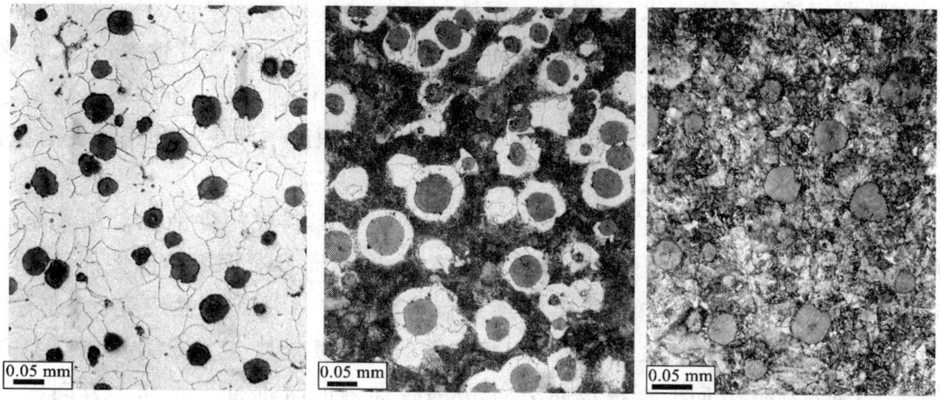

(a) 铁素体基体　(b) 珠光体 + 铁素体基体　(c) 珠光体基体

图 2-30　球墨铸铁的微观组织

蠕墨铸铁可表达成 RuT-420、RuT-260 等，C 基本以蠕虫状石墨的形式存在，与 QT 有一定联系，石墨形态介于片状与球状石墨之间（图 2-31），可用形状因子表示石墨的形态等轴化的程度。加入 Re、Mg-Ti 可以提高石墨的蠕墨化率。其强度高于灰口铸铁，生产技术控制比球墨铸铁简单。

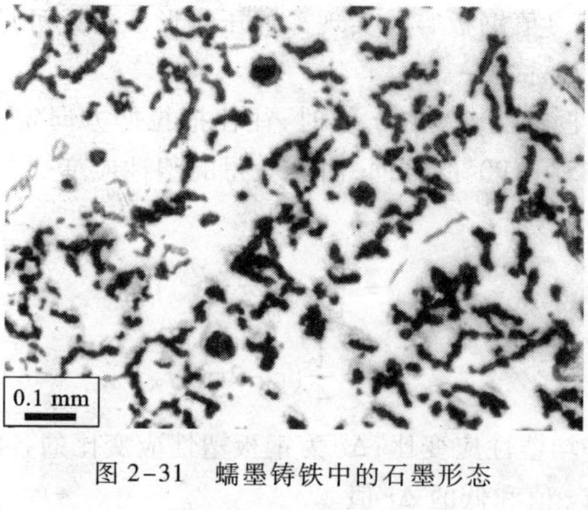

图 2-31　蠕墨铸铁中的石墨形态

合金铸铁可以借助对铸铁合金化的方式制造出能满足各种不同特殊的要求的铸铁。例如,加 Ni、Cr、Mn、B、N、V 等元素可借助合金硬化制成耐磨铸铁;单纯加不低于 10% Al、6% Si 或 8% Cr 可制成耐热铸铁,用 R 表示,如 RTCr16、RQTAl22 等;加 Cr、Ni、Cu、Mo 等可制出耐腐蚀铸铁;等等。

§2-5 高纯净高强度结构钢

随着钢铁冶金技术水平的提高,钢铁材料的冶炼和成分控制水平越来越高,不仅成分的可控制范围越来越精确,而且钢中有害杂质元素含量越来越低,许多传统钢材频繁面临而难以根除的多种脆性问题逐步得到克服。同时,在高纯净的基础上新型钢铁材料迅速发展,相应的钢材强化理论不断更新和完善,并涌现出许多全新的结构钢材品种。

在很多情况下,钢板产品需要借助冲压成形加工制成构件使用。随着全球汽车工业的发展,不仅冲压钢板的需求量不断增加,而且对钢板冲压性能的要求也越来越高。表达钢板冲压性能的重要技术指标之一是其**塑性应变比**,或称 r **值**。通过钢板的拉伸实验可以获得 r 值。假设拉伸实验中定义 3 为拉伸应力方向、2 为垂直于 3 方向的钢板板面法向、1 为板面内同时垂直于 3 和 2 方向的另一方向,则可以分别用 ε_{11}、ε_{22}、ε_{33} 定义拉伸实验过程中 1、2、3 方向的正应变。在设定的正应变 ε_{33} 条件下可以实验测得钢板的 r 值为

$$r=\frac{\varepsilon_{11}}{\varepsilon_{22}} \tag{2-5}$$

式(2-5)表明,ε_{11} 越大或 ε_{22} 越小则 r 值越大,r 为 1 时表明钢板的塑性行为接近各向同性。可以设想,在冲压变形过程中轻易地实现大的 ε_{11} 应变且 ε_{22} 应变始终维持比较小的水平,有利于在钢板厚度不明显改变的情况下实现沿板面复杂的成形变形,因此高 r 值钢板容易实现深冲压变形。由此可见,高塑性应变比是深冲压钢板追求的目标之一。

工程上检测钢板塑性应变比 r 值时,往往把拉伸方向定为钢板板面内与钢板轧向夹角为 0°、45°和 90°的方向,由此获得的塑性应变比分别表达为 r_0、r_{45} 和 r_{90}。由此可以计算

$$\begin{aligned}\bar{r}&=\frac{1}{4}(r_0+2r_{45}+r_{90})\\ \Delta r&=\frac{1}{4}(r_0-2r_{45}+r_{90})\end{aligned} \tag{2-6}$$

式中:$\bar{r}$ 为钢板的平均塑性应变比;Δr 为钢板塑性应变比的各向异性程度。冲压钢板通常追求高的 $\bar{r}$ 值和低的 Δr 值。

按照产品发展过程,冲压用冷轧薄钢板可以分为三代产品,即以普通沸腾钢为代表的第一代冲压钢板、以铝镇静钢为代表的第二代冷轧深冲钢板和以超低碳无间隙原子钢为代表的第三代冷轧超深冲钢板。普通沸腾钢具有较弱的{111}织构,*r* 值为 1.0 ~ 1.2,即冲压塑性接近各向同性;该钢中含有较多的 O 和固溶 N,有明显的由屈服效应造成的**应变时效**,即形成柯氏气团后造成屈服强度升高。铝镇静冲压钢借助添加 Al 脱氧并控制 AlN 的析出,可以获得较强的{111}织构,钢板深冲性良好,*r* 值为 1.4 ~ 1.8。钢中 N 被固定成 AlN,罩式退火或连续退火加时效处理中,绝大部分 C 析出成 Fe_3C,所以经平整后性能稳定,没有明显的应变时效。无间隙原子钢以超低碳、超纯净的钢质以及较粗大的铁素体晶粒而获得超深冲性,*r* 值可以达到 1.8 ~ 2.8 或更高。

一、超深冲无间隙原子(IF)钢

无间隙原子钢也称 **IF 钢**(interstitial free steel),是自 20 世纪 70 年代以来随着真空冶炼技术发展而出现并得到工业化生产的新一代钢板。20 世纪 40 年代末,人们发现普通钢中加入足够量的 Ti 时钢中的 C、N 间隙原子就被 Ti 完全固定,此时钢板具有优异的深冲性能。60 年代后期,真空脱气技术在炼钢生产中的成功应用使得钢中 C、N 元素含量大幅度降低,因而可使固定钢中 C、N 间隙原子所需的 Ti 量明显减少。到 70 年代初期,钢板连续退火技术的出现为无间隙原子钢的大规模生产提供了条件。80 年代的冶金技术有了进一步的发展,采用底吹转炉和改进的真空精炼(RH)设备可以较经济地生产出 C 含量低于 2×10^{-5} 的超低碳钢,从而完成了无间隙原子钢从传统生产技术向现代生产技术的转变。图 2-32 所示为近几十年钢铁工业因冶炼技术的提高而使钢纯净度提高和降碳能力的大体水平。无间隙原子钢一次性承受超大幅度冲压塑性变形的极优良性能尤其能够满足现代化机械制造工业高速度、高质量、连续式、高效率生产的模式和要求,因此得到了迅速发展。

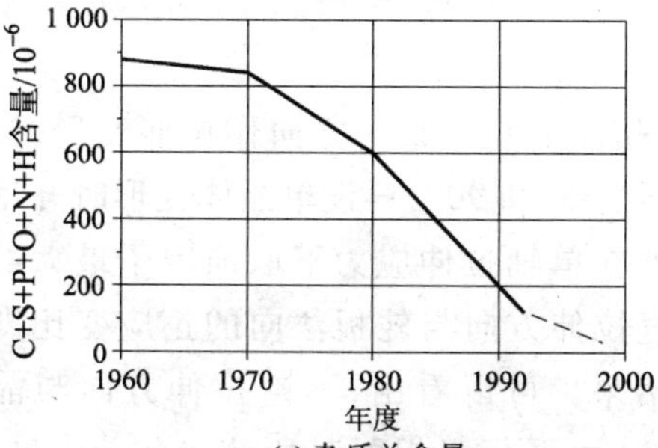

(a) 杂质总含量

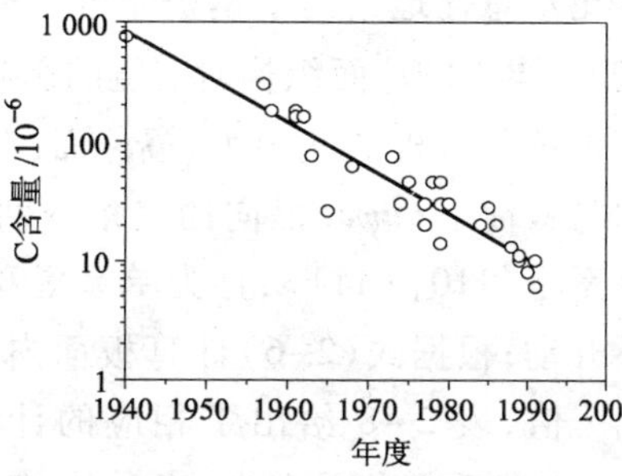

(b) 碳含量

图 2-32　近几十年钢铁工业因冶炼技术的提高而使钢纯净度提高的大体水平

生产无间隙原子钢的基本原则是利用真空脱气、炉外精炼等先进冶炼技术使钢中的各种杂质元素含量大大降低，其中碳、氮等间隙原子的含量要明显低于万分之一，使钢达到高纯净和高塑性的状态，由此可生产出**超低碳钢（LC）**。然后利用钢中微量的钛、铌等强碳、氮化物形成元素进一步扫清基体内的间隙原子，使钢达到无间隙原子状态，进而使其塑性变形能力大大提高。图 2-33 所示为微量的钛、铌等强碳、氮化物形成元素加入钢板基体后使塑性应变比平均值 $\bar{r}$ 提高的幅度。其中 Ti 当量的计算公式为

$$\text{Ti 当量}(\%)=w_{\text{Ti}}(\%)-[4w_{\text{C}}(\%)+3.43w_{\text{N}}(\%)]$$

式中，w_{Ti}、w_{C}、w_{N}分别为 Ti、C 和 N 的质量分数。

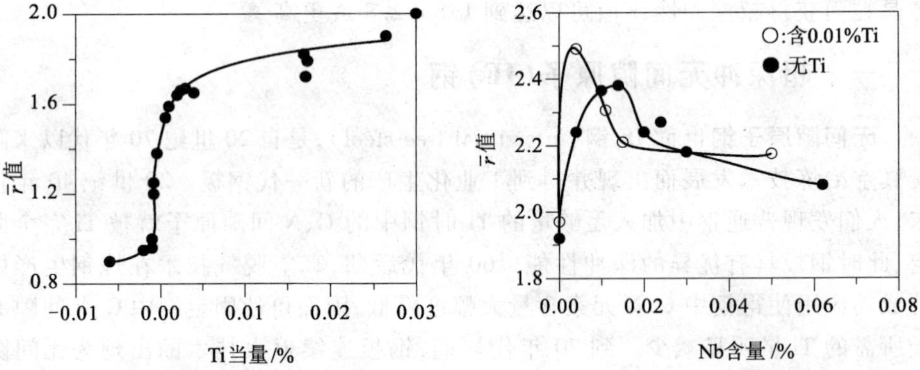

(a) IF钢中Ti当量对$\bar{r}$值的影响　　(b) IF钢中Ti、Nb含量对$\bar{r}$值的影响

图 2-33　钛、铌等强碳、氮化物形成元素对钢板最后 $\bar{r}$ 值的影响

长年的生产实践使人们发现，表达钢板冲压性能的塑性应变比 r 值与钢板织构有着密切的关系。钢板的{111}面织构有利于冲压性能的提高，而其{100}面织构则不利于冲压性能的提高。图 2-34 借助钢板 X 射线{222}与{200}衍射强度比示意性地给出了钢板塑性应变比平均值 $\bar{r}$ 与织构的关系，可以定性地看出{222}与{200}面织构对 $\bar{r}$ 值的影响。

设单晶铁板的轧面为{*hkl*}面，对单晶体沿轧面某一方向作拉伸变形，拉伸方向与板面上<*uvw*>晶向的夹角分别为 0°、45°和 90°；再设单晶体变形时开动的滑移系是{110}<111>，且为单系滑移，即在单轴拉伸应力下取向因子最大的滑移系开动；根据式(2-6)计算板面内垂直拉伸方向与轧板法向的正应变比即可求出 r 值，表 2-8 给出了相应的计算结果。可以看出，不论拉伸方向与晶体<*uvw*>方向的夹角是多少，当晶体的{001}面平行于板面时所获得的 r 值最低，而当晶体的{111}面平行于板面时所获得的 r 值最高，其他情况则介于这两者之间。也就是说晶体<001>方向的塑性变形抗力最小，而<111>方向的塑性变形抗

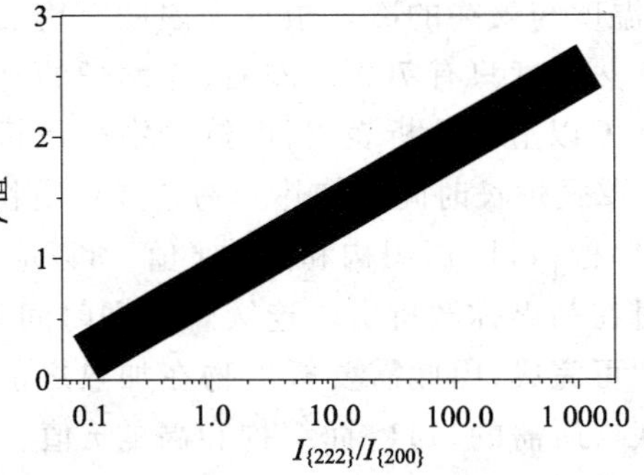

图 2-34　钢板 $\bar{r}$ 值与{111}和{100}面织构的关系

力最大。当然,实际的无间隙原子钢不是单晶体,塑性变形时不一定是单系滑移,开动的滑移系也不一定仅仅是{110}<111>,同时还会有一些冶金因素影响钢板的 r 值。但从这里简化了的计算分析可以定性地看出图 2-34 所展示的织构与 r 值的关系。无间隙原子钢正是利用{111}面织构造成的板厚度方向上的高塑性变形抗力来大幅度地提高钢板的深冲压性能。研究表明,钢中{111}面织构的形成与钢中固溶的间隙原子含量密切相关,只有当高纯净的铁素体基体中接近无间隙原子状态时,其明显的动态回复过程可以造成很强的冷轧{111}面织构,并促使最终有利的{111}再结晶面织构的进一步增强,从而得以利用其各向异性大幅度地提高钢板的深冲压性能。

表 2-8　单晶取向与 r 值的关系({110}<111>单系滑移)

轧面	轧向	r_0	r_{45}	r_{90}	轧面	轧向	r_0	r_{45}	r_{90}
{001}	<100>	0.00	0.00	0.00	{111}	<110>	∞	∞	∞
	<510>	0.15	0.15	0.15		<451>	∞	∞	∞
	<520>	0.21	0.21	0.21		<231>	∞	∞	∞
	<320>	0.15	0.15	0.15		<121>	∞	∞	∞
	<110>	0.00	0.00	0.00					
{011}	<100>	0.00	0.15	∞	{112}	<110>	2.00	∞	0.00
	<211>	0.00	∞	∞		<241>	2.57	0.72	0.72
	<755>	0.15	∞	0.15		<131>	∞	0.50	0.82
	<111>	∞	∞	0.00		<194>	∞	0.00	∞
	<011>	∞	0.15	0.00		<174>	0.82	0.50	∞
						<132>	0.72	0.72	2.57
						<111>	0.00	∞	2.00

不仅无间隙原子钢的化学成分会对 r 值有重要影响,而且其加工工艺参数也会对 r 值有非常大的影响。图 2-35a 示意性地给出了热轧卷取温度对最终 r

值的影响，表明卷取温度与最终的冷轧板退火温度有密切联系。罩式炉的升温和保温周期很长而加热温度只有 700 ℃左右，连续炉的升温和保温周期都很短而加热温度可达 830 ℃以上。分析表明，保持钢中少量析出物在晶界弥散析出有利于 r 值的提高。罩式炉长时间的加热容易造成析出物在再结晶完成之前已经聚并长大，不利于保持{111}面织构和高的 r 值，所以应快冷低温卷取，让析出物在最终缓慢加热时在晶界弥散析出。连续炉处理时间只有 2 ~ 3 min，再结晶在高温很短时间内即可完成，因此需要析出物在加热之前已经沿晶界弥散析出以保证再结晶之后获得所需的{111}面织构和高的 r 值。图 2-35b、c 示意性地给出了冷轧变形量和最终退火温度对 r 值的影响，即适当的冷轧变形量和适当连续退火温度可以获得最高的 r 值。这些工艺参数的合理选取均应与所使用的生产设备和实际的生产条件结合。

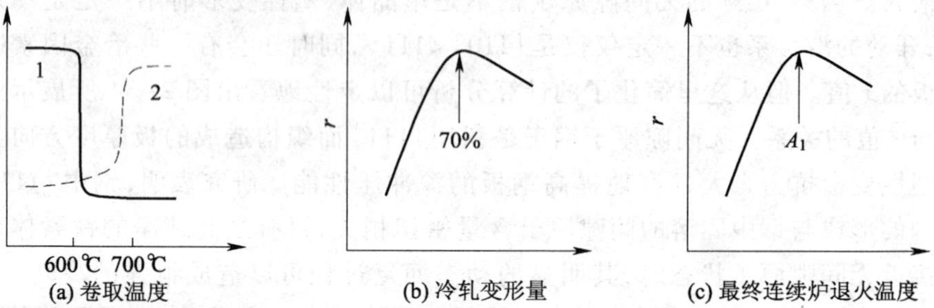

图 2-35　加工工艺参数对钢板最终 r 值的影响

钢板热轧的终轧温度对热轧晶粒尺寸和最终 r 值也有明显影响。如图2-36所示，细小的热轧晶粒组织有利于提高钢板 r 值。热轧晶粒尺寸与热轧过程中少量碳、氮化合物及其他冶金夹杂的析出行为和分布状态密切相关。一般认为，细小的热轧晶粒有利于钢板最终生成较强的{111}面织构。

无间隙原子钢板最终的退火处理是最后获得高的 r 值及相应深冲压性能的一个关键环节。随着退火加热的进行，钢板内部的组织结构、析出物形态及织构会发生一系列变化，从而影响钢板的性能。图 2-37 所示为无间隙原子钢板在退火加热过程中晶粒尺寸和 r_0 值的变化。随着退火时间的延长，{111}面平行于轧面的亚结构会优先回复转变成再结晶核，并推动初次再结晶过程逐步完成；因而钢板的{111}面织构和 r_0 值不断增强。初次再结晶完成后，晶粒长大的同时保持着沿轧向略有伸长的非等轴特征。随着加热时间的继续延长，晶界上弥散的析出物逐渐聚并，使长大的晶粒得以转变成等轴晶组织，造成了{111}面织构和 r_0 值的下降。

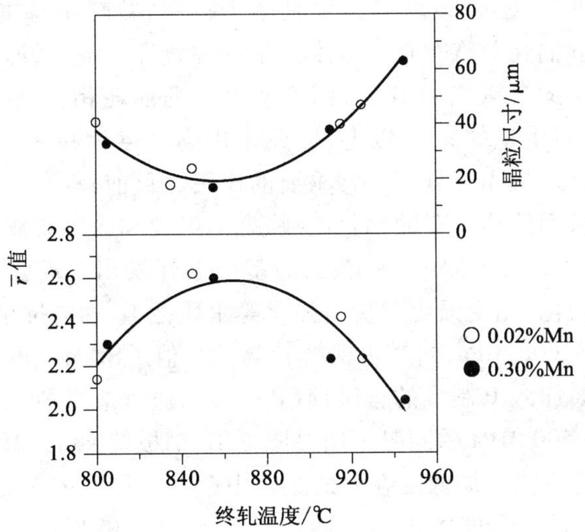

图 2-36 终轧温度对 IF 钢热轧晶粒尺寸和 $\bar{r}$ 值的影响

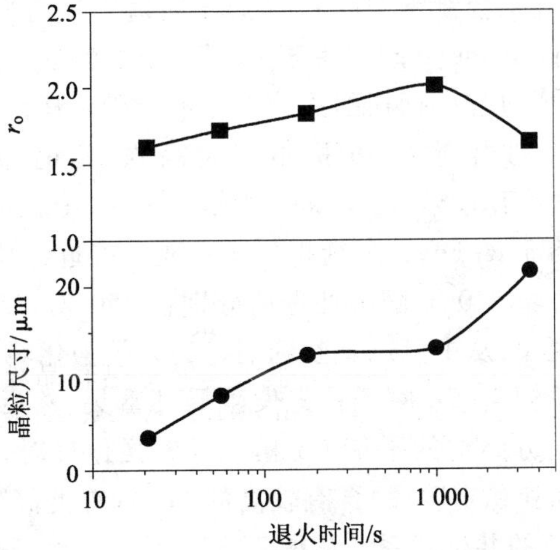

图 2-37 IF 钢板 800 ℃退火过程中晶粒尺寸与冲压性能的变化规律

二、高强度无间隙原子(IF)钢

20 世纪 70 年代以来,能源危机和环保问题的日趋尖锐,人们不得不加强对能源、资源和环境的保护,因而汽车工业面临大幅度减轻车身重量的需求,以降低能源消耗和废气排放。这种发展趋势对无间隙原子钢提出了高强度的要求。例如,当汽车钢板厚度分别减小 0.05 mm、0.10 mm 和 0.15 mm 时,车身重量将减轻6%、12%和18%，所以增加强度是减少板厚、减轻车身重量的主要途径。研究表明，汽车的油耗与汽车重量基本上呈一种线性的关系，即在其他条件不变的情况下，如汽车的自重减少10%，则可使汽车的油耗相应减少10%。而钢板的重量占汽车材料重量的80%以上，因此采用高强度钢板对于减轻汽车自重、降低油耗、节约制造成本等具有非常重要的作用。目前，汽车工业已经广泛使用高强度薄钢板，从而使得汽车的钢材消耗、燃油损耗和废气排放得以全面下降。

20世纪80年代以来，人们在IF钢的基础上开发出了高强度IF钢，即通过固溶强化、烘烤硬化、相变强化和析出强化等手段把IF钢的抗拉强度从200 MPa左右提高到300~600 MPa，同时仍保持较高的 r 值。Si、Mn、P等元素是常用的固溶强化元素，如加入P制成的**含磷钢**（P steel），通过适当的元素配合可以在把强度提高到接近500 MPa的同时不明显降低IF钢板的 r 值。Mn、P含量较高的高强IF钢在热轧后快冷加低温卷取的过程中会发生贝氏体转变，并促进热轧板中有利织构的生成和强度的提高。冲压后的钢板在随后的喷漆、烤漆过程中（~170 ℃，30 min），自由的碳、氮原子会钉扎钢板内的位错并形成柯氏气团，因而产生屈服效应，使屈服强度提高30~50 MPa。为了提高汽车覆盖件的抗凹陷性，以屈服效应思想适当控制钢中的C、N原子而适当提高强度的钢材称为**烘烤硬化钢**或**BH钢**（bake hardening）。由于BH钢的烘烤硬化性是在钢板冲压成形后实现的，所以在冲压过程中钢板的深冲性能不会受到任何影响。

20世纪90年代初出现了Cu析出强化高强IF钢，并使强度可以达到600 MPa的水平、r 值大于1.8。图2-38a所示为Fe-Cu二元相图，可以看出Cu原子在室温基本不溶于α-Fe，其平衡析出相的成分接近纯铜。图2-38b所示为Fe-1.65%Cu二元合金840 ℃固溶处理后分别在450 ℃、550 ℃、650 ℃作等温加热时的时效强化现象，从中可以观察到明显的时效强化峰。强化主要源于Cu相的析出行为。时效初期，Cu原子首先发生局部富集，然后经过一系列的中间过程最终形成面心立方结构的平衡Cu相。时效强化峰时，析出粒子处于向平衡相转变过程的中间亚稳定阶段，含有较高的Fe，具有类似B2的结构，且与α-Fe基体保持相当完整的共格关系。从图2-39a可以看出，Fe-1.65%Cu钢中大量弥散析出的富Cu相粒子，在塑性变形过程中这些粒子会阻碍位错的运动（图2-39b），从而提高钢的强度。

应该注意到，富Cu粒子与其他脆性第二相粒子不同，当时效强化的含Cu钢屈服后，塞积位错克服第二相粒子的钉扎而滑移时也会带动塑性的富Cu粒子产生变形，从而降低裂纹出现的倾向，有利于钢材韧性的提高。从图2-39b也可以看出，在变形过程中一些位错在外力作用下可以开动并切入析出粒子。图2-40所示为含铜钢中铜对力学性能的影响。可以看出，随着铜含量增加至3%，时效强化作用可使钢的抗拉强度达到800 MPa以上。从图2-40b可以看

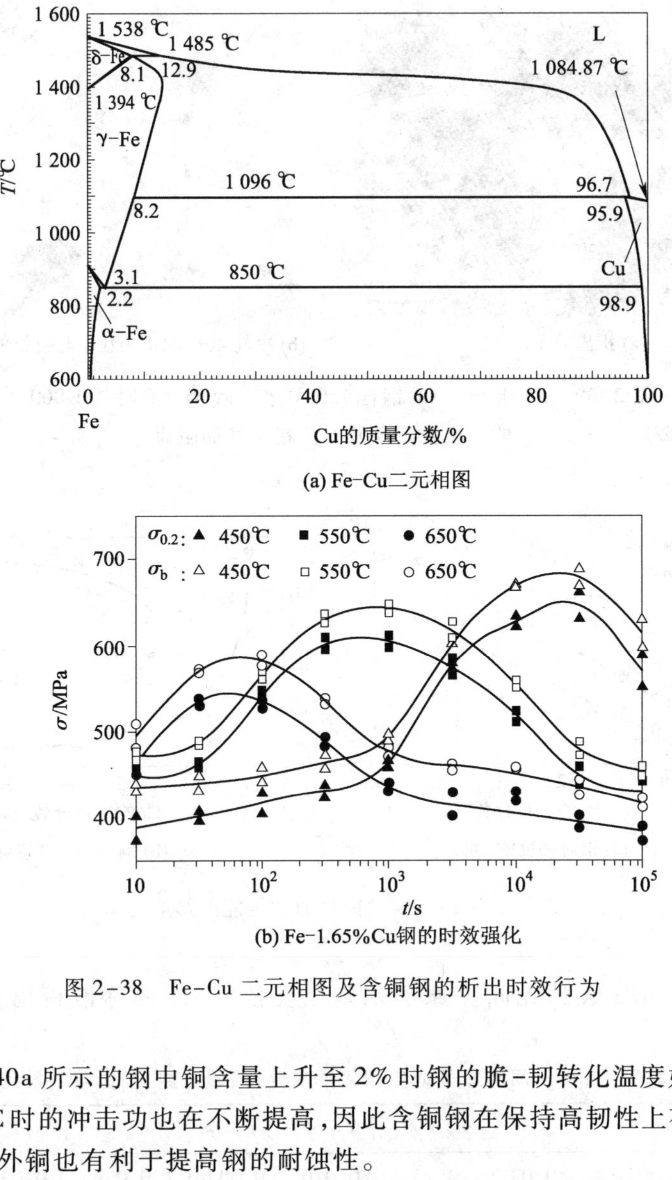

图 2-38　Fe-Cu 二元相图及含铜钢的析出时效行为

出，在图 2-40a 所示的钢中铜含量上升至 2% 时钢的脆-韧转化温度始终保持下降，且-40 ℃时的冲击功也在不断提高，因此含铜钢在保持高韧性上有很好的利用价值。另外铜也有利于提高钢的耐蚀性。

表 2-9 给出了不同文献介绍的各种无间隙原子钢的典型化学成分及其力学性能，由此可以比较出其各自独特的成分设计范围和力学性能水平，并判断出其强化原理；表中的 n 值为拉伸实验过程的**加工硬化指数**，由 $\sigma=K\varepsilon^n$ 定义，其中 σ 为拉伸真应力，K 为加工硬化系数，ε 为拉伸真应变。高的 n 值有利于深冲压性能的提高。无间隙原子钢均需要借助 Ti、Nb 等元素清除钢中固溶的 C、N 等间隙原子。强度水平为 340 MPa 级的无间隙原子钢（HS-IF）主要靠 P 的固溶强化提高强度，390 MPa 级靠 P 和 Mn 的固溶强化，440 MPa 级靠 P、Mn 和 Si 的固

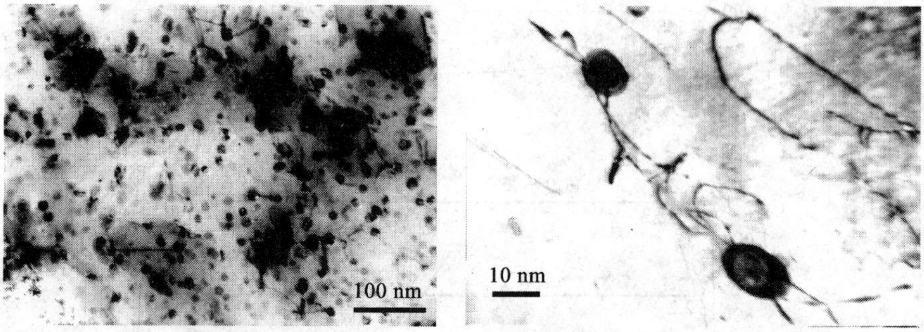

(a) 析出粒子　　(b) 冷轧 40% 时析出粒子与位错的交互作用

图 2-39　Fe-1.65% Cu 钢自 750 ℃水冷后 550 ℃时效 1 000 s 的析出粒子及其对位错滑移的阻碍

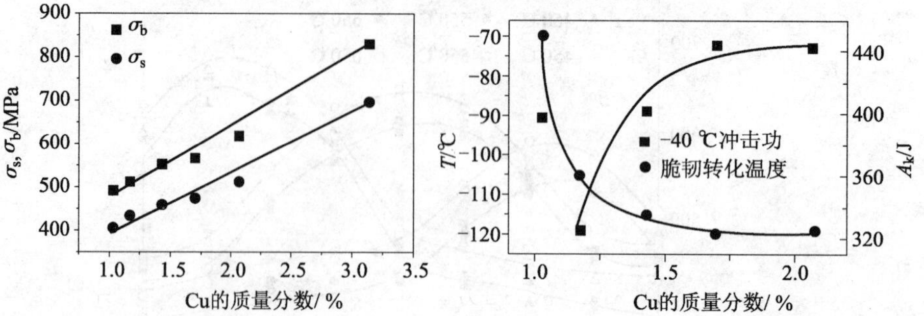

(a) 铜对强度的影响　　(b) 铜对韧性的影响

图 2-40　铜对钢材力学性能的影响

溶强化，600 MPa 级的无间隙原子钢则主要依靠 Cu 的弥散析出强化来提高强度。

表 2-9　各种无间隙原子钢典型化学成分（质量分数）与力学性能比较

强度级别	w_C/%	w_{Si}/%	w_{Mn}/%	w_P/%	w_S/%	w_{Al}/%	w_{Ti}/%	w_{Nb}/%
普通 IF	0.003 2	<0.03	0.13	0.010	0.003 0	0.039	0.033	0.010
340 MPa	0.003 4	<0.03	0.32	0.043	0.004 0	0.036	0.019	0.019
390 MPa	0.004 0	<0.03	0.90	0.070	0.006 0	0.02	0.06	0.02
440 MPa	0.006 0	0.50	1.03	0.067	0.005 1	0.020	0.078	0.023
600 MPa	0.004 3	0.01	0.25	0.014			0.051	

续表

强度级别	w_B/%	w_N/%	w_{Cu+Ni}/%	σ_s/MPa	σ_b/MPa	El/%	n	$\bar{r}$
普通 IF	—	0.002 3	—	107	305	52	0.30	1.91
340 MPa	<0.001	0.001 8	—	215	370	39	0.23	1.90
390 MPa	0.001 0	0.003 0	—	280	415	38	0.27	1.88
440 MPa	0.000 7	0.004 0	—	294	458	36	0.26	1.79
600 MPa	0.000 6	—	1.27+0.67	507	610	24.4	—	1.90

三、车辆用钢与汽车的安全性

随着全球经济的发展和生活水平的提高,个人消费汽车的需求量不断增加。以中国为例,改革开放以来经济水平明显上升,民用汽车保有量也迅猛上升。进入 21 世纪后,我国民用汽车保有量的增长明显加快,2006 年已达到 3 700 万辆,而 1994 年还不足 1 000 万辆。按照这样的发展速度,预计到 2020 年中国汽车保有量会超过 1 亿辆(图 2-41a)。随着车辆的增加,交通事故的发生也愈加频繁。中国每年交通事故死亡人数已经由 1950 年的几百人发展到 2004 年超过十万人(图 2-41b),即平均每 5 分钟就有一人因道路交通事故死亡。在 20 世纪 80 年代改革开放的初期及 90 年代中私人购车的高峰期,还出现了两次道路交通事故死亡人数的快速增长。面对这样的趋势,全球的汽车制造工业的研究部门均迫切希望发展高安全性的新型车辆品种。

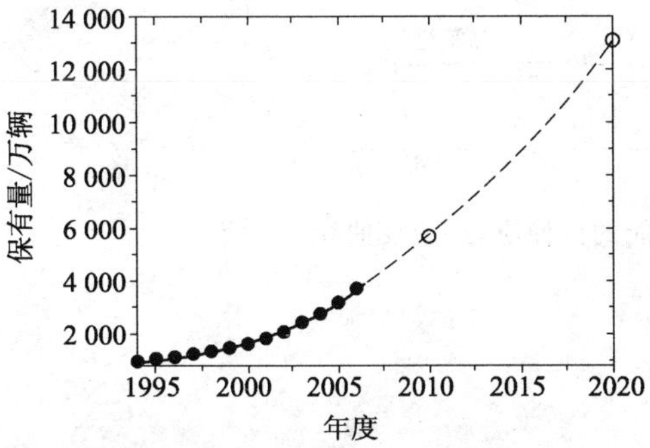

(a) 民用车辆保有量(空心符号为预计值)

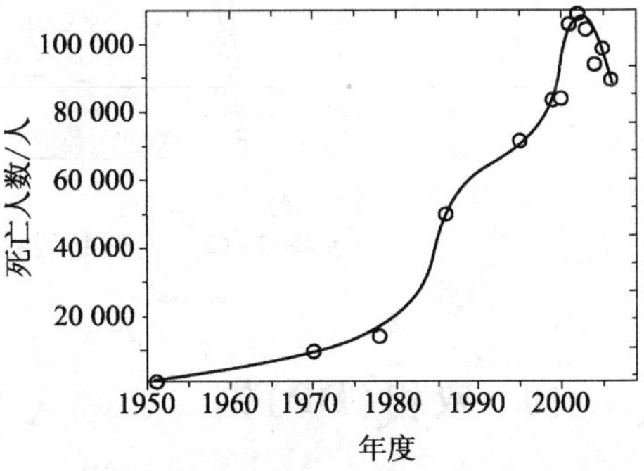

(b) 道路交通事故死亡人数

图 2-41　中国民用车辆保有量及道路交通事故死亡人数的统计

高速行驶的车辆具有很大的动能。当出现紧急状况时,车辆出于躲闪、失控等原因发生碰撞,因此车辆的结构设计及用材选择应该能够尽量避免车内剧烈冲撞，并减少人员伤亡。设想一辆高速行驶的汽车发生碰撞时会在瞬间停止，与此同时，其巨大的动能会转化为破坏车辆和伤害人员的能量。如果制造车辆所用的材料能够在碰撞时发生大幅度塑性变形，则车辆减速的过程会得到很大缓解，其大部分动能会转变为金属塑性变形的能量而被逐步消耗掉，从而减少了对车辆和人员造成的损毁。

遭受撞击的汽车钢质躯体在撞击作用下发生塑性变形时，所承受的载荷会超过其屈服强度 σ_s，当载荷继续增大达到车体钢材的抗拉强度 σ_b时车体会发生断裂，其间钢材所经历的塑性变形可以用断裂时的总伸长率 δ_f表示。根据材料力学性能的基本原理，在车体钢材从开始塑性变形直至断裂的过程中消耗外载荷的能量正比于钢材的强度和伸长率。如图 2-42 的钢材断裂耗能的拉伸应力-应变曲线所示，钢材耗能正比于该曲线所围成的面积（图中灰色区域）。由此可见，单纯的高强度钢或单纯的高塑性钢都不能在从屈服到断裂的过程中消耗很高的外载荷能量，只有能同时达到高强度和高塑性的钢材能在撞击发生时实现消耗很高的外载荷能量，进而提高汽车的安全性。因此通过各种材料学思想研究、开发和应用不同种类高强度、高塑性的钢材已成为人们长期追寻的钢材发展方向之一。

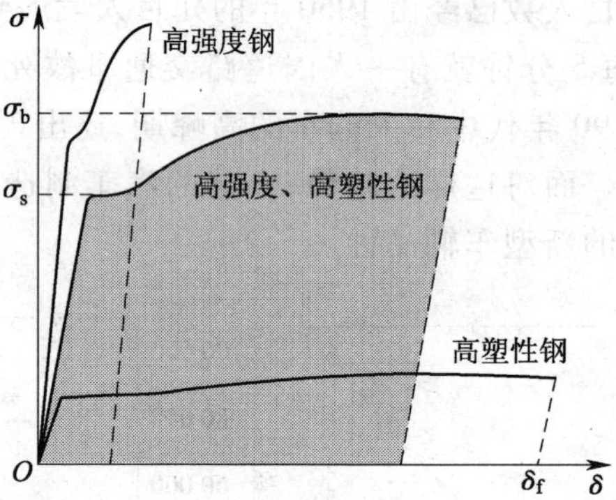

图 2-42　钢材断裂耗能的拉伸应力-应变曲线

四、双相（DP）钢

双相钢的研究始于 20 世纪 70 年代末，因为其最终的微观结构由铁素体和马氏体两相组成而称为**双相钢**（dual phase steel）或 **DP 钢**。在低碳钢热处理过程中，通常会把钢材加热到奥氏体区适当温度后淬火而得到马氏体，以使钢强化。如图 2-43a 所示，如果把钢加热到奥氏体与铁素体的两相区内适当温度后淬火，奥氏体会转变成马氏体，但铁素体基本保持不变，由此得到铁素体和马氏体两相组织。其中马氏体作为硬相提供给双相钢良好的强度性能，而铁素体作为软相提供给双相钢良好的塑性和成形性能。图 2-43b 给出了含碳为 0.087% C双相钢的典型双相组织。

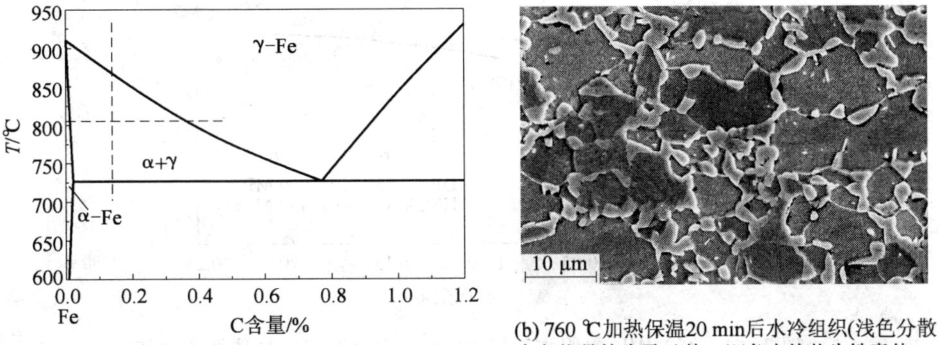

(a) 两相区加热

(b) 760 ℃加热保温20 min后水冷组织(浅色分散小岛状晶粒为马氏体，深色大块状为铁素体)

图 2-43 0.087% C-1.5% Mn-0.44% Cr 双相钢热处理加热和所获得的微观组织

在双相钢组织形成过程中,奥氏体向马氏体转变时产生的切变和体积膨胀会在马氏体周围的铁素体中造成高密度的位错,同时由于马氏体转变的温度较低,碳、氮原子的扩散速度很慢,因此马氏体相变所产生的位错属于不被碳、氮原子钉扎的可动位错。可动位错的密度取决于马氏体转变在铁素体中引起的应变程度。根据式(2-2)和式(2-3)可知,较高的初始可动位错密度有利于防止上屈服点的出现,进而避免屈服效应。因此,要消除双相钢的屈服效应,需要一个临界体积分数的马氏体,以产生足够的可动位错密度。

在铁素体和奥氏体两相区加热后的冷却过程中,奥氏体向马氏体转变时在铁素体内引发的位错密度呈不均匀分布。铁素体晶粒内临近马氏体部位的位错密度较高,远离马氏体中心部位的位错密度相对较低。马氏体转变引起的残余应力和可动位错使得靠近马氏体的铁素体区为易滑移区,并降低钢材的屈服强度。在后续变形过程中,分散的马氏体小岛会阻碍位错的滑移,导致双相钢较高的加工硬化指数。如图 2-44 所示,与同样 350 MPa 屈服强度的低合金高强度(HSLA)钢相比,双相钢的拉伸应力-应变曲线上没有屈服平台、应力随应变上升的幅度更高,其 600 MPa 的抗拉强度也明显高于 HSLA 钢的 450 MPa。由此可见,双相钢具有较低的屈服强度、较高的加工硬化指数、低**屈强比**(屈服强度与抗拉强度之比)及高伸长率等。用于制作汽车构件时具备易成形加工和能够提高汽车的安全性的优点,在汽车工业和其他方面得到了广泛的应用。

一般认为,如果用 σ_m、σ_t 分别表示马氏体和铁素体的强度,则可以利用二者的混合平均值来估算双相钢的抗拉强度 σ_b,即有

$$\sigma_b = f_m \sigma_m + (1 - f_m)\sigma_t \tag{2-7}$$

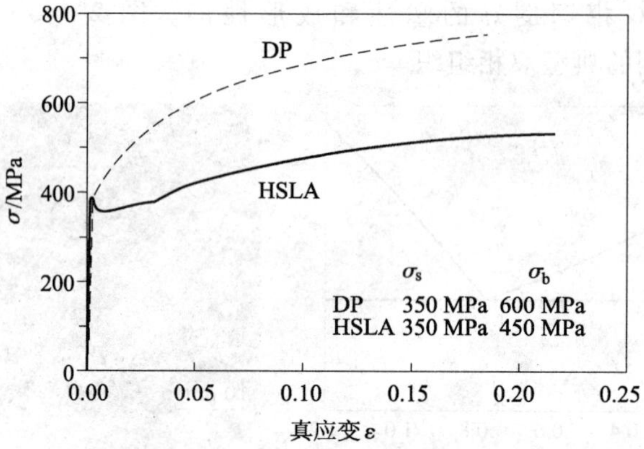

图 2-44 350 MPa 屈服强度级 DP 钢和 HSLA 钢的拉伸性能比较

式中，f_m为马氏体体积分数。随着马氏体体积分数的增加，双相钢的强度提高，但塑性、韧性会有所降低，因此细化双相钢中铁素体晶粒尺寸是提高双相钢的强度并保持其韧性的有效方法。另外，为了保证良好的成形性能，往往要求双相钢中的马氏体为低碳位错马氏体。在变形过程中，当马氏体和铁素体界面上位错塞积时，马氏体小岛除了阻碍位错运动外，也会发生适当变形来协调应变而减少裂纹的形成。在马氏体小岛未连成片的情况下，裂纹扩展到铁素体相区时，铁素体良好的塑性也可以抵御裂纹的扩展，使双相钢仍能在高强度下保持一定塑性。

双相钢的合金设计主要以普通 C-Mn-Si 钢为基础，其中 C 可提高钢的淬透性以保证获得马氏体和相应的强度。但碳含量不能过高以防止板条状马氏体转变为高脆性片状马氏体。为了在低碳含量条件下获得高强度，还需要对双相钢作合金化设计。Mn 的加入有利于形成稳定的奥氏体而增加钢的淬透性，在固溶强化钢的同时 Mn 对钢的塑性影响很小。Mn 和 V 同时存在时，Mn 有利于加速 V 的碳化物溶解，更进一步增加淬透性、减少碳化物数量、有利于提高塑性。Si 可以增加过冷奥氏体的稳定性，对推迟贝氏体转变作用尤为明显。Si 还能有效地增大双相退火的温度范围，为实际生产过程的双相处理提供便利。在热处理过程中，Si 可以促进碳原子从铁素体向奥氏体的扩散，增加奥氏体的稳定性并净化铁素体，有利于提高双相钢的塑性，但 Si 对钢的镀锌性能不利。综上所述，高强度级别的双相钢要求保证良好的成形性能和焊接、镀锌等工艺性能，在低碳和低硅的条件下还需要借助微合金化并配合以加工工艺技术的优化来提高和确保钢的强度。

双相钢微合金化常用的合金元素主要有 Cr、Mo、V、Nb 等。Cr 和 Mo 能提高钢的淬透性，使得在实际生产过程中奥氏体能够具有足够的稳定性而转变成马氏体；同时 Cr、Mo 还具有固溶强化的效果。Cr 还可以借助控制马氏体的形貌来获得不连续马氏体小岛，以确保钢的塑性。V 作为强碳化物形成元素很容易在钢中析出 V 的碳化物，起到弥散强化的作用。P 在晶界和亚晶界上的偏析可能有利于获得较好的 $\bar{r}$ 值，因此有时还可加入少量的 P。

双相钢主要分为热轧双相钢和冷轧热处理双相钢两大类。冷轧热处理双相钢主要的成分范围为 0.06% ~0.13% C、0.03% ~0.42% Si、0.95% ~1.87% Mn、0.02% ~0.37% Cr、0.05% ~0.44% Mo、0.015% ~0.08% P 等。热轧双相钢往往需加入较高的 Si(0.9% ~1.0%)，且 Cr 和 Mo 往往取上限。

双相钢中铁素体的塑性和韧性与铁素体的形成过程有较大的关系。铁素体可以是原有的未分解的铁素体或在两相区退火时形成的铁素体，也可以是在两相区退火后的冷却过程中从奥氏体形成的先共析铁素体。这两种形式的铁素体的碳含量及其存在的形式不同。由图 2-43a 可以看到，较高双相退火温度下的铁素体会有较低的碳含量，并伴随较高的奥氏体体积分数。如果选择较慢的冷却速度可使奥氏体在冷却过程中优先转变成先共析铁素体；这部分在冷却过程中形成的铁素体依附于原有的铁素体外延长大，称为**外延铁素体**，并促使碳在未转变奥氏体中富集，增加奥氏体的稳定性，使之最终转变成马氏体。从奥氏体转变来的外延铁素体的碳含量会高于双相退火温度下存在的铁素体。普通低强度高塑性 C-Mn-Si 双相钢在两相区加热时，相应铁素体内通常没有碳化物；随加热温度的提高和随后冷却速度的降低，双相组织中含碳偏高的外延铁素体在全部铁素体中的体积分数增加，并促使双相钢的强度增加而塑性降低。同样条件下，含 V、Nb 高强度双相钢的铁素体内通常会因存在碳化物而保持较高强度，且随不含碳化物的外延铁素体在全部铁素体中体积分数的增加，钢的强度降低而塑性增加。

热轧双相钢的工艺过程主要有两种方法。其中一种可采取双相区轧制、快速冷却和低温卷取来生产双相钢。通过在热轧过程或者在热轧之后的冷却过程中首先析出铁素体，然后快速冷却到马氏体转变温度以下进行卷取，最终获得双相组织。常涉及的钢种包括 Mn 钢、Si-Mn 钢和 Mn-Cr 钢等类型。例如，低合金 Si-Mn 双相钢可采用双相区轧制、740 ~ 800 ℃终轧、轧后快冷到 370 ~ 350 ℃以下卷取。另一种方法主要针对 Mn-Si-Cr-Mo 系热轧双相钢，常用的工艺参数为 1 150 ~ 1 300 ℃加热后利用大压下量进行短时间轧制，使终轧温度控制在 870 ~ 925 ℃，然后在冷床上以 28 ℃/s 的速度冷却至转变动力学曲线上的亚稳奥氏体稳定区进行卷取。在冷却的过程中首先析出铁素体，卷取后冷却到马氏体转变温度以下而获得马氏体组织。冷轧双相钢的生产控制比较简单，除了晶粒尺寸的控制之外，其组织组成相的控制主要是通过冷轧钢板的后续热处理来实现。先将冷轧钢板加热到奥氏体和铁素体两相区进行保温，然后以合适的速度冷却以获得铁素体和马氏体双相组织。冷却速度的选择取决于所要求的马氏体体积分数、两相区退火的温度以及钢的淬透性。冷轧热处理双相钢的双相处理工艺可以通过连续退火生产线完成,主要应用于薄规格的板材。目前各种冷轧及热轧双相钢已广泛用于保险杠、控制臂、轮辋、轮辐等许多汽车零件。

五、相变诱发塑性(TRIP)钢

20 世纪 60 年代,人们在研究 Fe-Cr-Ni 不锈钢时发现,亚稳奥氏体转变为马氏体会带来韧性和塑性的显著增加。造成其高塑性的重要原因之一为相变诱发的塑性,因此该钢种被称为**相变诱发塑性**(transformation induced plasticity)**钢**或 **TRIP 钢**。随着 TRIP 钢的发展,现在对 TRIP 钢又有了新的观念。TRIP 钢作为一种新型的低合金高强度钢展现了良好的强度和塑性的配合,满足了汽车工业对高强度钢板成形性能的要求。新型 TRIP 钢以 C-Mn-Si 合金化为基础,通过双相退火或热机械加工的方法生产。在相对低 C、低 Si 的成分设计以保证良好的焊接、成形和镀锌等工艺性能的条件下需获得足够的残余奥氏体而实现 TRIP 效应。TRIP 钢的微观组织由铁素体(F)、贝氏体(B)和残余奥氏体($A_{残}$)三相组成,如图 2-45 所示。有时也可以用马氏体取代贝氏体。钢中铁素体为塑性相,以保证钢良好的塑性和成形性;贝氏体或马氏体为强化相,以保证钢的高强度。在室温,亚稳的残余奥氏体是 TRIP 钢获得相变诱发塑性效应、在高强度条件下获得更优良塑性和优异综合性能的关键相。

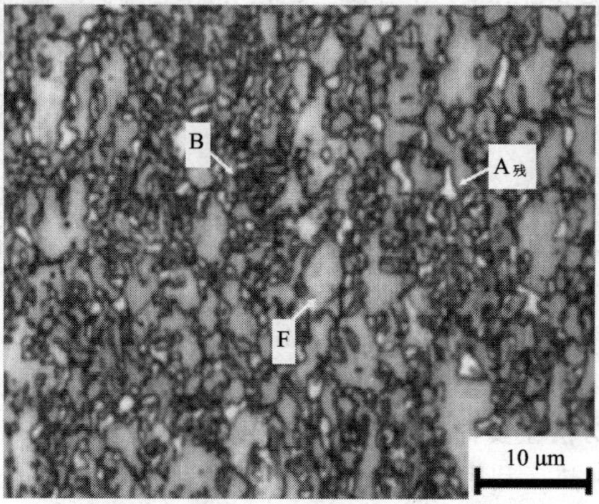

图 2-45 典型 TRIP 钢的微观结构

在塑性变形过程中,残余奥氏体会转变为马氏体或贝氏体,从而引起相变强化和塑性增加。只有在残余奥氏体有足够稳定性的前提下,才可以使其实现渐进式的转变,强化基体并提高钢材的均匀伸长率,达到强度和塑性同步增加的目标。如图 2-46 所示，过冷到 A_1/A_3 温度以下的过冷奥氏体在无应力的情况下，只有冷却到低于马氏体转变点 M_s 的条件下才会转变成马氏体。然而，M_s 点也是应力的函数，且随钢材中过冷奥氏体或残余奥氏体所承受应力 σ^A 的增加而上升，即有 $M_s=M_s(\sigma^A)$。如图 2-46 中箭头 1 所示，应力 σ^A 可以在高于无应力态 M_s 点以上的温度诱发奥氏体向马氏体的相变，称为**应力诱发相变**。另外，过冷奥氏体的屈服强度 σ_s^A 也是温度 T 的函数，即有 $\sigma_s^A=\sigma_s^A(T)$，应力超过 $\sigma_s^A(T)$ 时过冷奥氏体会发生塑性变形。发生塑性变形时，过冷奥氏体的 $M_s(\sigma^A)$ 温度随应力上升的幅度会明显加剧。如图 2-46 中箭头 2 所示，当钢材所承受的应力 σ 超过 $\sigma_s^A(T)$ 并使过冷奥氏体塑性变形后继续升高，达到或超过 $M_s(\sigma^A)$ 曲线所对应的应力值时，塑性变形的亚稳态奥氏体会因失稳而转变成高强度的马氏体或贝氏体，称为**应变诱发相变**。图 2-46 中，$M_s(\sigma^A)$ 温度曲线在与 $\sigma_s^A(T)$ 应力曲线的交点处发生转折，在转折点处有 $M_s(\sigma^A)=M_s(\sigma^A)_{max}$，该点所对应的应力值以下不会发生应变诱发相变；该点所对应的应力值以上 $M_s(\sigma^A)$ 曲线受过冷奥氏体塑性变形的影响而更偏向高温，即过冷奥氏体更不稳定。

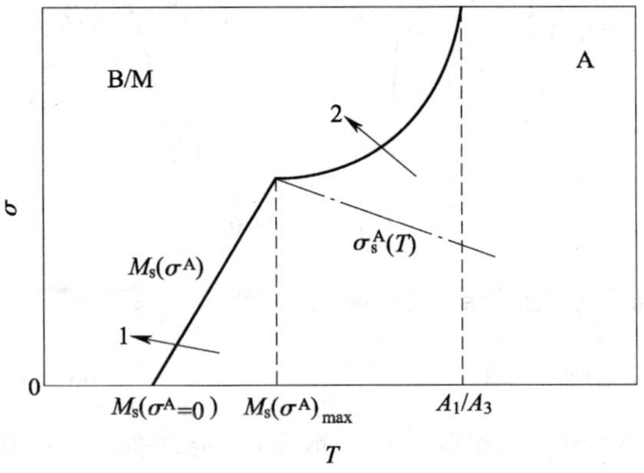

图 2-46 TRIP 钢所承受应力及相应的相变诱发塑性机制

B/M—贝氏体或马氏体区；A—无诱发相变的奥氏体区；1—应力诱发相变：过冷奥氏体变成贝氏体 B 或马氏体 M，仅有弹性变形而无塑性变形；2—应变诱发相变，过冷奥氏体变成贝氏体或马氏体

相变理论认为，奥氏体以一定的晶体学取向关系向马氏体转变同时会产生一定的应变张量，在钢铁材料中该应变张量的切应变可以达到 0.2。在符合相变取向关系的条件下具体可以有 24 个不同的转变形态，但在外应力的作用下不是所有 24 个转变形态都会出现，只有转变时其应变张量顺应外应力的转变形态才会真正发生。因此在外应力作用下，马氏体片会在 24 个转变形态中以择优取向的方式选择一种与外力相协调的应变形态在奥氏体中形成。由此可见，马氏

体择优取向转变过程的切应变会造成明显影响钢材宏观总伸长率的变形量。应变诱发相变过程中不仅因产生马氏体或贝氏体而使钢的强度提高并引起相变塑性,而且过冷奥氏体的塑性变形也在常规钢材塑性的基础上对塑性的进一步提高做出了贡献,因此可以说相变诱发了塑性,即 **TRIP 效应**。TRIP 钢通常要求其 $M_s(\sigma^A)$ 温度在室温以下,以确保室温获得应变诱发相变而避免应力诱发相变。

图 2-47a 所示为同样具有 350 MPa 屈服强度的 HSLA 钢、双相钢和 TRIP 钢的工程应力-应变曲线。对比可以看出,在同样的屈服强度水平下,TRIP 钢可以获得更高的抗拉强度和更大的伸长率。在 TRIP 钢的变形过程中,钢中残余奥氏体随着应变量的增加会逐渐成马氏体。如图 2-47b 所示,TRIP 钢在高应变量时不断新生的马氏体仍可使其继续保持较高的加工硬化指数,造成了 TRIP 钢更好的成形性、强度和塑性特色。

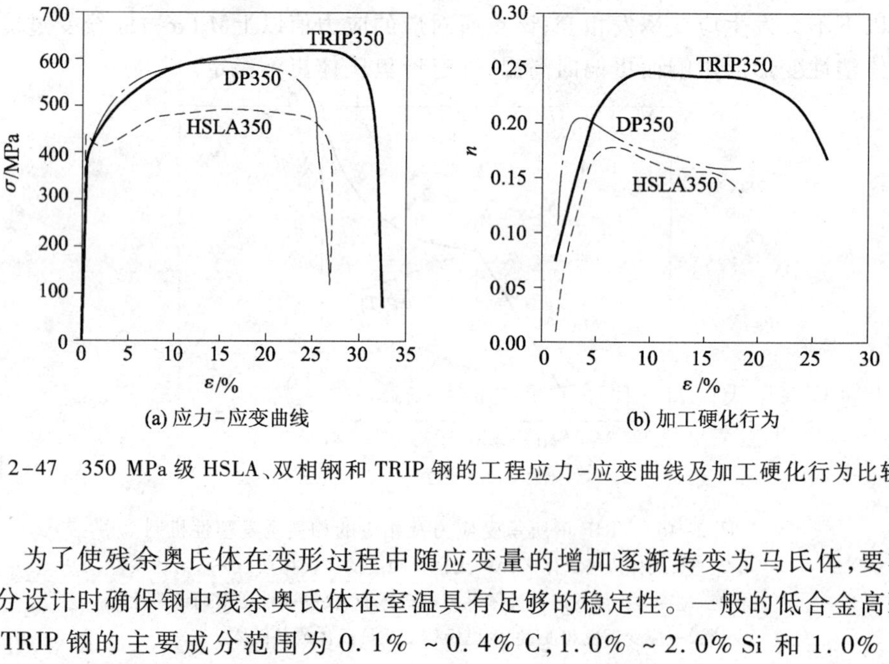

图 2-47　350 MPa 级 HSLA、双相钢和 TRIP 钢的工程应力-应变曲线及加工硬化行为比较

为了使残余奥氏体在变形过程中随应变量的增加逐渐转变为马氏体,要在成分设计时确保钢中残余奥氏体在室温具有足够的稳定性。一般的低合金高强度 TRIP 钢的主要成分范围为 0.1% ~0.4% C,1.0% ~2.0% Si 和 1.0% ~2.0% Mn。也可以根据需要加入其他合金元素,例如借助 Al、Cu、P、Cr、Nb、Ni 等元素调整 TRIP 钢中各相的相对量、尺寸和形貌,以达到控制强度和塑性关系和综合力学性能的目的。

通过钢的碳含量可以调整 TRIP 钢中残余奥氏体向马氏体转变的应变、应力水平。参照图 2-46,低碳含量 TRIP 钢的 $M_s(\sigma^A)$ 温度比较高,塑性变形开始阶段的变形及所产生的应力会高于 $M_s(\sigma^A)$ 曲线所对应的应力,因此塑性变形一开始就可能造成残余奥氏体向马氏体的转变,从而使钢板在较高强度的水平上得到优异的成形性能和良好的应变分布。高碳含量 TRIP 钢中残余奥氏体有较高的稳定性和较低的 $M_s(\sigma^A)$ 温度，奥氏体向马氏体的转变所要求的应力水平很高，可能会超出钢在冲压和成形过程中所能得到的应力水平；在这种情况下，TRIP 效应可能发生在产品后续的高应力变形过程中，如汽车事故碰撞时的瞬时高应力引发 TRIP 效应，使钢材在事故发生时吸收较大的能量，从而提高汽车的安全性。

TRIP 钢的成分设计中需要加入一定量的 Mn，以有效地把钢的 M_s 点降低到室温以下，保证室温残余奥氏体的稳定性。当 Mn 含量从 1.5% 增加到 2.0% 时，钢中马氏体的体积分数增加而铁素体的体积分数减少，可能会使残余奥氏体的碳含量及稳定性降低，不利于钢的 TRIP 效应。Si 可以抑制贝氏体转变过程中渗碳体的析出，促使残余奥氏体碳含量和稳定性增加。过高的 Si 含量会影响钢板表面加工质量和表面镀层性能。在 TRIP 钢中，可以用 Al、P、Mo 等其他元素部分取代 Si 的作用。Cu 和 Ni 是奥氏体稳定化元素，有利于残余奥氏体的稳定；Cr 可以增加钢的淬透性，使奥氏体在等温转变后得到马氏体。

TRIP 钢生产技术涉及热轧 TRIP 钢板和冷轧热处理 TRIP 钢板两种工艺路线。可对冷轧材采用两段式退火工艺以获得冷轧退火 TRIP 钢的微观组织。首先在两相区高温端加热以得到约 50% 铁素体和 50% 奥氏体，然后以较快的速度冷却至贝氏体转变温度，以避免出现更多的铁素体。在贝氏体转变过程中，碳向奥氏体小岛扩散使残余奥氏体中的碳含量增加，从而增加了奥氏体的热稳定性并使一部分富碳奥氏体最终可以保留到室温，以储备 TRIP 效应。C 是最强的奥氏体稳定化元素，因此需要在工艺设计中尽可能使 C 在奥氏体中富集。两相区退火使 C 在奥氏体的富集还不足以抑制奥氏体在随后的冷却过程中向马氏体的转变，因此需在贝氏体等温转变过程中促使碳在奥氏体中的进一步富集，确保钢的 M_s 点降低到室温以下。对比分析表明，残余奥氏体的碳含量富集到 0.84% 时，奥氏体会表现出较高的稳定性，从而使 TRIP 钢能够达到优良的强度和塑性配合。

热轧 TRIP 钢的生产往往采用热机械加工的方式来进行。其基本的工艺路线包括高温塑性变形后冷却到贝氏体转变温度，等温实现贝氏体转变，然后再冷却到室温。热变形工艺生产 TRIP 钢的工艺路线特别适用于总含量小于 0.1% 的 Nb、Ti 和 V 等的微合金钢。通过热机械加工工艺可以控制微合金钢晶粒尺寸以实现高强度和良好的成形性。在热变形过程中，需借助改变变形条件和冷却速度来调整过冷变形奥氏体的转变速度，以获得所要求的多相组织晶粒的尺寸和体积量分配；其中需特别注重热机械加工工艺过程所得到残余奥氏体的数量及其稳定性。残余奥氏体的稳定性会随晶粒尺寸的减小而增加。

TRIP 钢制作汽车构件除了可提高安全性外，还可以减重、节能；同时优良塑性及相应的成形性使 TRIP 钢可用于制作形状更为复杂的机械部件。

六、孪生诱发塑性(TWIP)钢

双相钢、相变诱发塑性钢等新型钢种在保持较高强度的前提下通过各种提高塑性的手段来提高钢板吸收冲击能的能力。然而，在进一步大幅度提高吸收冲击能的能力方面人们仍然不懈地继续努力。1997 年人们在实验研究 Fe-Mn-Si-Al 系 TRIP 钢时发现，当钢中 Mn 的质量分数达到 25% 时会产生孪生诱发塑性(twinning induced plasticity)现象，即室温下的奥氏体组织在变形过程中因发生机械孪生而诱发塑性，称为 **TWIP 效应**，进而可大幅度提高钢的伸长率。以此为基础发展的新钢种称为**孪生诱发塑性钢**，简称 **TWIP 钢**。在室温下，钢的组织为稳定的奥氏体，施加一定的外部载荷后，应变会诱发产生大量机械孪生，并造成很大的无颈缩延伸。该钢种具有非常优异的力学性能，包括高的加工硬化率、极高的塑性(60% ~90%)和较高的强度(600 ~1 000 MPa)。TWIP 钢的锰含量极高，其基本成分(质量分数)为 25% Mn、3% Al、3% Si。初期的 TWIP 实验钢在室温下具有 92% 的总变形率和 650 MPa 的抗拉强度，吸收能高于传统高强度深冲钢的 2 倍，在 -196 ~400 ℃很宽的实验温度范围可以保持优良的冲击韧度值。后续研究的 TWIP 钢都可以在无外载荷条件下快速冷却到室温时保持稳定的奥氏体组织，随后在外载荷推动的应变作用下会诱发机械孪生，进而获得 60% ~80% 的极高伸长率、600 ~800 MPa 的高强度和高的加工硬化率以及很高的冲击能量吸收水平。此外，TWIP 钢还没有低温脆性转变温度。

在前面介绍的诸如 Mn13Si 等传统高锰钢的基础上加入适量的 Al、Si 等合金元素并注意改善组织即可以发展出 TWIP 钢。钢中铝会固溶于基体中，使奥氏体相区强烈缩小。铝在钢中作为脱氧剂可以细化晶粒，提高钢在低温下的韧性。但提高铝含量会增加堆垛层错能，并阻止奥氏体向马氏体的转变。硅在高锰钢中可以固溶于奥氏体，起固溶强化作用。硅对固溶强化和提高冷加工硬化率的作用极强，但同时也在一定程度上降低钢的韧性和塑性。硅会降低堆垛层错能，有利于孪生变形。碳的加入可以扩大奥氏体相区；当碳含量为 1.0% ~1.3% 时，只需 9.0% ~15.0% Mn 就可以得到单相奥氏体。碳原子会在位错周围构成柯氏气团，使位错运动的阻力增加。表现为强度的增加和塑性的某种程度的降低。高锰钢中硫大部分与锰结合生成高熔点 MnS。

锰是稳定奥氏体扩大 γ 相区的主要元素。锰固溶于奥氏体中，形成代位式固溶体，使基体得到强化。但由于锰原子和铁原子半径差别不大，因此强化作用较小。钢中碳含量一定时，钢在室温为珠光体型组织，快冷可得到马氏体组织；随着锰含量的增加在冷却过程中更容易获得马氏体。高锰钢中可能出现两种马氏体,一种是六方结构的ε马氏体,另一种是四方或立方结构的α马氏体。当Mn含量大于12%时,在通常的冷却条件下从奥氏体化温度冷却到室温以下时,钢都能保持单一的奥氏体组织。但随锰含量的继续增加,室温亚稳的奥氏体组织会转变成热力学稳定的奥氏体组织。奥氏体主要的塑性变形机制是滑移、交滑移、部分位错滑移和机械孪生。钢中奥氏体具体的变形机制倾向和力学行为主要取决于其层错能,因此对高锰奥氏体钢的变形特征和力学行为机理的分析与研究需要以层错能的相关理论为基础。例如,Fe-Ni-Cr和Fe-Mn-Al-Si合金系可以是具有相同层错能的两种不同奥氏体钢体系,但其变形机制是相同的。层错能的降低有利于机械孪生的出现。在给定的变形温度下,层错能只取决于化学成分。锰能够降低层错能,所以与普通碳钢相比,高锰钢中容易出现大量层错和退火孪晶。图2-48所示为Fe-30%Mn合金钢在不同变形量下所观察到的机械孪生结构,由此可以发现机械孪生对低层错能奥氏体塑性变形的重要贡献以及相关的TWIP效应。

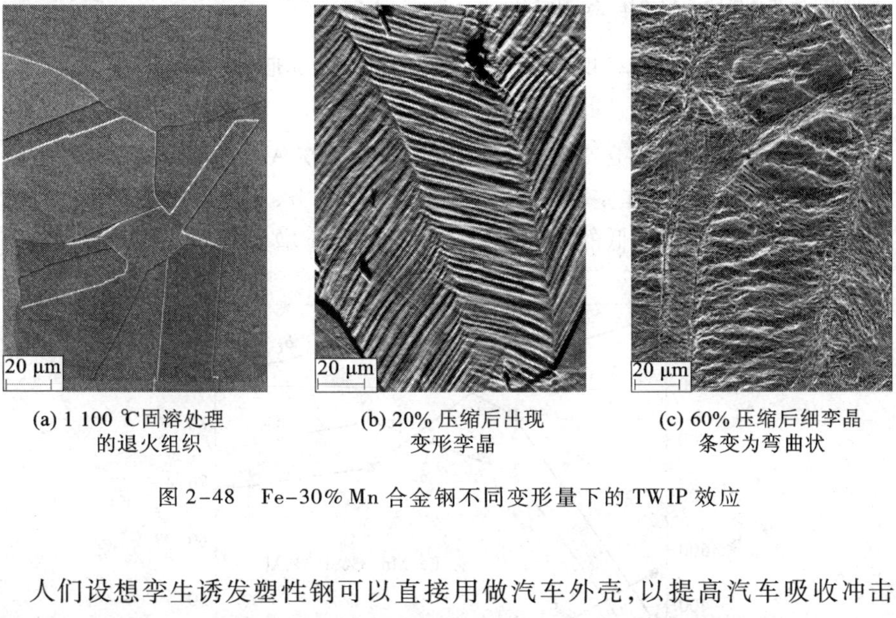

(a) 1 100 ℃固溶处理的退火组织　(b) 20%压缩后出现变形孪晶　(c) 60%压缩后细孪晶条变为弯曲状

图2-48　Fe-30%Mn合金钢不同变形量下的TWIP效应

人们设想孪生诱发塑性钢可以直接用做汽车外壳,以提高汽车吸收冲击功的能力。TWIP钢非热激活的机械孪生是其主要的变形机制,因此在高应变速率和低温下更能显现出优势,特别适合寒冷地区使用。目前孪生诱发塑性钢还处在开发阶段,没有成熟的钢种;一般可经热轧、冷轧和退火加工成材。其中,加工硬化造成的变形抗力很大,因此难以冷轧加工。另外,TWIP钢加工后内应力很大,甚至放置一段时间后会产生爆裂。目前人们正在努力研究克服这些障碍。

降低TWIP钢中的锰含量会使得一部分奥氏体在室温成为亚稳组织,并在外载荷作用下发生向ε马氏体或α马氏体的转变,即产生TRIP效应。图2-49

所示为 Fe-18% Mn 合金钢奥氏体变形前、后的形貌。变形前的组织经固溶处理,为奥氏体基体,其内有下凹、条状的六方ε马氏体和透镜状凸起的体心 α 马氏体,表明合金在该固溶处理后未获得单相奥氏体;经 20% 压缩后基体内形成了更多的透镜状 α 马氏体,并会引起 TRIP 效应。

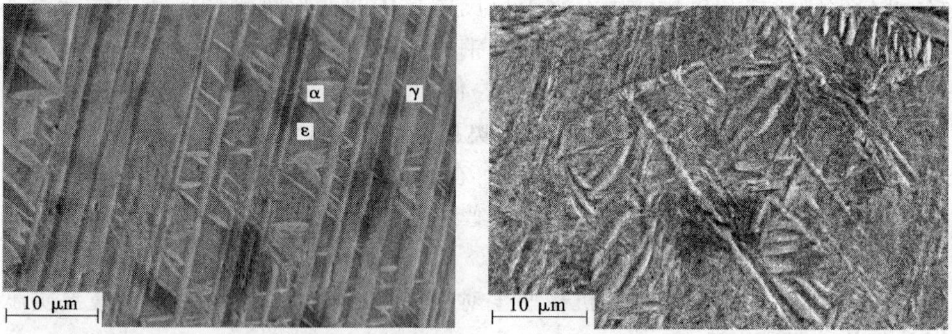

(a) 固溶处理后γ奥氏体基体内下凹条状的六方ε马氏体和透镜状凸起的体心 α 马氏体　(b) 20% 压缩后形成更多的 α 马氏体

图 2-49　Fe-18% Mn 合金钢奥氏体形貌

图 2-50 所示为不同含 Mn 量 Fe-Mn-3% Si-3% Al 合金钢 1 000 ℃固溶处理 2 h 后经水淬快冷并在室温下以应变速率为 10^{-4}/s 进行拉伸获得的力学性能。锰含量增加、强度降低的同时,总伸长率从 46% 增大到 88%,当锰含量超过

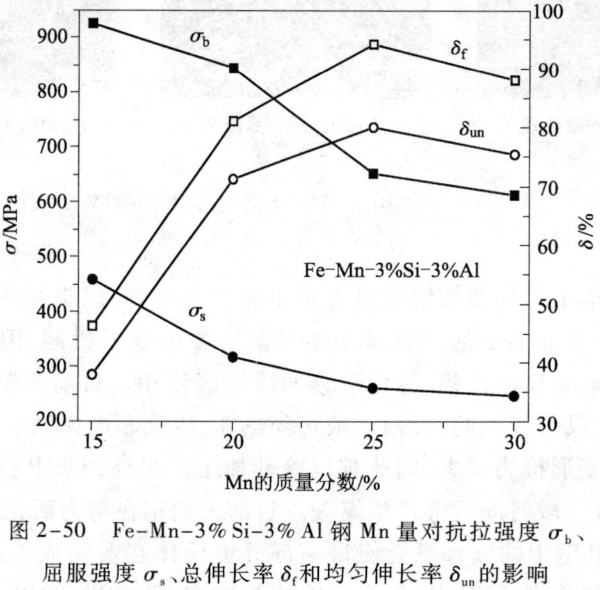

图 2-50　Fe-Mn-3% Si-3% Al 钢 Mn 量对抗拉强度 σ_b、屈服强度 σ_s、总伸长率 δ_f 和均匀伸长率 δ_{un} 的影响

25%时，总伸长率不再增加。分析表明，伸长率的大幅度上升是由于热力学稳定的奥氏体量不断增加和相应孪生诱发塑性效应的不断增强，锰含量达到25%时钢中亚稳的奥氏体基本消失，因此不再有TRIP效应。

图2-51所示为两种高锰钢的应力-应变曲线，其中含锰较低的Fe-15%Mn-3%Si-3%Al钢表现出高抗拉强度和低伸长率，而含锰较高的Fe-25%Mn-3%Si-3%Al钢则呈现低抗拉强度和高伸长率。高拉伸应变时含15%Mn钢的加工硬化率非常高，起因于应变诱发α-马氏体相变造成的变形抗力提升，因此是TRIP效应的典型特征。25%Mn钢的加工硬化率比较低，X衍射分析表明，此时没有生成α或ε马氏体，即没有马氏体强化效应，这种钢此时表现出的高塑性来源于应变诱发的机械孪生，因此是典型的TWIP效应。

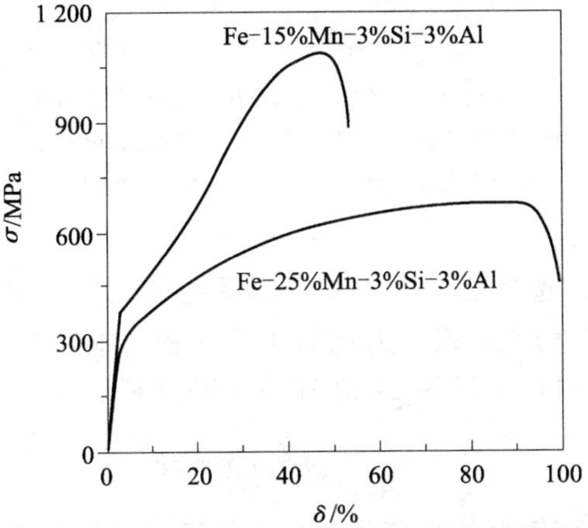

图2-51 不同高锰钢的应力-应变曲线

如果既能获得TWIP效应的高塑性又能获得TRIP效应的高强度，则可以使钢板吸收冲击功的能力在原有基础上再进一步大幅度提高，这也是人们目前努力研究的目标之一。新的研究希望结合已有各种机制，充分利用晶粒细化、固溶强化、析出强化、相变强化及位错强化等手段来提高其强度，通过相变诱发塑性、孪生诱发塑性等机制来提高塑性及成形性。

近几十年来，人们为了提高汽车行驶的安全性，在借助各种材料学思想发展新型高强度、高塑性汽车用钢上不断取得了新的、创新性的进展。双相钢、相变诱发塑性钢、孪生诱发塑性钢等一系列新钢种的出现、发展与逐步应用正是这种努力的成果。图2-52把这些新钢种板材的抗拉强度和伸长率的基本水平与其他不同类型钢板作了对比。可以看出，从低合金高强度钢经历双相钢、相变诱发塑性钢，直至目前正在开发的孪生诱发塑性钢，人们正在把汽车用钢逐步地推往高强度、高塑性的方向。

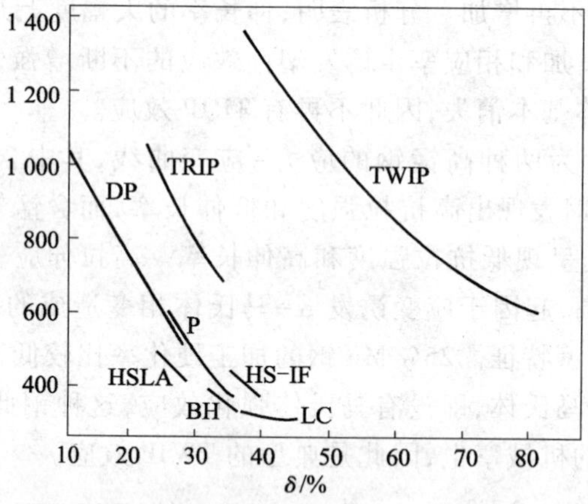

图 2-52　不同类型钢板抗拉强度与伸长率的相对关系

LC—超低碳钢；BH—烘烤硬化钢；HSLA—低合金高强度钢；HS-IF—高强度无间隙原子钢；P—含磷钢；DP—双相钢；TRIP—相变诱发塑性钢；TWIP—孪生诱发塑性钢

可把车体钢材在塑性变形过程中所承受的平均应力 $\bar{\sigma}$ 近似地简化为抗拉强度和屈服强度的平均值。设 e 为钢材单位体积所能消耗的最大塑性变形能，称为**塑性耗能率**，则可以参照图 2-42 计算 e 值如下：

$$e=\frac{1}{2}(\sigma_s+\sigma_b)\delta_f=\bar{\sigma}\delta_f \tag{2-8}$$

可见，提高车体用钢材的强度或伸长率均可以提高其塑性耗能率，进而可以借助车体用钢来提高汽车的安全性。表 2-10 为利用式(2-8)计算并对比了不同强度和塑性级别钢板的典型塑性耗能 e，从中可以发现 TWIP 钢对提高汽车行驶安全性的巨大潜力。

表 2-10　不同强度和塑性级别钢板的典型塑性耗能 e

钢种	屈服强度 σ_s/MPa	抗拉强度 σ_b/MPa	总伸长率 δ_f/%	塑性耗能/(J/cm³) $e=(\sigma_s+\sigma_b)\delta_f/2$
典型 IF 钢	107	305	52	107
高强度 IF 钢	215	370	39	114
烘烤硬化钢	240	340	44	127
390 MPa 级 IF 钢	280	415	38	132
440 MPa 级 IF 钢	294	458	36	135
典型双相钢	500	690	26	155
典型 TRIP 钢	400	640	32	166
Fe-1.65Cu% 钢	620	660	29	185
典型 TWIP 钢	310	830	80	456

七、应变诱导相变与超细晶粒钢

在我国，约5亿吨钢的年产量里碳素钢占据了很大的比例。根据式(2-4)霍耳-配奇(Hall-Petch)关系式，通过工艺优化实现碳素钢的组织超细化是大幅度提高强韧性的途径，也是合理、高效利用钢材的重要材料学手段。细化钢的组织同时可以减少合金元素用量，有利于降低成本、保护环境以及后续的回收再利用。早在20世纪80年代就已经出现了利用应变诱导相变机制促使碳锰钢铁素体超细化的工艺。分析发现，可以借助在 Ar_3 温度附近的大应变并快冷防止晶粒长大来实现铁素体晶粒的超细化。在工业生产上可以采用终轧时尽可能高的应变速率和尽可能短的热轧道次间隔来实现这一技术思想。20世纪末及21世纪初世界各国都开展了以超细化铁素体晶粒为基本思想的超级钢或**超细晶粒钢**的研究。中国超级钢研发的主要目标是通过超高洁净、超高均匀性、超细晶粒的三超手段开发低碳钢、低合金钢、中碳合金钢三类钢种的原型钢，使三类钢的强度和使用寿命各提高一倍。这三类钢占我国钢总产量的60%以上，若用新开发的技术生产这三类钢并取代50%的现有同类传统材料，则每年可以节省大量原有钢材，产生巨大的经济效益。这类新钢材可用于道路、桥梁、高层建筑等基础设施用钢材的更新换代。

低碳结构钢占据了钢材总量的一半以上，其室温组织以铁素体为主。常通过多向锻造、反复叠轧等塑性变形加工方法并配以相应的热处理工艺，可以使铁素体晶粒细化。近些年发展的等通道侧向挤压技术也可以起到细化晶粒的作用。另外，对马氏体形态的组织作变形和再结晶处理以及通过反复快速加热冷却导致的在铁素体与奥氏体间的往复相变等工艺手段，也可以成功地细化铁素体晶粒。然而，这些技术的共同缺点是只适合于单个零件的生产，而不适合连续式的大规模工业化生产。

特定塑性变形条件下在奥氏体温度区有一个特征温度 $T_{A再/非}$，奥氏体在此温度以上变形会发生动态再结晶，在此温度以下变形则为非动态再结晶温。基于热轧变形加工流程，传统上人们采用控制轧制变形量、变形温度和轧后冷却速度的**控轧控冷**技术以大规模工业化生产的方式来细化铁素体晶粒。这种技术包括三种不同的加工温度阶段。首先，如图2-53的Ⅰ段所示，在 $T_{A再/非}$ 温度以上加热并轧制，通过轧制过程奥氏体的再结晶可以细化奥氏体晶粒，进而随后快冷得到较细铁素体晶粒。其次，在 $T_{A再/非}$ 温度以下轧制会造成变形奥氏体组织内保持大量晶体学缺陷，进而在变形后的快冷过程中促使铁素体相变形核率大幅度提高，并导致铁素体晶粒细化(图2-53的Ⅱ段)。通常，碳素钢 $T_{A再/非}$ 至铁素体相变之间的温度范围很窄；为克服这一缺点，可使用铌、钛等微合金化元素以提高奥氏体 $T_{A再/非}$ 温度。另外，在铁素体和奥氏体两相区轧制时会使先共析铁素体经历动态再结晶而细化(参照图 2-53 的Ⅳ段),但两相成分不同,共存状态变形会引起晶粒间大小明显差异,造成组织的不均匀性,称为**混晶**;且室温呈现带状特征。控轧控冷技术的一个重要特征在于细小铁素体晶粒生成于变形之后的冷却过程中。需要注意的是,当奥氏体以不充分再结晶的不均匀动态再结晶组织状态进入相变阶段时,则转变后的组织也可能会出现晶粒尺寸大小不均的混晶现象。如果在单一铁素体区的温度范围内适当提高轧制变形的温度,可能会促进某些钢种变形铁素体的动态再结晶过程,进而细化晶粒(图 2-53 的Ⅴ段),这个过程中基本没有相变,相关技术已经成功地运用于细化无间隙原子钢的晶粒组织。

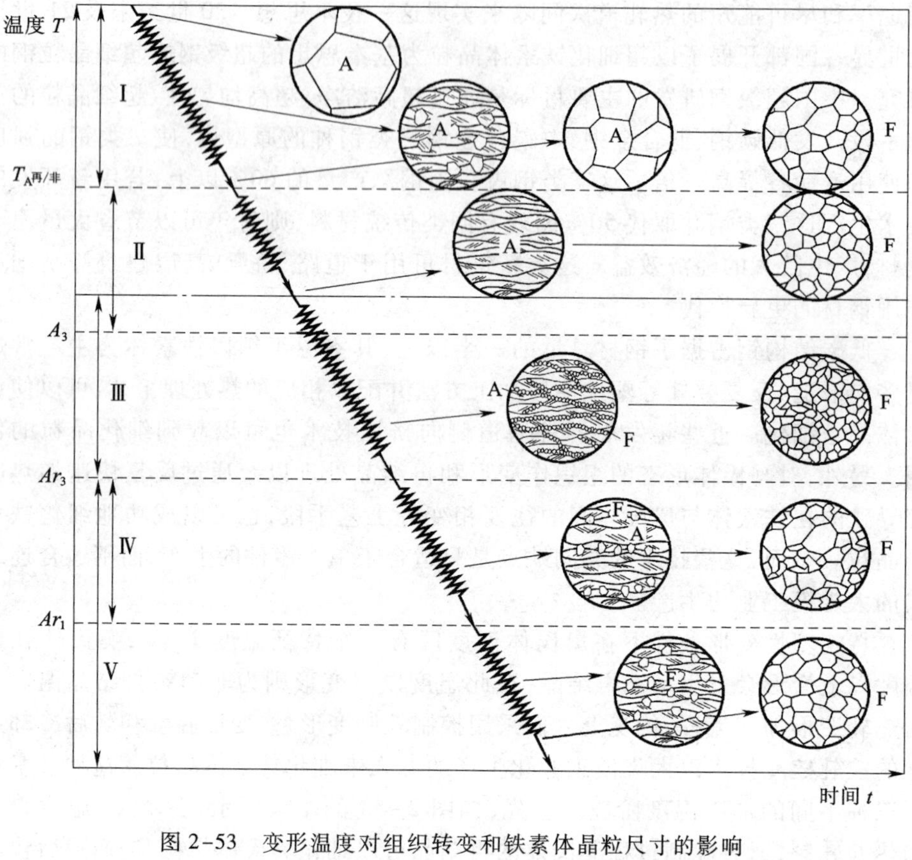

图 2-53 变形温度对组织转变和铁素体晶粒尺寸的影响

在传统控轧控冷技术的基础上,人们又发展出了非常适合连续大工业化生产、借助**应变诱导相变**以细化铁素体晶粒的生产技术。它与控轧控冷技术最大的差异是在快速变形的过程中大量出现奥氏体向铁素体的相变(图 2-53 的Ⅲ段)。轧后需快速冷却以抑制变形奥氏体能量的释放,提高铁素体的形核率,这也是发展超级钢所需重点研究的内容。应变诱导相变造成铁素体的超细化是一个应变作用下 γ-Fe 向 α-Fe 的同素异晶转变过程。但整个转变过程有其特殊的热力学、动力学、晶体学及形态学方面的规律。该过程会不同程度地受间隙原子 C、代位原子 Mn 及微合金化元素的影响。应变诱导相变这一在应变作用下奥氏体向铁素体转变的过程中,变形、相变、铁素体与奥氏体动态再结晶等过程重叠交错,组织转变规律非常复杂。

应变诱导相变过程的初期铁素体在奥氏体晶界高速形核,随后在铁素体与奥氏体相界的奥氏体一侧或变形带上反复形核,直至转变完毕。整个过程是形核为主的过程,相界附近反复形核造成的几何障碍使铁素体生长受到抑制。与无应变的传统控轧控冷过程中铁素体的转变相比,应变诱导相变过程中过冷变形奥氏体的储存能和过冷化学能使其向铁素体转变的热力学驱动力得以大幅度地提高。在动力学上,持续的变形过程不断为铁素体提供新的形核地点,同时又使应变不均匀分布的奥氏体内高应变区快速形成。不均匀而充满缺陷的变形组织为原子的扩散提供了快速通道,因此可以使奥氏体在随后的快冷转变过程中避免出现需借助非扩散机制形成的大块针状魏氏体组织。逐渐降温过程中变形奥氏体内的储存能会使奥氏体向铁素体转变的临界温度有所提高,因此应变诱导相变也有可能在略高于 A_3 点的温度下发生(图 2-53)。一般认为,这个温度通常不会明显地上升。在应变诱导相变与应变诱发相变的观念上目前尚有不同的看法,后者往往只在低于 A_3 点的已过冷奥氏体的变形中出现(图 2-46)。应变诱导相变通常需要一个最小的应变量,以保证提供足够的形核地点,但也不能使应变量过大而导致铁素体晶粒的长大。对 Q235 碳素钢,适当的真应变值大约为 1。需要注意的是,铁素体的动态再结晶可能伴随应变诱导相变的动态过程同时出现,且对铁素体的细化也有贡献。不论原奥氏体晶粒的尺寸如何,连续应变都能使奥氏体晶粒内部不断产生新的形核地点,因此诱导相变的变形会显著减小原始奥氏体晶粒尺寸对铁素体晶粒尺寸的影响。

在实际的热轧加工生产中可以利用初轧加工过程使奥氏体再结晶,并使尺寸均匀。然后通过吹气、喷水雾等快冷手段使钢板冷至 Ar_3 点附近,并以尽可能大的压下量、尽可能短的道次间隔和较少的热轧道次数实施后续精轧加工。其总应变量必须达一定值,使铁素体转变能够在其间完成。轧制后要快冷到 550 ℃以下卷取,以防止晶粒长大。将 Q235 钢在 900 ℃加热后以 15 ℃/s 的速度冷却到 770 ℃,即图 2-53 的Ⅳ区,然后以不同的变形量进行等温压缩变形,相应的组织转变状态如图 2-54 所示。可以发现,直至真应变量达到 1,随着变形量的增大,借助应变诱导出的相变量增多而最终铁素体晶粒的细化程度提高。

图 2-55 所示为对 08Al 和 20Mn 两种低碳钢在 740 ℃分别以 15/s 和 1/s 作应变诱导相变加工后淬火快冷所测得的变形量、应变诱导相变产生的铁素体量

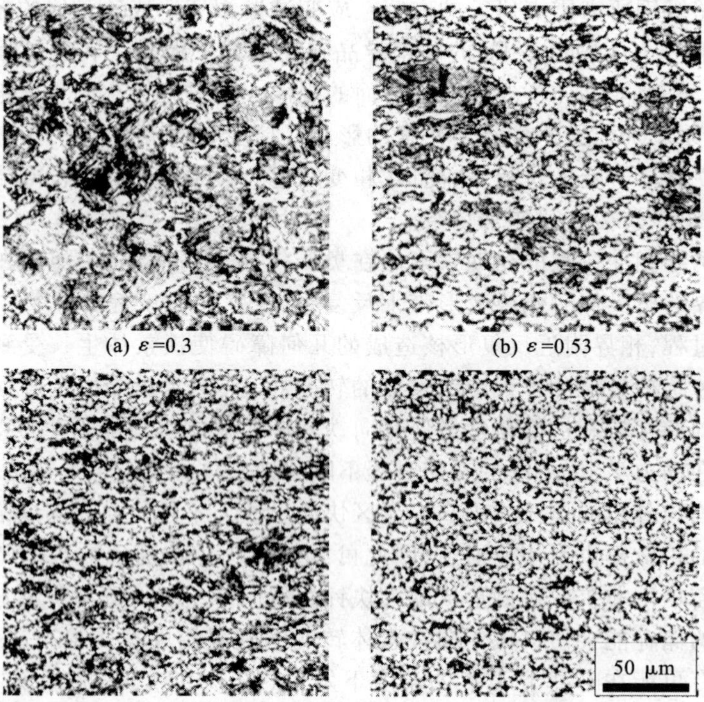

(a) ε=0.3　(b) ε=0.53　(c) ε=0.7　(d) ε=1

图 2-54　Q235 钢 770 ℃不同应变量下的组织

和铁素体平均晶粒尺寸。对比发现，碳含量较高的 20Mn 钢的铁素体晶粒更细，但铁素体转变量较低。同时可以发现，应变诱导相变确实可以大幅度地细化热变形钢材的晶粒尺寸。

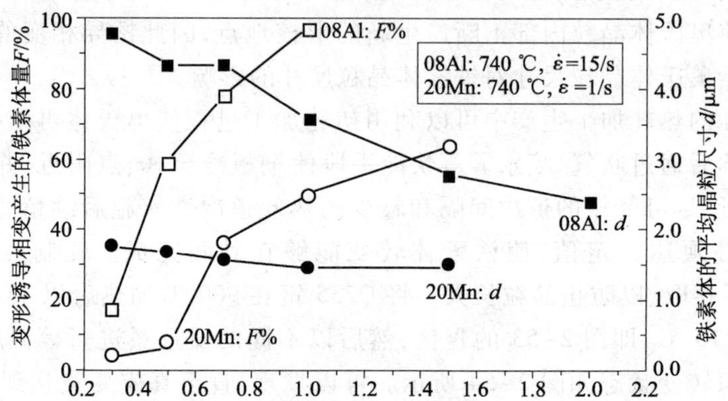

图 2-55　应变量对 08Al 及 20Mn 钢应变诱导相变产生的铁素体量和铁素体平均晶粒尺寸的影响

图 2-56 简洁地归纳了低碳铁素体钢在不同生产工艺条件下所获得组织的产生原因。在高温奥氏体区塑性变形，当热加工短时累积的应变量较低时只会造成奥氏体变形后的静态再结晶或部分静态再结晶；当短时累积的应变量超过 1 时就可能引发奥氏体的动态再结晶，且晶粒尺寸随变形温度降低而减小。当变形温度降低到 Ar_3 附近时，只要短时累积的应变量足够大就会引起应变诱导相变过程，并使最终的晶粒尺寸超细化。在铁素体区较高温度范围内变形也会在短时大累积应变量的条件下发生铁素体动态再结晶。通常冶金生产中单机架往复式的热轧机在短时能够累计的应变量约为 0.4，不足以引起奥氏体动态再结晶以及应变诱导相变过程。热轧板材多机架连续轧制的生产模式可以在短时内获得接近 1 的累积应变量，即前一道次热轧后在进入下一道次的间隔时间非常短，来不及发生静态再结晶，变形态奥氏体的应变量可以持续累积。因此适当的热连轧可以造成奥氏体的动态再结晶，变形温度适当时也有可能造成应变诱导相变，但需要仔细地调整和控制加工过程。生产钢丝、盘条的高速线材热轧机在短时内可以实现 2 以上的累积应变量，因此比较容易实现应变诱导相变以及相应钢种的铁素体动态再结晶过程。

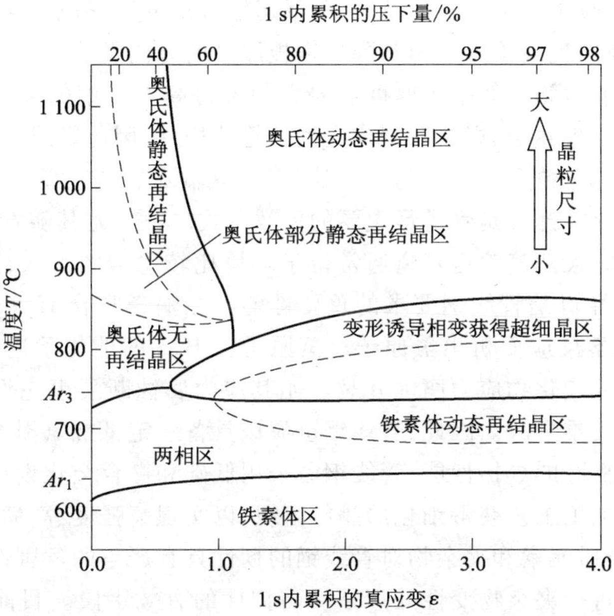

图 2-56　变形量、变形温度与组织变化的关系示意图

基于应变诱导相变的超细化技术很适用于工业热轧装备，相关生产主要分为薄板、中厚板、长型材（如螺纹钢筋）三个方面，其中薄板和线材最适合超细化

工艺。应变诱导相变技术已成功地应用于大工业生产,实现了高强度汽车前悬梁、汽车底盘纵梁以及多种棒材的生产,并用于汽车制造和建筑领域。目前,超细晶粒钢的发展尚存在一些问题需要进一步研究。超细晶粒钢的屈强比偏高,不利于保证钢材的后续冷变形加工和构件服役的安全性。另外,钢材的超细晶粒组织经高温焊接后会遭到破坏或明显长大,丧失超细晶粒钢的性能优势。通过精确控制第二相组织,有可能显著改善屈强比偏高和焊接方面的问题。

八、管线钢

石油、天然气都属于重要的能源资源。现代社会对石油、天然气的巨大需求,使得其从原产地到使用地安全、快捷、经济的运输成为非常关键的工业生产环节。与传统陆、海、空的运输模式相比,铺设长距离输油、输气管线把油、气直接从原产地连续、稳定地传送到使用地可以实现安全、快捷、经济运输的目标,因此近些年来受到了普遍的重视。其中最主要的生产环节之一在于大量使用**管线钢**,以建造长距离输油、输气管线。为了进一步减少管线运输,特别是超过1 000 km的长距离运输的成本,需要发展能承受高运输压力的薄壁管道用管线钢,进而有效地减少所需钢材的总量、降低运输管道的原料成本和铺设成本。因此,管线钢需要向提高承压能力和降低钢板厚度的方向发展。

提高承压能力和降低钢板厚度需要大幅度提高管线钢的强度。修建油、气管线需把管线钢板卷绕、焊接后制成大型长管状构件,因此管线钢的焊接性能指标是关键的技术参数。长距离高压石油、天然气输送管线对管道的安全性也提出了苛刻的要求。开裂是管道最主要的失效方式之一。尤其随着高寒地带油气田的开发,石油、天然气输送管道通常位于环境比较恶劣的地区,因此高的韧性特别是低温韧性也是管线钢要求的重要性能。在输送富含 H_2S 气体的管线内易因发生电化学反应而析出氢原子。氢原子在 H_2S 的催化下进入钢会造成管线钢氢致开裂或硫化物应力腐蚀开裂。尤其应力腐蚀断裂事先没有明显征兆,易造成突发性灾难事故。因此,管线钢也应该具备一定抵抗氢损害的能力。

为了保证良好的焊接性能,管线钢需采用低碳和微合金化设计;同时要借助适当的热机械加工工艺获得细化的晶粒组织,以实现高强度、高韧性的综合性能要求。另外,杂质元素和夹杂物对管线钢的韧性具有严重的危害性,降低钢中有害元素含量并进行夹杂物变性处理是提高韧性的有效手段。目前,在综合考虑管线钢抗氢致裂纹、焊接性以及塑性、韧性要求的情况下,管线钢的碳含量一般控制在0.03%～0.06%的范围。

为了有效地提高管线钢的强度水平,Mn是最有效的固溶强化元素之一,同时Mn可以有效地降低奥氏体向铁素体转变的相变温度,有利于通过低温轧制工艺控制奥氏体再结晶行为以获得超细晶粒。管线钢都加入一定量的Mn作为基本的合金元素。如图 2-57 所示，过多的 Mn 不仅降低 NbC 的完全固溶温度，而且推迟 NbC 的析出，不利于在管线钢热变形加工过程中应变优先诱发 NbC 弥散粒子析出以有效推迟奥氏体的再结晶过程。因此，应根据热变形加工工艺合理控制 Mn 含量，管线钢的 Mn 一般控制在 1.0% ~2.0% 的范围。

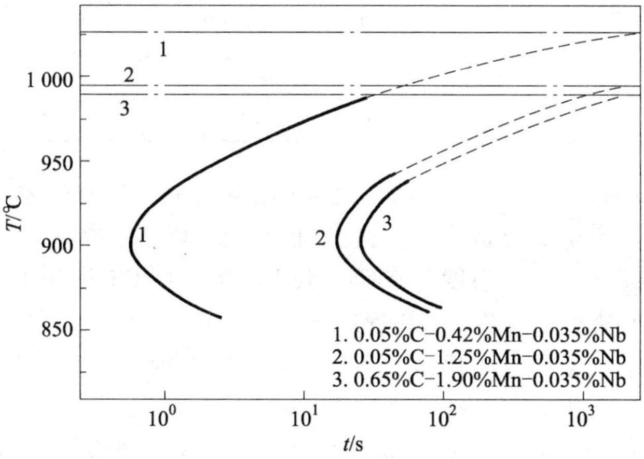

图 2-57 Mn 对管线钢 NbC 开始析出动力学曲线的影响

目前常见的管线钢牌号有 X65、X70、X80、X90、X100 等，X120 也在开发研究之中。管线钢的力学性能参考指标如表 2-11 所示，其屈服强度水平大致在 440 ~ 830 MPa 的范围。在 X80 ~ X100 管线钢中最常用的微合金化元素为碳化物形成元素 Nb 和 Ti。弥散析出的碳化物粒子可以进一步提高钢的强度。Nb 固溶在奥氏体基体之后，通过热变形加工过程的应变可以诱发 NbC 的析出，以阻碍奥氏体的静态再结晶，并促进在热轧过程中应变的累积，进而通过推动奥氏体动态再结晶来细化晶粒或促使高位错密度奥氏体借助应变诱发相变来细化铁素体晶粒。同时，在奥氏体向铁素体的转变过程中必须使基体保持一定量固溶态的 Nb 原子，以确保后续在铁素体中能析出足够的 NbC 来弥散强化铁素体。Ti 的作用主要在于形成 TiN 以固定钢中的 N，保证有足够的 Nb 在后续的工艺过程中不受 N 干扰而充分发挥其细化晶粒和弥散强化作用；同时，TiN 粒子的析出也有利于在高温状态下阻碍奥氏体晶粒的长大。一般管线钢的 Nb 含量控制在 0.03% ~0.10%、含 Ti 一般为 0.01% ~0.015%。

也有一些管线钢利用 V 作微合金化。VN 的析出温度较高，往往形成的粒子比较粗大，这有可能减弱 V 对奥氏体晶粒长大的抑制作用；而 VC 的析出温度比较低，不能有效抑制奥氏体晶粒的长大，但 VC 的析出可以有效地增加管线钢的强度。

表 2-11 各种管线钢的常规力学性能参考指标

力学性能		X70	X80	X100	X120
屈服强度	σ_s/MPa	>485	>555	>690	>830
抗拉强度	σ_b/MPa	>570	>625	>760	>915
屈强比	σ_s/σ_b	≤0.90	≤0.90	≤0.90	≤0.93
伸长率	δ/%	>8	>6	>6	>3
夏比冲击功	A_{kv}/J	>125	>177	>250	—

Mo 对 X80 管线钢性能影响的研究表明,组织中小针状铁素体和上贝氏体组织中会含有一定量的粒状贝氏体,且粒状贝氏体随 Mo 含量的增加而增加,从而可有效地提高管线钢的强度并降低屈强比。也可用 Cu 和 Ni 提高管线钢的强度并抵抗氢的有害作用。在 X120 管线钢的研究中,往往还会加入 B,促使钢在同样强度水平下低温韧性的提高。高等级管线钢对钢中的杂质元素有严格的控制,其杂质含量限制水平为:$w_P<2\times10^{-5}$、$w_S<5\times10^{-5}$、$w_N<2\times10^{-5}$、$w_O<1\times10^{-5}$、$w_H<1\times10^{-6}$等,以确保管线钢必需的韧性和焊接性能。研究表明,适当控制管线钢的冶金夹杂物有利于防止冷裂纹并提高韧性,适当加 Ca、Re 等元素对防止裂纹和提高韧性也有一定效果。

早期的管线钢产品往往具有较高的碳含量(如 X60 的碳含量为 0.20%),且采用常规热轧和轧后热处理工艺生产。从 X70 开始,热轧加热处理的管线钢生产技术已被热机械加工技术所取代。通过热变形控制技术可以充分利用 Nb、V 微合金化来提高钢的强度,并有效地降低管线钢的碳含量,从而提高焊接性能和塑性、韧性。

适当的热变形控制技术可以获得良好的组织结构,特别是可以获得很细的晶粒尺寸,从而使管线钢产品在热轧态直接使用,省去了后续热处理工序,使生产率提高、成本降低。高强度级别的 X80 管线钢生产所采用的正是这种热变形技术附加后续加速冷却工艺。借助 Nb、Ti 等的微合金化设计与生产工艺的优化配合,可以进一步降低管线钢的碳含量;再加入 Mo、Cu、Ni 等元素可以提升管线钢的强度水平和抵抗氢损害的能力;由此通过热变形工艺与优化的加速冷却工艺结合即可以生产出 X100 系列的管线钢产品。在开发 X120 管线钢的工作中,需利用低碳高 Mn 钢以保证韧性,以 Mo、Ti、B 作为合金元素并采用轧后直接淬火获得下贝氏体组织的方法实现更高的强度。图 2-58 所示为不同强度级别管线钢与所需热轧冷却速度的大致关系。

X60 管线钢经热轧和轧后热处理加工,其微观组织主要由细小的铁素体和珠光体构成。X70 及更高强度的管线钢往往通过控制热机械加工过程直接得到成品,不再作后续热处理。由于碳含量降低,X70 管线钢的微观组织由均匀细小

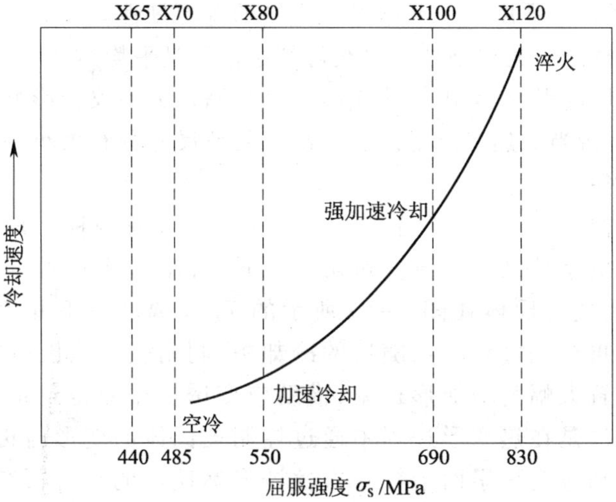

图 2-58　管线钢轧后所需冷却速度与强度级别的大致关系

的铁素体构成，并借助 Nb、V 等第二相粒子形成元素强化。借助强化轧后快冷 X80 管线钢会得到小针状铁素体和上贝氏体混合组织；X100 管线钢因更高的冷却速度而获得完全的粒状贝氏体组织；X120 管线钢轧后经直接淬火而获得完全的细小下贝氏体组织。图 2-59 所示为 X60 及 Kong 等人观察到的 X70、X80 管线钢的微观组织。

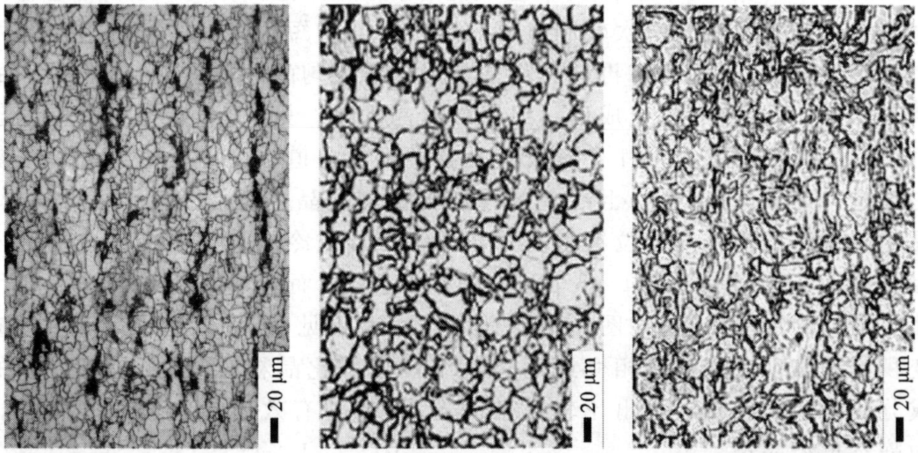

(a) X60(铁素体 + 珠光体)　(b) X70(铁素体)　(c) X80(铁素体 + 贝氏体)

图 2-59　管线钢的微观组织

为了适应在恶劣的天气和地质条件下长期服役的需求，必须细化管线钢的晶粒尺寸,以便在高强度水平下仍保持优异的低温韧性。人们一直努力改进热变形工艺和后续冷却的控制技术以获得细小甚至是平均达到 1 μm 的超细晶粒尺寸。在热变形过程中,奥氏体的变形与再结晶行为不仅会影响最终产品的晶粒尺寸,同时不恰当的热变形工艺还会造成晶粒尺寸分布大小差异明显的混晶现象,不利于钢的韧性。

利用热机械加工工艺控制晶粒尺寸的方法主要有两种。其中一种比较容易控制和实现的是控制变形温度和轧制压下量,并与 NbC 对再结晶过程的抑制作用相配合,使奥氏体在图 2-53 所示的 $T_{A再/非}$ 温度以下Ⅱ段变形,并积累应变而不发生再结晶过程。在随后的冷却中,利用变形奥氏体中大量位错作为相变形核位置大幅度增加形核率,借助应变诱发相变得到超细的铁素体晶粒。另一种方法是在热变形过程中通过控制奥氏体的变形与再结晶的关系,尽可能高地推动应变积累而最终一次性诱发奥氏体的动态再结晶,从而得到超细甚至平均小于 1 μm 的奥氏体晶粒。在随后的冷却过程中,利用超细奥氏体晶粒丰富的晶界作为非均匀形核位置,大量增加铁素体转变的形核率,从而获得超细的铁素体晶粒,即奥氏体动态再结晶导致晶粒超细化。后一种方法对于晶粒的细化更为有效,但工艺的控制比较复杂,对设备的要求也比较高。

无论借助应变诱发相变还是奥氏体动态再结晶来细化铁素体晶粒尺寸,其工艺技术中最为关键的都是在热变形过程中使奥氏体积累足够的应变量和位错密度,而且这种技术应该能够在冶金企业诸如多机架热连轧的生产线上实现。在多道次轧制过程的道次之间的短暂时间间隔内可能会发生静态再结晶,这种静态再结晶往往是局部不均匀的,不仅会减少奥氏体的应变积累,而且也容易造成后续组织的混晶现象。另外,静态再结晶和动态再结晶所造成的晶粒尺寸会有较大差异。钢中在道次之间发生静态再结晶的部位会形成 5 ~ 10 μm 且位错密度较低的较大晶粒,而没有发生静态再结晶的部位将维持较高的位错密度并在后续变形或冷却过程中借助应变诱发相变或动态再结晶得到 1 ~ 3 μm 的细小晶粒,从而造成微观结构中晶粒尺寸不均匀的混晶组织,如图 2-60a 所示。由此可见,当采用工业化多道次应变积累来实现应变诱发相变或动态再结晶以细化晶粒时,需要对管线钢的成分设计和工艺设计提出比较复杂的要求,以便有效地抑制道次之间有害的静态再结晶过程。

为了使热变形过程中的奥氏体在积累到足够的应变量和位错密度之前不发生再结晶,避免图 2-60a 所示的混晶组织,需要系统了解不同热加工变形阶段动态再结晶的临界变形量和静态再结晶的临界应变。根据再结晶的原理和热变形过程实际可能的应变积累,图 2-61 给出了按照 7 机架热连轧的工艺流程所计

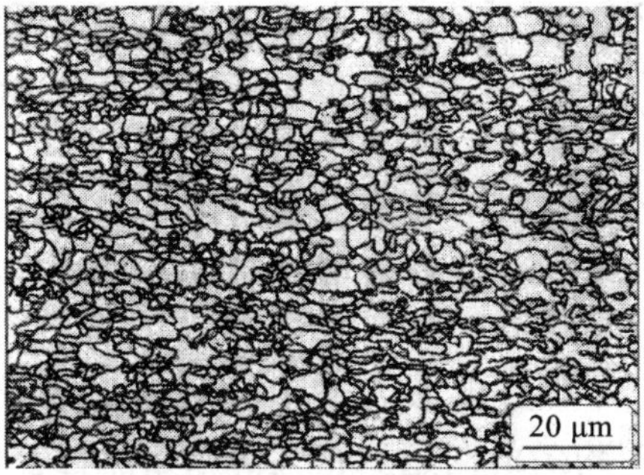

(a) 道次间静态再结晶引起混晶组织

(b) 道次间无静态再结晶获得均匀细小组织

图 2-60　热轧道次间的静态再结晶对最终晶粒尺寸分布的影响

算的各机架热轧制后发生动态再结晶和静态再结晶所需的累积应变值，可以发现驱动动态再结晶所需的累积应变明显高于驱动静态再结晶所需的应变。根据这些数据可以设计优化的热加工应变量分配，如让奥氏体在 1、2 两个机架热轧后发生完全的再结晶以均匀细化初始晶粒；然后在后续四个机架即第 3、4、5、6 机架热轧时注意使其热轧累积应变始终不能驱动再结晶；在最后机架即第 7 机架热轧时使累积应变超过再结晶所需的应变而诱发再结晶，从而实现获得细化且尺寸均匀的热轧组织。快速的热轧动态过程使得第 7 道次轧制时仍能保持组织的奥氏体状态。

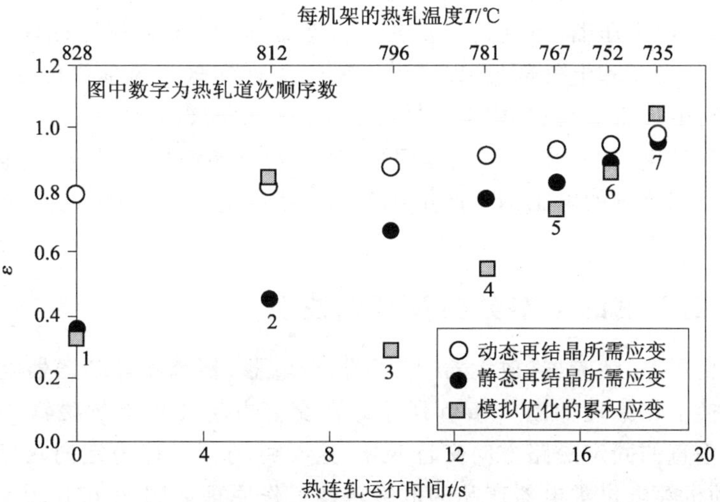

图 2-61　7 机架热连轧各道次间动态和静态再结晶所需的累积应变和优化的热加工流程设计

图 2-60b 给出的晶粒组织即是借助图 2-61 所示的优化工艺以 7 道次模拟热轧 0.03% C-1.8% Mn-0.06% Nb 管线钢，并抑制不必要的道次间静态再结晶后获得的，其平均晶粒尺寸达到了 1.5 μm，且晶粒尺寸分布均匀。

目前冶金工业生产越来越多地采用短流程的薄板坯连铸连轧（CSP）流程，以更加集约和经济的模式生产热轧产品。在 CSP 流程中薄板坯结晶并经均热炉加热后即可实施 6～7 道次的热轧过程。该流程省去了传统流程的冷却、再加热以及粗轧工艺，因此热轧之前的原始晶粒尺寸非常粗大，一般为 800～1 200 μm；同时还经常存在晶粒尺寸分布不均匀的问题。粗大的原始晶粒会显著提高驱动动态再结晶的临界变形量和静态再结晶的临界应变，增强了混晶的倾向，并使轧制工艺的设计更为复杂。因此，以 CSP 流程生产管线钢时如何得到均匀分布的细晶粒组织是一个关键性的技术难题。重点在于要细化薄板连铸坯的结晶组织，例如可以利用加电磁场干涉结晶过程或利用稀土元素对铸造组织的细化作用，以及采用两个道次热轧后均匀、完全的静态再结晶等多种技术思想来细化晶粒。

§2-6 软磁电工硅钢

电力是现代社会不可缺少的能源。1990 年全国电能产量仅为 0.62 万千瓦时，2000 年达到 1.35 万千瓦时，而 2007 年达到了 3.3 万千瓦时。因此，中国是当前全球电能生产和消费发展最快的国家。电能的生产、传输和使用过程离不开发电机、输电变压器、电动机以及各种镇流器、放大器、稳压器、继电器、整流器等电力、电气设备和电气部件，以借助电磁学原理实现机械能电能转换、电压电流转换或机电设备驱动；其中电磁**铁心**是必不可少的组成部分。因此，制作铁心的软磁电工硅钢（简称**电工钢**或**硅钢**）的发展与电能消耗以及电力、电器工业密切相关。目前全球的电工钢年产量在 1 000 万吨左右，其中接近 50% 要在中国消费。

一、电工钢的基本分类及其磁性能

各种变压器、镇流器、放大器、稳压器、继电器、整流器等变压器类电器产品的电磁转换工作原理如图 2-62a 所示。在交变电场作用下软磁铁心内的磁力线沿互相垂直的固定磁路方向交替变化，这类磁场可以称为**定向磁场**。各种发电机、电动机等电机类电器产品的电磁转换工作原理如图 2-62b 所示。同样在交变电场作用下软磁铁心内的磁力线在图 2-62b 所示平面内几乎会沿所有的磁路方向交替变化，这类磁场可以称为**旋转磁场**。用做上述电器产品铁心的电工钢通常被轧制成板材，根据设计要求裁剪成固定形状后通过叠片的方式制成铁心。根据具体适用领域的特征，可以粗略地把电工钢划分成适用于定向磁场的**取向电工钢**和适用于旋转磁场的**无取向电工钢**两大类。

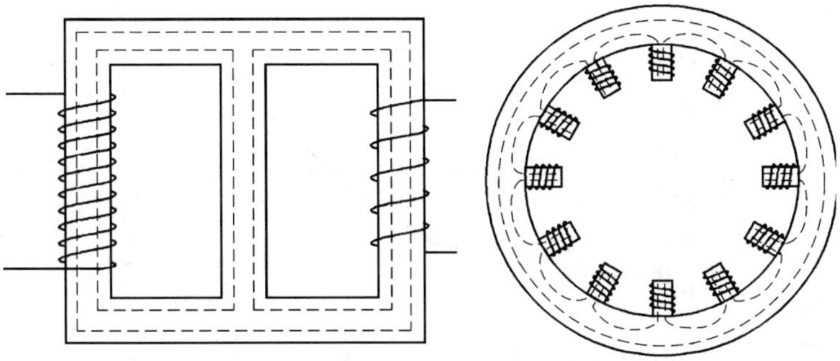

图 2-62 铁心磁路（图中虚线）示意图

铁基合金属于高居里温度的铁磁性物质，在磁场作用下会产生很高的磁感应强度。用做铁心的电工钢在特定磁场强度下所产生的磁感应强度 B 对其工作效率有重要的影响。以变压器铁心为例，根据电工学设计原理有

$$B_m = \frac{\sqrt{2}U}{2\pi fNA} \tag{2-9}$$

式中：B_m 为特定磁场强度下的**磁感应强度**，简称**磁感**（T）；U 和 f 分别为工作电压和工作频率；N 为线圈匝数；A 为铁心截面积。可以看出，当电工钢具有很高的磁感应强度时，可以大幅度降低制作相关变压器所需的铁心截面积和导线线圈的匝数。因此高磁感铁心有利于减小相关电器产品的几何尺寸和材料损耗，同时线圈匝数的减少也可以降低电流在一次线圈中流动时因电阻造成的电能损耗，称为**铜损**。

根据电磁感应原理，在交变磁场下工作的铁心内部会产生感应电动势，并造成涡电流损耗，简称**涡流损耗** P_e（W/kg），且可以表达成

$$P_e = \frac{K_e t^2 f^2 B^2}{\rho\delta} \tag{2-10}$$

式中：K_e 为涡流损耗常数；B 为磁感应强度；t 为钢板厚度；f 为工作频率；ρ 为钢板电阻率；δ 为钢板密度。根据式（2-10），工作频率和磁感的提高都会明显提高涡流损耗，而提高钢板的电阻率则是降低涡电流和涡流损耗的重要手段。

图 2-63 所示为电工钢硅含量对电阻率的影响，因此通常会借助提高电工钢的硅含量来提高其电阻率。式（2-10）还表明，降低电工钢板的厚度也可以明

显降低涡流损耗,因为几何截面的减小可以提高对涡电流的实际电阻。

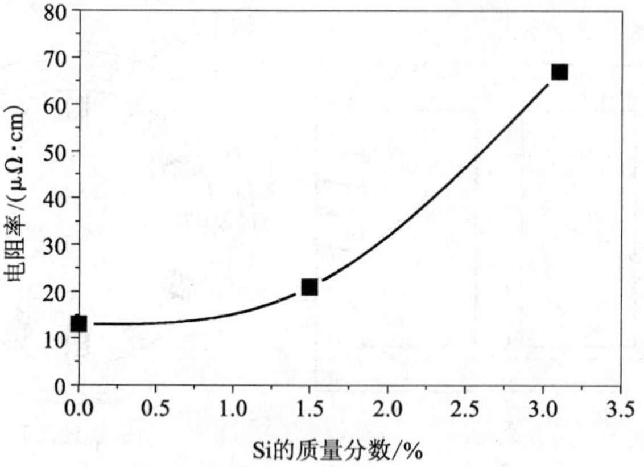

图 2-63　电工钢硅含量对电阻率的影响

另外,电工钢在交变感应磁场作用下的磁化过程中会因磁化强度滞后于磁场强度的现象引起能量损耗,且磁感应强度 B 与磁场强度 H 之间的变化关系表现为磁滞回线。磁滞回线所包围的面积大小正比于一个交变周期中的磁化能量损耗,称为**磁滞损耗** P_h(W/kg),且可以表达为

$$P_h = \frac{K_h A f}{\delta} \tag{2-11}$$

式中:K_h为磁滞损耗常数;A 为磁滞回线面积;f 为工作频率;δ 为钢板密度。可以看到,电工钢的工作条件确定后磁滞损耗主要与磁滞回线面积成正比。

制成铁心的电工钢在交流线圈中服役时,会在交变磁化下自身产生功率损耗,称为**铁损**。损耗的电能会转变为热能而耗散,因此连续长时间服役的电工钢会发热。组成铁损的主要部分为涡流损耗和磁滞损耗,另外还有少量的其他因素造成的损耗。应力和缺陷会使电工钢的铁损提高或磁感降低,因此电工钢通常都会在无应力或低应力的退火状态下使用。

鉴于电工钢的工作性质,磁感和铁损是衡量电工钢性能水平的两个最重要的技术指标。根据国家标准 GB/T 2521—2008,表 2-12 和表 2-13 分别给出了不同厚度各种牌号取向和无取向电工钢部分磁性能的最低要求。其中,$P_{1.7}$和$P_{1.5}$表示在磁感应强度分别为 1.7 T 和 1.5 T 时在 50 Hz 条件下测得的铁损,B_{800}和 $B_{5\,000}$表示在磁场强度分别为 800 A/m 和 5 000 A/m 时在 50 Hz 条件下测得的磁感应值。B_{800}和 $B_{5\,000}$通常也表示成 B_8和 B_{50}。

表 2-12 取向电工钢磁性能

牌号	公称厚度/mm	最大铁损(50 Hz)/(W/kg)		最大铁损(60 Hz)/(W/kg)		最小磁感/T
		$P_{1.5}$	$P_{1.7}$	$P_{1.5}$	$P_{1.7}$	B_{800}(50 Hz)
23QG085	0.23	—	0.85	—	1.12	1.85
23QG090		—	0.90	—	1.19	1.85
23QG095		—	0.95	—	1.25	1.85
23QG100		—	1.00	—	1.32	1.85
23Q110		0.73	1.10	0.96	1.45	1.78
23Q120		0.77	1.20	1.01	1.57	1.78
23Q130		0.80	1.30	1.06	1.65	1.75
27QG090	0.27	—	0.90	—	1.19	1.85
27QG095		—	0.95	—	1.25	1.85
27QG100		—	1.00	—	1.32	1.88
27QG105		—	1.05	—	1.36	1.88
27QG110		—	1.10	—	1.45	1.88
27Q110		0.73	1.10	0.97	1.45	1.78
27Q120		0.80	1.20	1.07	1.58	1.78
27Q130		0.85	1.30	1.12	1.68	1.78
27Q140		0.89	1.40	1.17	1.85	1.75
30QG105	0.30	—	1.05	—	1.38	1.88
30QG110		—	1.10	—	1.46	1.88
30QG120		—	1.20	—	1.58	1.85
30Q120		0.79	1.20	1.06	1.58	1.78
30Q130		0.80	1.30	1.15	1.71	1.78
30Q140		0.92	1.40	1.21	1.83	1.78
30Q150		0.97	1.50	1.28	1.98	1.75
35QG115	0.35	—	1.15	—	1.51	1.88
35QG125		—	1.25	—	1.64	1.88
35QG135		—	1.35	—	1.77	1.88
35Q135		1.00	1.35	1.32	1.80	1.78
35Q145		1.03	1.45	1.36	1.91	1.78
35Q155		1.07	1.55	1.41	2.04	1.78

注:牌号中 Q 表示取向电工钢,QG 表示高磁感取向电工钢,Q 前数字表示钢板厚度(mm),末尾数字除以 100 表示钢板 50 Hz 条件下允许铁损的上限(W/kg)。

提高硅含量虽然可以借助减少涡流损耗而降低铁损,但硅的增加会影响铁基电工钢的铁磁特性,降低磁感应强度,因此不利于磁感的提高。图 2-64 所示为硅含量对电工钢最高磁感应强度 B_{max} 的影响,即硅含量升高而 B_{max} 下降。由于这个原因,在不同电工钢品种之间可以观察到随铁损的降低,磁感指标也会降低(参见表 2-12 和表 2-13)。铁损和磁感这种矛盾性的基本关系极大地妨碍了电工钢磁性能的全面提高。这种矛盾关系与结构钢材中强度与塑性、韧性之间的矛盾关系类似(参见图 2-14 和图 2-15)。

表 2-13 无取向电工钢磁性能

牌号	公称厚度/mm	理论密度/(kg/dm³)	最大铁损/(W/kg)		最小磁感/T
			$P_{1.5}$(50 Hz)	$P_{1.5}$(60 Hz)	$B_{5\,000}$(50 Hz)
35W230	0.35	7.60	2.30	2.90	1.60
35W250		7.60	2.50	3.14	1.60
35W270		7.65	2.70	3.36	1.60
35W300		7.65	3.00	3.74	1.60
35W330		7.65	3.30	4.12	1.61
35W360		7.65	3.60	4.55	1.62
35W400		7.65	4.00	5.10	1.64
35W440		7.70	4.40	5.60	1.64
50W230	0.50	7.60	2.30	3.00	1.60
50W250		7.60	2.50	3.21	1.60
50W270		7.60	2.70	3.47	1.60
50W290		7.60	2.90	3.71	1.60
50W310		7.65	3.10	3.95	1.60
50W330		7.65	3.30	4.20	1.60
50W350		7.65	3.50	4.45	1.60
50W400		7.65	4.00	5.10	1.63
50W470		7.70	4.70	5.90	1.64
50W540		7.70	5.40	6.66	1.65
50W600		7.75	6.00	7.55	1.66
50W700		7.80	7.00	8.80	1.69
50W800		7.80	8.00	10.10	1.70
50W1000		7.85	10.00	12.60	1.72
50W1300		7.85	13.00	16.40	1.74
65W600	0.65	7.75	6.00	7.71	1.66
65W700		7.75	7.00	8.98	1.67
65W800		7.80	8.00	10.26	1.70
65W1000		7.80	10.00	12.77	1.71
65W1300		7.85	13.00	16.60	1.71
65W1600		7.85	16.00	20.40	1.71

注：牌号中 W 表示无取向电工钢，W 前数字表示钢板厚度（mm），末尾数字除以 100 表示钢板 50 Hz 条件下允许铁损的上限（W/kg）。

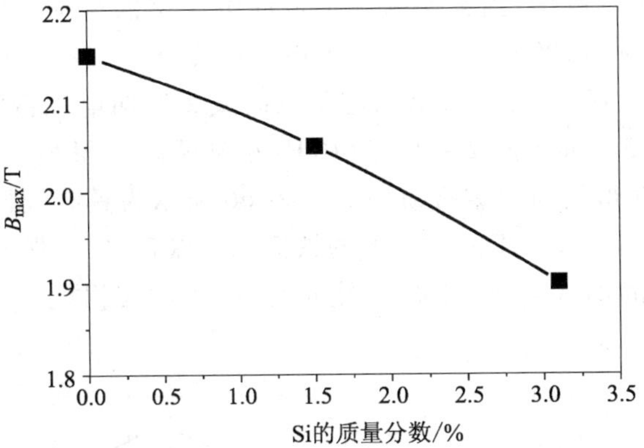

图 2-64 硅含量对电工钢最高磁感应强度 B_{max} 的影响

二、晶体取向对电工钢性能的影响

铁基软磁金属晶体具有明显的磁各向异性，对铁单晶体的不同晶体学方向进行磁化时会观察到不同的磁化曲线。图 2-65 所示为沿铁单晶体不同晶体学方向磁化时磁感应强度随磁场强度的变化规律。观察发现，随着磁场强度的提高沿<100>方向的磁化最容易达到饱和磁感应强度，而沿<111>方向磁化时磁感应强度的上升最为滞后，沿<110>方向的磁化行为介于二者之间。研究表明，铁基软磁合金中<100>为最易磁化方向，而<111>为最难磁化方向，其他方向均介于这二者之间。

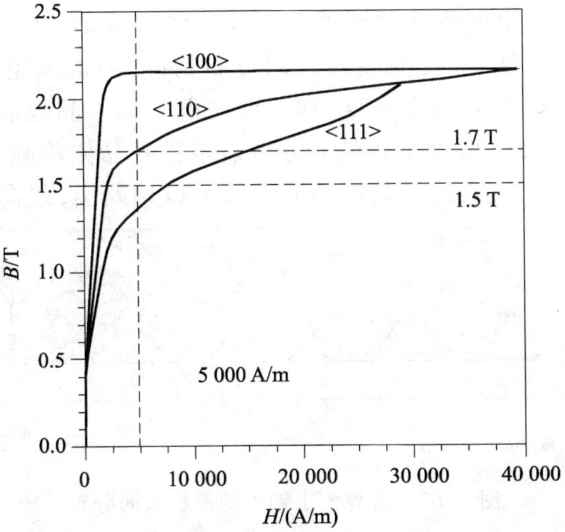

图 2-65 铁单晶体不同晶体学方向磁化时磁感应强度随磁场强度的变化

从图 2-65 可以看出，当参照检测无取向电工钢的情况把外加磁场强度提高到 5 000 A/m 时，<100>方向可以获得最高的磁感应强度，而<111>方向只能获得最低的磁感应强度。同时，参照检测取向或无取向电工钢的情况把钢板磁化到 1.7 T 或 1.5 T 时（图 2-65），<100>方向可以获得最低的磁滞损耗，而<111>方向则会获得最高的磁滞损耗。图 2-66 所示为具有较强{110}<001>织构的冷轧取向电工钢板在不同方向上的铁损。可以看出，当强{110}<001>织构钢板中多数晶粒的<100>方向平行于轧向时，由于磁滞损耗明显降低使得轧向的铁损最低。

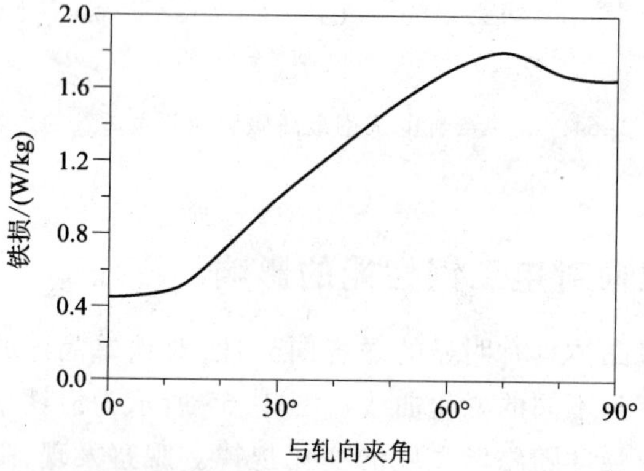

图 2-66 取向电工钢板不同方向的铁损

由此可见，尽量选择晶体的<100>方向可以在获得高磁感的同时也可获得较低的铁损。软磁金属的这种磁各向异性使电工钢的磁性能受到钢板织构明显的影响，因此电工钢中的织构得到了普遍的关注。图 2-67 示意性给出了常规取向与无取向电工钢中常见的晶粒取向分布情况，即取向电工钢中的强戈斯（Goss）织构{110}<001>（图 2-67a）和无取向电工钢中晶粒取向的随机分布情况（图 2-67b）。图 2-67a 左下角的立方体表示铁基晶体单胞，它相对于轧板坐标系的取向表示其所代表的各晶粒的取向。可以判断出，取向电工钢轧向具有

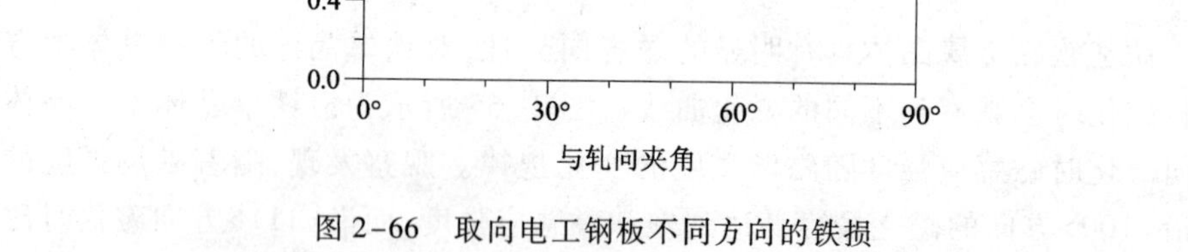

(a) 取向电工钢　　(b) 无取向电工钢

图 2-67 常规电工钢中的晶粒取向分布

RD—轧向；ND—法向；TD—横向

非常好的定向磁性能，适合用做变压器类定向磁场电器的铁心；而无取向电工钢各个方向都有相似的磁性能，适合用做电机类旋转磁场电器的铁心。

三、电工钢的生产技术

1934 年美国采用**两次冷轧法**制成含 3% 硅和强{110}<001>织构的冷轧取向电工钢板，称为**常规取向电工钢**，或称 **CGO** 钢。20 世纪 60 年代日本采用硫化锰和氮化铝综合抑制剂，并使用**一次冷轧法**制成强{110}<001>织构的**高磁感取向电工钢**，或称 **HiB** 钢。取向电工钢的发展至今已经有 70 多年的历史。

取向电工钢的成分设计中首先含有足够多的 Si，以提高电阻率并降低铁损；另外还要有一定量的 Mn、S 或 Al、N 等元素以便形成 MnS 或 AlN 等弥散细小的第二相颗粒，称为**抑制剂**，以控制热轧组织、抑制非{110}<001>取向晶粒的长大，进而保证形成强{110}<001>织构的钢板。近些年来，人们发现少量 Cu 元素也有利于促进或直接发挥抑制剂的作用、防止热轧板组织粗化、改进酸洗质量等，因此一些取向电工钢中也会含有一定的 Cu。提高硅含量不仅使电阻率提高，也会改变电工钢的相结构。图 2-68 所示为 Fe-Si 二元相图。可以看出，当 Si 的质量分数超过 2.5% 后电工钢会呈现出单一 α 铁素体的相结构。在加热轧制和随后冷却过程中由于不发生 γ 奥氏体相变，取向电工钢的铁素体在高温容易发生过度长大，且不能借助相变细化。粗大的热轧组织不利于后续组织结构的控制，因此人们通常会保持取向电工钢内一定的碳含量，使得高温条件下能够出现一定量的奥氏体，防止和阻挡粗大铁素体的出现；热轧以后可以在后续的冷轧板退火处理中脱除钢中的碳。过高的硅含量会导致电工钢的脆化，不利于变形加工，因此硅含量一般不超过 3.4%。表 2-14 所示为文献中的常规取向电工钢和高磁感取向电工钢的典型成分(质量分数)。

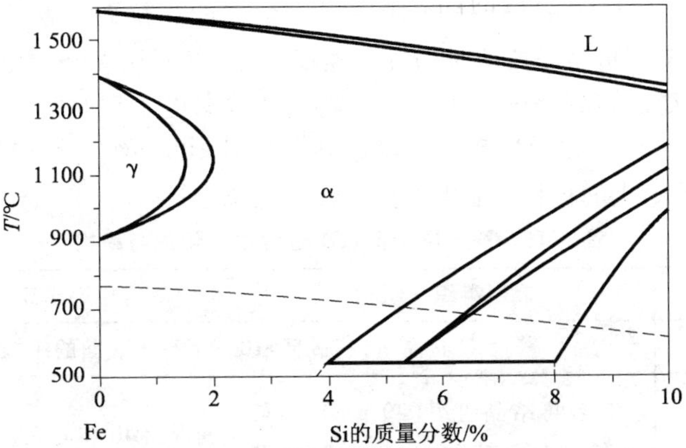

图 2-68 Fe-Si 二元相图

表 2-14 典型取向电工钢的成分

类型	w_{C}/%	w_{Si}/%	w_{Mn}/%	w_{S}/%	w_{Al_s}/%	w_{N}/%	w_{Cu}/%
CGO	0.040	3.1	0.08	0.020	0.018	0.004 5	0.2
HiB	0.045	3.2	0.12	0.007	0.025	0.008 0	—

取向电工钢问世 70 多年以来，人们长期持续地在相关领域进行开发和研究，加工技术日益成熟，且磁性能不断提高。然而，关于取向电工钢材料学原理的许多细节至今尚未完全被人们所掌握，如{110}<001>织构单独增强的完整机理、抑制剂发挥抑制作用的一些细节过程等，因此仍需要继续深入地开展研究。

两次冷轧法制成取向电工钢板的基本工艺首先为 1 300 ℃以上的高温加热使抑制剂形成元素充分固溶，热轧加工造成轧板表面区与中心区不同的组织与织构。热轧后板的中心部位是回复的变形组织，而表面附近却生成了再结晶组织，其晶粒尺寸大约为 40 μm，一些晶粒具有{110}<001>取向。由于钢的成分和工艺的设计，使得热轧后钢中析出了许多细小 MnS 粒子，并作为抑制剂阻止晶粒的再结晶或长大，使表层与心部结构上的差别得以保留。热轧后一般要经过 900 ~ 1 100 ℃的退火使 MnS 粒子继续析出，但仍需保持表层与中心组织上的差异。热轧退火后表层的晶粒会长到大约 200 μm。随后的第一次冷轧的变形量约为 70%，此时表层附近出现了由{110}<001>织构转变而来的{111}<112>织构。表层的变形晶粒中包含了{110}<001>取向的亚结构，且可在后续再结晶过程中优先转变成{110}<001>取向的再结晶核。850 ℃中间再结晶退火后经二次冷轧使表层再次生成强的{111}<112>织构。一般认为，{110}<001>取向的亚结构只在中等轧制变形量时稳定，冷轧的总变形量不能太大，因此需要两次冷轧加工。最后退火加热的脱碳和初次再结晶过程形成了具有长大能力的{110}<001>取向晶粒。在随后加热到高于1 100 ℃的二次再结晶过程中，{110}<001>取向的晶粒最终能够长大到数毫米的平均尺寸。二次再结晶处理时的升温速度很慢，以便让 MnS 逐步粗化，以消除晶粒长大的障碍。表2-15归纳了二次冷轧生产取向电工钢时钢板表层和中心部位组织结构和织构的转化过程。可以看到，{110}<001>织构初步形成于热轧之后，在最终冷轧退火的板材产品中占据了统治地位。

表 2-15 取向电工钢加工过程中的组织与织构

生产阶段	表层组织与织构	中心组织与织构
连铸	柱状晶组织，适量{100}平行于表面的织构	
热轧(2 mm)	大晶粒再结晶组织(40 μm)，沿轧向和法向偏转的{011}<100>和{112}<111>织构	变形组织，体心立方金属冷轧织构{001}<110>和{112}<110>

续表

生产阶段	表层组织与织构	中心组织与织构
热轧退火(900 ℃,1 h,10^{-4} Torr)	再结晶组织,{011}<100>取向晶粒长大(约0.2 mm)	回复及小部分再结晶组织,{001}<110>和{112}<110>织构
第一次冷轧(70%,0.58 mm)	{001}<110>,{111}<110>,较强{111}<112>,{112}<110>等织构	有剪切变形带,强{001}<110>和{112}<110>织构
中间退火(850 ℃,15 min)	再结晶组织(15～18 μm),{111}<112>和{111}<110>、{011}<100>织构	再结晶组织(15～18 μm),{111}<112>和{111} <110>织构
第二次冷轧(50%,0.28 mm)	以{111}<112>织构为主,且有{111} <110>、{112}<110>	无剪切带变形组织,{001}<110>织构为主,且有{111}<110>、{112} <110>和{112}<110>
初次再结晶(800 ℃,30 min)	再结晶组织(15～18 μm),织构为{111} <110>、{111}<112>和{011} <100>	再结晶组织(约15～18 μm),织构为{111}<112>和{111}<110>
二次再结晶(1 050 ℃,32 h)	完全二次再结晶组织,{011} <100>取向晶粒长大	

在高磁感取向电工钢中增设了少量AlN抑制剂以提高抑制能力,因而可以采用一次冷轧法生产取向电工钢。1 300 ℃以上高温加热使抑制剂量形成元素充分固溶,热轧后采取高温终轧并急冷,随后作热轧板常化退火、一次冷轧85%、850 ℃脱碳退火等工序,并最终在加热到1 200 ℃的过程中作二次再结晶退火。退火后晶粒基本都是{110}<001>取向,平均尺寸可达10 mm。

常规无取向电工钢以Si为主要合金元素,其含量范围为0.4%～3.3%,通常会尽量采用超低碳和高纯净的成分设计,以便在保证磁性能的同时尽可能简化加工工艺。Si含量越高,则铁损越低而牌号越高。其主要加工方式也可分为一次冷轧法和两次冷轧法两种。两次冷轧法主要适用于高硅含量的无取向电工钢。无取向电工钢主要生产工艺流程包括电磁搅拌连铸、热轧(1 150～1 280 ℃加热,终轧温度800～880 ℃,卷取温度550～650 ℃)、热轧板常化退火(加热温度800～1 050 ℃)、一次冷轧或两次冷轧加中间退火及成品退火等。研究表明,无取向电工钢工作磁场的强度比较低,在200 μm以内的范围,提高钢板的晶粒尺寸会减少低场强条件下磁化过程中磁畴壁迁移的阻力,因而有利于降低钢板铁损。

四、电工钢取向控制技术的发展

如上所述,电工钢板中有利织构的多少以及织构的锋锐程度对软磁性能有极为重要的影响。可以想象,如果把{110}<001>织构换成{100}<001>织构则可以在轧向和横向上同时获得优良的软磁性能,使得钢板在图 2-62a 所示磁路的所有路段都获得高磁感和低铁损。这种取向电工钢称为**双取向电工钢**。图 2-69a示意性给出了该双取向电工钢中{100}<001>织构的分布情况,即钢中具有强立方织构。另外如果如图 2-69b 所示制出{100}<011>织构的钢板,即钢中具有强旋转立方织构,则也可以获得在互相垂直的两个方向上同时获得优良的软磁性能的另一种双取向电工钢。双取向电工钢的发展思想可以使借助各向异性提高软磁铁基合金在定向磁场中磁性能的技术路线得到充分的发挥。

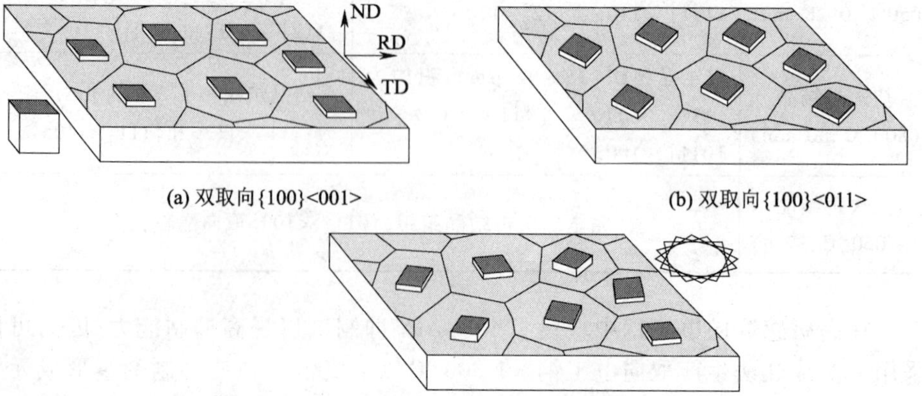

(a) 双取向{100}<001>　　(b) 双取向{100}<011>

(c) 强{100}<0*vw*>无取向

图 2-69　新型电工钢中的晶粒取向分布

RD—轧向;ND—法向;TD—横向

多年以来,能够工业化生产双取向电工钢一直是人们追求的目标。例如,采用 8 道次热轧及每道次间的退火后再经冷轧和成品退火后可以获得{100}<001>织构的电工钢板。采用沿两个互相垂直方向进行交替式的多次变方向冷轧加工,并经后续脱碳及二次再结晶退火可以获得{100}<001>织构。通过对含 1% Mn 取向电工钢表面作特殊的涂覆处理后再进行真空脱碳退火也可以获得具有{100}<001>织构的电工钢板。在冷轧后成品退火的初期阶级,沿钢板轧向施加磁场后有可能获得一定量的{100}<001>织构组分。另外在电工钢中大幅度提高锰含量,使之超过 1%,从而经过 α/γ 或 γ 相区的真空加热可使表层形成{100}<011>取向 α 相,然后经脱碳形成强{100}<011>织构的双取向电工钢。双取向电工钢的实验技术开发上虽然已经取得成功,但在以经济的形式进行工业化生产方面还有许多实际困难需要克服。

另外,可以对无取向电工钢作类似的设想。参照图 2-69c,如果钢板的多数晶粒平行于钢板的晶面均为{100}面,而轧制方向的晶体学指数为随机分布,则可以获得很强的{100}<0*vw*>织构。此时每一个晶粒在钢板轧面上均有两个互相垂直的<100>方向,且每一个晶粒的轧向各不相同。假如把每一个晶粒平行于轧面的{100}面按图 2-69c 右上角所示的方式叠加在一起,则不难发现,钢板轧面内任何方向上都会分布很多易磁化的<100>方向,进而获得强{100}<0*vw*>织构或{100}面织构的无取向电工钢,而且轧面内所有方向都可以获得良好的磁性能。强{100}<0*vw*>织构无电工钢的发展思想可以使借助各向异性提高软磁铁基合金在旋转磁场中磁性能的技术路线得到充分的发挥。

在长期的研究过程中,人们尝试了多种获得{100}<0*vw*>织构的技术路线。例如在 γ 相区 H_2-H_2S 气氛中作长时间保温并慢冷、低温终轧和低温卷取、横向冷轧、提高 Mn 含量、提高冷轧前晶粒尺寸、添加微量抑制剂元素以抑制{111}织构、热轧后高温退火、退火时加单向和旋转磁场等技术路线都可以使钢板获得较高的{100}<0*vw*>织构。但在相应的低成本工业化生产技术方面,仍然需要作持续的研究和开发。

五、电工钢的磁时效行为

由于铁损的存在(表 2-12、表 2-13),电工钢在使用过程中会把一部分电能转化为热能,白白地损失掉。同时,终端电器长期服役和待机使用过程中的涡流损耗、磁滞损耗等产生的热量会造成构件温度升高,并促使钢板构件中过饱和元素低温析出成弥散粒子,阻碍磁畴壁的运动,进而导致铁损随电器使用时间的延长而增加,即为**铁损时效**,也可称为**磁时效**。目前全球的电工钢年产量约为 1 000万吨,中国的电工钢年消费量将达到 500 万吨,约占全球产量的一半。不同品种电工钢的铁损范围为 1～10 W/kg。采取很保守的估算方法:时效造成铁损平均仅增加 0.01 W/kg(0.01 千瓦/吨)、电工钢服役寿命为 5 年且每天工作 8 小时、中国目前 5 年累计新增 1 800 万吨电工钢消费,则中国目前每年因铁损时效大约多损耗(800 万吨×0.01 千瓦/吨×8 小时/天×365 天/年)大于 5 亿千瓦时的电能。许多变压器和电机设备会每天 24 小时工作或待机使用、全国电工钢的年消费量在不断增长、其平均使用寿命远高于 5 年、许多电工钢的铁损时效值在 0.5 W/kg 以上,所以实际损失的电能会高很多。由此可见,电工钢的磁时效行为也是其重要的性能指标,对节能、环保和可持续发展具有重要意义。

许多分析研究表明,电工钢中的 C 含量通常会因超过服役温度下的溶解度而以第二相粒子的形式析出,阻碍磁畴壁的迁移并提高磁滞损耗,进而导致铁损增加。因此,当钢中的碳含量小于 3×10^{-5} 时,磁时效现象会显著降低。一些观察发现,钢中的P可以迟滞C的析出行为,因而可以延缓铁损的升高。由此可见,通过限制钢中的碳含量或者人工时效以使碳化物粗化的方法可以减少铁损时效。图2-70所示为W700无取向电工钢200 ℃、24 h时效处理前后析出粒子分布情况的变化,统计发现析出粒子的个数由时效前的19.3/μm^2增加到时效后的32.1/μm^2。能谱分析证实析出粒子为碳化物或MnS(图2-71)。一般认为,MnS粒子在时效之前就已经存在,时效主要增加了碳化物粒子的数目。

(a) 时效前

(b) 时效后

图2-70 W700无取向电工钢时效处理(200 ℃、24 h)前后的析出粒子分布

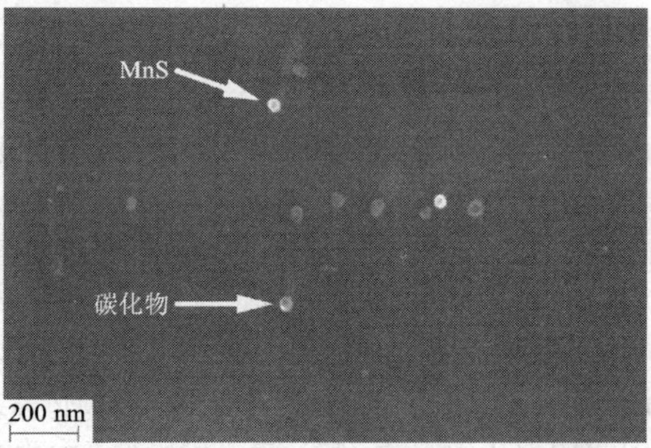

图2-71 W700无取向电工钢时效处理后析出粒子分析

用扩散系数D和扩散时间t以$\sqrt{6Dt}$的形式估算200 ℃、24 h时效处理时各元素的扩散距离可以发现,C、N等间隙原子可以扩散20 μm的距离,S只能扩散几个纳米,而Al、Mn等元素实际不能扩散。因此认为时效只会产生碳化物粒子,而不会有新的AlN和MnS出现。当钢板晶粒尺寸小于50 μm时,C原子在时效过程的扩散足可以达到晶界区域,使碳化物粒子主要在晶界时效析出,因此细晶粒尺寸的电工钢不易出现明显的磁时效。当钢板晶粒尺寸很大时,C原子在时效过程的扩散不能完全达到晶界区域,而使部分碳化物粒子在晶内时效析

出并阻碍磁畴壁的迁移,因此粗晶粒尺寸的电工钢容易出现明显的磁时效。

以成分为0.003% C、1.15% Si、0.35% Mn、0.01% P、0.005% S、0.002% Al、0.001 2% N的W800为例,把其冷轧板分别加热到1 050 ℃和1 000 ℃作退火处理,然后在200 ℃作24 h的时效处理。表2-16给出了退火板的平均晶粒尺寸及时效前后钢板的铁损。1 050 ℃退火后时效使铁损从4.307 W/kg上升到5.271 W/kg,即呈现大于20%的铁损时效;而1 050 ℃退火后虽然铁损为较高的4.8 W/kg,但同样时效处理后的铁损仅为4.9 W/kg,升幅小于2%。铁损时效幅度的巨大差异表明,不仅钢的C含量、晶粒尺寸等因素会影响铁损时效值,而且合理地确定加工工艺参数也会对铁损时效产生很大的影响。1 050 ℃退火板较低的铁损实际上只是一种虚假现象,经时效处理或在长期服役的时效条件下其服役铁损值实际为5.271 W/kg,明显高于1 000 ℃退火板的服役时效铁损4.869 W/kg。

表2-16 退火温度对W800无取向电工钢板铁损时效行为的影响(时效处理:200 ℃、24 h)

退火温度/℃	1 050	1 000
平均晶粒尺寸/μm	71	35
时效前铁损/(W/kg)	4.307	4.819
时效后铁损/(W/kg)	5.271	4.869
铁损时效值/(W/kg)	0.964	0.050

上述W800钢中的Si含量使其A_1温度升高而铁素体可以在更高的温度下稳定。1 000~1 050 ℃的加热温度范围内钢中的0.003% C会完全固溶于基体内。铁素体在400 ℃时固溶C原子的能力低于5×10^{-6},因此时效过程中碳化物会弥散析出,并造成铁损时效(表2-16)。钢中N原子的行为与C十分相近,尽管因Al扩散速度的制约不容易形成AlN,但也有可能形成铁的氮化物以造成铁损时效。按照常规考虑,W800钢1 050 ℃和1 000 ℃退火板铁损时效的差异应源自不同的晶粒尺寸,即1 050 ℃退火比1 000 ℃退火造成了更大的晶粒尺寸,因而提高了铁损时效幅度。微量S在钢中的固溶温度通常会比较高,表2-16所列W800钢中0.005% S完全固溶于基体的温度会高于1 050 ℃,因此在上述退火加热时C、N完全固溶的同时S的固溶程度却有所不同。与1 000 ℃加热相比,1 050 ℃加热会促使更多的S固溶于基体。鉴于1 050 ℃加热后导致了20%以上明显的铁损时效,因此还应该考虑S原子等其他因素造成铁损上升的可能性。

如上所述,200 ℃、24 h时效处理时S的正常扩散距离仅为几纳米,不足以形成明显的第二相粒子。退火态铁素体内存在许多位错,其平均间距大致为微米级。一般认为,合金元素沿缺陷扩散的激活能比体扩散激活能低很多;如果取

S 在铁素体内体扩散激活能的 60% 为其沿位错扩散的激活能，则 S 在 200 ℃、24 h 时效处理的时效扩散距离可达 10 μm，足以推进少量第二相的析出。钢中 Mn 不可能借助低温扩散而形成 MnS。根据 Fe-S 相图可知，钢中几十 ppm① 的 S 就可以造成亚稳的 FeS 粒子的析出，并有可能因而造成铁损时效，但相关的效应还有待进一步观察和证实。

参考文献

[1] 章守华，吴承建. 钢铁材料学. 北京：冶金工业出版社，1992.

[2] 董均果. 实用材料手册. 北京：冶金工业出版社，2000.

[3] Zhang M X, Kelly P M. Accurate orientation relationship between ferrite and austenite in low carbon martensite and granular bainite. Scripta Materialia, 2002, 47: 749-755.

[4] Wang J P, Yang Z G, Bai B Z, et al. Grain refinement and microstructural evolution of grain boundary allotriomorphic ferrite/granular bainite steel after prior austenite deformation. Materials Science and Engineering, A, 2004, 369: 112-118.

[5] Mazancova E, Mazanec K. Physical metallurgy characteristics of the M/A constituent formation in granular bainite. J. Materials Processing Technology, 1997, 64: 287-292.

[6] 杨平，等. 材料科学与工程基础实验指导书. 北京：北京科技大学材料科学与工程学院，2003.

[7] 任怀亮. 金相实验技术. 北京：冶金工业出版社，1986.

[8] 郑漪冰，王世英，赵连荣，等. 第二届全国金相图片展览作品. 金属学报，1981, 17(5-6): 1-40.

[9] 杨文英. 稀土铸铁中石墨形态及结构研究. 北京：北京科技大学材料科学与工程学院，1984.

[10] 毛卫民. 金属材料的晶体学织构与各向异性. 北京：科学出版社，2002.

[11] Takechi H. Metallurgical aspects of interstitial free sheet steel from industrial viewpoints. ISIJ International, 1994, 34(1): 1-8.

[12] Bode R. Steel sheets for the automotive industry, requirements and trends. Beijing: Thyssen Steel A G, 1995.

[13] Kern R, Lee H P, Bunge H J. The rolling texture of iron of different purities.

① 1 ppm = 10^{-6}。

Steel Research,1986,57(11): 563-571.

[14] Hutchinson W B. Development and control of annealing textures in low-carbon steels. International Metals Reviews,1984,29(1): 25-42.

[15] Zimnik W,et al,Walztechnik und oberflächenveredelung bei karosserieblechen. Stahl und Eisen,1995,115(4): 73-82.

[16] Mao Weimin,Wang Xu,Zhang Shouhua,et al. Formation of annealing texture in rolling IF steel sheet: HSLA Steel'95,conf. Beijing: China Sci. & Technol. Press,1995.

[17] Toda R,Tsukatani I,Inoue T,et al. Effect of chemical composition on recrystallization Behavior and r value in ti-added ultra low carbon sheet steel. ISIJ International,1994,34(1): 70-76.

[18] 杨弟,王绪,毛卫民,等. 超深冲压 IF 钢组织对力学性能的影响. 钢铁,1995,30(1): 60-62.

[19] 王绪,杨弟,毛卫民,等. 超深冲压 IF 钢退火过程中织构变化的 ODF 分析. 钢铁研究学报,1995,7(1): 60-65.

[20] 赵子苏,毛卫民,余永宁,等. 轿车用高强 IF 钢的开发和应用. 钢铁研究学报,1998,10(增刊): 91-102.

[21] Okamoto A,Mizui N. Texture formation in ultra-low-carbon titanium added cold-rolled sheet steels containing manganese and phosphorus,Metallurgy of Vacuum-Degassed Steel Products,Indiana,USA. The Minerals,Metals & Materials Society,1989(10): 161-180.

[22] Mizui N,Kojima N. Effect of Si on the mechanical property of ultra-low carbon Ti-added cold-rolled sheet steel with various content of Mn or P,coiled at 500 ℃ in hot rolling process. ISIJ International,1994,34(1): 123-131.

[23] Mastsumoto T,Hamanaka S,Ymada T,et al. High strength IF-steels: production parameters and properties: Inter. Forum for Physical Metallurgy of IF Steels. Tokyo: ISIJ and Nissho Iwai Corporation,1994.

[24] Meyer L,Bleck W,Müschenborn W. Product-oriented IF steel design: Inter. Forum for Physical Metallurgy of IF Steels. Tokyo: ISIJ and Nissho Iwai Corporation,1994.

[25] Kitamura M,Tsukatani I,Inoue T. Effect of carburizing after recrystallization on formability and back hardenability of ultra low carbon Ti-added cold-rolled sheet steel. ISIJ International,1994,34(1): 115-122.

[26] Drewes E J,Floβdorf F J,Freier K. Anwendungsorientierte Werkstoffentwicklung für Karosseriebleche. Stahl und Eisen,1995,115(4): 85-94.

[27] Kichida K, Akisue O. Effect of copper content on mechanical properties of continuously annealed extra-low-carbon Titanium-added steel sheets. Tetsu-to-Hagane, 1990, 76(5): 759-766.
[28] Kishida K, et al. Formalibility of 600MPa grade cold-rolled steel sheet with high r-value. CAMP-ISIJ, 1991, 4: 2011.
[29] Massalski T B, et al. Binary alloy phase diagrams: vol. 1. Metals Park: ASM, 1986.
[30] 毛卫民, 任慧平. 新型铜析出强化结构钢的研究. 金属热处理学报, 1999, 20(1): 1-5.
[31] 任慧平, 毛卫民. 铜单一元素合金化热轧钢板组织与性能. 北京科技大学学报, 1999, 21(6): 548-551.
[32] 毛卫民, 任慧平. 含铜结构钢的发展. 钢铁, 2000, 35(6): 49-53.
[33] 毛卫民, 任慧平, 余永宁. 结构钢中含铜析出相的时效强化作用. 材料热处理, 2004, 25(2): 1-4.
[34] Ren Huiping, Mao Weimin. Precipitation behavior of B2-like particles in Fe-Cu binary alloy. J. Univ. Sci. & Technol, 2002, 9(3): 185-187.
[35] Mao Weimin, Yu Yongning. Precipition behavior of an Fe-1.03wt.% Cu alloy. Z. Metallkd., 2004, 95(1): 57-59.
[36] 毛卫民, 朱景川, 郦剑, 等. 金属材料结构与性能. 北京: 清华大学出版社, 2008.
[37] 毛丰昕. 高速公路金属护栏的选材与改进. 金属世界, 2006(5): 47-49.
[38] 马鸣图, 吴宝榕. 双相钢: 物理和力学冶金. 北京: 冶金工业出版社, 1988.
[39] 朱国辉. 低碳 SiMn 双相钢的研究. 北京: 北京科技大学材料科学与工程学院, 1984.
[40] Hayami S, Furukawa T. A family of high strength cold-rolled steels: proceedings of Microalloying 1975: vol. 1. New York: Union Carbide Corp., 1977.
[41] Owen W S. Can a simple heat treatment help to save Detroit. Metal Technology, 1908, 7: 1-13.
[42] Mohrbacher H, Klinkenberg C. The role of niobium in lightweight vehicle construction. Materials Science Forum, 2007, 537-538: 679-686.
[43] Goel N C, Chakravarty J P, Tangri K. The infulence of starting microstructure on the retention and mechanical stability of austenite in an intercritically annealed-low alloy dual-phase steel. Metall. Trans., 1987, 18A: 5-9.
[44] Mahieu J, Claessens S, De Cooman B C. Galvanizability of high-strength

steels for automotive applications. Met. Trans. ,2001,32A: 2905-2908.

[45] Davies R G. The deformation behavior of a vanadium-strengthened dual phase steel. Met. Trans. ,1978,9A(1): 41-52.

[46] Rashid M S. Formable HSLA and dual-phase steels. New York: Davenport. 1979.

[47] Magee C L. Factors influencing automotive application of high strength steels. J. Meta. ,1980,23: 28-35.

[48] Thomas G. Design of Strong,Ductile HSLA and dual Phase Steels. Key engineering Materials,1993,84-85: 437-460.

[49] Mazinani M,Poole W J. Effect of martensite plasticity on the deformation behavior of a low-carbon dual-phase steel. Metallurgical and Materials Transactions A: Physical Metallurgy and Materials Science,2007,38(2): 328-339.

[50] 焦书军,张红,郑建平. 冷轧热镀锌双相钢成分设计模型化的研究. 宝钢技术,2003,5: 43-47.

[51] Hashimoto S. Effect of niobium on Zn-coated dual phase steel sheet. Materials Science Forum,2007,539-543: 4411-4416.

[52] Santos D B,Neves É G,Pereloma E V. Effect of processing route on mechanical behavior of C-Mn multiphase high strength cold rolled steel. Materials Science Forum,2007,539-543: 4375-4380.

[53] Sarwar M,Ahmad E,Qureshi K A,et al. Influence of epitaxial ferrite on tensile properties of dual phase steel. Materials & Design,2007,28: 335-340.

[54] 康永林,邝霜,尹显东,等. 汽车用双相钢板的开发与研究进展. 汽车工艺与材料,2006,5: 1-5.

[55] Fischer F D,Reisner G,Werner E,et al. New view on transformation induced plasticity (TRIP). Int. J. of Plasticity,2000,16: 723-748.

[56] Taleb L,Sidoroff F. A micromechanical modeling of the Greenwood-Johnson mechanism in transformation induced plasticity. Int. J. of Plasticity,2003, 19: 1821-1842.

[57] Girault E,Mertens A,Jacques P,et al. Comparison of the effects of silicon and aluminium on the tensile behaviour of multiphase TRIP-assisted steels. Scripta Mater,2001,44: 885-892.

[58] Kim K S J,Lee C G,Lee T H,et al. Effect of Cu,Cr and Ni on mechanical properties of 0. 15wt. % C TRIP-aided cold rolled steels. Scripta Mater, 2003,48: 539-544.

[59] Srivastava A K,Jha G,Gope N,et al. Effect of heat treatment on microstruc-

ture and mechanical properties of cold rolled C-Mn-Si TRIP-aided steel. Mater. Characterization, 2006, 57: 127-135.

[60] Turteltaub S, Suiker A S J. Grain size effects in multiphase steels assisted by transformation-induced plasticity. Int. J. of Solids and Structures, 2006, 43: 7322-7336.

[61] Suh D W, Park S J, Oh C S, et al. Influence of partial replacement of Si by Al on the change of phase fraction during heat treatment of TRIP steels. Scripta Mater, 2007, 57: 1097-1100.

[62] Sugimoto K I, Muramatsu T, Hashimoto S I, et al. Formability of Nb bearing ultra high-strength TRIP-aided sheet steels. J. of Mater. Proc. Techno., 2006, 177: 390-395.

[63] Leblond J B. Mathematical modelling of transformation plasticity in steels I: Case of ideal-plastic phases. Inter. J. of Plasticity, 1989, 5: 551-572.

[64] Srivastava A K, Bhattacharjee D, Jhab G, et al. Microstructural and mechanical characterization of C-Mn-Al-Si cold-rolled TRIP-aided steel. Mater. Sci. and Eng., 2007, A445-446: 549-557.

[65] Mukherjee M, Singh S B, Mohanty O N. Microstructural characterization of TRIP-aided steels. Mater. Sci. and Eng., 2008, A486: 32-37.

[66] Wang X D, Huang B X, Rong Y H, et al. Microstructures and stability of retained austenite in TRIP steels. Mater. Sci. and Eng., 2006, A438-440: 300-305.

[67] Jacques P J, Furne'mont Q, Lani F, et al. Multiscale mechanics of TRIP-assisted multiphase steels: I. Characterization and mechanical testing. Acta Materialia, 2007, 55: 3681-3693.

[68] Taleb L, Petit S. New investigations on transformation induced plasticity and its interaction with classical plasticity. Inter. J. of Plasticity, 2006, 22: 110-130.

[69] Li L, Wollants P, He Y L, et al. Review and prospect of high strength low alloy TRIP steel. Acta Metallurgica Sinica, 2003, 16: 457-465.

[70] Adamczyk J, Grajcar A. Structure and mechanical properties of DP-type and TRIP-type sheets obtained after the thermomechanical processing. J. of Mater. Proc. Techno., 2006, 162-163: 267-274.

[71] Jacques P J. Transformation-induced plasticity for high strength formable steels. Current Opinion in Solid State and Materials Science, 2004, 8: 259-265.

[72] Skalov L, Divisov R, Jandov D. Thermo-mechanical processing of low-alloy TRIP-steel. J. of Mater. Proc. Techno. ,2006,175: 387-392.

[73] Pereloma E V, Timokhina I B, Hodgson P D. Transformation behaviour in thermomechanically processed C-Mn-Si TRIP steels with and without Nb. Mater. Sci. and Eng. ,1999,A273-275: 448-452.

[74] Bouaziz O, Guelton N. Modelling of TWIP effect on work-hardening. Mater Sci Eng A,2001,319: 246-249.

[75] 江海涛,唐荻,刘强,等. TRIP钢中残余奥氏体及其稳定性的研究. 钢铁,2007,42(8): 60-63,82.

[76] 朱文英. 汽车轻量化与高强度钢板的开发进展. 上海金属,2003,7(14): 11-15.

[77] Grässel O, Krüger L, Frommeyer G, et al. High strength Fe-Mn-(Al, Si) TRIP/TWIP steels development-properties-application. International Journal of Plasticity,2000,16: 1391-1409.

[78] Konieczny A. Advanced high strength steels formability. http://www.steel.org/AM/Template.cfm? Section = Home&TEMPLATE =/CM/HTMLDisplay.cfm&CONTENTID = 10151,2003.

[79] Yada H, Matsumura Y, Nakajima K. Ferritic steel having ultra-fine grains and a method for producing the same: US,4466842. 1984.

[80] Matsumura Y and Yada H. Evolution of ultrafine-grained ferrite in hot successive deformation. Transactions ISIJ,1987,27: 492-498.

[81] 翁宇庆,等. 超细晶钢—钢的组织细化理论与控制技术. 北京: 冶金工业出版社,2003.

[82] 杨平,傅云义,崔凤娥,等. Q235碳素钢应变强化相变的基本特点及影响因素. 金属学报,2001,37: 592-600.

[83] Hillenbrand H G, Liessem A, Biermann K, et al. Development of grade X120 pipe material for high pressure gas transportation lines: 4th International Conference on Pipeline Technology, Ostend, May 9-12,2004.

[84] 罗海文,董瀚,高级别管线钢X80～X120的研发与应用,中国冶金,2006,16(4): 9-15.

[85] 张彩军,蔡开科,袁伟霞,余志祥,管线钢的性能要求与炼钢生产特点,炼钢,2002,18(5): 40-46.

[86] 王立涛,李正邦,张乔英. 高钢级管线钢的性能要求与元素控制. 钢铁研究,2004(4): 13-17.

[87] Okaguchi S, Makino H, Hamada M. Development and mechanical properties

of X120 linepipe: proceedings of the 13rd International Offshore and Polar Engineering Conference Honolulu, Hawaii, May 25-30, 2003.

[88] Asahi H, Hara T, Tsuru E, et al. Development of Ultra-high-strength Line-pipe, X120. Nippon Steel Technical Report, 2004, 90: 82-87.

[89] Kalwa C, Hillenbrand H G, Gräf M. High strength steel pipes: new developments and applications: Onshore Pipeline Conference, Houston, June 10-11, 2002.

[90] Li G, Bai T M O, JONAS J J. Effect of initial grain size on the static recrystallization kinetics of Nb microalloyed steels. ISIJ International, 1996, 36: 1479-1485.

[91] Bauer J, Fluss P, Amoris E, et al. Microstructure and properties of thermomechanical controlled processing steels for linepipe applications. Ironmaking and Steelmaking, 2005, 32: 325-330.

[92] Akasaki H, Progress in pipe and tube technology and its future prospect. Nippon Steel Technical Report, 2004, 90: 75-81.

[93] 何建中,刘雅政,常大勇,等. CSP 生产 X60 管线钢的化学成分和轧制工艺对混晶的影响. 特殊钢, 2005, 26: 57-59.

[94] Zurob H S, Zhu G, Subramanian S V, et al. Analysis of the effect of Mn on the recrystallization kinetics of high Nb steel-an example of physically-based alloy sesign. ISIJ International, 2005, 45: 713-722.

[95] Zhu G, Subramanian S V. Ultra-fine grain size control and mixed grains elimination in industrial multi-pass rolling processing. Materials Science and Engineering A, 2006, 426: 235-239.

[96] Zhu G, Subramanian S V. Effect of Mn on strain accumulation in Nb microalloying steels. Frontiers of Materials Science in China, 2007, 1: 274-279.

[97] Zhu G, Subramanian S V. Recrystallization behavior design for controlling grain size in strip rolling process. Journal of Iron and Steel Research International, 2008, 15(1): 39-44.

[98] Subramanian S V, Zhu G, Klinkenberg C, et al. Ultra-fine grain size by dynamic recrystallization in strip rolling of Nb microalloyed steel. Materials Science Forum, 2004, 475: 141-144.

[99] Matrosov Y I, Bagmet O A, Nosochenko A O. Development of modern heavy plate steels for pipelines. Materials Science Forum, 2007, 539-543: 4756-4761.

[100] Imagumbai M, Takechi H. New process for high-toughness linepipe material

of thin slab and direct rolling. Materials Science Forum, 2003, 426-432: 1157-1162.

[101] Schwinnl V, Schuetz W, Fluess P, et al. Prospects and state of the art of TMCP steel plates for structural and linepipe applications. Materials Science Forum, 2007, 539-543: 4726-4731.

[102] Kong J, Zhen L, Guo B, et al. Influence of Mo content on microstructure and mechanical properties of high strength pipeline steel. Materials and Design, 2004, 25: 723-728.

[103] 王晓香. 从2006年微合金钢应用国际研讨会看国际高钢级管线钢的发展动向. 焊管, 2006, 29: 8-15.

[104] Shin S Y, Hwang B, Lee S, et al. Correlation of microstructure and charpy impact properties in API X70 and X80 line-pipe steels. Materials Science and Engineering, 2007, A458: 281-289.

[105] 秦曾煌. 电工学: 上册. 5版. 北京: 高等教育出版社, 1999.

[106] Gogue G P. A review of steel materials in motion devices: PCIM 1990 Conf., Philadelphia, Oct., 1990.

[107] 全国钢标准化技术委员会. GB/T 2521—2008 冷轧晶粒取向和无取向磁性钢带(片). 北京: 中国标准出版社, 2008.

[108] Reinboth H. Technologie und anwendung magnetischer werkstoffe. Berlin: VEB Verlag, Technik, 1958.

[109] 毛卫民. 金属材料的晶体学织构与各向异性. 北京: 科学出版社, 2002.

[110] Hatherly M, Hutchinson W B. An introduction to textures in metals, London: Chameleon Press, 1979.

[111] Hong B D, Han K S, Kim J K, et al. Effect of hot band annealing on magnetic properties in 3%Si grain-oriented electrical steels. Steel Research, 2005, 76(6): 448-450.

[112] Chang S K. Texture change from primary to secondary recrystallization by hot-band normalizing in grain-oriented silicon steels. Materials Science and Engineering, 2007, A452-453: 93-98.

[113] Mishra S, Cärmann, Lücke K. On the development of the Goss texture in iron-3% silicon. Acta Met., 1984, 32(12): 2185-2201.

[114] Rajmohan N, SzpunarJ A. Monte-Carlo simulation of Goss texture development in silicon steel in the presence of MnS particles. Materials Science and Engineering A, 2000, A289: 99-108.

[115] Landgraf F J G, Emura M, Teixeira J C, et al. Effect of grain size, deforma-

tion, aging and anisotropy on hysteresis loss of electrical steels. J. Magn. Magn. Mater., 2000, 215-216: 97-99.

[116] de Campos M F, Teixeira J C, Landgraf F J G. The optimum grain size for minimizing energy losses in iron. J. Magn. Magn. Mater., 2006, 301: 94-99.

[117] 殷瑞钰. 钢的质量现代进展：下篇. 北京：冶金工业出版社, 1995.

[118] Waeckerle Th, Couty J M, Cornut B, et al. Effect of process on the rise of texture in magnetic iron sheet: IEEE Transactions on Magnetics International Magnetics Conference, INTERMAG'93, part 2, 1993, 29(6): 3835-3840.

[119] Talowski C, Waeckerle Th, Cornut B. Observation of a strong (100)[001] texture component based on a hot rolling process in 3% Al-Fe. IEEE Trans. on Magnet., 1994, 6: 4842-4844.

[120] Sano N, Tomida T, Hinotani S, et al. Fine-grained and cube-textured Si-steel sheet coil by oxide-separator-induced decarburization. IEEE Transactions on magnetics, 2002, 38(5): 3198-3200.

[121] 井口征夫. 无方向性电磁钢板の制造方法. 日本公开特许公报, 平5-33062, 1993.

[122] 原势二郎, 清水亮. Mechanism of the (100)[001] texture evolution from the viewpoint of coincidence boundaries in bcc alloys. 日本金属学会志, 1989, 53(8): 745-752.

[123] 毛卫民, 吴勇, 余永宁, 等. 新型冷轧双取向硅钢组织与织构的形成机理. 钢铁, 2002, 37(8): 53-57.

[124] Marra K M, Landgraf F J G, Buono V T. Magnetic losses evolution of a semi-processed steel during forced aging treatments. J. Magn. Magn. Mater., 2008, 320(20): 631-634.

[125] Ray S K, Mohanty O N. Magnetic ageing characteristics of low silicon electrical steels. J. Magn. Magn. Mater., 1982, 28(1-2): 44-50.

[126] Ray S K, Mohanty O N. On predicting the extent of magnetic aging in electrical steels. J. Magn. Magn. Mater., 1989, 78(2): 255-262.

[127] de Campos M F, Emura M, Landgraf F J G. Consequences of magnetic aging for iron losses in electrical steels. J. Magn. Magn. Mater., 2006, 304(2): 593-595.

[128] Ray S K, Mishra S, Mohanty O N. Magnetic aging characteristics of a phosphorous-bearing low carbon steel. Scripta Met., 1981, 15(9): 971-973.

[129] Ray SK, Mishra S, Mohanty A N. A study of the kinetics of magnetic aging

in steels. IEEE Trans. Magn. ,1981,17(6): 2881-2883.

[130] Mironov L V,Losev K F,Kamysheva L P,et al. Magnetic aging of low-carbon electrical sheet. Metallovedeniei Termicheskaya Obrabotka Metallov, 1973 (8): 40-43.

[131] Reichl B M,Eisl M M,Weis T,et al. Investigation of the diffusion properties of impurities in polycrystalline a-iron by means of AES. Surface Science,1995,331-333: 243-248.

第3章　有色金属材料

有色金属是钢铁以外的金属材料，其中铝及铝合金的产销量占第一位，铜及铜合金占第二位。钛合金是十分重要的轻型高性能工程材料，主要用于航空航天、汽车、体育器械等领域。镁合金是近些年来发展迅速、具有巨大应用潜力的重要工程材料。与国外相比，目前中国有色金属材料生产的总体技术水平还有很大的改进和发展空间，还需要大力推动相关的科学研究和先进生产技术的开发。本章除化合物和特殊说明外，各合金的成分均用质量分数表示。

§3-1　铝　合　金

一、铝的基本特性

以铝为基础的金属材料称为**铝合金**。铝是周期表中第13号元素，是面心立方结构的金属，点阵常数为0.404 91 nm，熔点为660 ℃。铝是一种轻金属，密度为2.699 g/cm^3，仅是铜的三分之一，所以被大量用做轻质材料。铝的导电性能非常好，纯度大于99.995%的纯铝在60 ℃时的电阻率约为$2.62\sim2.65\times10^{-8}$ Ω·m，其导电性能仅次于银、铜和金，列第四，因此可用做电力工业的导电材料。铝的热导率高，在金属中仅次于银、金和铜，也列第四，其热导率约为铜的55%。铝在室温的热导率最低，但仍高达235～237 W/(m·K)，因此可用做热交换材料或散热材料。铝对波长为0.2～12 μm的光线如红外线、紫外线、可见光、微波、热辐射等都有良好的反射性能，铝的抛光表面对白光的反射率可达80%以上，因而可用做反光材料。铝是顺磁材料，不会被磁化，因而不会受到磁场影响，并可用做罗盘、天线、计算机存储器、仪表材料、屏蔽材料等。铝对热中子的吸收截面较小，为0.22×10^{-24} cm^2。放射性同位素Al^{28}存在寿命短，在放射线作用下，其组织、性能变化敏感性小，所以可用做核反应堆结构材料。

铝有极好的塑性，含量为99.999%的高纯铝具备70%以上的室温伸长率。铝的变形抗力低，可以很容易作锻造、轧制、挤压、冲压或半熔融等加工，并制成板、箔、管、棒、线、丝、复杂断面型材等。铝良好的塑性也使得大变形量和高速变形加工成为可能，因此铝有良好的变形和成形加工性能。由于铝变形抗力低，也可以对铝作极高速的车、铣、镗、刨、磨等切削加工。在零摄氏度以下，随着温度的降低，铝的塑性不仅不会降低，而且会提高，不存在低温脆性，可以在很多低温场合使用。纯铝的强度比较低,含量为99.999%的高纯铝所具备的室温屈服强度只有15~20 MPa,抗拉强度仅40~50 MPa。高纯铝没有相变,因而不可以通过热处理强化,但可以通过加工硬化来提高其强度。冷轧90%纯铝的屈服强度可达100~120 MPa,抗拉强度达120~140 MPa。由于铝的密度很低,其**比强度**,即强度与密度的比值非常高,与钢相当,因此作为结构材料在很多场合可以取代钢。铝合金化后可以通过热处理强化,其强度水平得到大大提高。例如超硬铝合金的屈服强度一般可达到400 MPa以上,抗拉强度达500 MPa以上,达到低、中碳钢的水平。

铝及铝合金的表面容易生成一层致密而牢固的Al_2O_3保护膜。这层保护膜只有在卤素离子或碱离子的激烈作用下才会遭到破坏。因此铝有很好的耐陆地性和海洋性大气腐蚀以及水腐蚀的能力。能抵抗多数酸和有机物的腐蚀。进行一定化学处理后还可以耐弱碱腐蚀。铝及铝合金有良好的表面处理性能。通过阳极氧化处理可在铝表面形成一层透明的人工氧化膜,并可着上各种各样的颜色。添加铁、硅、锰等元素后可以形成不同的自然色调。铝材表面经过特殊处理可以选择性地吸收太阳光,提高吸收太阳能的效率。通过表面硬质氧化处理可以提高铝材表面的耐磨性。其他特殊氧化处理还可以提高表面的绝缘性、浸润性、润滑性、特种耐蚀性等。

纯铝的铸造性能通常比较差。纯铝凝固区间窄,收缩系数大;纯度为99.9%时凝固收缩达6.5%,因此纯铝铸锭中总会有缩孔。纯铝中加入少量合金元素后可使两相区扩大,造成合金在较宽温度范围内凝固,先凝固组织会阻碍液体的流动,且会造成成分偏析,这些都会影响合金的铸造性能。通常铸造铝合金化学成分的设计总使合金含有一定量的共晶组织,共晶组织凝固温度低而凝固区间窄,使液体流动性好而偏析小、共晶组织的成分相对均匀,适当选择合金元素可大大降低铸造收缩。铝熔点低,可以同许多元素形成共晶反应,因此铝合金可以有很好的铸造性能。

一般来说,铝的焊接性能较差。在空气中铝容易与氧反应生成氧化膜,因此易于在焊缝中生成氧化物夹杂而降低焊缝性能。铝的热导性能好,使得焊接时热损失大,且容易造成较大的温度振动。铝的热胀冷缩系数和结晶收缩率通常比钢高一倍,容易造成焊接应力进而影响焊缝质量。铝合金的熔点低,焊接时低熔点合金元素如镁、锌、锰易于烧损,从而改变焊缝成分而使性能下降。液态铝可溶解大量氢气,固态铝却几乎不溶解氢,因此焊接快冷时氢不容易析出而在焊缝造成气孔。随着焊接技术的改进和新型焊接技术的开发,铝合金的焊接问题已经得到了妥善的解决。如采用惰性气体保护焊接可防止氧化物夹杂的生成和氢气的影响,减少低熔点合金元素的烧损。另外,采用适当的焊接材料也可以补充低熔点合金元素的烧损。适当调整铝合金的成分或选用适当的焊接材料可以使得合金的热胀冷缩系数和结晶收缩率大大降低，从而为消除焊接应力提供有利条件。采用诸如电子束焊、等离子弧焊、电阻焊、激光焊等高能量密度焊接技术可以克服因铝热导性能好而对焊接造成的不利影响。

在很多情况下，纯铝的性能并不能满足工业应用的要求。因此需要对纯铝作合金化设计，以克服纯铝的缺点，提高合金的某一或某些性能。目前，铝合金中所采用的主要的合金元素有 Cu、Mg、Mn、Si、Sn、Zn 等。铝同这些元素所构成的合金体系中也可以加入多种其他元素，以使合金的性能最终达到使用的要求。工业上正在使用着种类繁多的铝合金，这里不可能作全面介绍，仅借助一些常见的合金系统，对铝合金化的原理作一简要的阐述。各种铝合金的详细资料可以在相关的手册中查阅到。

二、Al-Cu、Al-Mg、Al-Mn 合金系

向铝中加铜的主要目的是提高合金的强度。图 3-1 所示为高铝端的Al-Cu二元相图，可以看出铝固溶体中最多可以在 547 ℃溶解 5.7% 的铜。铜可以通过固溶强化提高合金的强度。当合金中铜含量超过铝固溶体的溶解度时，铜会以 $CuAl_2$的形式析出并强化合金。$CuAl_2$的硬度较高，凝固时仅有 3% 的收缩率，因此 $CuAl_2$不仅可以提高合金的强度，而且也有利于改善合金的铸造性能。但铜会降低合金的耐蚀性。

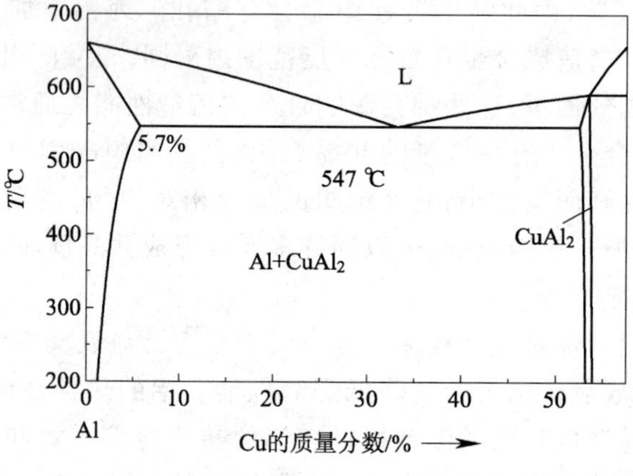

图 3-1 Al-Cu 二元相图

图 3-2 所示为 Al-4% Cu 二元合金淬火并经不同温度时效后的强度变化。正是 $CuAl_2$的析出行为造成了强度曲线的变化。人们对于 $CuAl_2$的析出行为已经有了较为成熟的认识。当含 4% Cu 的铝固溶体从 547 ℃淬火快冷到室温后 $CuAl_2$来不及析出，因而造成过饱和的铝基固溶体。此时合金的抗拉强度较低。

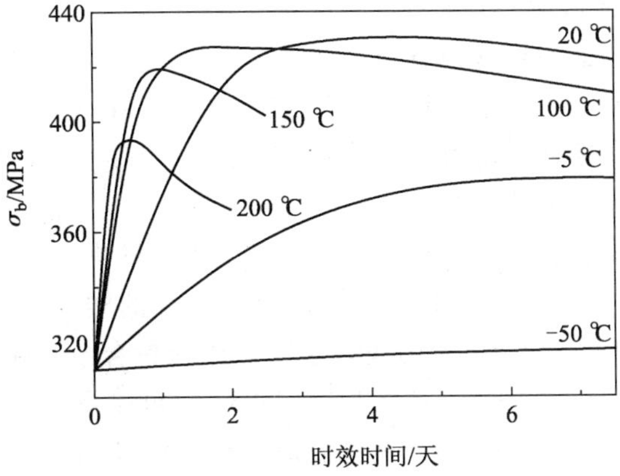

图 3-2 Al-4% Cu 合金不同温度的时效强度

在时效加热过程的第一阶段,铝固溶体内会形成许多铜原子的富集区,称为**GP[Ⅰ]区**(Guinier-Preston zone)。GP[Ⅰ]区的形成会在其周围造成固溶体点阵畸变区并对位错的运动造成阻碍,从而提高了合金的强度。在时效的第二阶段,铜原子继续向 GP[Ⅰ]区富集并有序化而形成 **GP[Ⅱ]区**。GP[Ⅱ]区的化学成分接近 $CuAl_2$ 的原子比,并转向四方晶格。GP[Ⅱ]区通常用 θ″表示。GP[Ⅱ]区会增强固溶体点阵的畸变,因而可进一步提高合金的强度。在时效的第三阶段,铜原子的富集使富集区的化学成分达到 $CuAl_2$,并开始与母相的晶格脱离联系,形成一种与母相半共格的过渡相,即 θ′相。θ′相的形成减小了其周围固溶体点阵的畸变区,于是合金趋向于逐步软化。在时效的第四阶段,最终稳定的 θ-$CuAl_2$ 相生成,并与母相的晶格完全脱离联系,其周围固溶体点阵的畸变基本消失,合金进一步软化。这时从强化的角度讲,合金已经**过时效**。在较低温度作时效处理时,由于热激活过程太弱,实际上也可能不出现第三及第四阶段(图 3-2)。

由图 3-1 可知,在 Al-Cu 合金系中铜含量高于 5.7% 时就会有共晶组织出现,适于作铸造合金,而较低铜含量的合金适合于作普通的高强度变形合金。Al-Cu合金中往往还会加入一些其他的合金元素用以调整合金密度、提高或改善各种力学性能、改善耐蚀性、改进铸造时液态合金的流动性、提高铸造合金共晶组织含量、降低杂质元素的有害影响、减少凝固收缩、调整膨胀系数及相关内应力和铸造质量、控制化合物的组分与性能、调整点阵常数以影响与析出物的共格关系、控制原子的扩散并改善时效行为、细化晶粒等。例如镁、硅可以减慢时效过程,从而可使合金零件在淬火和自然时效硬化之间能保持较长时间,为二者之间的诸如最终成形塑性加工等特定加工过程创造条件。硅、锌可以提高合金液体的流动性,从而改善铸造性能。

铸造 Al–Cu 合金的铜含量通常为 4% ~15%,过高的铜含量会使合金明显脆化。普通变形 Al–Cu 合金的铜含量为 3% ~6%。在 Al–Cu 合金系中,常用的合金元素有硅、镁、锰、锌、锡、镍、钛、镉、铋、铅等。有时还会考虑加入稀土元素以改善特定 Al–Cu 合金的耐蚀性。

Al–Mg 合金系也是最常见的铝合金。向铝中加镁除了可以通过固溶强化和析出强化提高合金的强度外,还可以使合金有较高的塑性和焊接性能。Al–Mg 合金的氧化膜比体积较大,适量的镁含量有利于保持合金氧化膜致密,因此可以提高合金的耐蚀性。由 Al–Mg 二元相图(图 3–3)可以看出,铝固溶体中最多可以在 450 ℃溶解 17.4% 的镁。铝在室温对镁的溶解度约为 2%。当合金中镁的含量超过铝固溶体的溶解度时,镁会以 Mg_5Al_8 或 Mg_2Al_3 的形式析出。Mg_5Al_8 相的存在使合金具有良好的切削性能。与 Al–Cu 合金相似,含镁 5% 以上的 Al–Mg 合金是可以通过热处理强化的合金。淬火后的 Al–Mg 合金可以很快在晶体缺陷附近时效生成 GP 区,但 GP 区的强化效果很不明显。低于450 ℃时镁在铝中的扩散速度较慢,因此 GP 区的尺寸很小,其直径为 1.0 ~1.5 nm。当亚稳的棒状 β′相析出时会与母相保持共格,且合金的强度与硬度增加。一旦 β′相转变成稳定的 β 相(Mg_5Al_8),共格关系消失,强度与硬度随即下降。β′相析出时合金的耐蚀性会有所下降,而稳定的 β 相形成并逐渐球化后,合金的耐蚀性会得到明显的提高。时效前适量的冷加工变形(<20%)有利于时效析出物的均匀分布,这不仅可使强度进一步提高,而且可以改善耐蚀性。

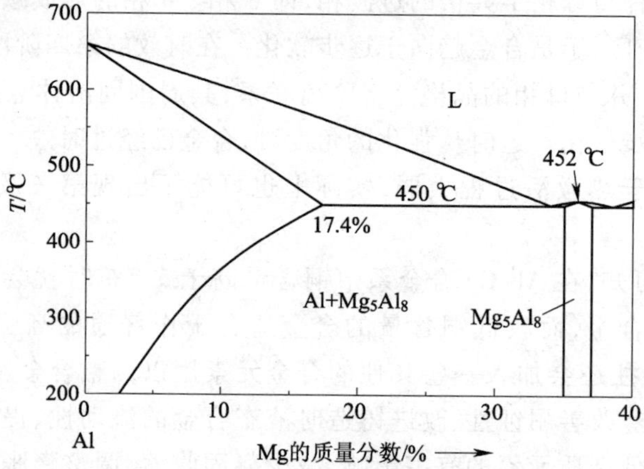

图 3–3　Al–Mg 二元相图

低镁的工业 Al–Mg 合金通常含 2% ~5% Mg,且有很好的成形性能。高镁的工业 Al–Mg 合金通常含 5% ~12% Mg。铸态时 Mg_5Al_8 往往分布于晶界上。

工业 Al-Mg 合金系的镁含量均不超过平衡相图上所显示的母相最高溶解度17.4%,否则合金的力学性能将大大降低。因此用做铸造合金时合金中很少能有共晶成分的组织,这自然会导致合金较差的铸造性能,通常只会用来铸造形状比较简单的耐蚀零件。

Al-Mg 合金要求杂质含量低,以保证较好的耐蚀性。大部分工业 Al-Mg 合金中其他合金元素的含量都比较少,合金性能主要受镁含量的影响。适当添加一定的其他合金元素也可以辅助性地调节合金的性能。例如,锆可以提高合金的再结晶温度,硅可以改变铸造时的流动性,锰和铬可以中和杂质铁原子对耐蚀性的不利影响,锌可以提高铸造性能及合金强度,钛、硼可以细化合金晶粒,铍或锂可以降低合金的高温氧化倾向,铅可以提高合金的切削加工性能等。

Al-Mn 是作为变形铝合金得到广泛应用的合金系。铝中的锰借助固溶强化可以明显提高合金的强度。另外,锰可以明显中和合金中铁原子的有害作用,改善合金的力学性能。锰不直接影响铝合金的耐蚀性,由于其对铁原子的中和作用,锰实际上还可以改善合金的耐蚀性。铝固溶体中最多可以在 657 ℃ 溶解 1.8% 的锰(图 3-4)。当合金中锰含量超过铝固溶体的溶解度时,锰会以 $MnAl_6$ 的形式析出。

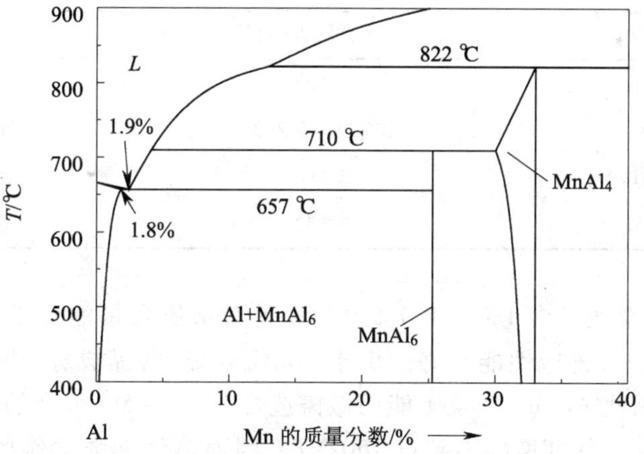

图 3-4 Al-Mn 二元相图

图 3-5 所示为 Al-Fe 二元相图,可以看出铝固溶体只能溶解很少的铁原子,最多也只有 0.04%。在特定情况下,$FeAl_3$ 有可能直接从液体中析出。少量的 $FeAl_3$ 相往往以离异共晶的形式分布于晶界上,严重影响合金的力学性能。

表 3-1 列出了铝合金中一些析出相的结构和硬度。可以看出,$FeAl_3$ 有最高的硬度和最低的晶体对称性,因此 $FeAl_3$ 的脆性应该最高,并会明显降低合金的抗疲劳性能,妨碍合金的应用。在 Al-Mn 合金系中由于锰的存在,当锰以

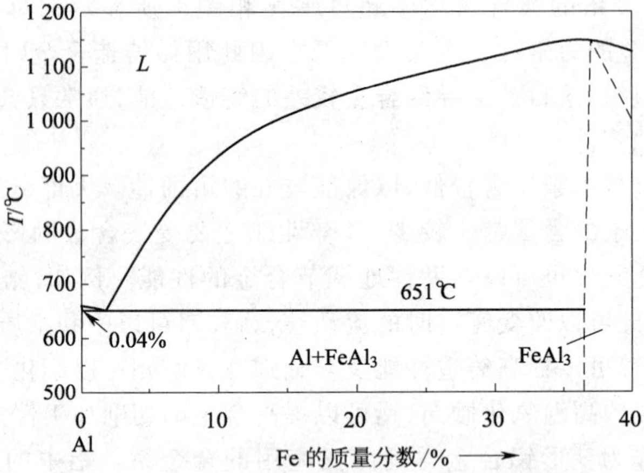

图 3-5　Al-Fe 二元相图

$MnAl_6$的形式析出时会吸附铁原子进而形成(FeMn)Al_6复合析出相,从而中和了铁原子的有害作用。

表 3-1　铝合金中一些析出相的结构与硬度

析出相	显微硬度 $H_5\mu$/MPa	晶系
$FeAl_3$	9 408	单斜
$MnAl_6$	3 724 ~ 5 292	正交
$CuAl_2$	5 488	四方
Mg_5Al_8	3 332	立方

Al-Mn 合金通常含 1% ~1.7% Mn,而且对杂质含量的要求不严。但液态合金的流动性差,铸造性能不好。由于 $MnAl_6$较脆,共晶成分 Al-Mn 合金的力学性能很差,因此 Al-Mn 合金不能用做铸造合金。Al-Mn 合金的时效硬化不很明显,最多的维氏硬度增幅不超过 150 MPa,因而热处理强化作用很小,其强度的升高通常弱得没有实用价值。在 Al-Mn 合金的加工过程中通常只作327 ~ 377 ℃的再结晶退火或部分退火。细小的锰析出物会阻碍晶粒长大,明显阻碍再结晶过程,因此 377 ℃以下加热析出过程往往优先于再结晶过程。形变热处理又可明显提高合金的强度。Al-Mn 合金的性能主要受锰含量的影响。铜可以减少合金的点腐蚀倾向,钛、硼可以用来细化合金晶粒。

三、Al-Si 和 Al-Zn 合金系

硅与铁相同,在铝合金中是最常见的杂质元素。但它同时也可以用做铝合

金的合金化元素。Al-Si 合金有较好的耐蚀性,其热导率较低,为(1.2～1.6)×10^{-2} W/(m·K)。硅可以提高铝合金的铸造及焊接流动性,降低铸造收缩率,降低合金的热膨胀系数,提高合金的力学性能,与其他合金元素综合作用可以使合金热处理强化。铝固溶体中最多可以在 577 ℃溶解 1.65% 的硅(图 3-6)。当合金中硅的含量超过铝固溶体的溶解度时,硅会以单质的形式析出。由图 3-6 可以看出,在共晶温度硅相可以溶解约 0.5% 的铝。

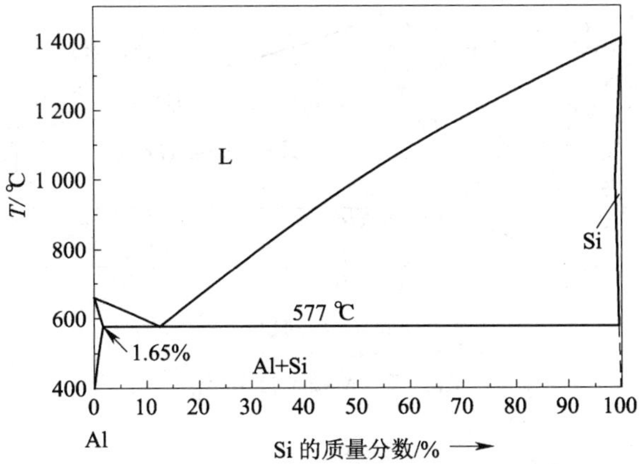

图 3-6　Al-Si 二元相图

硅为金刚石结构,维氏硬度为 8 700～13 500 MPa。Al-Si 二元合金的力学性能主要取决于硅析出粒子的形状与分布。细小、等轴、均匀分布的硅粒子可以使合金既有高的塑性,又有相当高的强度。Al-Si 合金,尤其是过共晶合金有很好的耐磨性。时效强化时,Al-Si 合金中析出相与母相失配度大,所以在时效初期就不共格,时效强化效果很弱。

Al-Si 合金的硅含量一般为 5%～25%。低硅含量的合金(<14%)可以用于变形加工,但 Al-Si 合金的主要用途是制造中等强度的铸件,尤其可以铸造复杂形状的零件。Al-Si 合金也可以用做焊接材料或特定条件下的耐磨变形铝合金。合金中加铜可以用做对耐蚀性要求不严的高强度铸件。磷可以细化析出硅的尺寸,钴、铬、锰、钼、镍等可以中和铁的有害作用并改善合金的高温性能。镁可以进一步明显提高合金强度,钛、硼可以细化母相晶粒。

在铝中加入 0.2%～2% Si 和 0.2%～1.5% Mg 可以构成 Al-Mg_2Si 合金系。合金中镁与硅主要生成 Mg_2Si 相。这种合金的抗拉强度、蠕变强度、疲劳强度、导电性能都比较好,也有良好的表面化学处理性能,因而适于作工业电缆,也适合于作建筑承载和建筑装饰用结构材料。合金中可以加少量铜以增强合金的自然时效能力,加磷、硫等可以球化 Mg_2Si,加锰可以中和铁的有害作用,等等。

Al-Zn 合金是最早使用的铸造铝合金，从图 3-7 所示的 Al-Zn 二元相图可以看出，锌在铝合金中的溶解度变化很大，443 ℃时可达 70%，77 ℃时仅有 2.5%。高温时有 ZnAl 相存在，低温则只有铝和锌两相固溶体组织。

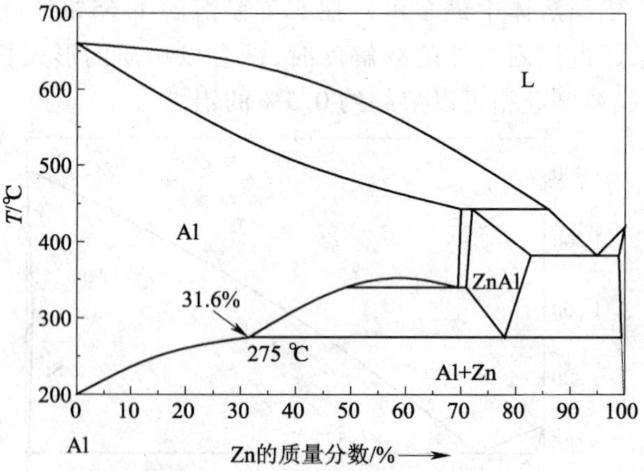

图 3-7 Al-Zn 二元相图

锌可以明显提高合金的强度，锌含量高于 20% 时合金有明显的热处理强化效果。时效初期出现球形 GP 区，尺寸为 1 ~ 6 nm，且造成合金硬度的升高。随后 GP 区转为椭圆形，长轴超过 10 ~ 15 nm 后 GP 区转变成 α′相并以薄片状形式与母相保持共格。高锌合金最大的时效强度可达到 500 MPa。过时效后 α′相转变成稳定的六方 α-Zn 相。合金中除了少量镁可以加速时效过程外，其他多数合金元素均会降低时效速度。合金中加铜可以提高强度和降低热脆性，加镁可以提高强度和增强热处理效果，加硅可以提高铸造流动性。

Al-Zn 合金系有较好的铸造性能，强度高，且价格低廉，但耐蚀性不好，热裂倾向比较大，因此近些年来逐渐被 Al-Si 等其他铝合金系取代。

四、其他铝合金系

锡在铝合金中可以是微量元素，用以提高铸造合金的流动性。但它作为铝合金的主要合金化元素，则用以制造轴承铝合金。铝与锡两固溶体相的共晶点是 228 ℃、含 99.5% Sn，与纯锡极为接近（图 3-8）。锡在铝中的最大溶解度约为 0.1%。锡对铝的晶粒有微弱的细化作用，微量锡对纯铝的力学性能没有明显的作用，但会明显推迟 Al-Cu 合金的时效硬化过程。

轴承材料需要相对软的基体和硬粒子相。铝合金作为轴承材料需要在润滑良好的条件下工作，因为铝合金不能承受很高的工作温度。Al-Sn 合金是唯一的可用做轴承材料的铝合金。在润滑失效的情况下，锡首先因温升而熔化并使

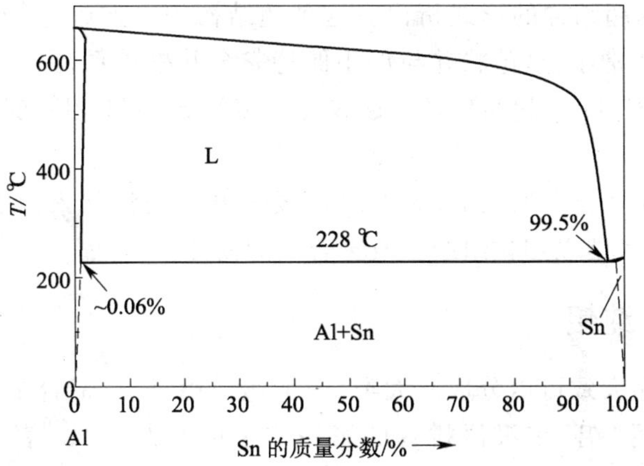

图 3-8 Al-Sn 二元相图

轴承接触面上蒙上一层薄锡，改善了润滑环境并阻止继续升温。多数 Al-Sn 轴承合金的含锡量为 5% ~20%。合金中可加入铜以强化基体，加入硅、铁、镍等以形成减磨的硬粒子。Al-Sn 轴承合金的加工过程往往要借助塑性变形破碎可能的网状锡相组织，随后需要作退火处理，以使锡相球化并改善合金的性能。

Al-Li 合金是最近发展起来的一种新型铝合金系。这种合金的特点在于合金的密度比纯铝还低，而弹性模量却显著提高。同时，合金的抗拉强度可以接近 600 MPa。铝固溶体中最多可以在 603 ℃溶解 4.2% 的锂(图 3-9)。当合金中锂的含量超过铝固溶体的溶解度时，可能会出现平衡的 LiAl 相。LiAl 具有立方结构，点阵常数为 $a=0.635\ 6$ nm。时效处理时锂通常并不以 LiAl 的形式析出，

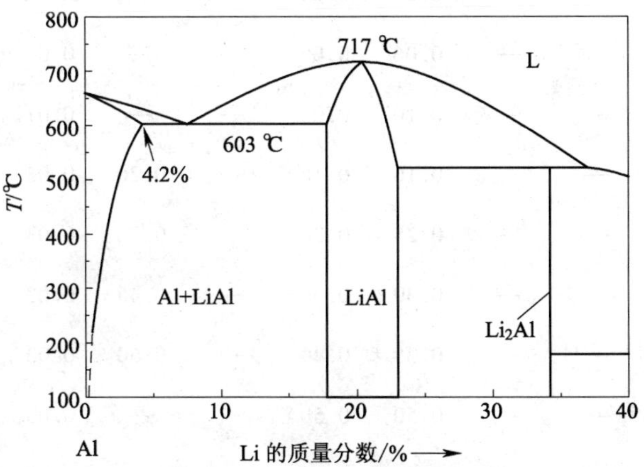

图 3-9 Al-Li 二元相图

而会以 δ′-$LiAl_3$超结构的形式析出。这种超结构的立方点阵($a=0.401$ nm)与母相的失配度非常小,呈球状并与母相保持完全共格关系,因而造成时效硬化。继续时效会使 δ′-$LiAl_3$超结构转变成较为平衡的 δ-$LiAl_3$相并变粗大,使合金的强度降低。

通常 Al-Li 合金中加入 1% ~3% Li。合金中还可以加入铜或镁以增强合金的强化效果,加入锆以细化组织并改善合金的韧性。

五、工业纯铝

工业铝产品大致可以分成三大类,即工业纯铝、铸造铝合金和变形铝合金。我国国家标准用“铝”字汉语拼音的第一个字母的大写“L”表示**工业纯铝**,用“LG”表示工业高纯铝,后面的数字表示顺序号。表 3-2 给出了工业纯铝的化学成分。表中数值为质量分数,表示杂质元素的最大允许含量,对铝则表示最小含量。工业纯铝不可以通过热处理强化。冷变形可以提高纯铝的强度,再结晶退火可使纯铝软化,再结晶温度通常为 300 ~500 ℃。工业纯铝可用于科学研究,用做配制铝合金的原料或用于要求耐蚀、可焊接且对强度要求不高的工业设备或仪器、仪表。表 3-3 给出了两种典型工业纯铝的力学性能。

表 3-2　我国工业纯铝的主要化学成分

代号	w_{Cu}/%	w_{Mg}/%	w_{Mn}/%	w_{Fe}/%	w_{Si}/%	w_{Zn}/%	w_{Fe+Si}/%	其他单个/%	其他合计/%	w_{Al}/%
LG5	0.005	—	—	0.003	0.002 5	—	—	0.002	—	99.99
LG4	0.005	—	—	0.015	0.015	—	—	0.005	—	99.97
LG3	0.01	—	—	0.04	0.04	—	—	0.007	—	99.93
LG2	0.01	—	—	0.06	0.06	—	—	0.01	—	99.9
LG1	0.01	—	—	0.10	0.08	—	—	0.01	—	99.85
L1	0.01	—	—	0.16	0.16	—	0.26	0.03	—	99.7
L2	0.01	—	—	0.25	0.20	—	0.36	0.03	—	99.6
L3	0.015	—	—	0.30	0.30	—	0.45	0.03	—	99.5
L4	0.05	—	—	0.35	0.40	—	0.60	0.03	—	99.3
L5	0.05	—	—	0.50	0.50	—	—	0.03	0.15	99.0
L6	0.10	0.10	0.10	0.50	0.55	0.10	0.9	0.05	0.15	98.8

表 3-3 两种典型工业纯铝的力学性能

纯铝代号	状 态	σ_b/MPa	$\sigma_{0.2}$/MPa	δ/%
LG5	退火	45	10	50
	75%冷变形	120	115	5
L3	退火	76	28	39
	完全硬化态	159	145	7

六、铸造铝合金

铸造铝合金用铸铝“ZL”表示;ZL 后面的第一个数字 1 表示 Al-Si 系,2 表示 Al-Cu 系,3 表示 Al-Mg 系,4 表示 Al-Zn 系;再后面的两位数表示合金顺序号。表 3-4 给出了我国部分铸造铝合金的主要化学成分。表中数值为质量分数,表示各主要元素的上、下限。表 3-5 给出了铸造铝合金常用的热处理方式。表 3-6 给出了典型铸造铝合金的力学性能。

表 3-4 我国部分铸造铝合金的主要化学成分及性能特色

代号	w_{Si}/%	w_{Cu}/%	w_{Mg}/%	w_{Mn}/%	其他/%	主要优点
ZL101	6.0~8.0	—	0.2~0.4	—		耐蚀,易铸造,易焊接
ZL102	10.0~13.0	—	—	—		耐蚀,易铸造
ZL104	8.0~10.5	—	0.17~0.30	0.2~0.5		易铸造,高强度
ZL105	4.5~5.5	1.0~1.5	0.35~0.60	—		高强度,易切削,可热处理强化
ZL109	11.0~13.0	0.5~1.5	0.8~1.5	—	Ni:0.5~1.5	高强度,耐磨,可热处理强化
ZL110	4.0~6.0	5.0~8.0	0.2~0.5	—		易铸造,可热处理强化
ZL201	—	4.5~5.3	—	0.6~1.0	Ti:0.15~0.35	易焊接,易切削,可热处理强化
ZL203	—	4.0~5.0	—	—		易切削
ZL301	—	—	9.5~11.5	—		高强度,易切削,耐腐蚀
ZL302	0.8~1.3	—	4.5~5.5	0.1~0.4		耐蚀,易切削,易焊接
ZL401	6.0~8.0	—	0.1~0.3	—	Zn:9.0~13.0	易铸造,易焊接,易切削,可时效

表 3-5 铸造铝合金常用的热处理

热处理方式	工艺特点	处理的目的
不淬火+人工时效	铸件快冷,然后时效处理	改善切削性能,提高表面粗糙质量
退 火	一般(290±10) ℃,保温 2~4 h	消除内应力及硬化状态,提高塑性
淬火+自然时效		提高强度和耐蚀
淬火+不完全时效	淬火后短时或低温时效	保持一定强度和良好的塑性
淬火+人工时效	约 180 ℃长时间时效	获得高强度
淬火+稳定回火	高于 T5 与 T6 的温度时效	保持高的组织及尺寸稳定性
淬火+软化回火	回火温度高于 T7	降低硬度,提高塑性

表 3-6 典型铸造铝合金铸造后的力学性能

代号	σ_b/MPa	δ_5/%	HB	代号	σ_b/MPa	δ_5/%	HB
ZL101	140	2	45	ZL109	200	0.5	90
	190	4	50		250	—	100
	210	2	60	ZL110	170	—	90
ZL102	140	—	50	ZL201	340	4	90
ZL104	200	1.5	70	ZL203	210	6	60
	240	2	70		230	3	70
ZL105	160	0.5	50	ZL301	280	9	60
	240	0.5	70	ZL302	150	1	55
	180	1	70	ZL401	250	1.5	90

铸造铝合金通常在相应的力学性能范围内(表 3-6)用于制作有减重、耐蚀或复杂形状要求的金属铸件。铸造铝合金的工作温度一般不超过 150 ℃,最高不会超过 300 ℃。

七、变形铝合金

变形铝合金还可以分成**热处理不可强化铝合金**和**热处理可强化铝合金**。热处理不可强化铝合金主要有包覆铝与防锈铝,分别用 LB 和 LF 表示,后面的数字表示顺序号。表 3-7 给出了我国部分包覆铝与防锈铝的化学成分。表中数值为质量分数,表示杂质元素的最大允许含量或合金元素含量允许的上、下限。

表 3-7 我国部分包覆铝与防锈铝的主要化学成分

代号	w_{Cu} /%	w_{Mg} /%	w_{Mn} /%	w_{Fe} /%	w_{Si} /%	w_{Zn} /%	特殊	w_{Fe+Si} /%	其他 /%	其他合计/%	w_{Al} /%
LB1	0.015	—	—	0.30	0.30	0.9～1.3		0.45	0.03	—	余量
LB2	0.015	0.05	0.05	0.30	0.30	0.05		0.45	0.03	—	99.5
LF2	0.10	2.0～2.8	0.15～0.4	0.40	0.40	—	Ti:0.15	0.60	0.05	0.15	余量
LF3	0.10	3.2～3.8	0.30～0.6	0.50	0.5～0.8	0.20	Ti:0.15	—	0.05	0.10	余量
LF4	0.10	4.0～4.9	0.40～1.0	0.40	0.40	0.25	Ti:0.15	—	0.05	0.15	余量
LF5	0.10	4.8～5.5	0.30～0.6	0.50	0.50	0.20	—	—	0.05	0.10	余量
LF6	0.10	5.8～6.8	0.50～0.8	0.40	0.40	0.20	Ti,Be	—	0.05	0.10	余量
LF11	0.10	4.8～5.5	0.30～0.6	0.50	0.50	0.20	Ti 或 V	—	0.05	0.10	余量
LF21	0.20	0.05	1.0～1.6	0.7	0.60	0.10	Ti:0.15	—	0.05	0.10	余量

注:1.“特殊”栏内为加入微量元素的名称及含量,LF4 还加入少量 Cr。

2. LB2 中给出的 Zn 含量实际表示 Zn 和 Cu 总的最大允许含量。

包覆铝具有良好的加工性能、焊接性能和耐蚀性,主要用于各种铝合金结构的外包覆层,以发挥其耐蚀性。其化学成分、力学性能和热处理工艺与工业纯铝相近。LB1 含有约 1% Zn,多用于包覆含锌铝合金,也可以用做散热材料。

防锈铝主要以镁或锰作为合金元素,其含量均比较低,因此基本上不能通过热处理得到强化,只能通过冷加工获得强化。这类合金同样具有良好的加工性能、焊接性能和耐蚀性。镁或锰可以提高合金的强度,镁有利于降低合金的密度,锰可以使合金的耐蚀性优于纯铝。防锈铝可以在冷加工状态下使用,也可以在退火状态下使用。对于一些冷加工状态使用的防锈铝,尤其是合金含量较高的防锈铝需经稳定化退火,以稳定力学性能、保证耐蚀性。防锈铝一般的退火温度为 300～450 ℃,稳定化退火的温度为 100～200 ℃。表 3-8 给出了一些防锈铝的力学性能。防锈铝主要用做耐蚀并要求可焊接的结构件,也会用做焊丝、铆钉及用于一些民用产品。

表 3-8 一些防锈铝的力学性能

代号	状态	σ_b/MPa	$\sigma_{0.2}$/MPa	δ_{10}/%
LF2	退火	195	90	25
	完全硬化态	290	255	7
LF3	退火	240	115	20
	完全硬化态	340	270	10
LF6	退火	333	157	20
	50% 硬化态	441	338	13
LF21	退火	110	40	30
	完全硬化态	200	185	4

热处理可强化铝合金主要有硬铝(LY)、锻铝(LD)、超硬铝(LC)与特殊铝(LT)等。表 3-9 给出了我国部分热处理可强化铝合金的化学成分。表中数值为质量分数,表示杂质元素的最大允许含量或合金元素含量允许的上下限。可以看出,热处理可强化铝合金主要依靠铜、硅或锌等时效强化合金元素强化合金。由于加入多种合金元素,许多热处理可强化铝合金的耐蚀性不很好,因此经常需要使用外包覆铝合金以增强其耐蚀性。

表 3-9　我国部分热处理可强化铝合金的主要化学成分

代号	w_{Cu}/%	w_{Mg}/%	w_{Mn}/%	w_{Fe}/%	w_{Si}/%	w_{Zn}/%	w_{Ni}/%	w_{Ti}/%	特殊/%
LY1	2.2~3.0	0.2~0.5	0.20	0.50	0.50	0.10	—	0.15	
LY4	3.2~3.7	2.1~2.6	0.5~0.8	0.30	0.30	0.10	—	0.05~0.4	Be
LY11	3.8~4.8	0.40~0.8	0.4~0.8	0.70	0.70	0.30	0.10	0.15	
LY12	3.9~4.9	1.2~1.8	0.3~0.9	0.50	0.50	0.30	0.10	0.15	
LY16	6.0~7.0	0.05	0.4~0.8	0.30	0.30	0.10	—	0.1~0.2	Zr:0.20
LD2	0.2~0.6	0.45~0.9	0.15~0.35	0.50	0.50~1.20	0.20	—	0.01~0.04	
LD7	1.9~2.5	1.4~1.8	0.20	0.9~1.5	0.35	0.30	0.9~1.5		
LD11	0.5~1.3	0.8~1.3	0.20	1.0	11.5~13.5	0.25	0.5~1.3	0.15	Cr:0.10
LD31	0.10	0.45~0.9	0.10	0.35	0.2~0.6	0.10	—	0.10	Cr:0.10
LC3	1.8~2.4	1.2~1.6	0.10	0.20	0.20	6.0~6.7	—	0.02~0.08	Cr:0.05
LC9	1.2~2.0	2.0~3.0	0.15	0.50	0.50	5.1~6.1	—	—	Cr
LC10	0.5~1.0	3.0~4.0	0.20~0.35	0.30	0.30	3.2~4.2	—	0.05	Cr
LT1	0.20	—	—	0.60	4.5~6.0	0.10	—	0.15	
LT17	0.15	0.05	0.50	0.50	11~12.5	—	—	0.15	Ca:0.10
LT66	0.005	1.5~2.0	—	0.005	0.01	—	—	—	余 0.005

注:1. "特殊"栏内为加入微量元素的名称及含量。

2. LY11 和 LY12 中给出的 Fe 含量实际表示 Fe 和 Ni 总的最大允许含量,LT1 中给出的 Zn 含量实际表示 Zn 和 Sn 总的最大允许含量,LT17 中给出的 Cu 含量实际表示 Cu 和 Zn 总的最大允许含量。

硬铝是用于制作结构件的高强度铝合金。LY1 属于低强度硬铝,塑性较好但强度不很高。这类合金时效速度慢。适合用做可自然时效的硬铆钉材料。LY4 含有较高的铜和镁,强度高因而适合用做在 120 ~ 250 ℃ 使用的铆钉。LY11 属于中强度硬铝,塑性较好且强度较高。该合金可用做中等强度结构件。LY12 合金强度高,加工性能好,是硬铝中用量最大的一种合金,用做高强度结构件。LY16 合金有高的室温强度和高的 300 ℃ 以下的持久强度,主要用于315 ℃

以下的高温结构件和高强度焊接件。

锻铝是用于制作形状复杂的大型锻件的铝合金。LD2 具有中等强度及良好的塑性，适合做常温工作的大型构件。LD7 有良好的耐热性和高温塑性，主要用做高温工作的构件。LD11 属于耐热锻铝，铸造性能好、热胀系数小、耐磨性和耐热性好，主要用做活塞类高温工作构件。LD31 属低合金化高塑性合金，强度适中、热塑性极好、焊接和耐蚀性优良、表面处理性能良好，主要用做挤压变形的建筑结构件或装饰件。

超硬铝是指强度高于硬铝的铝合金。LC3 合金强度高、塑性好，可用做 100 ℃以下使用的铆钉。LC9 合金固溶处理后仍有好的塑性、热处理强化效果好、在 150 ℃以下至低温都有好的强度，主要用做轻质高强度构件。LC10 合金的杂质控制严格，强度略低而塑性及韧性较好，用做有韧性要求的高强度结构件。

特殊铝是指用于特殊场合的铝合金。LT1 合金主要含约 5% Si，焊接流动性好、熔点低、容易补充焊接收缩，是用做焊接各种变形铝合金与铸造铝合金的材料。它本身不能热处理强化，但能够焊接热处理可强化铝合金。如果被焊接合金含镁，则会在焊缝区生成 Mg_2Si 相，使焊缝强化。LT17 合金主要含约 12% Si，基本达到共晶成分，因此合金熔点只有约 580 ℃，焊接流动性特别好、补充焊接收缩的能力很强。由于该合金熔点明显低于其他铝合金，因此适合用做钎焊接材料。它本身基本不能热处理强化，但钎焊的扩散过程可使焊缝区的成分转变成可热处理强化。LT66 合金含有 1.5% ~2.0% Mg，合金杂质含量控制严格，成形性、抛光性和阳极氧化性能都很好，因此适合用做仪表盘、装饰件等。表 3-10 给出了部分热处理可强化铝合金的力学性能及主要热处理温度等参考数据。

表 3-10 部分热处理可强化铝合金的力学性能及主要热处理温度

代号	状态	σ_b/MPa	$\sigma_{0.2}$/MPa	δ/%	热加工/℃	退火/℃	固溶淬火/℃	时效
LY1	淬火+时效	295	165	24	350 ~ 520	415	495 ~ 505	自然
LY4	淬火+时效	451	274	23	390 ~ 430		503 ~ 508	自然，120 ℃
LY11	退火	180	70	20	390 ~ 440	415	495 ~ 505	自然
	淬火+时效	425	275	20				
LY12	退火	185	75	20	390 ~ 440		485 ~ 498	自然，190 ℃
	淬火+时效	470	325	20				
LY16	退火	170	75	18	390 ~ 440	415	530 ~ 540	165 ~ 190 ℃
	淬火+时效	415	290	10				

续表

代号	状态	σ_b/MPa	$\sigma_{0.2}$/MPa	δ/%	热加工/℃	退火/℃	固溶淬火/℃	时效
LD2	退火	140	80	20	410 ~ 500		510 ~ 530	自然,160 ℃
	淬火+时效	343	284	12				
LD7	淬火+时效	441	372	10	370 ~ 450	380 ~ 430	520 ~ 535	185 ~ 195 ℃
LD11	淬火+时效	380	315	8	320 ~ 480	415	504 ~ 516	168 ~ 174 ℃
LD31	退火	90	50	—	480 ~ 500		515 ~ 525	160 ~ 200 ℃
	淬火+时效	240	215	12				
LC3	淬火+时效	510	431	15	300 ~ 450	360 ~ 420	465 ~ 475	100 ~ 165 ℃
LC9	退火	230	105	17		415	460 ~ 470	自然,120 ℃
	淬火+时效	570	505	11				
LC10	淬火+时效	490	382	7	350 ~ 440	415	467 ~ 473	130 ~ 140 ℃
LT1	焊接	131	55.2	8	400 ~ 450			
LT66	退火	180	85	25	350 ~ 450	345		
	完全硬化	220	200	5				

八、铝合金的广泛应用

铝是世界上用量最大的有色金属材料,它在航空航天、机械、车辆、电子、包装、建筑、石化、船舶、兵器、文体、核能、农业等方面均有广泛的应用。中国的铝产品中约有一半用做结构铝材,另外接近四分之一用做导体材料,其他还用于铝铸造件、炼钢脱氧等。

在航空航天工业的飞机及各种航天器上均大量使用铝合金制作各种发动机零件或构件。飞机上铝合金约占总重量的 50% ~80%;机械行业的各种仪器仪表零件、机床零部件、集装箱板等方面也大量使用铝结构件;火车、大型客车构架、地铁车厢等均使用许多铝型材构件。德国奥迪汽车公司于 20 世纪 80 年代末期推出了全铝制作的 Audi-200 型小轿车,大大地减轻了汽车重量,为汽车的节能提供了前提。对于制作全铝汽车的问题尚有不同的看法,相关的研究还在进行。

铝材可在建筑行业用做门窗构架、彩色外装饰、幕墙构件等;在石油化学工业用做油罐、压力容器、化学容器、换热器、冷凝器、石油天然气管等;在船舶工业用做水翼船、气垫船、潜水艇、轻型船体等各种船用构件;在兵器工业用做火箭燃料箱、军用飞行器、装甲坦克、鱼雷快艇、高机动性装甲运兵车等;在核能工业用做反应堆构件、燃料元件包壳、各种耐辐照和耐蚀管线等;在农业可用做轻型耐潮湿粮仓、喷灌设备,如牛奶加工等农产品加工管线、农机具、温室结构件等。

在电子工业部门,铝材不仅可以用做导线,而且可用做家用电器部件、空调机及计算机散热器、计算机外存储器、电解电容器铝箔等。目前人们已经可以制备出强{100}面占有率的高压电解电容器铝箔,利用高纯铝箔化学腐蚀行为各向异性的特性和特种腐蚀工艺使铝箔的表面积因剧烈起伏而提高70倍,从而大大提高高压电解电容器的电容量体积比。

在包装工业方面,铝材用做食品及厨房加工处理用包装铝箔、各种商品的装饰性包装及特殊功能的包装、啤酒桶、易拉罐等。目前最薄的铝箔可加工至5 μm厚,这样1 kg铝可加工出74 m^2的铝箔。快速冲压制作易拉罐时需要铝合金板有一定强度,并且不能明显出现制耳,否则会严重干扰冲压设备的正常运转,大大降低生产效率和经济效益。退火铝板中的立方织构会造成0°和90°制耳,而冷轧织构则会造成45°制耳。若使铝合金退火轧板内有较强的立方织构,再经约80%的冷轧变形则会使轧板0°/90°制耳的倾向逐渐转向45°制耳,即0°/90°制耳倾向会抵消45°制耳倾向并达到某种平衡,进而总体上呈现极微弱的或完全没有制耳效应,同时轧板也得到了加工强化,因而可以满足易拉罐生产对铝板的要求。

在文化体育方面,铝材可以制作高尔夫球、各种球拍、滑雪用品、田径比赛器具(标枪、起跑器、接力棒等)、登山用具、自行车、赛艇等,还可以制作复印机感光鼓、PS印刷版等。PS印刷版是一种涂有0.4~1.0 mm厚重氮化合物树脂感光层的厚度为0.1~0.3 mm的薄铝板,已经用于大量取代传统印刷版。PS印刷版的制作技术非常严格,包括厚度偏差、表面粗糙度、力学性能、尺寸精度及稳定性、表面处理质量控制等。因此需要合金组织均匀细小、夹杂少、氢含量低,并且需要使用计算机控制的现代高技术冷轧机才能保证精度要求。PS印刷版的制造质量能反映出一个国家铝加工工业的水平。

目前在许多文献上经常会看到国际上流行的用四位数字表示铝合金牌号的方法。因此新的国家标准GB/T 16474—1996认可了这个表示方法,以与国际接轨。同时作为补充,对未命名为国际四位数字体系牌号的铝合金附加规定了四位字符表示铝合金牌号的方法,即第一、第三、第四位为阿拉伯数字,第二位为C、I、L、N、O、P、Q或Z以外的英文大写字母。表3-11简要地给出了GB/T 16474—1996规定的铝合金牌号第一位数字所表示的铝合金的组别。牌号第二位字母表示原始纯铝或铝合金的改型情况,最后两位数字用以标志同一组铝合金中不同的合金或铝的纯度。除改型合金外,铝合金组别按主要合金元素来确定。主要合金元素指极限含量算术平均值为最大的合金元素,其中算术平均值为合金元素允许的最大与最小含量的算术平均值,即波动范围的中值。当有一个以上的合金元素极限含量算术平均值为最大时,应该按Cu、Mn、Si、

Mg、Mg_2Si、Zn、其他元素的顺序来确定合金组别。例如国际上命名为 3004 和 3104 的铝合金表示以锰为主要合金元素的铝合金,其中第二位的 0 和 1 分别表示原始Al-Mn合金和序号为 1 的改型合金,后两位的 04 则表示 Al-Mn 合金系中的 04 号合金。

表 3-11 GB/T 16474—1996 规定的铝合金牌号第一位数字表示的内容

组别	牌号系列
纯铝(铝含量不小于 99.0%)	1×××
以铜为主要合金元素的铝合金	2×××
以锰为主要合金元素的铝合金	3×××
以硅为主要合金元素的铝合金	4×××
以镁为主要合金元素的铝合金	5×××
以镁和硅为主要合金元素并以 Mg_2Si 相为强化相的铝合金	6×××
以锌为主要合金元素的铝合金	7×××
以其他合金元素为主要合金元素的铝合金	8×××
备用合金组	9×××

§3-2 铜 合 金

一、铜的基本特性

以铜为基础的金属材料称为**铜合金**。铜是元素周期表中第 29 号元素,是具有面心立方结构的金属,点阵常数 a 为 0.361 5 nm,熔点为 1 084 ℃。铜是人类使用最早的金属材料。约一万年前西亚人已经能够使用天然铜,并可以对它作简单的加工和热处理。作为有色金属工程材料,铜的用量仅次于铝,占第二位。铜的广泛使用起因于其许多优良的特性。

铜的密度为 8.96 g/cm^3,比钢重 15%,可用做高密度材料。铜有极为优良的导电性能,纯度为 99.99% 的纯铜在 20 ℃时的电阻率约为 1.7×10^{-8} Ω·m,在所有金属中仅次于银,列第二,但价格比银低很多,是电力工业主导的导电材料。铜的热导率非常高,在所有金属中仅次于银,列第二,其室温热导率为 391 W/(m·K),可用做热交换材料或散热材料。铜是逆磁性材料,其磁化系数为一个很小的负数。因此铜基本不受外来磁场的干扰,可用做磁学仪器、定向仪器、防磁器械等。

铜有良好的塑性,高纯铜(99.99% Cu)在室温的伸长率可达 55%,可以承受各种形式的冷、热塑性变形加工。高纯铜的强度不很高,退火态高纯铜的室温屈服强度约为69 MPa,但抗拉强度约为221 MPa,因此可以有很高的加工硬化幅度。高纯铜完全加工硬化态的屈服强度可达365 MPa,抗拉强度达455 MPa,但伸长率会降至约4%。

铜是比较稳定的惰性金属。纯铜在大气、水、水蒸气、热水中基本不被腐蚀。在含有硫酸和SO_2的气体中或海洋性气体中铜能生成一层结实的保护膜,使得腐蚀速度很低,在很多场合可用做管道、阀门等材料。但铜在氨、氨盐以及氧化性的硝酸和浓硫酸中的耐蚀性很差,在海水中也会受腐蚀。纯铜具有玫瑰红色,表面形成氧化膜后呈紫色,因此也称为**紫铜**。铜的色泽可用于装饰目的。铜的表面可以被抛光、纹理、电镀、用有机物涂层或化学着色,以供制备各种功能表面或装饰表面。

铜有很好的焊接性能,可以很容易对铜作钎焊、熔焊等常规焊接,例如对铜可以实施气焊、电弧焊、电阻焊等熔焊工艺。纯铜在20~300 ℃的热膨胀系数为17.7 μm/(m·K),比铝的25.5 μm/(m·K)小,凝固时收缩率约为4.9%,也比铝的6.5%低,因此铜铸锭内的应力小而质量好,表现出良好的铸造性能。人类也已经有5 000~6 000年的铸造铜合金的历史。

二、纯铜中的杂质与合金元素

借助合金化的方法可以使纯铜的性能在不同的方面得到改善,以满足工业应用的要求。作为结构材料,铜中加入的合金元素主要起强化合金的作用。铜合金中所采用的主要合金元素有Zn、Sn、Al、Ni、Be、Si等。合金元素强化合金的主要途径是固溶强化、热处理时效强化和第二相强化等。表3-12给出了各种合金元素在铜中的最大溶解度,除化合物外,各合金的成分均用质量分数表示。

表3-12 常见合金元素在铜中的最大溶解度

合金元素	最大溶解度/%	合金元素	最大溶解度/%	合金元素	最大溶解度/%	合金元素	最大溶解度/%
Zn	39	As	8	Cd	3	Cr	0.7
Sn	15.8	Ti	7.4	Mg	2.8	Ni	无限互溶
Sb	10.4	Co	5	Be	2.75	Pb	0.007
Al	9.4	Si	4.6	P	1.7	Fe	~4
Ag	8	Fe	4	Zr	1	O	~0.003 6

在铜的生产过程中难免会有一些元素残留下来,并破坏铜晶格排列周期的完整性,从而增强对电子传导的散射,降低铜的导电性能。图3-10所示为一些微量元素对铜电导率的降低作用,其中设定高纯铜(99.99% Cu)的电导率为

100%。可以看出,Ag、Pb 等微量元素不明显降低电导率,Ni、Sn 等略使其降低,而 Fe、P、Si 等则明显降低电导率。铜中若存在第二相粒子则会使承载电流的体积减小,因而降低电导率,但这种影响通常不如溶质元素的作用大。

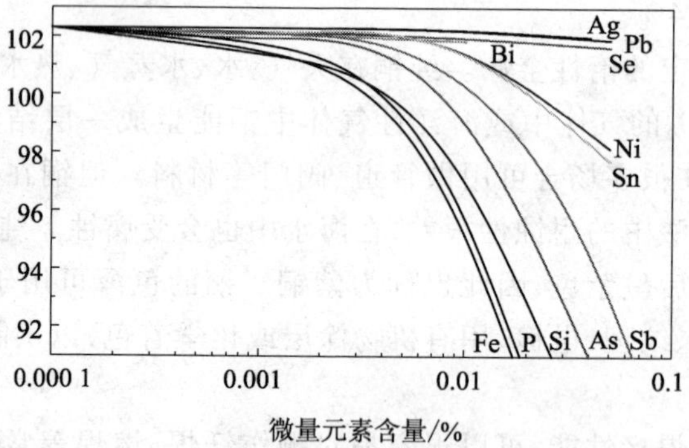

图 3-10 微量元素对铜电导率的影响

铜中的氧含量是人们经常要关注的问题。在铜的熔炼过程中,通常采用选择氧化法使与氧亲和力比铜大的杂质元素氧化,并经造渣排除。为了有效地使杂质脱除到足够低的水平,就需要使用过量的氧,这会使铜中最终残留有一定的氧含量。由表 3-12 可知,铜固溶体对氧的溶解度最多不超过 4×10^{-5}。图3-11 所示为 Cu-O 二元相图,可以看到含氧铜中会出现 Cu_2O 相。α 铜与 Cu_2O 可生成共晶组织(图 3-12a),且共晶成分仅为 0.39% O,因此过量氧会造成纯铜中出现 Cu_2O 相粒子和共晶组织。少量 Cu_2O 相的存在不会明显影响铜的强度和塑性,但会降低铜的冲击韧性。如果把含氧铜置于还原性气氛中加热,则 Cu_2O 中的铜会被还原出来。例如在氢气气氛中加热到 400 ℃氢会很快溶解于铜中并迅速扩散,把 Cu_2O 中的铜还原出来,并与氧结合生成 H_2O。H_2O 分子不能溶解在铜中,因而会造成铜中的气孔和疏松(图 3-12b)并大大损伤铜的力学性能、降

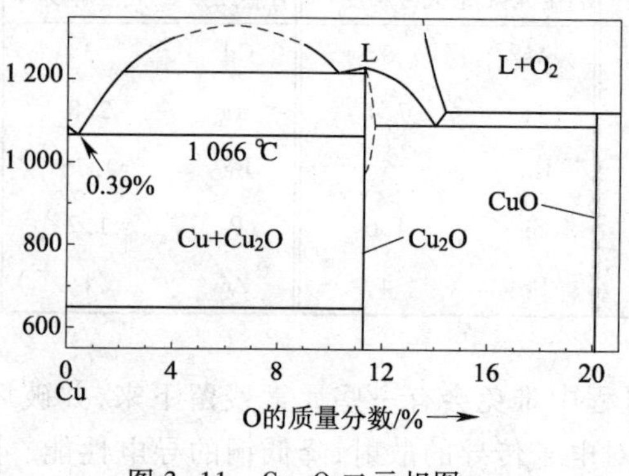

图 3-11 Cu-O 二元相图

低铜的电导率。

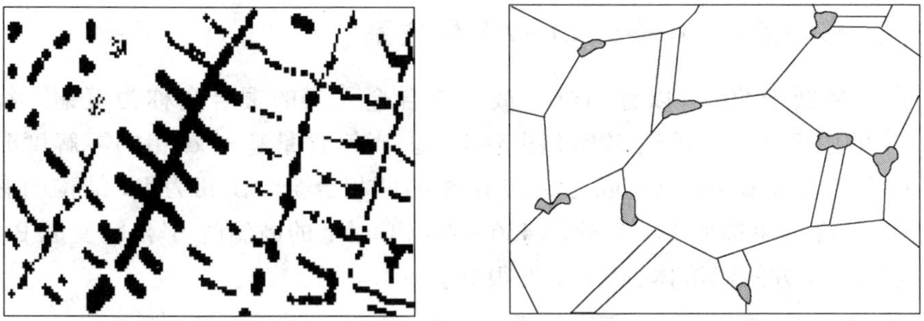

(a) 共晶组织　　(b) 氢气加热造成的水蒸气气孔

图 3-12　Cu-O 合金组织示意图

对于需要承受大塑性变形的铜,往往需要作退火处理,氧的存在会造成铜中出现气孔,因此应设法减少铜中的 Cu_2O 相含量。通常采用添加对氧亲和力比铜更强的磷,并通过造渣来清除 Cu_2O 相。这种处理也需要适当加入过量的磷,以保证清除效果。磷会明显降低铜的导电性,因此这种铜不适合用做高电导率材料。不添加磷,用通过严格控制精炼中的脱氧过程也可以生产出残留氧很少的**无氧铜**,以保证铜的高导电性。表 3-13 给出了**含氧铜**(也称**韧铜**)、**低磷脱氧铜**和无氧铜的导电和热导性比较。韧铜中含有较多的氧,铜中的氧基本以 Cu_2O 的形式存在。Cu_2O 的密度较低,约为 6 g/cm^3。因此当韧铜凝固时 Cu_2O 的析出会降低铸造收缩,使铸锭顶部平整,减少或免除切除锭头所造成的损失。

表 3-13　三种纯铜 20 ℃时的导电、热导性能

名称	w_{Cu}/%	w_O/%	w_P/%	电阻率 /(Ω·m)	热导率 /[W/(m·K)]
含氧铜(韧铜)	≥99.9*	0.04~0.05	—	17.00~17.24×10^{-9}	388
低磷脱氧铜	99.90	0.01	0.004~0.012	18.7×10^{-9}	350
无氧铜	≥99.99	≤0.001	—	17.1×10^{-9}	391

* 表示含量中包括少量的银。

参见表 3-12,铅在铜中的溶解度仅为 7×10^{-5}。高于这种铅含量的Cu-Pb二元合金有共晶反应,共晶点在 326 ℃、99.94% Pb。这种情况下多余的铅会以薄膜的形式沿 α-Cu 相晶界分布,并在热加工时造成开裂。因此铜中的铅含量不允许超过 5×10^{-5}。

一些纯铜在使用之前通常要经过冷变形加工,以提高强度。高纯铜的再结晶温度较低,不利于保持加工硬化效果。有时需要在合金中添加少量银,以便在基本不影响电阻率和热导率的情况下明显提高再结晶温度。

三、Cu-Zn、Cu-Sn、Cu-Al 合金系

含锌量低于50%、以锌为唯一或主要合金元素的铜合金称为**黄铜**。锌在α-Cu中的固溶度最高可达39%(图3-13)。当锌含量超过α相的溶解度时合金系中会因出现β′相,因而成为α与β′相的两相合金。β′相为B2结构的有序结构相,硬度高而难加工。加热到456~468 ℃以上的高温时β′相转变成β相,β相为体心立方的固溶体,高温塑性很好。

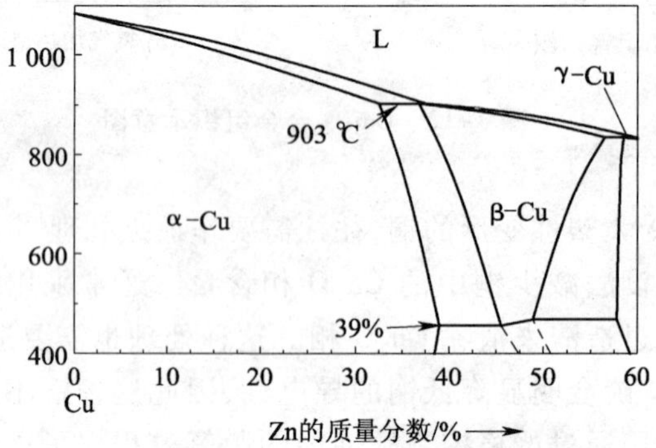

图3-13 Cu-Zn二元相图

向铜中加锌的主要目的是提高合金的强度。合金的强度可以随着锌含量的增加而提高,直至约45%~46% Zn,而塑性也随之有所提高直至30%~32% Zn(图3-14)。黄铜的加工硬化系数低于纯铜。锌的加入使得α相的层错能明显降低,从而在黄铜中经常可以观察到孪晶组织。黄铜的结晶温度间隔小且液态流动性好而偏析小,因此其铸造性能很好且铸件组织致密。另外黄铜在大气、海水以及一些碱性溶液中有很好的耐蚀性。

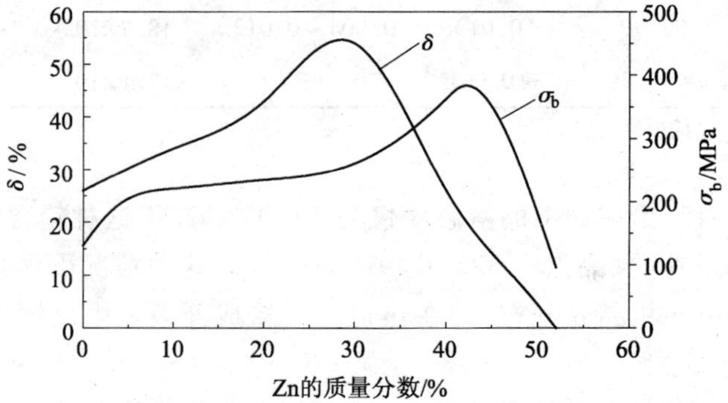

图3-14 锌对铜抗拉强度和伸长率的影响

黄铜中也经常加入铅、锡、硅、铝、锰、镍等元素，以改进黄铜的性能。这些元素的加入会影响 Cu-Zn 相图中 α 相固溶线的位置。除了镍以外，这些元素均使得固溶线左移，即增加 β′或 β 相析出的倾向或增加其体积分数。镍使固溶线右移。铝可以明显提高黄铜的强度，促进生成保护性氧化膜，因而有利于耐蚀性的提高。硅不仅可以提高黄铜的力学性能及耐蚀性，而且还可以改善铸造性能和耐磨性。锰除了提高强度，也可以提高黄铜在海水和过热蒸汽中的耐蚀性。铁能以元素状态从黄铜液体中以细小粒子分离出来，并作为 α 相的非自发核心促进晶粒细化，提高合金强韧性和耐磨性。锡可以明显提高黄铜在海洋大气和海水中的耐蚀性。铅对黄铜的强度影响不大，略使塑性降低，但可明显提高黄铜的切削加工能力和切削断屑能力，并能提高耐磨性。镍使得 α 相对锌的溶解度提高，可全面提高黄铜的力学性能和加工性能，提高耐蚀性，降低应力腐蚀倾向，提高再结晶温度，细化晶粒。

大量出土的铜器和铜币制品表明，Cu-Sn 合金是人类使用最早的合金之一。以锡为主要合金元素的铜合金称为**锡青铜**。在 Cu-Sn 合金相图富铜一侧可以看到(图 3-15)，在 799 ℃有包晶反应，生成立方结构的 β-Cu_5Sn 相，其高温塑性很好。在 586 ℃有共析反应，由 β 相生成 α 相和立方 γ 相；在 520 ℃有另一共析反应，由 γ 相生成 α 相和立方 δ-$Cu_{31}Sn_8$ 相。δ 相很脆，并会明显降低合金塑性。另外在 350 ℃还有一共析反应，由 δ 相生成 α 相和 ε 六方相。但一般认为，δ 相的分解过程极其缓慢，因此 350 ℃的共析反应在实际生产中不能发生。对 Cu-10% Sn 合金作 760 ℃淬火和 315 ℃、5 小时时效后合金的力学性能未发生变化，因此该合金系没有工业上可利用的时效强化作用。

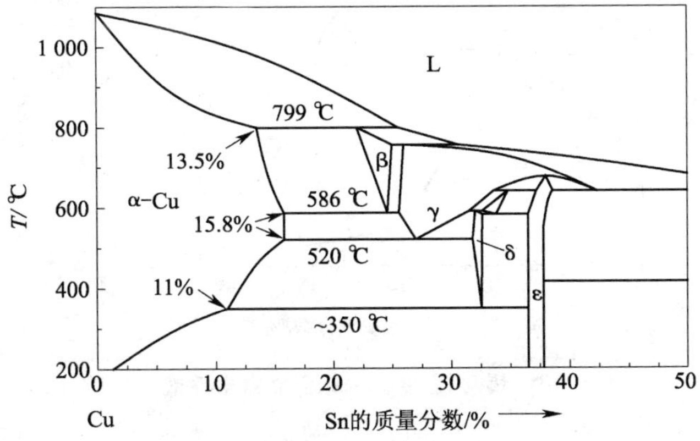

图 3-15　Cu-Sn 二元相图

锡比锌对铜有更强的强化作用(图 3-16)，但同时也会明显降低合金塑性

(图 3-17 中的伸长率 δ)。因此 Cu-Sn 合金的加工性能不如 Cu-Zn 合金。在铸造 Cu-Sn 合金中 δ 相的出现会明显降低合金塑性，当锡含量超过 20% 后大量的 δ 相也会使抗拉强度随之降低(图 3-17)。因此，Cu-Sn 合金的锡含量一般保持在 3% ~14%。由图 3-15 可知，Cu-3% ~14% Sn 合金液、固相线之间的温度间隔和成分间隔较大，这使得合金的铸造流动性降低，容易形成分散缩孔并使铸造偏析加大，且使得较低锡含量(如 8% Sn)的铸态合金也出现脆性 δ 相。合金凝固后的体积收缩会比较小，外形饱满而致密度低。Cu-Sn 合金有极好的耐磨性，比铜和 Cu-Zn 合金有更好的耐大气、海水、淡水以及蒸汽腐蚀的能力，但耐酸蚀性较差。

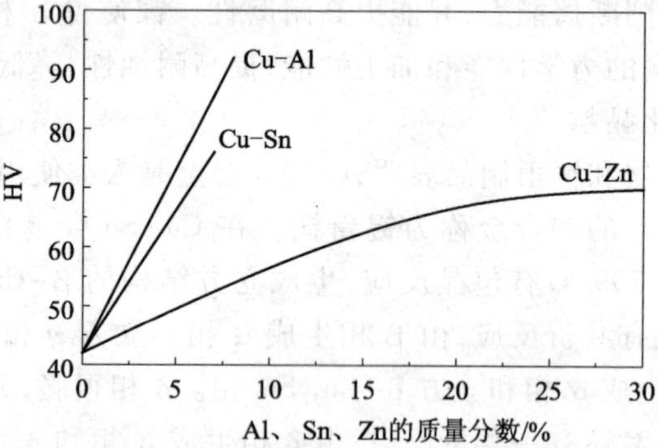

图 3-16　铝、锡、锌含量对铜合金硬度的影响

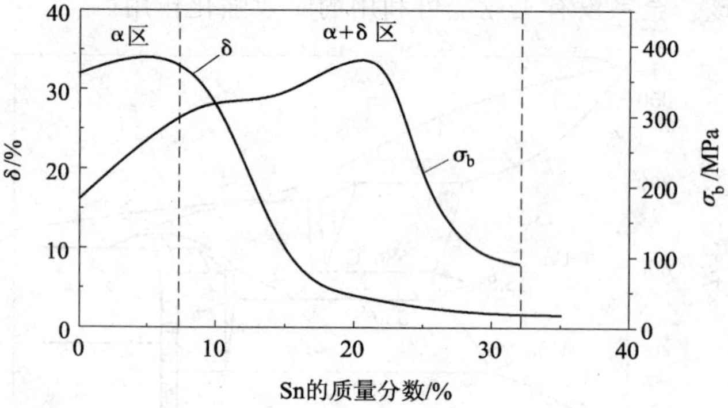

图 3-17　锡对铸造 Cu-Sn 合金力学性能的影响

以铝为主要合金元素的铜合金称为**铝青铜**。在 Cu-Al 合金相图(图 3-18)富铜一侧可以看到，在 1 036 ℃有共晶反应，生成 α 相和立方结构的 β-Cu_3Al相；在 565 ℃有共析反应，由 β 相生成立方 α 相和立方 γ_2相，并可以在缓慢冷却中形成与钢中珠光体形貌类似的组织。在快冷过程中共析反应将被抑制，β 相会

转变成亚稳的六方 β′相。这种转变属于马氏体类型的转变。由于 γ_2 相的硬度较高,因此共析组织的硬度会高于 β′相。将 β′相在共析温度以下回火时,细小 γ_2 相的析出会使得回火组织的硬度高于共析组织。

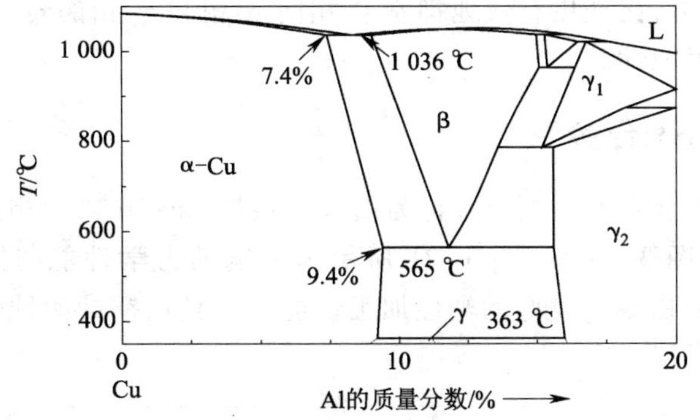

图 3-18 Cu-Al 二元相图

铝比锡对铜的硬化作用还要大(图 3-16),在较低成分范围内不仅可以提高强度,而且也可以提高塑性(图 3-19)。图 3-19 中实线为铸态组织性能,虚线为淬火组织性能,可以看出当合金成分进入 α 和 γ_2 两相区范围后(参见图 3-18),淬火组织的抗拉强度和伸长率均高于平衡组织。从综合性能来讲,γ_2 相的存在并不有利。相应成分范围的热处理总是尽量保持其含有 α 和 β′相的组织状态。实际铝青铜的铝含量范围为 5% ~11%。其结晶的温度范围很小(约 10~30 ℃),因此其铸造流动性好,偏析和分散缩孔少,铸件致密;但铸造收缩大,容易混入氧化铝夹杂,使铸件质量降低。铝青铜耐磨性好,在大气、海水、碳酸及有机酸中比黄铜和锡青铜还耐蚀,力学性能也比黄铜和锡青铜好。

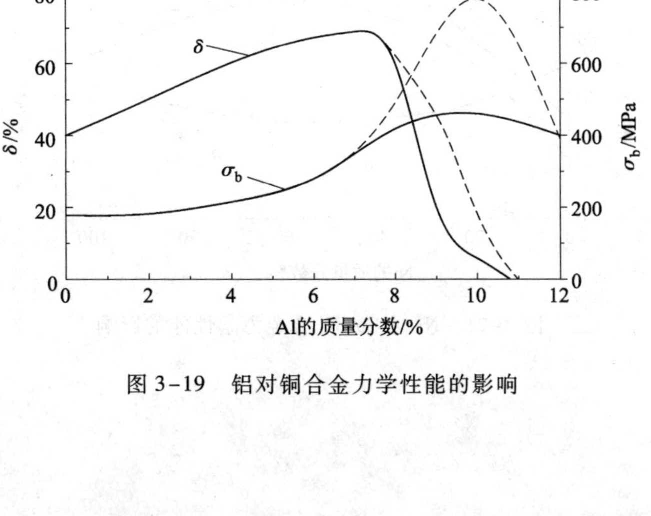

图 3-19 铝对铜合金力学性能的影响

在 Cu-Al 合金中也会加入一些其他的合金元素。铁可以细化合金组织、延迟再结晶速度、提高强度和耐磨性，同时可以抑制 β 相向 α 和 γ_2 相的共析转变，防止脆性 γ_2 相的出现。锰除了可以提高合金强度和耐蚀性外还可以提高合金冷、热加工的能力，比铁更有效地抑制 β 相向 α 相和 γ_2 相的转变。镍主要可以改善铝青铜的耐蚀性。

四、Cu-Ni 合金系

以镍主要合金元素的铜合金称为**白铜**。根据 Cu-Ni 二元相图，固态下铜和镍可无限互溶(图 3-20)。图 3-21 所示为白铜的力学性能与镍含量的关系。由图 3-21 可知，白铜有良好的塑性加工性能。而且白铜的耐蚀性好，热导率低而电阻率高。

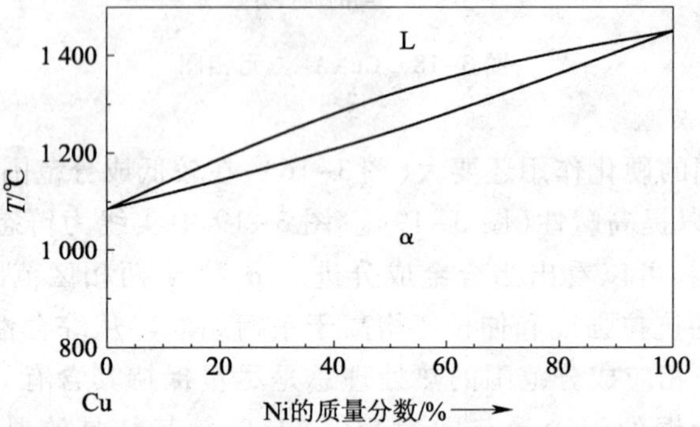

图 3-20　Cu-Ni 二元相图

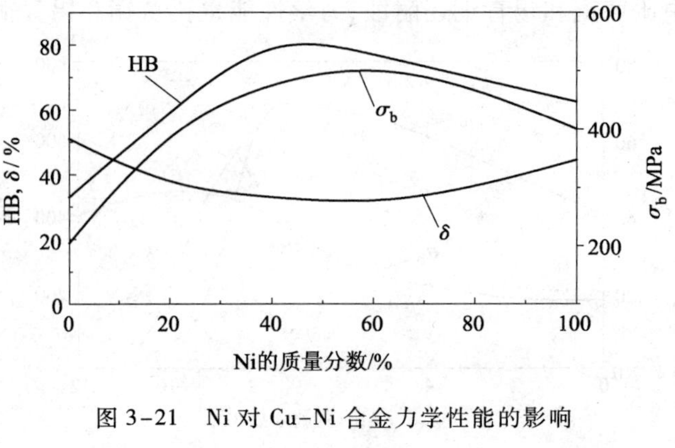

图 3-21　Ni 对 Cu-Ni 合金力学性能的影响

五、Cu-Be及其他铜合金系

以铍为主要合金元素的铜合金称为**铍青铜**。根据Cu-Be二元相图(图3-22),在605 ℃(6.0% Be)有共析反应,由γ_1相生成α相和γ_2相。铍在α铜内的最大溶解度为2.1%,其在室温的溶解度为0.2%,当温度降低使α相的溶解度下降时,过饱和的铍会以γ相的形式析出(图3-22)。析出过程表现为铍原子的富集并出现GP区,形成与α相保持共格或部分共格的片状γ″和γ′相,以及最终形成与母相非共格且稳定的γ相。因此铍青铜可以借助热处理时效得到强化。

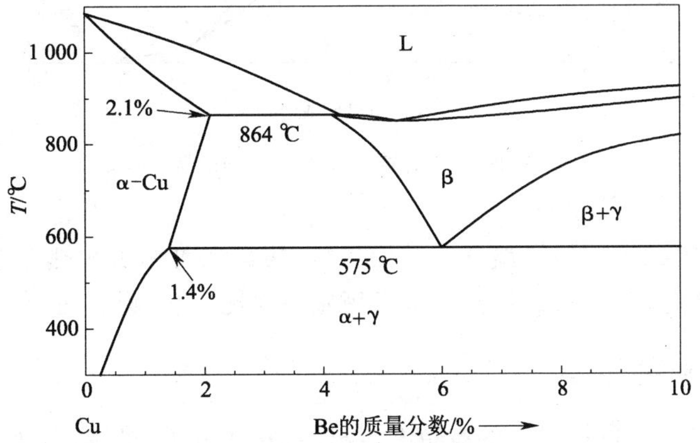

图3-22 Cu-Be二元相图

通常铍青铜中的铍含量为1.6%~2.8%。铍作为微量元素,其含量也可能在0.2%~1.6%的范围内,而且在铜里加入少量铍都可能使合金性能发生很大变化。铍青铜合金含量低,电学、耐蚀性及力学性能都很好。另外其加工、铸造等工艺性能也很好,但因为铍的价格很高使得其应用受到限制。

硅在铜中的最大溶解度为4.6%,室温为3%。由Cu-Si合金构成的**硅青铜**,其力学性能优于锡青铜,有良好的冷、热加工及铸造等工艺性能,且价格低廉。在硅青铜中加入镍可以生成Ni_2Si相,进而使硅青铜的时效性能得到提高;同时合金具有较好的导电性、耐蚀和耐热性。锰有利于提高硅青铜的强度和耐磨性。铅可以大幅度提高耐磨性,并用做轴瓦合金。图3-23所示为硅对铜合金力学性能的影响。

把铅作为主要合金元素加入铜中可构成**铅青铜**。铅不溶于铜,并可以与铜构成在铜的基体上均匀散布的铅质软颗粒的组织。这种组织在磨损环境中可以保持住润滑油膜并降低摩擦系数,使合金具有优良的耐磨性。铅青铜耐疲劳、抗冲击、散热能力强，耐热性好，可以在 300 ~ 320 ℃使用。铅青铜强度较低，所以往往需要在高强度金属衬底上使用。

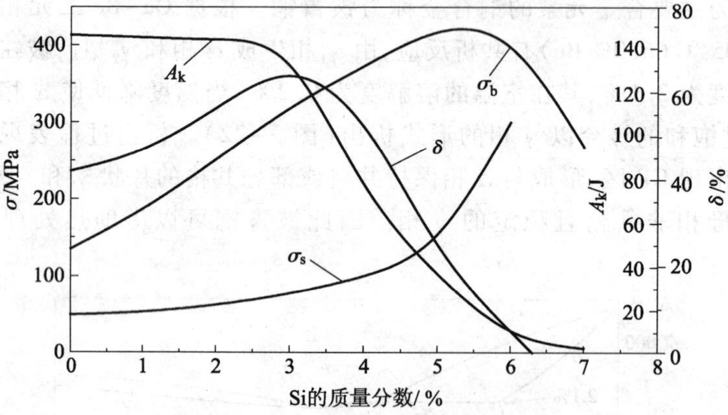

图 3-23　硅对铜合金力学性能的影响

另外，**锰青铜**可用做高温承载结构材料，**铬青铜**可用做耐热合金，**镉青铜**可用做高强度大跨度导电材料，**锆青铜**可用做高弹性模量、耐热的导电材料。

六、工业纯铜

铜是世界上用量第二大的有色金属材料，它在电子、机械、石油、化工、兵器、建筑、汽车、造船等工业部门有广泛的应用，同时普遍用在日用五金、工艺美术装潢以及硬币制造等方面。工业铜产品大致可以分成四大类，即工业纯铜、黄铜、青铜和白铜，分别用相应汉语拼音的第一个字母 T、H、Q 和 B 表示。根据生产方式的不同，铜合金又可以划分为**铸造铜合金**和**变形铜合金**。我国铜产品中约有 40% 用做铜结构件，30% 用做导体材料，30% 用做铸件或其他场合。

表 3-14 给出了**工业纯铜**的化学成分及相关用途。表中纯铜代号 T 后面的数字表示顺序号。表中数值为质量分数，表示杂质元素的最大允许含量，对铜则表示最小含量。

表 3-14　工业纯铜的主要化学成分

代号	w_{Cu}/%	w_{Bi}/%	w_{Pb}/%	杂质总量/%	用途
T1	99.95	0.002	0.005	0.05	导电材料，配制高纯度合金
T2	99.90	0.002	0.005	0.1	导电材料（电缆、工程导线）
T3	99.70	0.002	0.01	0.3	电气开关，一般铜结构件
T4	99.50	0.003	0.05	0.5	电气开关，一般铜结构件

工业纯铜不可以通过热处理强化。冷变形可以提高纯铜的强度,而通常在375 ~750 ℃范围所作再结晶退火可再使纯铜软化。工业纯铝可用做各种电子及热学元件、电和热的导体、要求耐蚀和抗氧化的构件等。工业纯铜的力学性能受到纯度、晶粒尺寸、加工处理状态等诸多因素的影响。表 3-15 给出了含铜不低于 99.99% 的无氧铜轧板在不同状态下的力学性能。

表 3-15 无氧铜的力学性能

状态	σ_b/MPa	$\sigma_{0.2}$/MPa	δ/%
热轧	235	69	45
25% 冷加工硬化	260	205	25
完全冷加工硬化	345	310	6
超加工硬化	380	345	4
退火,平均晶粒尺寸为 25 μm	235	76	45
退火,平均晶粒尺寸为 50 μm	220	69	45

七、黄铜

黄铜可以分成简单黄铜与复杂黄铜。只含锌不含其他合金元素的黄铜称为**简单黄铜**,标志时只在字母 H 后面标出表示合金铜质量分数的两位数字。如 H80 表示含铜 80% 的 Cu-Zn 二元合金。若属于铸造简单合金则在字母 H 前面加上 Z,属于变形简单合金则只用 H。一般简单黄铜化学成分中除了要求保证铜含量,铅、铁等杂质元素的上限外,其余含量均为锌。表 3-16 简明地给出了部分简单黄铜的主要化学成分、板带材的主要性能指标和常用退火温度。根据各种简单黄铜合金的化学成分,力学、电学、化学、热学性能,所制作零部件形状的复杂度以及对工艺性能的要求,可以选用不同的简单黄铜。简单黄铜主要用来制作各种铭牌装饰,建筑构件,水、油管阀容器构件,机械簧片,热交换构件,枪、炮弹壳构件,硬币等。目前,用简单黄铜制作铸件已经没有明显的优点,正在逐步被其他合金所取代。

表 3-16 部分简单黄铜的主要化学成分、主要性能指标和常用退火温度

代号	w_{Cu}/%	状态	σ_b/MPa	$\sigma_{0.2}$/MPa	δ/%	退火温度/℃
H95	94 ~ 96	退火,平均晶粒尺寸为 50 μm	235	69	45	425 ~ 800
		退火,平均晶粒尺寸为 15 μm	260	97	42	
		50% 冷加工硬化	330	275	12	
		完全冷加工硬化	385	345	5	

续表

代号	w_{Cu}/%	状态	σ_b/MPa	$\sigma_{0.2}$/MPa	δ/%	退火温度/℃
		超加工硬化	420	380	4	
H90	88~91	退火,平均晶粒尺寸为50 μm	255	69	45	425~800
		退火,平均晶粒尺寸为15 μm	280	105	42	
		50%冷加工硬化	360	310	11	
		完全冷加工硬化	420	370	5	
		超加工硬化	460	400	4	
H80	79~81	退火,平均晶粒尺寸为50 μm	305	97	50	425~700
		退火,平均晶粒尺寸为15 μm	345	140	46	
		50%冷加工硬化	420	345	18	
		完全冷加工硬化	510	405	7	
H70	69~72	退火,平均晶粒尺寸为50 μm	325	105	62	425~750
		退火,平均晶粒尺寸为15 μm	365	150	54	
		50%冷加工硬化	425	360	23	
		完全冷加工硬化	525	435	8	
		超加工硬化	595	450	5	
H60	58~61	退火	370	145	45	425~600
		50%冷加工硬化	485	345	10	
ZH62	60~63	金属型或砂型铸造	300		30	

除锌以外还含有一定数量其他合金元素的黄铜称为**复杂黄铜**或**特殊黄铜**。复杂黄铜的编号是字母H后面加主加元素符号、铜含量-主加元素含量,如HPb60-1表示铅黄铜60% Cu-39% Zn-1% Pb。表3-17简明地给出了部分变形复杂黄铜的主要化学成分、板带材的主要力学性能指标和常用退火温度,表中其余成分为锌含量。

变形复杂黄铜有较宽的应用领域。**铅黄铜**主要用于各种强韧水平的易切削和复杂切削构件。**铁黄铜**和**铝黄铜**主要用于不同强度水平的簧片及连接件,**镍黄铜**主要用于光学仪器零件以及餐具、铭牌、装饰物等民用领域。**硅黄铜**可用于耐蚀且高强度的构件。**锡黄铜**应用范围较广,如HSn90-1可用于各种衬、套、垫及插接件,HSn80-1可用于制作乐器,HSn71-1可用做热交换构件,HSn60-1可用做焊接材料、大尺寸构件、各种连接件等。

表 3-17 部分变形复杂黄铜的主要化学成分、力学性能和常用退火温度

代号	w_{Cu}/%	状态	σ_b/MPa	$\sigma_{0.2}$/MPa	δ/%	退火温度/℃
HPb60-1	59～62	退火	370	140	40	425～600
	Pb:0.9～1.4	冷拔	550	415	6	
HPb64-2	62.5～66.5	退火,平均晶粒尺寸为 15 μm	370	165	45	425～600
	Pb:1.5～2.5	退火,平均晶粒尺寸为 50 μm	325	105	55	再结晶:320
		完全冷加工硬化	510	415	7	
		超加工硬化	585	425	5	
HPb89-2	87.5～90.5	退火	255	83	45	425～600
	Pb:1.3～2.5	50%冷加工硬化	360	310	18	
HSn90-1	89～93	退火,平均晶粒尺寸为 15 μm	290	105	40	500～700
	Sn:0.3～0.7	退火,平均晶粒尺寸为 50 μm	260	62	44	
		完全冷加工硬化	455	440	5	
		超加工硬化	495	485	4	
HSn80-1	79～83	退火,平均晶粒尺寸为 25 μm	340	125	46	—
	Sn:0.6～1.2	完全冷加工硬化	550	470	7	
HSn71-1	70～73	退火,平均晶粒尺寸为 25 μm	365	152	65	425～600
	Sn:0.9～1.2	完全冷加工硬化	669	—	4	再结晶:300
HSn60-1	59～62	退火	427	207	40	425～600
	Sn:0.5～1.0	25%冷加工硬化	483	400	17	再结晶:350
HAl73-3	72.3～74.7	软化退火	565	365	35	400～600
	Al:3.0～3.8	退火(平均晶粒小于 10 μm)	615	475	30	有序强化:220
		完全冷加工硬化	780	705	5	消除应力:300
		超加工硬化	825	750	3	
HFe87-1.5	85～88	退火	435	310	25	—
	Fe:1.3～1.7	完全冷加工硬化	605	585	5	
		超加工硬化	650	615	4	
HSi82-4	80～83	退火	550	276	25	425～650
	Si:3.5～4.5	12.5%冷加工硬化	689	393	21	
HNi65-12	63.5～66.5	退火,平均晶粒尺寸为 70 μm	360	125	48	600～825
	Ni:11～13	退火,平均晶粒尺寸为 50 μm	370	130	45	
		退火,平均晶粒尺寸为 15 μm	420	195	35	

续表

代号	w_{Cu}/%	状态	σ_b/MPa	$\sigma_{0.2}$/MPa	δ/%	退火温度/℃
		完全冷加工硬化	585	515	4	
		超加工硬化	640	545	2	
HNi65-18	63~66.5	退火,平均晶粒尺寸为35 μm	400	170	40	—
	Ni:15.5~19.5	完全冷加工硬化	585	510	3	

铸造用复杂黄铜的编号是字母H前面加Z,其余与变形复杂黄铜相同。表3-18简明地给出了部分铸造用复杂黄铜的主要化学成分(质量分数)、主要力学性能和退火温度。铸造用复杂黄铜用于耐磨的齿轮、轴承、连杆、装饰、洁具等构件以及各种强度水平的通用铸件。

表3-18 部分铸造用复杂黄铜的主要化学成分、力学性能和退火温度

代号	w_{Cu}/%	第二元素含量/%	其他元素含量/%	状态	σ_b/MPa	$\sigma_{0.2}$/MPa	δ/%	去应力退火温度/℃
ZHSi82-4	80~83	3.75~4.25		压铸	585	310	25	260
ZHSi65-1	63~68	0.8~1.0		压铸	485	240	25	260
ZHPb72-3-1	70~74	1.5~3.8	Sn:0.7~2.0	铸造	260	90	35	—
ZHPb67-3-1	65~70	1.5~3.5	Sn:0.5~1.5	铸造	235	83	35	—
ZHAl64-5-4-3	60~68	4.5~5.5	Mn:2.5~5,Fe:2~4	压铸	380	205	15	260

注:其余成分为锌含量;第二元素指合金中锌以外的主要合金元素,见代号中元素。

八、青铜

青铜可以分成**变形青铜**与**铸造青铜**。以锌或镍以外其他元素作为主要合金元素的铜合金称为**青铜**,用字母"Q"表示。标志变形青铜时在字母Q后面加主加元素符号、主加元素含量-其他辅助元素含量,如QAl8-2表示铝青铜90% Cu-8% Al-2% Ni。表3-19简明地给出了部分变形青铜的主要化学成分(质量分数)、力学性能指标和常用退火温度。

表3-19 部分变形青铜的主要化学成分、力学性能和常用退火温度

代号	w_{Cu}/%	主要元素含量/%	状态	σ_b/MPa	$\sigma_{0.2}$/MPa	δ/%	退火温度/℃
QAl5	92~96	4~7	退火	310	115	40	550~650
			完全加工硬化	415	165	25	再结晶350
QAl8	90~92.5	6~8.5	退火	480	205	65	660~675

续表

代号	w_{Cu}/%	主要元素含量/%	状态	σ_b/MPa	$\sigma_{0.2}$/MPa	δ/%	退火温度/℃
			完全加工硬化	550	380	25	
QAl8-2	89 ~ 90.5	7.7 ~ 8.3	软化退火	485	150	55	620 ~ 675
		Ni:1.8 ~ 2.2	退火	585	345	36	
			完全加工硬化	860	620	5	
			超硬化	930	690	4	
QSn8	90.5 ~ 92.8	7 ~ 9	退火,50 μm 晶粒	380	—	70	475 ~ 675
			退火,15 μm 晶粒	425	(~170)	60	
			完全加工硬化	640	495	10	
			超硬化	730	550	4	
QSn10	88.3 ~ 90.7	9 ~ 11	退火,35 μm 晶粒	455	—	68	475 ~ 675
			完全加工硬化	690	—	13	
			超硬化	795	—	7	
QSn5-0.2	93.6 ~ 95.6	4.2 ~ 5.8	退火,50 μm 晶粒	325	130	64	475 ~ 675
		P:0.3 ~ 0.35	退火,15 μm 晶粒	365	150	50	
			完全加工硬化	560	515	10	
			超硬化	635	550	6	
QSn1.5	95 ~ 97	0.8 ~ 2.0	退火,35 μm 晶粒	275	105	50	475 ~ 675
			硬化	620	460	12	
QSi3	92 ~ 97	2.8 ~ 3.8	退火,70 μm 晶粒	385	145	63	475 ~ 700
			退火,15 μm 晶粒	435	205	55	
			完全加工硬化	650	400	8	
			超硬化	715	415	6	
QSi3-1.5	94 ~ 96	2.7 ~ 3.4	微硬化(12.5%)	570	415	30	400 ~ 600
		Sn:1.2 ~ 1.9	完全加工硬化	790	700	6	
			超硬化	825	760	5	
QPb1	98 ~ 99.4	0.6 ~ 1.2	退火(管材)	220	69	50	425 ~ 625
			完全加工硬化	330	305	20	

注:主要元素指合金中主要合金元素(见代号中元素)及其他注明合金元素的质量分数。

在变形青铜中,铝青铜适合用做耐蚀、耐磨的构件,如建筑构件、装饰构件等。铝青铜的颜色与黄金非常接近，也经常用做伪黄金，以制作日用装饰品。锡青铜有良好的综合力学性能，适合用做各种建筑和机械构件，重载构件等。硅青铜通常用来制作不同力学性能要求的通用结构件。铅青铜可用做电导率的电气开关、插接等结构件。表 3-20 给出了部分可时效强化变形青铜的主要化学成分(质量分数)、力学性能指标和常用热处理温度。

表 3-20 部分可时效强化变形青铜的主要化学成分、力学性能和常用热处理温度

代号	w_{Cu}/%	w_{Cr}或w_{Be}/%	状 态	σ_b/MPa	$\sigma_{0.2}$/MPa	δ/%	时效温度/℃
QCr1	98～99.4	0.6～1.2	固溶处理	235	130	40	固溶 990
			固溶并时效	350	250	22	425～625
			固溶并冷轧	365	350	6	
			固溶冷轧并时效	460	405	14	
QBe1.7	97～98	1.6～1.79	固溶处理	410～530	190～250	35～65	固溶 780
			固溶并冷轧硬化	680～830	620～800	2～10	315～335
			固溶并时效	1 030～1 250	890～1 140	3～20	
			固溶冷轧并时效	1 240～1 380	1 060～1 250	3～20	
			固溶时效并冷轧	930～1 040	750～940	9～20	

可时效强化变形青铜有优良的性能。表 3-20 中 QCr1 有极好的冷加工性能和较高的电导率，可用做电工结构件。QBe1.7 可用做高力学性能的电工结构件。

铸造青铜的编号是在字母 Q 前面加 Z，其余与变形青铜相同。表 3-21 简明地给出了部分铸造青铜的主要化学成分、主要力学性能和退火温度。

表 3-21 部分铸造青铜的主要化学成分、力学性能和退火温度

代号	w_{Cu}/%	主加元素含量/%	其他元素含量/%	状态	σ_b/MPa	$\sigma_{0.2}$/MPa	δ/%	退火温度/℃
ZQSn11	88～90	10～12		砂型铸	305	150	20	—
				金属型铸	380	205	16	
ZQSn10-2	86～89	9～11	Pb:1～2.5	砂型铸	290	145	20	去应力 260
ZQSn11-1-1	85～88	10～12	Pb:1～1.5,Ni:1	砂型铸	305	140	20	去应力 260
ZQPb15-6	76.5～79.5	14～18	Sn:5～7	连铸	220	150	7	—
ZQPb24-5	68.5～73.5	22～25	Sn:4.5～6	砂型铸	185	90	10	—
ZQAl10-1	86～90	9～11	Fe:0.8～1.5	铸造	450	170	20	595～650

续表

代号	w_{Cu}/%	主加元素含量/%	其他元素含量/%	状态	σ_b/MPa	$\sigma_{0.2}$/MPa	δ/%	退火温度/℃
				淬火调质	550	275	12	
ZQAl11-4	83~87	10~11.5	Fe:3~5	铸造	515	205	12	620
				淬火调质	620	310	6	
ZQBe2-1	95~85.8	2~2.25	Co:1~1.2	铸造	515	275	25	固溶 795
				铸造时效	825	725	5	时效 340
				固溶处理	415	170	40	
				固溶时效	1 105	1 035	1	

注:主加元素是指合金的主要合金元素,见代号中元素。

铸造青铜用做不同耐水汽和海水腐蚀及各种承载能力的齿轮、轴承、连杆类零件。其中可时效强化的铸造铍青铜适合于制作高性能复杂形状的模具,如塑料加工铸模等。

九、白铜

白铜用字母“B”表示。标志白铜时在字母 B 后面加主加元素符号、主加元素含量-其他辅助元素含量。铸造白铜的编号是在 B 前面加 Z,其余与白铜相同。表 3-22 简明地给出了部分白铜和铸造白铜的主要化学成分(质量分数)、主要力学性能和退火温度。表中数据来自国外白铜合金并冠以国家标准代号。

表 3-22 部分白铜和铸造白铜的主要化学成分、力学性能和退火温度

代号	w_{Cu}/%	w_{Ni}/%	其他元素含量/%	状态	σ_b/MPa	$\sigma_{0.2}$/MPa	δ/%	退火温度/℃
B10	88~90	9~11		退火,50 μm 晶粒	350	90	35	600~825
				完全加工硬化	518	500	5	
				超硬化	540	525	4	
B30	65~70.6	29~33		热轧	380	140	45	650~825
				退火	380	125	36	
ZB10-1	84.5~87	9~11	Fe:1~1.8	砂型铸	310	172	20	—
ZB30-1	65~69	28~32	Nb:0.5~1.5	砂型铸	470	255	28	—
ZB30-1.2	64~69	29~33	Be:1.1~1.2	铸造时效	555	310	15	固溶 995
				固溶时效	860	550	7	时效 510

白铜在船用仪表、化工机械、医疗器械等方面有广泛的应用。白铜热导率低,可用做蒸发、冷凝等方面的隔热、耐水汽腐蚀构件。

本节所述各种牌号的铜合金中尚有对一些杂质元素含量的限制或加入某些微量元素的规定。随着工业的发展,许多传统铜合金日益向多元素复合合金化的方向发展,以满足各应用领域对铜合金性能多元化的要求。上述各表内的数据来自不同的文献,不一定很准确,也不一定有精确的可比性,而且所用合金实例很多是国外现有合金套用中国编号标准,所以仅供参考。这里只是希望对铜合金的化学成分、力学性能水平等给出一个大致的印象。

§3-3 钛 合 金

一、钛的基本特性

以钛为基础的金属材料称为**钛合金**。钛是元素周期表中的第22号元素,属于过渡族元素。中国钛的蕴藏量比较丰富,在四川攀西地区已经探明的储藏量有数亿吨。钛具有许多优良的性能,是近些年来得到迅速发展的一个合金体系。钛在882 ℃有同素异型转变。高温为体心立方结构的β相,900 ℃的点阵常数 a 为0.330 65 nm。低温为密排六方结构的α相,室温点阵常数 a=0.295 03 nm, c=0.468 31 nm, c/a=1.587。钛的熔点很高,为1 668~1 672 ℃。地壳所蕴藏的元素中,钛的总量仅次于O、Si、Al、Fe、Ca、Na、K、Mg而占第九或十位,约有0.44%~0.61%。钛的密度为4.507 g/cm^3,大约是铜的一半,因此可作轻质材料。钛的热膨胀系数约为9 μm/(m·K),比钢的~23 μm/(m·K)、铝的~17 μm/(m·K)和铜的~12 μm/(m·K)低很多。钛的热导率也非常低,为17.16 W/(m·K)。金属钛没有磁性。低温六方结构纯钛塑性变形时所能开动的滑移系比立方金属少,以柱面$\{10\bar{1}0\}$滑移为主,滑移方向为$\langle 11\bar{2}0\rangle$,有时也会有锥面$\{10\bar{1}1\}$ $\langle 11\bar{2}0\rangle$滑移出现。但是钛加工硬化率低,因此也有较好的塑性。机械孪生会在钛的塑性变形过程中随时出现,以协调和推进塑性变形过程。高温立方β相的变形抗力很低,易于变形加工。从力学性能角度看,钛有良好的切削性能。但钛的热导率很低,切削产生的热量不容易散失,因此会造成局部温升,不利于快速切削。纯钛可以有很高的强度。工业纯钛的抗拉强度就可以到达400 MPa以上。除了合金化、加工硬化等手段外,钛还可以借助自身的同素异型转变得到相变强化。由于它的密度较低,因此钛也有很高的比强度。

钛在常温下的化学活性很低,仅能与氟、氢氟酸等几种物质起化学反应,因此钛有优良的常温耐蚀性。在高温β相区钛的活性变大,会在空气中剧烈氧化。图3-24所示为钛在不同温度随时间的氧化增重。

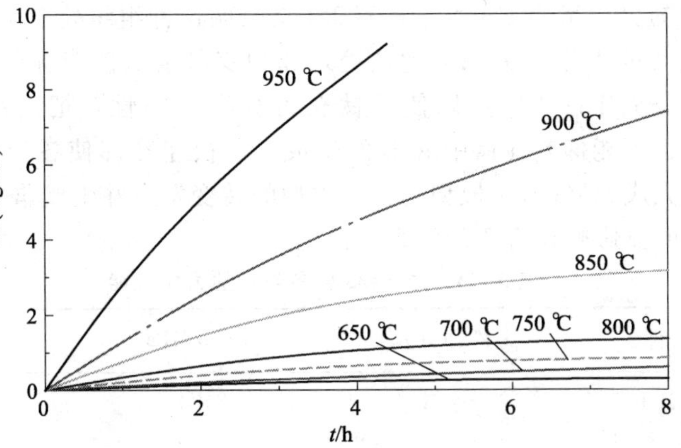

图 3-24 钛在不同温度随时间的氧化增重

钛的铸造性能并不很好,在高温下钛极为活泼,容易氧化。钛熔体几乎会和所有耐火材料发生反应,因此钛的铸件很容易被污染并造成铸造缺陷,对必要的钛铸件需要采用特殊的铸造工艺。钛本身的焊接性能良好,但高温极为活泼的特性造成钛容易在焊接过程中吸附杂质而污染焊缝,并造成气孔等焊接缺陷。因此焊接时应采用适当的保护措施。

二、纯钛的相转变及钛基固溶体

将纯钛从 882 ℃以上冷却时冷却速度会影响 β 相向 α 相的转变过程,并决定 α 相晶粒的大小和形状。图 3-25 所示为高纯钛 800 ℃退火、1 000 ℃淬火及 1 000 ℃退火的组织示意图。表 3-23 给出了相关的力学性能。1 000 ℃淬火使

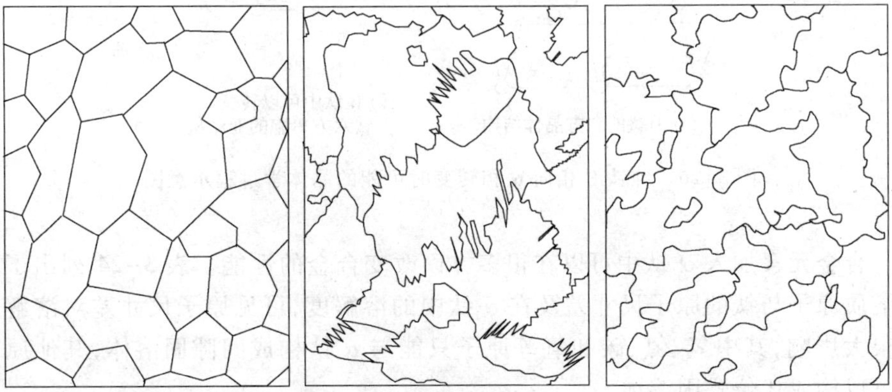

(a) 800 ℃退火　(b) 1 000 ℃淬火　(c) 1 000 ℃退火

图 3-25 高纯钛热处理组织示意图(25 ℃)

得 α 相晶粒的界面呈现锯齿状（图 3-25b），表明这种组织处于非平衡状态。高纯钛的强度也同时明显提高，因此热处理和相变对组织性能有重要影响。另外也可以看到，适当的处理可以使纯钛获得很高的塑性。把冷却速度提高到 10 000 ℃/s也不能抑制纯钛中 α 相的生成。但快速冷却使各种原子的扩散过程不能充分完成，导致非扩散型马氏体类型的转变发生并生成非平衡组织，因此淬火处理会明显影响钛合金的组织和性能。

表 3-23 图 3-25 中各组织的力学性能

加热条件	冷却方式	$\sigma_{0.2}$/MPa	δ/%
800 ℃，1 h	水淬	124	80
1 000 ℃，1 h	水淬	278	60
1 000 ℃，1 h	炉冷	165	60

图 3-26 所示为纯钛 β 相向 α 相转变的一种非扩散型晶体学模式。可以看出，密排六方的晶胞（图 3-26b，经适当平移即为图 1-3c 所示结构）可以直接从体心立方的结构中获得（图 3-26a 结构中虚线）。体心结构在以非扩散方式向密排六方结构过渡时，其结构的边、角常数需经过适当的调整。

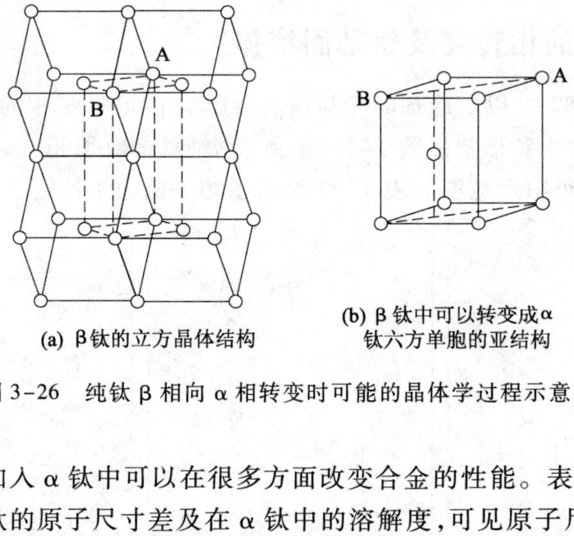

(a) β钛的立方晶体结构 (b) β钛中可以转变成α钛六方单胞的亚结构

图 3-26 纯钛 β 相向 α 相转变时可能的晶体学过程示意图

合金元素加入 α 钛中可以在很多方面改变合金的性能。表 3-24 列出了几种溶质原子与钛的原子尺寸差及在 α 钛中的溶解度，可见原子尺寸差对溶解度有很大影响，其中氢、氮、碳和氧等原子只能与 α 钛构成间隙固溶体，其他原子则可以构成代位式固溶体。

表 3-24 几种溶质原子与钛的原子尺寸差及在 α 钛中的溶解度

溶质 M	$\Delta d/d$/%	质量分数/%	溶质 M	$\Delta d/d$/%	质量分数/%	溶质 M	$\Delta d/d$/%	质量分数/%
H	68	0.2	V	10	4	Ga	16	10
C	49	0.5	Cr	14	<1	Zr	−8	100
N	51	4	Mn	23	1	Nb	2	4
O	59	12	Fe	15	1	Sn	−3	22
Mg	−9	0.1	Co	14	1	Mo	7	1
Al	2	25	Ni	15	1	Ta	2	1
Si	19	2	Cu	12	1	W	6	1

注:d 为原子直径;M 为溶质原子;$\Delta d/d=(d_{Ti}-d_M)/d_{Ti}$。

由表 3-24 可知,氢、氮、碳和氧等原子与钛原子的尺寸差很大,因此它们以间隙原子的方式固溶于 α 相中,并对 α 钛的性能造成很大的影响。图 3-27 所示为这四种元素与钛构成的二元相图。其中氢、氮、氧在钛中有较大的溶解度,而碳在钛中的溶解度则较小,且会与钛原子形成碳化物 TiC。

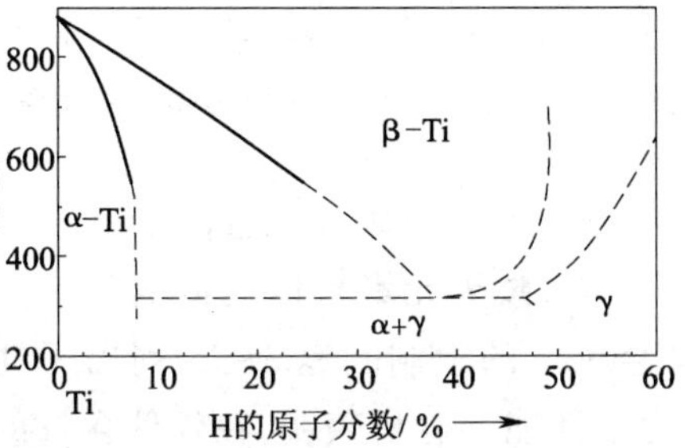

(a) Ti-H

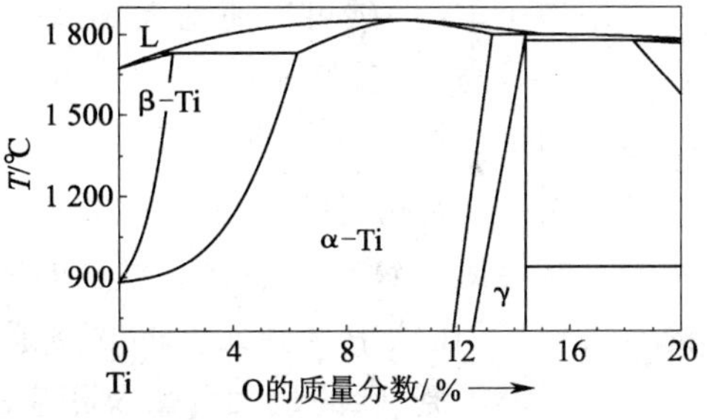

(b) Ti-O

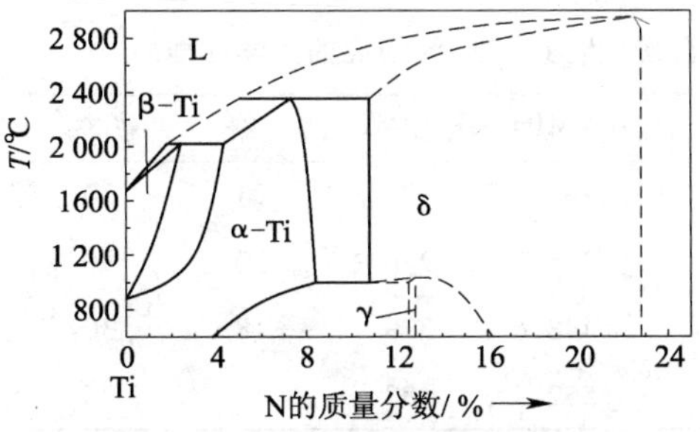

(c) Ti-N

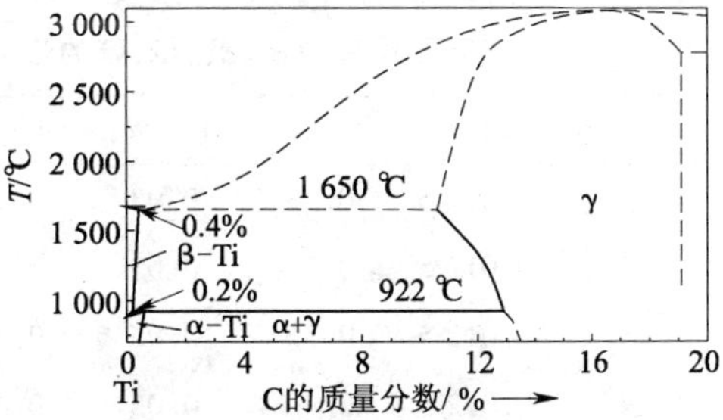

(d) Ti-C

图 3-27 四种间隙元素与钛的二元相图

氢原子尺寸小,在钛中扩散的速度很高,在低温就可以大量溶入 α 钛(图 3-27a)。300 ℃时即可溶入 0.15% H。因此,钛在水蒸气、碳氢化合物或某些酸性环境中就会出现吸氢现象。当氢含量超过 0.01% 时就会因一些氢化物的析出而使钛明显脆化。加热并淬火虽然可避免氢化物的析出，但即使是自然条件的时效也会引起氢化物的再析出，所以对氢含量高的钛合金应作真空退火处理，以去除所吸收的氢。

随着钛中固溶氧和氮含量的增加，钛的韧性、塑性会下降，而强度提高，即呈现脆化倾向；但 α 钛通常仍能保持一定的塑性，即使在没有超过溶解度极限的情况下，如果氧、氮含量超过一定限度也会造成钛明显的脆化，其造成脆化的机制尚不完全清楚。氧、氮原子有可能会阻碍六方 α 钛滑移系及孪生系的开动，降低塑性，因而导致脆化。纯钛在空气中加热时除了会氧化外，也会吸收氧而使氧含量提高。与高纯净的 α 钛相比，含氧和氮的 α 钛在冷却过程中容易生成魏氏体组织（图 3-28），但这种组织的形态对纯钛的力学性能影响不大。

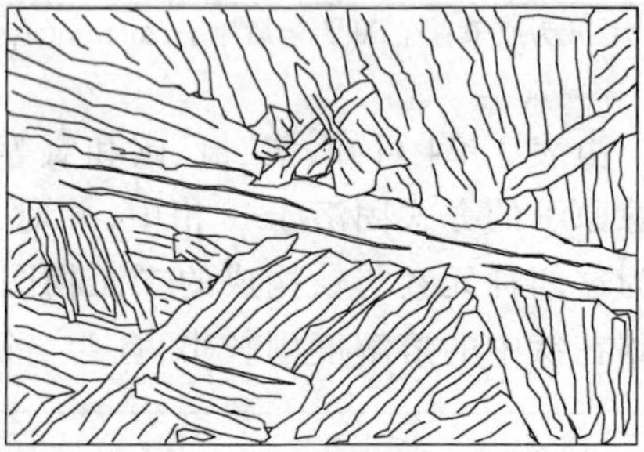

图 3-28 含氧 α 钛中的魏氏体组织示意图

添加 0.3% 的碳可以使退火 α 钛的强度明显提高，而塑性有所下降。由图 3-27d可以看出，850 ℃时 α 钛最多可溶解 0.4% C，因此当碳含量超过 0.4% 后对 α 钛不再有显著的强化作用，但 TiC 相的存在会使 α 钛略显硬化。过多的氢、氧、氮、碳等元素可能会造成如上所述的有害作用，在钛中这些元素的含量通常会一定的限制。表 3-25 列出了纯钛中不同氢、氧、氮、碳的最大含量及相应的力学性能。分析表明，在较低含量的范围内，氧、氮、碳分别可使钛的强度呈线性上升。

表 3-25 纯钛中氢、氧、氮、碳的最大含量（质量分数）及相应的力学性能

序号(美)	w_H/%	w_O/%	w_N/%	w_C/%	σ_b/MPa	$\sigma_{0.2}$/MPa	δ/%	ψ/%
1	0.012 5	0.18	0.03	0.10	241	172	24	30
2	0.012 5	0.25	0.03	0.10	345	276	20	30
3	0.012 5	0.35	0.05	0.10	448	379	18	30
4	0.012 5	0.40	0.05	0.10	552	483	15	25

三、不扩大 β 相区的代位元素

除了氧、氮、碳等扩大 α 相区的间隙原子（图 3-27）外，铝是唯一可以扩大 α 相区的代位固溶元素。锆、锡虽然不能扩大 α 相区，但可以保持 α 相区基本稳定，属于中性固溶元素。图 3-29 所示为这三种元素与钛的二元相图。这些元

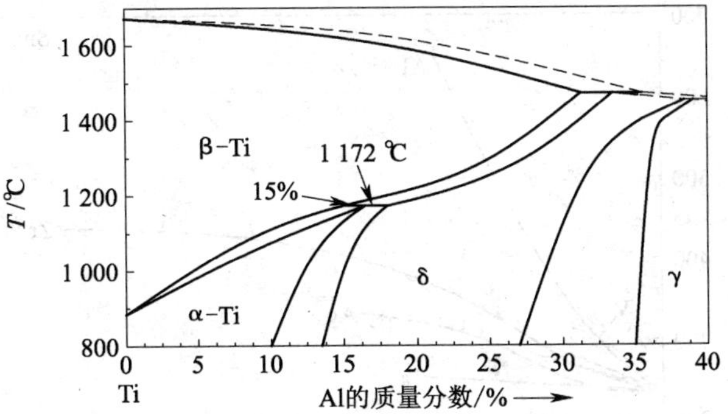

(a) Ti-Al

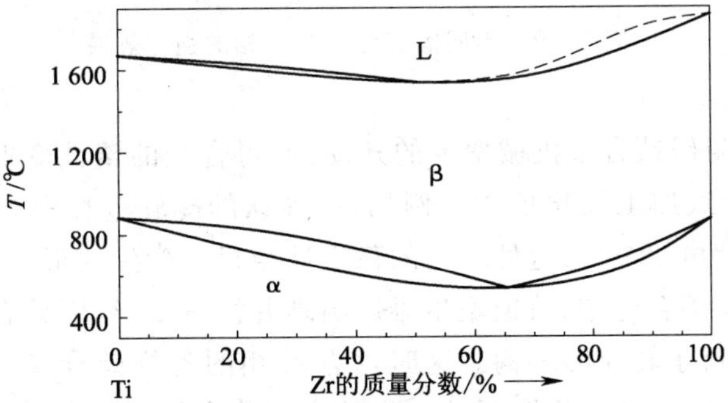

(b) Ti-Zr

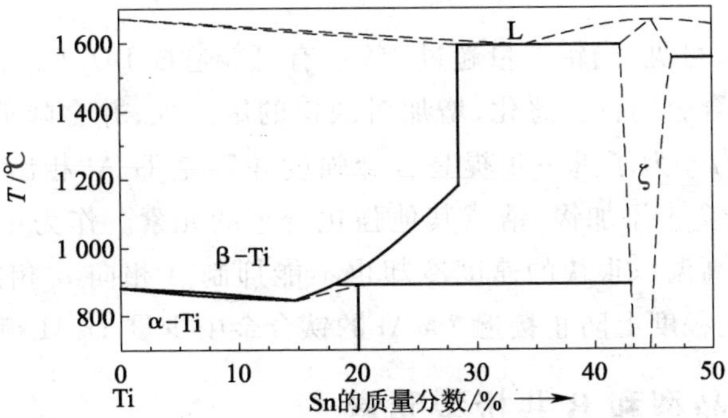

(c) Ti-Sn

图 3-29　不扩大 β 相区的元素与钛的二元相图

素可以不同程度地强化 α 相。图 3-30 所示为各种不同固溶元素对 α 相的强化效果。可以看出，铝的强化效果最高，而锆的作用相对较弱，因此铝是制作高强度钛合金的重要合金元素。此外，铝还有利于改善钛的高温抗氧化性能。锆、锡等元素不明显改变 α 及 β 相区的稳定性，但对这两相均有固溶强化的作用。

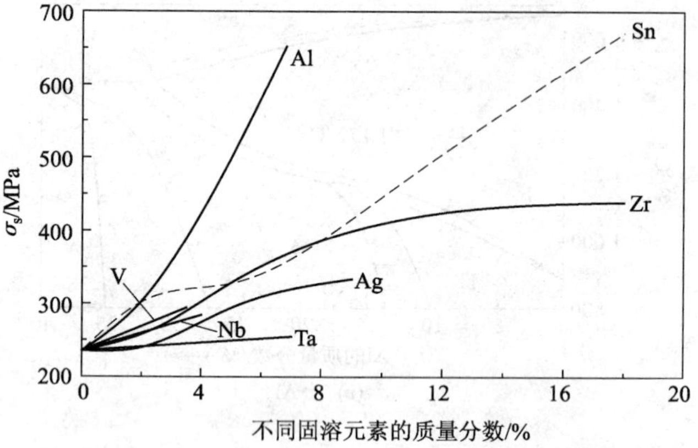

图 3-30 不同固溶元素对 α 相的强化效果

铝会明显阻碍钛合金机械孪生的开动，使得合金的塑性变形过程难以通过孪生来协调，导致加工硬化加剧。例如，在纯钛的冷轧过程中会生成{0001}基面与轧面成30°角的织构，这种织构的稳定性与机械孪生变形有一定内在联系。在含6%铝的钛铝合金中，机械孪生难以出现并协调变形，因此合金板中会出现{0001}基面平行于轧面的织构。这时六方 α 相的各位错滑移矢量均接近平行于轧面，使得在轧制应力条件下进一步的变形十分困难，因而造成了**织构强化**效应。

由图 3-29a 可见，当铝含量超过7%后有可能造成 DO_{19} 结构的六方 δ-Ti_3Al 相出现，因此使合金的韧性恶化，增加对缺口的敏感性，并会降低在海水腐蚀环境中的断裂应力。为了进一步提高合金强度并避免 Ti_3Al 相出现，可在铝含量接近7%的钛合金中添加锡、锆或其他强化合金的元素。作为单一 α 相的合金组织，即使是从高温以很快的速度冷却也不能抑制 β 相向 α 相的转变，但淬火快冷可以在一定程度上防止接近7% Al 的钛合金中少量 Ti_3Al 相的析出。

四、β 同晶型和 β 共析型元素

β 同晶型元素是指扩大 β 相区，并可以与 β-Ti 形成无限互溶代位固溶体的合金元素。钼、钒、铌、钽等本身就具备体心立方结构的元素就属于这一类。从图 3-30 中可以看到部分元素对 α 相的强化作用。图 3-31 是钼、钒两种 β 同晶型元素与钛的二元相图。在较低的温度范围内，钼、钒含量较低时构成了α+β两相区。钼、钒含量增大到一定程度则会进入 β 单相区。

当 β 同晶型元素含量较低时，从 β 单相区缓慢冷却会析出 α 相。随着合金元素的增加 α 相的量会减少，同时合金的强度也会提高。如果从 β 单相区快速

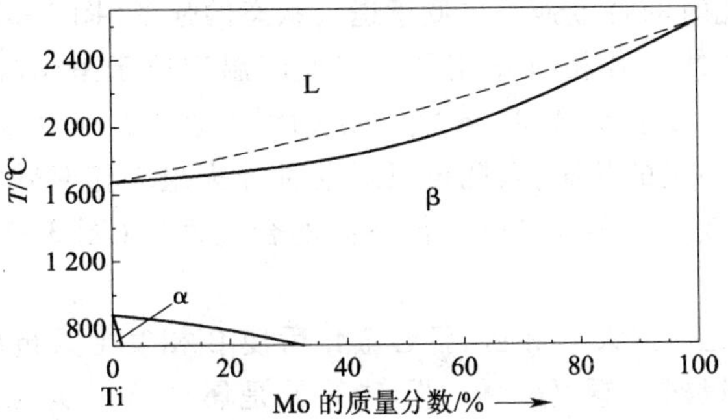

(a) Ti-Mo

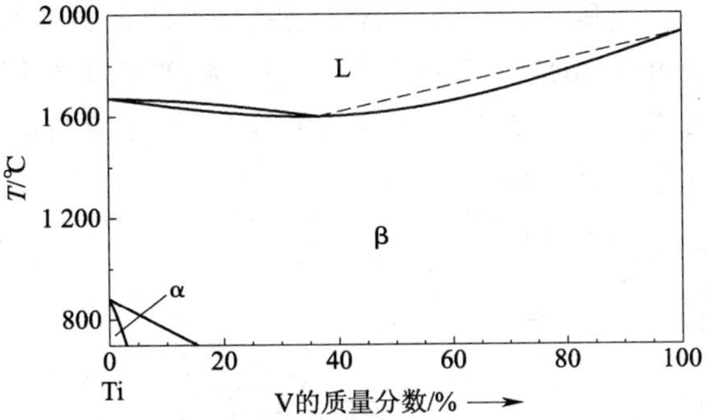

(b) Ti-V

图 3-31 β 同晶型元素与钛的二元相图

冷却，则 β 向 α 相的转变会以马氏体转变的方式进行，图 3-32 所示为这种转变的原理。马氏体开始转变点(M_s)和终了转变点(M_f)低于平衡转变点，且随合金元素的增加而降低。在钛合金的 M_f点高于室温的成分范围内，合金的淬火强度（图 3-32 影线区下边界线）会高于退火强度（点画线），因为淬火 α 相的组织细小且含有较高的缺陷密度。当合金元素含量增加使 M_f点低于室温后，则快速冷却后会在室温保留一部分 β 相组织。此时 α 与 β 两相均不具备平衡浓度，且合金的强度随 β 相数量的增多而降低（图 3-32）。如果合金元素的含量在室温两相区的范围内足够高，使得 M_s 点也低于室温，则淬火后会得到 100% 的过饱和 β 相非平衡组织。β 相的强度通常低于 α+β

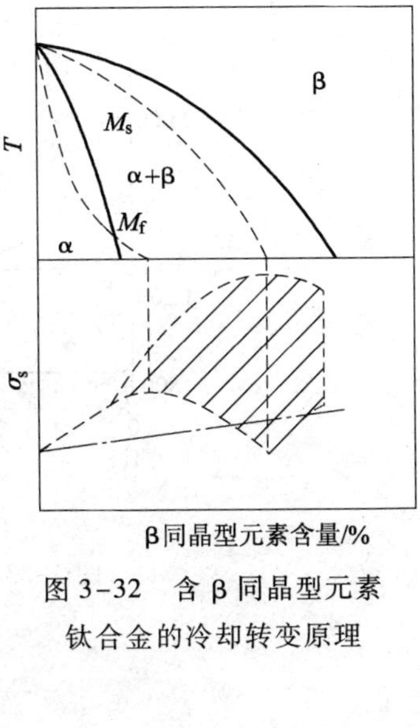

图 3-32 含 β 同晶型元素钛合金的冷却转变原理

两相组织，所以此时的合金强度也低于退火状态的强度（图 3-32）。当合金元素的含量继续增加，使得 β 相向 α 相平衡转变的温度低于室温时，纯固溶强化效应将使得合金的强度急剧增加。α 相与 β 相淬火组织是不稳定的，在后续的加热过程中会转向稳定的状态，因此可以对这种淬火组织作时效强化处理。适当地调整和控制时效工艺参数可以获得不同的合金性能（图 3-32 影线区上边界线）。

β 共析元素是指扩大 β 相区，且合金化后使 β 相发生共析反应的代位式固溶元素。铬、铁、银、钴、铜、锰、镍、铅、硅等就是属于这一类元素。图 3-33 是铬、硅两种 β 共析元素与钛的二元相图。α 钛对这类元素有较低的溶解度，合金元素使 β 相区的温度范围扩大。合金含量增高后会出现共析反应，即 β 相在冷却过程中转变成 α 相与相应二元系中某一中间相的共析组织（图 3-33）。表 3-26列出了一些 β 共析元素在与钛构成二元合金后，相应共析点及使 β 相保留到室温所需要的合金元素含量。

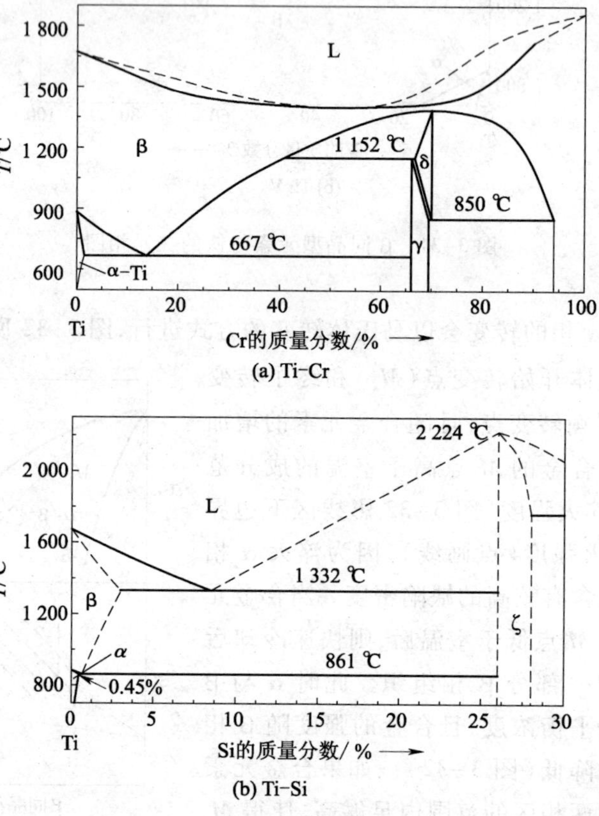

(a) Ti-Cr

(b) Ti-Si

图 3-33 β 共析元素与钛的二元相图

表 3-26 一些钛基二元合金中的共析出反应点及使 β 相保留到室温所需的元素含量

元素	共析温度/℃	共析成分的质量分数/%	淬火使 β 相保留到室温所需的元素含量的质量分数/%
锰	550	20	6.5
铁	600	15	4
铬	675	15	8
钴	585	9	7
镍	770	7	8
铜	790	7	13
硅	860	0.9	—

β 共析元素为发展共析钛合金提供了可能。这种合金系统从 β 相区快速冷却时会生成马氏体组织。随合金元素含量的增加，其 M_s点和 M_f点会明显降低。当 M_s点低于室温时，高温 β 相会被保留到室温。图 3-34 所示为这种转变的示意图。

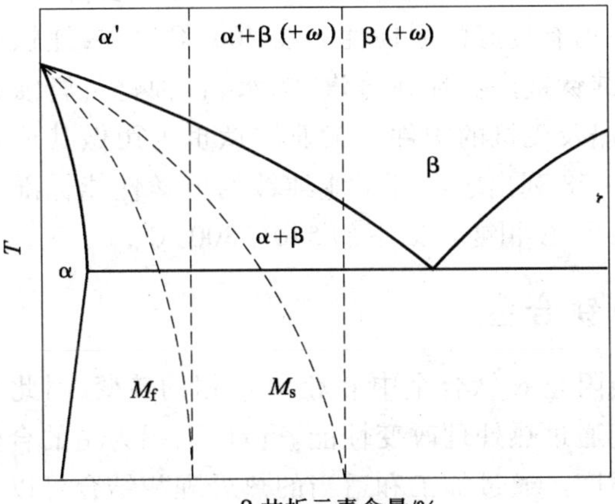

图 3-34 β 共析元素造成的平衡及非平衡共析转变

从 β 相区淬火得到的马氏体组织称为 α′相，其强度并不很高。在随后共析温度以下的加热可以使得马氏体组织分解，生成 α 相和其他相的复合组织，分解产物与合金的成分密切相关。控制加热条件和马氏体分解过程可以使分解组织的强度不同程度地高于马氏体组织。由表 3-26 可知，适量的合金元素含量可以使 β 相保留到室温。与密排六方的 α 相相比，体心立方的 β 相具有良好的塑性，因此可以对保留到室温的 β 相合金进行塑性加工。若随后将其在共析温度之下加热，可使亚稳的 β 相分解成 α 相与其他相组成的复合多相组织，如 α 相及相应合金系中与 α 相共析的中间相组织。这种复合组织会具备比 β 相高得多的强度和硬度，甚至可以达到高强度钢铁材料的强度水平。

五、工业纯钛

绝大多数的钛及钛合金被用于航空、航天工业部门，超过总量的 50%。钛的第二大应用领域是作为其他各种合金系统的合金元素，约占总量的 20%。

钛及钛合金用“钛”字汉语拼音的第一个字母 T 表示。T 与铜的符号重叠，所以不能简单用 T 表示钛合金，而要加上其他字符。工业钛材产品大致可以分成三大类。以 α 相为基的工业纯钛和相应钛合金，在字母 T 后面加 A 及合金序号，称为 **α 钛合金**，其中 TAD 为高纯钛（碘法钛），TA1、TA2 和 TA3 为**工业纯钛**。以 β 相为基的钛合金，在字母 T 后面加 B 及合金序号，称为 **β 钛合金**。以α+β 相为基的钛合金，在字母 T 后面加 C 及合金序号，称为 **α+β 钛合金**。表3-27列出了我国工业纯钛及钛合金的成分标准（GB/T 3620.1—2007）。

纯钛最大的优势在于其优良的耐蚀性。钛对一般的氧化环境具有优越的耐蚀性。工业纯钛在盐酸、硫酸、醋酸、铬酸、硝酸等许多酸性介质，各类碱性介质以及各种氯化物中均有良好的耐蚀性。在 400 ℃以下，纯钛比不锈钢有更高的比强度，因此工业纯钛被广泛地在蒸汽、海水、各种化工腐蚀介质中用做各种机械、容器、管线、舰船及飞机的构件。工业纯钛也可用做其他各种合金系统中的合金化原料。表 3-28 列出了各种工业纯钛的力学性能标准。纯钛的工业退火温度一般可取在 α 与 β 相变点以下的 540～800 ℃。

六、其他 α 钛合金

快速冷却不能阻止 α 钛合金中 β 相向 α 相的转变，因此与工业纯钛相似，α 钛合金一般不可能通过热处理改变性能。借助以铝为主的合金元素及加工硬化可以提高合金的强度。通过加工和适当的热处理相结合可以在一定程度上控制合金的组织、细化晶粒，进而达到提高合金性能的目的。单纯铝合金化 α 钛合金的力学性能有时会表现出对缺口很敏感，因此往往采用复合合金化的 α 钛合金来制作不希望有缺口敏感性的构件。表 3-29 列出了我国 α 钛合金板材的力学性能标准及一些 α 钛合金的力学性能。α 钛合金有较高的强度和良好的塑性，同时在接近绝对零度的超低温下也能保持良好的强韧性能，可用做飞机上可焊接的高强度锻件、板管件、300～600 ℃的耐氧化构件以及-253 ℃或-269 ℃下使用的磁悬浮列车和超导发电机上的构件。

表 3-27 我国工业纯钛及钛合金的化学成分(质量分数,其余为钛)

牌号	主要成分/%		杂质含量(不大于)/%					
	Al	其他元素	Fe	Si	C	N	H	O
TAD	—	—	0.03	0.03	0.03	0.01	0.015	0.05
TA1	—	—	0.15	0.10	0.05	0.03	0.015	0.15
TA2	—	—	0.30	0.15	0.10	0.05	0.015	0.20
TA3	—	—	0.40	0.15	0.10	0.05	0.015	0.30
TA4	2.0~3.3	—	0.30	0.15	0.10	0.05	0.015	0.15
TA5	3.3~4.7	B:0.005	0.30	0.15	0.10	0.04	0.015	0.15
TA6	4.0~5.5	—	0.30	0.15	0.10	0.03	0.015	0.15
TA7	4.0~6.0	Sn:2.0~3.0	0.30	0.15	0.10	0.05	0.015	0.20
TA8	4.5~5.5	Sn:2.0~3.0,Cu:2.5~3.2,Zr:1.0~1.5	0.30	0.15	0.10	0.05	0.015	0.15
TB2	2.5~3.5	Cr:7.5~8.5,Mo:4.7~5.7,V:4.7~5.7	0.30	0.05	0.05	0.04	0.015	0.15
TC1	1.0~2.5	Mn:0.7~2.0	0.30	0.15	0.10	0.05	0.012	0.15
TC2	3.5~5.0	Mn:0.8~2.0	0.30	0.15	0.10	0.05	0.012	0.15
TC3	4.5~6.0	V:3.5~4.5	0.30	0.15	0.10	0.05	0.015	0.15
TC4	5.5~6.8	V:3.5~4.5	0.30	0.15	0.10	0.05	0.015	0.20
TC6	5.5~7.0	Cr:0.8~2.3,Mo:2~3,Fe:0.2~0.7,Si:0.15~0.40	—	—	0.10	0.05	0.015	0.18
TC7	5.0~6.5	Cr:0.4~0.9,Fe:0.25~0.6,Si:0.25~0.60,B:0.01	—	—	0.10	0.05	0.025	0.30
TC9	5.8~6.8	Mo:2.8~3.8,Sn:1.8~2.8,Si:0.2~0.4	0.40	—	0.10	0.05	0.015	0.15
TC10	5.5~6.5	Sn:1.5~2.5,V:5.5~6.5,Fe:0.35~1,Cu:0.35~1	—	0.15	0.10	0.04	0.015	0.20

表 3-28　各种工业纯钛的力学性能标准

a. 日本纯钛板、带（室温）

种类	w_H/%	w_O/%	w_N/%	w_{Fe}/%	w_{Ti}/%	σ_b/MPa	$\sigma_{0.2}$/MPa	δ/%
一级	<0.013	<0.15	<0.05	<0.20	余量	275～412	>176	>27
二级	<0.013	<0.20	<0.05	<0.25	余量	343～510	>216	>23
三级	<0.013	<0.30	<0.07	<0.30	余量	481～618	>343	>18

b. 美国纯钛（室温）

状态	w_{Ti}/%	弹性模量/GPa	σ_b/MPa	$\sigma_{0.2}$/MPa	δ/%	ψ/%	硬度 HB
退火	99.5	102.7	331	241	30	55	120
退火	99.2	102.7	434	345	26	50	200
退火	99.1	103.4	517	448	25	45	225
退火	99.0	104.1	662	586	20	40	265

c. 我国纯钛板材（室温性能不低于）

牌号	w_{Ti}/%	状态	σ_b/MPa	δ/%
TA1	>99.55	退火	343～490	30～40
TA2	>99.18	退火	441～588	25～35
TA3	>98.98	退火	539～686	20～30

表 3-29　α 钛合金的力学性能

牌号	状态	$\sigma_{0.2}$/MPa	σ_b/MPa	δ/%
TA5	退火	—	>686	12～20
TA6	退火	—	>686	12～20
TA7	退火	—	735～932	12～20
Ti-5Al	退火	620	676	20
Ti-7.5Al	退火	793	827	20
Ti-2.5Sn	退火	414	552	15
Ti-7.5Sn	退火	552	620	15
Ti-5Al-2.5Sn	退火	—	827	15

七、α+β 钛合金

α+β 钛合金是在室温保持 α+β 双相的钛合金。其最大特点是借助热处理工艺，可以根据加工和使用的需求对合金的组织与性能作较大范围的调整。由于钛合金的热导率很低,其淬透性往往不高。表 3-30 列出了我国 α+β 钛合金板材的牌号及一些 α+β 钛合金退火状态的力学性能。

表 3-30　α+β 钛合金的退火力学性能

牌号	状态	试验温度	$\sigma_{0.2}$/MPa	σ_b/MPa	δ/%
TC1	退火	室温	—	588 ~ 735	20 ~ 25
TC2	退火	室温	—	>686	12 ~ 15
TC3	退火	室温	—	>883	10 ~ 12
TC4	退火	室温	—	>902	10 ~ 12
TC7	退火	室温	—	>932	8 ~ 10
TC10	退火	室温	—	>1 059	8 ~ 10
Ti-8Mn	退火	室温	858	940	15
		316 ℃	563	714	18
Ti-3Al-2.5V	退火	室温	583	686	20
		316 ℃	343	480	25
Ti-6Al-4V	退火	室温	920	988	14
		316 ℃	652	721	14
		427 ℃	570	666	18
		538 ℃	426	529	35
		-196 ℃	1 407	1 510	14
Ti-6Al-6V-2Sn	退火	室温	995	1 064	14
		316 ℃	803	927	18

如图 3-32 所示,当合金从 β 相区冷却进入 α+β 两相区后,由于图 3-26 所示的相变晶体学关系,β 往往逐步转变成图 3-28 所示的 α 魏氏组织。这种组织有复杂的界面结构,因此有利于合金高温力学性能的提高。随着转变温度的降低和 α 相的增加,合金中剩余 β 相中合金元素的含量不断升高,使得相应的 M_s点持续下降。一旦 M_s点降至室温以下,则残留的 β 相就会在室温被保留下来。从 β 相区淬火冷却时 β 相将转变成亚稳的 α″相,若采取空冷处理则会生成亚稳的 α′相。α″及 α′相均有不同于 α 相的晶体结构,并受到合金成分的影响。实际上 α″及 α′相组织往往在快冷处理的合金中同时存在,二者依冷却速度的不同而改变其相对比例。快冷组织的强度并不高,在随后的时效处理过程中 α″或 α′相中析出细小的二次针状 α 相后强度方可以得到明显的提高。在两相区较高温度范围内的塑性加工则会促使生成等轴 α 相组织,有利于合金保持优良的综合力学性能。

TC4 或 Ti-6Al-4V 属于典型的 α+β 钛合金,是应用最为广泛的钛合金。它具有很高强度和韧性的综合性能、优良的耐蚀性,被广泛地应用于航天工业、压力容器、轮机构件、医用移植器官等方面。表 3-31 给出了 TC4 或 Ti-6Al-4V 钛合金不同处理条件下的主要力学性能。其通常的退火温度为 900 ~ 960 ℃，固溶加热温度为 930 ~ 980 ℃，时效温度为 540 ~ 675 ℃。

表 3-31 TC4 或 Ti-6Al-4V 钛合金不同处理条件下的主要力学性能

处理状态	$\sigma_{0.2}$/MPa	σ_b/MPa	δ/%	备注
铸锭(1 t)	763	765	6.2	
1 100 ℃锻造(β 相区)	870	930	12.3	
1 050 ℃锻造(β 相区)	995	1 049	19.1	
950 ℃锻造(α+β 相区)	920	973	21.8	
固溶时效(室温)	1 103 ~ 1 098	1 151 ~ 1 172	10 ~ 14	来自不同文献的数据
固溶时效(316 ℃)	700	858	10	
固溶时效(427 ℃)	618	796	12	
固溶时效(538 ℃)	480	652	22	
955 ℃炉冷	834	938	19	90%α,10%β
955 ℃水淬	951	1 117	17	50%α,50%(α′+α″+β)
955 ℃水淬+540 ℃时效	1 069	1 186	17	时效 4 h
900 ℃炉冷	855	965	17	90%α,10%β
900 ℃水淬	924	1 117	15	60%α,40%(α′+α″+β)
900 ℃水淬+540 ℃时效	1 013	1 117	15	时效 4 h
740 ℃退火	945	1 067	10	轧后退火
955 ℃空冷+675 ℃空冷	917	965	18	双重退火

注：除特殊标出外，表内所列性能均为室温性能。

通常 α+β 钛合金多用于轻性结构的中、高强度构件，大尺寸构件，承高压构件，部分高温构件或超低温构件等。除了在航空工业的应用外，α+β 钛合金还经常用于空降兵所需的轻型常规兵器的构件。

八、β 钛合金

钼和钒是 **β 钛合金**主要的合金元素。合金元素的加入可使 M_s 点降低到室温以下，这样在工业可实现的冷却速度下很容易获得 β 单相组织。但是 β 相并不是完全稳定的，在适当的条件下也还会发生转变，并析出第二相粒子。如含铝

的 β 钛合金中就容易析出 α 相。第二相的大量析出将会明显损害合金的性能，而少量的第二相析出则会促进合金强度的提高。

β 钛合金的主要优点在于具有很高的强度，同时具有优良的高温和室温加工性能以及良好的耐蚀性。合金元素的加入使得 β 钛合金的强度大大提高，体心立方且较为稳定的 β 相结构使得合金具有良好的塑性，在不经中间退火的条件下其冷加工变形量可达 99% 以上。另外，β 钛合金对酸性等还原性介质有更好的耐蚀性。β 钛合金的密度比纯钛高，可达 5 g/cm^3 以上。焊接加工有可能明显破坏时效处理的组织和性能。β 钛合金的低温性能较差，在 -100 ℃ 以下性能会显著降低，所以不能用做低温材料。目前 β 钛合金的成熟种类还比较少，主要用于制作有各种加工性能、耐蚀性和韧性要求的超高强度结构件。表 3-32 给出了一些 β 钛合金的热处理方式及主要力学性能。由于 β 相的稳定性，β 钛合金的固溶加热温度可在 700 ~ 800 ℃ 选取，时效加热温度可在 300 ~ 500 ℃ 选取。

表 3-32　一些 β 钛合金的热处理方式及主要力学性能

国外 β 钛合金	$\sigma_{0.2}$/MPa	σ_b/MPa	δ/%	热处理方式
Ti-13V-11Cr-3Al	1 167 ~ 1 226	1 216 ~ 1 275	8	固溶+时效
Ti-8Mo-8V-2Fe-3Al	1 236	1 304	8	固溶+时效
Ti-8V-6Cr-4Mo-4Zr-3Al	1 379	1 448	7	固溶+时效
	834	882	15	退火
Ti-11.5Mo-6Zr-4.5Sn	1 314	1 383	11	固溶+时效
Ti-15Mo-5Zr	1 324	1 373	10	固溶+时效
Ti-15Mo-5Zr-3Al	1 451	1 471	14	固溶+时效
Ti-8V-5Fe-1Al	1 172	1 220	8	固溶+时效
Ti-11.5Mo-6Zr-4.5Sn	1 317	1 386	11	固溶+时效
Ti-5Mo-5V-8Cr-3Al(TB2)	<981	—	20	淬火
	1 324	—	8	淬火+时效

§3-4　镁　合　金

一、镁的基本特性

以镁为基础的金属材料称为**镁合金**。镁的原子序数为 12，相对原子质量为

24.32，位于元素周期表中第 3 周期第 2 族。镁的晶体为密排六方结构，在 25 ℃时的晶格常数 $a=0.320\ 2$ nm，$c=0.519\ 9$ nm，晶胞的轴比 $c/a=1.623\ 7$。配位数等于 12 时原子半径为0.162 nm。纯镁的熔点为 650 ℃，沸点为 1 103 ℃，燃烧热为250 20 kJ/kg，熔化热为368 kJ/kg。镁的其他一些重要的物理参数见表 3-33。镁在 20 ℃时的密度只有1.738 g/cm^3，是常用结构材料中最轻的金属，镁的这一特征与其优良的力学性能相结合成为大多数镁基结构材料应用的基础。镁在 20 ℃时的体积热容为1.781 J/(cm^3 · K)，在同样条件下铝的体积热容为2.430 J/(cm^3 · K)，钛为2.394 J/(cm^3 · K)，镍为 4.192 J/(cm^3 · K)，铁为3.521 J/(cm^3 · K)，铜为3.459 J/(cm^3 · K)，锌为 2.727 J/(cm^3 · K)。可见，镁的体积热容比其他所有的金属都低。此外，合金元素对镁的热容的影响也不大，因此镁及其合金的一个重要特性是加热升温与散热降温都比其他金属快。镁的弹性模量较小，为铝的 63%，可用做减振材料。

表 3-33　纯镁的一些物理参数随温度的变化

温度/℃	密度/(g/cm^3)	比热容 /J/(kg · K)	热导率 /[W/(m · K)]	热膨胀系数 /(10^{-6}/K)	粘度/ (mPa · s)
20	1.738	1 025	155	25.0	—
100	1.724	1 034	—	29.9	—
200	—	—	—	28.8	—
400	1.692	—	—	32.5	—
600	1.622	1 327	—	36.3	—
650(固)	1.610	1 360	—	—	—
650(液)	1.580	1 322	—	—	1.25

镁在金属中是电化学顺序最后的一个，因此镁具有很高的化学活泼性。镁在潮湿大气、海水、无机酸及其盐类、有机酸、甲醇等介质中均会引起剧烈的腐蚀，但镁在干燥的大气、碳酸盐、氟化物、铬酸盐、氢氧化钠溶液、苯、四氯化碳、汽油、煤油及不含水和酸的润滑油中却很稳定。在室温下，镁的表面能与空气中的氧起作用，形成保护性的氧化镁薄膜，但由于氧化镁膜比较脆，而且也不像氧化铝薄膜那样致密，故其耐蚀性很差。

纯镁的力学性能较差，不适宜直接用做结构材料。为了提高纯镁的强度，可以在纯镁中加入合金元素，制成镁合金。镁的合金化原理基本与铝的合金化相似，通过加入合金元素，主要可以造成固溶强化、析出强化、晶粒细化强化以及提高合金的耐蚀性和耐热性等。镁合金中常用的合金元素有铝、锌、锰、锆和稀土元素。

二、Mg-Al 和 Mg-Zn 合金系

铝在固态镁中具有较大的固溶度，其极限固溶度为 12.1%，且随温度的降低显著减小，在室温时固溶度为 2.0% 左右，因此可以对 Mg-Al 合金进行时效强化。图 3-35a 所示为 Mg-Al 二元合金状态图，可见造成其强化的平衡相是 $Mg_{17}Al_{12}$。当铝含量超过 6% 时，硬脆的 $Mg_{17}Al_{12}$ 相数量增加，因而会导致合金的强度和塑性显著降低。所以在铸造镁合金中铝含量可达 7% ~9%，而在变形镁合金中铝含量一般控制在 3% ~5% 比较适宜。

锌在镁中的最大固溶度为 6.2%，其固溶度随温度的降低显著减少，故 Mg-Zn合金也能时效强化，其强化相为 MgZn。图 3-35b 所示为镁-锌二元合金相图。当锌含量小于 6% 时，随锌含量的增加，不仅合金的强度增加，合金的塑性亦有所改善。但当锌含量超过 6% 时，合金的强度和塑性明显降低。所以在镁合金中锌含量一般都控制在 6% 以下。与铝相比，锌在镁中的强化效果不如铝，所以 Mg-Zn 二元合金在工业上应用很少。

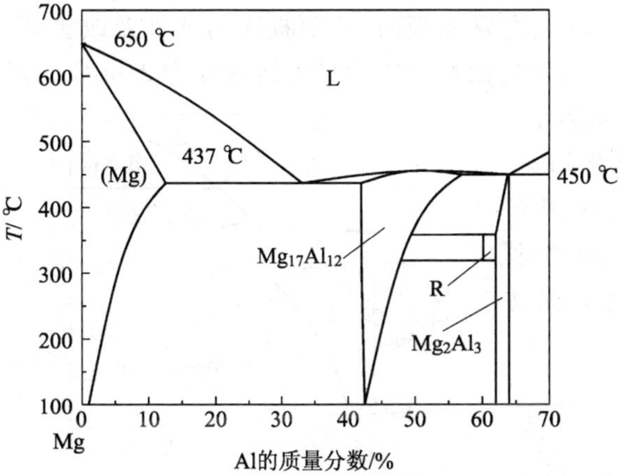

(a) Mg-Al

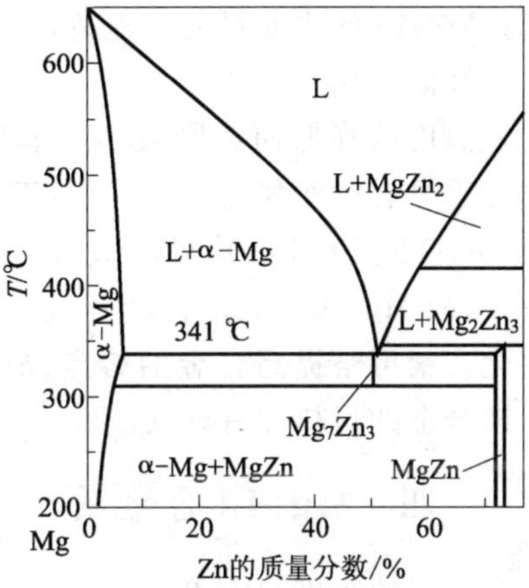

(b) Mg-Zn

图 3-35　Mg-Al 和 Mg-Zn 二元相图

三、Mg-RE 和 Mg-Mn 合金系

镁中加入稀土元素 RE 能显著提高镁合金的耐热性，细化晶粒，减小显微疏松和热裂倾向，改善铸造性能和焊接性能，且合金一般无应力腐蚀倾向。镁与各种稀土元素的相图都相似，图 3-36 所示为 Mg-Nd 和 Mg-Y 二元合金相图。稀土元素在镁中的溶解度随其原子序数的增大而增大，而且其溶解度随温度的降低而急剧减小。因此对含原子序数较大的稀土镁合金可以作热处理强化，其强

化效果及提高耐热性能按镧、铈、镨、钕等顺序递增。

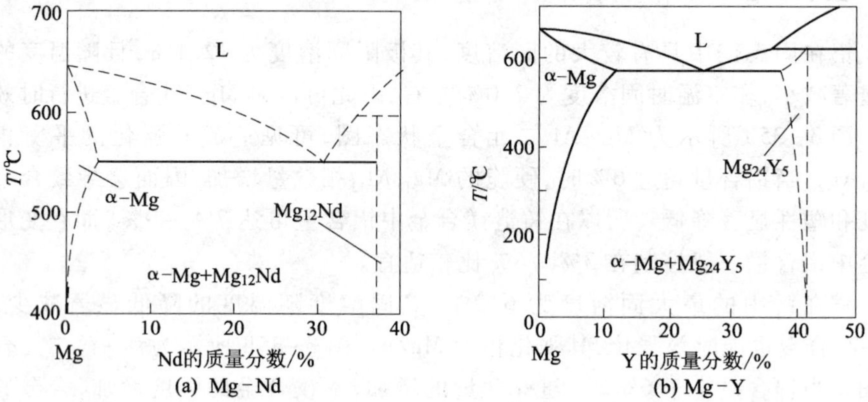

图 3-36 Mg-Nd 和 Mg-Y 二元相图

在镁中加入锰对力学性能影响不大，但塑性降低。在镁合金中加入 1% ~ 2.5% Mn 的主要目的是提高合金的抗应力腐蚀倾向，从而提高耐蚀性及改善焊接性能。Mg-Mn 二元相图见图 3-37，可见锰在镁中的最大溶解度为 2.46%，并随温度的降低而急剧减小。单从这点看，似乎具有时效强化能力，但由于强化相 α-Mn 基本是纯锰，其可时效强化作用很有限，故 Mg-Mn 二元合金不进行热处理强化。锰可略提高合金的熔点，故锰对提高镁合金的耐热性有好处。

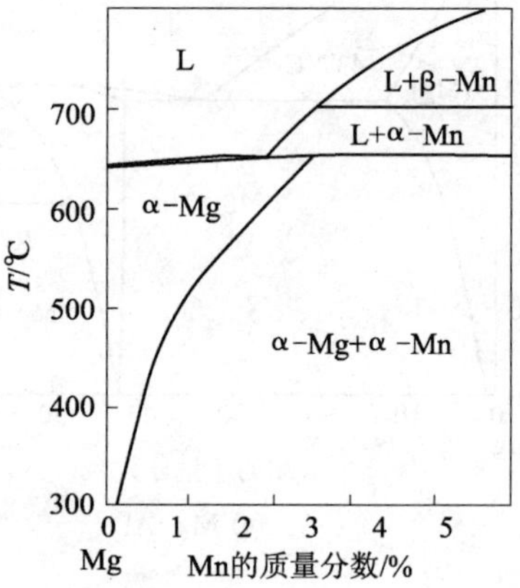

图 3-37 Mg-Mn 二元相图

四、Mg-Li 合金系

锂的密度只有 0.53 g/cm³、Mg-Li 合金系被称为超轻镁合金。Mg-Li 合金属共晶系见图 3-38，平衡结晶时在 588 ℃发生共晶反应：L→α+β，其中 α 和 β 相分别是以镁和锂为基的固溶体，β 相为体心立方结构，其塑性高于 α 相，具有较好的冷成形性。在共晶温度下，镁基 α 相对锂的溶解度极限是 5.7%，温度下降，溶解度基本不变。锂的质量分数超过 5.7% 后，组织中会出现较软的 β 相，因此合金的强度反而下降，塑性则急剧提高。锂含量超过 10% 后，合金为单相 β 组织，其强度较低，但在常温和低温时的塑性远远超过普通镁合金，铸造的Mg-Li合金在室温下就可加工成形，允许形变量达 50% ~60%。因锂原子尺寸小，原子扩散能力强，因而耐热性差，在稍高于室温的50～70 ℃下，二元合金就变得不稳定并出现过时效，导致在较低载荷下发生过度蠕变，故只适合在常温下工作。工业Mg-Li合金分三类，即α、(α+β)和β型合金。为提高合金的强度，还需添加Al、Zn、Mn、Cd和Ce等合金元素。Mg-Li合金的缺点是化学活性很高，锂极易与空气中的氧、氢、氮结合成稳定的化合物，因此熔炼和铸造必须在惰性气氛中进行；Mg-Li合金的耐蚀性低于一般的镁合金，应力腐蚀倾向严重。Mg-Li合金现已应用在装甲板、航空和宇航的零部件上。

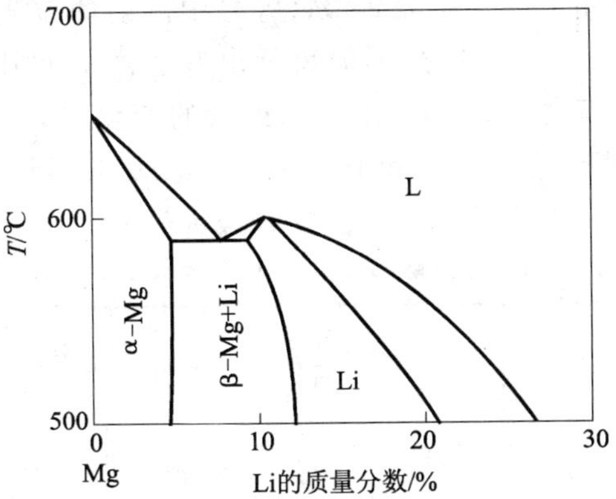

图3-38 Mg-Li二元相图

五、镁合金的热处理特点

镁没有同素异构转变，因此镁合金的热处理强化手段与铝合金一样，也是通过淬火和时效处理实现。镁合金的主要热处理工艺方法有四种，即铸造或锻造后直接人工时效(T1态)、退火(T2态)、淬火不时效(T4态)、淬火加人工时效(T6态)。

在对镁合金作热处理时应特别注意其如下特点。镁合金的组织一般都比较粗大，而且组织达不到平衡状态，合金处于不平衡状态的熔点要比平衡状态低，因此镁合金的淬火加热温度比较低。另外，镁合金的塑性较低，合金元素在镁中的扩散速度非常低，过剩相的溶解速度亦比较缓慢，所以镁合金淬火加热的保温时间比铝合金长的多，特别是铝含量较高的合金，保温时间长达十几个小时。铸造镁合金的淬火加热保温时间比变形镁合金长。铸造镁合金中易出现不平衡共晶组织。因扩散速度慢，镁合金宜采用人工时效而不是自然时效。镁的化学活性高，高温下易氧化或燃烧，在高温的硝盐浴中会发生剧烈的化学反应而引起爆炸。一般在箱式炉内加入黄铁矿(FeS)，以产生二氧化硫气体作为保护气体。由于二氧化硫气体有毒，故加热设备应加以密封。

六、工业纯镁和常用工业镁合金

镁合金和铝合金一样，可分为**铸造镁合金**和**变形镁合金**两大类。铸造镁合金的牌号用铸、镁二字的汉语拼音首字母 Z、M 加顺序号表示，如 ZM1、ZM3、ZM5 等。变形镁合金的牌号用镁、变二字的汉语拼音首字母 M、B 加顺序号表示，如 MB1、MB2、MB3 等。

目前，国际上倾向于采用美国试验材料协会(ASTM)使用的方法来标记镁合金，镁合金的合金元素代号见表 3-34，牌号中的前两位表示主要合金元素的名义质量分数(%)。其局限性是不能表示出有意添加的其他元素。这时加后缀字母 A、B、C、D、E 等指成分和特定范围纯度的变化，如 AZ91E 表示主加元素是 Al 和 Zn，名义质量分数为 9% 和 1%，E 表示 AZ91E 是该合金系列的第五位。表 3-35 所示为我国镁合金牌号与美国镁合金牌号的对比。

表 3-34 ASTM 标准中镁合金的合金元素代号

代号	英文名称	中文名称	代号	英文名称	中文名称	代号	英文名称	中文名称
A	Al	铝	K	Zr	锆	S	Si	硅
B	Bi	铋	L	Li	锂	T	Sn	锡
C	Cu	铜	M	Mn	锰	W	Y	钇
D	Cd	镉	N	Ni	镍	Y	Sb	锑
E	RE	稀土	P	Pb	铅	Z	Zn	锌
F	Fe	铁	Q	Ag	银			
H	Th	钍	R	Cr	铬			

表 3-35 我国镁合金牌号与美国镁合金牌号的对比

种类	系列	我国	美国	成分(质量分数)/% Al	Mn	Zn	其他
变形镁合金	Mg-Mn	MB1	M1	0.2	1.30~2.50	0.3	—
		MB8	M2	0.2	1.30~2.20	0.3	0.15~0.35Ce
	Mg-Al-Zn	MB2	AZ31	3.0~4.0	0.15~0.50	0.2~0.8	
		MB3	—	3.7~4.7	0.30~0.60	0.8~1.4	
		MB5	AZ61	5.5~7.0	0.15~0.50	0.5~1.5	
		MB6	AZ63	5.0~7.0	0.20~0.50	2.0~3.0	
		MB7	AZ80	7.8~9.2	0.15~0.50	0.2~0.8	
	Mg-Zn-Zr	MB15	ZK60	0.05	0.10	5.0~6.0	0.3~0.9Zr

续表

种类	系列	成分(质量分数)/%					
		我国	美国	Al	Mn	Zn	其他
铸造镁合金	Mg-Zn-Zr	ZM1	ZK51A	—	—	3.5 ~ 5.5	0.5 ~ 1.0Zr
		ZM2	ZE41A	—	0.7 ~ 1.7RE	3.5 ~ 5.0	0.5 ~ 1.0Zr
		ZM4	EZ33		2.5 ~ 4.0RE	2.0 ~ 3.0	0.5 ~ 1.0Zr
		ZM8	ZE63		2.0 ~ 3.0RE	5.5 ~ 6.5	0.5 ~ 1.0Zr
		ZM3	—	—	2.5 ~ 4.0RE	0.2 ~ 0.7	0.3 ~ 1.0Zr
		ZM6	—		2.0 ~ 2.8RE	0.2 ~ 0.7	0.4 ~ 1.0Zr
		ZM5	AZ81A	7.5 ~ 9.0	0.2 ~ 0.8	0.15 ~ 0.5	

纯镁单晶体的临界切应力只有 4.8 ~ 4.9 MPa,因此纯镁多晶体的强度和硬度也很低,不能直接用做结构材料。表 3-36 所示为**工业纯镁**的牌号与成分,表 3-37 所示为工业纯镁的主要力学性能。纯镁的主要用途是配制镁合金及其他合金。

表 3-36 工业纯镁的牌号与成分(质量分数)

牌号	w_{Mg}/%	杂质含量≤/%				
		Si	Ni	Cu	Al	Cl
1 号纯镁	≥99.95	0.01	—	0.005	0.01	0.003
2 号纯镁	≥99.92	0.01	0.001	0.01	0.02	0.005
3 号纯镁	≥99.85	0.03	0.002	0.02	0.05	0.005

表 3-37 工业纯镁的力学性能

加工状态	抗拉强度 σ_b/MPa	屈服强度 σ_s/MPa	弹性模量 E/GPa	伸长率 δ/%	断面收缩率 ψ/%	硬度 HB
铸态	115	25	45	8	9	30
变形状态	200	90	45	11.5	12.5	36

镁是具有高 c/a 轴比(1.6237)的密排六方结构,其 c/a 轴比远高于同为密排六方结构的钛(1.587)。在室温下可以提供的独立位错滑移系很少,以

{0001}基面滑移为主，通常不足以实现任意给定的应变量，因此镁合金的室温塑性很差。室温变形时，基面滑移能力会很快被耗尽，进而只有借助开动机械孪生来继续维持塑性变形，并因此很容易导致变形合金的断裂。图 3-39 所示为 AZ31 镁合金退火态及加热到 100 ℃经 8% 压缩变形后的微观组织，可以观察到即使在升高的变形温度下也出现了大量机械孪生开动的痕迹，突出显示了镁合金塑性变形能力的局限性。

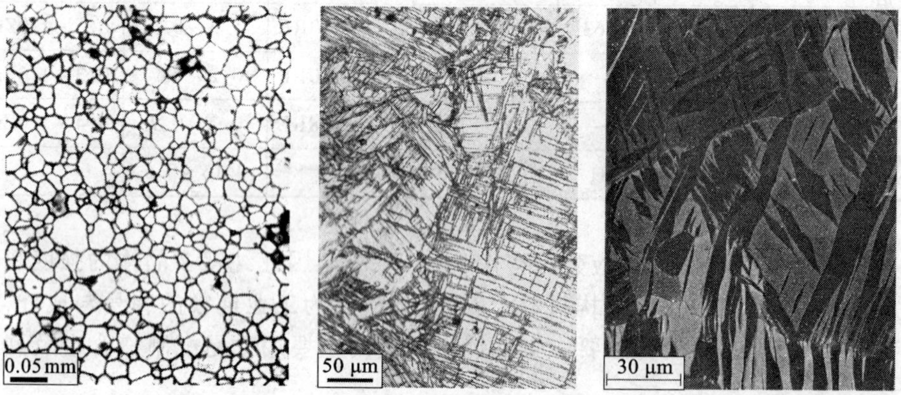

(a) 退火态　(b) 70% 冷轧变形引起的机械孪晶组织　(c) 孪晶结构的扫描电镜观察

图 3-39　AZ31 镁合金 100 ℃轧制变形前后的微观组织

目前常用的镁合金有 Mg-Mn 系、Mg-Al-Zn 系、Mg-Zn-Zr 系和加稀土的耐热镁合金系。表 3-38 给出了部分铸造镁合金的加工工艺参数。

表 3-38　部分铸造镁合金的加工工艺参数

合金牌号	铸造温度/℃	热处理代号	淬火工艺			退火或时效(或退火)工艺		
			加热温度/℃	保温时间/h	冷却介质	加热温度/℃	保温时间/h	冷却介质
ZM1	750 ~ 820	T1 或 T2	—	—	—	300 ~ 350	4 ~ 6	空气
		T6	500±5	2 ~ 3	空气	150±5	24	空气
ZM3	730 ~ 760	T2	—	—	—	300 ~ 350	24	空气
		T6	—	—	空气	200±5	16	空气

续表

合金牌号	铸造温度/℃	热处理代号	淬火工艺			退火或时效(或退火)工艺		
			加热温度/℃	保温时间/h	冷却介质	加热温度/℃	保温时间/h	冷却介质
ZM5	690~800	T2	—	—	—	340~360	2~3	空气
		T4	分级加热① 360±5 420±5	 3 13~21	 — 空气	—	—	—
			一次加热②415±5	8~16	空气	—	—	—
		T6	分级加热① 360±5 420±5	 3 13~21	 — 空气	(1)175±5 (2)200±5	16 8	空气 空气
			一次加热②415±5	8~16	空气	(1)175±5 (2)200±5	16 8	空气 空气

① 分级加热淬火适用于厚度大于 12 mm 的铸件;

② 一次加热淬火适用于厚度不大于 12 mm 的铸件或金属型铸造的铸件。

Mg-Al-Zn 系合金是应用最早、使用最广的一类镁合金。它与 Mg-Mn 系合金相比,其主要特点是强度高,可以热处理强化,并具有良好的铸造性能。但耐蚀性不如 Mg-Mn 系合金好,屈服强度和耐热性较低,而且用做铸造合金时铸造的壁厚对性能影响较大。在 Mg-Al-Zn 系合金中常用的有 MB2 和 MB3 变形镁合金及 ZM5 铸造镁合金三种牌号,其化学成分、处理工艺与力学性能见表 3-35、表 3-38 至表 3-40。Mg-Al-Zn 系合金中铝是主要合金元素,锌和锰是辅助元素。铝在镁中有较大有固溶度,能起显著的固溶强化作用,提高合金的强度和屈服极限。铸造 Mg-Al-Zn 系合金的铝含量在 7% ~9% 时,具有较好的铸造性能和力学性能。为了保证变形镁合金压力加工工艺性,其铝含量在 3% ~5% 较适宜。在 Mg-Al-Zn 系合金中加入锌的作用主要是补充强化和改善合金的塑性。Mg-Al-Zn 系合金中锌含量一般都小于 2%,多数合金的锌含量在 1%。当锌含量过高时,合金的流动性降低,增加铸件形成显微缩孔和热裂倾向,对铸造性能十分不利。铝含量较低的 MB2、MB3 变形镁合金不进行淬火加时效处理,通常是在冷加工或退火状态下使用。MB2 和 MB3 合金的退火工艺参数见表 3-39。Mg-Al-Zn 系合金人工时效与铝合金不同,例如含 10% Al、0.8% Zn、0.4Mn的镁合金在人工时效后,强化相首先沿 α 固溶体晶界析出,并随时效温度的提高逐渐在整个固溶体晶粒析出。镁合金人工时效后,抗拉强度提高很少,但屈服极限有较明显的提高,而塑性显著降低。Mg-Al-Zn系变形镁合金 MB2 和

MB3 具有优良的热塑性变形能力和抗应力腐蚀性能以及适中的焊接性，主要用于生产形状复杂的锻件和热挤压棒材。

Mg-Mn 系合金中常用的变形镁合金有 MB1 和 MB8 两种牌号，其化学成分、热处理工艺参数及力学性能和用途列于表 3-35、表 3-39、表 3-40 和表 3-41。

表 3-39 变形镁合金热处理工艺参数

合金牌号	均匀化退火			退火			淬火			时效		
	加热温度/℃	保温时间/h	冷却方式	加热温度/℃	保温时间/h	冷却方式	加热温度/℃	保温时间/h	冷却方式	加热温度/℃	保温时间/h	冷却方式
MB1	410~425	12	空冷	320~350	0.5	空冷	—	—	—	—	—	—
MB8	410~425	12	空冷	250~350	1.0	空冷	—	—	—	—	—	—
MB2	390~410	10	空冷	280~350	3.5~5.0	空冷	—	—	—	—	—	—
MB3	380~420	6~8	空冷	250~280	0.5	空冷	—	—	—	—	—	—
MB5	390~405	10	空冷	320~350	0.5~4.0	空冷	—	—	—	—	—	—
MB6	—	—		320~360	4.0~6.0	空冷	分级加热 (1)335±5 (2)380±5	 2~3 4~10	热水			
MB7	390	10	空冷	350~380	3.0~6.0	空冷	410~425	2~6	空冷或热水	175~180	8~16	空冷
							410~425 热加工	2~6	空冷或热水	—	—	—
							300~400	—	空冷	175~200	8~16	空冷
MB15	360~390	10	空冷	—	—	—	热加工 340~420		空冷	170~180	10~24	空冷
							505~515	24	空冷	160~170	24	空冷

表 3-40 镁合金的力学性能及用途举例

合金类别	合金牌号	材料产品及状态	厚度或直径/mm	力学性能(不小于)			用途举例
				σ_b/MPa	$\sigma_{0.2}$/MPa	δ/%	
铸造镁合金	ZM1	T1 T6	—	240 260	—	5.0 6.0	要求抗拉强度、屈服强度高且抗冲击的零件，如飞机轮毂、轮缘、隔框、支架
	ZM2	T1	—	190	—	2.5	在 200 ℃ 以下工作的发动机零件及要求高的屈服强度的零件，如发动机机匣、整流舱、电动机壳体
	ZM3	— T2	—	120 100	—	1.5 1.5	在高温下工作和要求气密性好的零件，如发动机增压机匣、压缩机匣、扩散器壳体及进气管道

续表

合金类别	合金牌号	材料产品及状态	厚度或直径/mm	力学性能(不小于)			用途举例
				σ_b/MPa	$\sigma_{0.2}$/MPa	δ/%	
	ZM5	—	—	150	—	2.0	飞机、发动机、仪表和其他结构中要求高载荷的零件,如机舱连接隔框、舱内隔框、电机壳体、轮毂、轮缘、增压机匣
		T4	—	230	—	5.0	
		T6	—	240	—	2.0	
变形镁合金	MB1	冷轧板材退火(M)	0.8~3.0	190	110	—	板材的焊接件和模锻件,汽油和润滑油系统附件,形状简单、承力不大的耐性零件
			3.5~5.0	180	100	—	
			6.0~10.0	170	90	—	
		热轧板材	12~32	210	100	—	
		热轧棒材	≤130	180	—	δ_5 2	
	MB2	冷轧板材退火(M)	0.8~3.0	240	130	—	形状复杂的锻件和模锻件
			3.5~10.0	230	120	—	
		热轧板材	12~32	230	140	—	
		热轧棒材	≤130	260	—	δ_5 2	
	MB3	冷轧板材退火(M)	3.5~5.0	240	140	—	
			6.0~10.0	240	140	—	
		热轧板材	22~30	250	140	—	
		热挤压板材	—	260	—	9.0	
	MB8	冷轧板材退火(M)	0.8~3.0	230	120	—	板材可制造飞机蒙皮、壁板及内部零件,型材和管材可制造汽油和润滑油系统的耐蚀零件
			3.5~5.0	220	100	—	
			6~10.0	220	100	—	
		冷轧板材1/2硬(Y2)	0.8~3.0	250	160	—	
			3.5~5.0	250	140	—	
		热轧板材	34~70	200	90	—	
		热轧棒材	≤130	220	—	—	
		热挤压管材	—	230	—	8.0	
		热挤压型材	—	230	—	10.0	
	MB14	模锻件	—	250	160	10	
		挤压棒材	—	360	180	10	

续表

合金类别	合金牌号	材料产品及状态	厚度或直径/mm	力学性能(不小于)			用途举例
				σ_b/MPa	$\sigma_{0.2}$/MPa	δ/%	
	MB15	热轧棒材人工时效	≤100	320	250	δ_5 6	室温下承受大载荷的零件,如机翼长珩、翼肋等,使用温度不超过 150 ℃
		热挤压型材	—	320	250	7	

表 3-41　MB8 和 MB1 合金在不同温度下的力学性能比较

合金牌号	抗拉强度 σ_b/MPa					$\sigma_{0.2}$/MPa	蠕变强度 $\sigma_{0.2/100}$/MPa
	20 ℃	100 ℃	150 ℃	200 ℃	250 ℃	20 ℃	150 ℃
MB8	250	200	160	140	120	170	40
MB1	210	180	130	80	60	100	45

Mg-Al-Zn 系铸造镁合金的铝含量较高,如 ZM5;其热处理强化效果较显著,故通常在热处理状态下使用。ZM5 合金强化热处理工艺分两种,一是淬火(T4)处理,其目的是提高合金的强度和塑性;二是淬火加人工时效(T6)处理,目的也是提高合金的力学性能,与第一种仅进行淬火处理相比较,在强度基本相同的情况下,屈服极限和硬度比较高。在生产条件下,ZM5 合金铸态组织中有不平衡的共晶组织存在,通常厚度大于 12 mm 的零件需要采用分段加热淬火法,其热处理工艺参数见表 3-38。Mg-Al-Zn 系铸造镁合金 ZM5 具有较好的铸造性能和力学性能,是目前广泛使用的一种铸造镁合金,主要用做形态复杂的大型铸件和受力较大的飞机及发动机零件。

七、新型工业镁合金

Mg-Zn-Zr 系合金是近期发展起来的**高强度镁合金**。它与镁铝锌系合金相比,形成显微疏松的倾向很小,铸造性能较好,屈服强度比较高,而且热塑性变形能力比较强,故 Mg-Zn-Zr 系合金可以用做高强度铸造合金和形变合金。常用的 Mg-Zn-Zr 系铸造合金有 ZM1、ZM2 和变形合金 MB15 等,其化学成分、热处理工艺与力学性能见表 3-35、表 3-38 与表 3-40。Mg-Zn-Zr 系合金中主要合金元素是锌和锆。锌的主要作用是固溶强化及通过热处理提高合金的屈服强度,其锌含量以 6% 左右为宜。锆的主要作用是细化合金组织,提高强度和屈服极限,改善合金的塑性和耐蚀性,并能提高合金的耐热性。锆在Mg-Zn合金中含量为 0.5% ~0.8% 时,细化晶粒的效果最佳。Mg-Zn-Zr 系合金具有较好的热处理强化效果,所以该合金均在热处理条件下使用。MB15 合金是在热加工后直接进行人工时效处理。铸造合金 ZM1、ZM2 是在铸造后进行人工时效(T1 处理),其热处理工艺参数见表3-38。

随着喷气技术和宇航以及火箭导弹工业的发展,对镁合金提出了高耐热、高强度、高耐蚀性以及优良的工艺性要求。近年来,国内外开发了新的**耐热高强镁合金**。如镁-稀土系和镁-钍系合金,其中含钍的镁合金在300 ℃下的蠕变极限超过所有镁合金。

ZM3合金是Mg-RE(Ce)合金,虽有优良的耐热性,但其室温强度很低。为提高室温强度,加入少量的锆和锌。ZM3合金具有良好的铸造性能,热裂倾向小,无显微疏松,气密性好,而且可以焊接。但室温性能仍然不高。ZM3合金一般只在铸态或退火态下使用。其退火的目的是消除铸造应力,稳定铸件组织和尺寸,对性能影响不大。ZM3合金主要用于制作在250 ℃以下工作的高气密性零件,如发动机增压机匣、压缩机匣及扩散器壳体等。

ZM6合金合金的化学成分为2.0% ~3.0% Nd、0.4% ~1.0% Zr,是国内研制的一种耐热高强铸造镁合金。钕在镁中的固溶度比铈大,因此具有较好的热处理强化效果。其热处理工艺(T6)为(525±5) ℃加热,保温12 h后空冷,然后在200 ℃人工时效16 h。与ZM3合金相比,ZM6合金具有较好的室温力学性能(表3-42),而高温力学性能(表3-43)与ZM3合金相当,可以制造在250 ℃以下长期工作的零件。

表3-42 ZM6合金的室温力学性能

热处理状态	力学性能				
	σ_b/MPa	$\sigma_{0.2}$/MPa	a_k/(J/cm^2)	δ/%	HB
T6	250	160	3.2	4.0	65.0

表3-43 ZM6经T6热处理后的力学性能与温度的关系

力学性能	温度/℃				
	100	150	200	250	300
σ_b/MPa	224	213	206	169	116
$\sigma_{0.2}$/MPa	143	141	137	131	81
σ_{100}/MPa	—	—	110	60	—
$\sigma_{0.2/100}$/MPa	—	—	—	25	—

八、镁合金的应用

与钢铁、铝合金、工程塑料等相比,镁表现出轻质、高阻尼性、抗振、高导热性、抗电磁干扰、高电负性和易于回收的性能优势,因此使镁合金在交通工具、微电子和电子信息产品领域受到越来越多的关注。

镁合金广泛用于手提工具、体育器材、交通工具。许多新车型采用了镁合金轮毂;新型摩托车的引擎外壳等部件采用大量镁合金后,全车净重仅 210 kg。一些镁合金摩托车在曲轴箱体、箱盖和轮毂上用约 12 kg 镁合金后可减重 6 kg。由于镁合金的减振特性,可用于制作手电锯、风动工具、汽车变速箱、离合器外壳和转向盘骨架。镁合金因其导热、无磁、易于回收而用于微电子和电子信息产品,用于制作电子产品、计算机和通信工具的可携式壳体材料,如用镁合金制作手提式摄录机壳、将镁合金用于笔记本电脑外壳等。

高品质阳极材料是阴极保护技术的关键。镁合金因高的电负性可用做阳极材料,主要用于电阻率较高的土壤或淡水,如埋地钢管及其他钢铁构筑件的防腐保护。另外,也可用于石油、化工、天然气以及煤气管道和储罐,海洋钻井平台,热水器等方面的腐蚀防护,如海洋石油的钻井平台防腐用的大块镁阳极重 5 t,其使用量每年正以 20% 的速度增长。镁合金的阻尼特性被用于航空航天、国防等尖端领域,如鱼雷、战斗机和导弹等的减振部位等。

§3-5　金属间化合物基合金

20 世纪 80、90 年代,美国为了满足冷战的需要,规划了太空领域的高技术发展计划,航天工业及相关的科学研究迅速发展。航天飞行器的速度越来越高,其壳体、发动机等部件对相应高温金属结构材料的比强度、耐高温、耐蚀等性能提出了更高的要求。传统的以镍基合金为主的高温合金已经不能满足需求。长期研究发现,金属间化合物在保持一定金属性质的同时还具备许多特殊的工程性质,其键合形式不再是单纯的金属键,而且其有序结构对强度和高温性能有很大贡献,因此以金属间化合物为基础的新型合金研究在美国的带动下风靡一时,极大地推动了高温结构材料学科和相关理论研究的发展。然而,这些以金属间化合物为基础的合金结构材料始终保持一些明显的、甚至是不可克服的天然缺陷,因此当冷战结束后,相关的研究领域迅速降温。尽管如此,经历了全世界范围相当广泛而全面的开发研究过程之后,仍出现了一些具有工程应用前景的新金属材料。本节根据一些实例,对相关的发展作一简单的介绍。

金属间化合物指由两种或两种以上金属元素组成的化合物,且具有与组成该化合物的单质组元金属不同的晶体结构和基本性质。到目前为止,人们已经发现了两万种以上的金属间化合物,它们通常是位于各组元金属间所组成相图的中间,具有特定的有序结构,称为**中间相**。以这类中间相为基础溶入适量其他合金元素的材料称为**金属间化合物基合金**。

金属间化合物中原子间的键合形式不是单纯的金属键,结合键的可交换性会明显下降。这种化合键特性造成了金属间化合物高熔点、高强度、高硬度、高抗氧化性能、高耐蚀性、优良的高温力学性能等特点。人们在选择航空、航天用金属间化合物时往往偏重含有 Ti、Al 等低密度的金属，因此也造成金属间化合物结构材料的低密度特征，如 Fe_3Al(DO_3)、Ni_3Al($L1_2$)、Ti_3Al(DO_{19})、FeAl(B2)、NiAl(B2)、TiAl($L1_0$)等。另外，金属键性质的降低以及结合键可交换性的下降也同时导致金属间化合物本征的高脆性、低塑性、很差的加工性能等。金属间化合物基合金发展的初始背景及本征缺陷也造成了其应用范围小、用量小、研究开发成本高、生产成本高、价格昂贵、工艺不成熟、性能不可靠等显著的先天不足，严重阻碍了其实际应用和进一步发展的前景，这也是冷战结束后，相关研究领域迅速降温的原因之一。

金属间化合物通常具备有序的晶体结构，因此其塑性变形和再结晶过程与常规的金属材料有很大的不同。

一、有序金属结构的塑性变形特点

有序结构状态下开动的位错通常是**超点阵位错**，即一个完整位错通常会分解成若干个部分位错，各部分位错之间由反相畴界相连。位错滑移会造成有序结构中出现大量**反相畴界**，同时为使有序结构不被滑移破坏，则需部分位错组合运动。此时相应滑移系开动的临界分切应力会明显增加，使得多系滑移更加困难。

假设 B2 有序结构完整位错 $\boldsymbol{b}$ 由超位错中的两个部分位错 $\boldsymbol{b}_1$ 和 $\boldsymbol{b}_2$ 组成。鉴于位错能量自发降低的趋势，超位错中每个部分位错会再分解成 $\boldsymbol{b}_{11}$ 与 $\boldsymbol{b}_{12}$ 以及 $\boldsymbol{b}_{21}$ 与 $\boldsymbol{b}_{22}$ 两对部分位错并伴生**层错**和**层错能**，即有 $\boldsymbol{b}_1=\boldsymbol{b}_{11}+\boldsymbol{b}_{12}$、$\boldsymbol{b}_2=\boldsymbol{b}_{21}+\boldsymbol{b}_{22}$、$\boldsymbol{b}=\boldsymbol{b}_1+\boldsymbol{b}_2=\boldsymbol{b}_{11}+\boldsymbol{b}_{12}+\boldsymbol{b}_{21}+\boldsymbol{b}_{22}$，因此位错结构如图 3-40 所示，可表达成 $\boldsymbol{b}=\boldsymbol{b}_1+\boldsymbol{b}_2=\boldsymbol{b}_{11}+\boldsymbol{b}_{12}+\boldsymbol{b}_{21}+\boldsymbol{b}_{22}$，即有

$$[011]=\frac{1}{2}[011]+\frac{1}{2}[011]=\frac{1}{6}[\bar{1}21]+\frac{1}{6}[112]+\frac{1}{6}[\bar{1}21]+\frac{1}{6}[112] \quad (3-1)$$

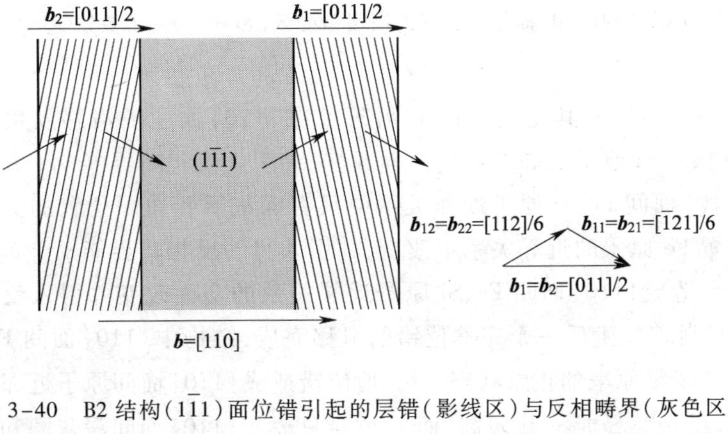

图 3-40 B2 结构(1$\bar{1}\bar{1}$)面位错引起的层错(影线区)与反相畴界(灰色区)

超位错中两位错的平衡距离取决于**反相畴界能** γ_{ap}。当合金完全有序时，其反相畴界能通常很高，造成超位错宽度很低。在一些金属键性较强的有序合金中，反相畴界能会比较低，而原子往往会呈现一定程度的概率占位，因此超位错宽度很大。当反相畴界能降低到某一特定水平后，超位错中的两个位错实际上可以相当独立地滑动，此时就不再有必要用超位错的角度观察合金的位错。当位错滑移所造成有序结构的破坏不明显造成体系能量升高时，位错的结构特点就接近 A2 结构单质金属中的位错。

DO_3型结构是一种常见的面心立方有序金属结构，Fe_3Si、Fe_3Al 等晶体都具有这种结构。图 3-41a 所示为 DO_3结构的单胞，它可以看成是由 8 个亚单胞所构成。Si 或 Al 占据白圈位置，Fe 占据深灰圈和浅灰圈位置。DO_3结构中主要的完整位错柏氏矢量为<111>，位错的主要滑移面是{110}面。根据图 3-41a 所示的 DO_3结构完整位错可以看出，其柏氏矢量 $\boldsymbol{b}$ 可以分解成 $\boldsymbol{b}_1+\boldsymbol{b}_2+\boldsymbol{b}_3+\boldsymbol{b}_4$四部分，即如图 3-41b 所示，有

$$[\bar{1}11]=\frac{1}{4}[\bar{1}11]+\frac{1}{4}[\bar{1}11]+\frac{1}{4}[\bar{1}11]+\frac{1}{4}[\bar{1}11] \tag{3-2}$$

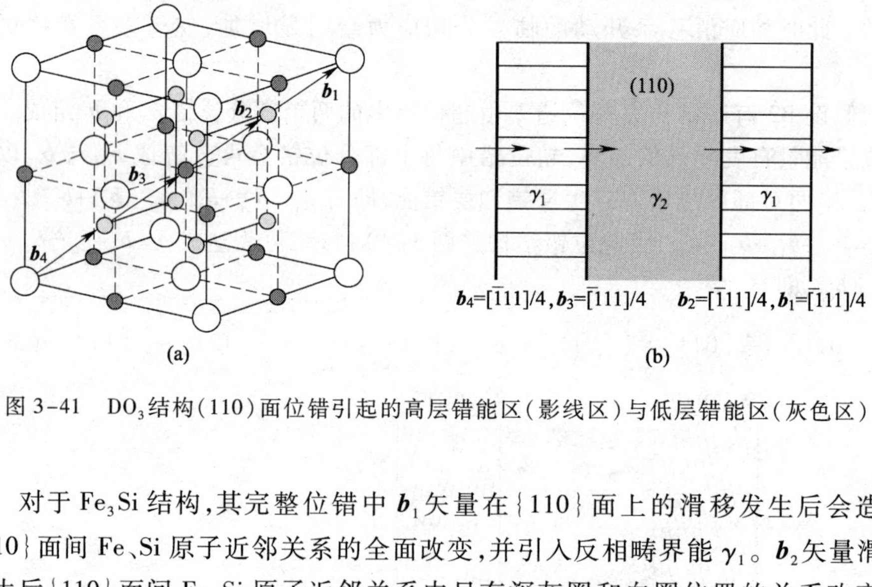

图 3-41　DO_3结构(110)面位错引起的高层错能区（影线区）与低层错能区（灰色区）

对于 Fe_3Si 结构，其完整位错中 $\boldsymbol{b}_1$矢量在{110}面上的滑移发生后会造成{110}面间 Fe、Si 原子近邻关系的全面改变，并引入反相畴界能 γ_1。$\boldsymbol{b}_2$矢量滑移发生后{110}面间 Fe、Si 原子近邻关系中只有深灰圈和白圈位置的关系改变而浅灰圈位置 Fe 原子的近邻关系不改变，并引入另一反相畴界能 γ_2。$\boldsymbol{b}_3$矢量滑移发生后又会造成{110}面间 Fe、Si 原子近邻关系的全面改变并引入反相畴界能 γ_1。$\boldsymbol{b}_4$矢量滑移发生后一个完整位错的滑移完成，结构中{110}面间 Fe、Si 原子近邻关系又恢复原来的正常状态。$\boldsymbol{b}_1$、$\boldsymbol{b}_3$位错造成{110}面间原子近邻关系全面变化，相应反相畴界能 γ_1 比较高，而 $\boldsymbol{b}_2$位错只改变{110}面间深灰圈和白圈原子

的近邻关系,因此其反相畴界能 γ_2 比较低。当温度升高造成的 Fe_3Al 结构中原子概率占位发生变化,使得从统计上讲 DO_3 结构转变成了 B2 结构(图 1-7),则反相畴界能 γ_2 接近 0。图 3-41 所示位错中 $\boldsymbol{b}_1+\boldsymbol{b}_2$ 与 $\boldsymbol{b}_3+\boldsymbol{b}_4$ 两对位错构成了两个小的超位错,它们的移动变得相互独立。当温度继续升高使 B2 结构转变成了 A2 结构时,反相畴界能 γ_1 也接近 0(图 1-7)。图 3-41 所示位错中 $\boldsymbol{b}_1$、$\boldsymbol{b}_2$、$\boldsymbol{b}_3$、$\boldsymbol{b}_4$ 等超位错部分就都变得可以独立移动。由此可见,如果能够控制 Fe_3Al 类合金的结构类型,则可以明显改变其塑性行为。显然,A2、B2 结构的塑性要优于 DO_3 结构。

机械孪生是金属材料塑性变形的主要晶体学机制之一。多数会发生机械孪生的金属,其塑性变形的晶体学机制通常仍是以位错滑移为主。机械孪生往往只是把难以继续变形的硬取向转换成软取向,随后以位错滑移机制继续塑性变形。在 B2 结构和 $L1_0$ 结构的金属间化合物中也观察到一些机械孪生现象。

图 3-42 所示为 A2 和 B2 结构的常规机械孪生结构的示意图。若 A2 结构机械孪生通常的孪生方向称为正方向,可以看出孪生前后晶体的结构保持不变,只是取向发生了变化(图 3-42a)。如果类似的机械孪生过程发生在 B2 结构中,从单胞结构的对比可以看出孪生后的晶体结构会发生变化(图 3-42b)。这种结构的转变,即 B2 稳定结构的破坏必然会引起系统能量的升高,并会对实际孪生过程造成极大的阻力。如图 3-43 所示,若晶体发生逆向孪生,则相应切应变量提高一倍。这自然会使孪生的难度加大,外力作功也会增加,但 B2 结构在孪生发生后仍保持稳定,因而是实际可行的孪生机制。这样看来,不仅金属间化合物位错结构的复杂化会使塑性降低,而且其有序结构使机械孪生的难度提高也是塑性下降的一个原因。在形状记忆合金 β′-CuZn 中确实发现了 B2 有序结构的逆向孪生现象。

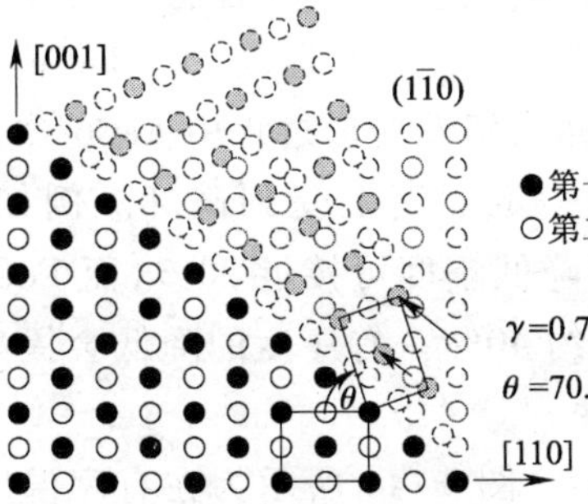

(a) A2结构的常规机械孪生

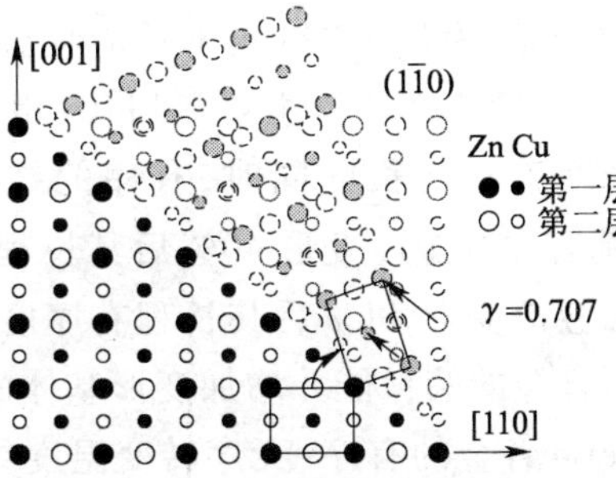

(b) B2结构常规机械孪生后的结构

图 3-42　立方结构常规机械孪生后的结构

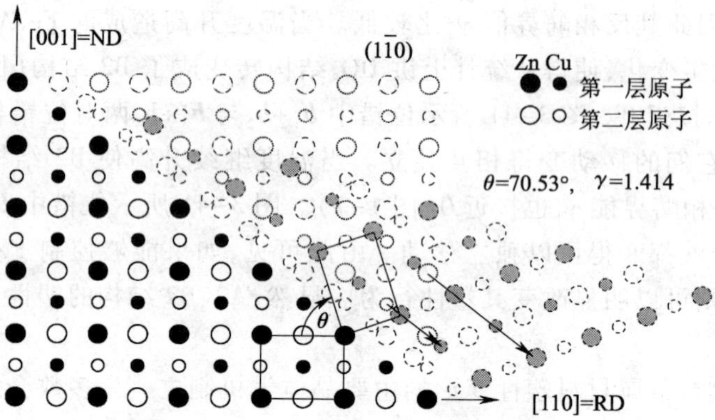

图 3-43 B2 结构逆向孪生的结构

二、冷变形有序金属结构的再结晶行为

在塑性变形过程中有序结构会在位错的不断滑移过程中遭到一定破坏,并引起变形结构内部储存能的额外升高,因而会影响随后加热过程中的再结晶行为。一些金属间化合物存在不同有序结构之间(图 1-7)或有序与无序之间(图 3-13)的转变,这种转变也会影响相关的再结晶过程。典型的 FeCo 具有 B2 结构,以 FeCo 为基础的合金也是一类有形状记忆效应的合金系。FeCo 合金可以通过热处理的方法得到有序 B2 和无序 A2 两种不同的结构状态。例如,FeCo 合金在 550 ℃退火 10 天后炉冷可获得基本有序的结构,而在 850 ℃加热并快冷则可得到基本无序的结构。经无序化处理的 FeCo 合金的结构本质与传统的体心立方金属类似。B2 有序结构状态下开动的超点阵位错为两个 $a/2$<111>部分位错,两个部分位错之间由反相畴界相连。位错滑移会造成 FeCo 合金中出现大量反相畴界,为使 B2 结构不被滑移破坏,则需部分位错成对运动。对 FeCo 有序合金,一般认为位错主要在{110}滑移面上滑移。塑性变形过程中 FeCo 合金缺陷密度不断增长的同时,有序的结构也会在一定程度上受到破坏。例如,Ni_3Al基有序合金冷变形 40% 后其长程有序度的降低幅度可接近 30%,而 FeCo 有序合金冷变形 44% 后其长程有序度也会降低约 40%。有序度的降低会提高冷变形合金的储存能并增加变形基体的不稳定性。

FeCo 合金的有序-无序转变温度约为 730 ℃。图 3-44 所示为在有序温度区的退火过程中冷变形合金有序度随时间的变化,其中 $S=1$ 为完全有序,$S=0$ 为完全无序。可以看到,在加热的初期合金的有序度上升,并迅速达到某一稳定值,且退火温度高则该稳定值下降。620 ℃经 72 h 退火后,再结晶过程完成;而 720 ℃加热 18 h 后再结晶开始,36 h 后完成;750 ℃加热 512 s 后再结晶就已开始,加热 1 024 s 时结束。

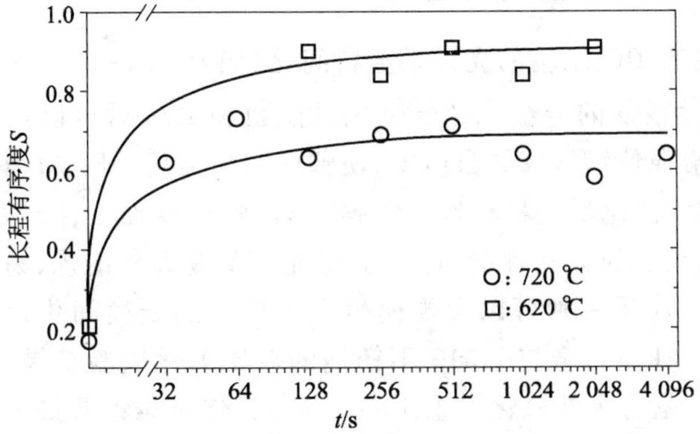

图 3-44 退火过程中冷变形合金有序度的变化

在 550 ℃以上,无序 FeCo 合金发生有序化转变时属于**二级相变**,即相变前后两相的化学势和化学势的一级偏微分相等、二级偏微分不相等,在相变点两相的体积、焓和熵的变化是连续的。合金二级有序相变的一个重要特征表现为在转变温度以下的稳定有序度不一定是 100%,而是随温度的降低逐渐接近 100%。图 3-44 的结果也反映出 FeCo 合金的这种二级相变特征。720 ℃和 620 ℃再结晶开始之前合金的有序化过程已经完成,因此有序化与再结晶两个过程并不直接交织在一起。

高于有序转变温度的 750 ℃加热时没有有序化转变,合金只会发生单一的再结晶,变形后合金内有足够的储存能以驱动再结晶。这一再结晶过程与体心立方冷轧板中的再结晶过程相似。620 ℃处于合金的有序化温度区,冷变形无序 FeCo 合金首先发生有序化转变,长程有序度可达 0.9,也就是说约有 90% 的原子需要作短程位置调整以实现有序化。在变形基体中发生这样大规模的原子位置调整势必会造成变形基体再结晶前回复过程的增强和缺陷密度的大幅度降低,从而使剩余的储存能不足以驱动以大角度晶界迁移为特征的正常的再结晶过程。因此,此时的再结晶过程是以极强的回复过程为特征的连续再结晶。

即使基体中由于大幅度的塑性变形而储存了很高的缺陷密度,合金中的多数原子仍处于完整晶体点阵中。因此当合金的稳定有序度降低到 0.7 以下时,有序化过程对缺陷密度的降低作用会明显减弱。如果有序化过程优先在非缺陷区完成,则 720 ℃时 30% 以上的稳定无序部分会主要保留在缺陷区,从而使有序化过程并不明显降低储存能。

三、Fe_3Al 基金属间化合物

Fe_3Al 是具有 DO_3 结构的立方系金属间化合物（图 1-6a），是金属间化合物合金中金属键性很强的合金。经合金化及热机械处理后可以在室温获得立方 B2 结构，从而增强位错滑移的自由度，使塑性明显提高。Fe_3Al 基合金的密度约为 6.3 g/cm^3 左右，比钢铁材料低。它强度高、塑性及加工性能好，具有优良的室温、高温抗氧化和抗硫化性能，可以用传统的工业方法冶炼，易于加工而且可焊接、成本低，因而是一种可以大规模生产和使用的金属间化合物基合金。图 3-45所示为 Fe_3Al 基合金与 1Cr13 不锈钢的对比氧化实验结果，可以看到在氧化气氛下 Fe_3Al 基合金的氧化增重比 1Cr13 马氏体不锈钢低很多。

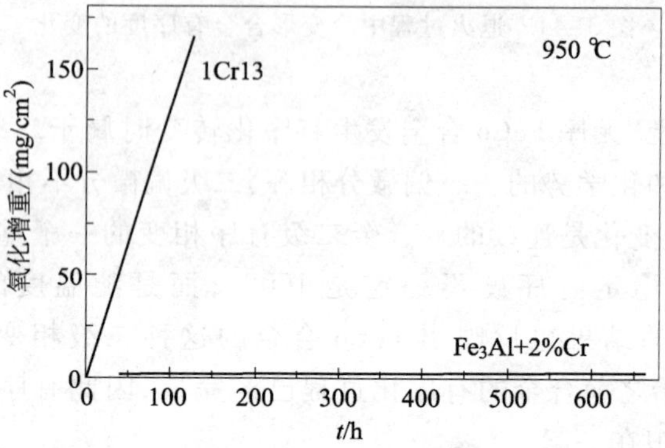

图 3-45 Fe_3Al 基合金及 1Cr13 不锈钢的氧化实验过程中的增重比较

图 3-46 所示为 Fe_3Al 基合金轧板在不同温度退火 1 h 后的力学性能，结果显示随着退火温度的升高屈服强度不断下降，同时伸长率达到一个峰值后也逐步下降。显微分析表明，750 ℃退火后轧制组织未发生明显变化，变形基体只经历了一个较强的回复过程。然后，随着再结晶过程的发展，强度与塑性均不断恶化（图 3-46）。由此可见，低缺陷密度状态的 Fe_3Al 基合金并不具备优良的塑性。分析表明，经合金化的 Fe_3Al 基合金其断裂方式主要是沿晶界断裂，未再结晶的饼形晶粒及相应织构造成的大量小角度晶界强烈地阻碍了断裂沿晶界的扩展。饼形晶粒使得裂纹沿晶界扩展的路径崎岖而漫长，小角度晶界则使得晶界的断裂强度明显提高，这些均是回复组织获得最高伸长率的原因。表 3-44 给出了 4 国研制的 Fe_3Al 基合金与各种不锈钢力学性能的对比，在一些情况下 Fe_3Al基合金的力学性能也优于传统马氏体不锈钢。

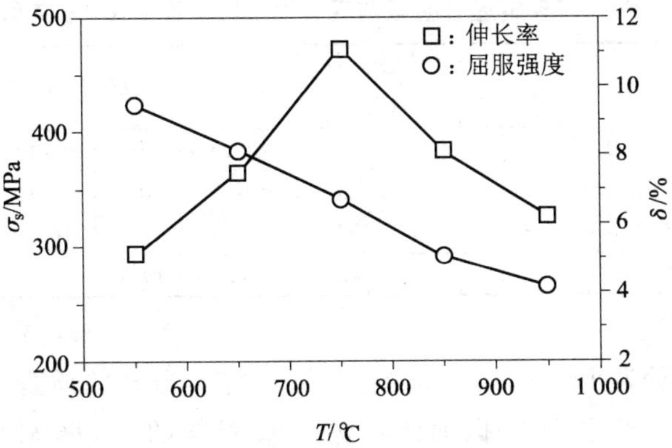

图 3-46 Fe_3Al 基合金轧板在不同温度退火 1 h 后的力学性能

表 3-44 Fe_3Al 基合金与各种不锈钢力学性能的对比

地区	材料/牌号	温度	$\sigma_{0.2}$/MPa	σ_b/MPa	δ/%
中国	Fe-28Al 基合金	室温	330 ~ 530	865 ~ 1100	13 ~ 18
		600 ℃	461	487	46
美国	Fe-28Al-5Cr-0.1Zr-0.05B	室温	480	—	16.4
		600 ℃	474	—	31.9
美国	Fe-28Al-5Cr-Nb-Mo-Zr-B	室温	554	—	12.6
		600 ℃	527	—	31.2
德国	DIN X40Cr13	室温	541	772	17
		600 ℃	—	347	26
瑞典	14/14CrNiW	室温	556	973	22
		600 ℃	301	525	24
	18/8CrNi 钢	室温	216	571	52
		600 ℃	93	324	35

四、Fe_3Si 基金属间化合物

Fe-Si 基电工硅钢是重要的软磁材料。随着硅含量的增加电工硅钢的铁损会不断降低，当硅的质量分数提高到 6.5 % 时可以使磁致伸缩减小到接近零，铁损降低到很低的水平，是理想的低铁损软磁材料。表 3-45 给出了厚度同为 0.35 mm的 Fe-6.5% Si 基合金板、最高牌号取向硅钢与无取向硅钢磁性能的比较。对比可见，虽然 Fe-6.5 % Si 基合金的磁感应值偏低，但其铁损值比较低，尤其是在高频情况下 Fe-6.5% Si 基合金低铁损的特性尤为突出，在相关的软磁材料领域有良好的应用前景。

表 3-45 Fe-6.5%Si 基合金板与现有电工钢磁性对比(厚度 0.35 mm)

对比性能	磁感应强度 B_8/T	铁损 $P_{1.0}$/(W/kg)				
测试频率/Hz	50	15	400	1 000	5 000	10 000
Fe-6.5 %Si 基合金	1.33	0.58	10.0	11.0	7.2	6.3
最高牌号取向硅钢(~3%Si)	1.93	0.42	11.8	16.4	15.2	13.5
最高牌号无取向硅钢(~3%Si)	1.42	1.39	17.0	19.7	12.4	10.2

图 3-47 所示为 Fe-Si 二元相图。可以看出,当硅的质量分数达到 6.5%时,其原子分数将超过 10%,因而体心立方 A2 结构的 α 相会转变成结构为 DO_3 的 α′相。如图 3-41 所示,由于位错结构的复杂性,其塑性急剧下降,并导致合金难以借助常规的塑性变形方式进行冷变形加工,使得这类材料的应用面临巨大的障碍。人们曾广泛尝试采用温轧、快淬、半固态加工、定向凝固、机械合金化、喷射成形、等离子体化学气相沉积、热浸渗和化学气相沉积、取向硅钢再渗硅、粉末冶金等各种方法来加工制备 Fe-6.5%Si 基合金,取得了一定的进展,并形成了一定的商业化生产能力。然而这些方法往往存在制备成本高、变形加工能力仍不够强、加工工艺不够稳定、生产过程不易控制、生产设备和流程复杂、不适合于大规模工业化生产等方面的缺点,因此尚没有形成大规模的商业化生产。

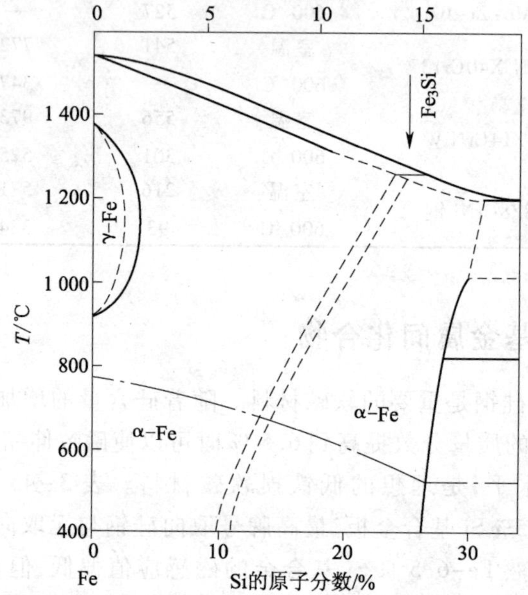

图 3-47 Fe-Si 二元相图

Fe-6.5% Si 基合金理想的生产模式是能够基本借助现有的冶金生产流程进行连续的大规模生产，因此关键瓶颈在于克服其塑性偏低的缺点。由有序金属结构的塑性变形特点可以了解到，Fe-6.5% Si 基合金体心立方 A2 结构的 α 相应该有良好的塑性变形能力，而结构为 DO_3 的 α′相则变形能力很差。因此，克服瓶颈的技术思想一方面在于尽量对 Fe-6.5% Si 基合金在 α 相区作高温塑性变形加工，另一方面则可以采取合金化和热机械处理的方式使 Fe-6.5% Si 基合金 A2 结构能够保留到室温，尽量避免 DO_3 结构 α′相的出现，从而明显提高其冷塑性变形的能力。从图 3-48 可以看出利用这种技术思想使 Fe-6.5% Si 基合金的室温塑性（实线）比其本征塑性（虚线）明显提高，室温伸长率达到 4% ~ 6%。目前已经可以加工出厚度为 0.03 mm 的冷轧 Fe-6.5% Si 基合金薄板。

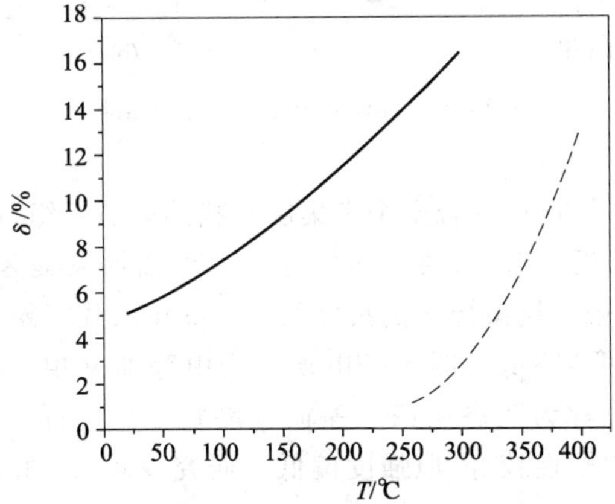

图 3-48　变形温度对 Fe-6.5% Si 基合金改进伸长率（实线）与本征伸长率（虚线）影响示意图

五、TiAl 基金属间化合物

TiAl 合金是一种新型轻质金属间化合物高温结构材料，密度约为镍基高温合金的 50%，具有轻质、高比强、高比刚、耐蚀、耐磨以及优异的抗氧化性等优点。其高温强度、高温抗蠕变和抗氧化性能与镍基高温合金相当，常温力学性能良好，使用温度可达到 700 ~ 900 ℃，因此目前被看做是一种具有发展前景的高性能航空航天材料、兵器工业材料以及民用领域材料候选高温结构材料，具有重要的工程化应用潜力。2006 年波音 787 民用客机使用的发动机内两级叶片采用了 TiAl 合金，减轻发动机重量约 300 kg。

TiAl 合金体系中具有工业应用前景的合金为含 Al 较低的多相 TiAl 基合金。TiAl 双相合金一般由 α_2 相和 γ 相组成。由图 3-49 可以看出，γ 相为四方 $L1_0$ 有序结构，Ti 原子和 Al 原子沿[001]晶向在相邻(001)晶面上分层排列，直到熔点附近仍保持有序，其四方度 $c/a=1.02$，并随着 Al 含量的提高而略有增加。γ 相的晶格常数为 $a=0.397\sim0.401$ nm，$b=0.404\sim0.408$ nm。α_2 相具有 DO_{19} 结构，它是从无序的密排六方结构的 α 相经有序转变而来的，α_2 相的晶格常数为 $a=1.153$ nm、$c=0.467$ nm，而 α 相的晶格常数 $a=0.579$ nm、$c=0.467$ nm。

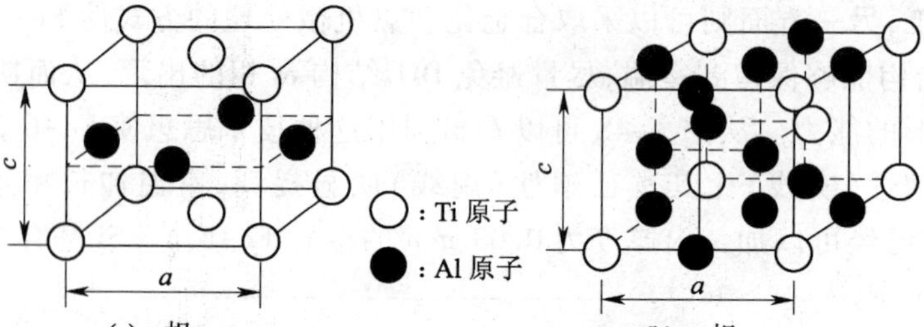

(a) γ 相　　(b) α_2 相

图 3-49　TiAl 基合金相的晶体结构

图 3-50a 所示为 TiAl 基合金全束集层片状的多晶组织，层片组织由一系列的 γ 板条和少量 α_2 板条组成，层片的集合体呈等轴状束集区。可以看出，全束集层片状多晶组织中片层束集区的尺寸约为 100 μm，片间距约为 0.3 μm；这种组织强度较好，但塑性略低。图 3-50b 所示为由等轴 γ 相晶粒及等轴层片束集区组成的复合组织，称为**双态组织**。等轴 γ 晶粒为白色晶粒，等轴状束集区为黑色组织，这种组织塑性较好，但强度偏低。研究发现，α_2 相对氧具有很高的溶解度，当 TiAl 基合金中氧含量低于 9×10^{-4} 时，氧主要被 α_2 相所溶解，从而保证了 γ 相的低氧含量，使其中多种位错的可动性大大提高。因此，双相 γ-TiAl 基合金的强度和塑性都明显优于单相 γ-TiAl 合金。两相 TiAl 合金室温及高温的主要形变机制是普通位错滑移，也有孪生形变。现已比较成熟的 TiAl 基合金成分的大致范围是（数字为原子分数）Ti-(45～48)Al-(0～2)M-(0～5)X-(0～2)Z，其中 M 为 Cr、Mn 或 V，X 为 Nb、Ta 或 W，Z 为 Si、B、C 或 N。M 类合金元素有利于塑性和再结晶；Nb、Ta 是主要的固溶强化元素，少量的 W 和 Sn 也有类似作用，而 Si、B、N、C 则析出第二相 Ti_5Si_3、Ti_xAlC 等，起强化作用；B 起细化晶粒的作用，但可能增大片间距。

高铌量的 TiAl 合金是 TiAl 基合金体系中非常重要的一类合金，在提高合金的高温高性能和抗氧化性方面具有明显优势，使用温度提高 60～100 ℃，属于高温 TiAl 合金。高 Nb-TiAl 合金的基础成分是（原子分数）Ti-(45～46)Al-(8～10)Nb　此外，还可加入合金元素 Mn、C、Si、B、W、Hf 以及稀土元素 Y、Ce 等。合金中加入 8%～10%（原子分数）Nb 对 TiAl 合金的相关系产生很大影响。图 3-51 所示为 8% Nb 和 10% Nb 的 Ti-Al 伪二元相图。高 Nb 量可显著提高 TiAl

(a) 全束集层片状多晶组织　　(b) 双态组织

图 3-50　TiAl 基合金微观组织

合金的熔点,并使固液相线温度提高约 100 ℃。10% Nb 把 Ti-45Al 的固相线从 1 500 ℃左右提高到 1 610 ℃,因而使高铌钛铝合金得以在更高温度使用。

如图 3-51 所示,高铌合金化还使整个 β 和 α 包晶相区向高铝方向移动,使铸造合金凝固时 β 相先结晶,可避免凝固组织中出现各向异性的 α 相,因而生成 β 相凝固合金。高铌合金化还扩大 β(B2)相区,降低 β 和 α 相的固态转变温度,有利于在较低温下热处理及控制晶粒尺寸。同时,高铌量使 α 相区变窄并向高铝区移动,而 γ 相区却向低铝区移动,因而可降低 γ 相的 Al 含量,有助于降低位错滑移的临界分切应力并提高合金的塑性变形能力。

在高铌 TiAl 合金的基础成分上,还可以像普通 TiAl 合金那样进一步加入合金元素 Mn、C、Si、B、W、Hf 以及稀土元素如 Y、Ce 等。Mn 促进再结晶,C、Si 促进析出强化,B 细化晶粒但粗化板条,W、Hf 固溶强化,而稀土元素对抗氧化有利。

高铌 TiAl 合金的组织控制是保证力学性能的关键。需要特别注意消除合金的偏析,且细晶全片层高铌 TiAl 合金组织具有良好的强度、塑性、韧性及最佳综合性能(图 3-50a)。变形和铸造高铌 TiAl 合金中都可以获得均匀的细晶全片层组织。

高铌 TiAl 合金饼材、挤压棒材和板材的热轧变形量可达到 70% ~80% 。通过大变形加工和随后的高温热处理可以明显改善合金的组织及组织均匀性,从而提高室温拉伸性能,尤其是提高室温塑性并大幅度降低缺口敏感性,使得缺口半径大于 0.5 mm 时室温无缺口敏感性。高铌 TiAl 合金的拉伸强度比普通 TiAl 合金高约 300 ~ 500 MPa,因而比强度明显提高。表 3-46 给出了高铌 TiAl 合金基本的力学性能水平范围。

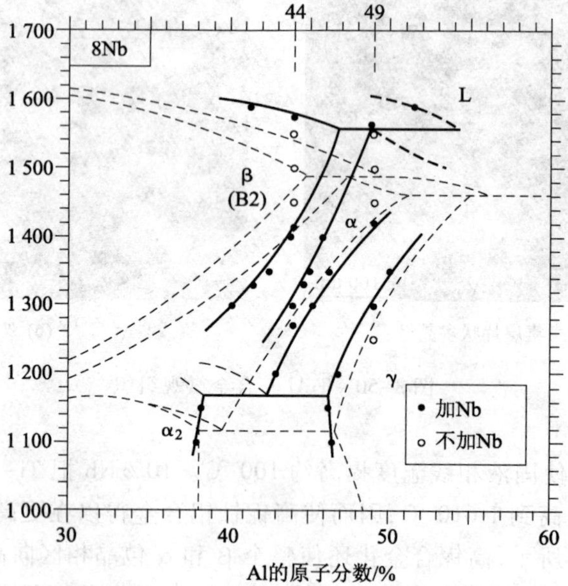

(a) 8%Nb

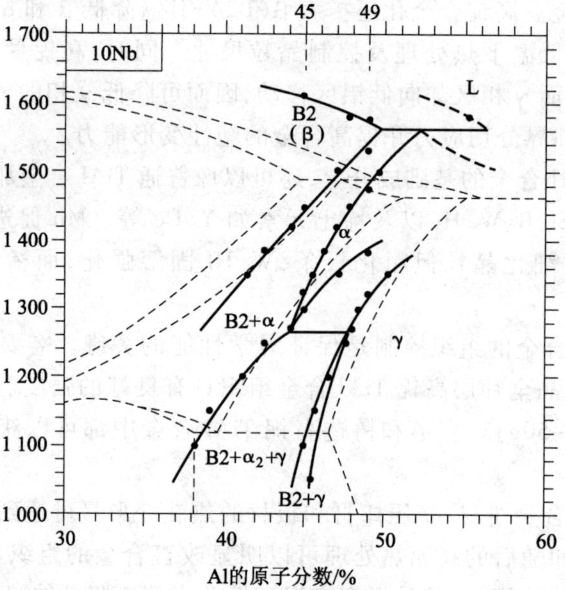

(b) 10%Nb

图 3-51 高铌 Ti-Al 伪二元相图(虚线为 Ti-Al 二元相图)

表 3-46 高铌 TiAl 合金基本力学性能水平范围

检测温度	σ_s/MPa	σ_b/MPa	δ/%
室温	800～850	900～1 000	2
850 ℃	～500	～600	>20

与其他金属间化合物结构材料类似，高铌 TiAl 合金的力学性能介于高温合金和高温陶瓷材料之间，比强度高于高温合金而低于高温陶瓷材料。其塑性比高温合金低而高于高温陶瓷材料。正是由于这些本征特点，高铌 TiAl 合金的使用温度也是在高温合金和高温陶瓷材料之间。

参考文献

[1] 蒙多尔福 L F. 铝合金的组织与性能. 王祝堂，等译. 北京：冶金工业出版社，1988.
[2] 王祝堂，田荣璋. 铝合金及其加工手册. 2 版. 长沙：中南工业大学出版社，2000.
[3] 史美堂. 金属材料及热处理. 上海：上海科学技术出版社，1980.
[4] 钟笃诚，等. 有色金属加工. 北京：冶金工业出版社，1989.
[5] 赵祖德，等. 铜合金及铜合金材料手册. 北京：科学出版社，1993.
[6] 布鲁克斯 C R. 有色合金的热处理组织与性能. 丁夫，等译. 北京：冶金工业出版社，1988.
[7] 长崎诚三，平林真. 二元合金状态图集. 刘安生，译. 北京：冶金工业出版社，2004.
[8] 郑明新. 工程材料. 2 版. 北京：清华大学出版社，1991.
[9] 草道英武，等. 金属钛及其应用. 程敏，等译. 北京：冶金工业出版社，1989.
[10] 周芝骏，宁崇德. 钛的性质及其应用. 北京：高等教育出版社，1993.
[11] 崔琨. 钢铁材料及有色金属材料. 北京：机械工业出版社，1981.
[12] 刘正，张奎，曾小勤. 镁基轻质合金理论及其应用. 北京：机械工业出版社，2002.
[13] 张津，章宗和，等. 镁合金及应用. 北京：化学工业出版社，2004.
[14] 陈振华. 变形镁合金. 北京：化学工业出版社，2005.
[15] 赵祖德，杨平，路林林，等. Mg-Gd-Y 变形镁合金的组织结构与性能. 材料研究学报，2008，22(2)：141-146.
[16] 路林林，杨平，王发奇，等. 形变热处理对 AZ80 镁合金组织及性能的影

响. 中国有色金属学报, 2006, 16(6): 1034-1039.
[17] 杨平, 孟利, 毛卫民, 等. 利用道次间退火改善镁合金轧制成形性的研究. 材料热处理学报, 2005, 26: 34-38.
[18] 杨平, 胡轶嵩, 崔凤娥. 镁合金 AZ31 高温形变机制的织构分析. 材料研究学报, 2004, 18: 52-59.
[19] 杨平, 任学平, 赵祖德. AZ31 镁合金热成形及退火过程的组织与织构. 材料热处理学报, 2003, 24(4): 12-17.
[20] Yang P, Zhao Z, Ren X, et al. Microstructure, textures and deformation behaviors of fine-grained magnesium alloy AZ31. Journal of Materials Science and Technology, 2005, 21(3): 331-337.
[21] Meng Li, Yang Ping, Xie Qingge, et al. Analyses on compression twins in magnesium. Materials Transactions, 2008, 49(4): 710-714.
[22] 陈国良, 林均品. 有序金属间化合物结构材料物理金属学基础. 北京: 冶金工业出版社, 1999.
[23] 毛卫民. 金属材料的晶体学织构与各向异性. 北京: 科学出版社, 2002.
[24] Zhao L, Baker I. The effect of grain size and Fe:Co ratio on the room temperature yielding of FeCo. Acta Metall. Mater., 1994, 42: 1953-1958.
[25] Baker L. A review of the mechanical properties of B2 compounds. Mat. Sci. Eng., 1995, A192/193: 1-13.
[26] Goo E, Duerig T, Melton K, et al. Mechanical twinning in $Ti_{50}Ni_{47}Fe_3$ and $Ti_{49}Ni_{51}$ alloys. Acta. metall., 1985, 33 (9): 1725-1733.
[27] Inui H, Oh M H, Nakamura A, et al. Room-temperature tensile deformation of polysynthetically twinned (PST) crystals of TiAl. Acta. metall. mater., 1992, 40(11): 3095-3104.
[28] Yamaguchi M, Umakoshi Y, Yamane T, et al. Slip systems in an Fe-54 at. % Co alloy. Scripta Metallurgica, 1982, 16: 607-609.
[29] Umakoshi Y. Deformation of intermetallics: Materials Science and Technology: vol. 6. Weinheim: VCH Verlagesgesellschaft mbH, 1993.
[30] Stoloff N S, Davies R G. The mechanical properties of ordered alloys. Progress in Materials Science, 1966, 3: 1-13.
[31] Ball J, Gottstein G. Large-strain deformation of Ni_3Al+B: Part III microstructure, long-range order and mechanical properties of deformed and recrystallized Ni_3Al+B. Intermetallics, 1994, 2: 205-219.
[32] Mao Weimin, Zhu Guohui, Yu Yongning. Influence of order-disorder transition on the recrystallization behaviors of a cold rolle FeCo alloy. Z. Metallk-

de. , 2000, 91(3): 211-214.

[33] Haasen P. Phase transformation in materials. Weinheim: VCH Verlag, 1991.

[34] Rajkovic M, Buckley R A. Ordering transformations in Fe-50Co based alloys. Metal Science, 1981, 15: 21-29.

[35] Tanner L E, Leamy H J. The microstructure of order-disorder transition, order-disorder transformations in alloys. Warlimont H, Berlin/Heidelberg: Springer-Verlag, 1974.

[36] Raabe D, Lücke K. Rolling and annealing textures of bcc metals. Materials Science Forum, 1994, 157-162: 597-610.

[37] Sun Zuqing, Huang Yuanding, Yang Wangyue, et al. Microstructure engineering for optimizing the room temperature mechanical properties of Fe_3Al-based aluminides. MRS. Symp. Proc. , High-Temperature Ordered Intermetallic Alloys V, 1993, 288: 885-890.

[38] Mao Weimin, Sun Zuqing. Recrystallization texture in Fe-28Al-5Cr alloy sheet. Materials Science Forum, 1994, 157-162: 1009-1014.

[39] 杨劲松，谢建新，周成. 6.5% Si 高硅钢的制备工艺及发展前景. 功能材料, 2003, 34(3):244-246.

[40] 林均品，梁永锋，叶丰，等. 高硅钢薄板的冷轧制备方法：中国，200710099130.5. 2007.

[41] 林均品，王艳丽，林志，等. 一种逐步增塑法制备铁硅系基有序合金薄板的技术：中国，200410004404.4. 2004.

[42] 潘丽梅，金吉男，林均品，等. 硼元素对 Fe–6.5%（质量分数）Si 合金力学性能影响的试验研究. 功能材料, 2004, 35(6): 683-685.

[43] Lipsitt H A. Titanium aluminides-an overview, High-Temperature Ordered Intermetallic Alloys. Symp. Proc. , High-Temperature Ordered Intermetallic Alloys, 1985, 39: 351-364.

[44] Dimiduk D M, Miracle D B, Ward C H. Development of intermetallic materilas for aerospace systems. Mater. Sci. Technol. , 1992, 8(4): 367-375.

[45] Kim Y W. Alloy design of gamma (TiAl) alloys. Acta Metall. Sinica. , 1995, 8(4-6): 319-328.

[46] 刘自成，李书江，张卫军，等. Nb 和 Al 对 γ–TiAl 基合金高温强度的影响. 中国有色金属学报, 2004, 10(4): 470-475.

[47] Liu Zicheng, Wang Yanli, Lin Junpin, et al. Thermal activation approaches to deformation mechanisms for high Nb containing TiAl base alloys. Transac-

tions of Nonferrous Metals Society of China, 2002, 12(6): 1081-1086.
[48] 李书江, 王艳丽, 林均品, 等. 微量C、B对高铌TiAl合金显微组织与力学性能的影响. 稀有金属材料与工程, 2004, 33(2): 144-148.
[49] 高建峰, 徐向俊, 林均品, 等. 热变形高铌TiAl合金室温塑性研究. 稀有金属材料与工程, 2005, 34(9): 1497-1499.
[50] 许正芳, 徐向俊, 林均品, 等. 热处理消除大尺寸铸态高Nb-TiAl基合金组织中的β相偏析. 材料工程, 2007(9): 42-46.
[51] 徐向俊, 林均品, 王艳丽, 等. 大尺寸高铌钛铝合金铸锭的组织. 铸造, 2006, 55(3): 300-303.
[52] 高建峰, 徐向俊, 林均品, 等. 热变形高铌Ti-Al合金获取全片层组织的热处理工艺. 金属热处理, 2005, 30(6): 62-65.

第4章　无机非金属材料基础

早在1 000万年以前，人类的祖先古猿就知道利用天然石头作为工具来敲碎动物的骨头。约300万年前人类进入旧石器时代，这时人们能够对天然石料做初步的加工以制成工具使用。约1万年前进入新石器时代以来，人类已经可以把石料制成精细的工具使用。由此可见，石料是人类使用最早的无机非金属材料。

随着人类社会的发展和火的使用，人们相继制出了用做容器和装饰品的土器、陶器、瓷器、玻璃制品。8 000年以前，人们直接用泥土塑造出一定的形状，再在火堆中烧制成陶器。这种陶器比较坚硬，可以重复使用。但陶器中气孔较多，因而强度不很高。随后人们采用了铝含量较高的原料、发明了釉并改进了高温技术，烧制出使用和观赏性能都很优良的瓷器，从而使得传统陶瓷材料发展到了一个新的水平。在人类历史上，传统瓷器的生产延续了约4 000年。4 000～5 000年前，人们开始用火煅烧天然石灰、石膏，并制成砂浆，这就是原始的水泥材料。这种材料先后被用于埃及金字塔和中国万里长城的建造。19世纪初，欧洲开始人为设计高性能水泥的配方，并出现了大规模工业化的水泥生产厂。

进入20世纪以来，尤其是第二次世界大战后，材料科学与工程得到了普遍的重视和发展。相关材料学科领域的进展也极大地推动了陶瓷材料的更新与发展，相应的"先进陶瓷"应运而生。**先进陶瓷**也可称为**精细陶瓷**或**高技术陶瓷**。它与传统陶瓷的主要区别在于，陶瓷材料的原料由天然原料逐步转换成高纯度的合成化合物，制造工艺技术也从经验的模式逐步转换成了科学方式，人们对陶瓷材料的结构、性能与制造工艺之间的关系有了更科学的了解，从而极大地提高了陶瓷材料的可靠性。同时，各种新型的成形和烧成技术不断涌现，陶瓷材料的应用范围也不断突破传统领域，推向更广泛的工业部门。

传统的**无机非金属材料**主要指日用陶瓷、搪瓷、普通工业陶瓷、玻璃材料、耐火材料、水泥、砖瓦、石灰、石膏，以及一些工模具、电工、光学仪器、生物等领域所用的材料。这些均是以硅酸盐化合物为主要组分而制成的材料，因此也统称为**硅酸盐材料**或**陶瓷材料**。工业技术的发展推动着许多新型陶瓷材料不断涌现。现代先进陶瓷材料还包含由氧化物、氮化物、碳化物、硼化物、硅化物以及各种其他无机化合物构制成的材料。这些化合物可以是非金属元素的化合物，也可以是金属元素的化合物。

我国古代传统制备陶瓷的原料主要由粘土、长石和石英三种组分构成。**粘**

土是细颗粒的含水铝硅酸盐，例如常见的粘土－高岭土的基础化学成分为 $Al_2O_3 \cdot 2SiO_2 \cdot 2H_2O$。**长石**是含 K^+、Na^+ 或 Ca^{2+} 的无水铝酸盐，例如正长石的成分为 $K_2O \cdot Al_2O_3 \cdot 6SiO_2$。**石英**通常是无水 SiO_2。不同地区所使用的原料会有很大差别。将这三种主要原料以适当比例与辅料和水混合，经过坯件压制和高温烧成过程即可制成传统的陶瓷构件。

由于陶瓷材料在工业生产和民用设施上的重要作用，工业陶瓷产业也得到相应的发展。全世界工业陶瓷材料主要应用于民用建筑结构、电子工业、通信行业、家庭装修装饰、食品卫生用具、高温耐火结构等方面。表 4-1 给出了全世界除了水泥以外的各主要工业陶瓷类别的工业产值相对比例，其中氧化物陶瓷产品占据着统治地位。同时，非氧化物陶瓷材料在一些领域也得到了一定的应用，如用做各种电工材料、耐火材料等。

表 4-1 世界各种工业陶瓷产值的相对比例(不包括水泥)

工业陶瓷类别	玻璃	特种陶瓷	搪瓷	陶瓷器皿	耐火材料
占产值的相对比例	56%	19%	10%	8%	7%

本章仅对无机非金属材料作基础性的介绍，读者可以参照参考文献中所列出的相关文献了解近些年来相关新材料、尤其是许多功能材料发展与研究的新进展。

§4-1 无机非金属材料的组织与结构

一、无机非金属材料的基本相组织

无机非金属材料的组织与加工制备过程密切相关，通常由**晶体相**、**非晶相**(或称为**玻璃相**)和**气相**组成。对许多陶瓷材料来说，晶体相应该是其相结构的主体，它决定了陶瓷材料的物理、化学、力学等基本性能。非晶相的熔点通常比较低，它可以在烧制过程中把晶体相粘结起来并降低烧成温度，而且有阻止晶粒长大的作用。非晶相可以增加陶瓷的透光性，但会降低陶瓷的强度、耐热耐火性能，所以对其含量有一定限制。只有作为玻璃制品的陶瓷材料，其非晶相的含量才会很高。气相通常指烧成加工后陶瓷组织内部残留下来的孔洞，其形成、形态、数量等受到原料成分、坯件压制、高温烧成过程等多种因素的影响。根据气孔情况，陶瓷可划分成**致密陶瓷**、**无开孔陶瓷**和**多孔陶瓷**。除了有特殊要求的多孔陶瓷外，气孔总是会影响陶瓷的力学性能，它不仅会降低陶瓷的强度(图 4-1)，而且通常是陶瓷断裂时裂纹扩展的根源，因此应尽量降低陶瓷的**气孔率**。

普通陶瓷的气孔率约为5% ~10%,高致密陶瓷则要求低于0.5%。

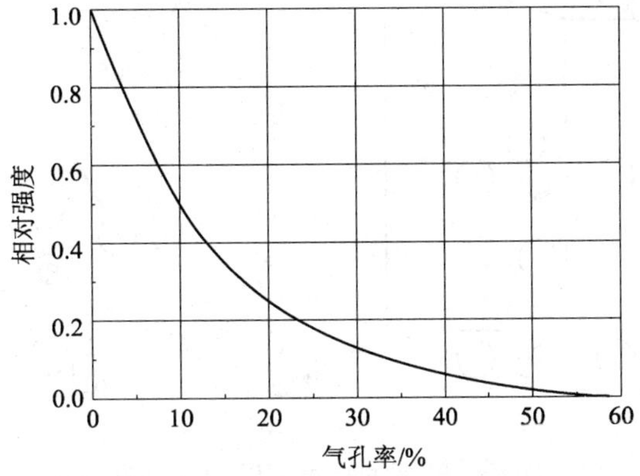

图 4-1 气孔对陶瓷相对强度的影响

二、晶体相的结构

氧化物是组成大多数陶瓷材料晶体相的主要无机非金属化合物。其原子间主要由离子键结合,但也有一定成分的共价键。图4-2所示为MgO晶体的B1结构单胞。可以看出,Mg原子处于O原子所构成的八面体空隙的中心位置。这种Mg与O原子比为1∶1的单胞八面体亚结构构成了MgO的化学结构单元。图4-3所示为SiO_2密排六方**鳞石英**和面心立方**方石英**晶体结构的单胞。此时Si原子处于O原子所构成的四面体的空隙位置。这种Si与O原子比为1∶2的单胞亚结构构成了SiO_2的化学结构单元。

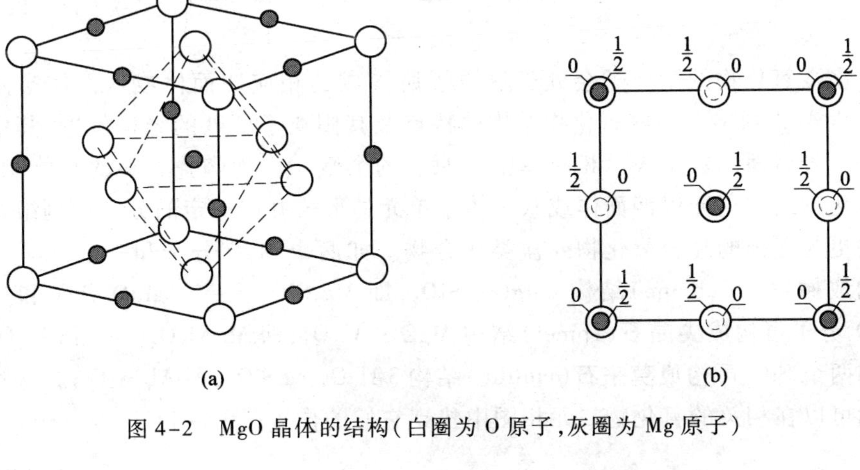

图 4-2 MgO晶体的结构(白圈为O原子,灰圈为Mg原子)

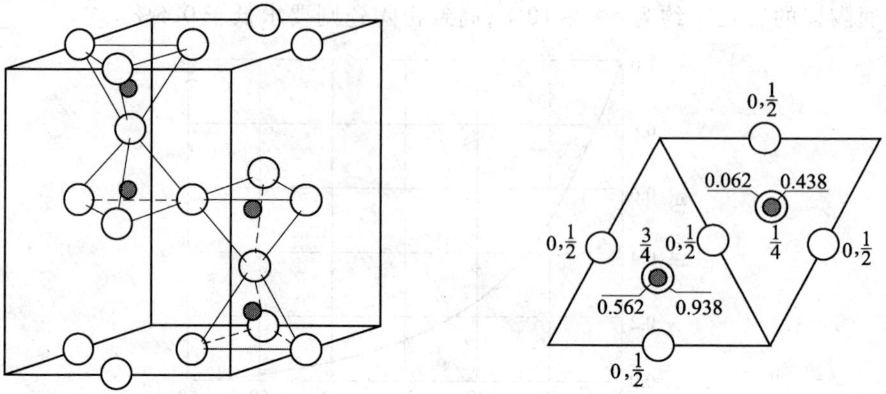

(a) 鳞石英(tridymite, a=0.503 nm, c=0.822 nm)

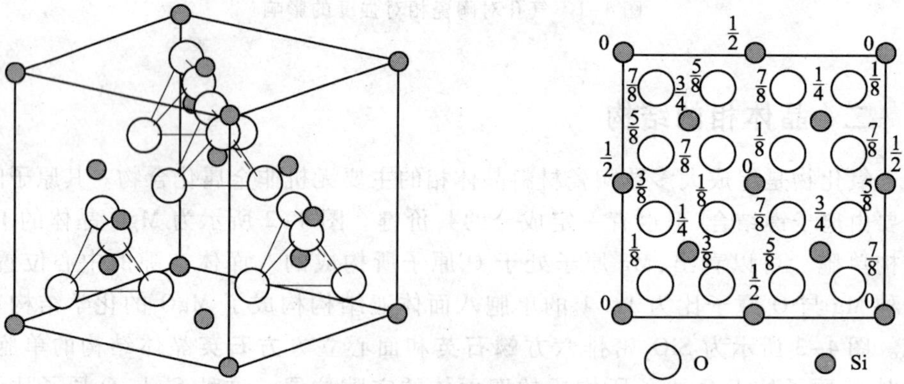

(b) 方石英(cristobalite, a=0.705 nm)

图 4-3　SiO_2晶体的结构(白圈为 O 原子,灰圈为 Si 原子)

多数氧化物的阳离子会处于氧原子所围成的相应四面体或八面体空隙位置。表 4-2 列出了一些氧化物结构的特点及其阳离子所处的结构位置,其中皮尔逊符号后面的数字表示相应单胞内原子的个数。作为陶瓷材料的晶体相,各种氧化物之间还能以四面体或八面体小单元的形式并以一定的分子比例组合成结构更为复杂的复合氧化物或盐类化合物。如两个 MgO 分子和一个 SiO_2分子可构成**橄榄石**(olivine)结构 $2MgO \cdot SiO_2$,即 Mg_2SiO_4。一个 MgO 分子和一个 Al_2O_3分子可构成**尖晶石**(spinel)结构 $MgO \cdot Al_2O_3$,即 $MgAl_2O_4$。三个 Al_2O_3分子和两个 SiO_2可构成**莫来石**(mullite)结构 $3Al_2O_3 \cdot 2SiO_2$,即 $Al_6Si_2O_{13}$。这些结构均可以在相关的氧化物二元相图中找到它们的位置(图 4-4)。

表 4-2 一些基本氧化物的晶体结构特点

结构类型	结构符号	皮尔逊符号	氧化物	阳离子占据间隙
AO	B1	cF8	MgO, CaO, SrO, BaO, CdO, Vo, MnO, FeO, CoO, NiO, NdO, TaO, ZrO, TiO	100% 八面体
	B3	cF8	ZnO, CoO	50% 四面体
	B4	hp4	BeO, ZnO	50% 四面体
A_2O	C1	cF12	Li_2O, Na_2O, K_2O, Na_2O, Rb_2O	100% 四面体
AO_2	C1	cF12	CeO_2, CuO_2, LiO_2, CaO_2, PrO_2, UO_2, ZrO_2, HfO_2, NpO_2, PuO_2, ThO_2, TbO_2, AmO_2	50% 立方六面体
	C4	tP6	TiO_2, GeO_2, SnO_2, PbO_2, WO_2, VO_2, IrO_2, NbO_2, TeO_2, MnO_2, RuO_2, OsO_2, TaO_2, RhO_2, MoO_2, CrO_2	50% 八面体
	密排六方	hP12	SiO_2	100% 四面体
A_2O_3	$D5_1$	hR10	Al_2O_3, Fe_2O_3, Cr_2O_3, Ti_2O_3, V_2O_3, Ga_2O_3, Rh_2O_3	67% 八面体
A_3O_4	$H1_1$	cF56	Fe_3O_4, Co_3O_4	八面体或四面体

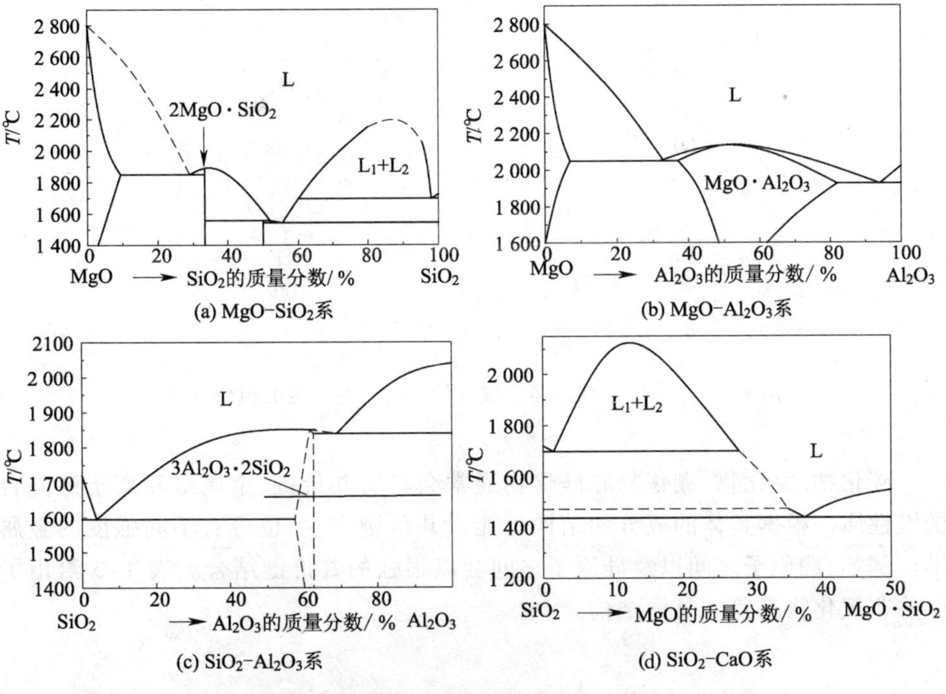

(a) $MgO-SiO_2$系 (b) $MgO-Al_2O_3$系 (c) $SiO_2-Al_2O_3$系 (d) SiO_2-CaO系

图 4-4 一些氧化物二元相图(横坐标为分子百分比)

在氧化物陶瓷中硅酸盐具有十分重要的地位，它在自然界中大量存在，是多数传统陶瓷材料的主要原料。图 4-3a 所示的 Si-O 小四面体是构成硅酸盐的基本单元，按原子在晶体结构中的比例可表示成 SiO_2。若把该四面体看成离子团则可以表示成 $[SiO_4]^{4-}$。由图 4-3a 可知，Si 离子之间不直接成键，SiO_2 晶体是通过各个 $[SiO_4]^{4-}$ 四面体共有顶角氧原子的方式连接起来，键的性质为离子键与共价键的混合键合，两种键的成分各占约 50%。每个氧原子最多被两个 $[SiO_4]^{4-}$ 四面体所共有（图 4-3）。当 $[SiO_4]^{4-}$ 四面体与其他氧化物多面体单元以不同方式适当组合时就会生成不同的硅酸盐晶体结构。$[SiO_4]^{4-}$ 四面体可以单个（图 4-5a）与其他氧化物结合生成硅酸盐，如可生成橄榄石（$Mg_2[SiO_4]$）；可以成对地（图 4-5b）与其他氧化物结合生成硅酸盐，如可生成**硅钙石**（silicoglaserite，$Ca_3[Si_2O_7]$）；也可以成环状（图 4-5c）与其他氧化物结合生成硅酸盐，如生成**绿柱石**（beryl，$Al_2Be_3[Si_6O_{18}]$）等。$[SiO_4]^{4-}$ 四面体还可以通过三个一组、四个一组、成环状或层状组合的方式生成各种不同的复杂硅酸盐晶体。例如，**玉**是以复杂硅酸盐晶体为主体并与多种氧化物混合而成的矿物集合体；和田玉等**软玉**的主要成分为 SiO_2、MgO、CaO 及少量其他氧化物，主体包括**透辉石** $CaMg[Si_2O_6]$；缅玉等**翡翠**的硬度较高，其主要成分为 SiO_2、Al_2O_3、NaO 及少量其他氧化物，其主体包括**硬玉**硅酸盐矿物 $NaAl[Si_2O_6]$。

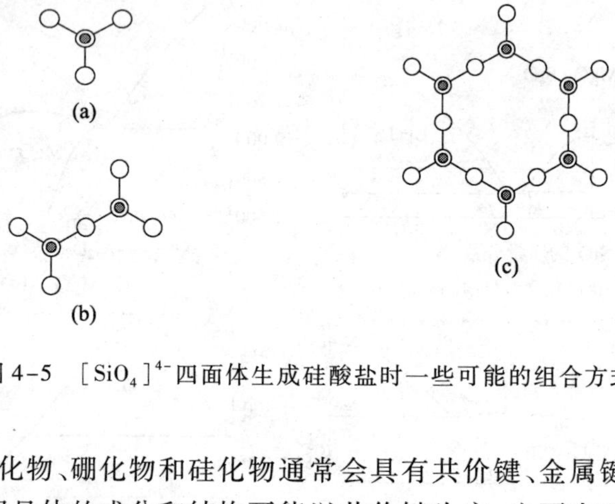

图 4-5　$[SiO_4]^{4-}$ 四面体生成硅酸盐时一些可能的组合方式

碳化物、氮化物、硼化物和硅化物通常会具有共价键、金属键和离子键混合的键性质。根据具体的成分和结构可能以共价键为主，也可有不同强度的金属键。例如，硼原子之间以及硅原子之间会以很强的共价键结合。表 4-3 给出了一些非氧化物陶瓷的晶体结构。

表 4-3 一些非氧化物陶瓷的晶体结构

化合物	结构符号	皮尔逊符号	化合物	结构符号	皮尔逊符号	化合物	结构符号	皮尔逊符号
Si_3N_4	六方晶体	hP14	TiC	B1	cF8	Ta_3B_4	$D7_b$	oI14
	三方晶体	hP28	WC	B_h	hP2	Cr_3B_4	$D7_b$	oI14
AlN	B4	hP4	Mn_4B	正交晶体	oF48	TiB_2	C32	hP3
BN	B3	cF8	Co_3B	$D0_{11}$	oP16	YB_2	C32	hP3
	B4	hP4	Ni_3B	$D0_{11}$	oP16	AlB_2	C32	hP3
TiN	B1	cF8	Be_2B	C1	cF12	$MoSi_2$	$C11_b$	tI6
SiC	B3	cF8	V_3B_2	四方晶体	tP10	Mn_5Si_3	$D8_8$	hP16
B_4C	三方晶体	hR15	FeB	B27	oP8			

三、晶体相的缺陷

与金属材料相似,在陶瓷材料中也存在着各种晶体缺陷。溶质原子可以占据陶瓷晶体点阵中的原子位置,并形成代位固溶体。如 MgO 与 NiO 具有同样的晶体结构、离子价和相近的点阵常数,因此二者可以形成无限互溶的固溶体。在固溶体中,Mg^{2+} 与 Ni^{2+} 的位置可以互相取代。尺寸很小的外来原子也可以进入陶瓷晶体的间隙位置,形成间隙式固溶体。固溶体的溶解度与原子或离子的尺寸、化合价、电负性以及晶体结构类型有关。

由于陶瓷晶体中有较强的共价键和离子键,溶质原子的溶入会局部破坏结构中电荷的平衡,并改变原有结合键的性质。这时结构可以通过引入特定的空位结构而使电荷平衡,例如氧化物结构中正二价的基体阳离子被正三价的阳离子所取代,这因晶体局部电荷的不平衡而促使附近一个正二价阳离子的位置变成空位,称为正离子空位。反之,正二价的基体阳离子被正一价的阳离子所取代,则会促使附近一个负二价的氧离子的位置变成空位,称为负离子空位。金属材料中溶质原子总会造成材料导电性能的下降。而陶瓷材料的导电性很差,当溶质原子溶入带来更多的自由电子和金属键性时材料的导电性会因此而提高。

陶瓷晶体中也存在位错,如人们在 LiF、Al_2O_3、MgO 里均观察到了位错的存在。陶瓷晶体的点阵常数较大,因而位错的柏氏矢量较长,位错能量很高。因此,陶瓷晶体中的位错密度一般都比较低。另外,陶瓷晶体有较强的共价键和离子键性,离子键使同号离子斥力很大,共价键要保持其方向性和饱和性,因此陶瓷晶体中的位错很难移动。

在一些陶瓷材料里可以观察到孪晶或堆垛层错的存在。陶瓷材料的制备通常要借助细颗粒粉料的烧成过程,因此陶瓷中也会存在有晶界、亚晶界等。细晶陶瓷会有较高的强度,因为细小的晶粒有利于阻碍裂纹的扩展。同时陶瓷晶体往往有较大的热膨胀各向异性,并会造成晶间应力。所以,细化晶粒也有利于降低陶瓷材料的内应力。

空位、位错、晶界等晶体缺陷的存在为原子的扩散提供了方便的通道。

四、非晶相

如表4-2与表4-3所示,通常的氧化物或非氧化物陶瓷都有自己的晶体结构。这些化合物的结合键具有离子键、共价键和金属键相混合的性质。如第1章所述,这类化合物凝固时往往其液相的粘度很大,相变位垒很高,使形核困难,因此容易以非晶态的方式凝固,转变成非晶组织。

图4-6a所示为以$[SiO_4]^{4-}$四面体为基本单元的石英晶体结构示意图,这种结构表现出了长程有序,在特定的凝固条件下也可以获得长程无序的结构(图4-6b,**石英玻璃**)。这时$[SiO_4]^{4-}$四面体仍是构成无序结构的基本单元,但其连接方式却呈现出无序网架状结构。一些氧化物熔体从高温冷却时其粘度会缓慢上升,到一定温度范围后粘度则会迅速增大。这时熔体内可能要生成某种程度的图4-6b所示的网架结构。只有对这些无规则键合作适当调整才能转变成规则排列的晶体结构。在石英的无序网架结构中原子间有较强的化学结合力,很难完成这种调整过程,因此最终会导致非晶相的生成。若向石英中加入适量的碱金属(Na, K)或碱土金属(Ca, Mg, Ba)的离子,如加入Na_2O,则Na离子的存在会破坏无序网架结构较强的结合键(图4-6c),提高熔体的流动性并增加熔体的结晶倾向。根据键合强度的不同可以把氧化物划分成高、中、低键合强度的氧化物。表4-4给出了不同元素按键合强度的分类及相应的键合强度值。高键合强度的氧化物易形成非晶相,中键合强度的氧化物与高键合强度的氧化物混合后也可以形成非晶相,低键合强度的氧化物加入高键合强度的氧化物后会促使后者结晶。

多元复合非晶态氧化物可能出现**分相过程**,即成分复杂的氧化物分解成由相界隔开的两种成分和结构不同的氧化物。如图4-4a、d所示,当非晶材料成分落入有偏晶反应的两相区范围时,过冷的液相就可能在适当加热处理时出现分相过程,分解出L_1和L_2两相。非晶态物质比相应的晶体状态有较高的内能,因此从热力学角度讲,它有向晶体转变的驱动力,通常这种转变的阻力很大。一些非晶氧化物经过适当加热处理后确实会发生向晶态的转变,这一过程称为**析晶过程**或**晶化过程**。

非晶相在多数陶瓷材料中是起非主要作用的辅助相,而对于许多玻璃材料来说则是主体相。

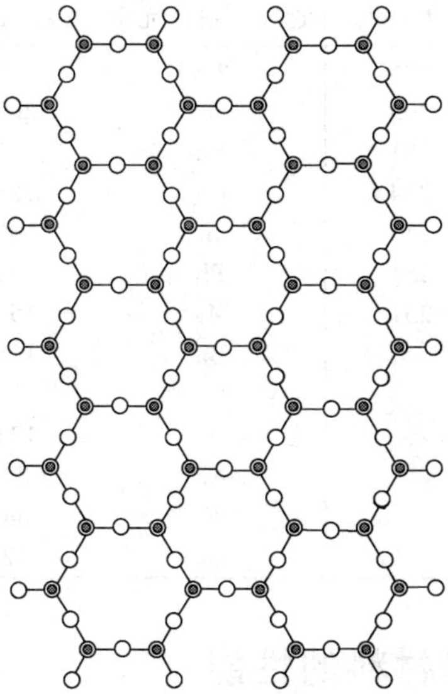

(a) 石英晶体

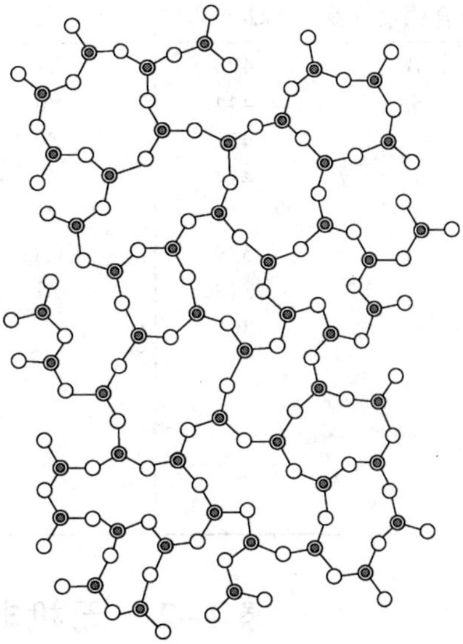

(b) 石英玻璃

(c) 硅酸盐

图 4-6　由$[SiO_4]^{4-}$四面体作为基本单元所构成的石英或硅酸盐结构(◎为钠离子)

表 4-4 不同元素形成氧化物时的键合强度

氧化物中的高键合强度元素	键合强度/(kJ/mol)	氧化物中的中键合强度元素	键合强度/(kJ/mol)	氧化物中的低键合强度元素	键合强度/(kJ/mol)
B	498	Ti	305	La	243
Si	444	Pb	305	Y	209
Ge	452	Zn	301	Sn	192
P	414	Be	264	Ga	188
V	414	Zr	255	In	180
Zr	339	Cd	251	Pb	163
Sb	318	Al	251	Mg	155
As	305			Ba	138
				Ca	134
				Sr	134
				Na	84
				K	54
				Cs	42

§4-2 无机非金属材料的性能

一、基本力学性能

陶瓷材料有很强的化学结合键,在宏观上反映出很高的弹性模量,因此与金属材料相比陶瓷材料通常会有很好的刚度。表 4-5 为一些金属材料和陶瓷材料的弹性模量。由于特有的制备过程,陶瓷材料内的气孔率会影响弹性模量。

表 4-5 金属材料及陶瓷材料的弹性模量

金属材料	弹性模量/GPa	陶瓷材料	弹性模量/GPa	工业陶瓷材料	弹性模量/GPa
镁合金	41	$BaTiO_3$	123	热压 BN(5%)	83
纯 铝	62	ZrO_2	220	超级耐火砖	96
铝合金	77	$MgAl_2O$	258	烧结 ZrO_2(5%)	152
钛合金	114	Si_3N_4	300	镁砖	172
钢	210	MgO	305	烧结 MgO(5%)	210
		Al_2O_3	393	烧结尖晶石(5%)	238
		TiC	430	热压 B_4C(5%)	289
		SiC	435	烧结 TiC(5%)	310
		硼硅酸盐玻璃	61	烧结 BeO(5%)	310
		莫来石	69	自结合 SiC(20%)	345
		氧化硅玻璃	74	烧结 Al_2O_3(5%)	365
				烧结 $MoSi_2$(5%)	407

注:括号内为气孔率。

图 4-7a 所示为气孔率对 Al_2O_3 弹性模量的影响。表 4-5 的数据也在一定程度上反映出气孔率的影响。另外,陶瓷晶体材料与许多金属材料相似,在弹性模量上也具有各向异性(表 4-6)。

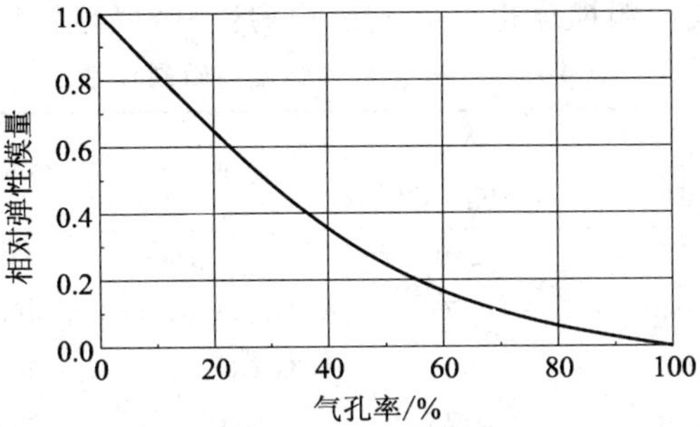

(a) 气孔率对Al_2O_3弹性模量的影响

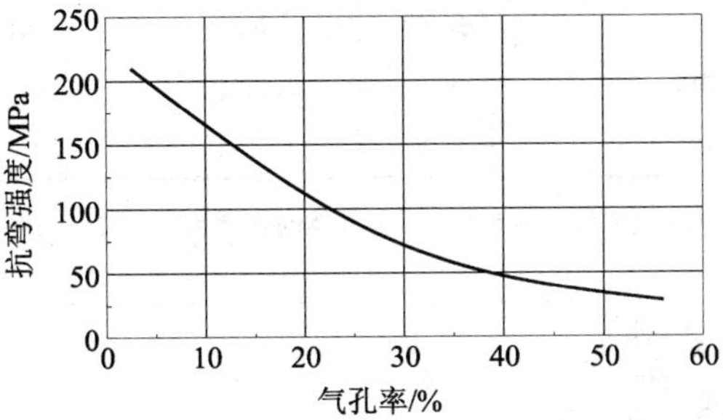

(b) 气孔率对Al_2O_3抗弯强度的影响

图 4-7　气孔率对 Al_2O_3 弹性模量和抗弯强度的影响

表 4-6　不同材料弹性模量的各向异性

材料	<111>	<100>	材料	<111>	<100>	<110>
Al	76	64	Ni	303	137	
Au	117	43	W	385	385	
Cu	191	67	MgO	349	248	316
Fe	273	125	MgO(剪切模量)	114	155	122

陶瓷材料中原子间共价键和离子键的键合作用决定了陶瓷属于脆性很高的材料。大多数陶瓷材料在室温的塑性为零,只有极少数具有简单结构的陶瓷材料(如 MgO)才在室温下具有塑性。同样由于这种键合作用,陶瓷材料有很高的理论抗拉强度和断裂强度。但陶瓷的成形与烧成过程会造成复杂的相结构与组织结构,而且由于气孔的存在其抗拉强度并不明显优于金属材料,同时其断裂韧性却大大低于金属材料。陶瓷材料的制备过程和相应的气孔率以及组织结构会对其强度和韧性产生敏感的影响。表 4-7 给出了一些陶瓷材料的强度与断裂

韧性数据，并与相应的金属材料进行了比较。总体上可以看出，陶瓷材料在强度和韧性方面均不如金属材料。图 4-7b 所示为气孔率对 Al_2O_3 抗拉强度的影响。与金属材料相类似，晶粒尺寸的减小也有利于强度的提高（图 4-8）。由图 4-8b 可以看出，试样的表面粗糙度也会明显影响陶瓷材料的强度。

表 4-7 一些材料的强度与断裂韧性

材料	σ_s/σ_f /MPa	K_{IC} /(MPa · m$^{1/2}$)	材料	σ_f/MPa	K_{IC} /(MPa · m$^{1/2}$)
普通碳钢	235	210	Al_2O_3(3 μm)	488	3.9
高强钛合金	1 040	47	Al_2O_3(11 μm)	400	3.3
马氏体时效钢	1 670	93	Al_2O_3(25 μm)	302	4.6
钠-钙玻璃	140	0.75	MgO	275	1.8
耐热微晶玻璃	300	2.5	Y_2O_3	300	1.5
块状石英	90	0.75	SiC	600	4.1
石英纤维	1 000	0.75	$BaTiO_3$	124	1.1
Y_2O_3-ZrO_2	300	1.5			

注：Al_2O_3 后面括号内的数字为晶粒尺寸；金属材料的强度为 σ_s，其余为断裂强度 σ_f。

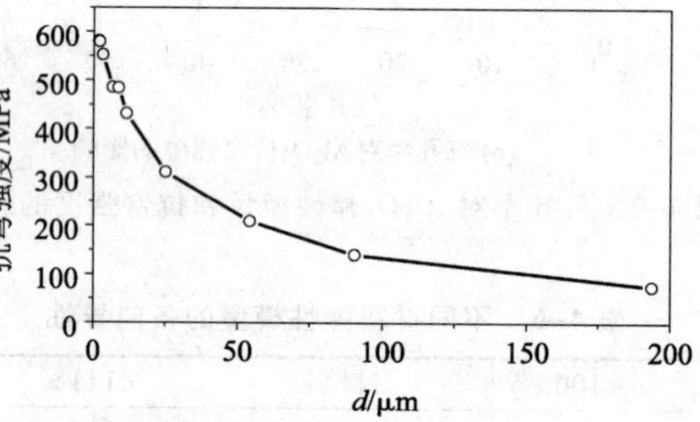

(a) Al_2O_3

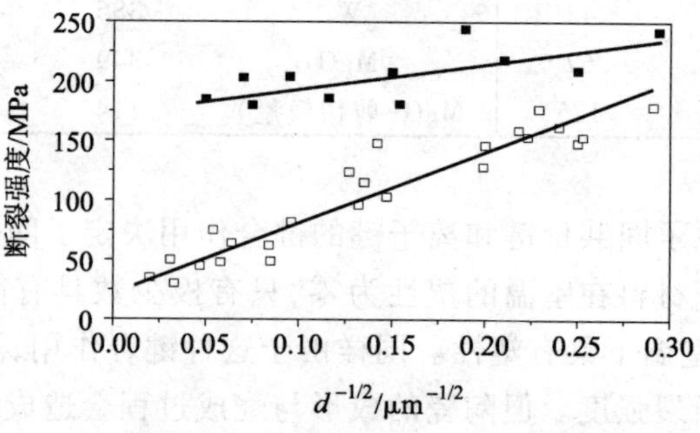

(b) MgO（黑色符号表示抛光试样的性能）

图 4-8 晶粒尺寸对 Al_2O_3 抗弯强度和 MgO 断裂强度的影响（d 为晶粒尺寸）

另外,陶瓷材料的抗压强度却比其抗拉强度高很多,抗压强度与抗拉强度的比值远高于金属材料。以金属材料中脆性和抗压强度较高的铸铁作为参照系,表4-8列出了一些陶瓷材料抗压强度与抗拉强度的比值。由此可见,陶瓷中的相结构、组织结构以及缺陷结构虽对抗拉强度有敏感影响,但对抗压强度影响不大。从这个角度看,陶瓷材料因此具备了特定的工程意义。

表4-8 一些陶瓷材料的抗压强度与抗拉强度

材　料	抗压强度/MPa	抗拉强度/MPa	抗压强度/抗拉强度
铸　铁	400 ~ 1 000	100 ~ 300	3.3 ~ 4
透明石英玻璃	200	50	4.0
多铝红柱石	1 350	125	10.8
烧结尖晶石	1 900	134	14.2
烧结氧化铝	2 990	265	11.3
烧结 B_4C	3 000	300	10.0

很多情况下陶瓷材料的气孔率对其力学性能会有不同的伤害,但有时人们也需要制成多孔陶瓷,以利用孔隙在高温耐火、过滤、催化、绝热、燃气等方面的有益作用。

二、高温与热学性能

共价键和离子键以及结构复杂性使得大多数陶瓷材料在其位错开动以前就已经发生断裂,但是随着温度的升高各种陶瓷材料都会表现出不同程度的塑性。陶瓷晶体材料的塑性变形是通过有限的位错滑移来实现的,其滑移面与滑移方向也是遵循密堆积原则,即密排面与密排方向为易滑移面和易滑移方向。表4-9给出了一些陶瓷晶体的主要和次要滑移系。高塑性晶体材料的基本条件之一是具备5个独立的滑移系。由表4-9可以看出,许多材料并不具备这种条件,因此即使在高温条件下它们所表现出的塑性也应该是有限的。图4-9所示为多晶KCl在不同温度的伸长率,由此可以看出无机非金属材料的塑性对于温度的依赖关系。

表4-9 陶瓷中的滑移系统

材料	晶系	主要滑移系	次要滑移系
Al_2O_3	六方	$(0001)[11\bar{2}0]$ (2)	多种(2或3)
BeO	六方	$(0001)[11\bar{2}0]$ (2)	多种 (2)
CaF_2	立方	$(001)[1\bar{1}0]$ (3)	$(110)[1\bar{1}0]$ (2)
CsBr	立方	(110)[001] (3)	
Cu_2O	立方	(100)[001] (3)	

续表

材料	晶系	主要滑移系	次要滑移系
LiF	立方	$(110)[1\bar{1}0]$ (2)	$(001)[1\bar{1}0]$ (3)
KCl	立方	$(110)[1\bar{1}0]$ (2)	$(001)[1\bar{1}0]$ (3)
MgO	立方	$(110)[1\bar{1}0]$ (2)	$(001)[1\bar{1}0]$ (3)
$MgO \cdot Al_2O_3$	立方	$(111)[1\bar{1}0]$ (5)	
NaCl	立方	$(110)[1\bar{1}0]$ (2)	$(001)[1\bar{1}0]$ (3)
PbS	立方	$(001)[1\bar{1}0]$ (3)	
PbTe	立方	$(001)[1\bar{1}0]$ (3)	
β-SiC	立方	$(111)[1\bar{1}0]$ (5)	
β-Si_3N_4	六方	$(10\bar{1}0)[0001]$ (2)	
β-SiO_2	六方	$(0001)[11\bar{2}0]$ (2)	
TiC	立方	$(111)[1\bar{1}0]$ (5)	
TiO_2	四方	$(101)[1\bar{1}0]$ (4)	
UC	立方	$(111)[1\bar{1}0]$ (5)	
UO_2	立方	$(001)[1\bar{1}0]$ (3)	$(110)[1\bar{1}0]$ (2)
ZrB_2	六方	$(0001)[11\bar{2}0]$ (2)	

注：滑移系右边括号内的数字为独立滑移的个数。

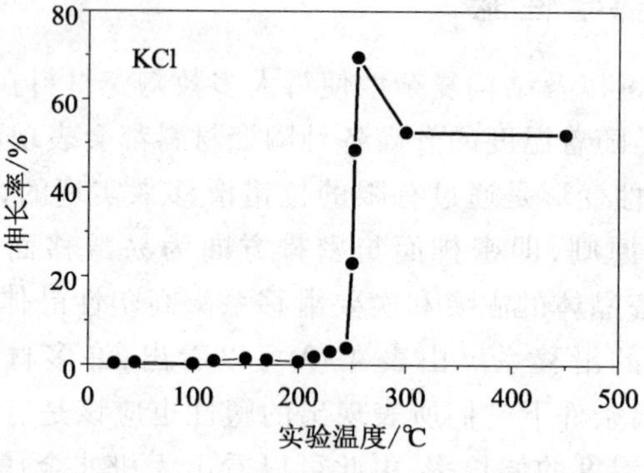

图 4-9　多晶 KCl 在不同温度的伸长率

与塑性密切相关的是材料的屈服及其屈服应力。与金属材料相似，无机非金属材料的高温屈服应力也可以通过固溶强化和弥散强化得到提高。图 4-10a 所示为一些无机化合物中添加溶质原子后的强化效果。在 MgO 中掺入 Fe_2O_3 后会生成 $MgFe_2O_4$ 的沉淀粒子，并使 MgO 基体得到强化。图 4-10b 所示为添加 Fe_2O_3 对 MgO 的强化效果。

总体来说，随温度的开始升高陶瓷材料会呈现出极为有限的塑性，这种塑性

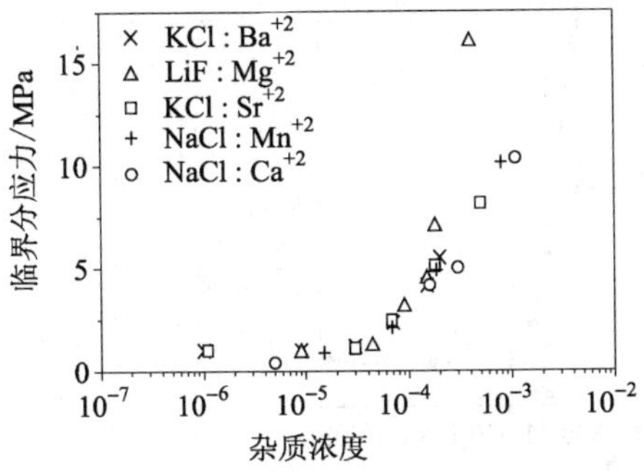

(a) 碱金属卤化物盐的杂质固溶强化

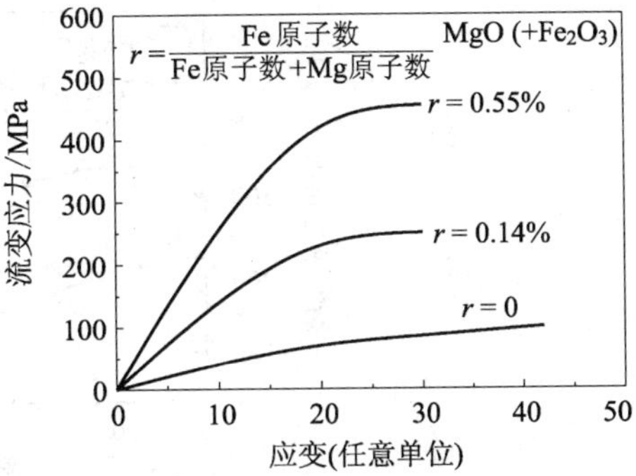

(b) 掺有少量Fe_2O_3后MgO的流变应力

图 4-10　固溶强化与弥散强化对陶瓷变形应力的影响

不足以阻止断裂裂纹的扩展,因此材料的屈服强度会呈现下降的趋势。当温度上升到一定程度、材料的塑性可以明显阻止或延缓裂纹扩展时,材料的断裂强度会明显上升。图 4-11a 所示为多晶 MgO 在不同温度的断裂行为,断裂应力随温度细微的波动正是反映出脆性材料断裂过程的这种变化规律。图 4-11b 所示为基体为 99.5% Al_2O_3的纯刚玉材料不同温度下的抗弯强度,同时图中也给出了气孔率对抗弯强度曲线的影响。图 4-11a 还给出了含 95% Al_2O_3陶瓷材料不同温度的断裂应力。断裂应力在 800 ℃的突然升高不是由于 Al_2O_3塑性的提高,而是材料中少量非晶相的粘滞软化明显地松弛了裂纹尖端的应力集中,并使材料的裂纹扩展抗力和断裂应力骤增。但非晶相的粘度会随温度的升高而急剧下降,所以材料的强度也会随之迅速下降(图 4-11a)。

在高温恒应力作用下陶瓷材料也会发生蠕变。分析表明蠕变速率 $\dot{\varepsilon}$ 受蠕变激活能 $Q_c>0$、蠕变应力 σ、晶粒尺寸 d 等多种因素的影响,且有如下关系:

$$\dot{\varepsilon} \propto \left(\frac{\sigma}{E}\right)^n \left(\frac{1}{d}\right)^m \exp\left(-\frac{Q_c}{RT}\right) \tag{4-1}$$

式中:E 为弹性模量。图 4-12a 以双对数的方式给出了 UO_2不同温度条件下蠕变应力与应变速率的关系。由曲线的斜率可以直接求出式(4-1)中的 n 值。陶瓷材料蠕变也是由扩散过程及所产生的塑性变形所控制。在较低应力条件下蠕变主要借助晶界扩散及相应的晶界滑动完成,在较高应力条件下蠕变则由体扩散和相应的位错攀移以较快方式进行。因此图 4-12a 各曲线都有一个转折点,并可以读出两个不同的 n 值,对应两种不同的蠕变方式。图 4-12b 以双对数的方式给出了 Al_2O_3和 MgO 晶粒尺寸与应变速率的关系。由曲线的斜率可以直接求出式(4-1)中的 m 值。

陶瓷材料所特有的气孔率和非晶相也会影响蠕变行为。气孔率的升高会使

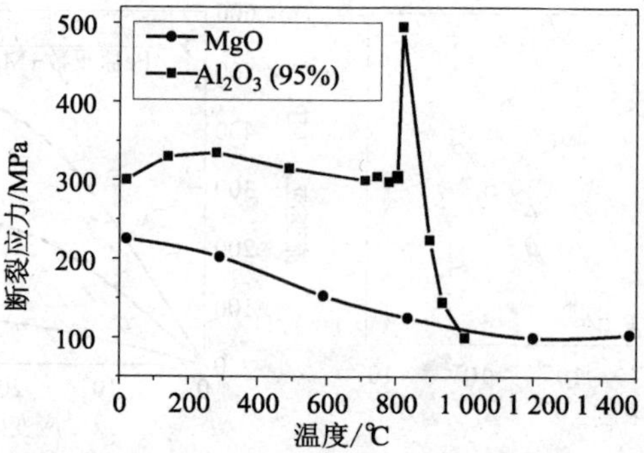

(a) 多晶MgO与95%Al_2O_3的断裂应力

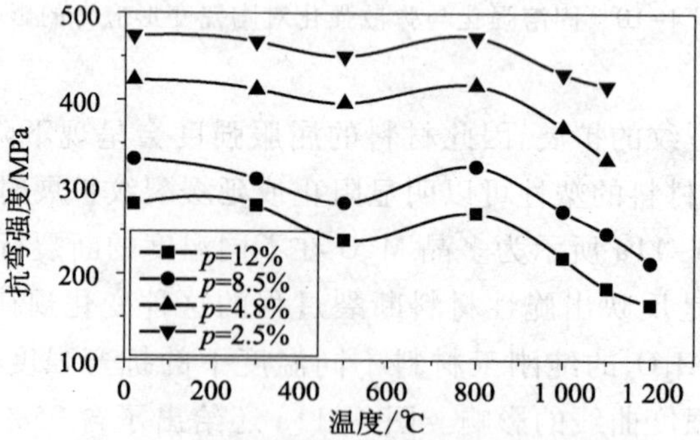

(b) 99.5%Al_2O_3的抗弯强度(p为气孔率)

图 4-11　陶瓷材料强度与温度的关系

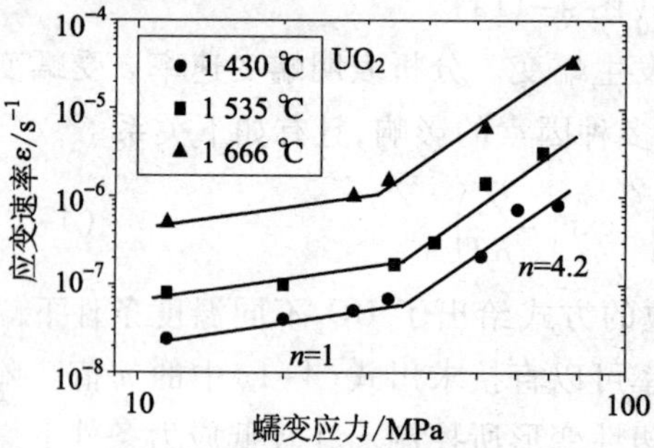

(a) 蠕变应力的影响

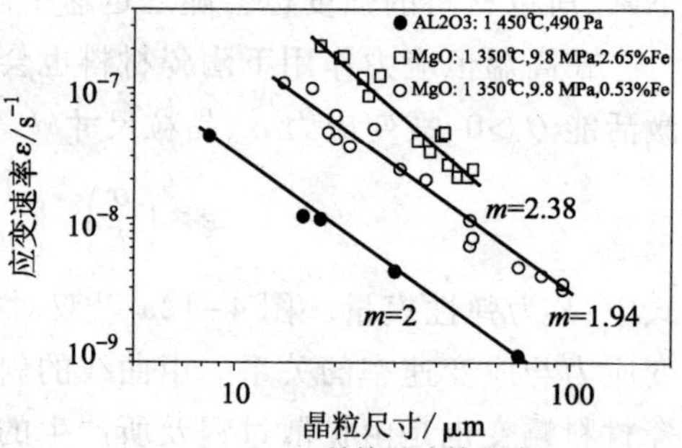

(b) 晶粒尺寸的影响

图 4-12　陶瓷材料的高温蠕变行为

基体相实际所承担的应力增加。因此提高气孔率与提高蠕变应力应对应变速率有相似的影响。图 4-13a 所示为 Al_2O_3 气孔率与应变速率的相对关系,并可看出与图 4-12a 相似的变化趋势。在高温条件下陶瓷材料的非晶相会出现粘滞软化现象并在应力作用下发生塑性变形。这种变形机制显然不同于上述晶界滑动或位错攀移机制，因而会影响式(4-1)中的 n 值。图 4-13b 所示为复合氧化物陶瓷材料非晶相对 n 值的影响。当非晶相含量 g 从 5% 上升到 17% 时 n 值也从 0.92 上升到 2.04，因此非晶相的出现会明显提高应变速率。

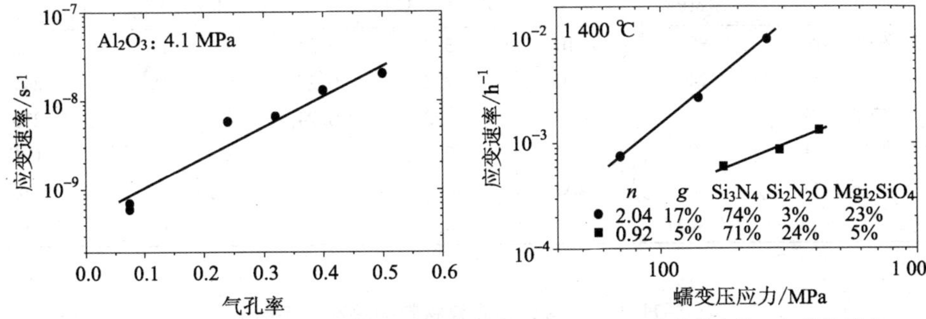

(a) 气孔率对应变速率的影响

(b)非晶相含量 g 对 n 值的影响

图 4-13 气孔率和非晶相对陶瓷蠕变行为的影响

在高温使用的陶瓷材料通常要承担温度骤变所带来的冲击。温度的剧烈变换会导致材料各部位很大的温差 ΔT，并因此生成很大的热应力。在这种热应力下造成的材料破坏称为**热冲击破坏**。另外，高温陶瓷材料也会在温度循环变化及相应的热应力条件下服役，从而可能会引起材料开裂、剥落、碎裂、变质，并最终失效。这种损坏形式称为**热震动破坏**。在一定温差 ΔT 条件下，材料所承受的热应力 σ 可表示成

$$\sigma = \Delta T \frac{E\alpha}{1-\nu} \tag{4-2}$$

式中：E 为弹性模量，α 为热膨胀系数，ν 为泊松比。由此可见，除了 ΔT 以外高弹性模量和热膨胀系数都会提高材料的热应力。当材料的成分与结构确定之后温差就是热应力的决定因素。若温差达到某一临界值 ΔT_c 且使热应力也达到断裂强度 σ_f 时材料会发生断裂。因此可以用**抗热震系数** R 来表示材料的抗热冲击和抗热震性能。这样根据式(4-2)有

$$R = \Delta T_c = \frac{1-\nu}{E\alpha}\sigma_f \tag{4-3}$$

此时 R 值只是材料性质的一种表述，与实际温度环境无关。

表 4-10 列出了对一些陶瓷材料 R 值的计算结果，从中可以看到热膨胀系数 α 是影响 R 值的重要因子。表 4-11 给出了一些陶瓷材料的热膨胀系数 α。α 值较低的材料其抗热冲击和抗热震性能会比较高。应该注意到，通常陶瓷晶体材料的热膨胀是各向异性的，因此如果多晶体取向非随机分布也会在宏观上

反映出热膨胀的各向异性。另外，材料的气孔率一般不会明显地影响热膨胀系数。

表 4-10 一些陶瓷材料的抗热震系数 R 的计算

材料	抗弯强度 σ_f /MPa	弹性模量 E/GPa	热膨胀系数 α /(10^{-6}/℃)	泊松比 λ	热导率 k/[W/(m·K)](500 ℃)	R
热压 Si_3N_4	850	310	3.2	0.27	17	626
反应烧结 Si_3N_4	240	220	3.2	0.27	15	249
反应烧结 SiC	500	410	4.3	0.24	84	216
热压 Al_2O_3	500	400	9.0	0.27	8	101
热压 BeO	200	400	8.5	0.34	63	39
烧结 WC(6% CO)	1 400	600	4.9	0.26	86	352

表 4-11 一些氧化物陶瓷材料的热膨胀系数 a 10^{-6}/℃

材料	热膨胀系数	材料	热膨胀系数	材料	热膨胀系数
MgO	13.8	$BeAl_2O_4$	6.4	$Li_2O \cdot Al_2O_4 \cdot 4SiO_2$	1.9
ZrO_2	11.4	$3Al_2O_3 \cdot 2SiO_2$	5.0	$2MgO \cdot 2Al_2O_4 \cdot 5SiO_2$	0.5 ~ 1
BeO	8.8	$ZrSiO_4$	4.1	石英玻璃	0.5
$MgAl_2O_4$	8.6	$BaO \cdot Al_2O_4 \cdot SiO_2$	3.4	Al_2TiO_5	0.2
Al_2O_3	8.5	Zn_2SiO_4	3.2		

注：MgO 的热膨胀系数适用 20 ~ 1 800 ℃，其余适用 20 ~ 1 000 ℃。

可以想象，除了式(4-2)所示的温度变化条件外，还有一些重要因素会影响材料实际所承受的温差 ΔT。其中热导率 k 是重要的因子。k 值高的材料热传导快，因而会造成较小的 ΔT，并可提高材料的抗热震能力。图 4-14a 所示为几

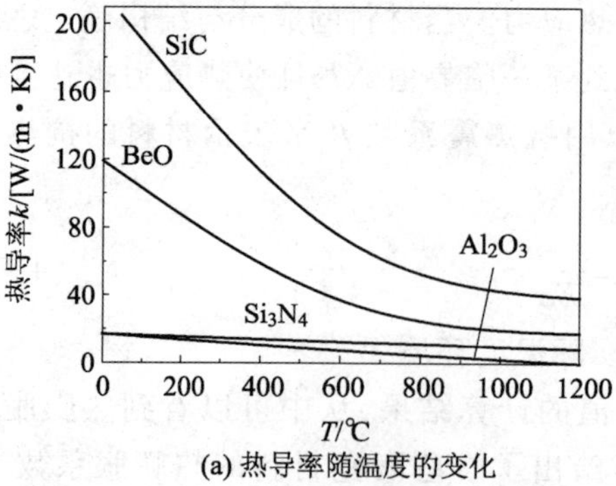

(a) 热导率随温度的变化

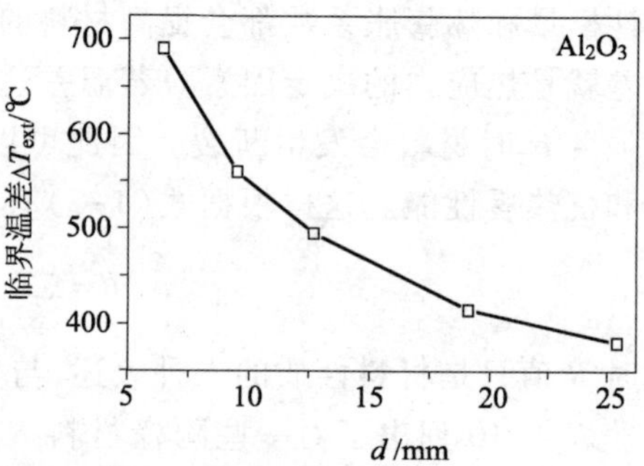

(b) Al_2O_3 试棒直径 d 对临界温差的影响

图 4-14 影响陶瓷抗热震动的因素

种陶瓷材料 k 值随温度的升高而下降的趋势，这些材料在温度升高时其抗热震性能会有所下降。另外，材料的几何尺寸也会影响材料的实际抗热震能力。以 Al_2O_3 试棒为例，在同样快速加热升温并导致表面温差幅度 ΔT_{ext} 的条件下小尺寸试样中心的最低温度点会比大尺寸试样的最低温度点高，并导致构件表面与中心较小的 ΔT 值。因此如图 4-14b 所示，小尺寸试样会表现出较好的承受外部升温幅度 ΔT_{ext} 和抗热震能力。另外，材料的比热容也要影响抗热震性。高比热容材料通常对温度变化反映出较高的惰性，因此会降低 ΔT 升高的速度。这一点可以被利用来改进材料的抗热震性能。应该注意的是，材料的比热容会受到气孔率的明显影响，即气孔会降低材料的比热容。

三、其他性能

纯金属的电阻率一般处于 $10^{-8} \sim 10^{-7}\ \Omega \cdot m$ 的范围，玻璃的电阻率约为 $10^{10} \sim 10^{14}\ \Omega \cdot m$，而最好的绝缘陶瓷的电阻率可达 $10^{15} \sim 10^{16}\ \Omega \cdot m$。由此可见，许多陶瓷材料尤其氧化物陶瓷均是良好的绝缘体。与金属不同，陶瓷的导电过程主要依靠内部缺陷来完成，因此陶瓷有负的电阻温度系数，即电阻率随温度的上升而下降。

陶瓷材料的相对介电常数可以在很宽的范围变化。表 4-12 给出了一些陶瓷的介电常数。在高介电常数的陶瓷晶体中晶体单胞的正、负电荷中心不重合，即每一个晶胞均有一个偶极矩。晶体的三维长程有序导致晶体内各单胞的偶极矩自发沿同一方向整齐排列，并使晶体在没有外电场的作用下处于高度极化状态，称为**自发极化**。这种极化可随外电场重新定向，并转向外电场方向。陶瓷的这种**铁电性质**被人们利用来制作电容器及各种电功能器件。

表 4-12　一些陶瓷的介电常数

名　称	主晶相化学组成	相对介电常数	$\tan\delta$
氧化铝	α-Al_2O_3	8 ~ 10	$(1 \sim 3)\times10^{-4}$
滑　石	$MgO \cdot SiO_2$	5 ~ 7	$(2 \sim 5)\times10^{-4}$
二氧化钛	TiO_2	80 ~ 100	$(2 \sim 5)\times10^{-4}$
钛酸钙	$CaTiO_3$	130 ~ 150	$(3 \sim 6)\times10^{-4}$
钛酸锶铋	$(Sr_{1-x}Bi_{2/3x})TiO_3$	800 ~ 900	$(1 \sim 2)\times10^{-4}$
钛酸钡	$BaTiO_3$	2 000 ~ 8 000	$(1 \sim 3)\times10^{-4}$
锆钛酸铅	$Pb(Zr_{1-x}Ti_x)TiO_3$	1 000 ~ 5 000	$(2 \sim 5)\times10^{-4}$
铌镁酸铅	$Pb(Mg_{1/3}Nb_{2/3})O_3$	6 000 ~ 20 000	$(3 \sim 6)\times10^{-4}$

在强电场作用下陶瓷内部可能会发生电离现象，并出现自由电子。电场推动电子加速运动、积累能量并与其他电子碰撞。若碰撞能量足以使被撞原子再

发生电离,则高能电子可以不断得到再生。这一过程的持续发展最终会导致材料内被**电击穿**而丧失绝缘能力。另外,高能电子的流动也会在绝缘陶瓷内部造成温度升高。若因热量不能及时散失,温度会不断升高、电阻下降,并如此恶性循环使材料因被**热击穿**而丧失绝缘能力。陶瓷中的气孔、裂纹、夹杂等处的介电常数低而电阻率高,因而易有电场局部集中和相应的电击穿或气体放电现象出现,这会使局域温度和内应力上升。若内应力高过材料断裂应力,则绝缘体就会在电场和应力综合作用下失效,这也称为**电-机械-热击穿**。陶瓷作为电介质在电场作用下通常不会被击穿,但会因不同程度的发热而损耗能量。可用正弦交变电压作用下的有功电流与无功电流的比值来表示**介质损耗**,即用**损耗角** δ 的正切 $\tan\delta=I_{有功}/I_{无功}$ 表示,其中 I 表示相应电流。δ 值通常会随温度的升高或交变电流频率的下降而升高。表 4-12 给出了相关材料的 $\tan\delta$ 值。

多晶陶瓷各晶粒取向排列的随机性会造成晶粒折射指数不连续,同时晶粒和气孔的附加散射使可见光不能透过,因此一般陶瓷在可见光区是不透明的。但立方晶相与非晶相会有较好的透光性。对于多数陶瓷材料,若加工到很薄的尺寸、使材料完全致密并尽可能减少第二相粒子也只能做到半透明状态。分析表明,当晶粒尺寸与入射光的波长接近时散射效应最大。所以透明陶瓷的晶粒尺寸应大于 10 μm,但这会使材料的强度明显降低。通常 MgF_2、ZnS、MgO、CaF_2 和 ZnSe 对红外线会有较高的透过率。MgO 和 CaF_2 也有较好的可见光透过率。

即使在高温条件下陶瓷的结构也表现出很高的稳定性。氧化物陶瓷中金属原子被氧原子包围,不易再与周围介质发生化学作用,因此不存在氧化问题。但非氧化物材料在高温下会有氧化问题,如含硅的化合物会被氧化成 SiO_2。生成表层氧化膜会阻止氧向内部扩散、降低氧化速度,因而这类材料也有可能在高温下使用。陶瓷气孔率的升高会增加氧化表面积,不利于抗氧化性能的提高。较严重的氧化会明显降低材料的强度,并会导致失效。多数陶瓷化合物的化学稳定性很高,使陶瓷宜作耐火以及耐酸、碱、盐等腐蚀介质的材料。

无机非金属材料涉及的范围非常广泛,这里不可能作全面介绍。下面着重对技术成熟、生产量大、应用广泛的材料,重点是结构材料作些介绍。

§4-3 水 泥

一、水泥的成分

在物理和化学作用下能从浆体转变成具有一定强度的块状固体物质称为**胶凝材料**。在拌水后能在空气及水中硬化的水硬性胶凝材料称为**水泥**。水泥是主要的建筑材料和重要的工程结构材料。除了通用的建筑行业对水泥有大量的需求外，水泥还被广泛地用于制造轨枕、坑木、油气井、水泥船等，以节省钢材和木材。

在各种类型的水泥中，**硅酸盐水泥**的应用最为广泛。其大致的成分范围是62% ~67% CaO、20% ~24% SiO_2、4% ~7% Al_2O_3和2.5% ~6.0% Fe_2O_3。根据具体的原料来源、生产状况和使用需求，硅酸盐水泥的成分也会超出这个成分范围。在制成的硅酸盐水泥中这些氧化物并不是单独存在，而是以30 ~60 μm细小结晶体的形式组合成多种矿物的集合体，其中有$3CaO\cdot SiO_2$(简称C_3S)、$2CaO\cdot SiO_2$(简称C_2S)，$3CaO\cdot Al_2O_3$(简称C_3A)和$4CaO\cdot Al_2O_3\cdot Fe_2O_3$(简称$C_4AF$)。它们大致的成分范围是60% ~87% C_3S、15% ~37% C_2S、7% ~15% C_3A和10% ~18% C_4AF。

CaO是硅酸盐水泥的主要成分，用以提高水泥强度、加速水泥的硬化过程。但CaO若处于游离状态则会在水泥硬化之后才与水缓慢反应并发生膨胀，这会增加水泥的内应力而降低其强度，甚至导致构件破坏，因此游离的CaO应该尽量少。SiO_2也是硅酸盐水泥的主要成分，用以生成C_3S和C_2S。其含量应与CaO适当配合，以保证水泥强度的实现。SiO_2含量的提高有利于改善水泥的耐蚀性，但会降低水泥硬化和强度提高的速度。Al_2O_3和Fe_2O_3主要生成C_3A和C_4AF。Al_2O_3有利于提高水泥的硬化速度，但会降低其抗硫酸腐蚀的能力。Fe_2O_3则不利于提高水泥的硬化速度，但会提高其抗硫酸腐蚀的能力。这两种氧化物的含量过多会推进煅烧生产时液相的生成，不利于煅烧加工。制造硅酸盐水泥的主要原料是成分主要为$CaCO_3$的天然石灰石和含有SiO_2、Al_2O_3、Fe_2O_3等组分的粘土。中国天然粘土原料中铝含量较高而铁含量较低，因此配料时还需要加入铁质原料以及硅质原料，以校正成分。

煤矿夹层中的脉石含煤较少，在开采过程中被作为废料分离出来，称为**煤矸石**。发电厂燃烧煤时排除的大量灰烬，开采铁矿时低品位的铁矿石粉、硫铁矿渣，高炉炼铁的矿渣、炼钢产生的钢渣等通常也都被视为废料。表4-13给出了这些废料的化学成分(质量分数)。可以看出，若这些废料被利用来生产水泥，可以有很好的环境效应。

表4-13 一些工业废料的化学成分

废料名称	$w_{SiO_2}/\%$	$w_{Al_2O_3}/\%$	$w_{Fe_2O_3}/\%$	$w_{CaO}/\%$	$w_{MgO}/\%$
山东湖田煤矸石	60.28	28.37	4.94	0.92	1.26
河北邯郸煤矸石	55.88	22.37	5.20	6.27	2.07
北京粉煤灰	49.82	30.52	6.06	3.40	0.77
中国高炉矿渣	26 ~42	7 ~20	—	38 ~46	4 ~13
转炉钢渣	20.12	15.12	0.71	57.24	6.09

二、水泥的煅烧

图 4-15 所示为回转窑生产水泥的流程示意图。以煤粉作燃料，将粘土粉、石灰石粉、铁矿粉、其他辅料及适量的水均匀混合后送入回转窑**煅烧**。加水量与具体生产模式相关，可在 1% ~40% 内变化。煅烧后经冷却破碎，并与适量石膏与混合料混磨即可制成水泥产品。其中煅烧是水泥生产的主要技术环节。

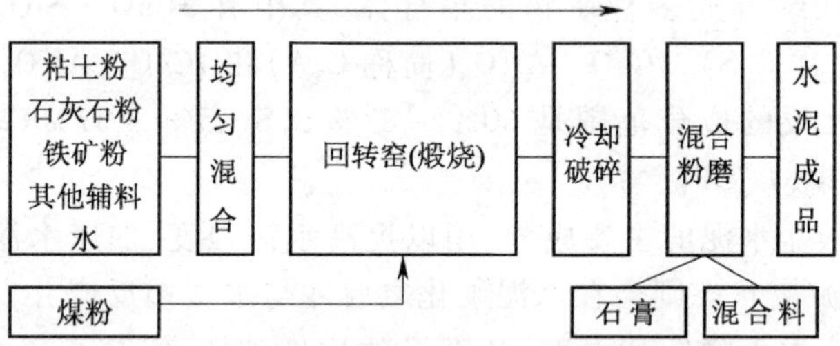

图 4-15　水泥生产流程示意图

图 4-16 所示为水泥生产煅烧时物料温度的变化过程。根据温度的变化和实际煅烧过程的物理与化学变化可以把煅烧大致划分成如图 4-16 所示的五个阶段。第 Ⅰ 阶段为干燥段，其温度范围是 100 ~ 150 ℃。在这个阶段主要是原料中的自由水分蒸发。第 Ⅱ 阶段为预热段，其温度范围是 200 ~ 750 ℃。在这个阶段主要是粘土矿物脱水，即结晶水被脱除。例如作为粘土材料的**高岭土**含有 $Al_2O_3 \cdot 2SiO_2 \cdot 2H_2O$、**蒙脱石**含有 $Al_2O_3 \cdot 4SiO_2 \cdot 9H_2O$，高岭土的脱水反应为

$$Al_2O_3 \cdot 2SiO_2 \cdot 2H_2O \Rightarrow Al_2O_3 + 2SiO_2 + 2H_2O \uparrow。$$

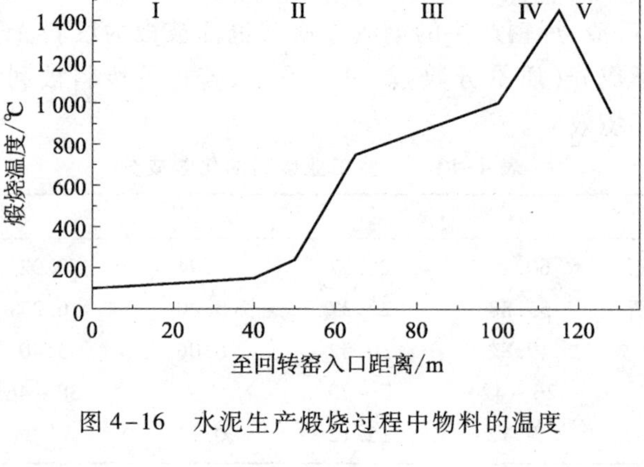

图 4-16　水泥生产煅烧过程中物料的温度

对蒙脱石也有类似的反应。当温度上升到 800 ℃后进入第Ⅲ阶段，即硅酸盐分解段（750～1 100 ℃）。这时石灰石按照

$$CaCO_3 \Rightarrow CaO + CO_2 \uparrow$$

的方式分解。且有 $2CaO+SiO_2 \Rightarrow C_2S$ 生成。同时 C_3A 与 C_4AF 也会借助一系列中间过程生成，如有反应 $3CaO+Al_2O_3 \Rightarrow C_3A$。第Ⅳ阶段为烧成段（1 100～1 450 ℃）。1 100～1 200 ℃时 C_3A 与 C_4AF 大量生成，且 C_2S 达到最大值。根据相图可知（图 4-17a），当温度达到 1 400 ℃后 C_3A 与 C_4AF 开始转变成液相。在液相中会有反应 $CaO+C_2S \Rightarrow C_3S$（固态）发生，并以此使游离的 CaO 减少。第Ⅴ阶段为冷却段。根据相图（图 4-17b）可知 C_3S 是高温相，温度降低后会有反应 $C_3S \Rightarrow CaO+C_2S$ 发生，并会因产生游离 CaO 而损害水泥的性能。因此在冷却段应使物料以一定速度快冷，以保留 C_3S 相。

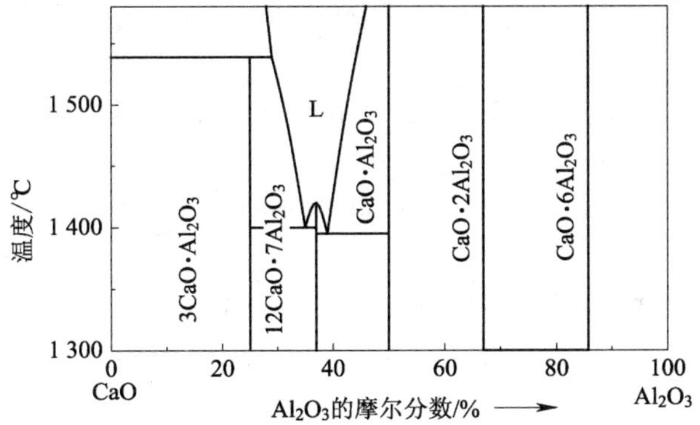

(a) CaO-Al₂O₃二元相图

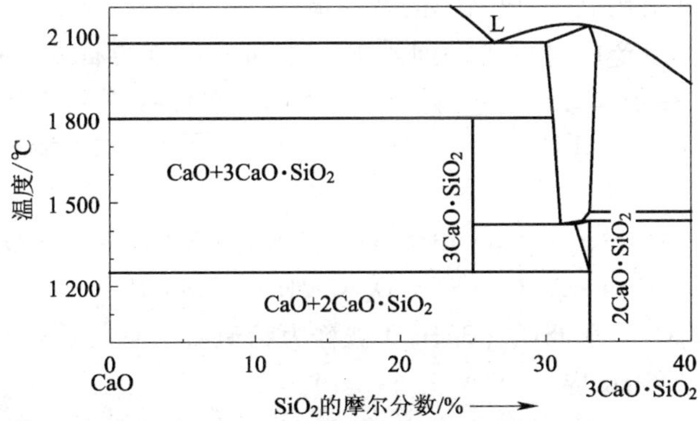

(b) CaO-SiO₂二元相图

图 4-17 含 CaO 的氧化物二元相图（局部）

三、水泥的水化

在使用水泥的施工过程中将水泥与水混合搅拌后会发生水化反应。反应初期水泥表现出具有流动性和可塑性的浆体。随着水化反应的不断进行，浆体会逐渐失去流动性并仍保持可塑性，然后浆体的可塑性也会丧失，即水泥完成了其凝结过程。

由于水泥含有 60% ~87% C_3S，因此水化反应主要是 C_3S 的水化。其过程比较复杂，大致可以表现为

$$3CaO \cdot SiO_2 + nH_2O \Rightarrow xCaO \cdot SiO_2 \cdot yH_2O + (3-x)Ca(OH)_2$$

其中 $n=3-x+y$。当 $x=y=1.5$ 时有 $n=3$，且有

$$2(3CaO \cdot SiO_2) + 6H_2O \Rightarrow 3CaO \cdot SiO_2 \cdot 3H_2O + 3Ca(OH)_2$$

这一水化过程的主体部分将于 28 天后完成，而一年以后水化过程会基本停止。

C_2S 的水化大致可以表现为

$$2CaO \cdot SiO_2 + mH_2O \Rightarrow xCaO \cdot SiO_2 \cdot yH_2O + (2-x)Ca(OH)_2$$

其中 $m=2-x+y$。当 $x=y=1.5$ 时有 $m=2$，且有

$$2(2CaO \cdot SiO_2) + 4H_2O \Rightarrow 3CaO \cdot 2SiO_2 \cdot 3H_2O + Ca(OH)_2$$

C_3A 的水化表现为

$$2(3CaO \cdot Al_2O_3) + 21H_2O \Rightarrow 2CaO \cdot Al_2O_3 \cdot 8H_2O + 4CaO \cdot Al_2O_3 \cdot 13H_2O$$
$$\Rightarrow 2(3CaO \cdot Al_2O_3 \cdot 6H_2O) + 9H_2O$$

或

$$3CaO \cdot Al_2O_3 + 6H_2O \Rightarrow 3CaO \cdot Al_2O_3 \cdot 6H_2O$$

这一反应的速度很快，会造成水泥的快速凝固，称为**急凝**，不利于工程应用。所以通常会在水泥生产的最后工序向水泥中添加一定量的石膏。石膏的成分为 $CaSO_4 \cdot 2H_2O$，石膏以及与之共存的 CaO 使 C_3A 水化时的反应首先变成

$$3CaO \cdot Al_2O_3 + CaO + 13H_2O \Rightarrow 4CaO \cdot Al_2O_3 \cdot 13H_2O。$$

然后有

$$4CaO \cdot Al_2O_3 \cdot 13H_2O + 3[CaSO_4 \cdot 2H_2O] + 14H_2O$$
$$\Rightarrow 3CaO \cdot Al_2O_3 \cdot 3CaSO_4 \cdot 32H_2O + Ca(OH)_2$$

其中 $3CaO \cdot Al_2O_3 \cdot 3CaSO_4 \cdot 32H_2O$ 被称为**钙矾石**。它会覆盖在 C_3A 颗粒的表面，阻止快速凝固反应。

C_4AF 与 C_3A 有类似的水化反应，但 C_4AF 急凝的倾向会比 C_3A 弱。同时石膏也可以缓解 C_4AF 的急凝效应。水泥中游离的 CaO 与 MgO 也会发生水化，其反应为

$$CaO + H_2O \Rightarrow Ca(OH)_2$$
$$MgO + H_2O \Rightarrow Mg(OH)_2$$

但是这种反应的速度很缓慢。水泥硬化之后的这种后续水化反应会造成体积的不均匀膨胀，降低水泥强度，甚至会导致开裂，因此应尽量减少游离 CaO 和 MgO 的存在。

四、水泥的强度

抗压强度是衡量水泥质量最重要的技术指标。通常水泥硬化前 28 天的强度称为早期强度。28 天以后的强度为长期强度。一般来说，颗粒细而均匀的水泥结构有利于强度的提高。但过细的颗粒使得凝结时的需水量增大，凝结后产生孔洞的可能性也会增加，所以水泥颗粒应有一个适当的细度。硅酸盐水泥各主要矿物组分对水泥的抗压强度有不同的贡献。图 4-18 所示为四种主要水泥组分大致的抗压强度。

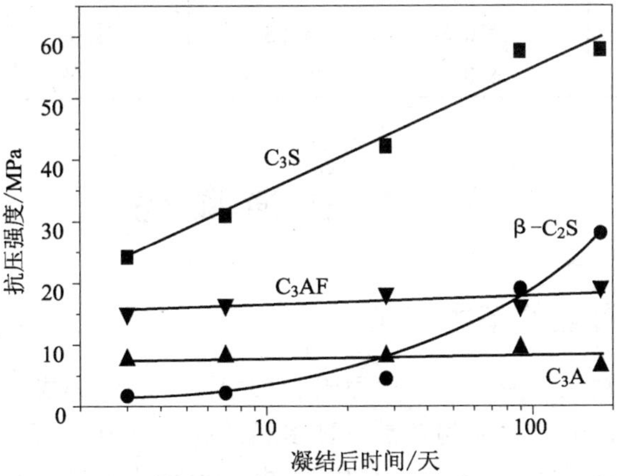

图 4-18 四种主要水泥组分的抗压强度

人们通常把图 4-15 中煅烧之后的产物称为**熟料**。我国国家标准规定，由硅酸盐熟料、适量石膏混合磨细后制成的水硬性胶凝材料称为**硅酸盐水泥**。由硅酸盐熟料、少量混合材料、适量石膏混合磨细后制成的水硬性胶凝材料称为**普通水泥**或普通硅酸盐水泥。若其中的混合材料分别为矿渣、火山灰或粉煤灰，则可分别称为**矿渣水泥**、**火山灰水泥**或**粉煤灰水泥**。表 4-14 给出了我国国家标准规定的一些标号水泥的力学性能。表中的强度数据为要求达到的性能下限；标号中的 R 表示该水泥为快硬水泥。

表 4-14　我国一些水泥的强度指标

品种	标号	抗压强度/MPa		抗折强度/MPa	
		3 天	28 天	3 天	28 天
硅酸盐水泥	42.5	17.0	42.5	3.5	6.5
	42.5R	22.0	42.5	4.0	6.5
	52.5	23.0	52.5	4.0	7.0
	52.5R	27.0	52.5	5.0	7.0
	62.5	28.0	62.5	5.0	8.0
	62.5R	32.0	62.5	5.5	8.0
普通水泥	32.5	11.0	32.5	2.5	5.5
	32.5R	16.0	32.5	3.5	5.5
	42.5	16.0	42.5	3.5	6.5
	42.5R	21.0	42.5	4.0	6.5
	52.5	22.0	52.5	4.0	7.0
	52.5R	26.0	52.5	5.0	7.0

§4-4　普通陶瓷

一、普通陶瓷的基本特征

普通陶瓷是粘土类及其他天然原料经过粉碎、成形、烧成等工序制成的具有较高强度的固体制品。普通陶瓷是一种多相的硅酸盐材料，含有晶相、非晶相和气相。普通陶瓷在日用、建筑、卫生、化工、电工等行业有广泛的应用。普通陶瓷大致可以划分成**瓷器材料**、**炻瓷器材料**和**陶器材料**。表 4-15 给出了这三种材料的一些常规特征。这是一种很粗糙的划分。实际的普通陶瓷材料的情况十分复杂，也没有统一并被广泛接受的分类方法，因此表 4-15 的分类仅供参考，从中大致可以看出陶器与瓷器的差别。

表 4-15　三种普通陶瓷的特征

类别名称	吸水率	密度/(g/cm³)	烧成温度/℃	透光性	断口
瓷器材料	≤1%	2.1~2.8	1 300~1 450	透光	致密、细腻、石状或贝壳状
炻瓷器材料	≤3%	2.0~2.8	1 150~1 400	透光差	较精细、石状
陶器材料	>3%		680~1 260	不透光	不致密、粗糙

普通陶瓷虽然有各种不同的加工方式，但其基本的制备过程仍可概括为原料的筛选与去杂质、按照要求的尺寸对原料颗粒细化、各种配料的混合加工、成形加工与干燥、烧成等主要工序。

在普通陶瓷材料的表面常常会施用一层釉。釉也是以各种氧化物为主的无机非金属材料,它通常由非晶相组成,比陶瓷材料的熔融软化温度低,能对陶瓷材料起到保护和装饰的作用。

二、瓷器材料

瓷器材料的烧结温度高,坯体坚硬、致密,基本不吸水。普通瓷器材料可划分为日用瓷器、电工瓷器、化工瓷器和卫生瓷器。它们的基本原料配方和化学组成原则上相同,而且有较宽的范围,但各组分的相对量会有所差异。表 4-16 给出了各类瓷器材料大致的原料配方及化学成分(质量分数)范围。组分配比的不同会使得各种瓷器材料在性能上也有所差别。表 4-17 粗略地概括了各类瓷器材料常见的力学性能。

表 4-16 各类瓷器材料大致的原料配方及化学成分范围

瓷器类别	粘土	长石	石英	w_{SiO_2}/%	$w_{Al_2O_3}$/%	$w_{K_2O+Na_2O}$/%	$w_{CaO+MgO}$/%	密度 /(g/cm^3)
日用瓷	40~60	20~30	25~40	58~79	16~63	2.0~8.7	0.1~4.5	2.3~2.6
高硅电工瓷	45~60	18~30	20~40	68~75	20~24	2.5~5.0	<1.2	2.3~2.4
高铝电工瓷				40~55	40~55	3.5~4.5	<1.5	2.5~2.8
高硅化工瓷	60~65	20~25	10~20	63~73	24~32	2.3~5.2	0~2	2.1~2.3
高铝化工瓷				50~61	34~44	3.0~7.8	0~2	2.3~2.4
卫生瓷	30~50	20~30	30~50	64~70	21~25	2.5~3.0	1.5~1.9	2.0~2.3

表 4-17 各类瓷器材料大致的力学性能

瓷器类别	吸水率 /%	气空率 /%	抗压强度 /MPa	抗弯强度 /MPa	冲击功/ (J/cm^2)	弹性模量 /GPa	膨胀系数
日用瓷	0~0.5		328~510	20~70	0.18~0.21	75~80	4~9×10^{-6}/℃
电工瓷	0	少量	342~392	70~170	0.18~0.22	50~108	4.5~6×10^{-6}/℃
化工瓷	0.2~0.5		400~500	37~47	0.20~0.23	49~59	2~3.5×10^{-6}/℃
卫生瓷	<1.5	<3	460~660	65~85	0.15~0.30	65~80	3~6×10^{-6}/℃

日用瓷器的烧成相主要是莫来石、方石英、石英和非晶相。因此日用瓷器具有致密度好、热稳定性好、色泽好的特点,并有一定的强度,能够满足日用瓷器的性能要求。另外,色泽鲜艳的日用瓷器表面往往会含有含少量铅、镉等离子的化合物,如 PbO、CdS 等。酸性介质的作用会使铅溢出表面,光与氧化作用也会使得镉溢出表面,因此通常对日用瓷器有铅、镉溢出的限制,以保证无毒应用。日用瓷器通常用做民用家庭器具、艺术制品等。

电工瓷器的相组成为 8% ~12% 的石英、6% ~18% 方石英、10% ~30% 莫来石和 40% ~50% 非晶相,可见非晶相占据了很大部分。电工瓷器主要是利用瓷器材料绝缘性能好、强度高、化学稳定、不易老化、不变形等性能特点。碱性氧化物与杂质对电性能有害,应该注意限制其含量。表 4-18 和表 4-19 给出了电工瓷器材料大致的力学性能和电学性能。电工瓷器主要用做电绝缘材料。

表 4-18 电工瓷器材料大致的力学性能

电工瓷类别	抗压强度 /MPa	抗弯强度 /MPa	抗张强度 /MPa	冲击功 /(J/cm²)	弹性模量 /GPa
普通高压瓷	400 ~ 500	70 ~ 90	25 ~ 35	0.18 ~ 0.22	49.0 ~ 78.5
铝质高强瓷	700 ~ 800	120 ~ 170	45 ~ 65	0.25 ~ 0.29	98.1 ~ 107.9

表 4-19 电工瓷器材料大致的电学性能 (20 ℃, 50 Hz)

电工瓷类别	击穿电压/(kV/mm)	介电系数	介电损耗角正切	电阻率/(Ω · m)
普通高压瓷	25 ~ 35	6 ~ 7	0.02 ~ 0.04	$\geqslant 10^{15}$
铝质高强瓷	25 ~ 35	6.5 ~ 7.5	0.02 ~ 0.04	$\geqslant 10^{15}$

瓷器材料可在大多数酸介质中不受腐蚀,所以可以用做化工器具。若遇到碱性腐蚀介质,则需要在瓷器材料中适当添加 MgO,以增强其耐碱性能。

卫生瓷器通常会与水介质接触,所以除了一般的力学性能要求外,许多卫生瓷器对吸水性有要求,通常要求低于 3%,所以卫生瓷器的气孔率应该比较低。特定的水环境也要求卫生瓷器在 0 ~ 110 ℃ 的温度范围内能够承受温度急剧的振动而不发生开裂,瓷器材料能够满足这些要求。卫生瓷器通常用做卫生间及相关的水容器材料。

三、炻瓷器材料

炻瓷器材料的致密度较大,含有较高的 K_2O 和 Na_2O,并因此造成较低的吸水率,如低于 3%。坯料中长石的含量为瓷器材料的 1/3 至 1/2。炻瓷器通常在 1 150 ℃以上烧成,其液相成分在 15% 以上,最高可达 60%。抗压强度一般为 568 ~800 MPa,抗拉强度为 11 ~52 MPa,抗折弯强度为 40 ~96 MPa,弹性模量为 40 ~55 GPa。炻瓷器的热导率较低,大约为 0.9 ~ 1.5 W/(m · ℃),且耐酸腐蚀。因此炻瓷器主要用于建筑、日用、化工等行业领域。

建筑用炻瓷器的原料配方范围为 0 ~ 31% 石英、0 ~ 35% 长石、30% ~100% 粘土,其化学组成是 65% ~76% SiO_2、15% ~21% Al_2O_3、4% ~6% K_2O、1% ~6% Na_2O 等。为了建筑的装饰作用,炻瓷器中还会添加一些着色剂,如 Cr_2O_3、Fe_2O_3、MnO_2、Co_2O_3等。建筑炻瓷材料可用做污水管道、马赛克等构件。

炻瓷器可用于制作体积大、形状复杂、坯体厚度变化剧烈的耐酸腐蚀的容器及耐酸砖等。为了保证其耐酸性，通常其原料配方的设计要保证化学组成中 SiO_2 与 Al_2O_3 的比值为 3∶1，且 Fe_2O_3 含量应在 3% 以下。为了降低脆性并提高其耐急冷、急热的能力，往往还要在化工炻瓷器的原料中加入适量的经烧成并细化的熟料。

日用炻瓷器主要以含 SiO_2 高的粘土为原料，即有大于 70% 的 SiO_2 及小于 20% 的 Al_2O_3，同时还会有 8% ～9% 碱金属氧化物及碱土金属氧化物以及 Al_2O_3、FeO、TiO_2 等调色剂。日用炻瓷器主要用做餐具及日用工艺品等。

四、陶器材料

陶器材料的致密性差、气孔率高、强度水平低、热稳定性和化学稳定性差，但是它对原料的要求很低、烧成温度低、制造工艺简单、便于大量生产、价格低廉，因此在对性能要求不高的领域有广泛的应用。陶器材料大致可以划分成粗陶器、普通陶器和细陶器。表 4-20 给出了各类陶器的常规特征和应用范围。

表 4-20　各类陶器的常规特征和应用范围

陶器类别	吸水率/%	坯料粒度/mm	应用范围
粗陶器	>15	>2.0～2.5	砖、瓦、陶土管、建筑琉璃制品等
普通陶器	<15		日用陶质制品等
细陶器	<12	<0.1～0.2	日用细陶制品、装饰陶制品等

表 4-21 给出了粘土质和长石质细陶的原料组成。表 4-22 给出了相应细陶材料的性能。可以看出，大量采用天然粘土做原料可以明显降低烧成的温度，同时也会提高细陶器的吸水率(表 4-22)。陶瓷常常会有很高的总气孔率，最多可达 30% ～35%，气孔率的增加会明显降低陶器的强度。细陶器的化学组成主要是 60% ～75% SiO_2 和 20% ～30% Al_2O_3。

表 4-21　细陶材料的原料组成

细陶土质	普通粘土/%	高岭土/%	石英/%	长石/%	烧成温度/℃
粘土质	75～85	—	15～25	—	920～960
长石质	20～30	20～30	30～50	5～15	1 230～1 260

表 4-22　细陶材料的性能

细陶土质	吸水率/%	抗压强度/MPa	抗弯强度/MPa	冲击功/(J/cm²)	线膨胀系数
粘土质	19～21	60～90	6～20	0.108～0.157	$5～6×10^{-6}$/℃
长石质	9～12	100～110	15～30	0.147～0.196	$7～8×10^{-6}$/℃

§4-5 耐火材料

一、耐火材料的基本特征

在1 580 ℃以上使用的无机非金属材料称为**耐火材料**。耐火材料在冶金、建筑、化工、能源、机械等各个工业部门有广泛的应用，其中半数以上的耐火材料被用于钢铁工业部门。耐火材料主要用以制造高温结构件，如用于构筑各种焙烧炉、加热炉、烧结炉、锅炉等高温作业设备的耐高温内衬、炉体等。作为在高温下使用的耐火材料应具有高的熔点、良好的高温化学稳定性及力学稳定性，包括在高温下不软化、不收缩和高的体积稳定性，良好的高温强度、抗蠕变性能、高温耐磨性和抗热震性能，良好的抗高温腐蚀的能力等。有时还会对耐火材料的高温气密性、导热性及导电性有一定要求。

耐火材料的主要成分通常是一些熔点很高或分解温度很高的化合物，其中主要是氧化物，也可以是碳化物、氮化物、硅化物或硼化物等。表4-23列出了一些纯化合物的熔点。由图4-19和图4-4b所示的实例可知，许多二元系氧化物相图中会出现熔点很高的中间相，这些中间相有时还会有一定的成分宽容范围，因此也可以用来作耐火材料的主要成分。它们主要是一些盐类矿物，如锆酸盐、铬酸盐、铝酸盐、硅酸盐、钛酸盐、磷酸盐等。表4-24列出了一些盐类化合物的熔点。

表4-23 一些纯化合物的熔点

化合物	熔点/℃	化合物	熔点/℃	化合物	熔点/℃	化合物	熔点/℃	化合物	熔点/℃
ThO_2	3 050	Y_2O_3	2 110	WC	2 865	BN	~3 000	WB	2 860
UO_2	2 878	Al_2O_3	2 050	SiC	2 760	ZrN	2 980	TiB_2	2 850
HfO_2	2 812	BaO	1 930	MoC	2 692	TiN	2 950	CrB_2	2 760
MgO	2 800	TiO_2	1 825	B_4C	2 450	UN	2 650	ThB_4	>2 500
ZrO_2	2 677	ZnO	1 800	U_2C_3	2 350	ThN	2 630	MoB	2 180
CaO	2 570	SiO_2	1 713	CaC_2	2 300	AlN	2 400	UB_2	2 100
BeO	2 550	WO_2	>1 500	Al_4C_3	2 200	Be_3N_2	2 200	Zr_5Si_4	2 250
SrO	2 430	HfC	3 887	Be_2C	2 100	Si_3N_4	1 900	WSi_2	2 150
La_2O_3	2 315	ZrC	3 570	Cr_3C_2	1 890	HfB_2	3 250	Ti_5Si_3	2 120
Cr_2O_3	2 275	TiC	3 160	HfN	3 310	ZrB_2	3 040	$MoSi_2$	2 030

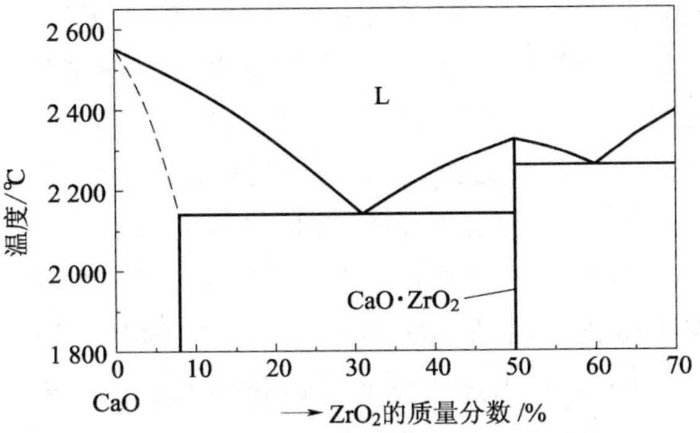

(a) $CaO-ZrO_2$系

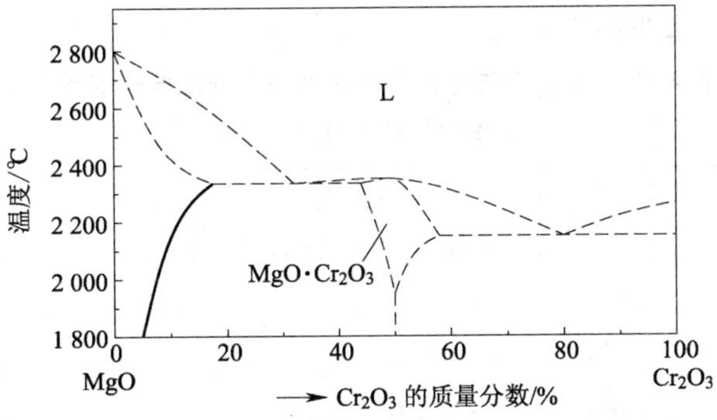

(b) $MgO-Cr_2O_3$系

图 4-19 有高熔点中间相的二元系氧化物

表 4-24 一些盐类化合物的熔点

盐类化合物	熔点/℃	盐类化合物	熔点/℃	盐类化合物	熔点/℃	盐类化合物	熔点/℃
$SrO \cdot ZrO_2$	>2 700	$NiO \cdot Al_2O_3$	2 100	$CaO \cdot 6Al_2O_3$	1 903	$3BeO \cdot TiO_2$	1 800
$BaO \cdot ZrO_2$	2 700	$3CaO \cdot SiO_2$	2 070	$2TiO_2 \cdot Al_2O_3$	1 895	$SrO \cdot Al_2O_3$	1 790
$MgO \cdot Cr_2O_3$	2 350	$SrO \cdot TiO_2$	2 040	$2MgO \cdot SiO_2$	1 890	$ZrO_2 \cdot SiO_2$	1 775
$CaO \cdot ZrO_2$	2 345	$MgO \cdot La_2O_3$	2 030	$2MgO \cdot P_2O_5$	1 882	$2BaO \cdot SiO_2$	>1 755
$CaO \cdot Cr_2O_3$	2 170	$ThO_2 \cdot SiO_2$	1 975	$BeO \cdot Al_2O_3$	1 870	$2MgO \cdot TiO_2$	1 740
$MgO \cdot Al_2O_3$	2 135	$ZnO \cdot Al_2O_3$	1 950	$TiO_2 \cdot Al_2O_3$	1 860	$3CaO \cdot P_2O_5$	1 730
$2CaO \cdot SiO_2$	2 130	$CaO \cdot TiO_2$	1 915	$3Al_2O_3 \cdot 2SiO_2$	1 850	$MgO \cdot Fe_2O_3$	1 713
$MgO \cdot ZrO_2$	2 120	$BaO \cdot 6Al_2O_3$	1 915	$BaO \cdot Al_2O_3$	1 815		

虽然制造一些高性能耐火材料时会采用高纯度的人工原料，但大部分用于制造耐火材料的原料是天然矿石，因此制成的耐火材料内难免会有少量杂质成分。由图 4-4 可以看出，虽然单相杂质化合物会有很高的熔点，但少量的杂质化合物通常仍会造成低熔点共晶相，进而使材料软化。由此可见，杂质化合物有促进材料熔化的助熔作用，并且会危害耐火材料的高温性能。若高温下杂质造成的液相粘度低则危害性会变得更大。表 4-25 给出了一些杂质氧化物对 SiO_2 的助熔作用。含有杂质化合物的 SiO_2 被加热到相应的共晶温度时会有共晶成分的液相出现，且液相中含有固定比例的被熔化的 SiO_2。随着温度的升高液相成分沿着液相线不断移向纯 SiO_2 一侧，使熔入液相的 SiO_2 量也不断增加（表 4-24）。这些都是在纯 SiO_2 熔点以下发生的 SiO_2 熔化的现象，因此少量杂质化合物有推动 SiO_2 熔化的作用。

表 4-25 含杂质氧化物的 SiO_2 在不同温度条件下所生成液相中熔解 SiO_2 的百分比

杂质氧化物	共晶点温度	共晶固相	共晶点	1 600 ℃	1 650 ℃
NaO	782 ℃	SiO_2-$Na_2O \cdot 2SiO_2$	74.6%	95.3%	97.8%
Al_2O_3	1 595 ℃	SiO_2-$3Al_2O_3 \cdot 2SiO_2$	94.5%	96.9%	98.1%
TiO_2	1 550 ℃	SiO_2-TiO_2	89.5%	92.0%	95.4%
CaO	1 436 ℃	SiO_2-$CaO \cdot SiO_2$	63.0%	67.8%	69.5%
FeO	1 176 ℃	SiO_2-$2FeO \cdot SiO_2$	38.0%	47.5%	51.7%

耐火材料中除了主体相、少量杂质化合物外，还会为了特定的目的而加入一些外加组分。外加组分可以促进某些相的生成或转化、抑制某些相的生成、促进烧结过程的完成等，但外加组分的添加量不应明显影响耐火材料的高温性能。

二、耐火材料的制作

图 4-20 所示为耐火材料生产制作流程示意图。首先需对原料作精选与加工，包括原料的破碎、选矿、冲洗、均匀混合等过程，以提高原料的纯度和均匀性。

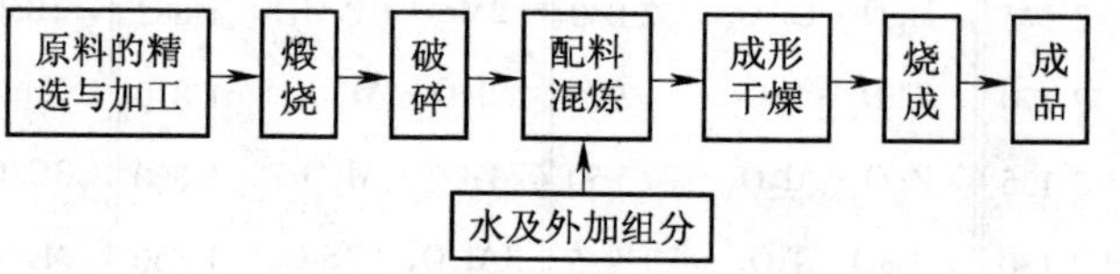

图 4-20 耐火材料制作流程示意图

随后需对原料进行煅烧，通常原料被加热到接近其主晶相熔点 T_m 的温度，如 $(0.7\sim0.9)T_m$。这个温度高于耐火材料的使用温度和最终烧成温度，可去除原料中的低熔点相，保证材料的高温化学、热学和力学性能。煅烧后要根据需要将原料破碎成不同的颗粒尺寸，如 40 ~ 50 mm 的粗颗粒、4 ~ 5 mm 的中颗粒或 80 μm左右的细颗粒。

配料混炼过程要注意不同颗粒尺寸原料的适当配合，以尽量降低整体的孔隙率。加入适量水及外加组分后混炼成具有高均匀性和良好成形性的泥料。**成形**工序是根据使用要求将泥料制成具有一定形状、密度、强度的坯料。对含水较高（如 40%）的泥料可注浆、振动成形，含水约 15% 的塑性泥料可压力塑变成形，含水较少（如 3% ~6%）的泥料可采用半干压、捣打等方式成形，而对干粉原料则可用等静压成形。对成形的坯料通常需要作干燥处理，蒸发坯料中的水分，提高其强度以便堆码烧成。

烧成是在高温下借助物理、化学反应达到**烧结**，形成高温化学稳定的物相结构，同时获得相应的密度和高温力学性能的过程，它是耐火材料制作的关键工序。随着烧成温度的上升，扩散、相变等热力学过程会导致同质晶体或异质晶体之间发生界面迁移生长、相变结合等现象，进而使材料烧结。在特定的高烧成温度下坯料中还会出现液相。液相会与坯料中各晶体浸润，并借助表面张力将各晶体拉近、填充孔隙，同时也会使致密度提高、内应力降低。液相有利于烧结过程，但液相太多会损害材料的高温性能。在烧成过程中应注意调整升温速度、加热最高温度、保温时间、冷却速度、加热气氛等工艺参数，以便有效地控制各加热阶段中材料内部所进行的物理、化学反应。其具体过程可参见水泥的煅烧。

尚有一些特殊的耐火材料制造方法。例如，原料经配料后加入化学结合剂，不经烧成工艺而制成化学结合耐火材料。再如，在原料配料过程中加入适当外加剂，如增塑剂、促硬剂、缓硬剂等，混合后制成可直接使用的**不定型耐火材料**，用以现场直接构筑耐火结构。使用不定型耐火材料具有过程简便、成品率高、热能耗低、适应性强、便于维修等特点。另外，还可以将耐火原料高温熔化，在模型中浇铸成形，经冷却及退火处理后制成**熔铸耐火制品**。

三、耐火材料的应用

硅质耐火材料是以 SiO_2 为主要成分的酸性耐火材料。SiO_2 在固态常压下有七个同素异型转变和一个非晶型转变。表 4-26 给出了相应各相的晶体参数。可见 SiO_2 的相结构十分复杂，其转变特征也不尽相同。

表 4-26 SiO_2在固态常压下各相的晶体参数

相名称	晶系	常温密度/(g/cm^3)	温度范围/℃
γ-鳞石英	正交	2.27～2.35	<117
β-鳞石英	六方	2.242	117～163
β-方石英	正交	2.33～2.34	<180～270
β-石英	三方	2.65	<573
α-石英	六方	2.533	573～870
α-鳞石英	六方	2.228	870～1 470
α-方石英	立方	2.229	1470～1 723
石英玻璃	非晶	2.203	>1 713±10，快冷

一般来说，石英、方石英及鳞石英之间进行转变时需要彻底改变晶体类型，如高温时石英结构向鳞石英结构的转变，因此转变体积效应大而速度低，转变温度受温度变化速率的影响，有时甚至不能转变。在同一类石英的 α、β、γ 变体之间进行转变时结构差别小而转变速度高、体积效应小、转变温度确定，且为可逆转变。这些转变及其特征都会对硅质耐火材料的使用性能产生影响。

由于固态转变的上述特色，制造硅质耐火材料需要加入如 CaO 等矿化剂作为外加组分，以便在烧成过程中促进磷石英的快速生成；同时也会因生成的少量液相而使相应的体积效应得到松弛，保障材料的性能。硅质耐火材料有强的抵抗酸性炉渣及 CaO、FeO、Fe_2O_3 等氧化物侵蚀的能力，但易受碱性炉渣的强烈侵蚀及 Al_2O_3、K_2O、Na_2O 等氧化物的侵蚀破坏。由于其固态转变的复杂性，硅质耐火材料的抗热震性能差、耐火度也不很高。表 4-27 给出了焦炉硅砖的性能。

表 4-27 焦炉硅砖的性能

SiO_2/%	矿化剂	耐火度/℃	软化点/℃	体密度/(g/cm^3)	气孔率/%	抗压强度/MPa
95.20	CaP-FeO	1 710	1 660	2.36	20～21	40.18
95.06	氟化物	1 710	1 660	2.318	18～20	50.96～69.58

注：**软化点**指材料的荷重软化温度，下同。

硅酸铝质耐火材料是以 Al_2O_3和 SiO_2为基本化学组分的耐火材料，其 Al_2O_3含量通常在 15% 以上。含 15%～30% Al_2O_3时为**半硅质耐火材料**，由图 4-4c 可知其耐火度不高，但呈半酸性，有利于减弱碱性介质的侵蚀作用。含 30%～48% Al_2O_3时为**粘土质耐火材料**，由图 4-4c 可知其主晶相为莫来石，耐火度及耐蚀性能均会进一步提高。含大于 48% Al_2O_3时为**高铝质耐火材料**，成分接近于纯莫来石，其高温性能优于粘土质耐火材料。含大于 90% Al_2O_3时则为**刚玉质耐火材料**，它比莫来石有更高的高温化学稳定性和耐火度，有很高的抵抗各种炉渣侵蚀的能力，是一种高级耐火材料。Al_2O_3的热膨胀系数较高，因而其抗热震性能会受到影响。表 4-28 给出了一些硅铝质耐火砖的性能指标。

表 4-28 硅铝质耐火砖的性能

Al_2O_3含量 /%	SiO_2含量 /%	耐火度 /℃	软化点 /℃	体密度 /(g/cm³)	显气孔率 /%	常温抗压强度 /MPa
≥42		≥1 750	≥1 450		15	58.8
68.43			1 600	2.553	16.7	77
70.1～75.5	19.3～21.6	1 730～1 800	1 700	2.90～3.30	<10	250～500
75.1	20.09		>1 700	2.56～2.66	12～16	210～250
80.94	18.20		>1 700	2.77～2.79	15.6～16.5	197～267
>98	≤0.5	>1 920	>1 750	2.7～3.5		200～300

以氧化镁和氧化钙为主要化学成分可以制成碱性的**镁质耐火材料**。MgO 和 CaO 属于离子键化合物，由表 4-23 可知它们均有很高的熔点，因此这类耐火材料有很高的耐火度。同时它们还有很强的抵抗碱性渣侵蚀的能力，因此在高温冶金设备上有十分广泛的应用。但高于 1 800 ℃ MgO 会产生升华现象，使稳定性下降。另外 MgO 和 CaO 容易水化成 $Mg(OH)_2$和 $Ca(OH)_2$，并伴有明显的体积膨胀，因此这类耐火材料应注意防潮。利用脱水焦油沥青等含碳有机物作结合剂可以有效地起到防潮作用。同时耐火材料中含有一定量的碳有利于降低渣液的浸润性、提高耐蚀和抗冲刷能力、大大降低气孔率。耐火材料中的碳可造成还原气氛，因而在吸收氧化铁时可提高耐火材料的液相线，阻止液相的出现。表 4-29 列出了一些镁质耐火材料的性能。

表 4-29 一些镁质耐火材料的性能

MgO 含量 /%	CaO 含量 /%	C 含量 /%	耐火度 /℃	软化点 /℃	体密度 /(g/cm³)	气孔率 /%	抗压强度 /MPa
≥91	≤3	—	(～1 700)	≥1 550	2.6～3.0	≤18	≥58.8
≥87	≤3	—	(～1 700)	≥1 520	2.6～3.0	≤20	≥39.2
75～78	10～14	—		1 570～1 620		18～20	25～45
40～65	20～40	—	1 820	1 700	2.6～2.8	16～22	60～80
59～69	18～32	适量	>1 920	>1 650	3.1～3.5	1～2	40～80
≥70		≥14			2.77	≤5	≥25.0

注：括号内的温度为最高使用温度。

以 MgO 与 Me_2O_3型氧化物组成的耐火材料为**尖晶石耐火材料**，其中 Me 表示某种金属元素。以镁铝尖晶石（$MgO \cdot Al_2O_3$，图 4-4b）或镁铬尖晶石（$MgO \cdot Cr_2O_3$，图 4-19b）为主晶相的耐火材料在化学上属中性或弱碱性，因此在冶金及无机非金属生产部门也有广泛的应用。其中镁铝尖晶石对还原气氛、游离 SO_2/SO_3及 K_2O/Na_2O 有高的耐蚀性，且具有较好的抗热震性与耐磨性。

表4-30列出了一些尖晶石耐火材料的性能。

表4-30 一些尖晶石耐火材料的性能

MgO含量/%	Al_2O_3含量/%	Cr_2O_3含量/%	耐火度/℃	软化点/℃	体密度/(g/cm^3)	气孔率/%	抗压强度/MPa
92	6	—	—	>1 680	2.95	16.4	39.2
82.9	13.76	—	—	>1 700	2.97	16.68	53.3
≥80	5~10	—	(1 650~1 700)	≥1 580	2.8	18~20	≥29.4
79.0	19.5	—	>1920	>1 700	3.00	15.2	68.6
75~85	—	10~14	>2000	1 570~1 620	—	18~20	25~45
70.0	—	15~20	—	1 700~1 750	3.1~3.2	17~21	>40
≥60	—	≥8	(~1 750)	≥1 530	~2.8	≤24	24.5
59.0	6.5	21	—	1 650~1 700	3.1~3.3	17~21	45~100
≥40	—	≥20	(~1 750)	≥1 550	~2.8	≤23	24.5
30~40.5	—	23~30	—	1 580~1 610	—	22~25	20.6~34.3
15~25	22~26	30~35	>1 850	>1 500	2.8~3.1	20~25	29.4~58.8

注:括号内的温度为最高使用温度。

以**锆英石** $ZrO_2·SiO_2$或$ZrSiO_4$为原料可制成含锆的**酸性耐火材料**。这种材料抗渣性强、热膨胀较小、高温热导率低、耐磨、抗热震,但荷重软化点略偏低,近些年来也得到了越来越广泛的应用。锆英石在1 540 ℃以上会发生分解,其产物为ZrO_2和非晶SiO_2。提高温度、降低锆英石颗粒尺寸及一些杂质含量的提高都会增加分解的速度。表4-31给出了几种含锆耐火材料的性能。

表4-31 一些含锆耐火材料的性能

ZrO_2含量/%	SiO_2含量/%	Al_2O_3含量/%	耐火度/℃	软化点/℃	体密度/(g/cm^3)	气孔率/%	抗压强度/MPa
66.02	32.96	0.60	>1 790	1 620	4.63	20.4~24.0	114~117
49.68	28.22			1 480	3.56	16.8	98
38~65	28~52	12.9	1 825~1 850	1 400~1 750	2.7~4.3	8~25	25~430

为了节约热能,制造高温加热设备时通常需要使用**隔热材料**。热能通常借助热传导、热辐射和热对流三种方式传递。大幅度降低热能传递的隔热材料通常具有高的气孔率(65%~78%)、低的体密度(<1.3 g/cm^3)和低热导率(<1.26 W/(m·℃))、热震动收缩小(<2%)等特征。因此隔热材料也称为轻质隔热材料。气体的热导率很低,空气在500 ℃的热导率为0.06 W/(m·℃)。隔热材料通常由多相组成,很高的气孔率使热量很难传递,进而可达到隔热的目的。隔热材料生产的不同之处在于要使材料中有高的气孔率或制成耐火纤维材料以阻碍热量传递。在泥浆中加入煤粉、木削等易燃物质,可在烧成过程中因烧

损而生成气孔。也可以在泥浆中加入碳酸盐和酸等,利用某种化学反应生成气孔。表 4-32 给出了一些隔热材料的性能。

表 4-32 一些隔热材料的性能

名 称	Al_2O_3 含量/%	SiO_2 含量/%	耐火度 /℃	使用温度 /℃	体密度 /(g/cm^3)	气孔率 /%	抗压强度 /MPa
泡沫高铝砖	58.38		>1 700		0.9～1.0	66～67	8.1
轻质高铝砖	>48			1 250～1 350	0.4～1.0	66～76	0.8～3.9
轻质粘土砖	30～46			900～1 400	0.4～1.2		1.0～5.9
硅酸铝纤维	45～62	35～52		<1 000～1 200	0.03～0.1		

以无烟煤、煤焦、煤沥青焦和石油沥青焦作原料经颗粒混炼、成形、在隔绝空气的条件下煅烧或干燥除水,可制成碳素耐火材料。这种材料呈中性,纯碳的熔融温度约 3 500 ℃,3 000 ℃以上才开始升华,导热导电性好、不被钢渣浸润、热膨胀系数低而抗热震性高、高温强度高而密度低。但碳素耐火材料的抗氧化性能差、易燃,所以被用在不接触空气的高温环境,如高炉炉底、各种高温熔池底部等。表 4-33 简要给出了碳素耐火材料的性能。

表 4-33 碳素耐火材料的性能

名 称	C 含量 /%	灰分含量 /%	热膨胀系数 /10^{-6}/℃	体密度 /(g/cm^3)	气孔率 /%	抗压强度 /MPa
碳 砖	≥92	≤8		1.6～1.7	14～15	42～57
碳 砖	94～99	余量	3～4	1.5～1.8	15～25	30～60
石墨粘土制品	70～80	<10	2.34			

§4-6 玻 璃

一、玻璃的概念

作为工程材料,传统上把**玻璃**定义为熔融物在冷却过程中不发生结晶的无机物质。因此玻璃通常是无机物质,且其非晶状态与形成的过程有关。许多单晶体具有优异的透光性,同时有机物质制作的玻璃也随处可见,因此玻璃的定义也在不断地演变。在日常生活中,玻璃被看成是能够透过可见光的一类坚硬的固体工程材料。

玻璃作为专业术语又通常被认为是非晶的代名词。近些年来出现的**微晶玻璃**则实际上是指一种由大量微小晶粒与非晶相混合而成的材料。在非晶态材料的制备上现已发展出很多新的方法。离心喷吹法、等离子喷涂法、熔体雾化法等超急冷的方法可使冷却速度达到 $10^6 \sim 10^8$ K/s,并使得通常难以获得非晶态的材料达到非晶状态。以金属醇盐或有机、无机盐作原料配制成溶液,经水解形成**溶胶**并聚缩成湿**凝胶**,然后经过适当的干燥、烧结过程可以制成非晶材料,这种方法称为**溶胶-凝胶法**。将化学原料由可燃性载气导入高温区,并经分解或氧化等化学反应可沉积成非晶的块体或薄膜材料,这是一种**化学气相沉积**的方法。借助真空蒸发、阴极溅射、辉光放电沉积等**物理气相沉积**的方法也可以制成非晶态材料。另外,采用高能射线辐照、冲击波、离子注入等能量输入的方法也可以将晶态物质转变成非晶态物质。然而以上这些加工技术与方法通常涉及把工程材料制造成玻璃态或非晶态,以获得相应的工程性能,但通常不追寻相关材料的可见光透过性能。因此,应该注意不要把上述非晶态材料与本节偏重其透光性的非晶玻璃材料相混淆。

二、玻璃的生成

液体中的两部分流体作相对运动时会受到一定的阻力,这种阻力通常被称为**粘滞力**或**内摩擦力**。粘滞力 F 可以表示成

$$F = \eta A \frac{v}{l} \tag{4-4}$$

式中:A 为两部分流体的接触面积;v 为两部分流体相对运动的速度;l 为两部分流体之间的距离;η 则是表示液体粘度的**粘滞系数**,单位为 Pa · s。

如图 4-21a 所示,当材料从熔化液体的 A 点温度平衡冷却到其熔点 T_m 时会在 B 点出现结晶现象,同时材料的比体积也会突降至 C。结晶完成后随着温度的继续降低,材料固态的比体积还会继续下降。因此,$ABCD$ 是材料正常结晶的比热容的变化过程。但是当熔化液体温度降低较快时,通常液体在 B 点不发生结晶,且会作为过冷液体继续冷却。其比体积变化会由 A 点向 E 点方向连续地

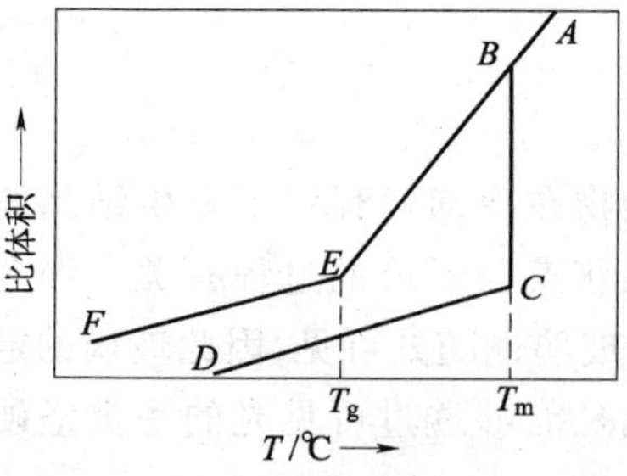

(a) 比体积随温度的变化

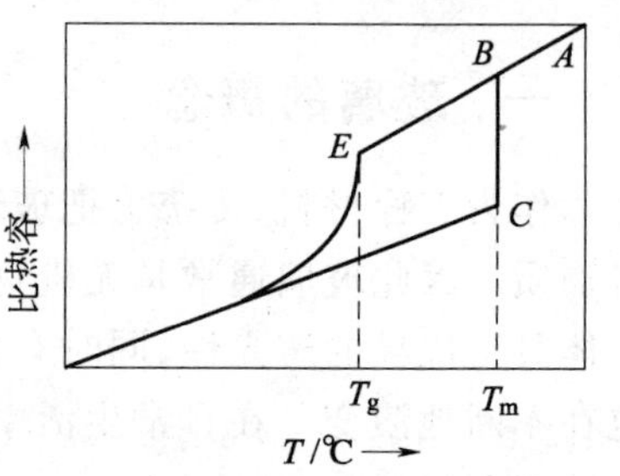

(b) 比热容随温度的变化

图 4-21　结晶与玻璃体形成过程中物理参数变化的示意图

下降,如图 4-21a 所示;同时液体的粘度会逐渐升高。对于一些无机材料的过冷液体通常会首先在 E 点达到某一 T_g 温度(图 4-21a),在这个温度下液体的粘度系数 η 上升到 10^{12} Pa · s,这时材料中不再会出现结晶现象,而是在随后的冷却过程中继续保持其非晶状态并最终凝固。因此,图 4-21a 中 $ABEF$ 是一些材料非晶状态形成的比热容变化过程。T_g 温度即是**玻璃转变温度**,具有 T_g 温度的材料均可实现非晶态。图 4-21b 所示为相应转变过程中材料比热容的变化。

表 4-34 给出了可以生成玻璃的纯氧化物、单一元素以及多元化合物体系。研究表明,借助激冷及其他现代技术也可以使许多金属体系获得非晶状态。如表 4-34 所示,SiO_2、B_2O_3、P_2O_5、GeO_2、As_2O_3 等氧化物可以单独形成玻璃,因此被称为玻璃形成氧化物。在上述多元化合物系统中并不是任何组分的多元化合物均可形成玻璃。图 4-22 所示为 $SiO_2-CaO-Na_2O$ 三元系化合物和 Se-As-Te 三元系中能够形成玻璃的成分范围(图 4-22 中影线区)。

表 4-34 无机玻璃的组成

类别	化学组成
纯氧化物	SiO_2、B_2O_3、P_2O_5、GeO_2、As_2O_3
硅酸盐	Li_2O-SiO_2、Na_2O-SiO_2、K_2O-SiO_2、$MgO-SiO_2$、$CaO-SiO_2$、$BaO-SiO_2$、$PbO-SiO_2$、$Na_2O-CaO-SiO_2$、$Al_2O_3-SiO_2$
硼酸盐	$Li_2O-B_2O_3$、$Na_2O-B_2O_3$、$K_2O-B_2O_3$、$MgO-B_2O_3$、$CaO-B_2O_3$、$PbO-B_2O_3$、$Na_2O-CaO-B_2O_3$、$ZnO-PbO-B_2O_3$、$Al_2O_3-B_2O_3$、$SiO_2-B_2O_3$
磷酸盐	$Li_2O-P_2O_5$、$Na_2O-P_2O_5$、$MgO-P_2O_5$、$CaO-P_2O_5$、$BaO-P_2O_5$、$K_2O-BaO-P_2O_5$、$Al_2O_3-P_2O_5$、$Si_2O_2-P_2O_5$、$B_2O_3-P_2O_5$、$V_2O_5-P_2O_5$、$Fe_2O_3-P_2O_5$、$WO_3-P_2O_5$
锗酸盐	Li_2O-GeO_2、Na_2O-GeO_2、K_2O-GeO_2、$B_2O_3-GeO_2$、$Si_2O_2-GeO_2$
钨酸盐	Na_2O-WO_3、K_2O-WO_3
钼酸盐	Na_2O-MoO_3、K_2O-MoO_3、Li_2O-MoO_3
碲酸盐	Na_2O-TeO_2
硼硅酸盐	$Na_2O-B_2O_3-SiO_2$
铝硅酸盐	$Na_2O-Al_2O_3-SiO_2$、$CaO-Al_2O_3-SiO_2$
铝硼酸盐	$CaO-Al_2O_3-B_2O_3$、$ZnO-Al_2O_3-B_2O_3$
铝硼硅酸盐	$Na_2O-Al_2O_3-B_2O_3-SiO_2$
氟化物	BeF_2、$NaF-BeF_2$、$ZrF_4-BaF_2-ThF_4$、$GdF_3-BaF_2-ZrF_4$
氟磷酸盐	$Al(PO_3)_3-AlF_3-NaF-CaF_2$
硫族元素	S、Se、(Te)
单系硫族化合物	As-S、As-Se、As-Te、Ge-S、Ge-Se、Ge-Te
多系硫族化合物	As-S-Se、As-S-Te、As-Se-Te、As-Si-Se、As-Si-Te、As-Ge-Te、As-Si-Ge-Te、$Li_2S-CdS-GeS$
氧-硫化物	$As_2S_3-Sb_2O_3$、As_2O_3-CuO、Na_2S-GeO_2、$Na_2S-B_2O_3$、Ns_2S-SiO_2

当熔液以很慢的速度冷却时，即使在能形成玻璃的成分范围内也不一定能够生成非晶态的玻璃。由此可以理解，图 4-22 所示的成分范围的大小也会受到冷却速度的影响。另外，只有在高于某一个临界值 v_c 的冷却速度下才会首先达到 T_g 温度并生成玻璃。图 4-23 所示为一些硅酸盐系玻璃材料中碱性氧化物的含量对临界冷却速度 v_c 的影响。可以看出，当 SiO_2 含量较高时用比较低的冷却速度即可以得到非晶态，显示出 SiO_2 玻璃形成氧化物的特征。

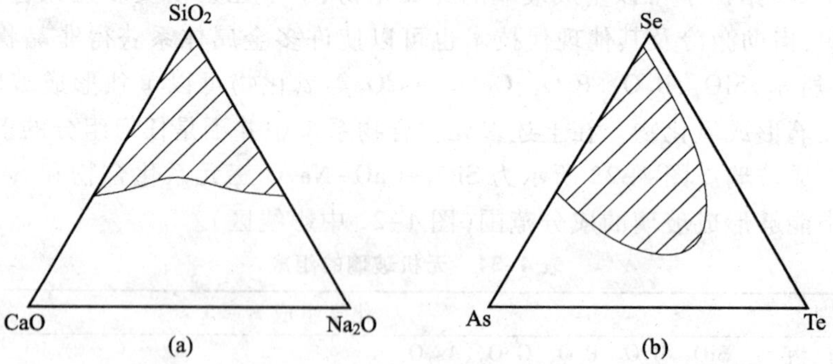

图 4-22 三元系中能够生成玻璃的成分区（影线部分）

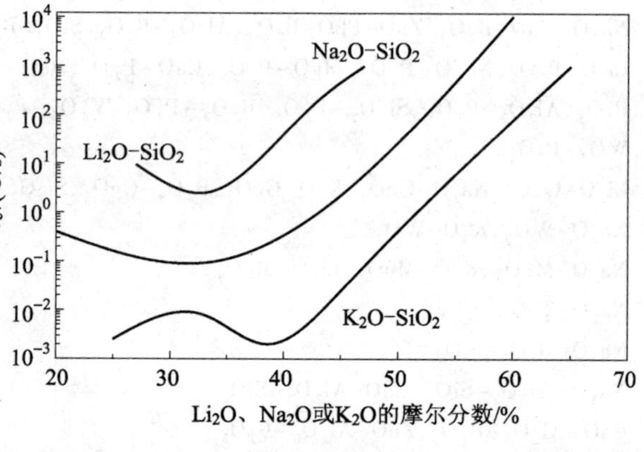

图 4-23 各种硅酸盐系玻璃材料中碱性氧化物的含量对临界冷却速度 v_c 的影响

三、玻璃的光学特性

普通的玻璃硬而脆，但由于其独特的透光性因而得到了十分广泛的应用。原子是构成材料的基本单元。在原子中原子核只占据着很小的空间，而绝大部分空间则被原子的核外电子所占据。通常光束穿过物质时会被电子强烈地吸收并散射，因此多数物质没有透光性。若**透过率** T 表示玻璃的**透光性**，则 T 可以

表示成

$$T = K10^{-\beta t} \tag{4-5}$$

式中：K 为表面损失系数，它主要由表面反射决定；β 为玻璃的吸收系数；t 为玻璃的厚度。虽然不同的玻璃会有不同的 K 值，但对绝大多数玻璃来说其正常 K 值约为 0.992，所以反射对玻璃的透过率影响不大。光束进入被照射物体后会与原子核外的电子作用，当光束中光子的能量能够把电子从一个能级激发到另一个能级时光子即被吸收，即物体有较高的吸收系数 β。否则光子就会穿过该物体，表现出物体有较低的吸收系数 β。对于具有最高透过率的光学玻璃，在 0.4～0.75 μm 的可见光波长范围内其吸收系数 β 可达 0.000 1/mm。这样1 mm 厚玻璃的透过率可达 99.97% 以上。

SiO_2的电子结构状态决定其在包含可见光波在内的很宽的波长范围内基本不吸收光子，因此以 SiO_2为主的玻璃通常有很好的可见光透过率。图 4-24a 所示为毫米级厚石英玻璃（含 96% SiO_2）的光透过率随波长的变化，其高透过率的范围完全覆盖了可见光的波长范围，因此为无色玻璃。不同玻璃材料会在不同的波长范围内对光束有低的吸收效应。因此许多玻璃均可以用做光学材料或透光的结构材料。

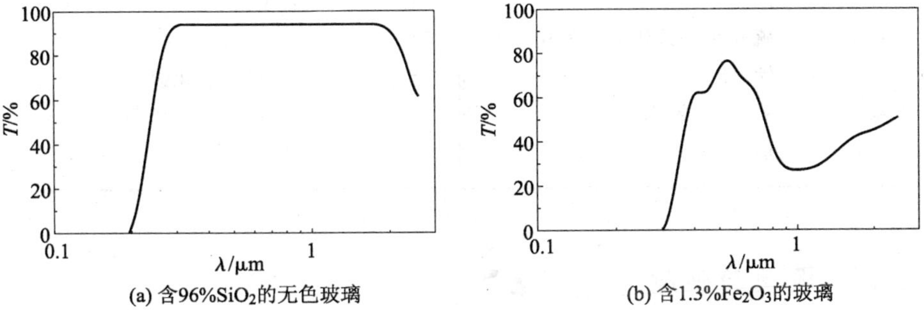

(a) 含96%SiO_2的无色玻璃 (b) 含1.3%Fe_2O_3的玻璃

图 4-24 玻璃的光透过率 T 随波长变化的示意图（λ 为光束波长）

当玻璃中含有某些对特定波长可见光强烈吸收的组分时，玻璃会呈现出特定的颜色。由图 4-24b 可以看出，当无色玻璃中含有 1.3% Fe_2O_3时铁离子的电子能级会对波长较长的可见光有较强的吸收，使只有波长较短的可见光才能通过，这样透过玻璃的可见光将呈现绿色。这种能够给玻璃带来颜色的组分称为**着色剂**。表 4-35 给出了玻璃中常用的一些着色剂原料及其可能产生的颜色。

根据通常的光学原理，当光束照射到玻璃上之后会发生反射和折射现象，可见光可以在非晶态的玻璃中经折射后直接穿过。当介质为晶态的多晶体且晶体呈光学各向异性时,光束可能在晶界处发生反射,光束通过多层晶界复杂曲折的反射之后虽然最终仍可以穿过介质,但其强度会受到一定影响。玻璃介质中通常总会有一定量的杂质或空隙,而晶界是杂质和空隙有利的聚集位置。杂质在晶界上的聚集会增强上述的反射效应,甚至会造成一定的附加折射效应。另外,发光或反光物体的各个部位会产生强度和波长各不相同的光束,进而呈现出其特定的几何形状和颜色的分布。光束传播时穿过另一遮挡光的介质,经混乱无规则的反射后,原物体初始光束的相对几何位置、强度、波长信息等均会逐渐丧失,进而使得光束穿过介质后只能观察到光的亮度而不再能观察到任何几何图形。其结果就如同磨砂玻璃或乳白玻璃的透光效果。对于没有着色剂的介质,只能观察到白光,即只透光而不透明。因此许多有透明要求的玻璃材料往往要保持其非晶状态。

表 4-35 玻璃中常用的着色剂原料及其可能产生的颜色

颜色	选用着色剂原料	颜色	选用着色剂原料
棕	氧化镍	翠绿	氧化铬
琥珀	硫	蓝绿	氧化铁
宝石红	硒、金、氧化亚铜	绿蓝	氧化铜、氧化亚铜
桃红	硒	紫蓝	氧化钴
黄	硫化镉、氧化铈、氧化钛、硫、铀	绛紫	二氧化锰
黄绿	氧化铬、氧化铁	紫	氧化钕、氧化镍
荧光绿	铀		

四、玻璃的制造

玻璃的制造过程大致可分成三个阶段,即用玻璃原料配制成配合料、配合料的熔化与澄清、玻璃的成形加工。

工业上生产玻璃所用的**配合料**大体是由几种至十几种原料混合配制而成。这些原料可大致划分成玻璃形成剂、助熔剂和稳定剂三类。表 4-34 中所列的纯氧化物即是常见的**玻璃形成剂**的主要成分。**助熔剂**通常是可以在较低温度发生反应的碱性氧化物,它们可以促进玻璃的熔化和均匀化,但助熔剂含量高的玻璃其化学稳定性较低。**稳定剂**通常是一些化学稳定性高的碱土氧化物,如 CaO、MgO、BaO 及 Al_2O_3 等。它们与助熔剂配合可以控制玻璃在成形加工时的成形性能。表 4-36 给出了生产玻璃时经常使用的原料。

表 4-36 生产玻璃的常用原料

原料	化学式	原料	化学式	原料	化学式
氧化铝	Al_2O_3	硼酸	$B_2O_3 \cdot 3H_2O$	密陀僧	PbO
氢氧化铝	$Al_2O_3 \cdot 3H_2O$	硼砂	$Na_2O \cdot 2B_2O_3 \cdot 10H_2O$	铅丹	Pb_3O_4
长　石	$K_2O \cdot Al_2O_3 \cdot 6SiO_2$	无水硼砂	$Na_2O \cdot B_2O_3$	骨灰	$3CaO \cdot 2P_2O_5 + xCaCO_3$
钙铝硅石	$2CaO \cdot Al_2O_3 \cdot SiO_2$	生石灰	CaO	红粉	Fe_2O_3
蓝晶石	$Al_2O_3 \cdot SiO_2$	熟石灰	$CaO \cdot H_2O$	苛性碱	KOH
高岭土	$Al_2O_3 \cdot 2SiO_2 \cdot 2H_2O$	石灰石	$CaCO_3$	硝石	KNO_3
冰晶石	Na_3AlF_6	煅烧白云石	$CaO \cdot MgO$	石英砂	SiO_2
氧化锑	Sb_2O_3	白云石灰岩	$CaO \cdot MgO \cdot 2CO_2$	纯碱	Na_2CO_3
白　砒	As_2O_3	白云熟石灰	$CaO \cdot MgO \cdot 2H_2O$	硝酸钠	$NaNO_3$
碳酸钡	$BaCO_3$	碳酸钾	K_2CO_3	芒硝	Na_2SO_4
氧化钡	BaO	水化碳酸钾	$2K_2CO_3 + 3H_2O$	氧化锌	ZnO
重晶石	$BaSO_4$	氟硅化钠	Na_2SiF_6		

配合料在熔窑内的加热过程中完成**熔化**与**澄清**。熔化过程是从配合料投入熔窑开始,直至配合料中原始晶相物质全部消失为止。澄清过程从配合料熔化开始、直至熔化以后,澄清过程要使熔融液体中的气泡、条纹、结石等缺陷消除,并使得成分均匀化。可以发现,熔化与澄清两个过程实际上同时交错进行。配合料升温和加热过程将发生下列物理或化学反应:自由水分蒸发,CO_2、SO_3、SO_2、化学结合 H_2O 等脱除,多组分配合料生成低共熔混合物,液相互溶产生非结晶均匀熔融玻璃,配合料中 Na_2O、K_2O、B_2O_3、PbO、SiF_4、BF_3、F_2 等组分挥发。

在玻璃的加工生产过程中,应注意消除玻璃体内的缺陷。溶解于熔融玻璃中的 CO_2、SO_2等反应产生的气相在达到过饱和时会形成亚稳相并溢出或以小**气泡**的形式存在于玻璃中并造成缺陷。**条纹**是玻璃中的非晶态夹杂物,其成分与玻璃基体不同。**结石**是玻璃中偶然出现的结晶夹杂物。这些缺陷的存在均会对玻璃的使用带来不利的影响。通过原料的纯净化可消除高熔点晶相结石,澄清过程的成分均匀化处理可消除低熔点晶相结石、条纹及气泡。

完成熔化澄清过程后,使熔融玻璃达到适当的温度并促使温度分布均匀化后即可成形制成所需的玻璃制品。表 4-37 给出了一些常见的玻璃产品的主要化学成分(质量分数)。

表 4-37 一些常见的玻璃产品的主要化学成分

玻璃产品	w_{SiO_2} /%	$w_{Al_2O_3}$ /%	w_{CaO} /%	w_{MgO} /%	w_{Na_2O} /%	w_{K_2O} /%	w_{F_2} /%	w_{ZnO} /%	w_{PbO} /%	$w_{B_2O_3}$ /%
无色瓶罐玻璃	73.0	1.7	10.4	1.2	13.2	0.4				
琥珀瓶罐玻璃	71.7	2.6	9.9	1.6	13.3	0.4	0.24			
无色餐具玻璃	74.6	1.2	5.3	3.8	14.6	0.3				
绿色窗玻璃	71.7	0.2	9.6	4.4	13.1					
普通窗玻璃	72.0	1.3	8.2	3.5	14.3	0.3				
抛光平板玻璃	71.6	1.0	9.8	4.3	13.3					
乳白瓶玻璃	71.2	7.3	4.8		12.2	2.0	4.2			
乳白照明玻璃	59.0	8.9	4.6	2.0	7.5		5.0	12.0	3.0	
硒红宝石玻璃	67.2	1.8	1.9	0.4	14.6	1.2	0.4	11.2		0.7
铜红宝石玻璃	72.0	2.0	9.0		16.6	0.2	痕量			
硅酸盐玻璃	74.6	5.6	0.9		6.6	0.4				10.0
纤维玻璃	54.5	14.5	15.9	4.4	0.5		0.3			10.0
铅玻璃	56.3	1.3			4.7	7.2			29.5	0.6
灯泡玻璃	72.9	2.2	4.7	3.6	16.3	0.2				0.2
吸热玻璃	70.7	4.3	9.6	3.7	9.8	0.7	痕量			0.5

还有少量 Fe_2O_3、CdO、S、Se、CuO 等着色剂（≤0.4%）在表 4-37 中未列出。

§4-7 特种陶瓷

一、特种陶瓷的特征

通常**特种陶瓷**被看成是一类新型的陶瓷材料。它采用了高度精选的原料和严谨设计的组织结构，在生产过程中能够精确控制化学组成和制造工艺参数，因而具有优良的性能。与普通陶瓷材料相比，特种陶瓷的特点在于不再以天然原料为主，而采用成分准确的人工原料；同时在制备技术上不再采用窑炉烧成，而是采用真空烧结、保护气氛烧结、热等静压等先进技术手段，从而保证了其优异的性能。

与普通陶瓷材料相似，特种陶瓷通常具有高的熔点，优良的抗氧化能力和耐蚀性，高的弹性模量、硬度和耐磨性能，良好的耐热性能和优良的高温力学性能。因此特种陶瓷是十分重要的高温结构材料。另外，许多特种陶瓷具有优良的介电性能、隔热性能、压电性能和光学性能等，因此特种陶瓷作为功能材料也得到了广泛的应用。

特征陶瓷的最大缺点是塑性和韧性很差，脆性高而易断裂。材料内部的孔洞、微裂纹和有害夹杂不能通过热机械处理的方法消除，对材料的力学性能有非常敏感的影响，并经常会导致材料脆性断裂。因此近些年来人们发展特种陶瓷材料的重点之一是设法改善其塑性和韧性，金属陶瓷的研究与开发是其中一个重要的方向。由至少一种金属相和至少一种通常为陶瓷性质的非金属相组成的烧结材料称为**金属陶瓷**。这种陶瓷的烧结温度一般高于金属相的熔点而低于陶瓷相的熔点，因此在烧结过程中会有液相出现。金属相的加入虽然会使材料的使用温度有所下降，但却可以明显地提高材料的韧性，因此在一些重要的工业领域得到应用。

特种陶瓷是近些年来得到普遍关注和迅速发展的新型材料。虽然在理论研究上还很不成熟，在实际应用上尚不够广泛，但特种陶瓷所表现出来的种种优异性能正吸引着人们做不断深入的理论探索和技术开发。

二、特种陶瓷的制备

鉴于特种陶瓷的特点，其制备方式与普通陶瓷也不尽相同。特种陶瓷主要的制备工艺是粉末制备、成形和烧结。制作特种陶瓷通常需要高纯的人工原料，因此高纯粉末原料的制备是一个非常重要的工艺环节。由于纯度的关系特种陶瓷一般不采用天然原料。通过固相、液相、气相等不同化学制备方式可以人工合成所需的陶瓷原料。

在固相法中可利用碳与相关金属元素或硅在高温下的化合直接制成 TiC、ZrC、VC、NbC、HfC、TaC、Cr_3C_2、Mo_2C、WC、SiC 等各种碳化物。许多硅化物、氮化物以及硼化物均可以用这种方法制备。对于许多放热型的合成反应可以采用**燃烧合成**或称为**自蔓燃高温合成**的办法，在诱发反应之后利用反应产生的热量自发连续地维持合成反应的进程。这种合成过程能耗低、工艺简单、合成质量也比较好。

将不同水溶性化合物混合后反应生成不溶解的氢氧化物等沉淀物，将沉淀物作热分解后可获得高纯的氧化物粉。如在沉淀剂 NaOH 的作用下，水溶性 AlOOH 与 H_2O 作用后可生成 $Al(OH)_3$沉淀。$Al(OH)_3$经煅烧分解成 Al_2O_3和 H_2O，从而制成纯净的 Al_2O_3粉。这种方法属于液相法。液相法中还包括溶胶-凝胶法、蒸发法、界面反应法等多种制备高纯氧化物陶瓷原料的方法。另外还可以把待反应的固相物质加热蒸发成气相，在高温下气相物质会发生化学反应并生成超细的粒子；或者将气相物质急剧冷却而获得超细粒子。这种方法属于气相法，适合制作非氧化物陶瓷原料粉。

特种陶瓷一般要求原料粉末的颗粒尺寸细小，以便在烧结时缩短原子扩散的路径，提高粉末接触面积和烧结速度，提高密度并细化晶粒；同时也有可能使烧结温度适当降低。特种陶瓷的粉末往往为基本等轴且尺寸小于 1 μm 的颗粒。特种功能陶瓷对粉末原料的纯度会有更高的要求,杂质含量经常被限制在万分之一以下。

在烧结工艺上若仍采用传统的烧结技术,则通常需根据情况采用不同的保护气氛以确保陶瓷的组织结构和性能。采用自蔓燃高温合成技术也可以直接制备允许或要求一定孔隙度(5% ~70%)的特种陶瓷构件。在制备 Si_3N_4、Si_2ON_2、SiC 等含硅陶瓷材料时可以采用**反应烧结**的办法,即将含硅原料与适当的气氛或其他原料混合,在烧结过程中同时完成陶瓷基本相的反应生成和烧结。这种制备方法的工艺简单而成本低廉,但致密度低而力学性能不高。一些对致密度有很高要求的功能陶瓷可在成分设计时引入特定的添加剂,促使烧结过程中出现粘性液相。液相的流动性可使粉末粒子重新紧密排列,进而获得高致密度的陶瓷。这种烧结方法称为**液相烧结**,其烧结温度会因液相添加剂的存在而降低,因此不适合用于烧结高温结构陶瓷。

热致密化成形烧结方法把成形和烧结工序结合在一起,是获得高致密度和高性能的工艺方法。热致密化成形烧结是使被烧结陶瓷原料在压力下加热烧结,压力可以来源于压模中直接的机械压力,也可以由高压的氮气、氩气等气体介质传递。以气体介质传递压力的烧结方式称为**热等静压烧结**。Al_2O_3、BeO、BN、Si_3N_4、SiC、ZrO_2等陶瓷都可以用这种方法烧结。热致密化成形烧结可以获得高致密度和高性能的特种陶瓷,但其制作成本相对也比较高。

微波烧结是使陶瓷成形坯吸收微波能量并整体加热而实现致密化烧结的新工艺。其优点在于加热和烧结速度快,容易达到高致密化、烧结温度低、晶粒组织细而强韧性高、高效节能等。多数陶瓷材料导热性差,因此微波整体加热更能发挥其优势。有关的烧结技术尚在发展之中。**等离子体烧结**是将陶瓷成形坯放置在等离子发生器中,利用等离子体所特有的高温来快速烧成陶瓷。离子体烧结可以使烧结温度快速达到 2 000 ℃以上并烧成难烧结物质。烧结过程短、成形坯不易被污染且致密度高,可以连续烧结长尺寸陶瓷制品,效率高且利于实现自动化。升温速度快也会导致成形坯开裂、烧结物质挥发等,有关的技术也正在开发与完善之中。

三、特种结构陶瓷

特种结构陶瓷主要借助陶瓷的力学性能,使之在一些特殊场合发挥良好的作用。陶瓷材料内部的孔洞、微裂纹和有害夹杂等对于力学性能的损害主要表现在其拉伸性能的降低,而对压缩性能却没有明显的影响。表 4-8 给出了一些陶瓷材料材料的强度特征,从中可以看出特种陶瓷材料抗压强度和抗拉强度的比值明显高于铸铁,因此适合在压应力的条件下使用。室温下特种结构陶瓷通常表现出很低的塑性,但在高温条件下却可以呈现一定的塑性变形,而且变形应力会随着变形速率的降低而降低。图 4-25 所示为特种陶瓷的这种特性。

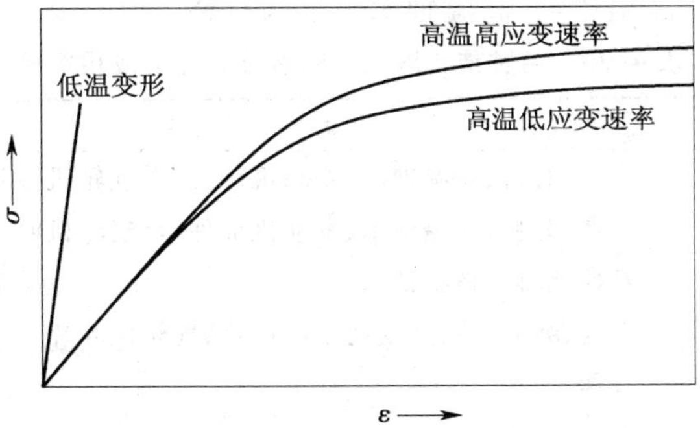

图 4-25 特种结构陶瓷的应力-应变曲线示意图

根据无机化合物的基本力学性能,可以开发具有各种特殊性能的特种结构陶瓷材料。表 4-38 给出了构成特种结构陶瓷材料基础组分大致的性能水平,这些材料通常在高温下都能保持很高的强度水平。表 4-39 列出了这些特种结构组分可能的应用领域。根据这些组分的基本性能可以设计并制造出不同的特种结构陶瓷材料构件。

表 4-38 特种结构陶瓷材料基础组分大致的性能水平(供参考)

基础组分	晶系	熔(分解)点/℃	密度/(g/cm^3)	抗弯强度/MPa	弹性模量/GPa	热胀系数/(10^{-6}/℃)	热导率/[W/(m·℃)]	K_{IC}/(MN·m$^{-3/2}$)
Si_3N_4	六方	2 830	3.25~3.35	900~1 200	304~330	3.2~3.5	15.5~29.3	4.8~8.0
SiC	六方	2 700	3.17~3.32	700~1 100	350~700	4.0~4.8	44.4~75.3	3.4
B_4C	立方	2 450	2.52	300~500	360~460	5.73		6.0
ZrO_2	立方	2 700	6.27	180	186	2~10	2.09	2.4
TiC	立方	3 300	4.92	550	460	7.2	33.5~46.1	
Al_2O_3	六方	2 050	3.98	500	402	8.6~13.3	25.1	4~4.5
WC	六方	~2 700	15.17	800	490	2.9		
BN	六方	3 000	2.20~2.27	45~60	23	4.4	20~30	
金刚石 C	立方	>3 700	3.60			0.8~4.8	20	
AlN	六方	2 450	3.26	270	350	4.8~6.0	20~30	
ZrB_2	六方	3 040	5.8	460	3.5	6.88	24.3	
$MoSi_2$	四方	2 030	6.15	~350	4.2	8.1	33.5~62.8	
高纯 BeO	六方	2 540	3.03			5.1~8.9	209.34	

BeO 陶瓷不仅具有良好的电绝缘性,而且有很好的导热性(表 4-38),因此被大量地应用于制作航空电子和卫星通信系统中的导热且电绝缘的构件。由表

4-38和表4-39可以看出，许多特种陶瓷均可用做对耐高温氧化腐蚀和高温力学性能有高要求的高温坩埚、高温轴承等结构材料。

表4-39 特种结构陶瓷材料基础组分的应用领域

基础组分	应用领域
Si_3N_4	刀具、磨料、高温轴承、发动机部件、燃气轮机叶片
SiC	刀具、磨料、高温轴承、发动机部件、燃气轮机叶片
B_4C	刀具、磨料、高温轴承
ZrO_2	刀具、磨料、砂轮、发动机部件、燃气轮机叶片
TiC	刀具
Al_2O_3	刀具、磨料、砂轮
WC	刀具
BN	(立方BN)磨料、砂轮、高温轴承，(六方BN)坩埚
金刚石 C	刀具、磨料、高温轴承
AlN	金属高温真空熔炼容器、高温机械构件
ZrB_2	高温金属熔炼坩埚
$MoSi_2$	高温耐氧化耐蚀构件、电热构件
BeO	稀有金属耐碱坩埚、散热件、高温绝缘构件

将WC、TiC等碳化物与Co、Ni等耐高温粉末混合并烧结可制成金属陶瓷质**硬质合金**。这种合金硬度高达69～81 HRC，可在900～1 000 ℃的高温使用，制成的切削刀具比高速钢的切削速度还可高4～7倍，且寿命也可提高5～80倍，例如94% WC-6% Co、TiC-WC-Co等均属于这类合金材料。金属陶瓷质硬质合金总体上比较脆，因此在实际应用时往往先用它制成特定的刀头，再把刀头焊到金属质刀体上，用刀体承受主要的冲击载荷。金属陶瓷质硬质合金还可以用于制作有相关特殊性能要求的量具、模具、钻头等工具，在采煤、采矿、石油地质勘探等方面有一定的应用。

燃料发动机通常是依靠燃料在高温燃烧所产生的能量作为动力来驱动相关的机械装置作功。提高燃烧温度不仅可以提高发动机的工作效率，而且也可以大幅度提高发动机的输出功率。传统发动机上所使用金属材料的允许工作温度通常较低，耐高温性能最好的镍基高温合金最高的使用温度为1 100 ℃。若采用特种陶瓷制作发动机部件、燃气轮机叶片等，则可使发动机的工作温度达到1 300 ℃或更高的温度，使燃料发动机的性能水平得到一个飞跃。陶瓷较高的化学稳定性可以抵抗燃油的腐蚀，高的工作温度可以使输出功率大幅度提高，陶瓷材料密度低可以明显使发动机构件的质量降低一半以上，陶瓷材料的耐高温性能可以省去冷却系统从而大大提高发动机的工作效率，高温工作使燃料燃烧充分而减少废气对环境我污染。同时,取代金属材料之后可以大量节省钴、镍等贵重金属原料。目前使用 Si_3N_4、SiC 等制作的陶瓷发动机已经取得了实验上的成功。

在 Si_3N_4 与 $AlN \cdot Al_2O_3$ 组成的多元化合物系统中,Si_3N_4 与 $AlN \cdot Al_2O_3$ 可以一定比例互溶,并形成含有 Si-Al-O-N 四种元素的一个新的单相固溶体,称为**赛隆**(sialon)。其分子式为 $Si_{6-z}Al_zO_zN_{8-z}$,即 Si_3N_4 中部分 Si、N 原子分别被 Al、O 原子以 $Al_{z/3}N_{z/3} \cdot Al_{2z/3}O_z = Al_zN_{z/3}O_z$ 的比例所取代。其中 z 值的变化范围是 0 ~ 4.2。由此可见,赛隆的结构与 Si_3N_4 的结构有十分密切的内在联系。赛隆在室温的抗弯强度与镍基高温合金相当而 1 200 ℃ 的高温条件下仍能获得1 000 MPa 以上的抗弯强度,远远优于镍基高温合金;同时它还具有突出的高温抗氧化腐蚀能力,是良好的高温超硬工具材料。赛隆可以用做高速切削刀具,可以在 1 000 ℃以上的温度条件下对金属作切削加工,性能优于 Co-WC 硬质合金和氧化铝陶瓷。赛隆也可以用做有色金属材料的热变形加工模具及一些金属浇注设备的构件。

若制备出一些密度达到理论密度的 99.5% 以上使气孔率很低的氧化物陶瓷(晶粒尺寸小而均匀,且材料内的空隙尺寸小于入射光的波长),则可以制成特殊的透明材料。这些氧化物可以是 Al_2O_3、BeO、MgO、Y_2O_3、ZrO_2 或 ThO_2 等。它们通常对入射线的吸收很低,光学上基本呈各向同性,对称性很高,因此是良好的**透明氧化物陶瓷**,可以透过红外线、可见光等光线。透明氧化物陶瓷可以用做红外检测窗口、高温观察与测视孔等高温光学构件。其中 BeO 有很好的核辐照性能,对中子的减速能力及对 X 射线的透过能力都很强,可用做原子反应堆的减速剂或防辐照材料。

四、特种功能陶瓷

除了力学性能外,陶瓷的许多力学性能以外的特殊性能也得到了人们广泛的重视和利用。如铁电陶瓷、压电陶瓷、半导体陶瓷、磁性陶瓷、生物陶瓷等均是利用陶瓷的特殊性能而发展起来的特种功能陶瓷材料。

铁电陶瓷在外电场不存在的情况下能够自发极化,而且自发极化方向能够被外电场所改变。$BaTiO_3$、$PbTiO_3$、$PbZrO_3$、$NaNbO_3$、$KNbO_3$、$AgNbO_3$、$PbNb_2O_6$、$PbTa_2O_6$、$Ba_2NaNb_5O_{15}$、$Bi_4Ti_3O_{12}$、$Cd_2Ta_2O_7$、$Pb_2Nb_2O_7$、$Cd_2Nb_2O_7$ 等均属于铁电陶瓷材料。铁电陶瓷可以用于制作高比电容的陶瓷电容器等电气元件。陶瓷电容器的比电容可以接近电解电容器的水平。铁电陶瓷经强电场处理后会具有压电效应,即在外应力作用下有电荷释放,把机械能转变成电能;相应的逆向过程也会发生。这种陶瓷被称为**压电陶瓷**。压电陶瓷的压电效应可以用来制作各种换能器、传感器及频率控制器的相关元件。

半导体陶瓷的导电能力介于导体与绝缘体之间。在常温下是绝缘体，掺入适当外加组分后会具备半导体的特性。绝大部分半导体陶瓷由各种金属氧化物组成。半导体陶瓷的电阻会受到温度、光照、气氛、湿度等等外部条件的影响，并将这些外部变化的物理量转换成可供测量的电信号，因此在各种传感器中得到广泛的应用。对温度敏感的半导体氧化物有 NiO、FeO、CoO、MnO、CaO、$BaTiO_3$、ZrO_2等；对湿度敏感的半导体化合物有 LiCl、P_2O_5、ZnO-Li_2O、$MgCr_2O_4$-TiO_2、Ti_2O-V_2O_5、TiO_2、$NiFe_2O_4$、ZnO、Fe_2O_3、$LiNbO_3$等；对红外线敏感的半导体化合物有 $LiNbO_3$、$LiTaO_3$、$SrTO_3$等。对于一些氧化物，添加适当组分后会使其电阻受到环境气氛的影响，并因此可以用来制作相关防灾报警设备的关键材料。如 SnO_2、γ-Fe_2O_3、ZnO 等可以用来检测 CO、C_3H_8、H_2 等多种可燃气体以及还原性气体，TiO_2可以用来检测 O_2等。

磁性陶瓷又泛称为**铁氧体**，它是以 Fe_2O_3为基础与其他金属氧化物复合成的非金属磁性材料。铁氧体也是一种半导体材料，由于其电阻率比金属磁性材料高数百万倍且有很高的高频磁导率，因此用铁氧体作高频磁心可以大幅度降低涡流损失和介电损耗。其缺点是饱和磁化强度较低，只有纯铁的 20% ~33%，居里点也不高，因此不适合在高温、低频、大功率的条件下使用。常见的铁氧体陶瓷有 $MnFe_2O_4$、$NiFe_2O_4$、$CoFe_2O_4$、$CuFe_2O_4$、$MgFe_2O_4$、$BaFe_{12}O_{19}$、$SrFe_{12}O_{19}$、$Li_{0.5}Fe_{2.5}O_4$、γ-Fe_2O_3、$Y_3Fe_5O_{12}$等。

生物陶瓷是具有特殊生理行为的陶瓷材料，可以用来构成人体骨骼或牙齿的某些部位。生物陶瓷无毒、无刺激、无致病倾向，与人的生理环境有很好的相容性，且在生物环境下具有能够满足需要的综合力学性能。目前开发研究的生物陶瓷材料有碳素材料、α-Al_2O_3、$Ca_{10}(PO_4)_6(OH)_2$、$Ca_3(PO_4)_2$以及含有适量 Na_2O、K_2O、MgO、SiO_2等氧化物的 CaO-P_2O_5磷酸钙系陶瓷等。

参 考 文 献

[1] 斯温 M V. 陶瓷的结构与性能. 郭景坤，等译. 北京：科学出版社，1998.
[2] 毛卫民. 材料的晶体结构原理. 北京：冶金工业出版社，2007.
[3] 曾汉民，等. 高技术新材料要览. 北京：中国科学技术出版社，1993.
[4] 熊樱菲. 三件古玉器的无损分析. 文物保护与考古科学，2000，12(2)：36-38.
[5] 钟晓玲，王士元，谭立文，等. 新疆和田玉的谱学特征及其鉴别标志的研究. 新疆大学学报(自然科学版)，2003，20(3)：298-289.
[6] 唐俊，奥岩. 翡翠的化学成分和矿物组成特征. 安徽地质，2000，10(1)：61-72，80.

[7] 郑新明. 工程材料. 2 版. 北京：清华大学出版社，1991.
[8] 阿斯克兰 D R. 材料科学与工程. 刘海宽，等译. 北京：中国宇航出版社，1988.
[9] 陈贻瑞，王建. 基础材料与新材料. 北京：天津大学出版社，1994.
[10] 张清纯. 陶瓷材料的力学性能. 北京：科学出版社，1987.
[11] 铃木弘茂. 工程陶瓷. 陈世兴，译. 北京：科学出版社，1989.
[12] 殷维君. 水泥工艺学. 武汉：武汉工业大学出版社，1991.
[13] 黄励知. 普通陶瓷. 广州：华南理工大学出版社，1992.
[14] 徐维忠. 耐火材料. 北京：冶金工业出版社，1992.
[15] 王维邦. 耐火材料工艺学. 2 版. 北京：冶金工业出版社，1994.
[16] 作花济夫. 玻璃非晶态科学. 蒋幼梅，等译. 北京：中国建筑工业出版社，1986.
[17] 托利 F V. 玻璃制造手册：上、下册. 刘时衡，等译. 北京：中国建筑工业出版社，1983.
[18] 王零森. 特种陶瓷. 长沙：中南工业大学出版社，1990.
[19] 李世普. 特种陶瓷工艺学. 武汉：武汉工业大学出版社，1990.
[20] 史美堂. 金属材料及热处理. 上海：上海科学技术出版社，1980.
[21] 王培铭. 无机非金属材料学. 上海：同济大学出版社，1999.
[22] 张旭东，等. 无机非金属材料学. 济南：山东大学出版社，2000.
[23] 卢安贤. 无机非金属材料导论. 长沙：中南大学出版社，2004.
[24] 周玉. 陶瓷材料学. 2 版. 北京：科学出版社，2004.

第5章 高分子材料的结构与性能

§5-1 高分子材料概述

一、基本概念

地球上存在的化合物可以分成无机化合物和有机化合物两大类。**有机化合物**简称为**有机物**,是碳化合物及其衍生物的总称。绝大多数有机化合物中均含有氢,但诸如一氧化碳、二氧化碳、碳酸、氰酸、含碳的盐类、碳与金属间的化合物等简单的化合物仍应归属于**无机化合物**。工业用有机化合物主要来源于石油、天然气、煤等。

只由碳、氢两种元素组成的碳氢化合物总称为**烃**。烃包括十分繁多的各种化合物,如结构比较简单的甲烷(CH_4)、乙烷($CH_3—CH_3$)、乙烯($H_2C═CH_2$)、乙炔($HC≡CH$)等。碳原子与碳原子之间单键连接而具有饱和性的烃称为**烷**。烃还包括了许多环状结构的碳氢化合物,如苯、萘、菲、蒽等,其结构式由图5-1所示,其中蒽与菲为**同分异构**。

有机化合物之间可以发生一些化学反应。一种单质或化合物与另一种化合物发生反应生成称为加成产物的反应称为**加成反应**。例如乙烯、乙炔等带双键或三键的不饱和烃类化合物与盐酸可发生加成反应:$CH_2═CH_2 + HCl \rightarrow CH_3—CH_2Cl$ 以及 $HC≡CH + HCl \rightarrow CH_2═CHCl$。有机化合物之间还可以发生一种**取代反应**,即有机化合物分子中的氢原子被**取代基**即其他原子或原子团所替代的反应。例如生成氯甲烷(CH_3Cl)或苯胺($C_6H_5NH_2$)的反应:$CH_4 + Cl_2 \rightarrow CH_3Cl + HCl$ 以及 $C_6H_5Cl + 2NH_3 \rightarrow C_6H_5NH_2 + NH_4Cl$。

有机物中有一种基本的化合物类型,称为**脂肪族化合物**或**开链化合物**。这类化合物包括所有无环状结构的烃及其衍生物,如乙烷、乙烯、乙炔、乙醇(CH_3CH_2OH)、乙酸乙酯($CH_3COOC_2H_5$)等。按照其结构的性质脂肪族化合物可划分成含单键的**饱和化合物**及带双键或三键的**不饱和化合物**。该类化合物的分子中碳原子相连成链,而不成环。

另有一类基本的有机化合物,称为**芳香族化合物**。这类化合物包括所有具有碳环结构的烃及其衍生物,如苯、萘、菲、蒽、苯酚(C_6H_5OH)、苯甲酸($C_6H_5—$

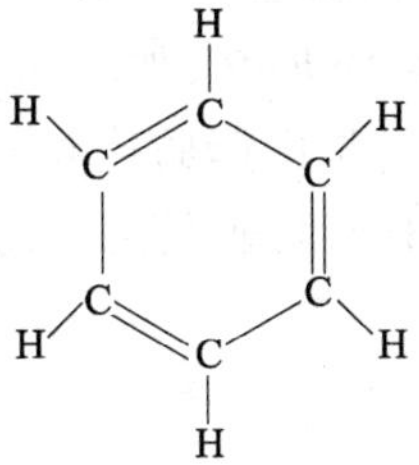

(a) 苯

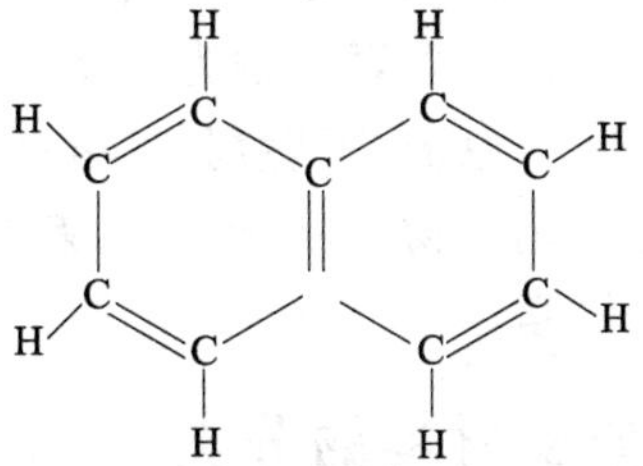

(b) 萘

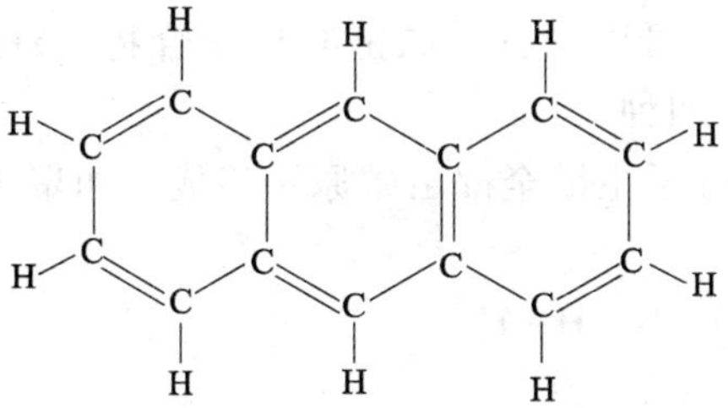

(c) 蒽

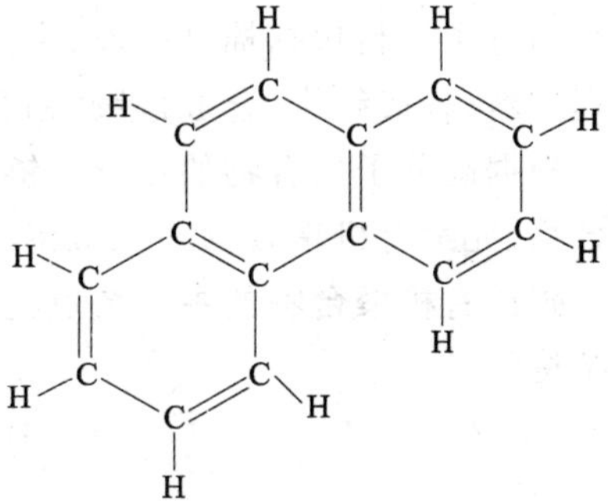

(d) 菲

图 5-1　一些具有环状结构的烃

COOH)等。苯是最简单的芳香族化合物，其结构很稳定，不易发生加成反应。苯环上的氢原子容易与氟、氯、溴、碘等卤族元素以及硝酸、硫酸等发生取代反应，进而生成卤化物、硝基($—NO_2$)化物、磺基($—SO_3H$)化物等。

在有机化合物中，**高分子化合物**是指相对分子质量很大的化合物。其相对分子质量通常在数千以上，甚至可以趋近于无穷大。例如甲烷的相对分子质量为 16，苯的相对分子质量为 78，而属于高分子的聚氯乙烯的相对分子质量为 12 000 ~ 160 000。通常把相对分子质量大于五千或一万的化合物称为高分子化合物；但高分子化合物相对分子质量的界限往往并不十分明确。一些高分子化合物的化学组成和结构十分复杂，但大多数高分子化合物虽然相对分子质量很高，其化学组成并不复杂，它的每个分子都是由一种或几种较简单的**低分子**即低相对分子质量分子重复连接而成。构成高分子化合物的简单低分子化合物称为**单体**。如聚氯乙烯大分子是由氯乙烯单体($CH_2=CHCl$)重复链接而成为$\cdots—CH_2—CHCl—CH_2—CHCl—CH_2—CHCl—\cdots$，这一链接也可以缩写成分子通式$(—CH_2—CHCl—)_n$，其中($—CH_2—CHCl—$)称为聚氯乙烯的**链节**。这种类型的高分子化合物又称为**聚合物**。单体是合成高分子化合物的原料，通常要经过**聚合反应**，把单体聚合起来生成聚合物或**高聚物**。以聚合物为基本组分的材料称为**高分子材料**或**聚合物材料**。一部分高分子材料仅由聚合物构成，但大多数高分子材料除了以聚合物为基本组分外，还需要有各种添加剂，如增塑剂、稳定剂、填充剂、着色剂、阻燃剂、润滑剂等。多数高分子材料是由脂肪族和芳香族的有机高分子化合物构成，也称为**有机材料**。一些不溶于水的非晶态高分子有机物质称为**树脂**。

二、高分子材料的分类

根据材料的来源，可以把材料分为**天然高分子材料**及**人工合成高分子材料**。天然高分子材料包括棉、麻、丝、木材、动物角、皮革、毛以及天然橡胶等。而许多工程塑料、合成纤维、合成橡胶、粘合剂、涂料等均属于人工合成高分子材料。

根据高分子聚合物的化学主链结构可以划分出碳链有机聚合物、杂链有机聚合物、元素有机聚合物和无机聚合物四种。

碳链有机聚合物的主要特点是高分子主链全部由碳原子组成。如聚氯乙烯的结构为

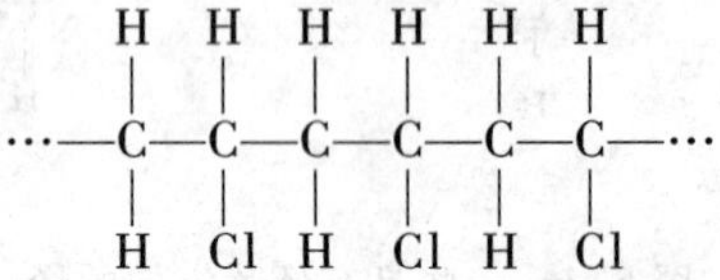

其主链全部由碳原子组成。

杂链有机聚合物的主链中除了碳原子外，还会含有氧、氮、硫或磷等原子以及烷基或芳香基的原子团。这类原子团用 R 及 R′表示，R 与 R′可以相同也可以不同。如聚醚的结构为

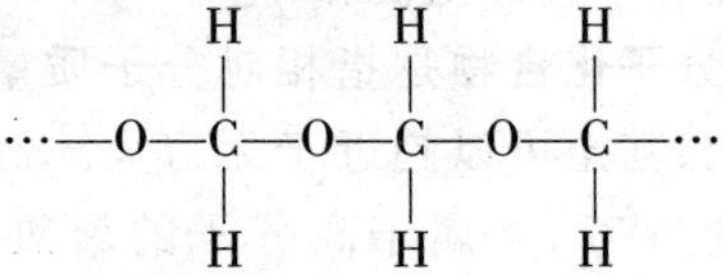

或

···—O—R—O—R—O—R—··· ，简写为分子通式 —R—O—

其中，R 为—CH_2—结构。聚酰胺的结构为

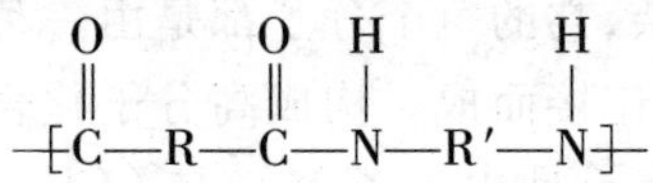

元素有机聚合物的主链由硅、钛、铝、硼、氧、氮、硫、磷等原子组成，不含有碳原子；但它的侧基有含碳的有机基团（如烷基或芳香基的原子团），例如聚硅氧

烷 $-\!\!\left[\begin{array}{l}\ \ \mathrm{R}\\ \ \ |\\ \mathrm{Si}-\mathrm{O}\\ \ \ |\\ \ \ \mathrm{R}\end{array}\right]\!\!-$ 以及聚钛氧烷 $-\!\!\left[\begin{array}{l}\ \ \mathrm{R}\\ \ \ |\\ \mathrm{Ti}-\mathrm{O}\\ \ \ |\\ \ \ \mathrm{R}\end{array}\right]\!\!-$ 等。

若聚合物主链和侧基均没有碳原子则称为**无机聚合物**,如无机耐火橡胶 $-\!\!\left[\begin{array}{l}\mathrm{Cl}\\ |\\ \mathrm{P}=\mathrm{N}\\ |\\ \mathrm{Cl}\end{array}\right]\!\!-$ 就属于这类聚合物。

根据聚合物的热行为可划分成热塑性聚合物和热固性聚合物。**热塑性聚合物**通常具有线型分子结构,加热后可以转变成熔融状态,冷却后又可凝固成形,这种过程可以反复进行且基本结构和性能不发生改变。对这类聚合物可以作热塑性加工成形,如聚乙烯、聚丙烯等。**热固性聚合物**通常具有三维网络结构,在成形加工之前这类聚合物具有相对分子质量较小的线型分子结构,加热成形后会转变成不溶化、不熔解的网络结构,不能再作成形加工,如聚酯树脂、酚醛树脂等。

另外根据聚合物的实际应用还可以划分成塑料、纤维、橡胶、粘合剂、涂料等,但这种分类只适用于生产和应用领域,并无严格的合理性与科学性。

三、高分子材料的基本特征

根据天然高分子材料所包括的种类可以想象,人类应该有非常悠久的加工和使用高分子材料的历史。20 世纪初期,人们开始尝试人为合成高分子材料。20 世纪 30 年代高分子材料学有了初步完整的理论,高分子材料及相关的产业得到迅速的发展。近几十年来随着高分子材料学的不断完善与发展,相关的生产和应用也迅猛增长,成为与金属材料、无机非金属材料并列的一大材料领域。

与其他材料相比,高分子材料密度很小,其密度为 1.0 ~ 2.0 g/cm^3,只有钢的六分之一、普通陶瓷的一半,因此其比强度较高。聚合物的弹性模量低,约为 2 ~ 20 MN/m^2;而弹性变形大,可达到 100% ~ 1 000%。聚合物的摩擦系数很低,是耐磨、自润滑、消音、减振的良好材料。聚合物的化学键基本为共价键,不能电离也没有自由电子和可移动的离子,因而是良好的绝缘体,其绝缘性能与陶瓷相当。聚合物对热和声也有良好的绝缘性能。聚合物的电绝缘性使其不容易发生电化学过程,因此有较好的耐电化学腐蚀性能。同时其耐化学腐蚀性能也比较好,尤其一些特殊的聚合物,如聚四氟乙烯,不仅耐强酸、强碱腐蚀,而且在王水中也很稳定。高分子材料易加工成形,性能变化范围大;另外加工成形的能耗也比较低,如生产单位体积聚苯乙烯的能耗只是钢的 1/10,铝的 1/20。

高分子材料的强度一般比较低,但高性能工程塑料的抗拉强度也可以达到 100 MPa 以上。与其他材料相比,蠕变变形是高分子材料的一个弱点,在外力和温度的作用下其蠕变行为比较明显。热塑性塑料的冲击韧度为 2～20 kJ/m^2，热固性塑料的冲击韧度为 0.5～5 kJ/m^2，明显低于钢铁材料。聚合物的力学及化学性能会随温度的上升而明显下降，因而其耐热性能较差，通常聚合物最高的使用温度也不能超过 300 ℃。另外，聚合物的一个明显的缺点是它的老化现象，即在长期的放置或使用过程中其性能不断恶化，并逐渐丧失使用价值。老化通常表现为在外界因素作用下变脆、龟裂、变软、发粘、褪色、失去光泽等不可逆的现象，并伴随着性能恶化。老化是高分子材料的一个主要缺点，并成为推广使用的一个很大的障碍。

高分子材料以石油和天然气为主要原料来源，同时煤和可再生的生物资源也可以成为主要的原料来源，因此高分子材料具有较丰富的原料来源。目前，高分子材料的世界总产量按体积计算已经超过金属材料产量的总和。人们正在努力提高高分子材料的性能，使之向耐高温、耐磨损、耐老化的方向发展。同时人们也在不断探索和开发各种功能高分子材料，如聚合物电磁波吸收与屏蔽材料、高聚物催化剂、水溶性及吸水性高分子材料、液晶高分子材料、高聚物光学材料、高聚物电学材料以及生物医学用高分子材料等。

§5-2 高分子材料的结构与组织

一、大分子链的近程结构

高分子化合物大分子链的**近程结构**也称为**一次结构**。如上所述，高分子的大分子链可以用分子通式表示，如聚氯乙烯的通式可表示成(—CH_2—CHCl—)$_n$，由通式可以获知高分子的化学成分。由高分子的单体或**结构单元**可以链接出相对分子质量很高的大分子。当单体中有不对称原子或原子团时就会有多种可能连接的方式。以乙烯类聚合物 $\left[CH_2-\underset{\displaystyle R}{\underset{|}{CH}} \right]$ 为例，在单体相同的情况下可以有如下不同的连接方式：

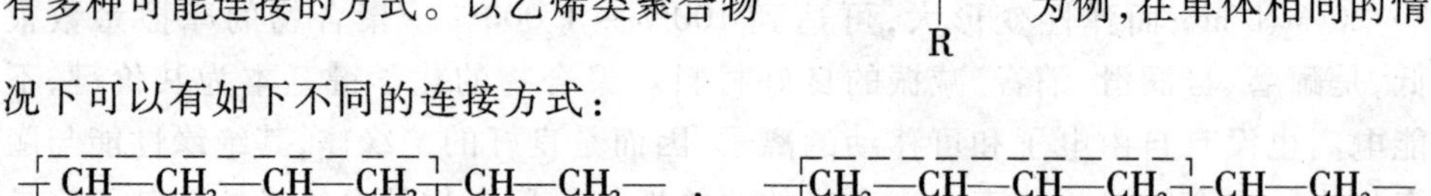

或

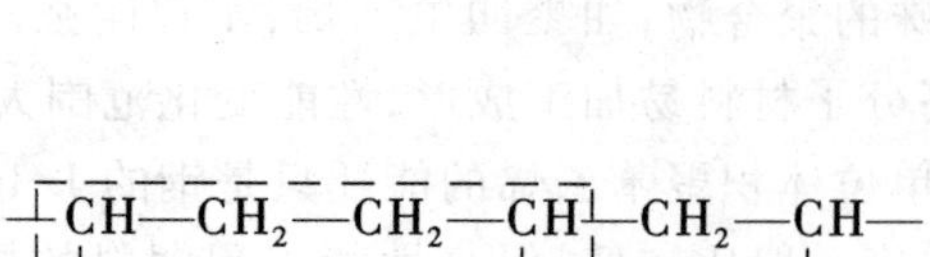

其中,第一种以单体首尾连接的方式最为规则、整齐,相应的高分子材料的强度也会比较高。

一些大分子结构会由两种或多种不同成分与结构的单体或结构单元连接而成,组成**共聚物**。相应的连接方式也会更加复杂化。假设有 A、B 两种不同的单体,则会根据高分子具体的成分和结构有如下各种连接方式:

```
交替型序列　···ABABABABABABABAB···
嵌段型序列　···AAAABBBBAAAABBBB···
无规型序列　···BAABABBAABAAABAB···
               ⋮            ⋮
               B            B
               B            B
               B            B
接枝型序列　···AAAAAAAAAAAAAAAA···
                   B        B
                   B        B
                   B        B
                   ⋮        ⋮
```

通常高分子会自发地选取体系能量最低的方式连接。实际常见的高分子材料中很多均具有无规型共聚结构。多种单体不同方式的连接会改变其键合性质,因而改变其工程性能。

高分子化合物的主链可以有不同的几何形状,由此可以划分成线型、支链型、网状三种基本类型。

线型高分子的结构表现为整个分子呈现细长线条的形状。通常线条表现为无规则弯曲的形状(图 5-2a)。在拉应力作用下线型分子也会沿力的方向伸展成直线。线型高分子的分子链之间有范德瓦尔键,即分子间因正负电荷中心不重叠而造成的相互弱静电吸引,属物理键;也会有分子链间机械联锁所造成的作用力;但没有诸如共价键、离子键等化学键合。分子链间能作相对移动,因而可溶解于某些特定的溶剂,且在加热时软化并熔化。这类高分子易于加工成形,可反复回收使用,且有良好的弹性和塑性。

如果在大分子的主链上连接出一些长短不一的小支链结构(图 5-2b),使整个大分子成枝状,则会构成**支链型高分子**(图 5-2c),或称**支化**大分子。支链型高分子也可以溶解在某些溶剂中,并可以加热成熔融状态。但枝状结构使大分子不易整齐排列成较完整的晶体,也会使其密度减小。支链型高分子之间的范德瓦尔键力较弱,所以相应溶液的粘度、强度及耐热性均比较低。

网状高分子的结构是大分子链之间通过支链或化学键**交联**成三维不规则的

网状大分子结构(图 5-2d)。网状的化学键连接使结构十分稳定,不能溶解于溶剂,也不能加热成熔融状态,因此网状高分子具有较好的耐热性、尺寸稳定性和力学强度。同时网状高分子会比较脆,弹性、塑性较差,不能借助塑性变形作成形加工。这类高分子材料不能作简单而直接的回收再利用。

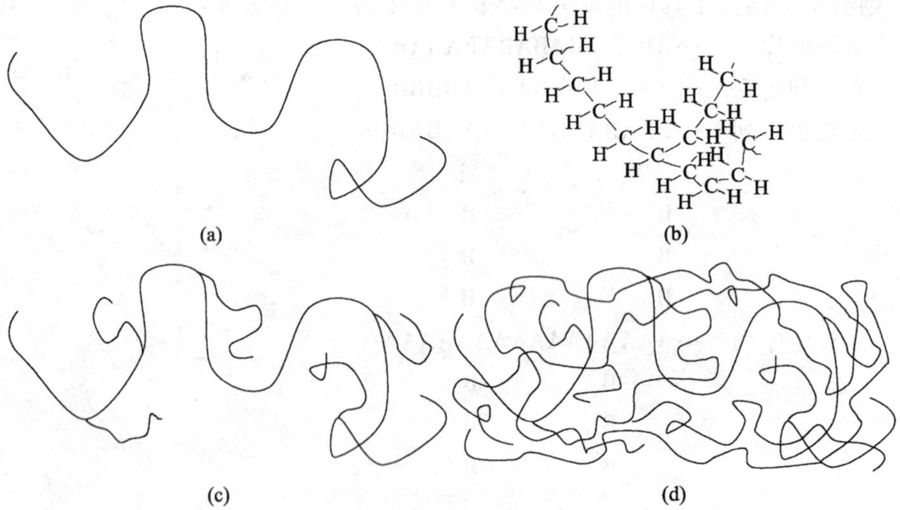

图 5-2 高分子化合物的主链结构

图 5-3a 所示为甲烷分子的模型。由此可知,诸如聚乙烯高分子的**立体构型**应如图 5-3b 所示。当高分子中的氢原子被取代基 R 所取代时,取代基会出现不同的排布方式。取代基 R 全部分布在主链一侧所构成的结构称为**全同立构**(图 5-3c),取代基 R 相间地分布在主链两侧所构成的结构称为**间同立构**(图 5-3d)。全同立构与间同立构均属于**有规立构**。若取代基 R 无规则地分布在主链两侧,则会构成**无规立构**。有规立构的高分子化合物容易结晶,强度和软化点都比较高,是良好的高分子材料的原料。无规立构的高分子化合物不容易结晶,其性能往往低于有规立构的结构。例如,图 5-3c 中取代基 R 被甲基 CH_3 所取代后可生成聚丙烯。全同立构聚丙烯的熔点为 165 ℃,密度为 0.92 g/cm^3;而无规立构聚丙烯的熔点只有约 80 ℃,密度为 0.85 g/cm^3。由此可见,高分子化合物的立体构型会明显地影响其一系列的物理、化学及力学性质。

二、大分子链的远程结构

高分子化合物大分子链的**远程结构**也称为**二次结构**。高相对分子质量是聚合物的一个重要的基本特征。实践上,聚合物的相对分子质量只有统计的意义。以聚氯乙烯为例,其分子通式为(—CH_2—CHCl—)$_n$,但在保证 n 值很高的前提

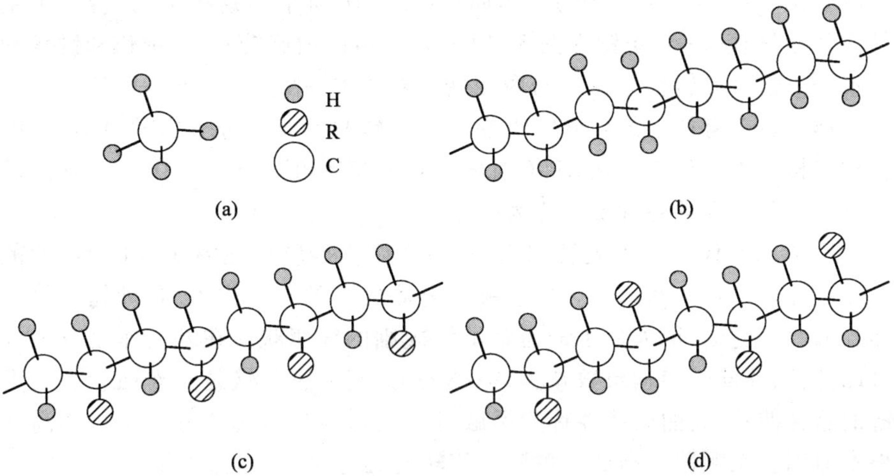

图 5-3　高分子化合物的立体构型

下实际聚氯乙烯各个分子的 n 值会高低不同。这种现象称为聚合物相对分子质量的**多分散性**。多分散性的大小与处理、存放的条件有关,但主要取决于聚合物的聚合加工过程。同时多分散性对高分子材料的性能有规律性的影响。由于多分散性的存在及其统计特性,高分子化合物的相对分子质量应该用**平均相对分子质量**$\overline{M}_n$ 来表达。若用 M_i 表示聚合物中各种不同分子的相对分子质量,n_i 和 N_i 分别表示对应相对分子质量为 M_i 的分子在聚合物中所占据的物质的量和摩尔分数,则平均相对分子质量为

$$\overline{M}_n = \frac{\sum n_i M_i}{\sum n_i} = \sum N_i M_i \tag{5-1}$$

若按照不同大分子的质量分布求出**重均相对分子质量**$\overline{M}_w$,则有

$$\overline{M}_w = \sum W_i M_i = \frac{\sum n_i M_i^2}{\sum n_i M_i} \tag{5-2}$$

式中:$W_i = \frac{n_i M_i}{\sum n_i M_i}$ 为对应相对分子质量为 M_i 的分子在聚合物中所占据的质量分数。

高分子化合物主链结构以 C—C 单键连接为主。C—C 单键以共价键连接,因此均有一定的键长和键角。图 5-4a 给出了甲烷分子中两个共价键之间的夹角,即键角为 109.5°;图 5-4b 所示为聚乙烯一个链节的结构,其 C—C 单键也有相应的键长和键角 α。聚乙烯大分子的立体结构应如图 5-4c 所示,可以看出每个 C—C 单键均会保持其特定的键角,然而在保证键长、键角不变的前提下大分

子链的结构并不是一成不变的。例如在图 5-4c 所示的结构中，分析其中主链的结构就会发现 C—C 单键在图 5-4d 所示的范围内旋转时，其键长和键角均可保持不变。这种旋转称为单键的**内旋转**。对于 C—N、C—O、Si—O 等其他各种不同的单键也会有类似的内旋转出现。内旋转起因于大分子内的热运动，因此是物理结构现象。如乙烷在 27 ℃时内旋转的频率可达 10^{11} ~ 10^{12}/s。内旋转导致大分子空间排列的各种形态称为**构象**。

若不考虑取代基对内旋转的阻碍作用，则内旋转可在图 5-4d 所示的范围内自由进行。在自由状态下大分子链会有非常多的空间构象，各种构象可以使其伸长或收缩卷曲，但大分子链通常呈无规则的线团状。在外力作用下大分子链可以伸长，并同时使构象数减少；去掉外力，则又可以恢复到卷曲状态。大分子链的这种伸长、卷曲的特性称为**柔顺性**。柔顺性是造成高分子化合物高弹性的根本原因。柔顺性的高低与单键内旋转的难易程度有关。实际上大分子主链上单键之间的内旋转会彼此牵制而不能自由实行，所以大分子链不能以单键的形式孤立运动，而是以一些相连的链节组成的**链段**的协同运动来实现大分子的变化。图 5-5 示意性地给出了链段的协同运动方式。

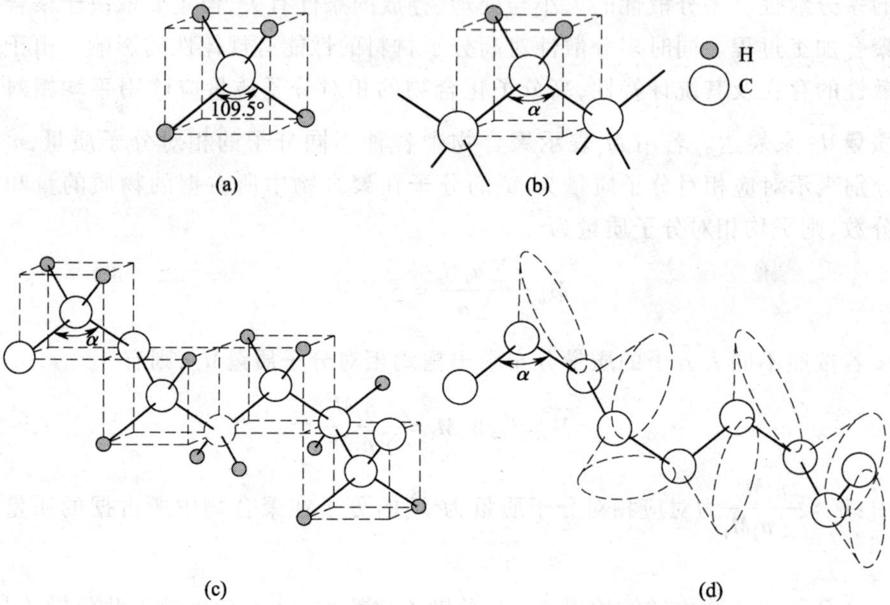

图 5-4　高分子化合物的自旋转及构象

主链的结构会对柔顺性产生重要影响。如主链中 C—O 键的柔顺性优于

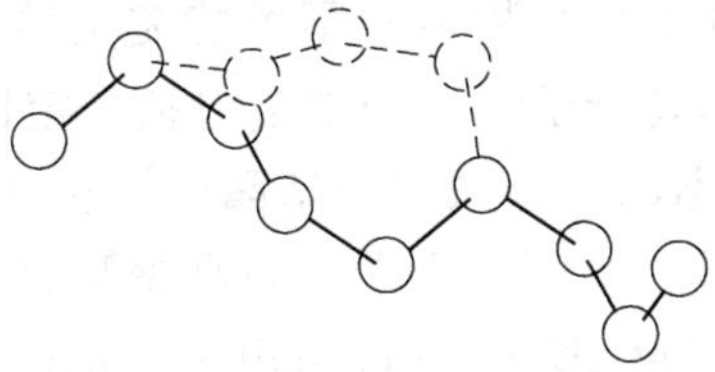

图 5-5 大分子链段的运动

C—C 键而劣于 Si—O 键，则橡胶中多有 Si—O 键。大分子主链上总带有其他原子或原子团并产生近程相互作用，这会使内旋转受到阻碍，进而不同程度地影响其柔顺性。例如聚氯丁二烯

$$-\!\!\left[CH_2-\underset{\substack{|\\ Cl}}{C}=CH-CH_2\right]\!\!-$$

分子中含有孤立的双键，它虽然不能内旋转，但双键两侧的两个碳原子各少了一个侧基或氢原子，使主链上侧基或原子间距离变大，附近单键内旋转阻力减小而柔顺性增加，因此聚氯丁二烯可用做橡胶。而聚氯乙烯中侧基或原子间相应的距离则比较小，降低了柔顺性，所以聚氯乙烯适合作工程塑料。如果主链中含有芳环，则会大大阻碍内旋转并明显降低柔顺性，使大分子在较高温度下仍能保持好的刚性，因而可制作成耐热的工程塑料。

三、大分子的聚集态组织结构

大分子的**聚合态结构**也称为**三次结构**，是指主要在物理键力的作用下大分子相互敛集所形成的组织结构。一般物质有气、液、固三种状态。在很高的温度下高分子化合物的大分子链上原子间的共价键会被破坏，具体表现为聚合物的燃烧或被烧焦，因此高分子化合物不能形成气态。使高分子化合物发生燃烧或烧焦的温度称为**降解温度**，它是高分子化合物存在的上限温度，从而也限制了高分子材料可使用的温度。

低于降解温度，线型热塑性高分子化合物呈粘度很低的液态，分子链可以在没有外力作用的情况下运动，其强度和弹性模量几乎为零。这类高分子化合物适合于铸造成形。随着温度的降低，大分子间物理键合力逐渐变强，分子链不再能够随便移动，当温度降低到熔点以下会显现出明显的刚性和强度。在低于熔点的较高温度范围内，热塑性高分子化合物分子会在外力作用下作相对滑动，进而造成塑性变形，即分子链之间相对的粘性流动导致了永久变形。因此，热塑性高分子化合物可以通过压力加工的方式成形。

线型、支链型和交联特征不明显的网状高分子化合物在固化过程中均可能

有结晶现象出现。但高分子化合物通常不可能完全结晶,因为大分子链的运动总还是比较困难的。固态高分子化合物中会包括一定比例的晶态结构和非晶态结构,其中晶态结构所占据的质分数称为**结晶度**。从微观上看,其晶区和非晶区的界限并不那么清晰。图 5-6 所示为半晶态高聚物材料中的主要结构组成,其中 AC (amorphous component) 和 CC (crystalline component) 分别为半晶态聚合物材料中的非晶部分和晶体部分。

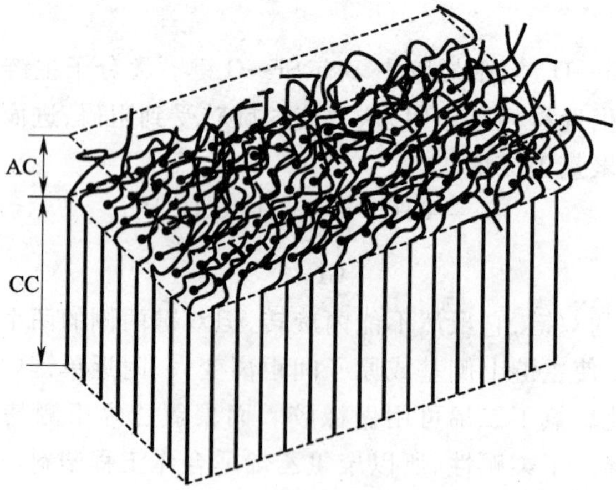

图 5-6 半晶态高聚物材料的主要结构组成

大体上可以把高分子化合物的大分子结构归结成三种形态,即分子链短程有序的非晶态结构、分子链折叠排列的**折叠链晶体**结构以及分子链伸直平行排

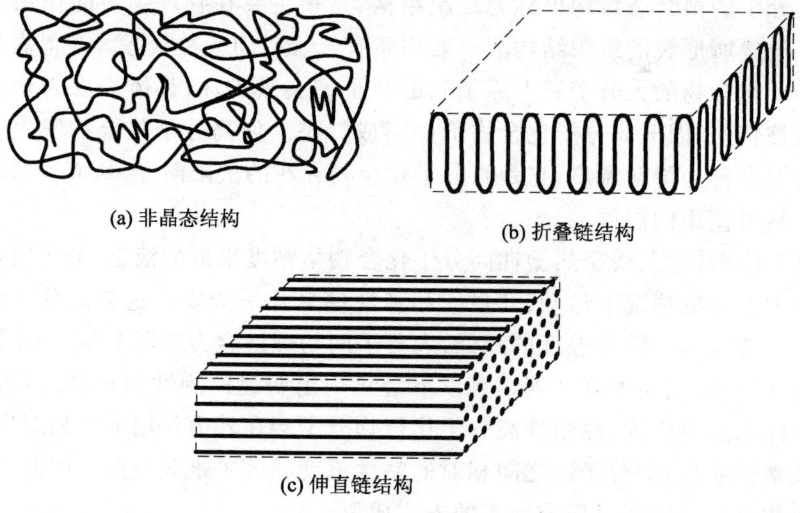

图 5-7 高分子化合物的三种基本结构形式

列的**伸直链晶体**结构。图 5-7 所示为这三种基本结构的示意图。任何一种实用高分子材料的实际组织都是由这三种基本结构以不同形式和比例组合而成的。伸直链晶体是指由完全伸直的分子链平行排列而成的晶片,其晶片厚度比一般从溶液或熔体结晶得到的晶片要大得多。晶片的长度基本上等于伸长了的大分子链的长度,其尺寸与高聚物的相对分子质量有关,可达到几百至几千纳米。另外,由于分子链长度不一,在伸直链晶片中,分子链不可能 100% 完全伸直,也有部分折叠链存在。伸直链晶体一般是在高温高压的特殊条件下结晶而成的,是热力学上最稳定的形态,其晶片的厚度不再随一般的热处理而改变,熔点也高于其他结晶形态的熔点,接近于厚度无穷大晶体的熔点。

图 5-8 和图 5-9 分别为常用来制作电缆绝缘材料的聚乙烯和常用于制作涤纶纤维的聚对苯二甲酸乙二酯两种高分子聚合物晶态部分的分子链排列方式及晶胞结构示意图。可以看出,晶态结构中原子间距离通常沿大分子链方向与垂直于大分子链方向是不相同的,因此高分子化合物不能结晶出立方晶系的晶体。非晶态结构中没有长程有序结构,却存在有序度很高的短程有序结构,但是在 X 射线照射下看不到清晰的衍射花样。交联特征明显的网状高分子不会生成长程有序的晶态结构,只能处于非晶态。

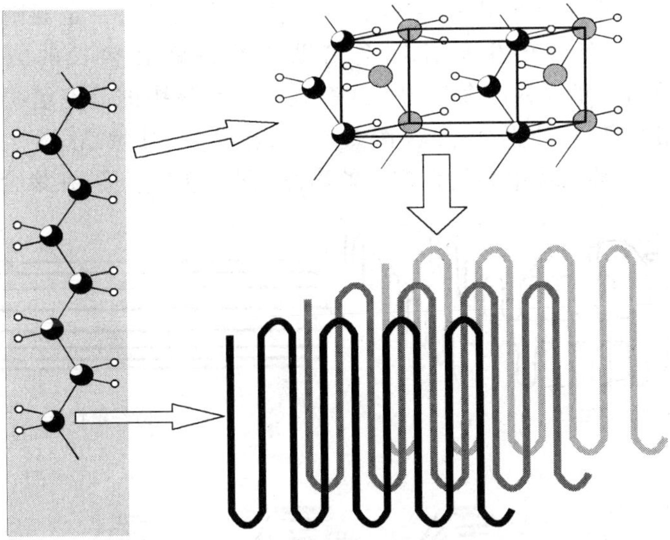

图 5-8 聚乙烯晶体部分的结构及晶胞示意图

聚合物单晶只能在特殊的条件下形成,一般只能从浓度小于 0.1% 的极稀溶液中缓慢结晶得到。研究发现,在适当的条件下有结晶能力的聚合物均能形成单晶。除在极稀的溶液中结晶外,在接近聚合物熔点时极缓慢地结晶也能得

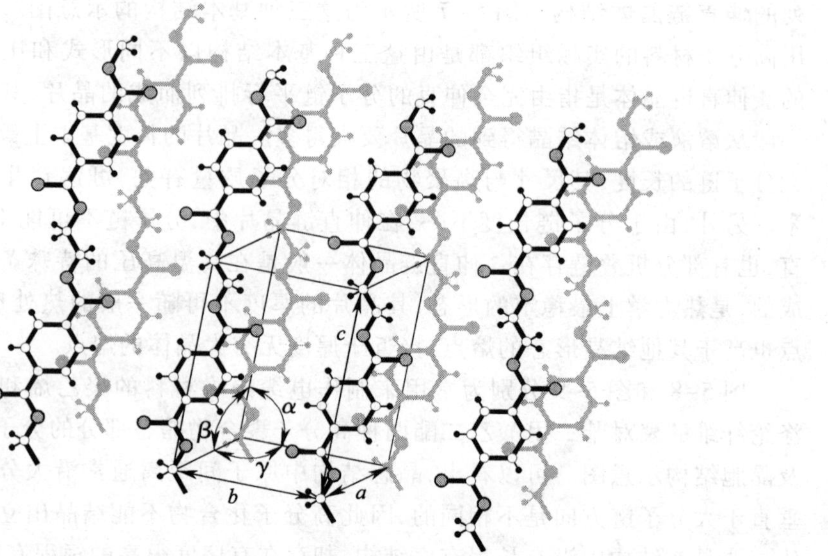

图 5-9 聚对苯二甲酸乙二酯晶胞及晶格参数示意图

到单晶。电子显微镜结果显示，聚合物的单晶往往是具有一定规则几何形状的薄片状晶体。单晶体的生成往往会借助折叠链螺旋生长的方式完成（图 5-10a）。多数高分子材料以多晶的形式存在。多晶体中的晶态组织会表现成折叠链片晶（图 5-7b）、伸直链片晶（图 5-7c）、球晶、纤维状晶（图 5-10b）、由折叠链片包围伸直链结构中心复合构成的串晶（图 5-10c）等。在聚合物材料实际

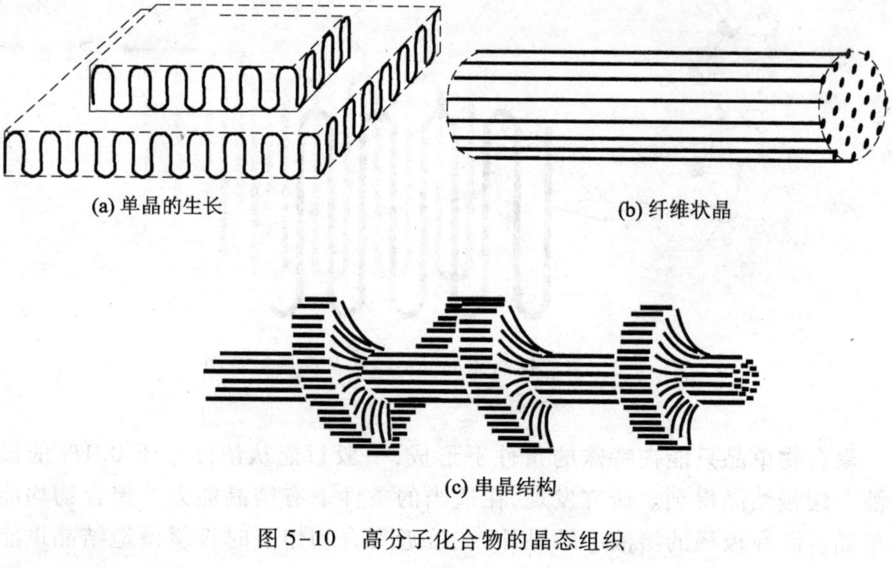

图 5-10 高分子化合物的晶态组织

加工成形条件下，外应力场远不足以使所有分子链伸直，常常得到既有伸直链晶体又有折叠链片晶的**串晶**。串晶中心为伸直链组成的纤维状晶，它们周围生长着折叠链片晶。

折叠链片晶是聚合物材料晶体部分中最常见的链排列形态。它既可以从溶液中结晶形成，也可以从过冷熔融态中结晶析出，周围被非晶包围。大多数折叠链具有很大的长厚比，从溶液中析出的晶片厚度为 5 ~ 25 nm，长 1 ~ 50 μm，宽 0.1 ~ 1 μm，如图 5-11a 所示。折叠链在形成晶片过程中其晶片法线会垂直于晶片延伸方向旋转，使晶片呈螺旋式生长，如图 5-11b 所示。大多数晶态聚合物的折叠链晶片都是沿长轴方向以螺旋前进的方式生长。X 射线和原子力显微镜结果显示，折叠链晶片是由很多小的晶块象马赛克一样排列在一起。

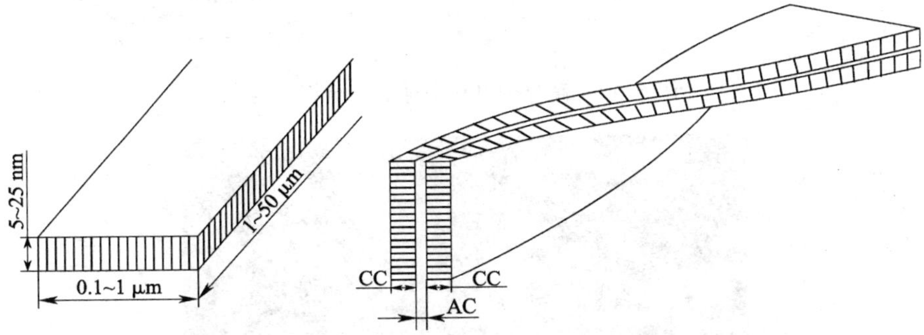

(a) 链的尺寸　　(b) 螺旋式生长

图 5-11　折叠链晶片及螺旋晶片示意图

当聚合物从其浓溶液析出结晶或从其熔体冷却结晶时，倾向于生成比单晶更为复杂的多晶聚集体，这种聚集体多为球形或不规则多面体状，所以通常称之为**球晶**。球晶是高分子化合物结晶的最常见形式，它是由许多微小片晶聚集而成的多晶体，直径一般为几至几百微米，趋于等轴状，且可以用光学显微镜直接观察。图 5-12 所示为高分子材料中球晶的组织结构，可以看出大分子折叠链结构构成了球晶的基础结构。大分子折叠链不断延伸排列，这些折叠链按图 5-11b所示的方式旋转并行排列成束呈放射状，进而构成了球晶的主体。并行排列的折叠链之间并不排除存在无规排列的大分子链穿插其间。球晶之间也会存在非晶态的大分子链。图 5-13 所示为在显微镜下观察到的全同聚丙烯球晶组织。

高分子化合物中也会有各种晶体学缺陷。分子链端、侧基的原子位置处会出现空位而造成点缺陷。晶态结构中会出现一维的螺位错和刃位错。图 5-10a 中的晶体生长实际上是围绕着螺位错进行的。球晶、片晶等也可以理解成是多晶体的晶粒，晶粒之间以及晶粒与非晶区之间的界面即属于二维缺陷。非晶区实际上就是三维晶体缺陷。图5-14所示为一种高分子的聚集态结构示意图，从

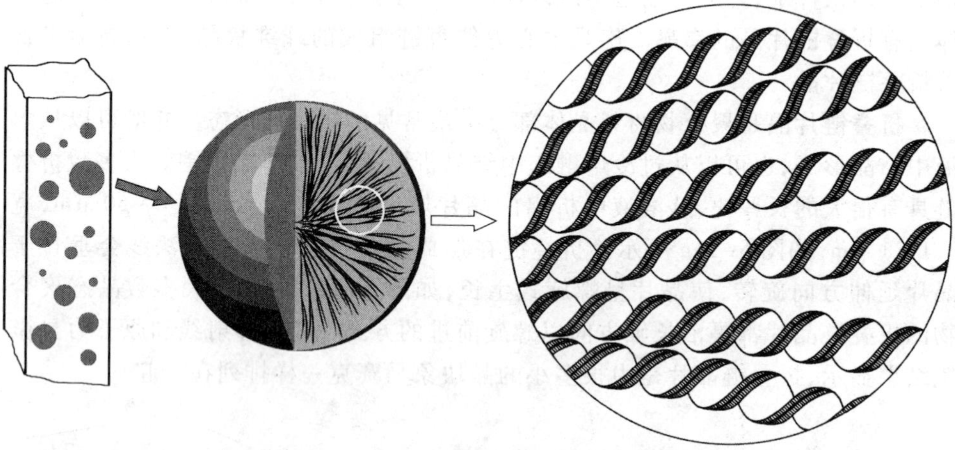

图 5-12　高分子材料中球晶的组织结构

图 5-13　全同聚丙烯中的球晶显微组织

图 5-14　高分子聚集态结构示意图

中可以看到晶态与非晶态共存的情况。晶区与非晶区的尺寸远小于大分子链的长度,因此大分子链通常会穿越于晶区和非晶区之间,并将各区紧密地连接在一起,从而可以保证高分子材料的一定强度。

高分子化合物的分子链、链段、晶粒等会在外力作用下发生某种规则性排列的现象。如在单轴拉应力下分子链或晶粒会沿拉力方向伸长排列;在双向拉应力作用下会沿两拉应力所确定的平面排列,双向的拉应力相等时分子链或晶粒在该平面内的排列方向是无规的。高分子化合物的这种顺应应力排列的结构称为**取向态结构**。在晶区和非晶区均会发生这种顺应应力排列的结构。大分子链及晶粒被视为**取向单元**。高分子化合物的这一结构特征对一些聚合物材料的制备有重要意义。图 5-15 所示为外应力作用下变形全同聚丙烯的显微组织,可以看到微观组织随变形而发生的改变,检测证明分子链确实沿拉力方向伸长。

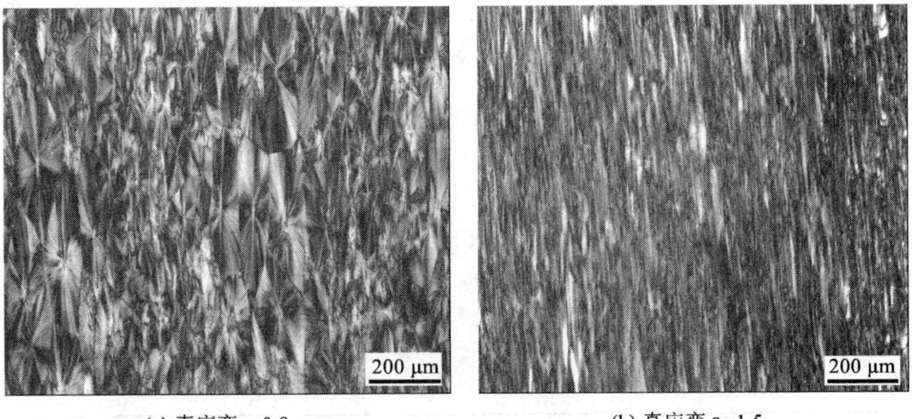

(a) 真应变ε=0.8　　(b) 真应变 ε=1.5

图 5-15　外应力作用下变形全同聚丙烯的显微组织

与无机非金属材料的玻璃形成过程相似,高分子化合物液体在冷却过程中除了会遇到熔点温度 T_m外,也会遇到玻璃转变温度 T_g(参见图 4-21),即非晶转变温度。高分子化合物不会生成 100% 的晶态结构,因此冷却速度和结晶温度会对结晶度产生重要影响。另外,大分子链的结构特征对其结晶能力会有明显影响;链结构简单、对称性高的大分子结晶能力强,支链结构和网状结构都会大大降低结晶度。过冷度、杂质元素、应力等因素对高分子化合物结晶过程和结晶组织也有与无机材料相似的影响。表 5-1 给出了一些高分子化合物的 T_g温度及相应结构的链节。

表 5-1　一些高分子化合物的 T_g 温度及其结构链节（链节中六边形表示苯环）

高分子化合物	T_g/℃	大分子结构的链节
硅橡胶	-123	$-Si(CH_2)(CH_2)-O-$
聚丁二烯	-85	$-CH_2-CH=CH-CH_2-$
聚甲醛	-50	$-CH_2-O-$
聚丙烯	-15	$-CH_2-CH(CH_3)-$
聚丙烯酸甲酯	5	$-CH_2-CH(COOCH_3)-$
聚醋酸乙烯酯	29	$-CH_2-CH(O-C(=O)-CH_2)-$
聚氯乙烯	81	$-CH_2-CH(Cl)-$
聚甲基丙烯酸甲酯	105	$-CH_2-CH(CH_3)(COOCH_3)-$
聚碳酸酯	150	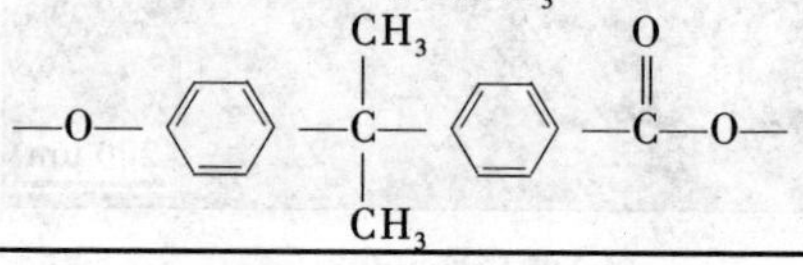

综上可知，在大分子链结构基本不变的情况下高分子化合物可以形成晶态和非晶态结构。晶态结构排列规整，因而分子间作用力大、密度大，进而使其强度、硬度、刚性、熔点均提高，而耐热、耐蚀性好，但弹性、塑性、韧性等会有所降低。

§5-3　高分子材料的基本性能

一、聚合物的力学性能

高分子化合物力学行为的一个重要的特点是其明显的蠕变、内耗和应力松弛，即其力学性能也是时间的函数。理想弹性体的应变正比于应力，而理想粘性液体的应变正比于应变速率，这两种应变均不是时间的函数。在恒定外力作用下高分子化合物则需用一定时间达到其弹性应变峰，在应力消除之后也需要一定时间使弹性变形完全消失。这一现象被称为**滞弹性**，它与高分子化合物的结构状态有密切的关系。因周围环境的阻碍作用，大分子的链段通常不能在外力作用下即时运动以产生应变，而需要借助较复杂的热激活过程逐步调整构象以适应外力。阻碍链段运动的因素越多，则滞弹性越显著。

非晶态高分子化合物的力学行为会受到温度的明显影响。图 5-16 所示为非晶态聚合物恒应力条件下的热-力学曲线。在低温区高分子处于**非晶态**，大分子链上各结构单元的热运动很弱，因而表现出低弹性应变 ε 和高弹性模量 E(1 000 ~ 10 000 MPa)，并伴有滞弹性。若提高温度，使之越过一个非晶转变过渡区而高于非晶转变温度 T_g(图 5-16)，则大分子结构的热运动加强而弹性模量大幅度降到 0.1 ~ 1.0 MPa 的水平；同时弹性应变明显提高。因此在相应的温度范围内高分子化合物处于**高弹态**，且滞弹性十分突出。继续升高温度并越过一个粘弹转变过渡区会使非晶态聚合物转变成可粘滞流动的粘滞液体(图 5-16)，称为**粘流态**。开始转变成粘流态的温度称为**粘流温度** T_f(图 5-16)。温度高于 T_f 时链段会剧烈运动，大分子链的重心也会发生相对移动，并造成不可逆变形。相对分子质量大的高分子化合物其 T_f 温度会很高，且粘度更大。如图 5-16所示，网状交联聚合物只有会有高弹态而不会有粘流态，而相对分子质量

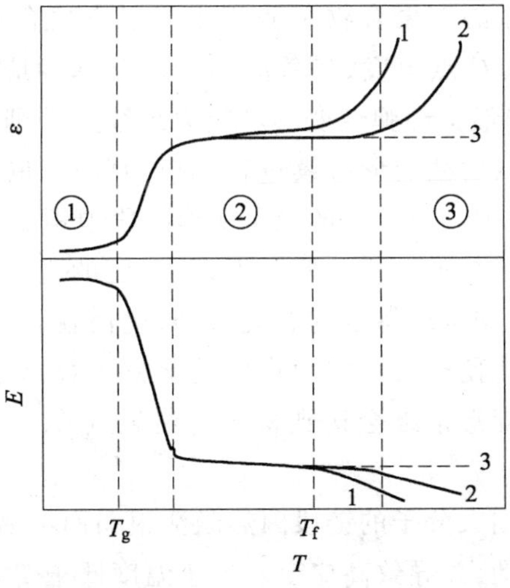

图 5-16 非晶态聚合物热-力学曲线

①—非晶态；②—高弹态；③—粘流态

1—低相对分子质量线型聚合物；2—高相对分子质量线型聚合物；3—网状交联聚合物

过小的线型聚合物则可能没有高弹态。由此可以想象，常规的高刚性**工程塑料**需要在其 T_g 温度以下使用，而高弹性**橡胶**则需要在其 T_g 温度以上使用。

结晶态的聚合物内总存在一定比例的非晶组织，因而也会有某种程度的非晶态与高弹态之间的转变。聚合物中的晶体结构会显著制约链段的运动，使温度于 T_g 上下变动时弹性模量没有明显的变化，T_g 与熔点 T_m 之间也没有高弹态出现，熔点以上弹性模量会急速下降。图 5-17 所示为晶态聚合物热-力学曲线。当晶态聚合物的相对分子质量很大或结晶度很低时，其 T_f 点有可能高于 T_m 点，因而在 T_m 与 T_f 之间出现高弹态。

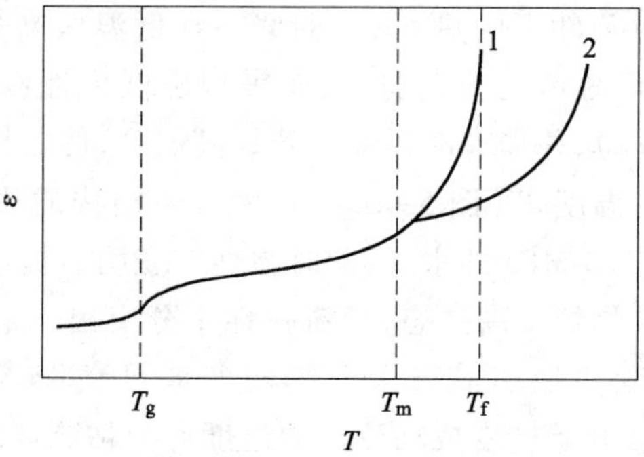

图 5-17 晶态聚合物热-力学曲线

1—低相对分子质量聚合物； 2—高相对分子质量或低结晶度聚合物

图 5-18 所示为非晶态聚合物 T_g 点以下或晶态聚合物 T_m 点以下的恒温应力-应变拉伸曲线。从 O 点出发，随着应力的上升弹性应变成比例地提高至 A 点，即在 A 点试样获得最大纯弹性变形。应力继续上升则试样开始屈服至 B 点达到屈服强度。B 点以后使变形继续进行的应力降低，同时拉伸试样上出现颈缩现象，应变分布不均匀。在后续的稳定变形阶段中颈缩区不会被拉断，而是逐步向两侧扩展直至整个拉伸试样。实际上，颈缩区的高分子结构因拉伸应力而产生取向态结构，使结构呈现特定的有规排列，进而在外力方向上得到强化，称为**取向强化**。取向强化使聚合物应力集中的地方不容易破坏，有利于提高材料使用的安全性。拉伸变形最终会达到材料的断裂点 C，并获得其抗拉强度和断裂伸长率。

在较低的温度范围大分子的链段因热激活很弱而不易活动。但是外力的作用会促使链段发生运动，并导致高应变。由于温度低于 T_g 或 T_m 点仍使链段不易活动，在应力取消后相应应变不能消失，但这种应变本质上应属于弹性应变，称为**受迫高弹性**。当材料被加热到 T_g 或 T_m 点以上时受迫高弹性即会消失。热激活会促进链段运动，有利于聚合物变形，因此温度降低会使屈服强度和抗拉强度

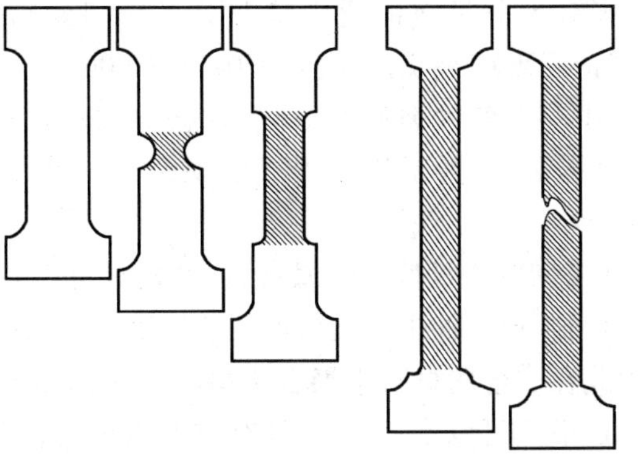

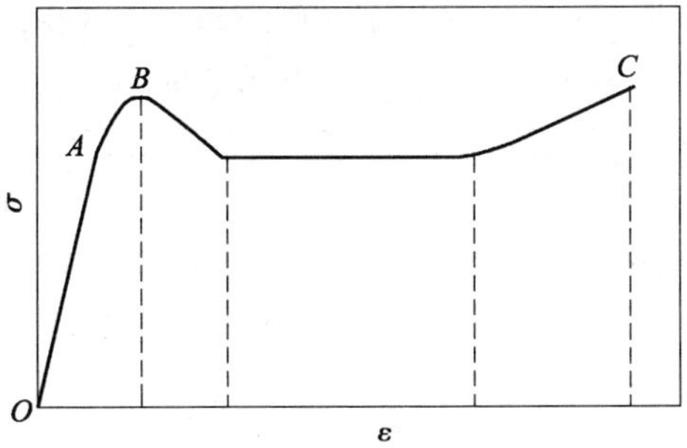

图 5-18 聚合物应力-应变拉伸曲线

A—弹性极限;B—屈服点(屈服强度);C—断裂点(抗拉强度)

明显提高,同时塑性降低。随温度的下降屈服强度会以比抗拉强度更快的速度升高,当温度低于某一临界值时抗拉强度就会低于屈服强度,并因此使聚合物在屈服行为出现之前发生脆性断裂。图 5-19 所示为聚甲基丙烯酸甲酯(PMMA)在不同温度的拉伸应力-应变曲线。

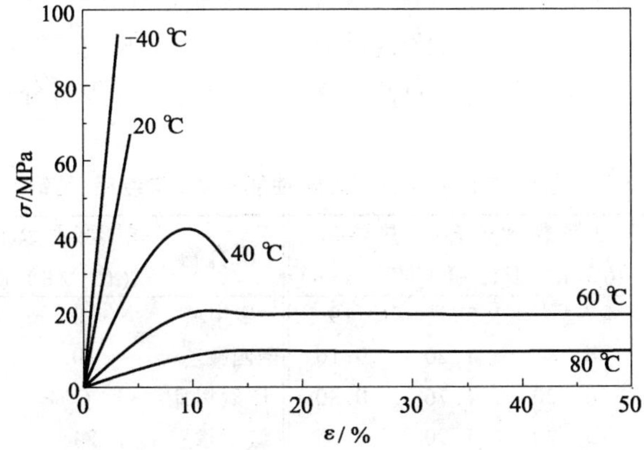

图 5-19 聚甲基丙烯酸甲酯(PMMA)在不同温度的应力-应变曲线

(拉伸速度为 5 mm/min)

聚合物的强度来自大分子链的化学键及分子链间的物理键。由此可以推断,高分子材料的理论强度应是实际强度的 100 ~ 1 000 倍。但是聚合物结构并不是完整均匀的,其中存在各种类型的缺陷,这会导致经常性的应力集中现象,使局部化学键或物理键破坏,并最终扩展成宏观断裂。因此聚合物的实际强度明显低于理论强度。

高分子材料的冲击韧度明显低于金属材料,通常只有 1 J/cm^2 左右,高强度的聚合物也只有 10 ~ 20 J/cm^2。冲击韧度低的主要原因是其强度太低。无机非金属材料的塑性极低,因此在非金属材料中聚合物材料属于高韧性材料。一些聚合物材料的摩擦系数很低,最低可以小于 0.1,且有自润滑能力而降低磨损,因此可用做减摩,耐磨材料。表 5-2 列出了一些常见高分子化合物的力学性能指标。

表 5-2 常见高分子化合物的力学性能

高分子化合物	抗拉强度/MPa	断裂伸长率/%	拉伸模量/MPa	抗弯强度/MPa	弯曲模量/MPa
聚苯乙烯	34.5 ~ 61.0	1.2 ~ 2.5	2 740 ~ 3 460	60.0 ~ 97.4	
PMMA	48.8 ~ 76.5	2 ~ 10	3 140	89.8 ~ 117.5	
聚丙烯	33.0 ~ 41.4	200 ~ 700	1 180 ~ 1 380	41.4 ~ 55.2	1 180 ~ 1 570
聚氯乙烯	34.5 ~ 61.0	20 ~ 40	2 450 ~ 4 120	69.6 ~ 110.4	
聚甲醛	61.2 ~ 66.4	60 ~ 75	2 740	89.2 ~ 90.2	2 550
聚碳酸酯	65.7	60 ~ 100	2 160 ~ 2 360	96.2 ~ 104.2	1 960 ~ 2 940
聚苯醚	84.6 ~ 87.6	30 ~ 80	2 450 ~ 2 750	96.2 ~ 134.8	1 960 ~ 2 060
聚四氟乙烯	13.9 ~ 24.7	250 ~ 350	390	10.8 ~ 13.7	

二、聚合物的物理性能

高分子化合物中通常没有自由电子活动,其导热主要靠原子或分子间的振动完成,所以其导热性较差,热导率一般在 0.1 ~ 0.3 W/(m · K)的范围,低于无机材料,可以用做隔热材料。其比热容为 1 ~ 3 J/(g · K)左右,线膨胀系数一般为(4 ~ 30)×10^{-5}/K,均比无机材料高。表 5-3 给出了一些高分子材料的热力学性能参数。

表 5-3 一些高分子材料的热力学性能参数(与纯铝、纯铜对比)

聚合物	线膨胀系数/(10^{-5}/K)	比热容/[J/(g·K)]	热导率/[W/(m·K)]	聚合物	线膨胀系数/(10^{-5}/K)	比热容/[J/(g·K)]	热导率/[W/(m·K)]
聚甲基丙烯酸甲酯	4.5	1.39	0.19	聚甲醛	10	1.47	0.23
聚苯乙烯	6 ~ 8	1.20	0.16	聚四氟乙烯	10	1.06	0.27
聚氨基甲酸酯	10 ~ 20	1.76	0.30	环氧树脂	6	1.05	0.17
低密度聚乙烯	13 ~ 20	1.90	0.35	氯丁橡胶	24	1.70	0.21
高密度聚乙烯	11 ~ 13	2.31	0.44	纯铝	2.55	1.047	237
聚丙烯	6 ~ 10	1.93	0.24	纯铜	1.77	0.385	391

在外电场作用下高分子化合物的电荷分布会发生极化现象，称为分子极化。因此聚合物可用做电容器的介电材料，其相对介电常数为 2 ~ 10。表 5-4 给出了一些高分子化合物的相对介电常数。高分子的共价键特征及非电离性使其电阻率很高，是良好的绝缘体，绝缘性能与陶瓷材料相当。大分子长链的卷曲结构使之难以随声波振动，因此也是较好的隔音材料。

表 5-4　一些高分子化合物的相对介电常数

聚合物	介电常数 ε	聚合物	介电常数 ε
聚甲基丙烯酸甲酯	3.8	聚四氟乙烯	2.1
聚苯乙烯	2.5	氯磺化聚乙烯	8 ~ 10
聚乙烯	2.3	酚醛树脂	6.0
聚丙烯	2.3	氧化铝	8 ~ 10
聚氯乙烯	3.8	二氧化钛	80 ~ 100

两种物体接触并摩擦后会因电荷转移而带静电。高分子化合物的高电阻率使之很容易积累大量静电荷。如聚丙烯腈纤维可摩擦产生 1 500 V 的高压。一般介电常数大的聚合物易带正电，而介电常数小的聚合物易带负电。按介电常数由大到小的顺序排列，有聚氨酯、羊毛、蚕丝、皮肤、棉花、聚甲基丙烯酸甲酯、聚乙烯醇缩醛、聚丙烯腈、聚氯乙烯、聚乙烯、聚丙烯、聚四氟乙烯等。序列中任何两种物质相互摩擦均会使高介电常数物质带正电，而低介电常数物质带负电。介电常数差大则静电电荷量大。聚合物中加入抗静电剂以提高其表面的导电性可以消除静电现象。

多数高分子化合物不吸收可见光谱。非晶态、无杂质和宏观缺陷的高分子化合物通常是透明的。如聚甲基丙烯酸甲酯(有机玻璃)、聚苯乙烯等对可见光的透过率可达 92% 以上。利用这一特性可以制作光学制品，如光学仪器镜片、透明构件等。高分子化合物的折射率较高，一般为 1.5 左右，利用全反射的原理可以使聚合物明亮异常，进而用来制造各种信号灯、车辆用灯、医学手术用光导管、交通标志等。

溶剂中高分子化合物的分子与有机溶剂分子混合而导致溶解，在这个过程中溶质大分子间和溶剂分子间的结合键需首先打开，然后再互相混合，因此是一个很缓慢的过程。在有机溶剂中高分子化合物溶质分子间的键合先逐步发生松开，分子间距离加大而使体积膨胀，称为**溶胀**，然后逐渐溶解。但交联网状高分子化合物的分子在溶剂中很难完全互相脱离，因此只会发生溶胀过程。高分子化合物在溶剂中溶解的难易程度可以用**溶度参数** σ 表示，且有

$$\sigma=\sqrt{\frac{E}{V}} \tag{5-3}$$

式中：E 和 V 分别为溶质或溶剂的**内聚能**和比体积。σ 反映了分子间的吸引力。溶剂与聚合物混合时会发生一定的能量变化 A，且有

$$A=(\sigma_{剂}-\sigma_{质})^2 \tag{5-4}$$

A 的绝对值越低则混合时能量变化小。因此，溶质与溶剂溶度参数越相近则越容易发生溶胀或溶解。表 5-5 给出了一些高分子溶质与有机溶剂的溶度参数。

表 5-5 一些高分子溶质与有机溶剂的溶度参数 σ

溶质	σ	溶剂	σ
聚丙烯腈	12.75	水	23.2
酚醛树脂	11.5	甲醇	14.7
环氧树脂	9.7	乙醇	12.7
聚氯乙烯	9.5	醋酸	12.6
聚甲基丙烯酸甲酯	9.3	正丙醇	11.9
聚苯乙烯	8.56	丙酮	10.0
聚丁三烯橡胶	8.5	苯	9.15
聚丙烯	8.0	甲苯	8.9
聚乙烯	7.9	乙醚	7.4

氮气、氧气、二氧化碳、水等液体或气体的分子可以在高分子化合物中扩散，在外场（如外加压力）作用下也可以作上坡扩散。根据**亨利定律**，溶质浓度 c 与其相应蒸气压 p 的关系为 $c=Sp$，其中 S 为溶解度系数。由此根据菲克定律有

$$J=-D\frac{\mathrm{d}c}{\mathrm{d}x}=-DS\frac{\mathrm{d}p}{\mathrm{d}x}=-P_{\mathrm{g}}\frac{\mathrm{d}p}{\mathrm{d}x} \tag{5-5}$$

式中：$P_{\mathrm{g}}=DS$ 为**渗透系数**。表 5-6 列出了氮、氧、二氧化碳、水蒸气分子在一些高分子化合物中的渗透系数。聚合物的扩散、渗透性能在医学研究、薄膜包装、提纯、海水淡化等方面得到了广泛的应用。

表 5-6 氮、氧、二氧化碳、水蒸气分子在一些高分子化合物中的渗透系数 P_{g}

[单位为 10^{-6} mm/(Pa · s)，标准状态]

高分子化合物	N_2	O_2	CO_2	H_2O
氯磺化聚乙烯	87	210	1 560	11 700
聚丁二烯	484	1 433	10 350	367 500
聚碳酸酯	23	150	638	52 500
聚三氟氯乙烯	0.7 ~ 7.5	1.9 ~ 40.5	3.6 ~ 93.8	23 ~ 27 000
聚乙烯	26.3 ~ 150	82.5 ~ 442.5	323 ~ 1 950	900 ~ 1 500
聚甲醛	1.7	2.9	14	37 500 ~ 75 000
聚丙烯	33	173	690	5 250
聚苯乙烯	23 ~ 600	113 ~ 1 875	563 ~ 2 775	75 000
聚氯乙烯	3 ~ 13	9 ~ 45	77 ~ 278	19 500 ~ 47 250
聚氟乙烯	0.3	1.5	6.8	24 750

水分子的渗入可使一些高分子化合物分子间的结合减弱,因而有可能使塑性有所提高,一些高分子化合物吸收一定量的水分子后也会因溶胀而降低其抗拉强度和伸长率。图 5-20 所示为水的渗透对一些聚合物强度的影响。

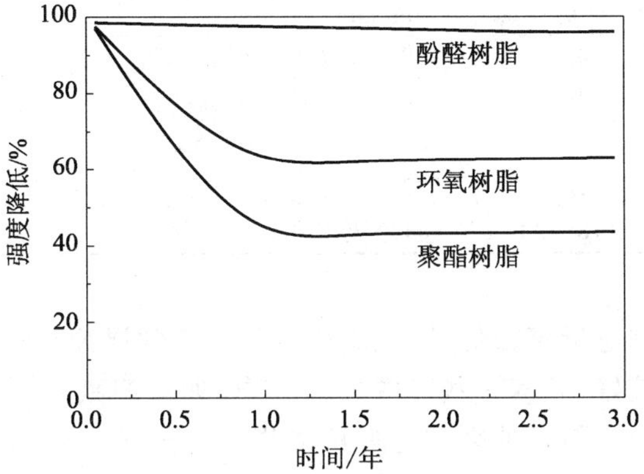

图 5-20 水的渗入对聚合物抗弯强度的影响

高分子化合物可以有多种能量状态很不相同的非晶结构。高分子化合物以较快的速度冷却到 T_g 温度以下所生成的非晶态结构属于高能非晶态,或称为**准非晶态**。快速过冷使大分子链结构来不及调整到低能态。在长期存放过程中借助小范围的微布朗运动可使高分子化合物逐步向低能非晶态转变,称为**真非晶态**。这种转变过程不涉及比分子结构更微小的化学变化,因此称为**物理老化**。物理老化使高分子材料的体积变小、密度增加、弹性模量和抗拉强度上升、伸长率和冲击韧度下降,因而使材料变脆。物理老化通常是一个缓慢的过程,提高温度可以加快物理老化。物理老化是一个可逆过程,通过重新加热并冷却可以再次得到准非晶态的结构。

三、聚合物的化学性能

高分子化合物中通常有大量的碳、氢元素,所以大多数可以燃烧。燃烧发热值高则燃烧快。如果高分子化合物的燃烧发热不足以使未燃部分维持继续燃烧,燃烧会自动熄灭。燃烧发热值很低的高分子化合物则不会出现燃烧现象。表 5-7 列出了一些有机物质的燃烧速度及相应的燃烧发热值。很多情况下聚合物的可燃性不利于实际使用的安全性,因此一些高分子材料中会掺入一些阻燃剂。在燃烧过程中阻燃剂可以借助不同的原理制止燃烧的进行。例如借助释放结晶水而吸收燃烧所需的热量,在高温燃烧时形成泡沫等覆盖层以阻隔空气,燃烧时释放非燃气体以稀释燃气,高温时与高分子化合物优先发生化学反应甚至生成水以阻止燃烧进行,高温状态可以明显促进其他阻燃剂高效发挥阻燃作用等。

表 5-7 一些高分子化合物的燃烧特征参数

高分子化合物	燃烧发热值 /(kJ/g)	燃烧速度/ (mm/min)	高分子化合物	燃烧发热值 /(kJ/g)	燃烧速度/ (mm/min)
聚丙烯	43.9	17.8 ~ 40.6	脲醛树脂	—	自熄灭
聚苯乙烯	40.1	12.7 ~ 63.5	酚醛树脂	13.4	—
聚乙烯	—	7.6 ~ 30.5	聚四氟乙烯	4.2	不燃烧
聚甲基丙烯酸甲酯	26.2	15.2 ~ 40.6	煤	23.0	—
聚氯乙烯	18 ~ 28	自熄灭	木材	14.6	—

高分子化合物电导率很低,因此难以发生电化学腐蚀。一般来说,其耐化学腐蚀的能力也比较好,尤其一些特殊的聚合物(如聚四氟乙烯),可耐强酸、强碱及沸腾王水的腐蚀。但是外来应力有可能提高高分子化合物的化学活性,使之容易发生化学反应。静电载荷、冲击载荷、周期性载荷都可能使高分子化合物某些局部应力超过临界值,进而造成化学键断裂并产生可参与化学反应的离子或活性粒子。在一些情况下应力并没有直接破坏化学键,但会使化学键进入活化状态,进而在同样温度、腐蚀介质下更容易与环境发生化学反应。

在空气环境中使用的高分子化合物内部通常会渗入一定量的氧气,如果大分子链上的化学键遭破坏或处于激发状态,则其 C—H 键很容易与氧发生反应。以聚丙烯为例,其主链 $—CH_2—\overset{\displaystyle H}{\underset{\displaystyle CH_3}{C}}—$ 上的 C—H 键比较活泼,很容易被激发后直接氧化成 $—CH_2—\overset{\displaystyle OOH}{\underset{\displaystyle CH_3}{C}}—$ 。这个氧化过程可以简写成 RH →ROOH。这种氧化过程会引发自动催化的链式反应,即过氧化物 ROOH 表现为 R · 和 · OOH 状态,“ · ”表示活性激发态。R · 会再吸收氧气 O_2形成 ROO · ,并与主链上的 RH 继续反应生成 ROOH+R · 。这种链式反应往复迅速进行下去,改变了大分子链的结构和性质并导致主链断裂。其中反应式 4ROOH →R · +3ROO · +$2H_2O$ 可附带生成水。类似的氧化反应也会在其他高分子化合物发生。这种化学过程是高分子化合物的**化学老化**。

有多种因素会诱发高分子化合物的化学老化。聚合物通常会接触阳光,阳光中波长为 400 ~ 200 nm 的近紫外线光子能量与高分子化合物的键能处于同一数量级,因此近紫外线有可能直接破坏大分子链的化学键。表 5-8 给出了一些

高分子化合物化学键易被光线破坏的敏感波长。复杂大分子链结构上有各种不同的化学键,相应键能也不相同。在紫外线照射下遭直接破坏的通常是键能最低的化学键。如聚异戊二烯大分子主链上链节 $\begin{array}{l}—CH_2—\underset{\displaystyle CH_3}{\underset{|}{C}}=CH—CH_2—\end{array}$ 之间连接键的键能最低,很容易遭破坏而直接导致主链断裂。在紫外线或可见光的照射下,有时并不直接导致化学键的破坏,但光子的能量可以使键合电子跃迁到较高的能级上,使化学键处于被激发的活化状态,并在存在氧气的条件下易于发生氧化过程。这种过程就是**光氧化**。

表 5-8 光致高分子化合物老化的敏感波长 nm

高分子化合物	聚乙烯	聚丙烯	聚苯乙烯	聚氯乙烯	不饱和聚酯
敏感波长	300	300	218.5	320	325 ~ 330

热与氧气的综合作用会加速高分子化合物的上述氧化过程,称为**热氧化**,因此提高温度会促进化学老化。在各种介质中,介质原子会渗透进来,若能与高分子化合物基体发生化学反应,则亦会促进化学老化。

在化学老化过程中,大分子链会不断发生断链或裂解,使相对分子质量持续下降而转变成小分子,直至化解成非聚合的单体。如聚四氟乙烯可蜕化成四氟乙烯单体。另外在化学老化中也会发生反向过程,即大分子链之间发生交联反应,从而生成网状结构。如聚乙烯可由 $\begin{array}{l}—CH_2—CH_2—\\—CH_2—CH_2—\end{array}$ 大面积转变成 $\begin{array}{l}—CH_2—CH—\\—CH_2—CH—\end{array}$ 状交联结构。

老化的高分子化合物在外观上通常表现出褪色、失去光泽、粉化,并会出现污渍、斑点、裂缝等缺陷。有时也会有溶胀、溶解、透水、透气现象,且耐寒、耐热性能降低,电阻率、电击穿强度下降。力学上则表现出强度、韧性降低。

根据造成老化的原因,可采取不同的措施防止或延缓老化。其中包括表面涂镀防护层以隔绝外界老化因素,改进高分子化合物结构以提高分子链上各类化学键的稳定性以延缓老化,以及加入抗老化剂以避免化学键的活化,并阻止链式反应的进行和裂解及交联反应的出现。具体的抗老化措施要依据实际材料及应用范围来制订。

四、聚合物的自降解特性

高分子材料的广泛使用使相应的废弃物越来越多。美国每年有超过一千万吨的相应废弃物,我国也有“白色污染”的困扰。这种有机垃圾会对环境造成严重的污染和危害。为了解决这一问题，自降解聚合物材料的发展逐渐成了关注的焦点。

自降解是指聚合物在设定的时间内能够自动老化或降解成对环境没有或很少有污染的小分子甚至单体有机物质。目前主要的降解方式为**微生物降解**和**光降解**两种，可降解的高分子材料主要是一次性使用的塑料。高分子化合物一般具有良好的耐微生物侵蚀的能力，但一些质地柔软的高分子化合物会因受到蛀虫的浸入而获得一定程度的降解，这种降解称为机械式生物降解，目前尚不能被工业化利用。

这里微生物指细菌或真菌。微生物的活性作用可以使一些水溶性高分子化合物分解从而实现微生物降解，如聚乙烯醇就可微生物降解。这类高分子化合物熔点低而耐热性差，通常不能直接使用。把它们与其他聚合物混合就可以改善使用性能，同时又保持其微生物可降解性。一些淀粉类的有机物质容易与活性微生物反应，将这类有机物质与聚合物混合可制成自降解聚合物。聚合物材料的各种添加剂中有些选自动、植物或天然高分子物质，所以也有可能因遭受微生物侵蚀而降解老化。另外有些有机物质是微生物的食物源，经微生物的生命活动可成为能够再被生物降解的高分子化合物。

光氧化是造成高分子化合物老化的重要原因，因此光氧化也可以用来制作光降解塑料。相应措施刚好与抗光氧化的方法相反，即要采取各种措施促进光氧化的进程。如在大分子结构中增加光敏感基团，在添加剂中增加过渡族金属离子或促使相关化学键活化的引发剂等光增感剂，以加快光氧化速度等。目前自降解聚合物的研究与工业化历史尚不很长，相关技术也不很成熟，还有许多问题尚待深入研究与开发。

§5-4　木材的结构与性能

一、木材的基本结构

木材属于自始至终伴随人类社会发展且使用极为广泛的天然高分子材料，是人类生活中必不可少的材料。木材密度较小、强度较高、容易加工，但容易变形、易腐、易燃、质地不均、各向异性，且常有天然缺陷等缺点，这些缺点使其应用范围受到一定局限。

木材源自各种各样的树种，以树干为主要木材来源。根据来源可以把木材划分成针叶类木材和阔叶类木材。**针叶类木材**包括杉、柏、冷杉、云杉、樟子松、红松及各种松木。针叶树的树干高大而挺直，木质轻软、变形小、易于加工，也称为**软木**，经常用做承受载荷的立柱、门窗、地板等构件。**阔叶类木材**源自各种榆、柚、榉、柞、桃、梨、柳等以及质地稍软的杨、椴、桦等多种阔叶树木。多数阔叶树的树干短、木质硬、密度大、易翘裂、不易加工,因此也称为**硬木**。硬木虽然强度高,但易变形,不适合用做承重载的构件。一些硬木树种的木纹与颜色非常美观,常用做建筑装饰及家具等具有美观要求的构件。

针叶树的微观结构主要由管胞、髓线和树脂道三部分构成。**管胞**由细胞壁和细胞腔组成,占据了木质部分的 90%。纵向的细纤维组成了细胞壁,起支撑树干的作用,是树木输送养分的通道;细胞壁占的比例越大则木材强度越高。一些针叶树种成材之后会在管胞之间分布着树脂的通道,称为**树脂道**,当树木外部受损时树脂道溢出树脂以保护损伤表面。针叶树干内一些木薄壁细胞连续分布,构成**髓线**,主要为树木横向传递和储存养分提供通道。薄壁细胞之间的结合强度通常很弱,因此髓线处是木材变形与开裂的起源。

阔叶树的微观结构主要由导管、髓线和木纤维三部分构成。**导管**只在阔叶树中存在,起输送营养的作用。阔叶树中的髓线比针叶树发达,因此更容易变形或开裂。**木纤维**是阔叶树中长形的两端渐尖的厚壁组织细胞,对木质起支持作用,一般的长度为 0.5 ~2 mm。

从化学物质组分上看,木材主要由纤维素、木质素和半纤维素组成,其相对比例如表 5-9 所示。**纤维素**是一种复杂的单一糖基多聚合糖有机化合物,其分子通式可为$(C_6H_{10}O_5)_n$,其中 n 约为几千或上万,相对分子质量为几十万到几百万,属于典型的无侧链线型高分子结构,有一定的结晶度。而**半纤维素**通常是两种或两种以上糖基多聚合糖有机化合物,其 n 值较小,为 150 ~200,一般为多缩戊糖或多缩巳糖,具有支链型或带短侧基的线型高分子结构,基本没有晶态结构。**木质素**是构成植物细胞壁的组分之一,其基本结构单元由含有苯基丙烷基本结构的不同类型的有机结构组成。木质素是包围于管胞、导管及木纤维等纤维束细胞及厚壁细胞外的物质,具有使细胞相连的作用。

表 5-9 木材的物质化学组分

树木类型	纤维素	木质素	半纤维素
针叶树	48% ~56%	26% ~30%	23% ~26%
阔叶树	46% ~48%	19% ~28%	26% ~35%

木材的化学成分通常包括 49% ~50% C、6% H、43% ~44% O、<1% N,另外含有 0.3% ~1.7% 无机灰分,以及 S、P、K、Ca、Mg、Fe、Mn、Zn、Cu、Mo、B 等微量元素。

可以从垂直切过树干中心线的**横切面**、平行切过中心线的**纵切面**或平行于中心线但不切过中心线的**弦切面**观察树干的宏观构造,其中纵切面上垂直于中心线的方向为**径向**,弦切面上垂直于中心线的方向为**弦向**。图 5-21 所示为树干宏观构造示意图。从横切面上可以观察到树干的基本构成为髓心、木质部和树皮三部分。树皮对树干起保护作用,无工程作用。木材初生年代质地最弱的细胞组成了**髓心**,位于树干中心线附近,通常是木材腐蚀与蛀蚀起源的地方。**木质部**处于髓心与树皮之间,是可用做木材的主要部分。在木质部有很多色泽深浅不同、似同心圆的印记,称为**年轮**。深色区是夏秋季生成的木质,密实而坚硬;浅色区是春季生成的木质,比较松软。同种木材中夏秋季生成的木质含量越高则强度越高。

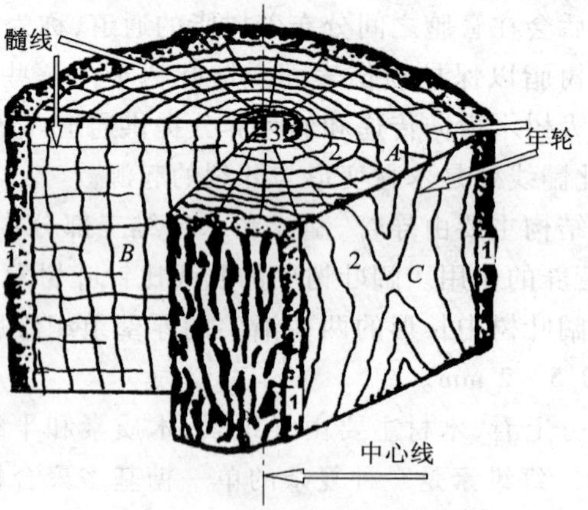

图 5-21 树干宏观构造示意图

1—树皮;2—木质部;3—髓心;A—横切面;B—纵切面;C—弦切面

红松、落叶松、柞、水曲柳等木材的横切面上可以观察到木质部靠近树皮部位色浅,称为**边材**;靠近髓心部位色深,称为**心材**;这类木材归属于**心材类木材**。杉、杨、桦等木材的木质部各处的颜色基本一致,没有明显区别,这类木材归属于**边材类木材**。心材的木质多是由已经或将要丧失生机、产生于树干非初生年代的细胞组成,其耐蚀性较好。

二、木材的物理性能

木材纤维素含有大量羟基 OH^-,属于亲水性物质,因此木材有较强的吸水性。木材中的水分包括自由水、吸附水、化合水三种。**自由水**存在于木材的细胞腔和细胞间隙,**吸附水**是存在于细胞壁无定形区域中的水分,**化合水**为木材化学构成中结合的水。木材中大部分的水为自由水和吸附水,化合水含量很低。木材干燥时自由水首先蒸发,然后吸附水蒸发;而木材受潮时细胞壁先获得吸附水,然后细胞腔和细胞间隙才能获得自由水。木材中不含自由水且吸附水达到最大量时的含水率称为木材的**纤维饱和点**。不同的树种会有不同的纤维饱和点,其变动范围约为23% ~31%,通常取30%作为木材的纤维饱和点。

木材中的实际含水量与所处空气的温度和湿度有关。温度或湿度上升,木材会吸入一部分水分,反之则释放一部分水分。当木材保持在相对湿度和温度恒定的空气中,其吸收水分和散失水分的速度相等时木材的含水率称为**平衡含水率**。不同种木材的平衡含水率大致相等。图5-22所示为木材平衡含水率与空气湿度和温度的关系示意图,图中的百分数表示平衡含水率,根据图5-22可以换算出任意温度、湿度条件下木材的平衡含水率。木材在广州地区年平均的平衡含水率约为15.1%;北京地区相对干燥,相应的平衡含水率约为11.4%。木材所在空气的湿度达到饱和湿度,即100%时木材的平衡含水率则会达到其纤维饱和点。含水率等于0的木材称为**全干材**或**绝干材**。

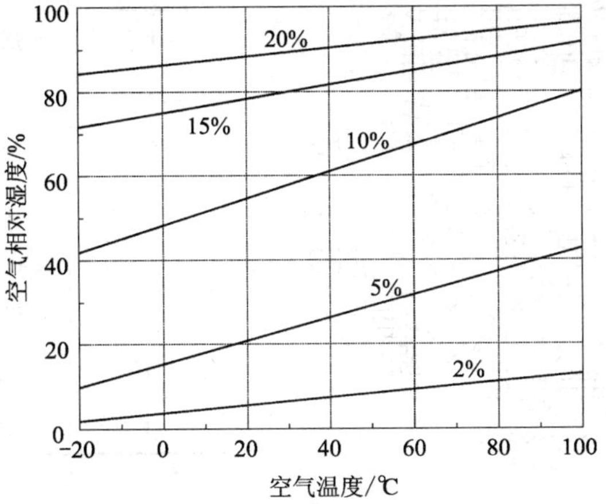

图5-22 木材平衡含水率与空气湿度和温度的关系示意图

当木材的含水量高于纤维饱和点时,木材中会保存一定量的自由水。自由水只存在于木材的细胞腔和细胞间隙里,因而此时对木材作干燥处理或潮湿处理,并使得自由水量的增、减不会改变木材的形状。对实际含水量低于纤维饱和点的木材进行干燥处理时,木材会产生收缩;受潮时则会膨胀,分别称为**干缩**和**湿胀**。干缩和湿胀是由于木材在细胞壁纤维上所含有吸附水量的改变,并会改变木材的外观形状。

干缩和湿胀出现时,木材结构的各向异性使其各个方向的形状改变幅度并不相同。一般来说,木纤维是沿平行于树干中心线的方向分布,因此可能出现的缩胀最低,在日常的环境下其缩胀范围为0.1% ~0.3%;从垂直于中心线、沿髓线方向可能出现的缩胀会比较高,日常缩胀范围约为3% ~6%。由于髓线两侧薄壁细胞的连接很弱,在横切面上垂直于髓线的弦线方向上的缩胀会更高,且离髓心越远则缩胀会越高,通常在6% ~12%的范围内变动。通常以含水率为纤维饱和点到全干状态时所减小的尺寸(或体积)与全干状态时的尺寸(或体积)的比值来衡量木材干缩的数值,称为**干缩率**。干缩率除以引起收缩的含水量,称为**干缩系数**。

在木材加工之前通常都要作干燥处理,干缩会造成木材外观形状的改变。图 5-23 所示为不同部位木材干燥前后的形状变化,可以看到上述原因造成的干缩各向异性使得木材干燥后发生了翘曲、异变、扭折等变形。横切面上沿髓线的干缩低于垂直于髓线的弦线方向,且离髓心越远则弦线方向的干缩量越高,这是图 5-23 所观察到的各向异性干缩的两个主要原因。

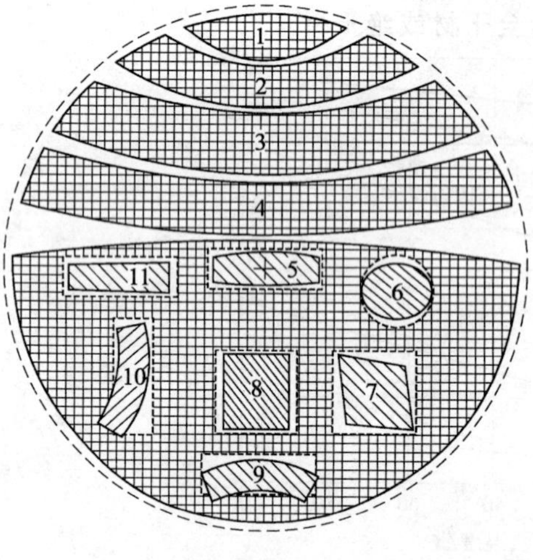

序号	干燥前	干燥后
1	弦弓形	橄榄核形
2,3,4	平板	反翘板
5	髓心矩形	纺锤形
6	圆形	椭圆形
7	正方形	髓线菱形
8	正方形	髓线矩形
9,10	矩形	翘曲形
11	矩形	梯形

图 5-23 不同部位木材干燥前后的形状变化
(虚线表示干燥前的形状)

构成木材细胞壁物质的密度称为木材的**实质密度**,其中不包括木材的细胞腔等空隙,各木材种类之间的实质密度相差不大,为 1.44 ~ 1.57 g/cm^3,通常取为 1.53 g/cm^3。木材的**实际密度**包含了细胞腔等空隙,因此实际密度值较低,且不同木材种类会有明显区别,表 5-10 给出了一些实用木材不同的密度值。

表 5-10 不同木材的实际密度 g/cm^3

沙木	红松	柏木	铁杉	桦木	水曲柳	柞木	樟木	楠木	麻栎	梗木
0.376	0.440	0.588	0.500	0.635	0.686	0.376	0.529	0.610	0.956	0.702

统计分析表明,中国红松、水曲柳等 33 种空气中干燥木材的平均比热容为 1.71 kJ/(kg · K)。比热容与树种、木材密度及在树木中的位置关系不大,但与

温度和木材的含水率有一定关系。水在室温的比热容为 4.184 kJ/(kg · K),因此湿木材的比热容会随着木材含水率的增大而增大。设全干材质量为 100 kg,水分质量为 M (kg)、C_0为全干材的比热容[kJ/(kg · K)],则湿木材比热容 C_M[kJ/(kg · K)]的估算公式为

$$C_{\mathrm{M}}=\frac{4.184M+100C_0}{100+M} \tag{5-6}$$

而全干材的比热容 C_0[kJ/(kg · K)]与温度 T 的关系可表达成如下经验公式:

$$C_0=1.112+0.004\ 85T \tag{5-7}$$

式中:$T=0\sim100$ ℃。

木材结构的各向异性也会造成其热传导的各向异性。沿木纤维方向,即沿**顺纹方向**的热导率 k 要明显高于沿髓线方向,即**横纹径向**的热导率。如松木沿木纤维方向的热导率为 0.35 W/(m · K),而垂直于木纤维方向为 0.17 W/(m · K)。

木材的**导温系数**也称为**热扩散率**,是表达木材在加热或冷却时各部分温度趋于一致的能力,其数值为热导率与其比热容和密度 ρ(kg/m^3)乘积的比值,即导温系数 a(m^2/s)可表达为

$$a=\frac{k}{C_{\mathrm{M}}\rho} \tag{5-8}$$

我国红松、麻栎等 32 种木材的在弦切面垂直于顺纹方向,即**横纹弦向**导温系数为$(1.76\sim17.54)\times10^{-8}$ m^2/s,平均为 13.9×10^{-8} m^2/s。木材也具有热膨胀性,但数值很小,实际可忽略不计。

室温下吸附水达到纤维饱和点的湿木材,其电阻率约为 $10^2\sim10^3$ Ω · m,为半绝缘体;而全干木材的电阻率大于 10^{12} Ω · m,为绝缘体。全干木材的相对介电常数为 2,水的相对介电常数为 81,含水率大的木材其相对介电常数也会增大,且沿木纤维方向的介电常数要大于垂直于木纤维方向的介电常数。根据木材的干湿情况,其相对介电常数范围为 2 ~ 8,相应的介质损耗 $\tan\delta$ 在 $2\sim700\times10^{-4}$的范围(参见表 4-12)。$\tan\delta$ 多用于材料介质损耗的定量表征,在工程上计算热功率消耗时,有时采用**功率因数** $\cos\theta$ 来表示介质损耗。功率因数的基本定义为:交变电流每周期之内有功功率(热消耗功率)与施加功率(等于外施电压与总电流的乘积)之比,在数值上等于热耗电流与总电流之比。木材通常的功率因数约在 0.025 ~ 0.085。当 $\tan\delta<<1$ 时可以推导出 $\tan\delta\approx\cos\theta$。

三、木材的力学性能

非均质各向异性木材的力学性能也呈现明显的各向异性。顺纹方向与横纹方向的力学性质有很大差别。木材的顺纹抗拉和抗压强度均高于横纹方向。单纯木纤维在顺纹方向的抗拉强度可达 80～200 MPa，而针叶树横纹方向的抗拉强度只有顺纹方向的 2.2%～4.6%，阔叶树横纹方向的抗拉强度为顺纹方向的 8.5%～22.6%。木材顺纹抗压强度最高，横纹弦向的抗压强度约是顺纹的 17%，而横纹径向的抗压强度大约只有顺纹的 9%。实际应用的木材并不是单纯木纤维受力，而是整个木材，包括木材中各种微观结构及天然缺陷。木材作为天然高分子材料不可避免地会含有多种天然缺陷，其中节子、裂纹和腐朽部位对材质的力学性能影响最大。包含在树干或主枝木材中产枝条部分称为**节子或树节**。节子破坏木材结构的均匀性和完整性，并降低木材的强度。

拉伸变形条件下木材的应力应变关系表现为既有弹性又有塑性的行为，即木材属于**粘弹性**材料。木材密度对其强度和刚度有最重要的影响；密度升高，木材强度、刚性、弹性模量和韧性会相应增加。木材的塑性是由于在应力作用下，高分子结构的变形及相互间相对移动的结果。

在较小应力和较短时间范围内，木材表现出接近弹性的力学行为；但提高应力和延长时间则表现近似于粘弹性的行为，即表现出明显的蠕变和松弛行为。木材的粘弹性行为会受到同样温度、负荷时间、加荷速率和应变幅度等条件的影响，其中温度和时间的影响尤为明显。图 5-24 所示为木材粘弹性力学行为的应变 ε 与时间 t 的关系示意图。拉伸加载后木材试样瞬间完成弹性变形，弹性应变为 OP。在拉伸载荷不变的情况下，随着时间的延长至 t_1 应变量仍在增加，如图 5-24 中 PB 蠕变阶段所示。如果在 B 点卸载，试样的弹性变形瞬间消失，即有卸载弹性应变 BE 与 OP 相等。随后时间继续延长至 t_2，蠕变变形量缓慢回

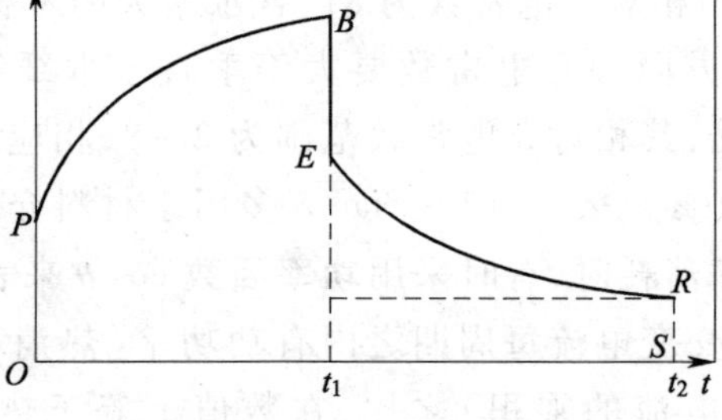

图 5-24　木材拉伸应变 ε 与持续时间 t 的关系示意图

复,最终残留永久变形 *RS*,即木材试样在整个实验过程中产生的塑性变形。这种蠕变变化曲线表现了木材的粘弹性质。如果在上述拉伸实验中保持一定的应变值不变,则随时间的延长试样实际承受的应力会逐渐减小,即表现为**松弛**行为。

木材承受弯曲载荷时通常是沿顺纹方向受力,因此一般会表现出较好的**抗弯强度**。木结构件多会承受横向力,如木梁、横桁架等;其中上部顺纹受压应力,下部顺纹受拉应力。木材顺纹拉伸破坏主要是纵向撕裂和微纤丝之间的剪切。微纤丝纵向结合非常牢固,所以顺纹拉伸时的变形不大,通常应变值小于 1% ~ 3%,强度值却很高。图 5-25 所示为木材承载过程中其相对强度衰减的过程,其中假设木材瞬时强度为 100%。可以看出,木材承载服役一天以后其顺纹抗压强度和抗弯强度就有明显的下降,长期服役后其力学强度会衰减接近 50%。木材强度的这种衰减是其粘弹性松弛行为的工程反映。

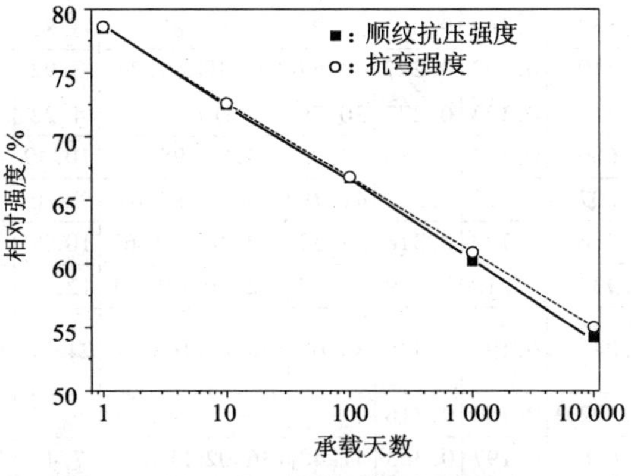

图 5-25　木材承载过程中相对强度的衰减

木材横纹受压时,随载荷提高外观上会产生压缩变形,但无明显破坏特征出现。针对这一特点,工程上一般采用弹性**比例极限应力**表示横纹承压的能力。由于木材的粘弹体特征,其比例极限不如无机材料那样明确,因此横纹承压的比例极需要专门定义。木材微观的高分子结构,使得局部表面横纹承压时载荷很容易传递到承压面以外两边的木材纤维,从而使其强度显著高于全表面横纹承压。因此,需要区别**局部表面横纹承压**和**全表面横纹承压**的比例极限。表 5-11 给出了常用木材的主要力学性能数据。设计承重木结构件时,其荷载应控制在弹性极限或蠕变极限范围之内。

表 5-11 常用木材的主要力学性能数据

树种	产地	密度/(g/cm³)	干缩系数		顺纹强度/MPa		抗弯强度/MPa	承压比例极限强度/MPa			
								局部表面横纹		全表面横纹	
			径向	弦向	抗压	抗拉		径向	弦向	径向	弦向
杉木	湖南	0.371	0.123	0.277	37.07	75.71	62.57	3.04	3.24	1.77	1.47
	四川	0.416	0.136	0.286	35.30	81.49	62.17	3.04	3.73	2.26	2.55
冷杉	四川	0.433	0.174	0.341	34.81	95.42	68.65	3.53	4.31	2.35	3.24
	吉林	0.390	0.122	0.300	31.87	72.18	65.12	2.75	3.53	1.96	2.45
云杉	四川	0.459	0.173	0.327	37.85	92.18	74.43	3.33	4.41	2.75	2.84
	新疆	0.432	0.139	0.309	31.38	—	60.90	6.08	4.22	2.84	2.55
铁杉	四川	0.511	0.149	0.273	45.40	115.52	89.73	3.73	5.98	3.14	3.53
	云南	0.499	0.145	0.269	35.40	85.71	74.63	4.51	5.39	3.43	3.73
红松	黑龙江 吉林	0.440	0.122	0.321	32.75	96.20	64.04	3.63	3.73	—	—
落叶松	黑龙江	0.641	0.169	0.393	56.49	127.39	116.01	4.51	8.24	—	—
	新疆	0.563	0.162	0.372	38.25	110.82	82.96	3.82	5.98	2.84	3.33
马尾松	湖南	0.519	0.152	0.297	43.54	102.48	89.24	3.92	6.47	2.06	3.04
	广西	0.449	0.123	0.277	30.79	65.51	65.21	4.22	4.02	2.55	2.55
柏木	湖北	0.600	0.127	0.180	53.25	114.84	98.56	10.49	9.41	7.75	6.58
白桦	黑龙江	0.607	0.227	0.308	41.19	—	85.81	5.10	3.24	—	—
柞木	吉林	0.766	0.199	0.316	54.52	152.40	121.60	10.20	8.63	—	—
麻栎	安徽	0.930	0.210	0.389	51.09	152.40	126.11	12.55	9.90	8.14	6.37
竹叶青冈	海南	1.042	0.194	0.438	85.02	168.67	168.38	21.18	19.12	13.34	10.30
枫香	江西	0.592	0.150	0.316	—	—	86.40	6.77	9.51	7.65	11.38
水曲柳	吉林	0.686	0.197	0.353	51.48	136.02	116.31	7.45	10.49	—	—

影响木材塑性的重要因素有木材的多孔性、木材的含水率和温度，其中提高含水率和温度都会促使塑性的显著提高。图 5-26 和图 5-27 分别为松木含水率对其抗弯强度和顺纹抗压强度的影响，以及温度和含水率对木材相对弹性模量的影响。对比可知，含水率越高则木材强度越低，而且木材的刚性受温度的影响越大。高含水率木材在常温以上的弹性模量很低，不能承受高的载荷；但在常温以下，弹性模量则随温度的降低明显上升(图 5-27)。对低含水率木材来说，这种变化的幅度就比较小。

木材的强度不仅因树种而异，而且还受木材缺陷的明显影响。木材中节子的尺寸、位置以及承受载荷的拉、压类型都会对强度产生影响。有节子木材一旦受力，节子及其周围会产生应力集中以及较低的弹性模量，因此有节子木材的强度比无节子木材低约 30% ~60%。表 5-11 所列木材的各种标准强度值都是通

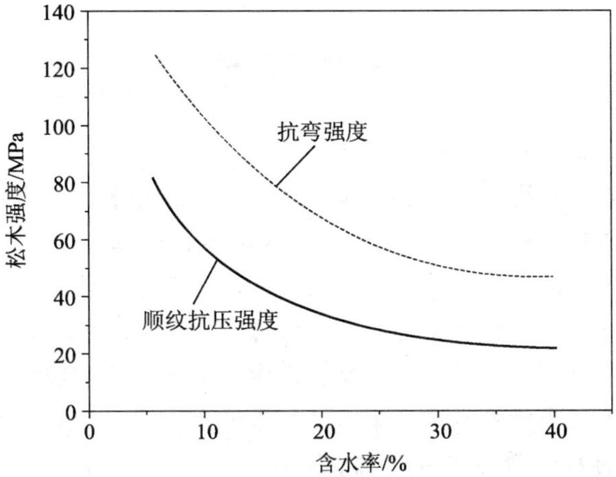

图 5-26 含水率对松木强度的影响

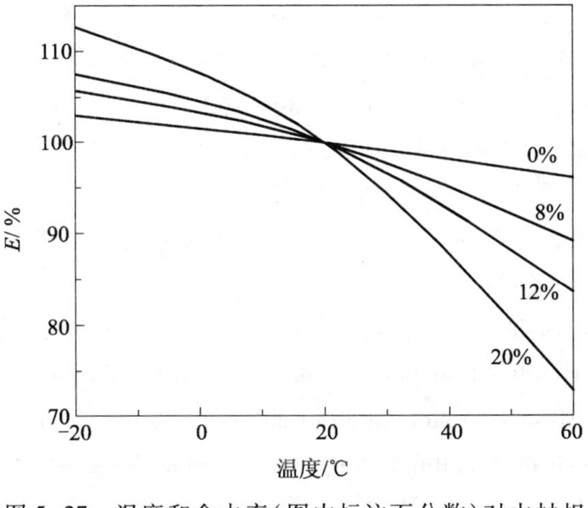

图 5-27 温度和含水率(图中标注百分数)对木材相对弹性模量 E 的影响(设 20 ℃时 E 为 100%)

过对无缺陷试件在特定的条件下测得的,因此会与实际的使用情况有很大差别。

木构件在长期安全使用的前提下能够承受的最大应力称为**许用应力**$[\sigma]$。经标准实验方法测得的力学强度值 σ 进行适当折扣才能获得许用应力,即有 $[\sigma]=K\sigma$,其中 K 为**折扣率**或**折扣系数**。另可以定义**安全系数** A 即 $A=1/K$。考虑到木材可能存在的缺陷和木材的粘弹性和蠕变行为以及温度、含水率等因素可能的影响,木结构的安全系数一般为 3.5 ~ 6.0,比无机材料高很多。

参 考 文 献

[1] 胡宏纹. 有机化学. 2 版. 北京：高等教育出版社，1990.
[2] 曾汉民，等. 高技术新材料要览. 北京：中国科学技术出版社，1993.
[3] 郑新明. 工程材料. 2 版. 北京：清华大学出版社，1991.
[4] 陈贻瑞，王建. 基础材料与新材料. 天津：天津大学出版社，1994.
[5] 阿斯克兰 D R. 材料科学与工程. 刘海宽，等译. 中国宇航出版社，1988.
[6] 张留成. 高分子材料导论. 北京：化学工业出版社，1993.
[7] 贾涓. 全同聚丙烯塑性变形机制、再晶化及力学性能的研究. 北京：北京科技大学材料科学与工程学院，2007.
[8] Jia Juan, Raabe D, Mao Weimin. Texture and crystallinity evolution in isotactic polypropylene induced by rolling and their influence on mechanical properties. Chinese Journal of Polymer Science, 2006, 24(4): 403-411.
[9] 贾涓，毛卫民，Raabe D. 等规聚丙烯材料中 β 晶型相变动力学初探. 武汉科技大学学报，2007，30(4)：360-363.
[10] 贾涓，毛卫民，Raabe D. 轧制和退火过程中等规聚丙烯的力学性能. 高分子材料科学与工程，2008，24(2)：75-78.
[11] 贾涓，毛卫民. 取向等规聚丙烯退火过程中的再晶化. 武汉科技大学学报，2008，31(4)：394-398.
[12] 金日光，华幼卿. 高分子物理. 北京：化学工业出版社，1990.
[13] Vasile C. Handbook of polyolefins. New York: Marcel Dekker, 2000.
[14] Raabe D. Mesoscale simulation of spherulite growth during polymer crystallization by use of a cellular automaton. Acta. Materialia, 2004, 52: 2653-2664.
[15] Durell M, Macdonald J E, Trolley D, et al. The role of surface-induced ordering in the crystallisation of PET films. Europhysics Letters, 2002, 58(6): 844-850.
[16] 王贵恒. 高分子材料成型加工原理. 北京：化学工业出版社，1982.
[17] 王世芳. 建筑材料. 北京：中央广播电视大学出版社，1985.
[18] 吴科如，张雄. 土木工程材料. 上海：同济大学出版社，2003.
[19] 中国建筑西南设计研究院，等. 木结构设计规范. 北京：中国建筑工业出版社，2003.
[20] 李和笙. 木材的强度和含水率. 建筑工人，2002(5)：10-11.

第6章 复合材料简介

§6-1 复合材料的发展

一、复合材料概述

复合材料是指由两种或两种以上的固相组分以微观或宏观的方式混合加工而成的材料。混合后材料中各相仍具有各自的结构和化学成分特征。复合材料整体性能介于材料内各混合单相性能之间,有时复合材料的某些性能会明显优于各混合单相的性能。通常所说的复合材料均有一个复合加工的过程,即通过人为选料与混合加工以事先设计好的原料配方和加工方式复合而成,进而实现事先设定的性能指标。复合材料通常应涉及机械的或力学的制作方式或过程,这与常规的多相材料有所区别。人们也可以根据已知的材料热力学、动力学原理以事先设计好的化学成分和相组成并借助设定的热机械过程“原位”复合某种复合材料。

复合材料通常是由基体材料和增强材料组成的多相材料。人类很早就认识到多相复合而成的材料往往具有良好的综合性能,在很多情况下甚至优于单相材料,因此复合材料的生产和使用已有很长的历史。最原始的复合材料是把稻草掺到泥浆里制成强度较好的土砖。这种砖在我国7 000多年前的新石器时代就已经被用做建筑材料。同一个时期中东人也学会了把沥青与芦苇粘在一起用做造船材料。6 000年以前古埃及人在建造金字塔时就使用了以砂、碎石、粘土、石灰等原料配水而制成的复合材料,当时称为“人造石”,即为古代混凝土。古希腊人也采用石灰浆制成的混凝土制造房屋、堡垒、水利设施和道路。中国古代修建万里长城时也使用了类似的混凝土。中国的漆器已有4 000多年的历史,它是以丝、麻等天然纤维与树漆、天然树脂等粘合制成的复合材料,用以制作器具、塑像、兵器等。

16世纪拉丁美洲的印第安人把天然橡胶涂到纺织物上制成防水且软质的橡胶复合材料。这种材料传入工业国家后对工业发展起到了巨大的推动作用。人们把天然的纤维,如棉、麻或人工合成的人造丝、尼龙6、聚酯、芳香族聚酰胺纤维或称芳纶纤维等增强材料组合,制成了高质量、高强度的橡胶复合材料。19世纪法国人发明了用钢筋增强的钢筋混凝土,推动了民用和军用建筑业的发展。

20 世纪初,人们逐渐可以用各种纤维增强合成的树脂,制成硬质的复合材料。到 20 世纪 40 年代,人工合成了酚醛树脂、环氧树脂、不饱和聚酯及高分子的聚苯乙烯、聚氯乙烯、聚烯烃、聚碳酸酯、聚酯等。20 世纪 60 年代以来又出现了聚砜、聚苯醚、聚醚砜和聚酰亚胺等高性能合成树脂。同时作为增强材料的纤维,也出现了合成的玻璃纤维、碳纤维、硼纤维、碳化硅纤维等。例如,用酚醛树脂和增强材料制成的**压层材料**(或称为**电木**)被大量用做通信设备的绝缘材料。用玻璃纤维与环氧树脂或不饱和聚酯制成玻璃纤维增强复合材料称为**玻璃钢**,被大量用于飞机及其零部件制造、火箭及导弹的壳体、舰船和汽车以及各种军工器械等方面。这些复合材料在第一、二次世界大战中发挥了极为重要的作用。至今玻璃纤维增强复合材料的产品仍占据着复合材料市场的最大部分。

随着近代科学技术的发展,人们对各种材料单项及综合性能的要求越来越高,而单相材料往往不能满足这些要求。因此借助传统制备复合材料的模式,人们不断地创造出各种性能优良的新型复合材料。复合材料的这种发展也促使金属、无机非金属材料和高分子材料之间的联系日益密切,不同材料之间可以互相取长补短。借助复合制备方式与材料性能的关系,人们可以根据实际情况设计复合材料,以满足特殊的使用需求。

二、复合材料的分类方法

复合材料大致可以理解为由两部分组成。一部分是构成复合材料的基本部分,即为**基体材料**;另一部分是以一定方式改善或克服基体材料某些缺陷的**增强材料**。根据复合材料中基体材料的性质,复合材料可划分成聚合物基、金属基和无机非金属基复合材料。**聚合物基复合材料**适用于 300 ℃以下的温度环境,具有高比强度、高比模量、低膨胀系数等特点,属于传统复合材料。聚合物基复合材料技术成熟,生产和应用范围很大,目前是复合材料的主体。**金属基复合材料**可在 300 ~ 500 ℃或更高的温度使用,不燃烧、不易潮、抗辐射、导热导电性好、高温不污染环境,属于高性能复合材料,目前正在研究、开发之中,并正逐渐转入批量工业应用。**无机非金属基复合材料**可在 600 ~ 1 900 ℃使用,在高温下具有高强度、高稳定性、耐磨损、耐蚀等特点,目前也正在研究、开发之中,只有少量应用。根据增强材料的形状又可划分为**颗粒增强**、**纤维增强**(含**晶须增强**)或**片层增强**复合材料。图 6-1 所示为不同增强类型复合材料示意图。

三、复合材料性能特点

复合材料可以同时发挥各单相材料的优点,具有多种高性能,甚至具有各单相材料所不具备的性能。可根据材料使用的力学和物理、化学环境及其可能的各向异性,有针对性地选择复合相、复合的方式及材料的外形。在设计复合材料

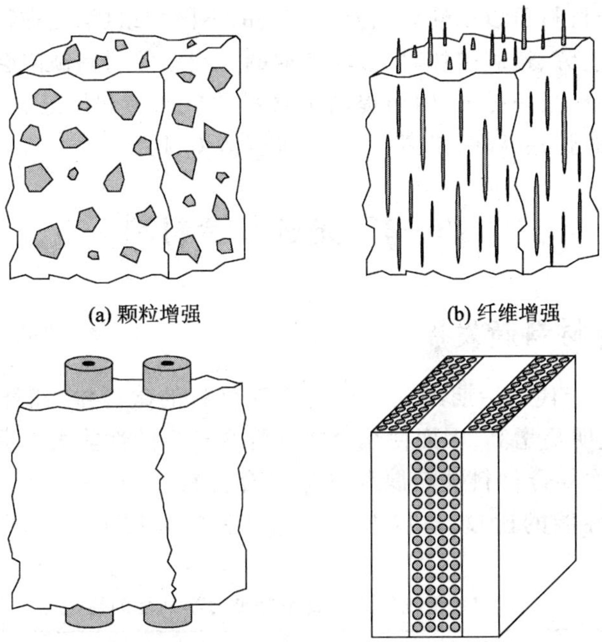

(a) 颗粒增强　　(b) 纤维增强

(c) 单片长纤维增强　　(d) 片层复合

图 6-1　不同增强类型复合材料示意图

和选择复合相时还可以兼顾诸如耐高温、耐蚀、耐摩擦以及声、光、电、磁等方面的性能。表 6-1 给出了传统材料与复合材料力学性能的比较，可以看出复合材料高比强度、高比弹性模量与低膨胀系数的特点。

表 6-1　传统材料与复合材料力学性能

材料类型		密度/(g/cm^3)	拉伸强度/GPa	比强度/(10^7 mm)	拉伸模量/GPa	比模量/(10^9 mm)	冲击强度/($kg\cdot cm/cm^2$)	线胀系数/(10^{-6}/℃)
传统材料	高强钢	7.8	1.4	1.8	210	2.7	—	12
	铝合金	2.8	0.5	1.7	77	2.8	—	23
	钛合金	4.5	1.0	2.2	110	2.4	—	9.0
	尼龙 6	1.2	0.07	0.06	2.7	0.02	12	40
复合材料	玻璃纤维增强塑料	2.0	1.06	5.3	40	2.0	—	—
	硼纤维-环氧	2.1	1.6	7.6	220	10.5	—	4.0
	碳化硅纤维-环氧	2.0	1.5	7.5	130	6.5	260	2.6
	高强碳纤维-环氧	1.6	1.8	11.3	128	8.0	76	0.2
	芳纶纤维-环氧	1.4	1.5	10.7	80	5.7	200	1.8
	石墨纤维-铝	2.2	0.8	3.6	231	10.5	—	2.0
	硼纤维-铝	2.65	1.0	3.8	200	5.7	—	—

另外，复合材料可以由性质相差比较大的不同相组成，当在特定的使用条件下某一相发生疲劳、过载破坏时，破坏造成的如裂缝等材料缺陷会被其他未破坏的相所阻碍，不能很快扩展，因而提高了材料的抗疲劳和抗过载的能力。同时，也避免了材料的脆性破坏，提高了冲击强度（表 6-1）。

§6-2 先进复合材料

一、复合材料新发展

20 世纪 60 年代中后期出现了作为增强材料的碳纤维、硼纤维和聚合物芳纶纤维，其强度明显增高，因而使聚合物基复合材料的性能大大提高。这类新型的高性能聚合物复合材料被归属为先进复合材料。表 6-2 列出了传统纤维与新型纤维力学性能的比较，可以看出新纤维材料高比强度和高比模量的优势（图 6-2）。

表 6-2 传统纤维与新型纤维力学性能的比较

纤维类别		密度/（g/cm^3）	拉伸强度/MPa	拉伸模量/GPa	伸长率/%
传统纤维	尼龙 728	1.14	986	5.52	18.3
	聚酯 68	1.38	1 120	13.79	14.5
	E-玻璃纤维	2.55	2 413	68.95	3.5
	不锈钢	7.86	1 724	200	2.0
新纤维	芳纶 49	1.44	2 758	124	2.5
	钨芯硼纤维	2.5	3 700	400	（~0.9）
	碳 T-1000	1.82	7 060	294	2.4

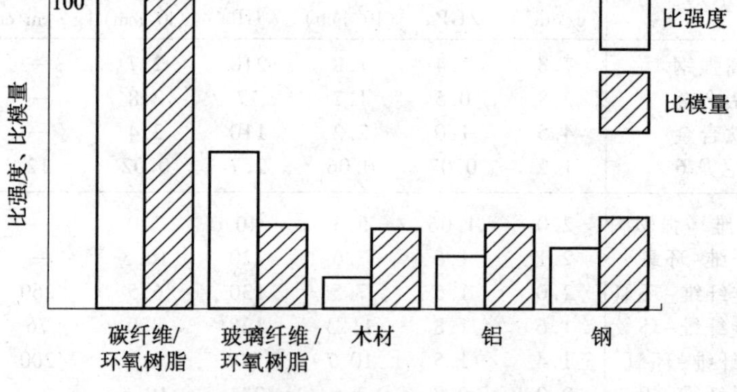

图 6-2 不同材料比强度和比模量的相对比较（以碳纤维/环氧树脂为单位）

20世纪80年代后,以碳化硅颗粒或氧化铝颗粒及短纤维增强的铝基复合材料为先导,金属基复合材料得到了迅速的发展。这种复合材料不仅具备高比强度、高比模量和低膨胀系数的特点,还可以在300~500 ℃或更高的温度下使用,同时具有不燃烧、不易潮、导热导电性好、抗辐射、高温时不污染环境等优点。其中碳化硅增强铝合金复合材料已接近大规模工业化生产。它的密度是钢的三分之一,强度比中碳钢好,弹性模量和耐磨性与钢相当,优于钛合金,价格与铝合金相当,在汽车和机械工业中已有小批量应用,是很有发展前途的复合材料。

陶瓷基复合材料也是近年发展起来的一种新复合材料。与金属基复合材料相比,它可以在更高的温度下使用,其中比较成熟的玻璃基复合材料可以在600~1 000 ℃使用,韧性比陶瓷好。20世纪60年代后出现的陶瓷基复合材料可以在1 200~1 900 ℃使用。由于其高温不可多得的强度和稳定性使它极具开发和研究的价值。

20世纪80年代日本为材料在超高温、大温度落差的极限条件下使用而设想出来一种特殊的梯度复合材料(functionally gradient material, FGM)。该材料组分配比、结构及物理性质参数以某种函数的形式连续变化。材料的一侧为陶瓷,另一侧为金属。从陶瓷一侧向金属一侧过渡的过程中金属组分逐渐增多,陶瓷组分逐渐减少。接近陶瓷一侧材料主要发挥其耐热性能,而接近金属一侧的材料则主要发挥其强度、韧性和热传导性,同时材料的梯度构成也使两侧之间由于温度梯度造成的热应力得到缓解。

综上可以看出,随着先进复合材料的迅速发展,金属、陶瓷将成为复合材料越来越重要的组成部分。

二、新型增强材料及其使用

20世纪60年代以来,新型增强材料不断出现,增强材料性能和制备方法不断改善和更新,推动了金属基和陶瓷基复合材料的发展,表6-3给出了一些新型增强纤维的主要特性。除了玻璃纤维和芳纶纤维外,其他纤维常用来增强金属基或陶瓷基复合材料。一般来说,增强颗粒的性质会决定相应复合材料的性质。表6-4列出了一些增强颗粒的主要特性。

表6-3 新型增强纤维的主要特性

增强纤维	拉伸强度/GPa	弹性模量/GPa	密度/(g/cm^3)	膨胀系数/(10^{-8}/℃)	断裂伸长率/%	纤维类型
玻璃纤维	3.1~4.3	74~88	2.45~2.53	5~9	—	连续长丝
芳纶纤维	2.76	62~124	1.44~1.47	—	1.5~4.0	连续长丝
沥青基碳纤维	4.41~7.06	250~300	1.73~1.82	—	1.52~2.4	纱束长丝
石墨纤维	2.24~3.93	725~891	2.16~2.18	—	0.27~0.55	纱束长丝

续表

增强纤维	拉伸强度/GPa	弹性模量/GPa	密度/(g/cm^3)	膨胀系数/(10^{-8}/℃)	断裂伸长率/%	纤维类型
氧化铝纤维	1.37～2.6	152～460	2.5～4.2	680～880	0.4～1.95	连续纤维 短纤维
氮化硼纤维	0.35～1.0	28～91	1.8～2.0	—	—	
氮化硅纤维	1～4	130～230	2.2～2.35	—	—	
碳化硅纤维	2.41～4.46	200～446	2.3～3.46	150～490	0.5～2.2	连续纤维 短纤维
硼纤维	3.0～4.0	360～410	2.27～2.65	—	～0.9	连续单丝
晶须(金属、氧化物、碳化物、氮化物)	2.41～4.46	200～446	2.3～3.46	—	—	单晶细纤维

表 6-4 增强颗粒的主要特性

颗粒材料	密度/(g/cm^3)	拉伸强度 σ_b/GPa	拉伸模量 E/GPa	线胀系数/(10^{-6}/℃)
石 墨	1.6～2.2	—	910	2.57
SiC	3.2	3	480	5.4
Al_2O_3	3.97	8	460	6.8
TiC	4.25	—	420	6.52
TiB_2	4.5	—	550	6.39
B_4C	2.5	6.5	480	4.5
Si_3N_4	3.2	3～6	360	2.11
BN	2.25	0.8	100～500	3.8

这些增强材料可用于各种金属基和陶瓷基复合材料之中，使材料的某些性能得到增强或使整体性能得到改善。表 6-5 例举了几种晶须或颗粒增强的各向同性金属基复合材料的主要力学性能指标。表 6-6 以简化的形式列出了若干纤维增强各向异性金属基复合材料的主要力学性能指标。可以看出，经增强的金属及合金的性能得到了不同程度的改善。

表 6-5 几种晶须或颗粒增强的各向同性金属基复合材料的主要力学性能指标

复合材料	增强材料体积 V/%	弹性模量 E/GPa	屈服强度 $\sigma_{0.2}$/MPa	强度极限 σ_b/MPa	伸长率 δ/%	制备方法
SiC 晶须/Al 合金(<0.5% Si，<0.5% Fe)	0	73	295	420	19.0	挤压铸造法
	20	97	386	532	2.4	
	25	121	545	683	2.0	

续表

复合材料	增强材料体积 V/%	弹性模量 E/GPa	屈服强度 $\sigma_{0.2}$/MPa	强度极限 σ_b/MPa	伸长率 δ/%	制备方法
Si_4N_3晶须/Al-Si	0	—	372	460	1.7	粉末冶金法
	5	—	392	456	1.1	
SiC 颗粒/Al(<0.2% Fe, <0.3% Si)	0	71	420	455.1	9.0	粉末冶金法、挤压铸造法混合铸造法雾化沉积法
	20	103.4	400	551.6	7.0	
	25	113.8	413.7	565.4	5.6	
	30	120.7	441.3	593.0	4.5	
	40	151.7	517.1	689.5	1.1	

表 6-6 纤维增强各向异性金属基复合材料的主要力学性能指标

纤维材料	基体材料	纤维体积 V/%	密度 /(g/cm^3)	拉伸强度纵向/MPa	拉伸模量纵向/GPa	拉伸强度横向/MPa	拉伸模量横向/GPa
石墨	Al	34	2.38	660	210	30	30
	Pb	41	7.47	720	200	—	—
	Cu	39	6.09	290	240	—	—
	Mg	42	1.80	450	190	—	—
	Ni	50	5.34	828	310	30	40
沥青碳	Al	41	2.44	620	320	—	—
	Mg	38	1.83	510	300	—	—
碳化硅	Al	50	2.93	1 480	230	(140)	140
	Ti	35	3.93	1 210	260	520	210
硼	Al	50	2.49	1 380	230	140	160
碳化硼	Ti	38	3.74	1 480	230	>340	>140
氮化铝	Al	50	3.60	1 170	210	(140)	140

增强材料的形状对陶瓷基复合材料的韧性有很大影响。图 6-3 所示为 SiC

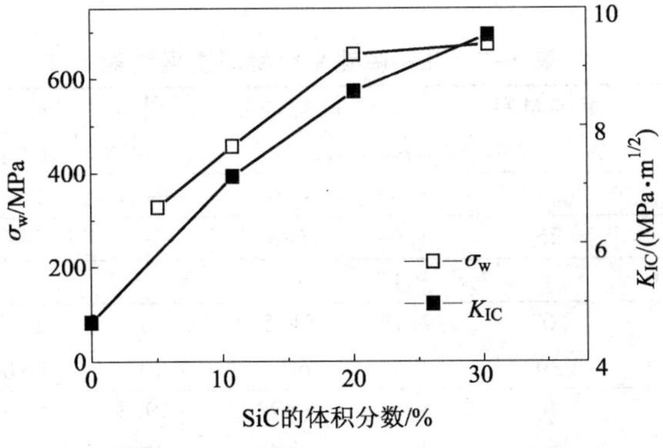

图 6-3 SiC 增强晶须含量对 Al_2O_3基复合材料性能的影响

晶须含量对 Al_2O_3 基复合材料抗弯强度和断裂韧性的影响。图 6-4a 所示为增强材料形状、体积量和相对韧性的关系。形状的这种影响主要表现为对裂纹扩展阻碍的大小。一般来说，棒状增强材料对裂纹扩展阻碍较大(图 6-4b)。表 6-7给出了几种陶瓷基复合材料的主要性能。

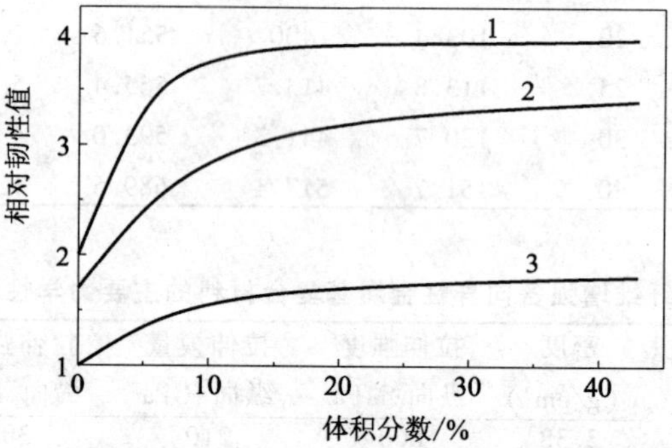

(a) 增强相形状对陶瓷基复合材料韧性的影响

1—棒状；2—板片；3—球状

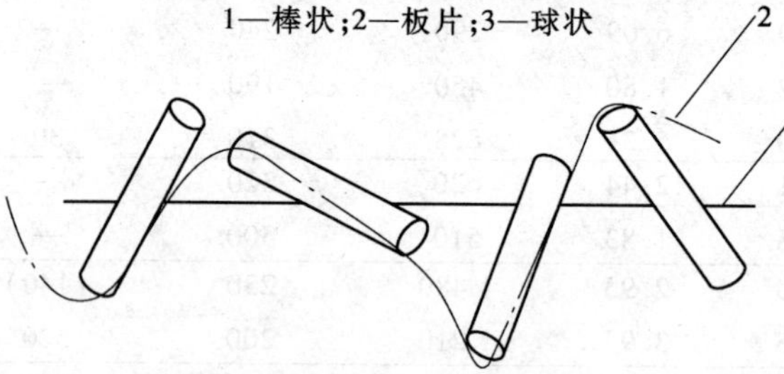

(b) 晶须引起裂纹偏转而增韧

1—无晶须时裂纹扩展的路径；

2—有晶须时裂纹扩展的路径

图 6-4 增强相对复合材料韧性的影响示意图

表 6-7 几种陶瓷复合材料主要性能

复合材料	增强材料体积 *V*/%	密度/ (g/cm^3)	抗弯强度 /MPa	断裂功 /(J/m^2)	冲击韧度 /(J/m^2)	断裂韧性/ ($MPa \cdot m^{0.5}$)
ZrB_2颗粒/SiC	21	3.84	436	—	—	4.8
TiC 颗粒/SiC	25	3.63	586	—	—	7.15
B_4C 颗粒/SiC+3% C	1	3.17	487	—	—	4.5
碳纤维	0	2.16	51.5	6 ~ 11	1 000	—
/石英玻璃	30	2.0	600	7 900	40 000	—
碳纤维	0	3.44	~473	~19.3	—	~3.7
/氮化硅	30	2.70	~454	~4 770	—	~15.6

三、复合材料的应用与开发

以聚合物为主的传统复合材料已在航天航空、体育与音乐器材、汽车、化工、纺织、精密仪器、医学、建筑等方面得到了极为广泛的应用。随着现代工业对材料性能要求的提高，先进复合材料不断向高强度、高模量、耐高温和低密度（三高一低）方向发展。高强度、高模量和低密度指的是高比强度和高比模量，本质上是要降低材料在使用时的质量。因此三高一低的发展趋势更简化的概括为：在保证使用所需的力学性能的条件下，尽量减小材料的质量和提高材料的耐高温性能。尤其对复合材料耐高温方面的要求，使得金属基和陶瓷基复合材料的发展有了根本的基础，相关研究和开发是复合材料领域的主攻方向之一。

表 6-8 举出了一些已获得应用的金属基复合材料的实例。从中可以看出先进复合材料确实有传统聚合物基材料不可取代的优势。

表 6-8 部分先进复合材料的应用情况

增强材料	基体材料	应用领域	性能优势
碳纤维 石墨纤维	Al 合金 Mg 合金	人造卫星构件	膨胀系数趋近 0 尺寸稳定
硼纤维	Al 合金	航天飞机构件	比铝合金减重量 44%
钨丝	Ni,Fe,Cu	蒸汽机 火箭推进器	高温各项力学性能提高发动机效率
SiC 纤维	Ti_3Al,TiAl,Ni_3Al		
氧化铝颗粒 硅酸盐纤维	Al 合金	汽车发动机 活塞等零件	高温强度和耐磨性效率提高 5%，寿命提高 5 倍
SiC 颗粒	Al 合金	火箭，导弹，激光设备，大功率发动机构件，坦克履带板	高温性能好、抗磨损
TiC 颗粒	Ti 合金	导弹壳体，尾翼，发动机构件	比铝基复合材料更高的使用温度，增强颗粒与基体界面性能好
SiC 晶须 Si_3N_4 晶须	Al 合金	航天航空，汽车构件体育器材，纺织梭	可作二次热塑性加工以增加材料致密度和晶须分布的均匀性，因而有优异的综合力学性能
连续 SiC 丝	玻璃陶瓷	航空发动机构件	高温使用（如 1 150 ℃使用）
C 纤维、SiC 纤维	SiC		
ZrO_2 颗粒，TiC 颗粒，SiC 晶须	Al_2O_3	钻 具	>1 400 ℃使用
γ(γ)Ni-TaC 定向凝固共晶复合材料		高温涡轮叶片	比传统定向凝固高温合金使用温度高 38 ℃

目前铝基复合材料在航空航天、汽车、兵器等工业上的应用已比较成熟。纤维增强的金属基复合材料有可利用的各向异性,但制造工艺比较复杂,因此成本较高。颗粒或晶须增强的金属基复合材料基本上是各向同性的,制造成本相对也低一些。晶须增强材料可作二次加工,对进一步提高性能有利。金属基复合材料目前仍在努力简化、优化生产工艺,发展新工艺,并尝试进一步提高性能、降低成本。陶瓷基复合材料尚处于研究开发和初步应用阶段。在发挥其高的耐热性、耐磨性和耐蚀性的同时仍要进一步努力提高韧性,克服脆性。

从环保角度出发,可降解的高分子材料是一种环境友好的材料,但其力学性能很差,没有很高的工程价值,目前主要涉及的是一次性使用的塑料,其降解方式主要为自降解。天然纤维和可生物降解塑料制造的生物质复合材料是一种具有工业应用价值的工程结构材料,其强度可以达到几十兆帕,称为**可降解生物质复合材料**。可降解生物质复合材料是用木材、竹材、棉、麻及其他天然植物纤维与各种可生物降解的高分子物质如聚乳酸、聚丁二酸丁二醇酯、聚己内酰胺等源自植物体的塑料通过共混、挤出、热压、注塑等工艺制备而成的生物质复合材料。天然植物纤维可以采用木材、竹材、棉、麻等农林资源工业化利用过程的边角余料或其他相应回收物质,因此其来源广泛而丰富。聚乳酸等塑料通常的耐热性和力学性能比较差,在工程结构上的利用价值不大。但它们与天然植物纤维复合之后使耐热性和力学性能都得到改善,不逊色于常规工程塑料。与自降解材料不同,可降解生物质复合材料在正常使用条件下不会发生自然降解,因此可以有足够长的使用寿命。在一定的温度、湿度及微生物条件下可降解生物质复合材料在天然植物纤维的促进下可实现生物降解。由此可见,可降解生物质复合材料需要而且可非常方便地借助人工降解的方式结束其寿命,因此具备环境友好和工程应用双重价值。目前,天然植物纤维增强的复合材料已被成功地用来替代玻璃纤维增强复合材料,用于制作汽车零部件。

§6-3 金属与陶瓷基复合材料的制作

复合材料特有的多相混合加工使其生产过程明显区别于传统材料的生产,即复合材料常需附加一个特定的混制阶段。由此可见,材料的复合过程和相关技术是复合材料发展的关键之一。复合过程可以是纯机械的,也可以是机械与热力学或其他过程混合在一起的过程。多数情况下需先分别制成增强材料和基体材料,然后经混合加工过程制成复合材料。在一些特殊情况下,复合相也可以在复合过程中生成。下面简述一些与金属或陶瓷基复合材料有关的制作与生产方式。

一、液态金属浸铸法

制造纤维或晶须增强复合材料时可先如图6-5所示，经搅拌、压型、干燥等工序制成增强材料预制坯，用以制造金属基复合材料。浸铸后的型材仍可作一定程度的塑性变形加工。将预制坯预热后放入浇铸模，浇入液体金属。液体金属靠自重渗入预制坯而成制品。这种普通铸造法的成本低、设备简单，但制品易有疏松，质量较差。另外，可将陶瓷颗粒增强材料放入液态金属中搅拌均匀并浇铸成形。这种混合铸造法即可直接铸成零件，也可制成形材并作二次加工成形，且成本低、质量也比较好。

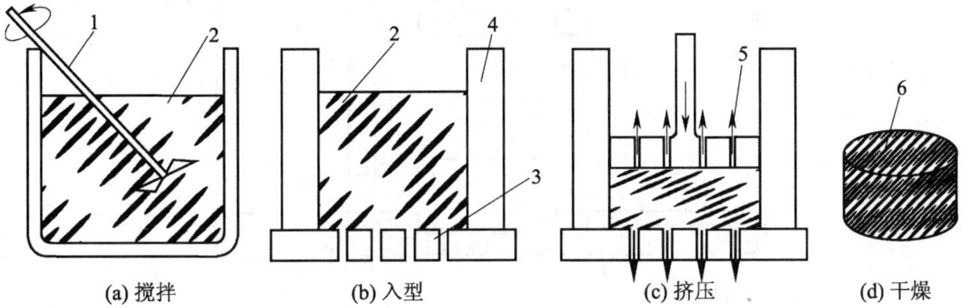

图6-5 纤维或晶须增强复合材料预制坯的制作

1—搅拌器；2—晶须；3—过滤器；4—模子；5—出水；6—预制坯

将装有液态金属的坩埚室抽成真空，再通过通入惰性气体将液态金属压入预制坯室并渗入预制坯，可制成复合材料构件（图6-6），称为**真空压铸法**。该生产过程不易发生氧化，产品质量有保证。这种方法设备较复杂，适合于单件、小批生产。

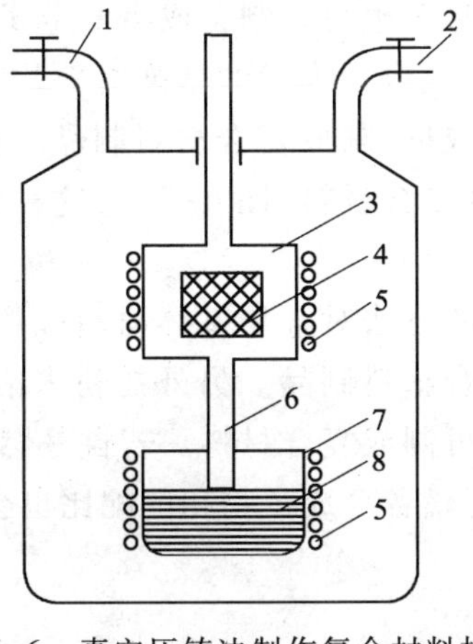

图6-6 真空压铸法制作复合材料构件

1—惰性气；2—抽真空系统；3—铸模；4—纤维预制品；5—加热器；6—引流管；7—坩埚；8—液态金属

图6-7所示为**挤压铸造**设备示意图。将预制坯放入铸模中,再把基体金属放入坩埚。待金属加热熔化后打开活动坩埚底板并放下液压压头,让金属液体在压头较高的压力下逐渐流入预制坯。坯内的气体可由铸模底部排出。这种方法生产的复合材料致密、质量好、成本低,操作也较简便,有利于大批量自动化生产。

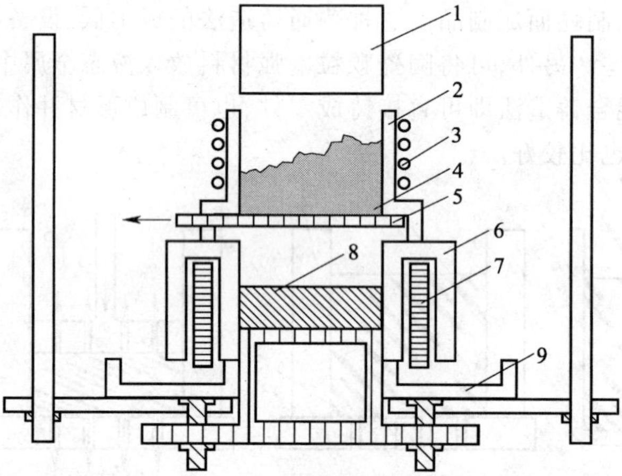

图6-7 挤压铸造设备示意图

1—液压压头;2—坩埚;3—感应加热;4—金属粉料;5—活动坩埚底板;6—模具;7—模具加热体;8—纤维预制件;9—绝热层

二、粉末冶金法

采用粉末冶金通常的工艺也可以制备或生产金属基或陶瓷基复合材料。将基体金属粉末与颗粒、晶须或短纤维状的增强材料均匀混合后放入包套中在高温高压下经热等静压烧结成形,制成复合材料制品。若增强颗粒在基体内呈梯度分布,则最终可制成梯度复合材料(图6-8)。这种方法也可应用于长纤维增强的复合材料的生产。

可以采用机械合金化的方法对金属基体材料和增强材料进行混合,再经热处理和变形加工后制成复合材料制品。另外在粉末冶金自蔓燃合成过程中,当合成产物为不同固相时亦可制成复合材料。若自蔓燃合成前制作预制坯时使混合组分呈梯度分布,则自蔓燃各合成产物相的配比也会呈梯度分布,进而制成梯度复合材料。

三、沉积法

利用**雾化沉积**原理也可以生产金属基复合材料。图6-9所示为相应的制

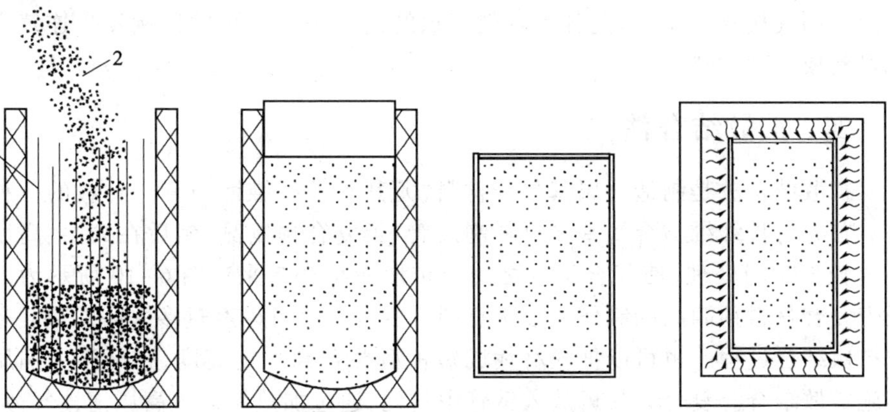

图 6-8　粉末冶金法制备金属基复合材料

1—增强纤维；2—金属粉末浆

备装置示意图。雾化的液态金属与陶瓷增强颗粒经搅拌混合后被送出喷雾室而沉积。这种方法可制成连续的复合板带材。

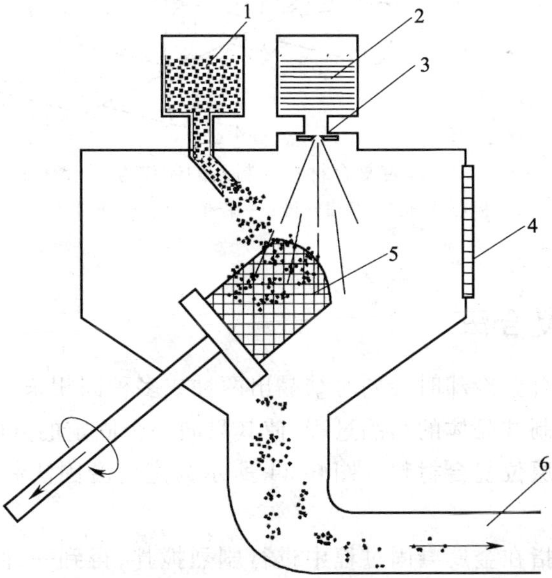

图 6-9　雾化沉积制备柱状金属基复合材料示意图

1—SiC 粉；2—液态金属；3—雾化器；4—减压孔；5—柱状锭；6—集尘器

将不同的气相物质在一定温度和压力下混合，可借助化学气相沉积法合成出不同的固相物质。这些固相物质混合沉积后可制成复合材料。调整温度、压力及不同气相物质流量，使各个时刻沉积的固体物质各相的比例发生连续变化也可制成梯度材料。

四、扩散结合法

扩散结合法是制造金属基复合材料，尤其是长纤维增强复合材料的一种方法。首先将长纤维与金属基体材料制成管、板复合预制品，然后在高温、高压下经过较长时间处理，使复合组分之间经扩散而结合起来。图 6-10 所示为一种板带复合材料预制品的制作方法示意图。复合板材可以经过多次高温热轧来完成扩散结合过程。也可以把板材裁成短板后叠合到一定高度，在高温下加压以实施扩散结合。复合管材可放入钢管中封死，通过加热及通入高压惰性气体，以等静压法来完成扩散结合。

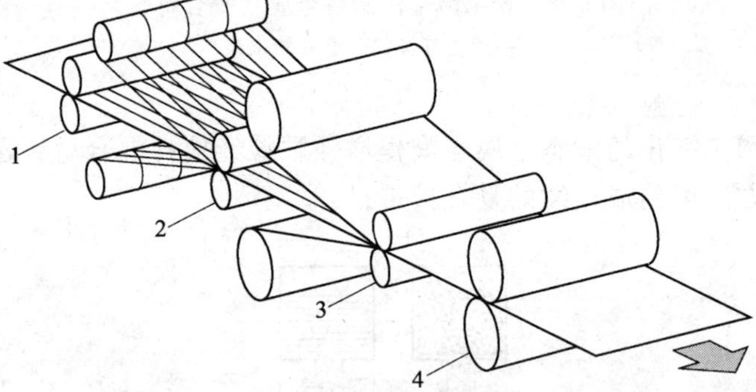

图 6-10 板带复合材料预制品的制作方法示意图

1—板带刻槽；2—敷设纤维；3—板带覆盖；4—扩散结合

五、原位复合法

共晶成分的合金冷却时会同时结晶出两种或多种固相来。如果用一个特定的机械装置来控制共晶体的结晶过程，使其只向一个固定的方向散热，则可以利用定向凝固制成**原位复合材料**。图 6-11 所示为定向凝固法制造共晶复合材料的原理图。

半固态加工指在金属凝固过程中进行剧烈搅拌，得到一种液态金属母液中均匀地悬浮着一定固相组分的固液混合浆料。此时合金中既有固态相又有流动性。由于剧烈的搅拌作用，固态相常规的枝晶结构被打碎而呈细小的球均匀悬浮于液相中，浇铸后即可制成细小颗粒增强的复合材料。例如用这种方法可以制备 Al-5Si-2Fe 合金，半固态时固态相即是富硅相。图 6-12 所示为用做半固态加工的设备示意图。

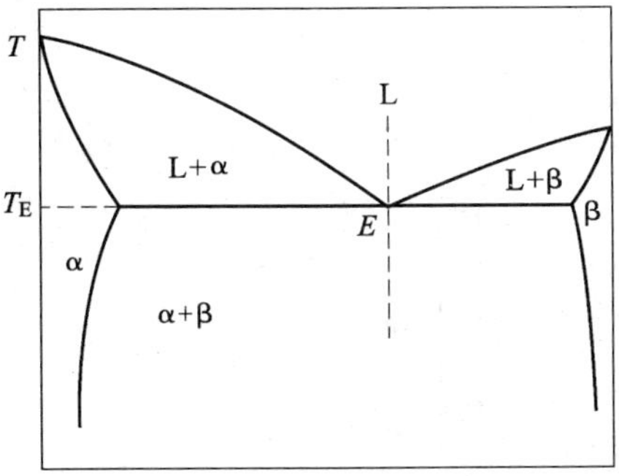

(a) 二元共晶相图

(b) 定向凝固共晶组织示意图

图 6-11　定向凝固法制造共晶复合材料

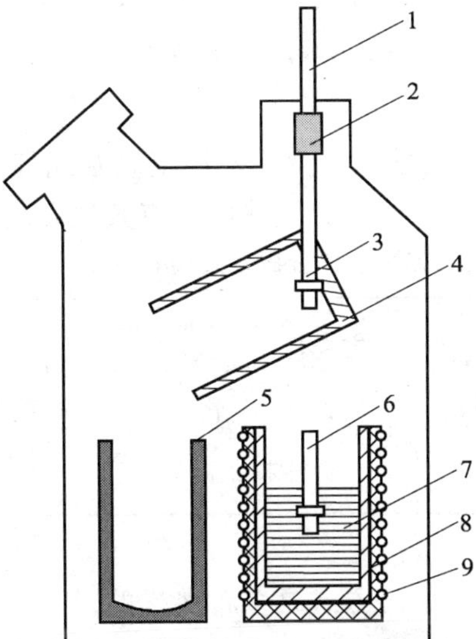

图 6-12　半固态加工制作金属基复合材料示意图

1—水冷轴；2—联轴节；3—石墨棒；4—浇铸位置；5—锭模；

6—低位石墨棒；7—液态金属；8—坩埚；9—加热器

将适当气体加入搅拌着的液态金属中，使之与液态金属发生化学反应，利用气相反应生成高熔点且均匀悬浮于液相中的细小固相颗粒可制成原位颗粒复合材料，称为**气相反应**法。例如将甲烷注入 Al-Cu-Ti 合金中可生成 TiC 颗粒增强的 Al-Cu 合金基复合材料。将氧气注入 Al 中可生成 Al_2O_3 颗粒增强的铝基复合材料。采用气相反应法可以避免很高的熔炼温度和粗大的增强相。图 6-13 所示为气相反应设备示意图。

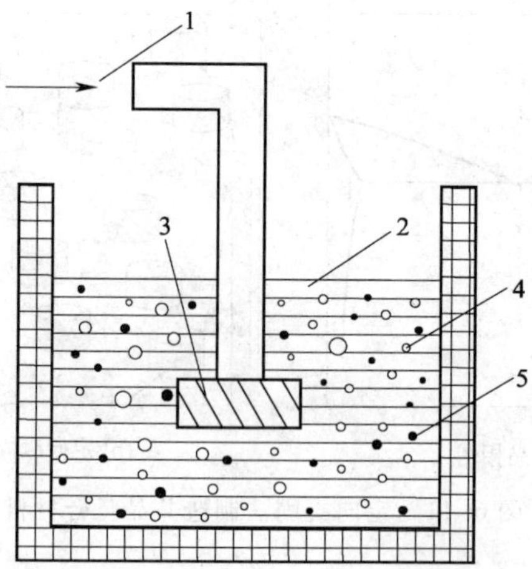

图 6-13 气相反应设备示意图

1—气体注入;2—液态金属;3—起泡器;4—气泡;5—反应产物

表 6-9 粗略地归纳了可能用于生产不同金属基或陶瓷基复合材料的方法。由于复合材料生产制备的多样性,并不排除还有其他方法。

表 6-9 可以用来生产金属基及陶瓷基复合材料的方法

复合材料	颗粒	短纤维,晶须	长纤维
金属基	液态金属浸铸法,粉末冶金法,沉积法	液态金属浸铸法,粉末冶金法	液态金属浸铸法,粉末冶金法,沉积法,扩散结合法
陶瓷基	粉末冶金法,化学气相沉积法	粉末冶金法	粉末冶金法,化学气相沉积法

综上所述,复合材料的生产方式是多种多样的,往往与复合方式及零件的形状有很大关系,其生产制作方式也会直接影响其组织结构和工程性能。

六、其他复合法

爆炸复合法是利用炸药爆炸的高速冲击作用在十分短暂的时间内使不同金属之间在接触表面附近形成一层薄的过渡区,该过渡区内发生了金属的塑性变形、熔化和快速扩散,使两种不同金属材料实现焊合。该方法复合效率高,可实现一些难加工材料的焊接复合,但过程不容易控制,目前主要处于研究阶段。

一些金属间化合物具有非常好的性能,但其塑性加工性能极差。然而,构成金属间化合物的各金属单质的塑性通常比较好,因此可借助**变形复合法**实现成形加工和复合过程。将不同单质金属板相间叠和后作热轧加工,使各层金属板自然焊合,成复合板材。将成形的金属板或构件作适当高温扩散加热,以使金属板间形成所需的金属间化合物。加热过程可以对扩散面施加一定压力,并借助工艺过程控制金属间化合物层的类型、厚度及与金属基本的比例等。相关的变形过程也可以是挤压或单向压缩等。

为了克服陶瓷基复合材料始终存在的韧性不足的缺点,最新发展出了**共连续陶瓷基复合材料**。针对陶瓷基复合材料中增强材料分散而不能有效提高韧性的缺点,共连续陶瓷基复合材料采用陶瓷基体与金属增强材料都成为连续介质的方法,使复合材料在具备陶瓷特性的前提下韧性大幅度提高。其制作方法可采用多孔陶瓷连续体浸入液态金属以形成连续增强组分的方法,也可以采用自蔓燃高温合成或原位化学反应直接合成等方法。

参考文献

[1] 曾汉民. 高技术新材料要览. 北京: 中国科学技术出版社, 1993.

[2] 曾汉民. 当代社会经济的先导: 新材料. 北京: 新华出版社, 1992.

[3] 丘伊柯 A B. 钢筋混凝土. 王一尘, 马成沂, 译. 北京: 国防工业出版社, 1957.

[4] 赵玉庭, 姚希曾. 复合材料基体与界面. 南京: 华东工学院出版社, 1991.

[5] Clyne T W, Withers P J. An introduction to metal matrix composites. Cambridge: Cambridge University Press, 1993.

[6] 莫特 N, 等. 微观结构物理性能的概述. 中国科学技术大学材料翻译组, 译. 北京: 科学出版社, 1975.

[7] Bradley R A, et al. Whisker-and fibre-toughened ceramics: proc. inter. conf., Oak Ridge, 7-9 June, 1988.

[8] Suresh S, et al. Fundamentals of metal matrix composites. Philadelphia: Butterworth-Heinemann, 1993.

[9] Chawla K K. Ceramic matrix composites. London: Chapman & Hall, 1993.

[10] 郭文静, 鲍甫成, 王正. 可降解生物质复合材料的发展现状与前景. 木材工业, 2008, 22(1): 12-14.

[11] 刘江. 金属复合材料生产技术的现状与发展趋势. 金属功能材料, 2008, 15(1): 44-47, 52.

[12] 陈维平, 黄丹, 何曾先, 等. 连续陶瓷基复合材料的研究现状及发展趋势. 硅酸盐通报, 2008, 27(2): 307-311.

第7章　微电子材料与光学材料简述

如绪论中所述，自几百万年之前地球出现人类以来，人类社会经历了石器时代、铜器时代、铁器时代以及后铁器时代等以材料技术发展为标志的不同时代。20世纪末、21世纪初以来，人们不再以材料的进步程度来命名时代，而是根据信息技术的高速发展状态及其对人类生活的巨大影响，把现代人类社会称为**信息时代**。然而，现代信息社会的发展也需要一定的前提和基础。

前面几章根据材料的化学组成分别介绍了金属材料、无机非金属材料、高分子材料以及这三类材料组合而成的复合材料。根据材料在使用过程所发挥主要性质的特征还可以把材料划分成结构材料和功能材料两大类。由此可见，从材料的化学本质和所发挥的性能特征观察，微电子材料与光学材料都不是一个独立的材料类型。从微电子材料和光学材料的名称上可以看出，这些材料都归属于功能材料。从化学本质上讲微电子材料和光学材料可以是金属、无机非金属或高分子聚合物。随着微电子技术和计算机技术以及相应的通信技术和网络技术的飞速发展，现代社会的信息化程度日益增强，人们也需要了解现代信息技术得以发展的根本转折点和材料基础。应该注意，微电子材料和光学材料的种类繁多，新材料、新技术层出不穷，且往往涉及材料学科以外许多方面的技术进步和发展，因此这里不可能系统性讲解微电子材料和光学材料。本章摆脱前几章的阐述系统，仅仅依托几个典型实例对微电子材料和光学材料作简单描述，以拓宽视野。

§7-1　超大规模集成电路材料

一、半导体材料学原理

人们熟知，各种物质的电阻率相差很大。**半导体**的电阻率介于金属导体和绝缘体之间，通常具有负的电阻温度系数。半导体的室温电阻率为 10^4 ~ 10^{-4} Ω · m。半导体材料的种类有很多，按化学成分可把半导体划分为单质半导体和化合物半导体两大类。锗和硅是最常见的单质半导体；化合物半导体包括Ⅲ ~ Ⅴ族化合物（如砷化镓、磷化镓）、Ⅱ ~ Ⅵ族化合物（如硫化镉、硫化锌或锰、铬、铁、铜等的氧化物）、Ⅲ ~ Ⅴ族化合物和Ⅱ ~ Ⅵ族化合物组成的固溶体（如镓铝砷、镓砷磷等）。一些非晶态物质和有机高分子物质也具有半导体特性。

不含杂质的单晶半导体称为**本征半导体**。图 7-1a 所示为硅晶体的结构及其原子间共价结合方式示意图,其真实四价晶体结构(图 7-1b)为图 1-3d 所示的 A4 结构。在绝对 0 K 条件下,半导体的价带通常是满带,受到热激发后,价带中的部分电子会越过禁带作为自由电子而进入能量较高的空带使之成为导带,并因此使半导体的电阻率下降。价带中缺少一个电子后形成一个带正电的空位,称为**空穴**,自由电子和价带空穴合称为**电子-空穴对**。自由电子和价带空穴作为**载流子**可以在外电场作用下定向运动。由电子-空穴对造成的导电性称为**本征导电性**。导带中的电子会落入空穴使自由电子和空穴对消,并释放出一定能量的电磁辐射或促使晶格热振动。在某一温度下,电子-空穴对的激发和消失达到动态平衡时会保留一定的载流子密度,从而使半导体保持一定的电导率。温度升高时载流子密度增加而电阻率减小。室温下本征硅的多余电子和空穴浓度约为 $1.4\times10^{16}/m^3$。

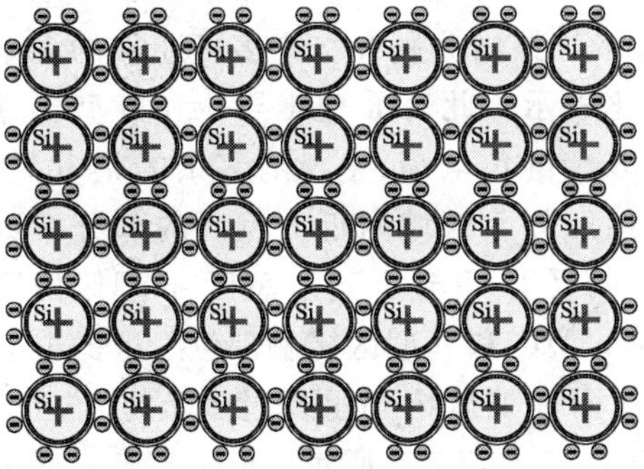

(a) 示意图

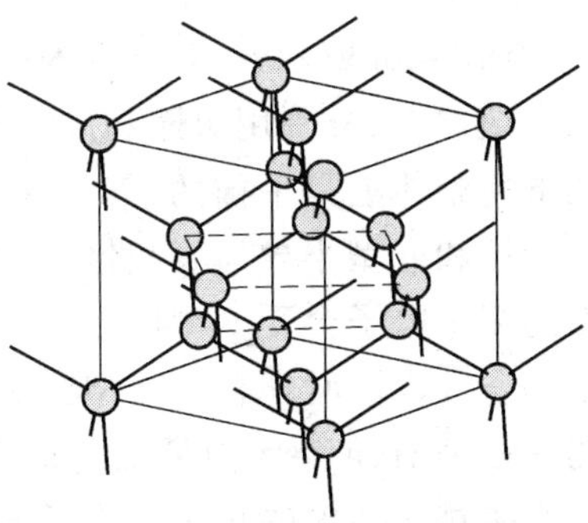

(b) 单胞的真实共价键结构

图 7-1 硅晶体的结构及其原子间共价结合方式

杂质元素的类型和含量对半导体的电阻率有很大影响。如果在四价元素锗或硅晶体中掺入五价元素磷、砷、锑等杂质原子,杂质原子作为代位原子进入晶体结构后其五个价电子中有四个与周围的锗或硅原子形成共价键,多余的一个电子被束缚于杂质原子附近,并且很易被激发到导带成为易于迁移的自由电子。掺杂后的半导体中出现了许多带负电荷而易于迁移的自由电子,使电阻率下降,称为 **n 型半导体**,如图 7-2a 所示。若在锗或硅晶体中掺入三价元素硼、铝、镓等杂质原子,代位式杂质原子与周围四个锗或硅原子形成共价结合时尚缺少一个电子,因此会保留一个空穴,且价带中的电子很易因被激发跃迁到这个空穴处填补空穴,并造成空穴的迁移。掺杂后的半导体中出现了许多带正电荷而易于迁移的空穴,使电阻率下降,称为 **p 型半导体**,如图 7-2b 所示。硅掺杂后形成 n 型半导体中的自由电子浓度约为 $5\times10^{22}/m^3$,而硅晶体的原子密度为 $5\times10^{28}/m^3$,即晶体中大约每百万个硅原子有一个自由电子。

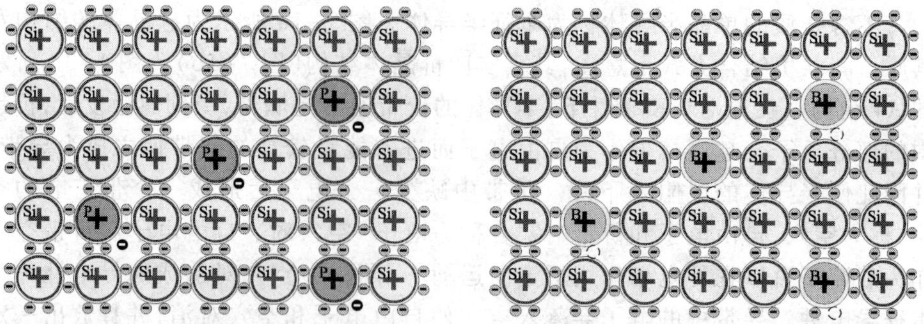

(a) n型半导体(P原子附近带负号的黑圈为多余的电子)　(b) p型半导体(B原子附近的虚线圈为空穴)

图 7-2　四价硅晶体中掺入五价磷或三价硼后原子间共价结合方式示意图

如图 7-3a 所示，n 型半导体和 p 型半导体内分别存在许多可迁移的多余电子和多余空穴，分别用黑圈和虚线圈简化表示。此时 n 型半导体和 p 型半导体内的电荷整体上是平衡的，其内既没有多余的负电荷，也没有多余的正电荷。n 型半导体和 p 型半导体互相接触时，其接触界面区域附近 n 型区的部分靠近接触面的多余电子会受 p 型区内多余空穴的吸引，并迁移进 p 型区，p 型区内同样数量的空穴也同时迁移进 n 型区。此时 n 型区和 p 型区接触部位附近的电荷分布均失去平衡，n 型区内呈现过多正电荷而 p 型区内则呈现过多负电荷，正、负电荷在接触面两侧的积累形成了电偶极层，如图 7-3b 所示。n 型区和 p 型区内电荷分布的失衡会阻碍 n 型区内多余电子向 p 型区的继续迁移，使得多余电子发生少量迁移后终止迁移行为。此时 n 型半导体和 p 型半导体构成的接触体系重新达到平衡。图 7-3b 中间灰色部位所示接触面附近形成的多余电子和空穴迁移区域称为 **p-n 结**。p-n 结以阻挡层的形式阻止了正、负载流子的后续迁移，其电阻明显高于 n 型半导体和 p 型半导体。

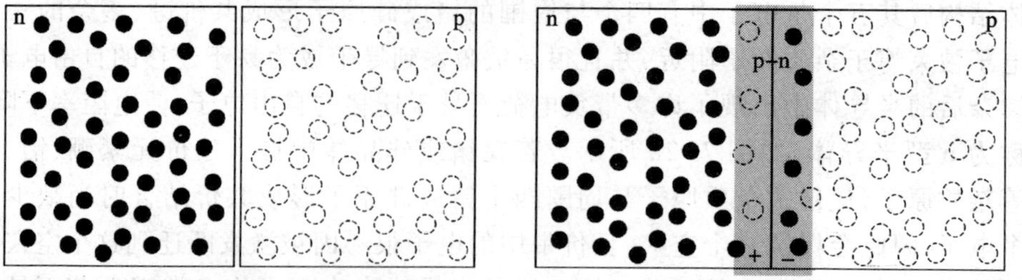

(a) n 型半导体与 p 型半导体　(b) p-n 结的形成

图 7-3　n 型半导体与 p 型半导体结合而成的 p-n 结

如上所述,p 型和 n 型半导体互相接触时,p 型区的部分多余自由电子越过接触界面迁移进 n 型区,造成 p-n 结区域内电荷分布的失衡并形成反向电场,即 p-n 结内存在由 n 型区指向 p 型区的电场(图 7-3b),阻止多余自由电子的继续迁移。如果在图 7-3b 所示的 p-n 结上加一个与 p-n 结电场相反的外加电场,即 p 型半导体为电场正极、n 型半导体为电场负极,称为正向电压。此时外加正向电压作用在 p-n 结上,并削弱 p-n 结的内电场和对多余自由电子迁移的阻碍;p-n 结电阻降低而电流增大,呈导通状态,如图 7-4a 所示。如果在 p-n 结上加一个与 p-n 结电场相同的外加电场,即 p 型半导体为电场负极、n 型半导体为电场正极,称为反向电压。此时外加反向电压作用在 p-n 结上,使 p-n 结的内电场和对多余自由电子迁移的阻碍增强;p-n 结电阻升高而电流大幅度降低,接近阻断状态,如图 7-4b 所示。由此可见,p-n 结具有单向导电性。p-n 结的伏安特性如图 7-5 所示,当反向电压增加到一定程度时反向会使电流突然急剧增大,即 p-n 结发生**电击穿**现象。由此可见,利用 p-n 结的单向导电性时需要使 p-n 结在其反向击穿电压以下工作。p-n 结被电击穿后迅速降低工作电压可以使 p-n 结重新恢复到正常的单向导电状态,因此 p-n 结的电击穿是一个可逆过程。p-n 结持续在电击穿下工作时会承担主要的压降,工作电流和功率很大,会促使其发热、温升,并可能因物理损坏而最终导致 p-n 结不可逆地烧毁,称为**热击穿**。

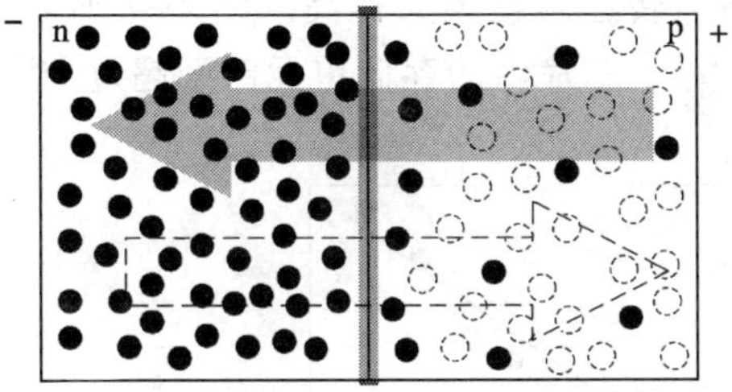

(a) 加正向电压时的电荷流动

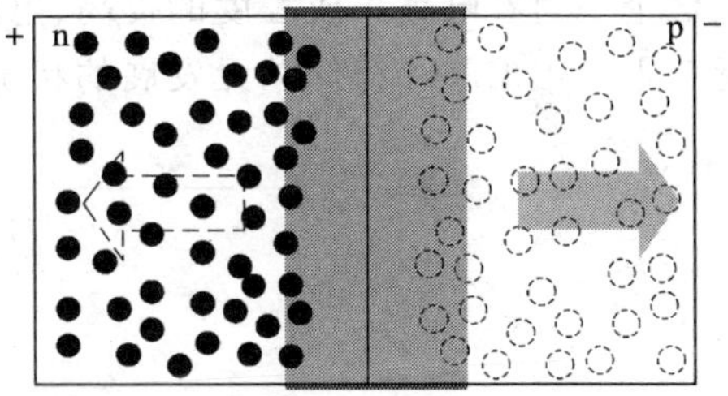

(b) 加反向电压时的电荷流动

图 7-4　p-n 结的单向导电特性(灰色箭头指示正电荷流动方向,虚线箭头指示负电荷流动方向)

人们借助 p-n 结的这种单向导电特性制成晶体二极管,广泛用于制作各种电子元件;为发展以二进制数学为基础的信息技术奠定了基础。图 7-6 所示为晶体二极管的基本结构。在单晶硅上渗入 5 价元素后可以制成 n 型半导体,随后再附着上 p 型半导体以构成 p-n 结,经过绝缘处理和引出导线后即可制成**晶体二极管**。

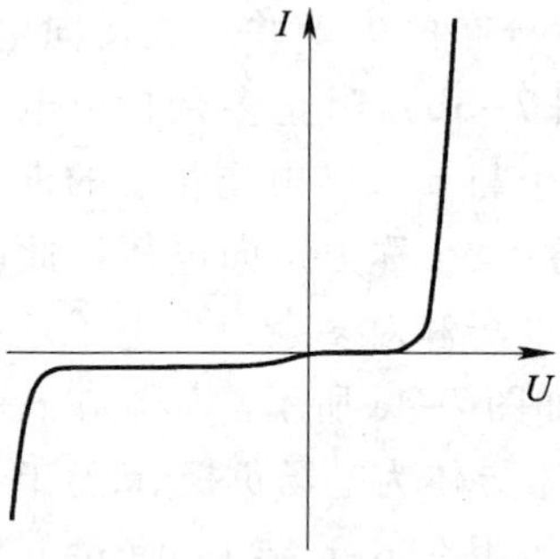

图 7-5 p-n 结的伏安特性

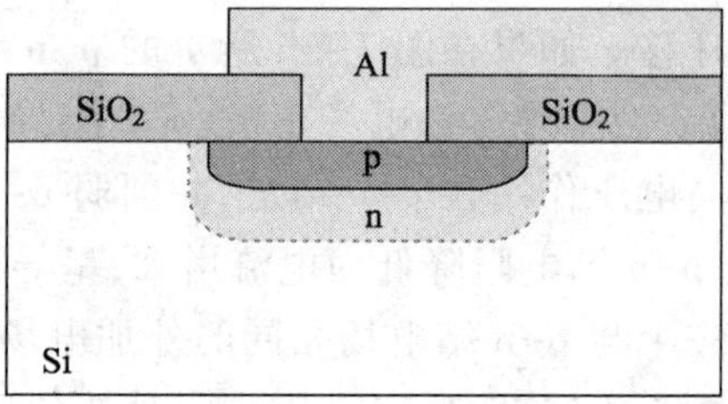

图 7-6 晶体二极管的基本结构

二、集成电路技术及其合成制备原理

自 1960 年第一个集成电路问世以来，硅集成电路只有近 50 年的历史，但是其发展速度是非常惊人的，从早期的小规模集成电路（SSI）、中规模集成电路（MSI）、大规模集成电路（LSI）、超大规模集成电路（VLSI）等发展成为今天的甚大规模集成电路（ultra-large scale integration，ULSI）。在表面积不变的条件下，单个集成电路芯片内以晶体二极管为基础的存储单元数目从数百个发展成今天的上亿个。随着电路集成程度的提高，电路运转速度也大大提高。图 7-7 所示为近三十几年来芯片存储单元发展的状况，每个芯片内的存储单元已经超过 10^9。

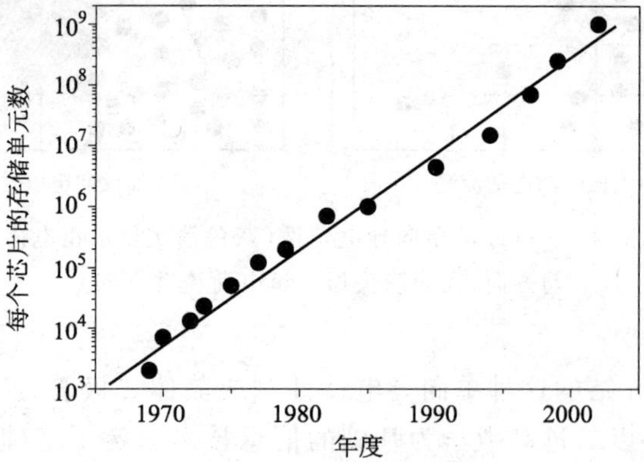

图 7-7 集成电路芯片的大规模集成化发展

集成电路芯片是微电子工业的基础元件，其相关技术也已成为现代信息社会发展的关键技术之一。从材料学观点观察，**集成电路**实际上是一种通过极为复杂的现代高效合成技术制备出来的高科技电子功能材料。它的发展标志着现代信息社会发展的水平。从广义上讲,集成电路的发展一方面使计算机不断地以极高的效率取代人脑不很擅长的简单分析、逻辑思维、判断等脑力劳动,另一方面也不断缩小人脑与计算机在智能思维上的差距。例如现代计算机已经可以从事超大容量多维分析、模糊判断、与人对弈等复杂的脑力劳动,甚至可以从事简单的知识创新。

制作集成电路所需的基础材料之一是单晶硅。图 7-8 所示为单晶硅制作设备示意图,在特定的热动力学条件下,借助熔融状态的硅在硅籽晶上逐步沉积、凝固而制成单晶硅。我国目前的单晶硅的直径主要为 15 cm、20 cm 的单晶硅锭,也有 30 cm 单晶硅的生产。国际上则主要生产 30 cm 以上的单晶硅,最大尺寸达 60 cm。大尺寸的单晶硅有利于提高集成电路生产效率、成品率和质量,并降低生产成本。沿垂直于单晶硅轴向把单晶硅锭切割成厚度约为 500 μm 的单晶硅片,并将其表面磨光,就可以送去制备集成电路所用的芯片。其中,要求单晶硅片的弯度及其表面的平整度的误差不超过1 ~ 2 μm。

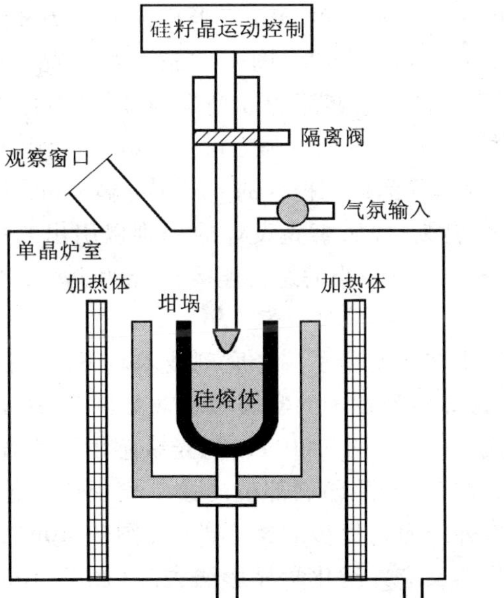

图 7-8　单晶硅制作设备示意图

制备集成电路的基本单元被称为 **MOS**(metal-oxide-semiconductor),即由金属、氧化物和半导体组合而成的单向导电结构。制备集成电路通常要应用到 PVD、CVD、离子注入等加工技术。PVD(physical vapor deposition)称为**物理气相沉积**,是通过物理的方法把所需沉积的固态或液态物质转变成气相,在真空中把气相物质传输到衬底材料上并凝结成薄膜。CVD(chemical vapor deposition)称为**化学气相沉积**,通过化学反应物的气相反应,在衬底材料上生成所需的非挥发性固态物质膜的沉积过程。在这个过程中气相反应物被导入反应室进行分解反应,并在加热的衬底上生成所需的固态膜。**离子注入**(ion implantation)过程中,带有一定能量(如在一定加速电场作用下)的加速原子、分子或离子直接注入固态衬底材料中,形成一定深度的离子注入层。

图 7-9 所示为 MOS 集成电路合成制备原理示意图。首先选择单晶硅晶片,该晶片可以是本征态单晶硅,也可以是经过掺杂处理的 n 型半导体或 p 型半导体单晶(图 7-9a)。利用热氧化法可以在晶片表层生成 SiO_2 绝缘层(图 7-9b)。利用特殊光学标志和腐刻技术,以一定间距选择性去除 SiO_2 绝缘层并暴露单晶硅层,如果单晶硅晶片已经是 n 型半导体则可以利用离子注入技术注入 B 元素,使 B 注入区附近的原 n 型半导体改型为 p 型半导体,并形成一系列 p-n 结,即一系列晶体二极管(图 7-9c)。如果晶片是本征态单晶硅则需要先注入五价 P 元素制成足够深的 n 型半导体,然后再通过渗 B 等工艺使表层改型成 p 型半导体以制作 p-n 结。随后可用 CVD 法生成 SiO_2 保护膜并作选择性腐刻以适当暴露已制作好晶体二极管的 p 型半导体端(图 7-9d)。采用 PVD 法生成 Al 膜并作选择性腐刻,按照事先设计的规则以引出二极管的导线电路(图 7-9e)。最后对引出的导线作适当的逻辑连接、引导和封装(图 7-9f),即可制成集成电路芯片。

在上述制备过程中多次使用了选择腐刻技术。下面以图 7-9b 中 SiO_2 层的选择腐蚀为例,说明选择腐刻技术的实施过程。如图 7-10 所示,用热氧化法在单晶硅晶片表面生成 SiO_2 层(图 7-10a),把光敏感耐蚀聚合物层涂敷于 SiO_2 绝缘层上(图 7-10b),用带有刻除印刷部位的镂空模板或其他镂空涂覆技术遮盖聚合物层并用特定紫外线照射模板的镂空部位(图 7-10c),紫外线诱导聚合物层被照射部位发生化学反应并经化学显影法去除(图 7-10d),用氢氟酸侵蚀去除 SiO_2 层中没被聚合物层覆盖的部位使该处暴露出单晶硅层(图 7-10e),最后清除掉剩余的聚合物层(图 7-10f)。

按上述方法制成的集成电路中每个 p-n 结是一个 0-1 记录单元,适当设计、排布、连接就可以构成 MOS 存储器。以上只是极为简单地介绍了集成电路的合成制备原理。实际的超大规模集成电路的结构要复杂得多,通常要在极为

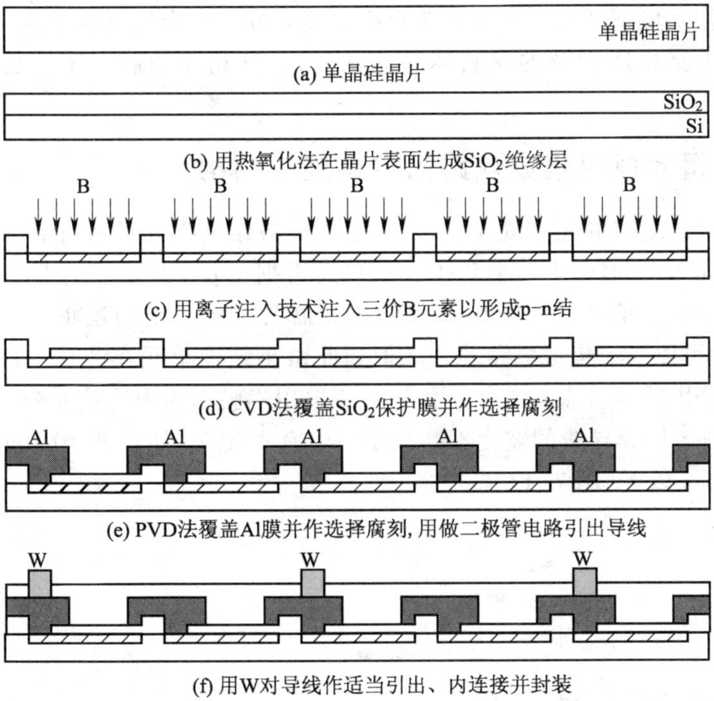

(a) 单晶硅晶片

(b) 用热氧化法在晶片表面生成SiO_2绝缘层

(c) 用离子注入技术注入三价B元素以形成p-n结

(d) CVD法覆盖SiO_2保护膜并作选择腐刻

(e) PVD法覆盖Al膜并作选择腐刻，用做二极管电路引出导线

(f) 用W对导线作适当引出、内连接并封装

图 7-9　MOS 集成电路合成制备原理示意图

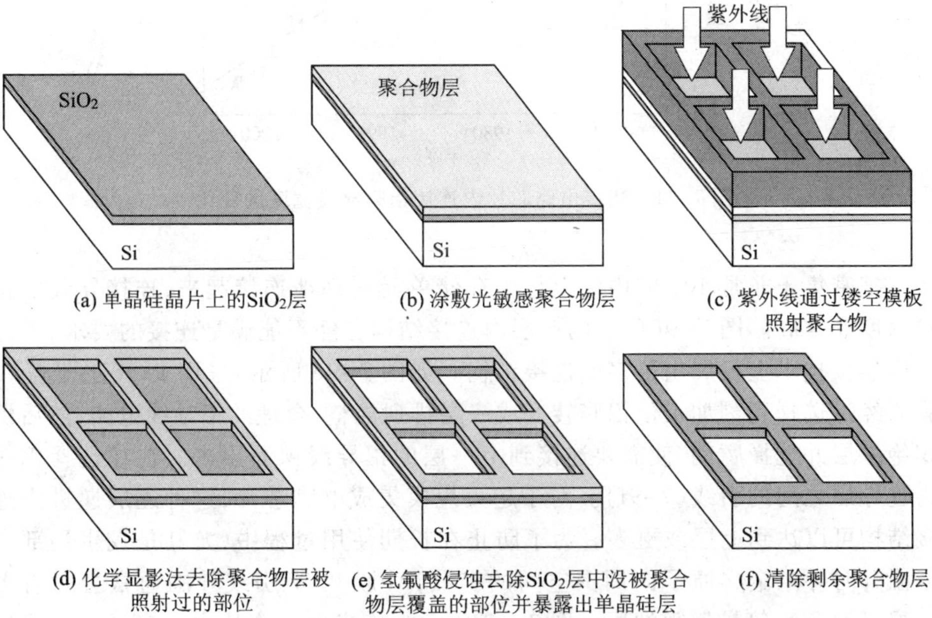

(a) 单晶硅晶片上的SiO_2层　(b) 涂敷光敏感聚合物层　(c) 紫外线通过镂空模板照射聚合物

(d) 化学显影法去除聚合物层被照射过的部位　(e) 氢氟酸侵蚀去除SiO_2层中没被聚合物层覆盖的部位并暴露出单晶硅层　(f) 清除剩余聚合物层

图 7-10　选择腐刻过程示意图

苛刻的工作环境下经过几千个工艺流程才能完成整个合成制备过程。制造超大规模集成电路中所涉及的材料体系非常复杂,其相应的制备工艺也是多种多样的。

三、超大规模集成电路的材料连接结构

随着集成电路的超大规模化发展,电路内各结构单元的尺寸越来越小并密集化。假如每个 MOS 中一个 0-1 存储单元占据 1 μm^2 的面积,则 1 cm^2 的芯片面积可有 1 亿个单元。这些 0-1 存储单元需要按照一定的逻辑关系互相连接在一起,才可以制成集成电路芯片。把如此微小结构单元在芯片内部互相连接起来是十分困难而复杂的技术。传统上所选用铝膜作为内连接导线。随着存储单元的增加,铝膜导线的宽度不断减小,从 20 世纪 70 年代的 10 μm 已迅速下降到 0.2 μm 以下(图 7-11)。

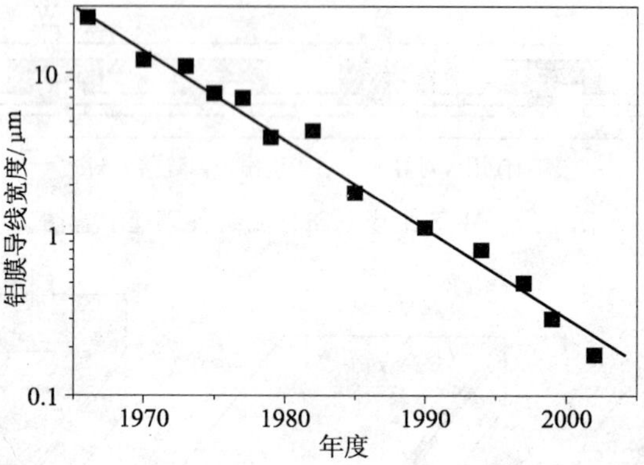

图 7-11 集成电路芯片内连接铝膜导线宽度的变化

把密集于非常小空间内的上亿个存储单元合理地连接起来,连接导线的排布密度非常高。图 7-9f 所示的单层内连接结构已经不能满足连接的要求,因此在内连接技术上发展出了多层连接结构。如图 7-9e 所示,采用 PVD 法覆盖 Al 膜后经过选择腐刻加工使铝膜转变成一层排列规整、合理的铝导线电路,然后沉积绝缘层并选择腐刻,使需要连接到上一层的铝导线裸露出来。往往选择钨作为连导层之间的引线(7-9f)。对于超大规模集成电路芯片,这种逐层递进内连接结构可以达到七层或更多。为了防止在长期使用过程中,尤其是发生局部微区温升时导电金属原子向周围空间的扩散,Al 膜和 W 引线外围通常会附着上一层 TiN、SiN_x 等扩散阻挡层。图 7-12 所示为集成电路芯片中的多层金属连导结构。

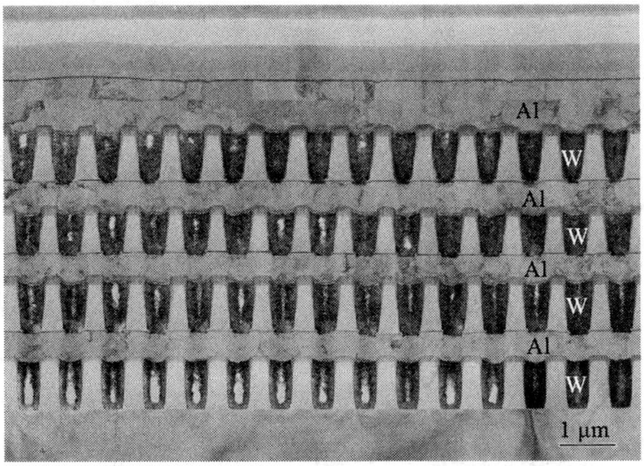

(a) 四层 Al 膜连导结构

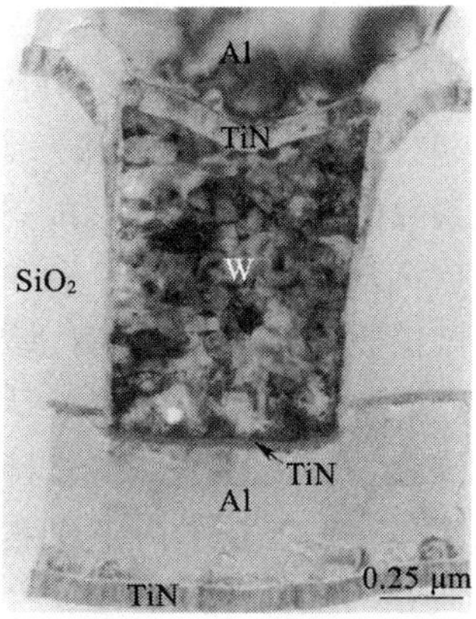

(b) W 引线

图 7-12 集成电路芯片中的多层金属连导结构

不断减小的导线尺寸也使导线内的电流密度及导线的电阻率升高,因而会促使导线的工作温度上升。高电流密度和升温状态下工作时,导线内的铝原子会在强电子运动和高温下发生位置迁移。晶界是原子迁移的快速通道,长期服役会造成铝原子沿晶界大量扩散而离开晶界,造成如图 7-13a 所示的**晶界空洞**,并最终会导致导线失效。铝导线通常被包覆在绝缘层内,温度的变化会使各种材料因热膨胀系数的差异而产生不同的胀缩,由此引发的内应力也会造成导线的损伤或失效(图 7-13b)。

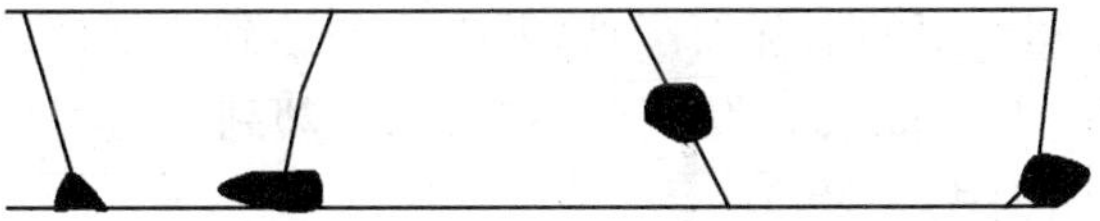

(a) 形成晶界孔洞

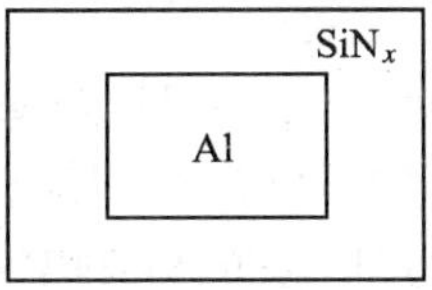

(b) 不同材质造成导线热胀应力

图 7-13 内连导铝线在服役过程中出现的缺陷

铝的{111}表面能比较低,在铝膜的沉积过程中可设法生成强{111}面织构。当铝膜晶粒的{111}面平行于沉积面时,铝膜在垂直于沉积面的方向上有较大的塑性变形抗力,而沿沉积面内的方向则有很小的塑性变形抗力(参见表 2-8),即铝膜有很高的塑性应变比 r 值。因此,铝膜易于在应力作用下沿膜面方向,即铝膜导线的宽度和长度方向发生塑性变形,以使松弛应力;同时,铝膜厚度方向的高变形抗力也有利于保证铝膜导线不失效。有报道指出,强的

{111}面织构十分有利于阻止电子流动造成铝原子晶界扩散，延缓晶界空洞的出现。

21 世纪初内连导线的尺寸已经降低到 0.1 μm 以下。这种情况下的传导要求已经超过铝导线性能的极限。对比发现，铜的导电性好、熔点高而温度稳定性好、线膨胀系数低[Al 为 17 μm/(m · K)，Cu 为 12 μm/(m · K)]，使热应力低、自扩散激活能高（Cu：$D_0=0.2\ cm^2/s$，$Q=3.27\times10^{-19}$ J；Al：$D_0=0.001\sim1.7\ cm^2/s$，$Q=2\times10^{-19}$ J），不易因扩散而出现晶界空洞，所以铜已经普遍取代铝用做内连导线。

集成电路工业的成长是推动现代信息社会发展的重要基础。集成电路工业的高速发展促进了许多材料加工制备技术的更新、换代、创新，频繁的技术更新甚至许多制造技术尚未成熟就已经被淘汰。大规模集成电路的制备工序不仅繁杂而且细腻，任何一个工序出现任一微小的偏差都会造成整个芯片的失效，现代化大规模的生产模式更会因很小的偏差而造成巨大的经济损失。集成电路芯片所采用的制备工艺技术繁多，且要求生产过程规则、均匀、稳定、高效，并需采用计算机精密控制、无尘、自动化运行等。集成电路涉及多种材料且复杂合成的材料体系，其制备加工过程中涉及通常材料加工过程中可能出现的结晶凝固、相平衡、相变、扩散、变形、再结晶、强化以及空位、界面、位错等晶体缺陷演变的多方面材料学问题。由此可见，材料科学与工程技术的发展和进步也是现代信息社会的重要支柱。

§7-2　超导材料

一、物质的超导现象

金属导体的电阻率通常会随温度的下降而降低，并在 0 K 达到非常低的值。1911 年物理学家昂内斯（H. K. Onnes）做液化实验，在将汞冷却到液氦温度，即约 4.2 K 时汞的电阻率突然地消失为 0。图 7-14 所示为纯铜与汞电阻率随温度变化的对比。可以看出，不是所有物质都具备 0 电阻率的情况，一些物质在 0 K 时的电阻率低于 $10^{-21}\ \Omega\cdot m$，但并不为 0。随后昂内斯又发现许多纯金属都与汞相类似，在达到某一个超低温度时突然失去电阻，他把金属的这种状态称为**超导态**。物质呈现零电阻的现象称为物

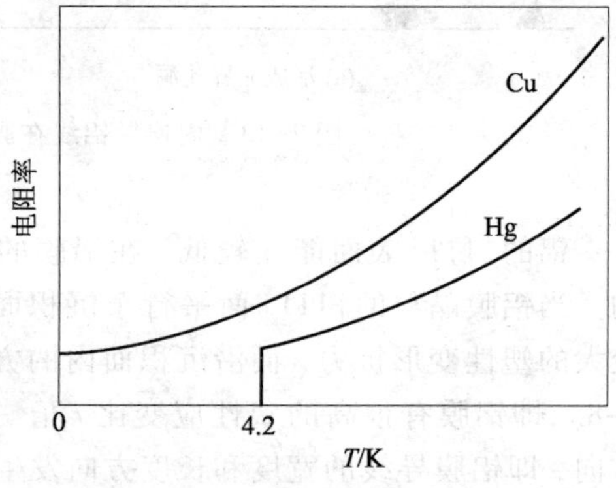

图 7-14　纯铜与汞电阻率随温度变化的对比

质的**超导电性**,处于超导态的材料或物质称为**超导体**。物质开始失去电阻时的最高温度为其**超导临界温度** T_c,例如锡的超导临界温度为 3.8 K、铅为 6 K 等。昂内斯给冷却到 4 K 的铅线回路施加一个电流,一年后再次测量这个电流时发现,电流没有任何减弱的迹象。此后,人们发现钨、铅、铌、钒、钽、钛、锌、铝等均可以呈现超导态。目前发现约有 26 种金属以及数百种合金与化合物具备超导电性。

1933 年,物理学家迈斯纳(W. Meissner)和与同事奥克森菲尔德(R. Ochsenfeld)对锡单晶球超导体做磁场分布测量时发现,在磁场强度为 H 的磁场中把金属冷却进入超导态时,金属体内表示磁通的磁力线不能穿过,完全被排斥出体外,即超导态物质为**完全抗磁体**,其体内的磁感应强度 B 恒等于零。这一现象被称为**迈斯纳效应**。图 7-15 所示为迈斯纳效应示意图。

外磁场作用于任何物质时可能会促使物质内部原子磁矩转变为有序排列,并在磁场强度为 H 的外磁场基础之上引起一个附加磁场。因此在物质内部产生的磁感应强度 B 可以表达成

$$B=\mu_0(H+M) \qquad (7-1)$$

式中:μ_0 为真空磁导率;M 为物质的**磁化强度**。由此可见,迈斯纳效应造成 $H=-M$ 或 $H/M=-1$。

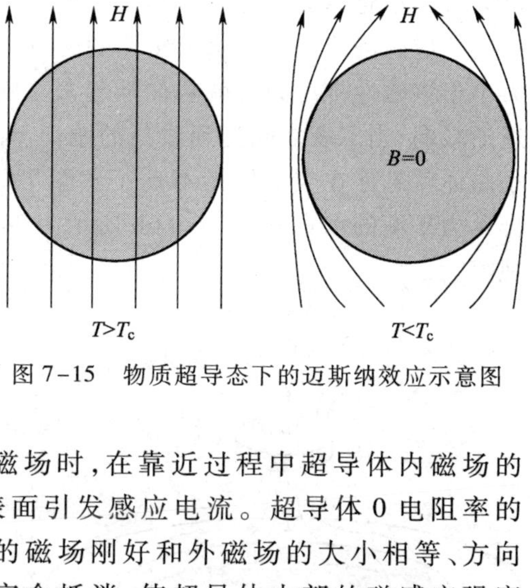

图 7-15 物质超导态下的迈斯纳效应示意图

处于超导态的物质靠近一个外磁场时,在靠近过程中超导体内磁场的变化造成感应电动势,并在超导体表面引发感应电流。超导体 0 电阻率的状态使其内无损耗感应电流所诱发的磁场刚好和外磁场的大小相等、方向相反。外磁场与感应诱发磁场互相完全抵消,使超导体内部的磁感应强度为零,即有 $B=0$,因此超导体把磁场完全排斥于体外。无损耗感应电流对外加磁场起着屏蔽作用,称为**抗磁性屏蔽电流**,它是造成迈斯纳效应的物理原因。

1935 年,伦敦兄弟(F. London 和 H. London)在超导体零电阻和迈斯纳效应的基础上分析了超导电流与磁场的关系,发现在外磁场作用下超导体的表面实际上可以获得一定的磁感应强度 B,但 B 值由表面向超导体内部呈指数衰减并迅速降低为零,即外磁场在超导体表面有很薄的一层**渗透深度**,用 λ 表示。表 7-1 为外磁场对一些金属超导体的渗透深度。

表 7-1 外磁场对一些金属超导体的渗透深度

金属	Sn	Al	Pb	Hg	Ni	Ti
渗透深 λ/nm	51	50	39	38～45	47	92

物质一旦进入超导状态,体内的磁力线或磁通量将全部被排出体外,磁感应强度恒为零。这种现象不仅出现在超导态的物质靠近某外磁场的过程中,也出现在始终处于磁场中的物质其温度从超导临界温度以上冷却到超导临界温度以下的过程中。磁场中的非超导态物质内部会保持一定的磁场,在其温度降低并转变成超导态的过程中,超导体表面也会产生感应电流,并可以引发完全抵消原磁场的感应磁场,因此其内部磁感应强度也会完全消失。证实这一现象的典型实验为:在一个盘子中放一小块正常态高温超导体,其上放置一小块永久磁铁,让磁力线穿过超导体。然后把液氮倒入盘子使超导体降温并进入超导态,这时可以看到小磁体会离开超导体表面而慢慢地飘浮起来,并保持在空中。超导体内的感应磁场造成了与永久磁体的磁场方向相反的磁性排斥力,当小磁体的重力小于该磁性排斥力时就会被推起来。随着小磁体与锡盘的距离增大,排斥力逐渐减弱;当二者之间达到适当的距离 d,使重力与磁性排斥力绝对值相等时,小磁体就悬浮在空中保持不动了。图 7-16a 所示为超导态悬浮物重力与磁性排斥力平衡的示意图,图 7-16b 所示为 Johansen 等人所做相应悬浮实验的实际观察。

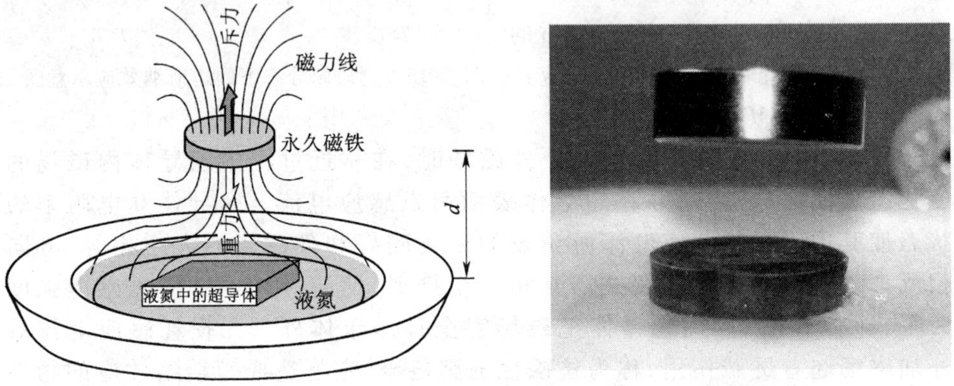

(a) 示意图　　(b) 实际观察

图 7-16　超导态悬浮物重力与磁性排斥力平衡示意图

二、超导原理浅析

金属晶体中规则排列的原子会以其点阵位置为中心作无规则热振动,且这种无规则热振动随温度的升高而加剧。根据经典的电子理论,高于超导临界温度时在电场作用下正常运动的电子单独地定向迁移;金属中定向运动的电子会受到金属晶体中无规则热振动原子的干扰或碰撞,因而会产生电阻,且电阻率随温度的升高而上升。点阵位置上热振动原子的外围电子参与定向运动时,该原子呈带正电荷的离子特征。当金属处于低于超导临界温度的超导态时,点阵原子的无规则热振动明显减弱,且其振动中心会因自由运动电子经过时的吸引而略微偏离原点阵位置中心,并在偏离方向附近造成微小的正电荷密度上升。略高的正电荷密度点还会再吸引另一个自由电子,这样偏离原点阵位置中心且呈正电荷的原子会同时与两个电子互相吸引。这两个借助一个略微偏离中心位置振动的原子结合在一起的电子构成一个电子对,称为**库柏对**。超导态金属内库柏对的能量低于两个常规电子的能量之和,在绝对零度时全部自由电子都结成库柏对。当温度升高时原子无规则振动的能量不断增大,库柏对就会不断地被拆开并转变成常规电子。当温度达到超导临界温度以上时库柏对就会被全部拆散。1957 年巴丁(J. Bardeen)、库柏(L. N. Cooper)和施里弗(J. R. Schrifer)根据库柏对的原理联合提出合理解释金属超导现象的微观理论,也称为 **BCS 理论**。

根据量子力学的原理,静态下构成库柏对的两个电子的动量大小相等、自旋方向相反,不仅使总动量为零,且总能量最低因而最稳定,因此库柏对的两个电子可以克服其间的库仑斥力而成对结合。在外电场驱动下正常金属中单个运动的电子会被原子无规则振动散射,导致电子动量变化而产生电阻。外电场作用于超导态金属时,所有电子对都将获得相同的动量,并产生高度有序的迁移。由于库柏对的总动量守恒,当电子对中的一个电子受到无规则振动原子的散射而动量发生改变时,电子对中的另一个电子必然发生相反的动量改变;在电子单个运动的情况下这种现象不可能出现。这种情况下点阵中原子的振动不能改变电子对的总动量和运动状态,导致对电子对的宏观电阻为零,因此构成库柏对的电子对也称为**超导电子**。然而迄今为止,BCS 理论并不能很好地解释结构复杂的陶瓷材料中所存在的超导现象。

库柏对中电子对与略微偏离中心位置振动的原子结合,当电子对定向迁移时偏离振动的原子并不会随着迁移。因此电子对的迁移会造成其迁移方向上其他原子偏离中心位置振动,并与之结合为库柏对。可以把原子偏离中心位置振动现象在晶体内的传播看成是波的传递,这种波是量子化的,其量子称为**声子**。因此库柏对中电子对的迁移可以表达成"电子-声子-电子"的传播。有报道认为,组成库柏对的两电子平均距离约为 1 μm,这大约是金属点阵常数的几千倍,因此库柏对在空间延展的范围应该很大。从这一观点出发,必然存在许多库柏对互相重叠交叉分布的现象。库柏对涉及的尺度远大于物质原子、分子的尺度,它着重表示超导态下两个电子会彼此关联运动,与常规运动电子之间互不相关的独立运动有本质不同。

虽然可转变成超导态的物质有一个超导临界温度 T_c，但实验检测发现，物质的超导电性可以被外加磁场或内部流通的电流所破坏，即外加磁场或内部电流可以使物质实际进入超导态的最高温度明显降低。通常说的超导临界温度 T_c 实际是指外磁场强度和内部电流密度都为零，即 $H=0$ 和 $J=0$ 时的超导临界温度。

在超导临界温度 T_c 以下的某一温度 T，保持物质超导状态所允许的最大磁场强度或**临界磁场强度** H_c 为

$$H_c = H_0\left[1-\left(\frac{T}{T_c}\right)^2\right] \tag{7-2}$$

式中：H_0 是绝对零度时超导态物质的临界磁场强度。根据式（7-1）可以换算出该超导物质相应的**临界磁感应强度** B_c。

在超导临界温度 T_c 以下的某一温度 T，保持物质超导状态所允许的最大电流密度或**临界电流密度** J_c 为

$$J_c = J_0\left[1-\left(\frac{T}{T_c}\right)^2\right] \tag{7-3}$$

式中：J_0 为绝对零度时超导态物质的临界电流密度。图 7-17 所示为超导临界温度 T_c 以下的超导态物质温度与临界磁场强度 H_c 和临界电流密度 J_c 三者的关系。只有在图 7-17 所示曲面以下靠近坐标原点或低温、低磁场强度和低电流密度的范围内物质才能保持超导态，这是超导材料设计和工程应用的重要依据。

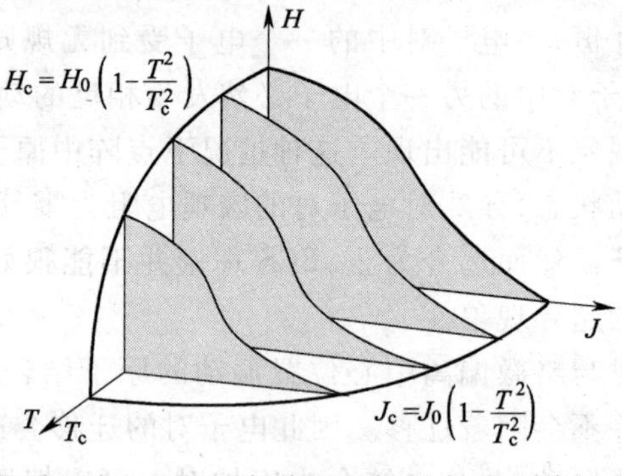

图 7-17　超导态物质温度 $T(\leqslant T_c)$ 与临界磁场强度 H_c 和临界电流密度 J_c 的关系

对于大多数纯金属超导体来说，在特定温度 $T\leqslant T_c$ 条件下由式（7-2）可知其所能承受的临界磁场强度 H_c 是确定的，即外加磁场强度低于超导临界温度以下某温度所对应的 H_c 时，超导体会把磁力线完全排斥在体外。如果外磁场高于 H_c，则其超导特性消失。人们把这类超导体称为**第一类超导体**。除钒、铌等少数金属超导元素以外，大多数超导元素都属于第一类超导体，如锡、铅等。电流

通常集中在该类超导体的表面流动,因此其临界电流密度和临界磁场强度一般都比较低。

另一类超导体在低于 T_c 的一定温度范围内有下、上两个临界磁场强度 H_{c1} 和 H_{c2},称为**第二类超导体**。根据式(7-1)也可以算出相应的 B_{c1} 和 B_{c2}。图7-18a所示为第二类超导体中下、上临界磁场强度与温度的关系,图7-18b所示为下、上临界磁场强度与磁化强度的对应关系。当磁场强度低于下临界磁场强度 H_{c1} 时物质处于纯超导态,呈完全抗磁性,$H/M=-1$;此时其超导特性与第一类超导体相似,称为**迈斯纳态**。当磁场强度高于下临界磁场强度 H_{c1} 时物质内开始分散出现规则分布的正常态小区,磁力线可渗入其内,且渗入量随磁场强度的升高而增加,磁化强度 M 的绝对值减小。当磁场强度高于上临界磁场强度 H_{c2} 时,物质的抗磁性消失而转入**正常态**。磁场强度介于 H_{c1} 和 H_{c2} 之间时物质的状态称为**混合态或涡旋态**。钒、铌等少数金属超导元素以及大多数合金或化合物超导体都属于第二类超导体。该类超导体内电流也可以在靠近正常态区域的界面附近流动,因此其临界磁场强度的临界电流密度和临界温度会比第一类超导体的高。

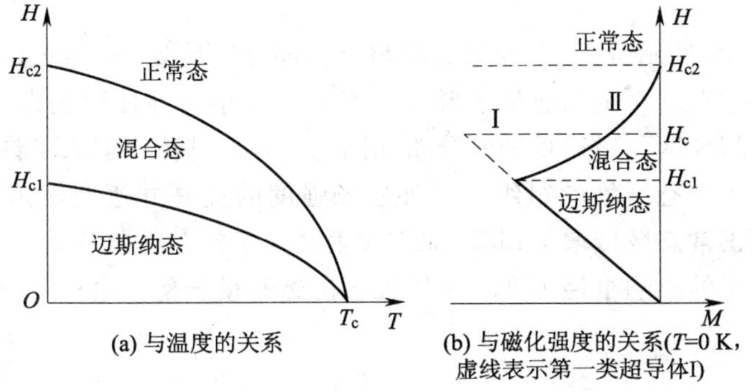

图7-18 第二类超导体II的下、上临界磁场强度(H_{c1} 和 H_{c2})

在第二类超导体处于混合态、磁力线渗入物质内部的情况下,磁通量或磁力线会分裂成许多互相平行且量子化的单量子磁通,称为**磁通量子**,以保持有利的能量状态;其中每个磁通量子的磁通量 Φ_0 是物理常数,它与普朗克常数 h 及电子电荷 e 的关系为 $\Phi_0=h/(2e)$,数值为 $2.067\ 85\times10^{-15}$ Wb。实验观察和理论分析都表明,这些分裂的磁通量子会在垂直于磁力线的平面上呈二维周期性排列。图7-19所示为伊斯曼(U. Essmann)和梯奥堡(H. Trauble)用磁性装饰法在垂直于磁力线的平面上显示出的混合态第二类超导体磁通量子二维周期性排列的现象,其中每个磁通量子的影响半径称为**相干长度**,可用 ξ 表示。表7-2列举了一些金属0 K时的相干长度 ξ。

表 7-2　一些金属 0 K 时的相干长度 ξ

金属	Sn	Al	Tl	Nb	Ni-Ti
相干长度 ξ/nm	250	1 500	270	60	30

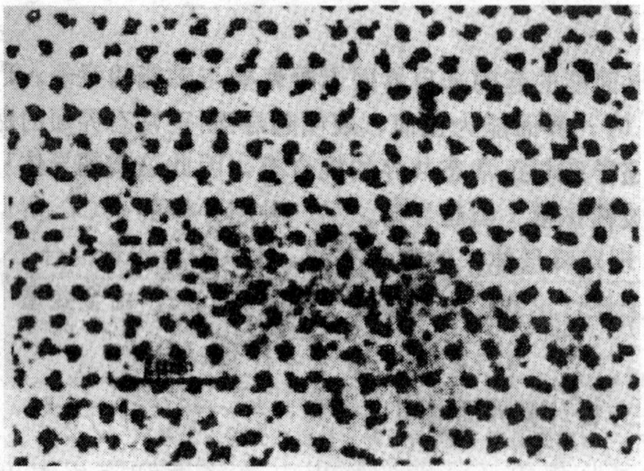

图 7-19　混合态第二类超导体磁通量子二维周期排列现象

如图 7-19 所示,混合态的第二类超导体部分区域处于超导态,而另一些区域则处于正常态。大量磁通量子形成许多半径很小的圆柱形正常区,正常区周围是连通的超导区。磁通量子的分布如同超导物质基体中嵌入了许多平行于外磁场方向的正常态纤维丝组织。随外磁场强度的提高并逐渐靠近 H_{c2},超导态区域减少而正常态区域增加;其增加方式表现为正常态磁通量子的数目增加,但保持磁通量子的影响半径不变。可以推导出磁通量子呈等边三角形排列时的间距 d 为

$$d=\sqrt{\frac{2\Phi_0}{\sqrt{3}B}} \tag{7-4}$$

式中:B 为由式(7-1)确定的磁感应强度。可以看出,随磁感应强度 B 的增强磁通量子间距 d 减小。当外磁场强度达到 H_{c2}时,磁通量子数目增加到使相邻磁通量子影响半径互相接触,并使超导区消失,则该物质整体转变为正常态。混合态超导体内超导态与正常态区域之间的界面存在一定的界面能 σ_{ns}。混合态第二类超导体内相干长度 ξ 相对地小于渗透深度 λ,界面能 σ_{ns} 为负值,即界面的存在可以使体系的能量降低,这是混合态得以存在的原因。根据金兹堡-朗道(Ginzburg-Landau)方程可以计算出此时有 $\xi<\sqrt{2}\lambda$。第一类超导体内有 $\xi>\sqrt{2}\lambda$,界面能 σ_{ns} 为正值,即界面的存在可以使体系的能量提高,因此第一类超导体内不存在混合态。

混合态第二类超导体内的磁通量子之间会有一定的作用力,并随外磁场的

变化而调整、迁移位置。每个磁通量子借助环绕其流动的涡电流维持,这些电流屏蔽了磁通量子对外面超导区的作用。晶体结构比较完整的第二类超导体内,磁通量子间作用均衡、磁通量子分布均匀。维持各磁通量子的涡电流大小相等、方向相反(图 7-20 超导体截面中左图黑箭头所示)。在完整的超导体晶体中,点阵结构对磁通量子没有明显的约束,因此磁通量子很容易发生迁移,造成相邻磁通量子间的涡电流彼此抵消,并导致超导体内的可流通的电流密度明显下降。这种超导体称为**理想第二类超导体**,其体内不能通过较大电流,因此其临界电流密度也不是很高。超导晶体结构中的位错、晶界、弥散第二相粒子等缺陷会对磁通量子起钉扎作用。存在大量缺陷的超导体称为**非理想第二类超导体**。晶体缺陷为**磁通钉扎**中心。磁通钉扎导致磁通量子难以迁移,且呈非均匀排列,使超导体内各处的涡旋电流不能互相抵消,由此可以得到很高的临界电流密度。

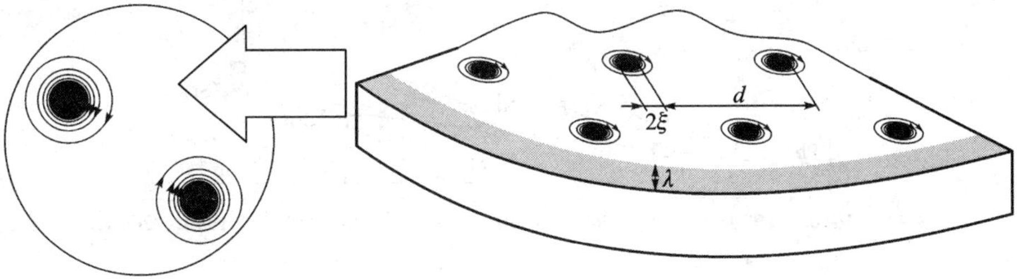

图 7-20 第二类超导体磁通量子的分布及其周围涡流

黑芯—2ξ 宽正常区;d—磁通量子间距;λ—渗透深度

三、工程用超导材料

人类发现超导现象之后,在相当长的时间内所能找到的超导物质的超导临界温度非常低,通常只能在昂贵的液氦温度下工作。这使得超导物质的实际应用受到了很大的限制,从而也引发了人们不断寻求高超导临界温度的超导物质。然而,直到 1986 年之前这种努力始终没有取得本质突破,所发现的超导物质只能在液氦的温度下工作,称为**低温超导**。图 7-21 中空心符号表示 1911 年至 20 世纪 70 年代人们在低温超导领域探索高临界超导温度物质的努力及临界超导温度缓慢提高的进程。1986 年德国物理学家柏诺兹(J. G. Bednorz)与瑞士物理学家缪勒(K. A. Müller)在研究 Ba-La-Cu-O 陶瓷时发现当温度降低到 35 K 时出现了超导电性。这一发现使得超导工作温度可以从传统的液氦温度提高到 30 K 附近的液氖温度,同时拓展了超导物质的研究思路。陶瓷具有超导现象的发现引发了**高温超导**研究的热潮。1987 年 2 月 16 日美国国家科学基金会宣布,美籍华裔科学家朱经武和吴茂昆获得了超导临界温度高于 90 K 的超导体,

即以 $YBa_2Cu_3O_7$为基础的超导体。这是第一个其超导临界温度高于液氮温度的超导物质,随后各种可以在更高温度使用的超导物质不断涌现。图 7-21 中灰心符号表示 1986 年以来人们迅速在高温超导领域探索高临界超导温度物质取得的成果。

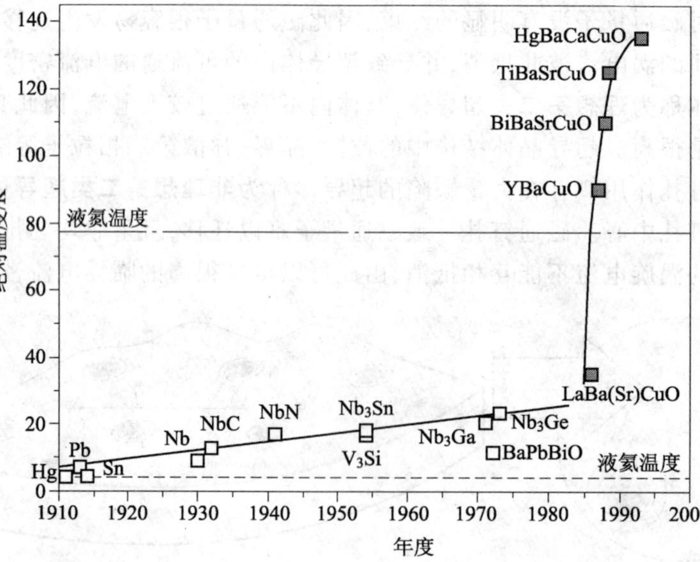

图 7-21 物质临界超导温度的发展

以 $YBa_2Cu_3O_7$为基础的超导体也简写成 YBCO。可以看出,YBCO 使超导工作温度一下子提高到液氮温度,使可应用领域急剧扩大,因此 YBCO 的出现具有非常重要的工程意义。YBCO 的晶体结构属于正交晶系,图 7-22a 所示为典型 $YBa_2Cu_3O_7$晶体的单胞结构。$YBa_2Cu_3O_7$结构可以近似看做是一种带有缺陷的钙钛矿($CaTiO_3$)结构。立方 $CaTiO_3$的结构符号为 $E2_1$,单胞内有三个 O 原子、一个 Ti 原子和一个 Ca 原子(图 7-22b)。如果把三个 $CaTiO_3$单胞连在一起,把 Ti 原子换成 Cu 原子,把 Ca 原子换成 Ba 或 Y 原子并调整点阵常数,则可以构成一个 $YBa_2Cu_3O_9$结构的单胞。如果按照图 7-22a 所示的部位,去掉两个 O 原子,则就得到了 $YBa_2Cu_3O_7$晶体的正交单胞结构。

$YBa_2Cu_3O_x$化合物晶体单胞内氧原子的个数 x 对超导性能有重要影响。分析表明,x 接近 6.9 时可以获得最高的超导临界温度,而 x 降低到 6.65 时则该化合物会丧失超导特性。参照图 7-22 可以看出,正常氧原子位置出现空位的多少对超导性质有决定性影响。分析认为,图 7-22a 所示的两个 CuO_2面之间的氧空位提供了超导所需的电子对,因此 $YBa_2Cu_3O_x$的超导电性被局限在 CuO_2面上。但是应该注意到,BCS 理论并不能完全解释 $YBa_2Cu_3O_x$类化合物存在超导

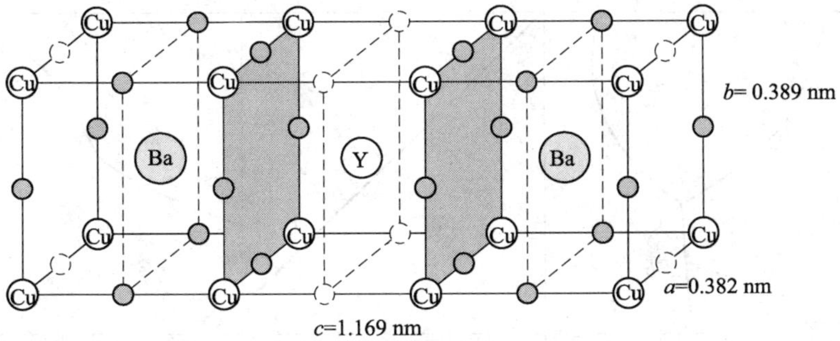

(a) $YBa_2Cu_3O_7$单胞结构

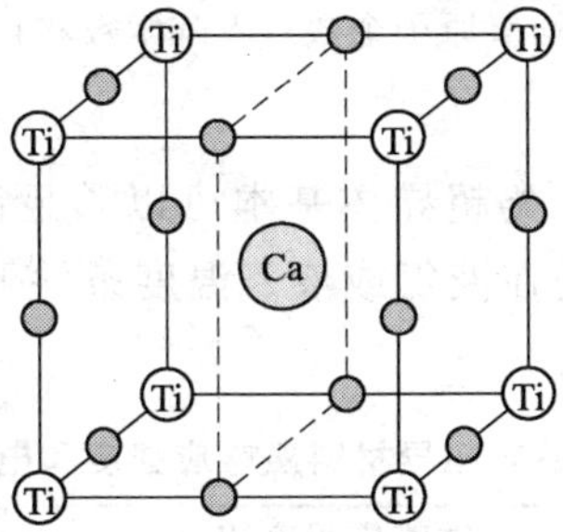

(b) 立方$CaTiO_3$单胞结构

图 7-22 $YBa_2Cu_3O_7$的晶体结构(灰色圈为氧原子,虚线圈为空位,灰色面为 CuO_2面)

电性的原因。

在 750 ℃以上的高温条件下,$YBa_2Cu_3O_x$结构中会存在较多的氧空位。如果在氧气环境下使 $YBa_2Cu_3O_x$从 750 ℃缓慢冷却,则单胞中的氧原子数会逐渐增多而氧空位会逐渐减少;同时其点阵常数和超导临界温度也会随之改变,如图 7-23 所示。当单胞内平均氧原子数低于 6.4 时单胞常数 a 与 b 相等,即结构可以是四方晶系,且化合物不存在超导电性。单胞内平均氧原子数提高到超过6.4后,随氧原子数的继续升高单胞常数 a 与 c 减小而 b 增加,结构为正交晶系,化合物出现超导电性。超导临界温度在 x 接近 6.9 时达到最高值(图 7-23)。

当前,超导材料已越来越多地运用到各种不同的工业部门。根据超导材料具体的工作环境和服役条件,会对其超导特性有不同的要求。表 7-3 列出了一些工程机电产品对超导材料磁感应强度和电流密度的要求。表 7-4 给出了一些第一类超导体金属的超导临界温度和临界磁感应强度。可以发现,第一类超导体金属不仅超导临界温度低,更重要的是其允许的磁感应强度值非常低,在表 7-3 所列出的工作条件下不能保持超导状态,因此第一类超导体的工程应用价值非常有限。表 7-5 给出了一些第二类超导体的临界磁感应强度和临界电流

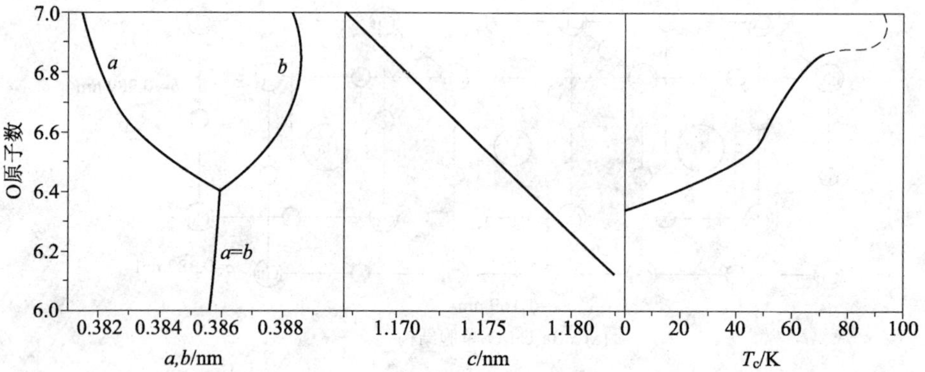

图 7-23　$YBa_2Cu_3O_x$ 单胞内平均氧原子个数对点阵常数和超导临界温度的影响

密度。与表 7-3 对比发现,第二类超导体基本可以满足许多工程应用的需求,因此目前工程用超导材料主要是在液氦或液氮温度条件下服役的第二类超导体材料。

表 7-3　一些工程机电产品对超导材料磁感应强度和电流密度的要求

需要使用超导的机电产品	磁感应强度 B/T	电流密度 J/(A · cm^{-2})
电缆	0.1	5×10^6
交流传输线	0.2	10^5
直流传输线	0.2	2×10^4
量子干涉仪	0.1	2×10^2
电动机	4	10^4
故障电流限制器	>5	$>10\times10^5$

表 7-4　一些第一类超导体金属的临界磁感应强度

超导金属	超导临界温度 T_c/K	0 K 时的磁感应强度 B_c/T
Ta	4.48	0.083 0
Ti	0.39	0.010 0
Sn	3.72	0.030 6
Al	1.18	0.009 9
Hg	4.15	0.041 0
Pb	7.19	0.080 0

表 7-5 一些第二类超导体的临界磁感应强度和临界电流密度

超导体	0 K 时 T_c/K	0 K 时 B_{c2}/T	4.2 K 时 B_{c2}/T	4.2 K 时 H_{c2}/(A · m^{-1})	0 K 时 J_c/(A · cm^{-2})
Nb	9.15	0.196 0			~10^5
V	5.30	0.102 0			
Nb_3Sn	18.05	24.5		17.5×10^6 ~ 19.9×10^6	10^7
Nb_3Ge	23.2	38		29.4×10^6 ~ 31.8×10^6	
Nb_3Ti	8 ~ 10			7.16×10^6 ~ 10.3×10^6	
Nb-45% Ti	9	6			
V_3Ga	14.5			16.7×10^6 ~ 18.3×10^6	
V_3Si	17			18.30×10^6	
Nb_3Ga	20			27.06×10^6	
MgB_2	39		~10		
$YBa_2Cu_3O_x$	93	300			10^4 ~ 10^7

图 7-24 所示为用 Nb-45% Ti 低温超导体制作导线和线圈示意图。Nb-45% Ti 合金具有较好的塑性，可以事先加工成不同直径的长纤维细丝，然后把细丝成束地嵌入铜基体内制成导线。图 7-24a 为 W. F. Smith 等人介绍的这种导线圆截面上的一个扇形区，其中嵌入铜基体的黑点聚集区中每一个黑点为一根超导纤维丝在截面上的露头；白色区表示铜的基体。完整的导线截面如图 7-24a左上角的圆形截面所示。这种导线经过绕制就可以制成图 7-24b 所示的超导线圈。

Nb-45% Ti 合金属于第二类超导体，每根处于混合态的超导纤维丝工作时内部磁通量子的分布状态如图 7-19 和图 7-20 所示。如果按照图 7-24a 所示制成直径约为 0.8 mm 的超导导线，内含 7 250 根直径约为 6 μm 的 Nb-45% Ti 纤维丝，导线 Cu 与 Nb-45% Ti 的体积比为 60% ：40%，则该导线在 5 T 磁感应强度下的临界电流密度可达 2.99×10^5 A/cm^2，在 8 T 磁感应强度下的临界电流密度可达 1.256×10^5 A/cm^2。

高温超导材料具有工作温度高、临界磁感应强度和临界电流密度大的特点，具有广泛的应用前景。然而，高温超导多为陶瓷质材料，脆性大而易碎，给应用带来了障碍。很多情况下为了克服高温超导材料的脆性，需要把它制作在金属基材上使用。例如可以把 YBCO 型高温超导材料制作在镍、银等金属基材上使用。其基本的制备方法是利用脉冲激光沉积技术在纯镍带上外延沉积约 100 nm厚的 CeO_2 以及经稳定化处理的 ZrO_2(YSZ)过渡膜，然后再沉积 YBCO 超导膜，最后制成条带状超导带材。过渡膜可以阻碍纯镍的氧化并防止镍扩散到 YBCO 超导层。

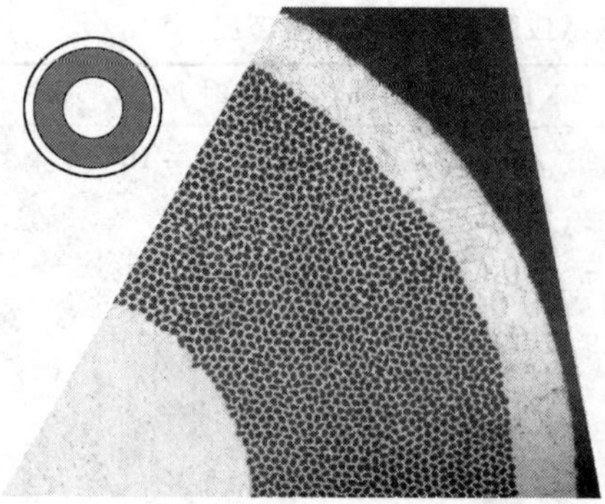

(a)

(b)

图7-24 用Nb-45%Ti低温超导体制作导线和线圈示意图

YBCO型高温超导体通常是多晶体,晶界附近的成分偏析等缺陷会使 J_c 值降低。研究表明,当晶粒间取向差由0°提高到10°成小角度晶界时,可使 J_c 降低一个数量级以上。因此,单一而锋锐的超导体织构可以达到降低晶粒间取向差而提高 J_c 值的目的。利用在强织构基带上作外延生长可以制成织构锋锐、组分单一的超导膜。立方晶系镍的点阵常数 $a=0.352\ 38$ nm,正交晶系YBCO超导体的点阵常数 $a=0.382$ nm,$b=0.388$ nm,$c=1.169\ 1$ nm。二者的点阵常数有较明显的差异。但镍与YBCO超导体之间过渡层中四方晶系的 CeO_2 以及YSZ的点阵常数分别是 $a=b=0.541$ nm($c=0.542\ 2$ nm)和 $a=b=0.512$ nm($c=0.516\ 2$ nm),其[110]/2的间距分别是0.382 54 nm和0.362 04 nm。该间距正好介于纯镍和YBCO的点阵常数之间,因此过渡膜还可以降低各外延生长层之间晶体点阵的错排度,使外延生长过程中镍基带的织构得以逐层传递。纯镍经适当加工处理即可得到很强的立方织构,最终获得以小角度晶界和强织构高温超导带材所需要的基带织构。在锋锐立方织构的纯镍带上借助点阵匹配效应可外延沉积生长出有锋锐(001)[110]织构的 CeO_2 和YSZ过渡带,使最终沉积的YBCO超导层内生成单一而锋锐的(001)[100]织构,以确保其较高 J_c 值。图7-25所示为Kato等人制作的YBCO高温超导带材的多层结构。

利用超导材料制作的线圈可以产生5 T以上的磁感应强度,且能量损失极小。发电机的输出功率与线圈中磁感应强度的平方成正比,利用这一原理就超导特性制作超导发电机,可以大幅度提高发电机的发电容量、减小发电机体积和质量,使发电效率大幅度提高。超导发电机在现代工业,尤其是航空、航天领域有重要的应用前景。超导材料可以制作成超导电缆或电线,用于超导变压器和超导输电线路,进而以极低的损耗输送电能。

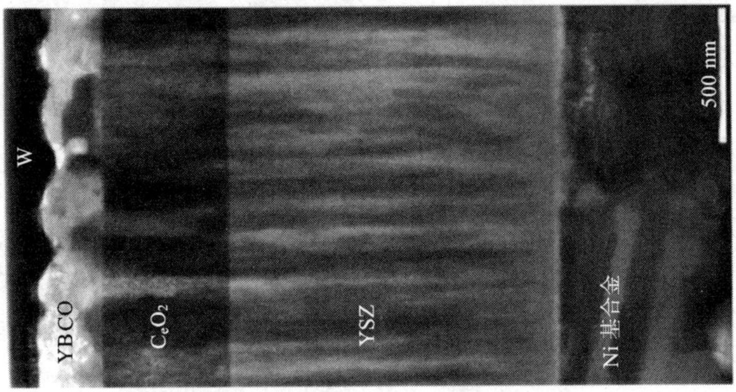

图 7-25 YBCO 高温超导带材的多层结构

超导体完全抗磁体的特征可以借助图 7-16 所示的原理制作高速磁悬浮列车。悬浮列车在运行过程中完全摆脱了摩擦阻力的影响，有利于悬浮列车低能耗、无噪声、无污染、无振动地高速运行。

一些高速计算机所采用超大规模集成电路内的元件和连导线排列密集，因而内部电流群所产生的大量热量会妨碍计算机的正常运行，甚至会导致集成电路的失效。如果元件间采用超导连接，其电阻接近零而所发热量微乎其微，有利于推进计算机运算速度的大幅度提高。

面对目前越来越紧迫的能源问题，人们不断努力发展新的能源，受控热核聚变发电就是其中一种环保、可持续发展的新能源。要实现核聚变热核反应可控性，需要采用"磁封闭"设计的核聚变反应堆，把温度高达 1 ~ 2 亿摄氏度的等离子体用磁场包围起来，其难度非常大。必须采用超导强磁体才有可能实现所需的磁封闭，进而把人类从能源危机中彻底解放出来。

大型粒子加速器高能物理研究的重要设备。一台 3 000 亿电子伏特的普通同步加速器，用 1.2 T 的常规磁体时其粒子轨道半径为 1.2 km，而采用 6 T 超导磁体则可使轨道半径减少到 170 m；因此可以大幅度降低加速器的制造成本。在同步加速器中还需要通过偏转磁场把多种高能粒子分离出来并分别重新束集。采用超导磁场可以增强偏转和集束能力，并减小通道长度。

具有核磁矩的物质在一恒定磁场和交变磁场的共同作用下，会对变化的电磁场产生强烈的共振吸收现象，称为**核磁共振**。生物体中不同的核及同种核在不同的微环境条件下会有不同的共振谱线，因此利用核磁共振谱线可以对人体的组成、状态、构造和变化过程进行分析，从而获得人体的生理和病理信息。核磁共振成像不使用放射线，又不接触人体，所以对人体组织无损害。超导核磁共振成像仪中超导磁体产生的大范围均匀强磁场可以获得很高的共振谱线分辨率，进而得到高清晰度的图像。医用核磁共振成像仪对于癌症的诊断极为有效，可用于早期诊断肿瘤、脑髓及心血管疾患等。人体的心、脑和眼的活动伴随着电子的传递和离子的移动，这些带电粒子的运动会在空间产生强度为 $10^{-9} \sim 10^{-13}$ T 的微小磁场。人体中的电荷运动产生的磁场随时间变化的曲线称为心磁图、脑磁图和眼磁图。地球平时产生的磁场强度为 $10^{-4} \sim 10^{-5}$ T，远高于人体活动产生的磁场。要想准确测量人体心、脑、眼磁图则需要采用高灵敏度的超导量子干涉磁强仪，以探测小到 10^{-13} T 的磁场的变化。目前，先进射频超导量子干涉仪的灵敏度已可以探测到 10^{-15} T 的磁场变化。

在军事上，定向聚能武器能把能量汇聚成极细的能束，沿着指定的方向向外发射，以摧毁目标。在未来战争中聚能武器将发挥重要作用。聚能武器的关键在于在瞬时内提供大量的能量，因此需要制作电感储能装置。在该装置中，只有采用超导线圈才可以在极小能耗的情况下储存和瞬时释放大容量的能量。另外，利用超导材料制作的电磁推进系统不仅能产生很大的推力，而且节省能源、噪声低、推进效率高、推进速度快，尤其适合用于潜艇航行。同时，超导在测辐射热计、陀螺仪、磁悬浮支架、磁场计、重力仪、开关、信号处理器、磁屏蔽等方面均有所应用。

§7-3　现代光学工程材料举例

光子与材料交互作用时会产生一系列光学效应，包括材料对光子的吸收、透射、散射、衍射、反射、折射等。材料的光学性质涉及具有一定能量且以波的形式存在的电磁辐射与材料的交互作用。这种辐射可以是可见光，也可以是不可见光。可以把主要发挥材料光学特性的一类材料统称为**光学材料**。如 §4-6 所介绍的普通玻璃作为优良的透光材料已经被广泛地应用到工业和日常生活的各个领域；§5-3 中也介绍了透光的有机玻璃以及利用高分子材料高达 1.5 的折射率和相应的全反射原理制造光学标志装置的例子。

在各类光学仪器上，人们广泛使用具有不同光学特性的各种类型单晶体，利用单晶体特殊的透光光谱、反射光谱和折射光谱等制作成透光镜、反光镜、棱镜、透镜。例如：LiF、NaF、RbF、MgF_2、CaF_2、SrF_2、MnF_2、LaF_3、$LiYF_4$ 等氟化物单晶体在紫外线到红外线的光谱范围内透过率高、折射率和红外反射率低，有时还具备偏光性质的特点；Al_2O_3、SiO_2、TiO_2、MgO、$SrTiO_3$、$CaCO_3$ 等氧化物单晶体具有优良的微波透光特性和特殊的折射参数；Ge、Si、ZnS、ZnSe、CdTe、CdSe 等半导体单晶体具有良好的红外光谱特性等。在 X 射线衍射仪上，可以利用各种单晶体在布拉格衍射条件限定下所产生的特定波长 X 射线获得单色 X 射线。在许多单晶体中渗入激活离子后可以产生激光，用做激光工作物质，如红宝石晶体 $Cr-Al_2O_3$ 渗 $Nd-Y_3Al_5O_{12}$ 后晶体中某一些原子即为激活离子，并能产生激光。另外，如 $LiNbO_3$ 等一些晶体在外电场作用下其折射率会发生改变，可作为光电晶体来调制晶体的光学特性。单晶体材料中还有通过超声波改变晶体折射率的声光晶体、利用单晶体折射率各向异性的双折射晶体、光波通过时极化率呈非线性的非线性光学晶体、外磁场作用下偏振状态改变的磁光晶体、放射线或原子核粒子作用下发生闪光现象的闪烁晶体、晶体结构中的空位使其吸收和荧光光谱改变的色心晶体、记忆光学信息的光存储晶体等。

除了传统光学材料及名目繁多的光学单晶体材料以外，近些年来快速发展的现代光学工程材料对现代信息技术的发展具有举足轻重的影响。本节不可能对现代光学工程材料进行全面的介绍，仅在传统光学材料以外选择几个实例，介绍与现代信息技术相关的无机多晶体光学工程材料在利用材料光学效应方面的一些进展情况。

一、物体的基本光学行为

任一特定波长光束中光子的能量 E 可以表达成

$$E=h\nu=\frac{hc}{\lambda} \tag{7-5}$$

式中：c 为光速；$h=6.62\times10^{-34}\ \mathrm{J\cdot s}$，为普朗克常数；$\lambda$ 为光子波长；ν 为光子频率。图 7-26 所示为常规光谱，即电磁波谱以及对应的频谱，其中可见光只占据了很小的波段。

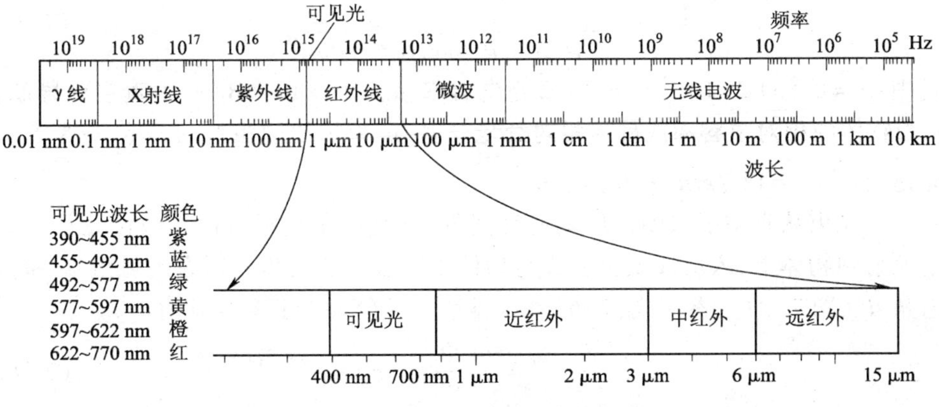

图 7-26 常规光谱和对应的频谱

当一束光波照射到物体上后会发生一系列的光学反应，包括反射、透射、折射、多次反射等，而且光束在穿越物体时也会被吸收，因为入射光子激发了原子、离子或分子的电子而被损耗。图 7-27 所示为这些反应之间的关系，其中以光束图形的宽度代表光束的相对强度。一般认为，光束的入射强度应该等于反射强度、透射强度和被吸收强度之和。物质对入射光的反射、透射和吸收之间的比例关系也与入射光的波长 λ 有关。

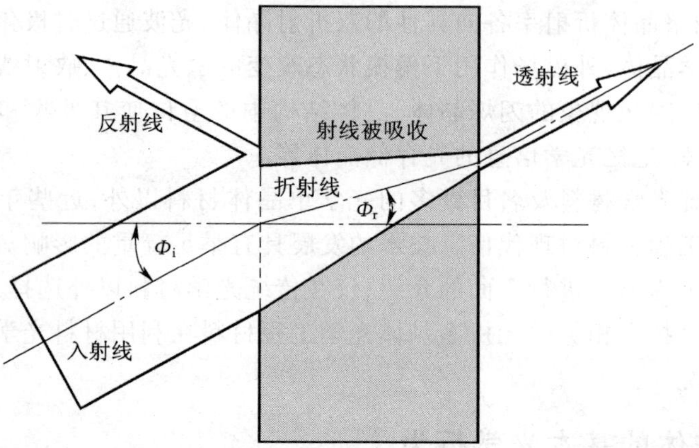

图 7-27　光束在物体入射、反射、透射、折射和被吸收的关系示意图

光子穿越物体时会引起物体内电子的极化，进而损失一定的能量，因此光子穿越物体的速度 v 会有所减缓。造成光速减缓的电子极化包括光子电磁场引起的电极化和磁极化。电极化与物体的**电容率** ε 有关，磁极化与物体的**磁导率** μ 有关。分析表明，在物体内传播的光速 c 为

$$c=\frac{1}{\sqrt{\varepsilon\mu}}=\frac{1}{\sqrt{\varepsilon_r\mu_r}}\ \frac{1}{\sqrt{\varepsilon_0\mu_0}}=\frac{c_0}{\sqrt{\varepsilon_r\mu_r}} \tag{7-6}$$

式中：$\varepsilon_0=8.854\ 2\times10^{-12}$ F/m，为**真空电容率**；$\mu_0=4\pi\times10^{-7}$ H/m，为**真空磁导率**；ε_r为物体的**相对电容率**或称为**相对介电常数**；μ_r为物体的**相对磁导率**；c_0为真空光速，且有 $c_0=1/\sqrt{\varepsilon_0\mu_0}\approx3\times10^8$ m/s。

当光束从真空射入物体后其速度降低，并会改变传播方向。假设光子从真空照射到物体上，入射线及折射线与物体表面法线的夹角分别为入射角 Φ_i和折射角 Φ_r（图 7-27），参照式（7-6）并根据斯涅耳（Snell）折射定律有

$$\frac{n}{n_0}=\frac{c_0}{c}=\frac{\sin\Phi_i}{\sin\Phi_r}=\sqrt{\varepsilon_r\mu_r} \tag{7-7}$$

式中：n 称为物体的**折射率**；n_0为入射光线的真空折射率，$n_0=1$；c_0 为入射光线的传播速度。对非真空介质，则需要把 n_0和 c_0换成该介质相应的 n 和 c。表7-6列出了一些物质或材料对波长为 589 nm 光束的折射率。

表 7-6 一些物质或材料对波长为 589 nm 光束的折射率

物质	n	无机材料	n	聚合物材料	n
空气	1.00	普通玻璃	1.458	聚四氟乙烯	1.35
冰	1.309	铅化玻璃	2.50	聚甲基丙烯酸甲酯	
水	1.333	硅酸盐玻璃	~1.50	(有机玻璃)	1.49
硅	3.49	氯化钠	1.54	聚乙烯	1.52
锗	4.0	二氧化钛	1.74	环氧树脂	1.58
石英	1.55	蓝宝石	1.8	聚苯乙烯	1.60
砷化镓	3.35	金红石	2.6		
磷化铟	3.21	金刚石	2.417		

物质或材料的折射率会受到入射波长的影响,呈非线性变化。参照式(7-7)可知,折射率随入射波长改变时会影响不同波长光束的传播速度,因此不同波长光束同时到达一定厚度的物质或材料的入射表面时,它们穿越该厚度后可能不会同时到达另一端的射出表面。采用单色入射光则可以避免这种光束同时入射而射出时间不同的现象。

根据式(4-5),入射光束在平板玻璃表面的反射很弱。材料对入射光的反射主要取决于材料的折射率 n 和入射光的入射角 Φ_i。当入射角为0°、光线垂直于材料单个表面入射时,反射比例或称为**反射率**的 R 值为

$$R=\left(\frac{n-n_0}{n+n_0}\right)^2 \tag{7-8}$$

式中:n_0为入射光束所在介质的折射率,介质为空气或真空时 $n_0=1$。在入射角不超过 20°的范围内,均可以用式(7-8)近似计算材料的反射率。可以看出,材料的反射率与其折射率密切相关,材料的折射率还会随入射光束的波长而变化,因此其反射率也会有相应的改变。金属通常会对强烈反射图 7-26 所示光谱中从紫外线到无线电波范围的光波,有时也会对这些光波有强烈吸收。导电良好的金属中导带与价带重叠使电子容易被激发,当被激发电子跃迁到低能级态时金属会释放出不同波长的光子,由此构成金属的反射。金属材料的 R 值通常为 0.9~0.95。金属对某种特定波长的可见光有更强反射时,金属就会呈现某种颜色,如对所有可见光均有强烈反射,则金属呈银白色。对物质覆盖不同光学特性的涂层,可以大幅度增强或去除其反光能力。

光束进入厚度为 t 的材料并在其内穿行的过程中因不断地被吸收而衰减。通常,光束强度沿厚度的衰减速率与光束强度成正比,比例系数为与光束强度无关的$-\alpha$,由此可以推导出在厚度 t 处光束被吸收的比例或可称为**吸收率**的 A

值为

$$A = 1 - e^{-\alpha t} \tag{7-9}$$

式中:α 为**线性吸收系数**,且与入射光束的波长有关。在靠近微波区域附近的一定范围内,往往波长越短或材料的折射率越高则光束越不容易被吸收。当入射光束强度非常高或材料具备特定化学成分及成分范围时,式(7-9)所示的线性关系不能简单地成立,需要作修订或采用非线性吸收关系。材料对光束的吸收一部分表现为把入射光能转变成诸如热能等而耗散,称为**真吸收**;另一部分表现为激发材料内释放出较低能量的光子,即散射。不同材料真吸收与散射二者之间的比例可以有很大差别。

如图 7-28 所示,在空气中有一个厚度为 t 的平板材料,当一定强度的光束照射并穿越该平板时,在光束入射平板的入射表面有比例为 R 的光束被反射,比例为 $1-R$ 的光束进入平板。光速到达平板射出表面时,经过平板的吸收其强度的剩余比例为 $(1-R)(1-A)$。平板射出表面会对光束再次反射,其反射比例为 $R(1-R)(1-A)$,最终穿跃出平板的比例为 $(1-R)^2(1-A)$。因此光束的**透过率** T 为

$$T = (1-R)^2(1-A) = (1-R)^2 e^{-\alpha t} \tag{7-10}$$

如果令 $K=(1-R)^2$、$\alpha=\beta \ln 10$,即可以获得式(4-5)。光束在射出表面被反射后经过吸收会重新回到初始入射表面,并会穿越出入射表面以及在入射表面再次发生反射。这种在入射表面和射出表面之间的反射和射出现象会反复发生,但其强度往往很低,通常可以忽略。

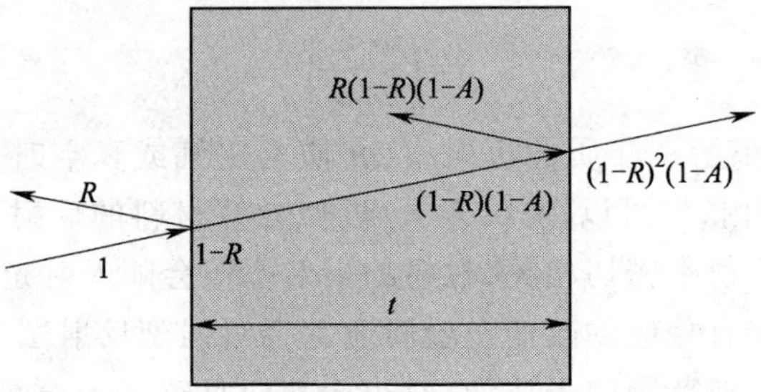

图 7-28 光束穿越平板材料时的反射、吸收与透射

聚苯乙烯、聚甲基丙烯酸甲酯、聚碳酸酯等非晶态聚合物具有优良的透光性。聚合物中分散地分布一些高折射率的晶态粒子,且粒子尺寸大于入射光的波长时光子会因被粒子反射和折射而丧失穿透能力。例如线型高分子结构聚苯乙烯的透光性会因内部存在的晶态而不如支链型高分子结构聚苯乙烯。工程聚合物材料内的杂质和填充物也会降低其透光性。

二、光纤材料

参照式(7-7),当光束如图 7-29a 所示从高折射率物体射入低折射率物体时,光束不仅会发生反射,也会发生折射,而且折射角 Φ_r 会大于入射角 Φ_i,即折射线更加偏离两物体接触面的法线而更靠近接触面。适当提高入射角 Φ_i 使折射角 Φ_r 大于 90°,则可造成入射光束不再出现折射,而只产生反射(图 7-29b),这就是光束穿越不同介质时的**全反射**现象。全反射使得光束不会从其所在的介质穿越到相邻的介质中而损耗,如果其所在介质对光束的线性吸收系数很小,则借助在介质内的反复全反射过程可使光束在该介质中作长距离的传播。

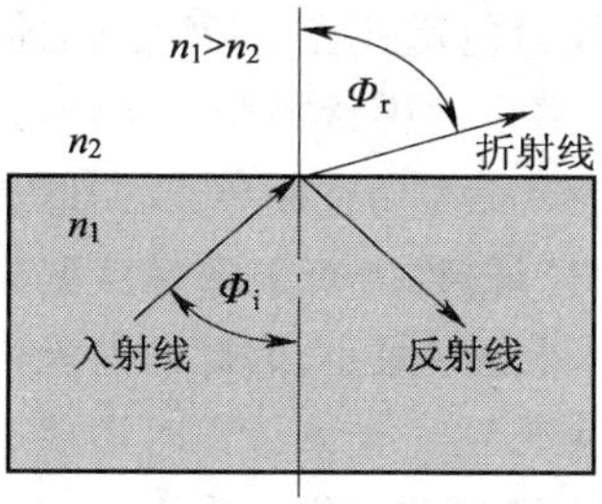

(a)

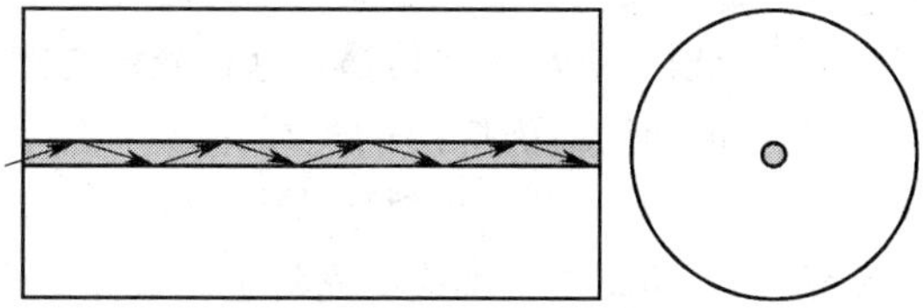

(b)

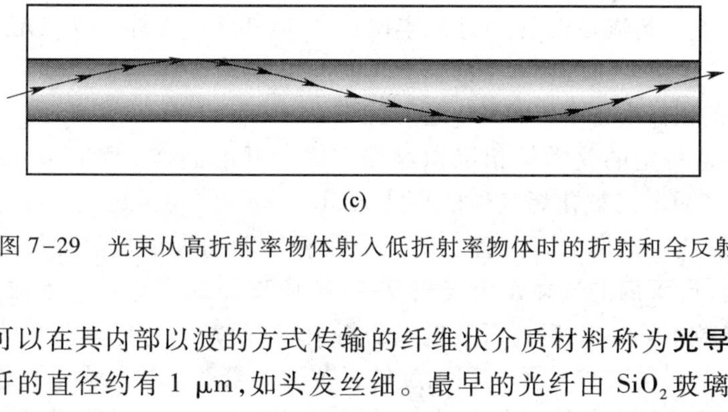

(c)

图 7-29 光束从高折射率物体射入低折射率物体时的折射和全反射

使光可以在其内部以波的方式传输的纤维状介质材料称为**光导纤维**,简称**光纤**。光纤的直径约有 1 μm,如头发丝细。最早的光纤由 SiO_2 玻璃制成,被用于现代光纤通信系统。该系统可以把激光器发生的电信号编排成光信号,通过光纤对光信号作长距离传递,然后借助光纤另一端的光敏二极管把光信号重新转换成电信号。在长距离的全反射传递过程中,只有光纤对光信号的吸收损耗足够小,才有可能在完成传递后的光纤另一端获得比较清晰并足以转换成可用电信号的光信号。

设 I_0、I 和 l 分别为光束在光纤入口和出口的能流密度以及光纤的长度,则表示每千米光纤对光束损耗的**光损耗系数** k(dB/km)可以计算如下:

$$k=\frac{10}{l}\lg\frac{I}{I_0} \tag{7-11}$$

最早期的光纤是多组分硅酸盐玻璃纤维，其光损耗系数为 200 ~ 1 000 dB/km，不能真正实用。20 世纪 70 年代初用气相沉积法制备出石英玻璃纤维，光损耗系数为 20 dB/km，1976 年达到 1.6 dB/km，实现了光纤通信技术。高的纯净度和低的杂质含量，尤其低的 Fe^{2+} 离子含量是保证光纤低光损耗系数的必要前提。目前性能良好的低损耗光纤的光损耗系数为 0.2 dB/km，由式(7-11)可以计算出此时光束被传送 1 km后可保持入射强度的 96%，而传送 40 km 后仍保有 16% 的入射强度，并可以被光敏二极管检测到。因此，如今的光纤可以连续传送光信号 40 km 而不需要中间重新增强信号。

图 7-29b 所示为一种**单信号型光纤**的结构，属于**折射率阶跃型光纤**，其纤芯是直径为 8 μm 的高折射率石英玻璃或多组分光学玻璃，外面包覆外径为125 μm的低折射率硅酸盐玻璃。阶跃型光纤中纤芯与包层之间折射率呈阶梯状突变，使入射光束借助全反射呈锯齿曲线传播。这种光纤的光损耗系数小、信号传输距离长、制造成本低，是目前使用最为广泛的光纤。另外还有**多信号型光纤**，称为**折射率梯度型光纤**。梯度型光纤纤芯的折射率从中心轴线开始沿径向向外逐渐减小，因此入射光束进入纤芯后，偏离中心轴线的光将呈曲线路径向中心集束传输。光束传播时形成周期性的会聚和发散，呈波浪式曲线前进(图7-29c)，又称为**聚焦型光纤**。光束在梯度型光纤的纤芯内传播时不断发生折射，只在纤芯和包层间发生全反射，因此光纤的光损耗系数下、信号传输距离短、制造成本比较高；但梯度型光纤可以在光束分滤器的帮助下同时传输多个不同频率或波长的光束信号，适合于在信息传输量大而不需要长距离传输的仪器设备中用做光纤通信系统。

可以通过特定的化学气相沉积过程完成光纤的制作。如图 7-30 所示，把混有不同量 $GeCl_4$或氟化烃气体的高纯 $SiCl_4$ 干燥气体与纯氧气一起导入一个旋转着、具有较低折射率的石英管。用一个往复移动的火焰加热旋转石英管的外表面，使得石英管内的气体发生气相反应，按照事先的成分设计生成锗、氟掺杂的石英玻璃粒子。GeO_2 提高石英玻璃的折射率，而氟则降低其折射率。气相反应生成的掺杂石英玻璃粒子沉积到旋转石英管的管壁。移动火焰促使气相反应生成玻璃粒子的同时也会把它们烧结成很薄的掺杂玻璃层，玻璃层的总厚度取决于移动火焰往复烧结薄层的层数。通过控制导入气体的成分配比可使每个烧结薄层获得事先设计的化学成分，进而实现所需的折射率。沉积和烧结过程完成后需重新把石英管加热到开始软化的温度，此时表面张力会促使石英玻璃管壁与沉积烧结玻璃层均匀地融合在一起，形成固态的长棒，称为**预制棒**。

把预制棒逐步送入图 7-31 所示的光纤制作设备顶部的高温加热炉中加热至 1 900 ~ 2 000 ℃熔化，在重力作用下直径约为 125 μm 的光纤丝从高温加热炉下端连续地漏流出来。光纤丝以 10 ~ 20 m/s 的速度移动通过激光测量仪确定尺寸，适当表面处理后将 60 μm 厚的聚合物同轴包覆在光纤丝的外表面并作

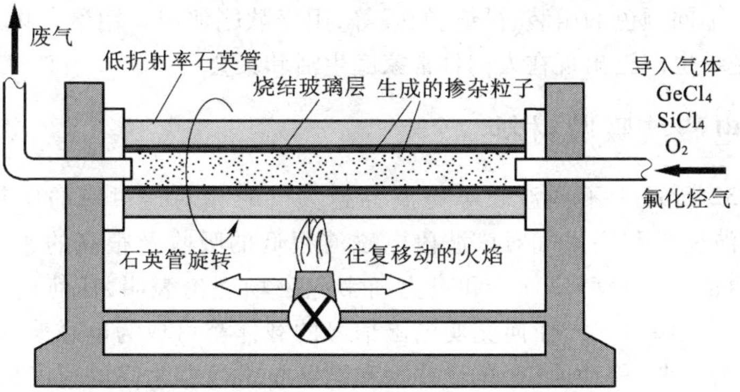

图 7-30 光纤预制棒制备过程示意图

紫外线固化处理,以保护光纤表面不受损害。所制成的光纤内纤芯与石英玻璃外层直径沿长度方向的偏差非常小,可以确保所制成光纤极小的光损耗系数。最后需通过绞盘把制作完的光纤产品缠绕在设备底部的转轮上,制成纤维线轴。激光测量仪所确定出的光纤丝尺寸信息应及时反馈到绞盘的转速控制和调整上,以使光纤线直径始终保持均匀一致。一根非常纯净的预制棒可以获得250 km长的光纤。通常石英玻璃很脆,但是细纤维态的光纤却很柔韧,直径越细,柔韧性就越好。

通信光纤是光纤最主要的应用领域。目前最广泛应用的光纤通信系统是基于波长为1.3 μm 的红外光束在单信号型光纤中的传播。1988 年铺设的世界上第一个跨大西洋光纤通信系统就可以供 4 万个电话同时通话。光纤通信技术也推动了快速互联网的发展,如宽带网络或视频互动传输等。在医学上光纤也有重要应用。把一个发光的小探头和细小的光纤制成内窥镜系统并插入病人的器官,就可以不必经过外科手术直接、准确、快速地观察和诊断疾病,如医院的胃镜检查设备。相应的技术也可以制成内窥系统在航天航空、机械制造等工业部门用于设备和仪器复杂内部部位的监视、检测和维修工作。用光纤和传统织物混合制成的布料可制作自行发光和变色的服装,用于舞台表演以及娱乐场所和家居生活的装饰。例如利用经离子调色技术处理的光纤织物和很少的电能就可以制作出在黑暗中自动发射出

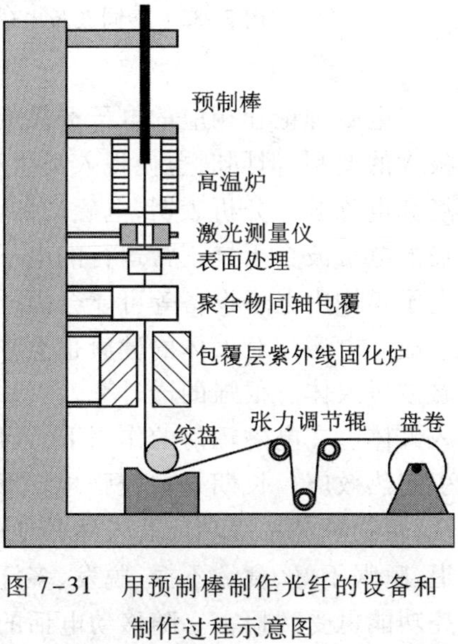

图 7-31 用预制棒制作光纤的设备和制作过程示意图

上百种深浅不同颜色的服装、衬垫、帷幔等,用于歌剧演出。用聚合物材料制作的发光塑料光纤也广泛出现在人们日常家庭生活和聚会场所。

三、电磁波吸收材料

图 7-32 所示为不同波长电磁波穿越大气时相对透过率的比较。可以发现,无线电波就是利用大气对该波段电磁波很低的吸收及很高的透过率来实现远程无线通信。电磁感应理论和麦克斯韦电磁场理论表明,任何交变电磁场都会向空间辐射电磁信号,任何交变电磁信号的载体都可成为电磁波的发射天线。进入 21 世纪以来,移动通信、信息技术和网络技术以非常高的速度持续发展,电子设备和电子产品遍及到工业生产以及人们生活的各个领域。

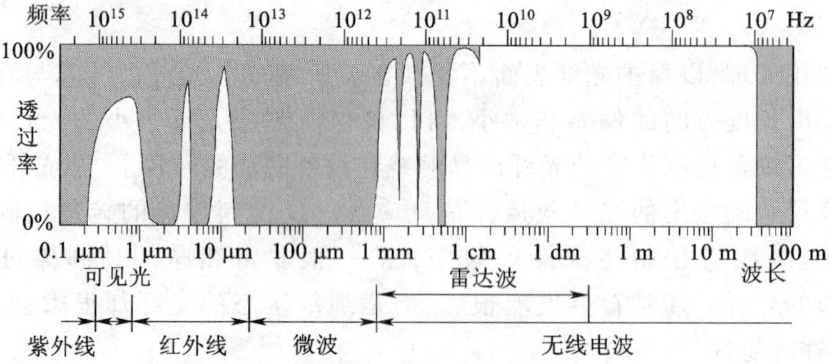

图 7-32 不同波长电磁波穿越大气时相对透过率的示意图

电磁理论和相应的电子产品的发展给科学技术的发展和人类的生活带来了极大的便利,但同时也使得人类生存的空间越来越多地充斥着各种类型的电磁场和电磁波。分析表明,电磁波的大量存在也有非常不利的一面。空中到处转播的电磁波会干扰正常运行的电子器件,如飞行器、医疗检测设备、广播电视等电子媒体中电子设备等可能会因外来电磁场的干扰而不能正常工作,甚至导致事故。电磁波对人体的健康也会产生不利影响。频率在 1.5×10^{8} Hz 以下的电磁波对人体有很强的透过率,在 $(1.5\sim10)\times10^{8}$ Hz 频段内电磁波也能大部分深入人体。在电磁辐射的作用下,人体内分子会发生取向排列过程,消耗电磁能而引起热效应。长期处在较强电磁场环境中生活可能会引起人体中枢性神经系统、植物神经系统功能及人体其他生理功能紊乱,出现头晕、全身乏力、记忆力减退、睡眠不好、食欲不振、脱发、多汗、心律不齐、心动过缓等病变,同时机体的免疫功能也受到损害。随移动电话的日益普及,长期不正确地使用手机使神经衰弱、脑瘤和畸形胎儿的诱发率上升。装载着高速脉冲数字电路的工作态计算机会向机外辐射含有内部信息的电磁波,并可以被一定距离以外的检测设备捕获,从而导致军事、政治、经济等方面重要情报和信息的泄露。电磁波广泛蔓延对环境造成的污染和危害日益得到了人们的重视。联合国人类环境会议已在工业生产所产生的废气、废水、废渣之外，把电磁污染列入了必须控制的第四种主要污染。在军事上，以电磁波原理为基础的雷达系统是远程侦测军事目标的主要手段之一；同时，采用电磁波散射和吸收等反雷达侦测技术是保持作战装备战场生存能力的重要手段。另外，发射强电磁干扰以破坏敌方电子设备的正常工作也是十分重要的现代化作战手段。在有害电磁波的治理、防范和利用上，现代材料技术也发挥着非常关键的作用。面对现代社会中通信、广播、电磁医疗、计算机技术普及所造成的电磁波危害，人们一直在发展对电磁波污染的防护技术。除了利用几何原理吸收和散射有害电磁波的技术外，吸波材料技术的研究也得到迅速发展。通过把电磁波吸波材料涂覆在机场、电站、通信设备、普通建筑结构、装备设施的表面或混入表层材料之内，可以明显降低电磁波的反射传播和污染。

参照图 7-28，若电磁波照射到物体表面而不发生反射或尽可能少发生反射，则可以有效减少电磁波在不断反射传播过程中造成的污染和损害。反射率极低的情况下主要依靠物体表面材料对电磁波的吸收实现对电磁波的损耗，这类材料称为电磁波吸收材料，或称**吸波材料**。

如图 7-33 所示，电磁波为电场 E 与磁场 H 交替的横波。其电场 E 与磁场 H 的振动方向互相垂直，且也与电磁波传播方向垂直。大气中传播的电磁波遇到物体阻挡而进入物体表面时会与构成物体的材料发生电、磁交互作用。如图 7-33 的 H-B 关系曲线中通过原点的粗实线所示，电磁波中的磁场 H 会引发材料中一定的磁感应强度 B；磁感应强度随磁场强度增加，直至达到其饱和值。交变的磁场会按磁学原理引起材料内的交变磁感应。通常，材料中交变磁感应周期会适当落后于交变的磁场周期一个相位角 δ，此时 H-B 关系曲线会构成磁滞回线，如图 7-33 的 H-B 关系曲线中虚线所示。在一个交变周期内磁场能量的损耗可以用磁滞回线围成面积的大小来表示。一般电磁波中的磁场强度并不会很高，因此相应的磁滞回线面积比较小，如图 7-33 的 H-B 关系曲线中细实线所示。交变磁场 H 穿过材料时与稍微滞后的交变磁感应强度 B 及磁导率 μ 的关系可用复数表达为

$$\mu=\frac{B}{H}=\frac{B_{\mathrm{m}}\exp[\mathrm{i}(\omega t-\delta)]}{H_{\mathrm{m}}\exp(\mathrm{i}\omega t)}=\mu_0\mu_{\mathrm{r}}\mathrm{e}^{\mathrm{i}\delta}=\mu_0\mu_{\mathrm{r}}(\cos\delta-\mathrm{i}\sin\delta)=\mu_0(\mu'-\mathrm{i}\mu'') \tag{7-12}$$

式中：H_{m}、B_{m}、$\mu'=\mu_{\mathrm{m}}\cos\delta$ 和 $\mu''=\mu_{\mathrm{m}}\sin\delta$ 分别为磁场强度振幅、磁感应强度振幅、相对磁导率实部值和相对磁导率虚部值。可以看出，相位角 δ 为 0°时材料不损耗磁场能量，相对磁导率为纯实数；相对磁导率虚部 μ'' 的高低决定了材料对磁场能量损耗能力的大小。

交变电场 E 穿过介电材料时，会在材料内部引起一定的电位移强度 D（也

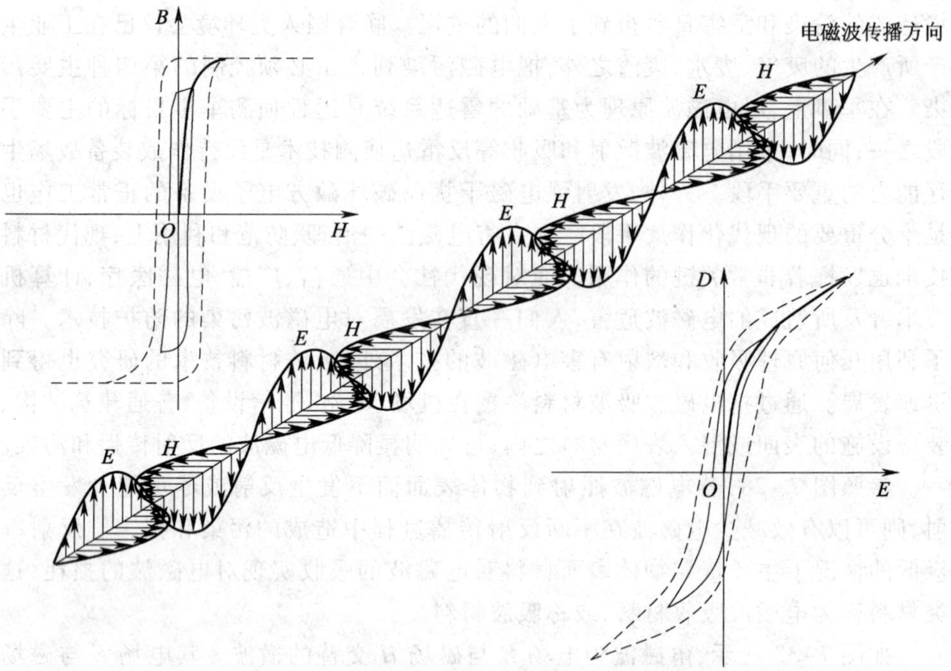

图 7-33　电磁波的传播及其磁损耗和电损耗

称为电极化强度 P)，即在电磁波电场作用下材料内的电荷会受电场驱动而移动，并造成电极化现象。如图 7-33 的 $E-D$ 关系曲线中粗实线所示，电磁波中的电场 E 会引发材料中一定的电位移强度 D；电位移强度随电场强度增加，直至达到其饱和值。交变的电场会按铁电原理引起材料内的交变电位移。材料中交变电位移也会周期落后于交变的电场周期一个相位角 δ，此时 $E-D$ 关系曲线会构成电滞回线，如图 7-33 的 $E-D$ 关系曲线中虚线所示。在一个交变周期内电场能量的损耗可以用电滞回线围成面积的大小表示。一般电磁波中的电场强度也不会很高，因此相应的电滞回线面积比较小，如图 7-33 的 $E-D$ 关系曲线中细实线所示。交变电场 E 穿过材料时与稍微滞后的交变电位移强度 D 及电容率 ε 的关系可用复数表达为

$$\varepsilon=\frac{D}{E}=\frac{D_{\mathrm{m}}\exp[\mathrm{i}(\omega t-\delta)]}{E_{\mathrm{m}}\exp(\mathrm{i}\omega t)}=\varepsilon_0\varepsilon_{\mathrm{r}}\mathrm{e}^{\mathrm{i}\delta}=\varepsilon_0\varepsilon_{\mathrm{r}}(\cos\delta-\mathrm{i}\sin\delta)=\varepsilon_0(\varepsilon'-\mathrm{i}\varepsilon'') \tag{7-13}$$

式中：E_{m}、D_{m}、$\varepsilon'=\varepsilon_{\mathrm{m}}\cos\delta$ 和 $\varepsilon''=\varepsilon_{\mathrm{m}}\sin\delta$ 分别为电场强度振幅、电位移强度振幅、相对电容率实部值和相对电容率虚部值。同样可以看出，相位角 δ 为 0°时材料不损耗电场能量，相对电容率为纯实数；相对电容率虚部 ε'' 的高低决定了材料对电场能量损耗能力的大小。

根据式(7-6)可知，提高材料的相对磁导率 μ_r 和相对电容率 ε_r 可以明显降低电磁波在材料内传播的速度，有利于电磁波的吸收。上述分析表明，只有提高材料相对磁导率和相对电容率中的虚部值才会有效地提高材料的磁滞损耗和电滞损耗，明显提高材料的电磁波吸收效果。根据材料的磁滞和电滞特性，目前所采用的吸波材料大致可以分为以磁损耗为主和以电损耗为主的两大类型吸波材料，主要通过把电磁波的电磁场能转换成热能来衰减电磁场。磁损耗型主要是一些铁氧体或软磁金属粉末、晶须、纤维等，它们的电容率往往很低；电损耗型主要是不同几何尺寸的各种碳型和碳基化合物、导电聚合物等，它们的磁导率则通常很低。把含有一定吸波材料组分的构件或材料安装或涂覆于物体表面即可以发挥吸波作用。

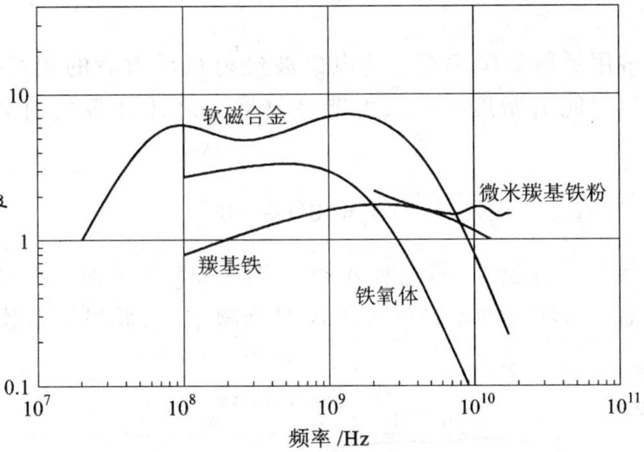

(a) 相对磁导率虚部与电磁波频率的关系

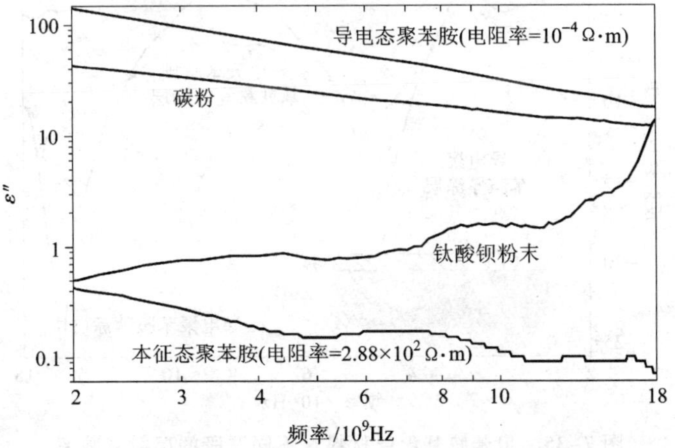

(b) 相对电容率虚部与电磁波频率的关系

图 7-34　一些材料相对磁导率虚部 μ'' 和相对电容率虚部 ε'' 与电磁波频率的关系

图 7-34a 所示为一些材料相对磁导率虚部 μ''的测量值。常规的软磁金属有较高的 μ''值和较好的磁损耗能力,但其成本高、密度大,容易反射电磁波,在高频段吸收效果差,因此其应用受到一定局限;相应的羰基铁粉则在高频段有一定优势。铁氧体类氧化物的吸波性能虽然略差,但其密度和价格低,在低频段吸波性能较好,因此有一定应用。图 7-34b 所示为一些材料相对电容率虚部 ε''的测量值。可以看到碳粉在宽的频段范围内具有良好的 ε''值。虽然钛酸钡粉末具有非常高的相对电容率(即相对介电常数,参见表 4-12),但其虚部值较小,因此不是优良的电损耗型吸波材料,只有在偏高频段才表现出好的电场能量损耗能力。聚合物通常不具备良好的铁电性质,但对其作掺杂处理提高其电导率的同时也可以大幅度地提高其相对电容率虚部,因此聚合物基的吸波材料得到了广泛的重视。

人们通常用**反射衰减率**来描述电磁波经材料反射后的相对剩余比值,可借助电磁波的反射能流密度 I_r和入射能流密度 I_0之比计算反射衰减率 A_r(dB),即有

$$A_r = 10\lg \frac{I_r}{I_0} < 0 \tag{7-14}$$

反射强度总低于入射强度,因此有 $A_r<0$。图 7-35 所示为三种聚苯胺基涂层材料涂覆于纯铝板后测得的不同波段的反射衰减率,由此可以观察分析材料的吸波效果。

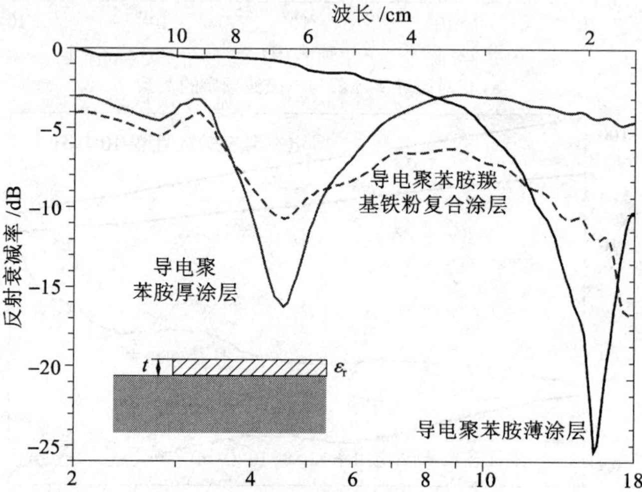

图 7-35　聚苯胺基涂层材料在不同波段的反射衰减率

如图 7-35 所示,影线区代表厚度为 t 的吸波涂层覆盖在灰色的铝板上;所

检测到的反射强度 I_r 实际上是由电磁波穿过涂层经铝板反射后再次穿过涂层的反射波及涂层外表面直接反射波的总和。根据萨利斯伯瑞(F. Salisbury)的电吸收层理论所作的分析表明,在距离物体表面间隔距离为 t 的位置放置一个无限薄的电阻片,则会形成一谐振式窄吸收体,使该物体表面对特定波长附近频段电磁波的反射大幅度下降。该特定波长 λ 的计算方法为 $\lambda=4t\sqrt{\varepsilon_r}$,$\varepsilon_r$ 为物体与电阻片间隔区介质,即吸波涂层的相对电容率。提高相对电容率 ε_r 会使特定 λ 附近频段的范围变窄,表面电阻的高低会影响物体表面对电磁波反射减少的幅度。根据这一原理,可以解释反射衰减率检测过程中经常观察到的某一窄波段附近的超低反射现象,如图 7-35 中导电聚苯胺厚、薄两种涂层的检测情况。这里所用的聚苯胺经掺杂处理后其电阻率降低到约 1 Ω · m,在 2×10^9 Hz 实验测得其相对电容率实部和虚部为 $\varepsilon'=19$ 和 $\varepsilon''=70$;由 $\sqrt{\varepsilon'^2+\varepsilon''^2}$ 算得 $\varepsilon_r=72.5$。由图 7-35 查得导电聚苯胺厚涂层的反射衰减峰位在 $\lambda=65.8$ mm($\nu=4.56\times10^9$ Hz),导电聚苯胺薄涂层的反射衰减峰位在 $\lambda=19.5$ mm($\nu=1.54\times10^{10}$ Hz),因此借助 $\lambda=4t\sqrt{\varepsilon_r}$ 可以算得两涂层的厚度分别应为 $t=1.93$ mm 和 $t=0.57$ mm,与实际涂层的厚薄关系相符。

然而,吸波材料在其发展过程中面临着种种重要的难题。吸波材料所防护的往往是对电磁波反射率很高的物体,因此在电磁波穿过吸波材料被物体反射再次穿越吸波材料的过程中应该遭受吸波材料强烈的吸收衰减。从图 7-33 所示的电磁波传播方式可以看出,当其磁场被磁损耗为主的吸波材料损耗后电场仍会存在并继续传播,基于电磁感应原理电场的传播又会衍生出磁场,使电磁波继续传播。因此磁损耗为主的吸波材料很难在宽的频段范围内同时获得高的吸波效果。同理,电磁波的电场被电损耗为主的吸波材料损耗后磁场仍会继续传播,并衍生出后续电场和电磁波的继续传播,因而电损耗为主的吸波材料也很难获得高的宽频吸波效果。理想的吸波效果要求材料同时具有高的相对磁导率 μ_r 和高的相对电容率 ε_r,即同时要求高 μ'' 和 ε'' 值,但自然界中尚不能找到这种物质(图 7-34)。这一难题给吸波材料的发展造成了很大障碍。目前解决这一难题的主要方法是尽量寻找和利用高 μ'' 或 ε'' 值同时其 ε'' 或 μ'' 值也不很低的材料,或者把高 μ'' 值材料和 ε'' 值材料复合在一起使用。

同时具有高的相对磁导率 μ_r 和高的相对电容率 ε_r 的材料会具有优良的吸波性能,式(7-7)也表明此时材料的折射率 n 很高而电磁波在材料内的传播速度很低,即其能量遭受损耗。然而,式(7-8)表明高折射率材料的反射率 R 必然很高。因此,这种材料会强烈地反射电磁波,即电磁波进入吸波材料之前已经被反射掉,使得材料高的吸波损耗能力无从发挥。这也是高性能吸波材料发展所面临的另一大障碍。其矛盾点在于,必须让电磁波进入吸波材料才有可能被吸波材料衰减,因此吸波材料表面的 μ_r 和 ε_r 值不能很高。然而吸波材料的 μ_r 和 ε_r 值必须很高才能强烈地衰减电磁波,否则电磁波被所防护物体反射前、后很容易两次穿越吸波材料而不遭受明显的衰减。克服这一难题的一个重要手段是采用多层叠合的吸波材料结构或梯度材料结构。其中在吸波材料面对电磁波入射的一侧的表面为低 μ_r、ε_r 值材料,以便允许电磁波轻易进入吸波材料。然后,由表及里材料的 μ_r、ε_r 值逐层或逐渐提高,以获得优良的吸波衰减效果。

图 7-36 所示为一种通过梯度材料结构提高吸波材料宽频吸收衰减效果的尝试。吸波材料采用复合材料,复合组分为高 ε'' 值的掺杂导电聚苯胺和高 μ'' 值软磁羰基铁粉。导电聚苯胺的室温电阻率约为 1 Ω · m,$(2 \sim 18) \times 10^9$ Hz 范围内电容率虚部 ε'' 为 20 ~ 70;羰基铁粉在 $(2 \sim 18) \times 10^9$ Hz 范围内的磁导率虚部 μ'' 接近 2(参见图 7-34a)。首先将羰基铁粉与导电聚苯胺混合研磨,制成导电聚苯胺附着于羰基铁粉表面且同时具备较高 μ'' 值和高 ε'' 值的混合粉,导电聚苯胺与羰基铁粉的体积比为 2 : 8;然后将复合粉与聚脲以 2 : 8 的比例混合,并涂覆于长 18 cm、宽 18 cm 的高纯铝板表面,复合材料厚度约 2 mm。在涂层完全凝固前用超声波对涂板作振动处理,使复合粉依靠自重在涂层中由上至下成密度梯度分布;超声波振动处理时涂层在上、铝板在下。图 7-36 给出了这种涂层的微观结构,其中外表层为振动处理的最上层,内表层为吸波涂层靠近铝板附近的区域。可以发现,复合粉颗粒在吸波涂层的分布密度由外向内逐渐增高,而且颗粒的尺寸由外向内逐渐增大,形成了颗粒密度和尺寸呈梯度分布的梯度材料。图 7-35 虚线所示的导电聚苯胺羰基铁粉复合涂层在不同波段的反射衰减率即为所检测到的该涂层的吸波效果。类似于上面涂层厚度的讨论,该涂层因其约 2 mm 的厚度也在 4.56×10^9 Hz 附近出现了吸波衰减峰。对比可见,该复合涂层虽然在特定波段范围吸波效果不如另两种受厚度影响的单纯聚苯胺吸波涂层,但却显示出明显的连续宽频吸波效果,综合吸波效果更佳。应该注意,这里举出的实验结果并不是完全成功的例证。相关材料的发展与改进还有待人们持续的努力与探索。

四、电磁波屏蔽及屏蔽涂料

参照图 7-28,若电磁波照射到的物体表面几乎发生全反射或使电磁波尽可能少地入射到物体表面以内,则可以有效减少电磁波对物体表面以内部分包括人及电子设备的干扰或损害。促使材料表面获得极高的反射率并防止电磁波的透射,从而实现对物体屏蔽保护的目的。这类材料称为电磁波**屏蔽材料**。屏蔽是利用屏蔽体来阻挡或减少电磁能传输的一种重要的防护手段,既可以限制内部辐射电磁信息及能量的外泄,又可以防止外来辐射的无序干扰或恶意伤害。

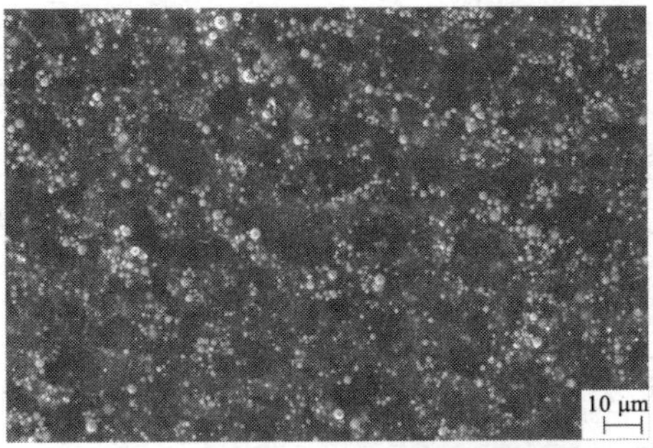

(a) 外表层细小稀疏的复合粉

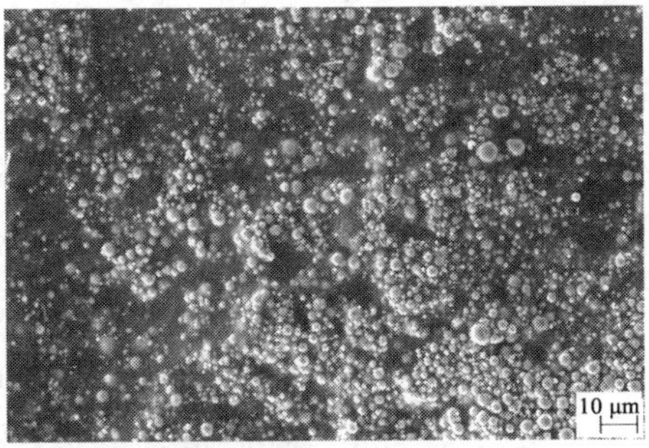

(b) 中间层细小与粗大复合粉混合

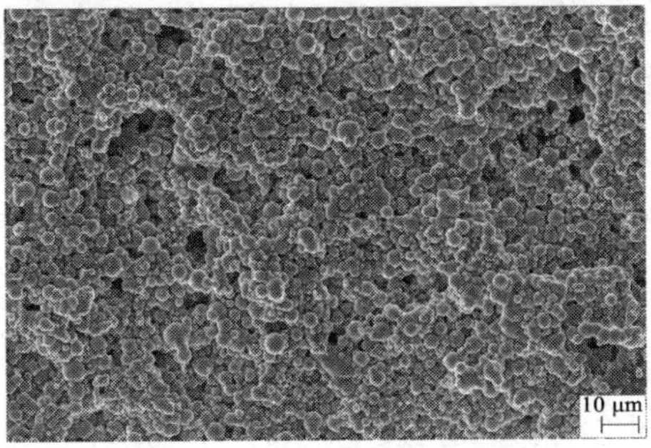

(c) 内表层粗大稠密的复合粉

图 7-36　导电聚苯胺微米羰基铁粉复合涂层的吸波复合粉分布结构

屏蔽材料借助对电磁波的反射损耗、吸收损耗和多次反射损耗来实现屏蔽效能。

电子、电器产品的金属外壳接地后可把外电场终止于金属导体表面，并通过地线释放金属表面的感应电荷，以实现**静电屏蔽**。用高磁导率材料遮蔽物体以在物体之外构成低磁阻通路，可以把磁力线封闭在遮蔽体内，达到阻挡内部磁场向外扩散或外界磁场干扰进入的目的，称为**磁屏蔽**。利用电磁波在导体表面的反射和在导体中传播时的急剧衰减来隔离电磁场，可以防止外来高频电磁场的干扰，称为**电磁屏蔽**。采用电磁屏蔽措施，同样可以抑制内部电磁波的外泄和外来电磁波的侵入。

在人们日常生活和工作的环境中最经常遇到的是各类无线电波（图 7-32），它属于远场高频电磁波。常用的屏蔽材料多属低电阻率的导体材料。当屏蔽材料受到外界电磁波的电场影响时，根据法拉第电磁感应定律而产生感应电动势，且该电动势会根据楞次定律在导电的屏蔽材料内引起感应电流或涡电流，这种电流所产生的磁场与外磁场相反，阻止外磁场进入从而实现磁场屏蔽。另外，良好接地的导电屏蔽材料可以及时消除外电场干扰所产生的电压，阻止电场的传播以实现电场屏蔽。由此可见，屏蔽材料的相对电导率 σ_r 对其屏蔽性能有非常重要的影响；同时，其相对磁导率 μ_r、厚度 t 及电磁波的频率 f 对屏蔽性能均有直接的影响。通常采用无屏蔽体时的电场强度 E_0 或磁场强度 H_0 与经屏蔽体阻隔后的电场强度 E_{SE} 或磁场强度 H_{SE} 的比值来描述屏蔽体的屏蔽效应，即用**屏蔽效率** SE 表达。在远离电磁波源的远场条件下电场与磁场的效应相等。如果 I_{SE} 和 I_0 分别为电磁波的透射能流密度和入射能流密度，则屏蔽效率SE(dB)可表达成

$$SE = 20\lg \frac{H_0}{H_{SE}} = 20\lg \frac{E_0}{E_{SE}} = 10\lg \frac{I_0}{I_{SE}} > 0 \tag{7-15}$$

参照图 7-27、图 7-28 的分析可知，造成对电磁波屏蔽效应的主要有反射、吸收和多次反射，但多次反射对电磁波的损耗比例往往非常低，因此往往可以不考虑其影响。根据磁场屏蔽吸收的原理，式(7-9)中的线性吸收系数为 $\alpha = \sqrt{\pi f \mu \sigma} = \sqrt{\pi \mu_0 \sigma_{Cu}}\sqrt{f \mu_r \sigma_r}$，其中纯铜的电导率 σ_{Cu} 按多数文献可取为 5.82×10^7 S/m(西门子/米)，屏蔽材料相对电导率 σ_r 是其电导率与纯铜电导率的比值。由此可以参照式(7-15)和式(7-9)按照金属平板良导体的情况推导出简化的屏蔽**吸收损耗** SE_A(dB)为

$$SE_A = 20\lg e^{\alpha t} = \left(20\lg e\sqrt{\pi \mu_0 \sigma_{Cu}}\right) t\sqrt{f \mu_r \sigma_r} = 0.131\,66 t\sqrt{f \mu_r \sigma_r} \tag{7-16}$$

式中：厚度 t 的单位为 mm，电磁波频率 f 的单位为 Hz。表 7-7 列出了一些常见金属材料大致的相对电导率 σ_r 和相对磁导率 μ_r，由此可以根据式(7-16)计算特定厚度同类材料大致的吸收损耗。需要注意，许多材料的相对磁导率会随电磁波的频率而变化。

表 7-7 常见金属材料大致的相对电导率 σ_r 和相对磁导率 μ_r

金属	σ_r	μ_r	合金	σ_r	μ_r
铜	1.00	1	黄铜	0.65	1
银	1.05	1	低碳钢	0.10 ~ 0.18	50 ~ 4 000
金	0.70	1	马氏体不锈钢	0.02	~ 500
铝	0.64	1	取向硅钢	0.034	~ 40 000
铁	0.18	290 ~ 12 000	铁镍合金	0.04	8 000 ~ 12 000
镍	0.20	220 ~ 600	铁钴合金	0.68	8 000 ~ 9 000
钴	0.27	70 ~ 250	铁镍钼合金	0.023	~ 100 000

根据电磁波反射原理，可以按照金属板的情况推导出远场平面波简化的**反射损耗** SE_R(dB)为

$$SE_R = 20\lg \frac{\sqrt{\frac{\mu_0}{\varepsilon_0}}}{4\sqrt{2\pi f \frac{\mu}{\sigma}}} = 20\lg \frac{1}{4}\sqrt{\frac{\sigma_{Cu}}{2\pi\varepsilon_0}} + 10\lg \frac{\sigma_r}{\mu_r f} = 168.154\ 7 + 10\lg \frac{\sigma_r}{\mu_r f} \tag{7-17}$$

通常,在不考虑多次反射损耗的情况下可以粗略地认为,对屏蔽效率 SE 有 $SE = SE_A + SE_R$。由式(7-16)和式(7-17)可以发现,提高屏蔽材料的电导率可以同时提高吸收损耗 SE_A 和反射损耗 SE_R,而提高磁导率只能提高吸收损耗但降低反射损耗。因此,高电导率是屏蔽材料的重要追求目标。另外,电磁波频率也对吸收损耗和反射损耗有明显影响。现参照表 7-7 选 0.01 mm 厚铜箔($\sigma_r = 1$, $\mu_r = 1$)和钴箔($\sigma_r = 0.27$, $\mu_r = 70$),按照式(7-16)和式(7-17)理论计算两种金属箔在 30 ~1 500 MHz 频率范围内的屏蔽损耗 SE_R、SE_A 和屏蔽效率 SE 值,结果如图 7-37 所示。可以看出,金属是非常好的屏蔽材料,很薄的金属就可以实现很强的屏蔽效率。铜的高电导率有利于获得高的反射损耗,而钴的高磁导率则有利于尤其在高频获得高的吸收损耗。

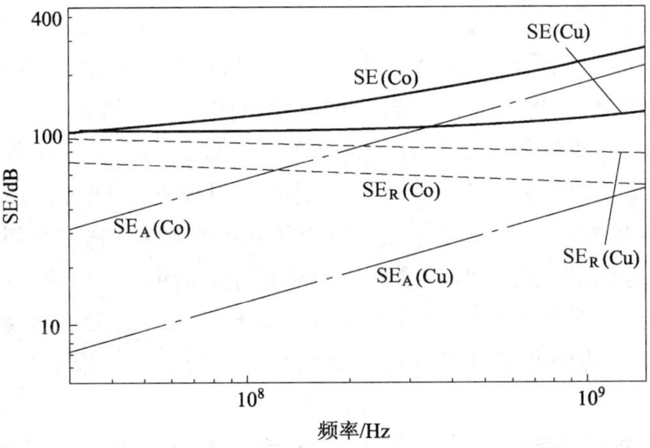

图 7-37 铜箔和钴箔屏蔽损耗和屏蔽效率的计算

由于金属很容易造成对电磁波极强的反射损耗,因此常用做传统屏蔽材料,如各类电子、电器产品采取铁、铜、铝金属外壳实现屏蔽的目的。也可以采用金属丝、条带制成网或织物用做二维屏蔽材料。也可以把金属或导电物质通过喷涂、沉积、电镀、粘贴等方式附着于需要屏蔽保护的物件表面。然而,在许多比较复杂的场合下,金属板、箔及丝网材或喷镀加工等技术会显现出材质厚重、密封性差、难以加工成复杂形状、附着力差、屏蔽效率差、成本高等缺点，使其进一步的广泛应用受到阻碍。当前许多电子新产品提出了较高屏蔽效率同时要兼顾轻质、加工制作简便、低成本等方面较高的要求，因此屏蔽效率略低但质轻、易制、廉价的聚合物基屏蔽涂料受到了广泛的重视。电磁屏蔽涂料性状与其他涂料相似，是一种流体材料。其涂覆工艺比较简单，可针对不同的基面进行喷涂、刷涂等，所需施工设备简单，可与多种工程塑料、混凝土墙体、木材、布面、建筑装饰材料紧密结合，也可以广泛用于电子仪器、精密医疗设备及设施、计算机中心安全屏蔽以及金融、商业、环保行业的电磁屏蔽。

聚苯胺、聚乙炔、聚吡咯、聚噻吩及其衍生物等很多高分子聚合物经掺杂处理会后其内出现的自由电子或空穴等载流子可以使聚合物的电导率明显上升，成为**导电聚合物**。导电聚合物与其他树脂混合组成的复合涂料可以制成纯聚合物型电磁屏蔽涂料。这类涂料有轻质、柔韧、可大面积成膜、电阻率可调等特点。如聚苯胺是导电高分子领域最具应用价值的品种，其密度仅为 1.1 g/cm^3，兼具金属的导电性和塑料的可加工性，易于与其他树脂掺和，电导率可以借助化学或电化学方法调节，而且价格低廉。如果把特定的导电填料与树脂混合，可制成掺和型电磁屏蔽涂料。当粉末状或纤维状导电填料在涂料中的比例增加到某一临界值时，涂料的电导率会急剧上升。达到该临界值时导电填料颗粒间可能会有足够多的互相接触以形成涂料的导电网络，或当颗粒互相靠近到一定程度时可以借助隧道效应形成电导通的状态。这类涂料中的导电填料通常为金属质的粉末、晶须或纤维。银的导电性最好但价格昂贵。镍的屏蔽效果中等、有一定化学稳定性、价格低廉，目前有广泛的应用。铜的电阻率低、导电性稳定、价格较低，但化学稳定性较差。碳粉或碳纤维也可以用做导电填料，它比金属填料密度低、价格便宜、不易沉降、耐蚀，但其导电性相对较差、易团聚。每种导电填料都会有一定的频率特性，当单一导电填料不能满足在较宽频率范围的屏蔽效能时可以考虑把不同特性的导电填料以一定比例和方式与树脂混合成复合掺和型电磁屏蔽涂料。

不仅导电填料或导电聚合物的电导率会影响涂料的屏蔽性能，而且其电容率和磁导率也会影响它们与树脂混合所制成涂料的吸收损耗。图 7-38 所示为几种导电金属粉与导电聚苯胺在 1 ~ 1.8 GHz 频率范围内的相对电容率和磁导率虚部测量值。其中，纳米铜和纳米镍的电容率和磁导率都比较低，不会有好的吸收损耗。微米镍的电容率和磁导率都比较高，吸收损耗应较好。导电聚苯胺的电容率高而磁导率低，显示其介电而非导磁的特性。

以镍为导电填料的掺和型电磁屏蔽涂料应用比较广泛。研究表明，当涂料内镍粉填料的体积分数超过 10% 时其电导率突然升高，15% 时达到一个比较高的水平。继续提高镍粉含量则电导率不再升高，即已经达到镍粉含量的上述临

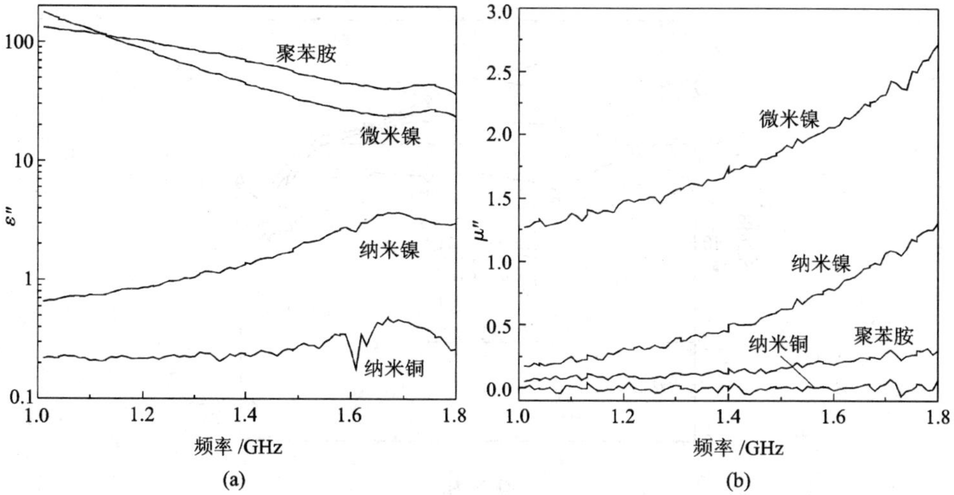

图 7-38 导电金属粉与导电聚苯胺的电磁参数

界值。屏蔽涂料的屏蔽效率通常会低于金属板箔材,因此改变涂料厚度就成为了调整屏蔽效率的重要手段。图 7-39a 所示为以 15% 体积分数的微米镍粉为导电填料所制作不同厚度的丙烯酸树脂涂料的屏蔽效率,由此可以看出厚度的明显影响。图 7-39b 所示为含有不同微米 Ni 粉与导电聚苯胺体积配比的 0.3 mm厚丙烯酸树脂涂料的屏蔽效率,其中微米 Ni 粉的屏蔽作用比导电聚苯胺的作用明显。只有 Ni 粉体积分数达到 15% 后添加 5% 导电聚苯胺才会比再添加 5% 微米 Ni 粉(即总共 20% Ni)的作用明显,主要反映在高频段。另外 0.2 mm厚含 15% 微米镀银铜粉和 15% 微米银粉的丙烯酸树脂涂料的屏蔽效率更高(图 7-39b),这应该主要源于银粉的电导率最高,而镀银铜粉的电导率也高于镍粉。银粉和镀银铜粉都没有磁性,而镍粉有一定磁性(表 7-7,图 7-38a),对比式(7-16)和式(7-17)可知,更强的反射损耗造成了含银及镀银铜涂料屏蔽效率的提升。

鉴于反射损耗对屏蔽效率的重要作用,人们在保护特定目标时往往强调提高电导率,依靠大幅度反射损耗来增加屏蔽效率。大量的反射损耗虽然可以发挥针对特定目标的屏蔽保护作用,但反射出来的电磁波同时会对周围环境再造成电磁污染,称为**二次污染**。尤其所保护的目标尺寸规模大而形状简单时,可能会对周围造成集中的电磁干扰。因此当屏蔽涂料的屏蔽效率达到一定水平后,通过增强屏蔽材料的吸收损耗来进一步提高屏蔽效果应该是一种更合理的选择。图 7-40 所示为在微米 Ni 粉体积分数为 15% 的 0.2 mm 厚丙烯酸树脂涂料中添加体积分数为 2.5% 的微米 $NiZnFe_2O_4$ 铁氧体粉前后屏

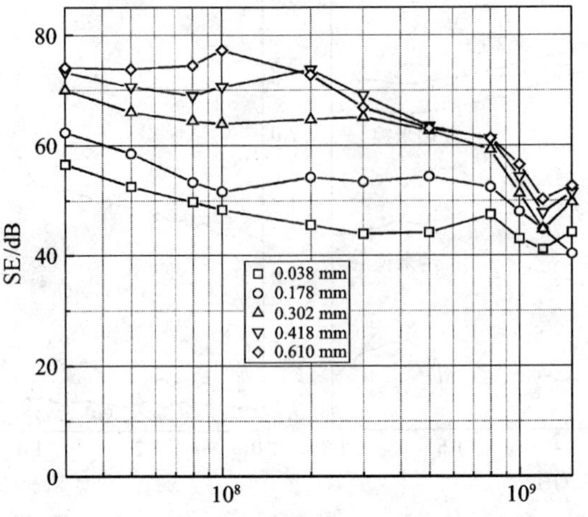

(a) 不同厚度 15% 微米 Ni 的丙烯酸树脂涂料

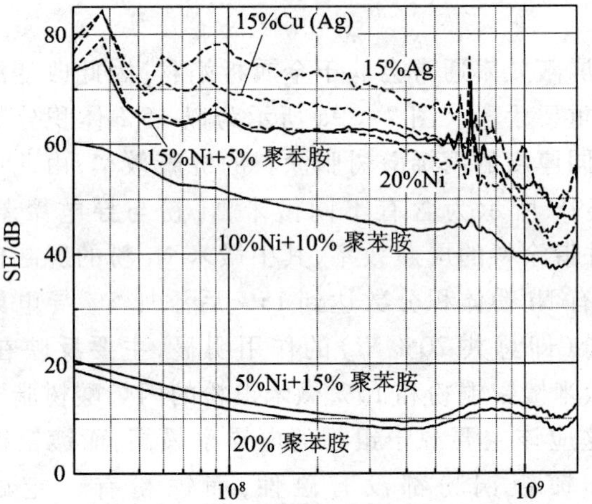

(b) 0.3 mm 厚不同微米 Ni 与导电聚苯胺体积配比及 0.2 mm 厚微米镀银铜和微米银丙烯酸树脂涂料

图 7-39 不同屏蔽涂料的屏蔽效率

蔽效率的差异，铁氧体使屏蔽效率在宽频范围内得到提高。铁氧体的电导率很差，参照图 7-34a 所示铁氧体在图 7-40 所示频段的磁导率虚部值可以推断，屏蔽效率的提高应源于铁氧体造成的吸收损耗，从而避免了电磁波二次污染的增强。

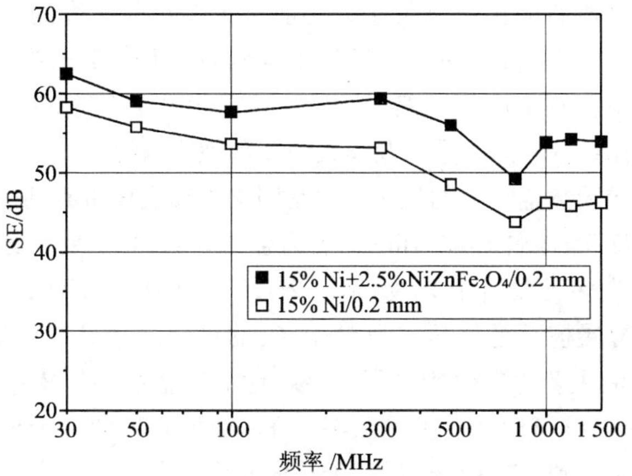

图 7-40　2.5% 微米铁氧体粉对 15% 微米 Ni 粉丙烯酸树脂涂料屏蔽效率的影响

五、光学金刚石

金刚石晶体的单胞结构如图 7-1b 所示，与硅晶体相同。金刚石是自然界中硬度最高的物质，而且具有很好的透光性。除了波长为 2 ~ 5 μm 的本征声子带外，不仅可见光可以透过金刚石，而且波长为 220 nm 至数十微米范围内的电磁波均可以穿透金刚石。金刚石的优良性能还在于其热导率高于所有已知的材料，有很低的热膨胀系数、很高的抗热震系数、极强的抗化学腐蚀能力、极高的抗磨损能力等。金刚石的这些优异的性能使它在工业上，尤其是在光学和电子设备上具有广泛的用途。表 7-8 列出了金刚石的一些典型参数和性能指标。

表 7-8　金刚石的一些典型参数和性能指标

性质	天然金刚石	CVD 金刚石膜
晶体结构	A4/cF8	A4/cF8
点阵常数	0.357 6 nm	0.357 6 nm
密度	3.515 g/cm^3	2.8 ~ 3.5 g/cm^3
熔点	4 000 ℃	接近 4 000 ℃
室温热膨胀系数	1.1×10^{-6}/℃	1.0×10^{-6}/℃
热导率	20 W/(cm · K)	10 ~ 20 W/(cm · K)
击穿电压	10 000 kV/cm	
电阻率	$>10^{15}$ Ω · m	$>10^{12}$ Ω · m
折射率	2.42	
相对磁导率	~ 1	~ 1
相对电容率	5.5	5.5
最高弹性模量	1 200 GPa	1 050 GPa

人类最早对金刚石的记载是关于公元前一千多年前印度的金刚石。印度是早期金刚石的主要产地;18 世纪在巴西发现了金刚石,随后南非成了金刚石的主要产地之一。这些都是自然生成的天然金刚石。目前出产天然金刚石的地区主要有南非、扎伊尔、博茨瓦纳等非洲国家以及澳大利亚和俄罗斯等;另外,巴西、印度、中国等地也有出产。生成天然金刚石的母矿主要是因火山喷发而带到地表附近的一类碱性镁质火山岩,多以南非地名 Kimberlite 命名为**金伯利岩**,其主要组分为石榴子石和橄榄岩。**石榴子石**为多种复合氧化物$CaO \cdot 2MgO \cdot Al_2O_3 \cdot 3SiO_2$或 $CaMg_2Al_2Si_3O_{12}$。橄榄岩中主要组分**橄榄石**是化学式为 Me_2SiO_4的正交晶系硅酸盐矿物的总称,常呈橄榄绿色,式中 Me 主要为二价阳离子镁、铁、锰等。金伯利岩中的镁橄榄石为复合氧化物$2MgO \cdot SiO_2$或 Mg_2SiO_4(参见图 4-4a)。金伯利岩的一个重要特点在于其岩浆中游离碳的含量达到 2% ~4% ,远高于其他岩浆。

生成天然金刚石的必要条件包括足够的碳源、高温、高压、适当的冷却与降压条件等。分析表明,液态岩浆可以提供足够的高温、地表以下足够的深度可以提供足够高的压力、金伯利岩浆可以提供碳源,当金伯利岩浆以适当的方式降温、降压即可以在其中产生一定形态和数量的天然金刚石。不同研究表明,形成天然金刚石所需的粗略温度范围为 900 ~1 800 ℃,比较一致确认的温度范围在 1 200 ~1 300 ℃,所需的压力范围为 5 ~6 GPa。地表 150 km 深度以下的金伯利岩浆可以达到这样的温度与压力范围。在适当的温度与压力条件下,金伯利岩浆内的碳会结晶成金刚石晶体,适合于金刚石结晶的条件能够保持稳定的时间越长则金刚石晶体的尺寸也越大。据目前分析,天然金刚石的形成过程长达六千万年至几十亿年,与地球的年龄相当。随着地壳运动和火山的喷发,金伯利岩浆会带着其内形成的天然金刚石一起沿着火山喷发形成的管状通道上升到地壳表层,形成含有金刚石的管状金伯利岩矿脉。经风吹雨打等地球风化作用,露在地表的金伯利岩矿会破碎,并在雨水或山洪冲刷下经长途迁徙来到下游河床甚至海岸地带沉积下来,形成冲积层金刚石矿床。在金伯利岩浆随火山喷发向地表运动的过程中,其温度和承受的压力均在不断下降。分析金刚石与石墨的热力学平衡关系可以发现,温度与压力下降的过程必须满足一定的动力学条件,否则金伯利岩内的金刚石不能保存下来。例如,金伯利岩浆的压力在不断下降时如果温度下降太慢,则其内已经形成的金刚石晶体会全部转化为石墨。另外,金伯利岩浆中已形成的金刚石晶体也可能会因其较大的密度而沉向火山熔岩的深处,不能到达地球表层。因此,即使在含有金刚石晶体的金伯利岩矿脉中,金刚石的含量也非常低,通常其质量分数不超过亿分之四。目前人类发现最大的一块天然金刚石约有 620 g重,源自南非,分割成数块后其中最大的约 109 g 和63 g,分别镶嵌在英国女王的权杖和王冠上。我国最大的天然金刚石发现于山东省,重约 56 g,第二次世界大战期间被日本掠去，至今下落不明。我国现存的最大天然金刚石于 1977 年在山东省发现，重约 31 g。

由于金刚石所具备的众多方面的优异性能，很早人们就企图把金刚石用做工程材料。然而金刚石的珍贵和因形成原因造成的来源稀缺，人们一直寻求把石墨转变成金刚石，即“点石成金”的人工金刚石制造方法。1772 年法国化学家证实金刚石是碳的晶体，经过一个多世纪的努力，1954 年瑞典和美国的研究人员分别采用特殊的技术手段将石墨变成了人工金刚石，即利用高压和高温设备将石墨转变成金刚石。其基本过程为把选定的含碳砂矿加热到 1 400 ℃以上，在 5.5 GPa 压力下的密封容器内让砂矿自上方通过熔融状态的铁镍合金混合物区，并使砂矿溶解；其内的碳原子逐渐沉积在混合物区下方低温区内安置的金刚石种晶上，使种晶缓慢生长。其实，一周大约可生长 0.2 g 人工金刚石。目前，人工金刚石的生产效率已经大幅度提高。

金刚石获得广泛应用的主要障碍除了高昂的制造成本外，还在于传统高温、高压法很小的可制造尺寸，因此只能用做磨料和硬质工具。低温化学气相沉积（CVD）金刚石薄膜工艺的出现使得以较低价格制造较大尺寸人工金刚石成为可能。20 世纪 50、60 年代人们就开始 CVD 法制备金刚石的尝试，并在 80 年代初取得突破，随后得到迅速发展。图 7-41a 所示为以甲烷为原料的 CVD 法制备金刚石膜的原理图。制备过程中先将由甲烷气（或其他含碳气体）、氢气及其他气体构成的混合气输入气相反应室，混合气会受到热灯丝或等离子体激发而分解，形成含碳活性基团和原子氢。甲烷借助 $CH_4 \rightarrow CH_3 \rightarrow CH_2 \rightarrow CH \rightarrow C$ 等一系列复杂物理化学过程转变成具有活性的碳原子，并沉积到衬底表面形成不断增厚的金刚石膜。所分解出来的氢原子又会互相结合成氢气分子。沉积的工艺参数例如可以是 0.5% ~ 2% 的甲烷浓度、700 ~ 1 000 ℃的衬底温度、4 ~ 6.6 MPa 的气体压力等。一些新的沉积技术可以使衬底温度进一步降低，甚至低于200 ℃。可以看出其生成金刚石的温度和压力条件远低于天然金刚石和传统金刚石的要求。图 7-41b 所示为 CVD 金刚石薄膜的侧面形貌，其下端为金刚石薄膜开始形成并与衬底接触的平面，上端为金刚石薄膜最终沉积的表面，该薄膜的厚度接近 0.4 mm。

CVD 金刚石薄膜研制成功后，其制备成本成为了衡量其是否能工业化应用的关键因素。最初制备出 CVD 金刚石薄膜的单价比地球上任何物质都贵。随着技术的改进，CVD 金刚石薄膜的沉积速率急剧提高，从几个毫克/小时上升到约大于 6 克/小时，其制备成本从 2 万美元/克以上下降到 15 美元/克以下。图7-42所示为我国利用 CVD 制备技术所制作的用于光学目标的光学级大尺寸金刚石膜的实例。目前 CVD 制备技术制作金刚石薄膜的质量还不够稳定，不同制作单位所制备薄膜的性质差异很大，与工艺控制、设备状态、操作

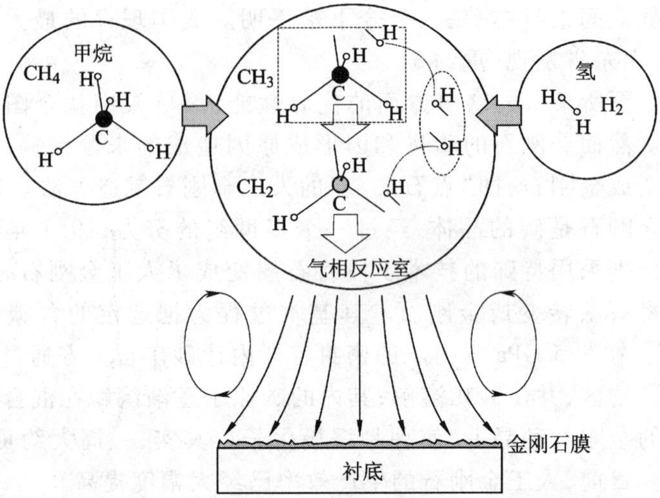

(a) 原理示意图

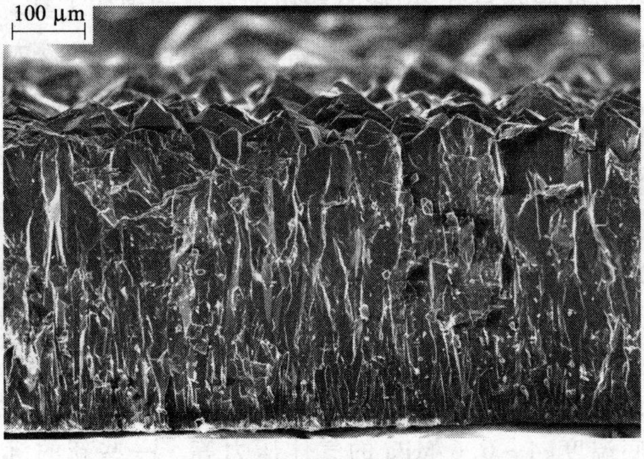

(b) 金刚石薄膜侧面组织

图 7-41 CVD 法制备金刚石薄膜的原理示意图及所制成的金刚石薄膜

经验有很大关系。CVD 金刚石薄膜的性能水平仍略差于天然金刚石，总体上如表 7-8 所示。

光学金刚石不仅紫外线至远红外线的透过性好，对 X 射线也有很好的透光性，其高硬度、高热导率和极佳的化学稳定性使其成为优异的光学窗口材料，不仅可以在多种射线条件下用做检测或观察用面罩、窗口材料，还可用于超高音速飞行器的头罩和红外平面热成像装置的窗口及光学涂层。那些必须在高温、腐蚀、磨损等恶劣工业环境条件下工作的红外光学装置的窗口也可以用光学金刚石制作，如化工或钢厂的红外光学在线监测装置或窗口保护涂层。

图 7-42 CVD 法制备光学级金刚石薄膜

光学金刚石在军事上可用做高超音速、高磨损新型拦截导弹的头罩等极端恶劣条件下的透光材料，机载、车载或舰载红外热成像装置窗口或窗口保护涂层，战场恶劣环境下工作的红外光学装置的窗口或窗口保护涂层。新一代高速拦截导弹的拦截制导和红外制导导弹战场生存能力的提高都依赖配备 CVD 金刚石球罩，以便确保制导系统在雨滴、灰尘、风沙、盐雾强冲刷和核、化学、生物侵蚀破坏及超高速强热震条件下无障碍地正常运作。目前，国外研制的红外制导导弹 CVD 金刚石球罩在 8 ~ 14 μm 红外波段的透过率可超过 60%。

参考文献

[1] Wolf S. Silicon processing for the VLSI era. Sunset Beach: Lattice Press, 1986.
[2] 曾汉民. 高技术新材料要览. 北京: 中国科学技术出版社, 1993.
[3] Schroeder H. Voids in interconnects of very large-scale integrated electronic circuits, IFF-Bulletin, No. 49, Institut für Festkörperforschung, KFA, Jülich, 1996.
[4] LeGoues F K, Krakow W, Ho P S. Atomic structure of the epitaxial Al-Si interface. Phil. Mag., A, 1986, 53: 833-841.
[5] Jin H F, Yapsir A S, Lu T M, et al. Channeling study of structural effects at the Al(111)/Si(111) interface formed by ionized cluster beam deposition. Appl. Phys. Lett., 1987, 50: 1062-1064.
[6] Knorr D B. Textures in thin films. Mat. Sci. Forum, 1994, 157-162: 1327-1336.
[7] Sundquist B E. A direct determination of the anisotropy of the surface free en-

ergy of solid gold, silver, copper, nickel, and alpha and gamma iron. Acta. metall., 1964, 12: 67-86.

[8] Flinn P A, Waychunas G A. A new x-ray diffractometer design for thin film, strain, and phase characterization. J. Vac. Sci. Technol., B, 1988, 6: 1749-1755.

[9] Venkatraman R, Bravman J C, Nix W D. Mechanical properties and microstructural characterization of Al-0.5% Cu thin films. J. Elec. Mat., 1990, 19: 1231-1237.

[10] Shibata H, Murota M, Hashimoto K. The effects of Al(111) crystal orientation on electromigration in half-micro layered Al interconnects. J. Appl. Phys., 1993, 33: 4479-4484.

[11] 毛卫民,张弘. 大规模集成电路导电薄膜的织构效应. 北京科技大学学报, 2000, 22(6): 539-542.

[12] Smith W F, Hashemi J. Foundations of materials science and engineering. 4th ed. New York: McGraw-Hill Companies, Inc., 2006.

[13] Askeland D R, Phulé P P. The science and engineering of materials. 4th ed. Florence: Thomson Learning, 2004.

[14] Yang Z J, Johansen T H, Bratsberg H, et al. Lifting forces acting on a cylindrical magnet above a superconducting plane. Physica C, Superconductivity, 1992, 197(1-2): 136-146.

[15] Johansen T H, Bratsberg H, Riise A B, et al. Measurements and model calculations of forces betpeen a magnet and granular high-T_c superconductor. Applied Superconductivity, 1994, 2(7-8): 535-548.

[16] 马如璋,蒋民华,徐祖雄. 功能材料概论. 北京:冶金工业学出版社, 1999.

[17] 毛卫民,朱景川,郦剑,等. 金属材料的结构与性能. 北京:清华大学出版社, 2008.

[18] 吉光达. 第二类超导体中的磁通钉扎. 低温与超导, 1974(3): 59-95.

[19] 徐斌涛. 理想第二类超导体的临界场. 上海海运学院学报, 1997, 18(3): 102-108.

[20] 丁世英. 磁通钉扎效应浅释. 物理, 1981(4): 248-251.

[21] 金建勋,郑陆海. 高温超导材料与技术的发展及应用. 电子科技大学学报, 2006, 35(4): 612-627.

[22] 冯瑞华,姜山. 超导材料的发展与研究现状. 低温与超导, 2007, 35(6): 520-522, 526.

[23] Jérome D. The development of organic conductors: organic superconductors. Solid State Sciences, 2008, 10(12): 1692-1700.

[24] 赵忠贤，陈立泉，崔长庚，等. Sr(Ba)-La-Cu 氧化物的高临界温度超导电性，科学通报，1987，32(3)：177-179.

[25] Goyal A, Norton D P, et al. High critical current density superconducting tapes by epitaxial deposition of $YBa_2Cu_3O_x$ thick films on biaxially textured metals. Appl. Phys. Lett., 1996, 69: 1795-1797.

[26] Paranthaman M, Goyal A, et al. Development of biaxially textured buffer layers on rolled-Ni substrates for high current YBa2Cu3O7 coated conductors: ISS'96 proceedings, Sapporo, Oct. 21-24, 1996.

[27] 甘子钊. 高临界温度超导材料//曾汉民. 高技术新材料要览. 北京：中国科学技术出版社，1993，764-772.

[28] Norton D P, Goyal A, et al, Epitaxial $YBa_2Cu_3O_7$ on biaxially textured Nickel (001): An approach to superconducting tapes with high critical current density. Science, 1996, 274: 755-757.

[29] Mao Weimin. Formation of recrystallization cube texture in high purity face-centered cubic metals sheets. J. Mat. Eng. & Perf., 1999, 8: 556-560.

[30] 毛卫民. 金属材料的晶体学织构与各向异性. 北京：科学出版社，2002.

[31] Norton D P, Park C, Prouteau C, et al, Epitaxial $YBa_2Cu_3O_7$ films on rolled-textured metals for high-temperature superconducting applications. Materials Science and Engineering, 1998, B56: 86-94.

[32] Yang C Y, Pashitski A, Polyanskii A, et al, Microstructural homogeneity and electromagnetic connectivity of $YBa_2Cu_3O_{7-\delta}$ grown on rolling-assisted biaxially textured coated conductor substrates. Physica C, 2000, 329: 114-120.

[33] Kato T, Araki T, Yuasa T, et al. Microstructure of TFA-MOD superconductor film on metal tape. Physica C, 2002, 378-381: 1028-1032.

[34] 田莳. 材料的物理性能. 北京：北京航空航天大学出版社，2001.

[35] 胡传炘. 隐身涂层技术. 北京：化学工业出版社，2004. 34-38.

[36] 王颖. 电磁辐射对人体健康的危害及保护. 干旱环境监测，2003，17(1)：22-24.

[37] 王定华，赵家升. 电磁兼容原理与设计. 西安：电子科大出版社，1995.

[38] 吕立波. 涉密计算机信息系统电磁泄露问题与对策. 网络安全技术与应用，2007(5)：38-40.

[39] Jose K A, Neo C P, Sha Y, et al. Experimental investigations of microwave

absorber with FSS embedded in carbon fiber composite. Microwave and Optical Technology Letters, 2002, 32(4): 245-249.

[40] Kazantseva N E, Ryvkina N G, Chmutin I A. Promising materials for microwave absorbers. Radiotekhnika i Elektronika, 2003, 48(2): 196-209.

[41] Otsuka K, Hashimoto O, Orita M, et al. Fundamental study of a λ/4 microwave-band wave absorber using conductive paper. Electronics and Communications in Japan, 2003, 86(10): 100-107.

[42] 陈家钊，黄婉霞，涂铭旌，等. PZT 对 Ni-Zn 铁氧体衰减电磁波能力的影响. 复合材料学报, 1997, 14(3): 41-44.

[43] 赵乃勤，曹婷，师春生，等. 纤维(碳毡)/树脂复合吸波材料的研究. 复合材料学报, 2003, 20(5): 63-67.

[44] 赵新兵，凌国平，钱国栋. 材料的性能. 北京：高等教育出版社, 2006.

[45] 邢丽英. 隐身材料. 北京：化学工业出版社, 2004.

[46] 桥本康雄，栗原弘. ノイズ对策としての电波吸收体. 工业材料, 1998, 46(10): 36-41.

[47] 阮颖铮. 雷达截面与隐身技术. 北京：国防工业出版社, 1998.

[48] 毛卫民，方鲲，吴其晔，等. 导电聚苯胺/羰基铁粉复合吸波材料. 复合材料学报, 2005, 22(1): 11-14.

[49] 周志飚，郭志猛，毛卫民，等. 复合型雷达吸波材料. 北京科技大学学报, 2006, 28(8): 766-769.

[50] 路宏敏. 工程电磁兼容. 西安：西安电子科技大学出版社, 2003.

[51] 吴行，陈家钊，涂铭旌. 电磁屏蔽涂料镍填料的表面偶联处理研究. 功能材料, 2000, 31(3): 262-264.

[52] 吴瑞雯，林云，林展如，等. 屏蔽电磁干扰高分子磁性复合材料的研究. 功能材料, 2002, 33(5): 492-494.

[53] 师春生，马铁军，李家俊，等. 镀金属炭毡/树脂复合材料的电磁屏蔽性能. 功能材料, 2001, 32(3): 330-333.

[54] Annadurai P, Mallick A K, Tripathy D K. Studies on microwave shielding materials based on ferrite and carbon black-filled EPDM rubber in the X-band frequency. Journal of Applied Polymer Science, 2002, 83(1): 145-150.

[55] 毛卫民，方鲲，吴其晔，等. 导电聚苯胺/纳米镍粉复合屏蔽材料的研究. 功能材料, 2004, 35(S): 946-948.

[56] 潘成，方鲲，周志飚，等. 导电高分子电磁屏蔽材料的研究. 安全与电磁兼容, 2004(3): 1-4.

[57] 袁丰肖，朱国辉，毛卫民，等. PAn/Ni 电磁屏蔽复合材料的研究. 安全与电磁兼容，2006(4)：91-93.

[58] 丁世敬，赵跃智，葛德彪. 电磁屏蔽材料研究进展. 材料导报，2008，22(4)：30-34.

[59] 王振基，朱国辉，毛卫民. 复合材料的屏蔽效能特点. 科技咨询导报，2007(25)：19-20.

[60] 王俊，朱国辉，王振基，等. 不同体积分数聚苯胺对复合电磁屏蔽材料性能的影响. 安全与电磁兼容，2007(3)：59-62.

[61] 王俊，朱国辉，毛卫民. 聚苯胺性状及其含量对镍粉/聚苯胺涂层屏蔽性能的影响. 功能材料，2008，39(5)：737-743.

[62] 阮士朋，朱国辉，毛卫民. 不同金属填料对电磁屏蔽涂料的屏蔽效能的影响. 材料导报，2008.（已录用）

[63] Sussmann R S. A new diamond material for optics and electronics. Industrial Diamond Review，1993，53(2)：63-68.

[64] 陈光华，张阳. 金刚石薄膜的制备与应用. 北京：化学工业出版社，2004.

[65] 路凤香. 金伯利岩与金刚石. 自然杂志，2008，30(2)：63-66.

[66] Murakawa M，Takeuchi S，Hirose Y. Diamond coating of a long substrate by use of a combustion flame. Surf. Coat. Technol.，1989，39-40 (1-3)：235-240.

[67] 毛卫民，朱宏喜，陈冷，等. CVD 自支撑金刚石薄膜的宏观织构与微观孪晶. 无机材料学报，2006，21(1)：239-244.

[68] 朱宏喜，毛卫民，冯惠平，等. 甲烷浓度对 CVD 金刚石薄膜晶体学生长过程的影响. 无机材料学报，2007，22(3)：570-576.

[69] 朱宏喜，毛卫民，冯惠平，等. CVD 金刚石薄膜孪晶形成的原子机理分析. 物理学报，2007，56(7)：4049-4054.

[70] Lü F X，Tang W Z，Huang T B，et al. Large area high quality diamond film deposition by high power DC arc plasma jet operating at gas recycling mode. Diamond and Related Materials，2001，10：1551-1558.

[71] Lü F X，Tang W Z，Chen G C，et al. Deposition，fabrication and application of large area optical grade freestanding diamond films：proc. 2005 inter. Symp. Materials Science and Engineering，Beijing，2005.

索　引

G